U0381561

献给艾伦·查理格（Alan Charig）、埃德温·“内德”·科尔伯特（Edwin “Ned” Colbert）、约翰·奥斯特罗姆（John Ostrom）、鲍勃·巴克尔（Bob Bakker）、菲利普·柯里（Philip Currie）、杰克·霍纳（Jack Horner）、戴夫·诺曼（Dave Norman）、戴夫·魏尚佩尔（Dave Weishampel），以及所有认识到与年轻人接触十分重要的古生物学家同事。

献给所有热爱（灭绝的和现存的）恐龙的人。

献给所有科学老师。

献给爱丽丝（Alice），因她容忍了古生物学家有时会参照地质年代表来做事。

献给爸爸妈妈，感谢你们的关心和支持。

最重要的是，献给苏（Sue），以我的全心全意。

——托马斯·R. 霍尔茨（Thomas R. Holtz）

献给我散居在世界各地的侄辈（特别是居住在墨西哥梅特佩克的侄儿和侄女），也以此缅怀科尔苏斯（Celsus）和查尔斯·达尔文（Charles Darwin）。

——路易斯·V. 雷伊（Luis V. Rey）

路易斯·V. 雷伊要感谢莱昂·贝尔德（Leon Baird）、罗伯特·巴克尔（Robert Bakker）、L.V. 贝多芬（L. V. Beethoven）、埃里克·巴菲特（Eric Buffettaut）、桑德拉·查普曼（Sandra Chapman）、佩尔·克里斯蒂安森（Per Christiansen）、斯科特·哈特曼（Scott Hartman）、托马斯·霍尔茨、爱丽丝·约奈蒂斯（Alice Jonaitis）和兰登书屋团队的其他成员——玛丽·柯卡尔迪（Mary Kirkaldy）、查理（Charlie）、弗洛·马戈文（Flo Magovern）、大卫·马蒂尔（David Martill）、达伦·奈什（Darren Naish）、卡门·纳兰霍（Carmen Naranjo）、詹姆斯·P. 佩奇（James P. Page）、马可·西尼奥（Marco Signore）、珍妮特·史密斯（Janet Smith），以及拉乌尔·瓦内吉姆（Raoul Vaneigem），感谢他们提供的宝贵帮助和各种启发。

编辑要感谢阿蒂·贝内特（Artie Bennett）、古德温·朱（Godwin Chu）、谢恩·艾哈克（Shane Eichacker）、梅丽莎·法里洛（Melissa Fariello）、詹·杰拉尔迪（Jan Gerardi）和詹妮·戈卢布（Jenny Golub）对这本书不吝的帮助，也非常感谢索姆·霍尔姆斯（Thom Holmes）编辑并整理撰稿者的补充文献。*

* 出版商出售这本书的部分利润将捐给古脊椎动物学会，以支持在《古脊椎动物杂志》（*Journal of Vertebrate Paleontology*）上发表有关恐龙科学的文章。该协会成立于 1940 年，是对恐龙和其他已灭绝脊椎动物感兴趣的科学家的著名专业组织，其目标是推进脊椎动物科学研究——脊椎动物的历史、演化、比较解剖学、分类学，以及脊椎动物化石的野外发现、采集和研究。该协会还关注化石遗址的保护和保存。

恐龙

写给全年龄段恐龙爱好者的百科全书

[美] 托马斯 · R. 霍尔茨　著
[美] 路易斯 · V. 雷伊　绘
邢立达　来梦露　译
BY DR. THOMAS R. HOLTZ
ILLUSTRATED BY JR. LUIS V. REY

DINOSAURS

THE MOST COMPLETE,UP-TO-DATE ENCYCLOPEDIA
FOR DINOSAUR LOVERS OF ALL AGES

华东师范大学出版社
· 上海 ·

图书在版编目（CIP）数据

恐龙：写给全年龄段恐龙爱好者的百科全书 / (美)托马斯・R.霍尔茨著；(美) 路易斯・V.雷伊绘；邢立达，来梦露译.—上海：华东师范大学出版社，2024
（史前生命）
ISBN 978-7-5760-4998-5

Ⅰ.①恐… Ⅱ.①托… ②路… ③邢… ④来… Ⅲ.①恐龙-普及读物 Ⅳ.①Q915.864-49

中国国家版本馆CIP数据核字(2024)第111694号

恐龙：写给全年龄段恐龙爱好者的百科全书

著　　者　[美] 托马斯・R. 霍尔茨
绘　　者　[美] 路易斯・V. 雷伊
译　　者　邢立达　来梦露
责任编辑　张婷婷
责任校对　时东明
装帧设计　刘怡霖

出版发行　华东师范大学出版社
社　　址　上海市中山北路3663号　邮编 200062
网　　址　www.ecnupress.com.cn
电　　话　021－60821666　行政传真 021－62572105
客服电话　021－62865537　门市（邮购）电话 021－62869887
地　　址　上海市中山北路3663号华东师范大学校内先锋路口
网　　店　http：//hdsdcbs.tmall.com

印 刷 者　上海中华商务联合印刷有限公司
开　　本　889毫米 × 1194毫米　1/16
印　　张　29.25
字　　数　777千字
版　　次　2024年8月第1版
印　　次　2024年8月第1次
书　　号　ISBN 978-7-5760-4998-5
定　　价　298.00元

出 版 人　王　焰

（如发现本版图书有印订质量问题，请寄回本社客服中心调换或电话021-62865537联系）

目 录

Contents

欢迎来到这个世界！一只三角龙宝宝孵出来了。

前言　恐龙的世界

恐龙的世界一直在变化

2

为何如此？你可能会问。毕竟，恐龙世界早在6 550万年前就终结了！这么久以前就结束的事情怎么还能发生变化呢？毕竟，往事不可追，对吧？

但事实未必如此。

实际上，恐龙的世界本身并没有发生什么改变，变的是我们对它的认识。对于恐龙和恐龙世界，一些现在看来理所当然的事实和发现，放在20世纪初却会震惊世人*！

实际上，某些事实仅放在十或十五年前就足以令人震惊了！例如，我们现在知道某些恐龙（包括“邪恶”的伶盗龙［*Velociraptor*］）的手臂、大腿和尾巴上都长有长长的羽毛。我们现在还知道，像迷惑龙（*Apatosaurus*）这样的巨型恐龙只需要十到二十年就可以达到巨大的成年体型。全新的恐龙类群已被发现，例如小型的阿尔瓦雷斯龙科（它们的手上确实“全是拇指”）和大型的雷巴齐斯龙科（拥有宽阔扁平嘴巴的长颈植食性恐龙，好似活体割草机）。

每年都会有新的恐龙物种被发现。对于每个新发现，我们都会提出更多疑问。这种恐龙是如何生存的？以什么为食？又有什么东西以它为食？对于了解已久的恐龙，我们的疑问也不少。暴龙（*Tyrannosaurus*）是掠食者还是食腐者？最大的恐龙有多大？恐龙来自哪里，它们身上又发生了什么事？

要回答这些问题，我们将依靠恐龙科学。恐龙科学属于领域更为广阔的古生物学。古生物学研究灭绝的动物、植物和其他微生物。古生物学家研究化石，即生物的遗骸或生物保存在岩层中的行为痕迹。这些化石可能是植物的叶子、花粉或木材，贝类的贝壳，恐龙和其他脊椎动物的骨头、牙齿、足迹或蛋。

化石是古生物学的原材料，但它们仅仅是个开始。一件或存留于野外岩层中，或在博物馆中展览的化石可算不得科学。它只是件化石而已。要着手

3

进行恐龙科学研究，人们必须观察化石。我们可以研究化石骨骼的形状，并将其与其他化石骨骼的形

顶图：20世纪60年代廉价商店的塑料恐龙（暴龙和“雷龙”）玩具，这些激励作者托马斯·霍尔茨成了一名古生物学家。

---

* 加着重符号的在原书中为斜体。——编者

我们可以用“科学”推断出“盗龙”恐爪龙具有羽毛，但因为我们无从知晓它们的颜色以及它们有什么样的图案，所以推测这些羽毛的样子就要交给艺术家们了。

状进行比较。我们可以测量骨骼或骨骼各部分的长度，可以使用X射线或CT扫描来观察化石，或者用锯子将其切成薄片来观察内部特征，还可以观察一下发现该化石的岩层，找寻有关恐龙生活环境和死亡环境的线索。

但是，仅仅进行观察，并不是在研究科学。科学是提出问题，并争取能回答这些问题。我们对自然界中看到的现象提出问题，基于观察而得到的可能答案被称为假设。例如，可以假设某特定的恐龙物种是肉食性动物。我们通过比对所能观察到的现象来检验该假设。这种恐龙牙齿的边缘是利还是钝？它的牙齿是与肉食性动物还是与植食性动物的牙齿相一致？恐龙的腹部化石有食物残留吗？如果有，是骨头碎屑还是植物残渣，抑或其他？我们有这个物种的恐龙粪便吗？如果有，里面是骨头碎屑还是植物残渣？即使我们拥有的骨骼不够完整，无法直接回答这些问题，也可以将手头现有的部分与之前已发现的恐龙的部分进行比较。

恐龙科学就是要检验这样的假设。通过对化石进行越来越多的观察，我们可以更完整地了解恐龙及其生活的世界，可以辨别出哪些恐龙是生活在一起的，它们又是如何互动的，可以追溯出新恐龙类群是何时出现而旧恐龙类群又是如何灭绝的，甚至可以弄清所有恐龙的共同祖先如何在2.35多亿年前形成了诸如鼻部隆起的厚鼻龙（*Pachyrhinosaurus*），身披尖刺的沱江龙（*Tuojiangosaurus*），身型巨大的阿根廷龙（*Argentinosaurus*），细长伶仃的似鸵龙（*Struthiomimus*）和长有羽毛的始祖鸟（*Archaeopteryx*）这些彼此不同的生物。我们可以研究一下恐龙世界是如何在6 550万年前结束的。我们还知道有些恐龙得以幸免于难，因为今天它们就和我们生活在一起（尽管很多人对此毫无所知）！寻找化石，进行观察和检验假设都属于我们所说的研究。而恐龙科学就是要进行研究。

有时候，即使不能直接做出观察，科学家也可以合理地猜测出一个答案。这被称为推断，最好的方法是使用推理。例如，我们没能在恐龙头骨内找到眼球（因为眼球腐烂了），但是可以基于其他各种证据推断出恐龙具有眼球。例如，恐龙颅骨上有眼窝和其他现生动物眼周可见的骨骼，还有开孔，用来固定连接眼球和大脑的神经。而且，所有现存的恐龙近亲都具有眼球。再举一个例子，大部分恐龙骨骼都不完整，经常要么少了一条腿，要么少了尾巴或头骨。我们可以合理地推断所有恐龙物种都具有四肢和尾巴，因为它们所有的近亲都具有这些特征。实际上，如果主张相反观点的话，最好找到一些充足的证据来支持该观点。

还有其他事情要考虑。科学可以回答许多问题，但不能解决所有问题。有时观察结果指向一个答案，但有时观察结果可能会引出两个或多个**不同**的答案。在这种情况下，必须承认我们对答案一无所知。我们也许可以将答案缩小至几种可能性的范围内，虽然无法缩小到绝对正确的那个，但没关系。在恐龙科学中，“我不知道”有时反而是能用到的最好的答案。

有时我们偏偏喜欢思考没有明确答案的事情。我们知道恐龙的皮肤会呈现出**某种**颜色（它们毕竟不会是透明的！），但无法从化石中分辨出某一恐龙具体是什么颜色，我们可能**永远**也不会知道了。我们只能猜想三角龙（*Triceratops*）闻起来是什么味道，大椎龙（*Massospondylus*）的幼崽发出的声音又是什么样的。这种情况下，只要我们做到合乎情理，且认识到这只是猜测，就可以去大胆**推测**。未来的发现也许会表明我们的推测是错误的。如若如此，我们就必须重新观察，放弃一些猜想，无论我们有多喜欢这些想法。

大多数人只把恐龙科学当作事实的堆砌。诚然，许多科学书籍和科学课程提供给人们的只有众多需要记忆的事实罢了。但本书绝不愿止步于此。我想帮助你们了解恐龙科学家（古生物学家）是如何提出并回答有关恐龙及其世界的问题的。

我就是一名恐龙古生物学家。有些事你可能得弄清楚，那就是许多恐龙书籍不是由恐龙古生物学家而是由与科学家交谈的作家撰写的。我最喜欢的，也是自孩提就爱上的、现今研究最多的恐龙，是肉食性恐龙，其中我最偏爱君王暴龙（*Tyrannosaurus rex*）及其近亲。（实际上，我见到的第一只暴龙是一只塑料玩具，就和第1页顶画里的玩具一样。）不过，尽管最偏爱肉食性恐龙，我对各种恐龙以及所有与生命史有关的东西，也都感兴趣。我将尽力直白明了地阐述对恐龙的已有了解。

作者托马斯·R.霍尔茨，年仅九岁，为恐龙痴迷成狂。

但我并非无所不知。实际上，没有人能做到这一点，这就是我们继续进行研究的原因！如果想让你好好了解一番科学家们对恐龙的理解，我还需要些帮手。因此，我邀请了众多恐龙科学家提供简短的文章来介绍他们的研究。你会发现这些文章贯穿于整本书中。并非所有古生物学家都赞同这些解读。毕竟，我们所能研究的只有那些石化的骨头、牙齿、足迹和其他遗骸，这会错失很多信息。有时我和其他恐龙古生物学家都认可一些解答，有时我们则意见相左。但最终，会有新的发现和新的观察为我们提供答案。恐龙的骨头、牙齿、足迹以及其他化石看起来很赏心悦目（至少我是这么认为的），但我们很多人还是更想看看恐龙有血有肉的样子。恐龙复原艺术家路易斯·V.雷伊是世界上最好的恐龙插画家之一，他使本书中的恐龙栩栩如生。在下一章中，我们将看到从地里的恐龙化石到画作中有血有肉的恐龙，这之间都经历了些什么。

插画家路易斯·V.雷伊十岁时与剑龙模型的合影，摄于1965年纽约万国博览会。

最后要说明一点，我在写作本书时，尽力使书的内容保持最新。但是，新的恐龙发现一直在不断出现。其中一些不过是在已知的恐龙列表新添上一两个物种，但有些则可能会像第一件有羽毛的恐龙、第一个恐龙巢穴或第一件恐龙骨骼等化石的发现那样震惊世人！正如我之前所说，恐龙世界是在一直变化的。

也许未来，它们将会由你发现。

试将第1页20世纪60年代的恐龙形象与我们今天对恐龙的描绘进行比较。

1

恐龙发现史

曾经有一段时间人们对恐龙一无所知。实际上，直到1842年才出现“恐龙”一词。但是恐龙化石在整个人类历史中却不断被人们发现，早在人类演化出之前，它们就在地球表面散落了上亿年。那么，为什么直到19世纪人们才认识到恐龙化石是特殊的东西？从那以后，我们对恐龙的认识又发生了什么变化？

龙的骨头还是古怪的水晶？

在认识到恐龙是什么之前，人们得先意识到像骨头和足迹这样的化石真的就是骨头和足迹才行。这难道不是再明显不过的吗？

我们能意识到这点的唯一原因是我们了解岩层的形成方式。但在科学家们弄清楚这点之前，没有人知道岩层是如何形成的！过去人们以为，岩层始终维持着人们看到它们时的形状和大小。他们没有意识到岩层实际上是通过火山喷发或沉积物产生的。

因此，假设你是一个不知道岩层是如何形成的人，而你又发现一个像是骨头的东西从一块岩层上突了出来。你可能会想：骨头怎么会进到那里面去？

你也许会认为这是生活在岩层中的生物的骨头，或是被恶灵放进岩层的假骨头。又或者，这也许根本不是骨头，只是一块形状古怪的水晶罢了。在历史的某一时期，所有这些想法都被人们提出过。

然而，到了17世纪，足够多的科学证据被收集起来得以说服人们，岩层曾经的形态有别于之后的形态。地质科学终于得以发展，这时候人们已经差不多快要发现恐龙是什么了。

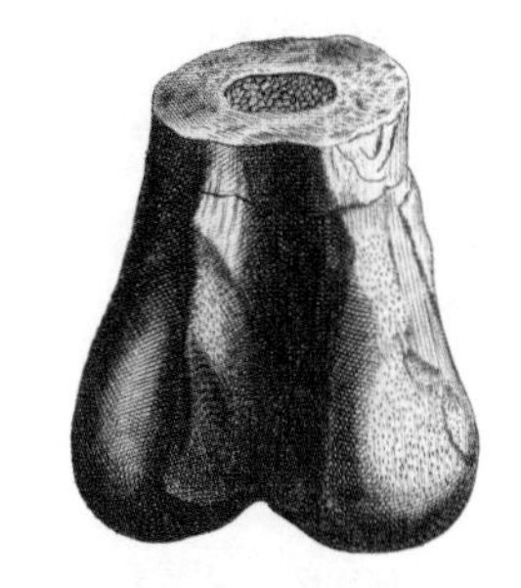

在英国发现的恐龙的下半段股骨，曾被认为来自一个巨人。

神秘的生物和消失的世界

但在这之前，人们还得做出另外两个重大发现：（1）人们必须认识到化石是某种生物的遗骸，这种生物与人类周围生活着的生物不同；（2）人们必须认识到化石标本不同于现代生物的原因是它们来自灭绝的动物。

17和18世纪，来自欧洲的海上探险队带回了世界各地的新型动植物。科学家开始研究这些动物的解剖结构，并将它们与自己已经熟悉的生物进行比较。在研究了足够多不同种类的生物之后，这些被称为比较解剖学家的科学家们对世界生物的多样性有了更充分的了解。

之后比较解剖学家对已经收集的化石进行了观察。它们有些与现代动物非常相似，但大多数却大相径庭。它们是真正的神秘动物。但是为什么会在岩层内部而不是露天荒野发现它们呢？如果这些生物还生活在附近，应该有人见过它们才对啊！

18世纪末和19世纪初，乔治·居维叶男爵（Baron Georges Cuvier）——法国首屈一指的比较解剖学家，得出了答案：它们灭绝了。人们没有看到过这些动物是因为这些动物已不再存活于世。也大

顶图：19世纪美国西部的恐龙搜寻活动。

对决中的禽龙与巨齿龙，19世纪中叶绘。

约在这个时候，地质学家意识到了地球拥有着远古时代。我们的星球不像那时大多数人所想的那样仅拥有数千年的历史，而是有着上亿年，甚至数十亿年！居维叶提出了一个理论，称这些神秘生物曾经在地球上生活过，但很久以前就灭绝了。唯一留存下来的遗骸是化石。

有了这一认识，居维叶向世界揭示了重大的发现。岩层和化石证明了古代地球与现代地球不同。那时地球上有着不同的动植物；在地球历史的不同时期，不同的动植物演化而出并最终走向灭绝。

“可怕的大蜥蜴”

首例真正的恐龙化石发现于19世纪初期的英国。牧师威廉·巴克兰（William Buckland）于1824年发现了一种大型爬行动物的骨骼，将其命名为巨齿龙（*Megalosaurus*，意为大蜥蜴）。对于这些骨骼属于哪个部位，巴克兰犯了些错误，但这已足以让他说出这只生物与当时已知的任何爬行动物都不相同。它的牙齿像巨型蜥蜴的牙齿一般锋利，因此一定也食肉，但与蜥蜴不同的是，股骨的形状使其后肢像现代哺乳动物或鸟类一样直接位于身体下方。巨齿龙是最早发现的远古陆栖爬行动物。

在巴克兰研究巨齿龙的同时，吉迪恩·曼泰尔（Gideon Mantell）博士和他的妻子玛丽·安·曼泰尔（Mary Ann Mantell）也有了自己的发现，矿工们找到的各种各样的化石骨骼和牙齿引起了曼泰尔的注意。尽管这些化石不过是动物身体的一小部分，但显而易见的是它们来自巨大的爬行动物。像巨齿龙一样，该动物的后肢也位于身体的正下方。但与巨齿龙不同的是，它的牙齿毫不锋利。实际上，它们看起来和植食性鬣蜥的牙齿差不多。曼泰尔在1825年将该爬行动物化石命名为禽龙（*Iguanodon*，意为鬣蜥的牙齿），并将它的外表设想为一只巨型鬣蜥。

1833年，吉迪恩·曼泰尔发现了一种新的爬行动物化石骨骼，将其命名为林龙（*Hylaeosaurus*，意为林地蜥蜴），该名取自它的发现地——英格兰树林茂密的维尔德地区。这具不完整的骨骼表明，林龙的身体上具有突出的大尖刺。它是首例被发现的甲龙类。

最终，在1842年，“恐龙”（dinosaur）一词被创造了出来，起这个名字的人是英国杰出的古生物学家理查德·欧文爵士（Sir Richard Owen）。欧文研究了巨齿龙、禽龙和林龙，注意到了一些相似之处。这三种生物都生活在陆地上。它们的后肢都位于身体正下方，具有特殊（多块骨）的腰带骨，而且比任何现生爬行动物的体型都大。

8

欧文认为这证明了巨齿龙、禽龙和林龙共同组成了特殊的爬行动物类群。他取古希腊语“*deinos*”（意为“大到可怕的”或“可怕的”）和“*sauros*”（意为“蜥蜴”或“爬行动物”）两词，将这一群体命名为“Dinosauria”（恐龙）。

事后看来，“大到可怕的蜥蜴”并不是一个恰当的描述。严格说来，恐龙不是蜥蜴，本书接下来的部分一般会将“蜥蜴”一词翻译为“爬行动物”。同时，正如我们现在所知，并非所有恐龙都是大块头。不过，“恐龙”这个词可真不赖。

第一座“侏罗纪公园”

欧文认为，引发公众对科学的兴趣十分重要，19世纪50年代，他找到了一个能让人们对恐龙产生兴趣的方法。时值一场大型的世界博览会，就是我们所知的世博会，将在伦敦举行。那将是一展最新化石发现的完美时机。

欧文不想仅仅将化石骨骼摆放在展会上，他想要让恐龙“活”起来。因此，他与科学画家本杰明·沃特豪斯·霍金斯（Benjamin Waterhouse Hawkins）搭档，将这些化石发现打造成了栩栩如生的动物模型。这些模型与真恐龙大小相同，并根据恐龙生存的时代，被分组陈列在了一群小岛上。从

人们在本杰明·沃特豪斯·霍金斯的禽龙模型内举行新年晚会。

某种意义上说，这是打造首座“侏罗纪公园”的一次尝试。

两座禽龙标本模型展出之前，欧文和霍金斯在其中一座的体内举行了一场可容纳20人的晚宴！禽龙在现实中已经很大了，霍金斯的模型则还要大（等比例的禽龙体内可容不下两三个以上的人共进晚餐），尺寸误差并不是这些模型的唯一问题，按照今天的标准来看，它们的解剖结构也非常不准确。但若要去责怪欧文和霍金斯就有失公允了。我们现如今对恐龙的某些看法对于未来的古生物学家来说想必也是奇怪且有失准确的。

欧文的计划大获成功。数百万人参观了霍金斯的模型。“恐龙”一词也逐渐为许多人所熟悉。

恐龙站起来了！

[9] 世博会进行的同时，美国也有了新发现，这些新发现将改变人们对恐龙的认知。用两足行走的三趾型动物足迹是在新英格兰三叠纪和侏罗纪时期的岩层中发现的。当爱德华·希区柯克（Edward Hitchcock）教授于1836年对这些足迹进行详细描述时，还没有人想到它们可能来自恐龙。毕竟，关于巨齿龙、禽龙和林龙的描述表明，它们都是体型壮硕的四足动物。因此，希区柯克认为这些足迹来自鸟类，即便其中有些足迹大到只有高度超过15英尺的鸟才能留下！

1858年新泽西州有了一项发现，帮助人们将英格兰的恐龙骨骼与新英格兰的足迹联系了起来。该年，约瑟夫·雷迪（Joseph Leidy）描述了一种新恐龙，将其命名为鸭嘴龙（*Hadrosaurus*，意为沉重的爬行动物）。鸭嘴龙包括牙齿在内的许多骨骼都与禽龙的非常相似。虽然有所缺失，但这具局部骨架还是比禽龙化石要完整。骨架显示鸭嘴龙的前肢比后肢纤细得多，因此鸭嘴龙可能大部分时间只用两条腿行走。两足恐龙的概念由此初步形成。雷迪预言，如果找到更完整的禽龙化石，人们会发现它们的前肢一定比后肢更纤细。19世纪70年代，随着比利时发现了完整的禽龙化石，这一假说得以应验。

1866年，雷迪的朋友兼学生爱德华·德林克·柯普（Edward Drinker Cope）教授也有了类似的发现。他发现了一只肉食性恐龙化石，将其命名为莱拉普斯（*Laelaps*，得名于神话中的猎犬），但后来又改名为伤龙（*Dryptosaurus*，意为撕裂的爬行动物）。伤龙的牙齿和颌部看起来和巨齿龙很像，但是与纤细的后肢相比，它的前肢委实太短了，它根本无法依靠四肢行走。因此，至少有些肉食性恐龙也是两足动物。

疯狂的荒野西部

爱德华·德林克·柯普

恐龙发现的下一个重要阶段发生在美国的荒野西部。19世纪60年代到90年代那段时间，西部历经了美洲原住民与新定居者之间的争斗、铁路的扩张、新兴城镇的发展和美洲野牛的濒临灭绝。荒野西部最奇怪的决斗中有一场就发生在两名东海岸古生物学家之间。一位就是爱德华·德林克·柯普，另一位则是耶鲁大学的奥斯尼尔·查尔斯·马什（Othniel Charles Marsh）。这两个对家各派出了一支西行队伍，以搜集尽可能多的恐龙化石，然后将它们运回东部的博物馆。他们将这视为一场竞赛，比谁描述的新物种更多。

从某种意义上说，柯普和马什相当愚蠢。他们通常会先对化石物种进行描述，再从岩层中清修化石。他们的行为也不坦荡，包括派间谍进入彼此的营地，探查对方的发现。他们甚至找来各种美洲原住民部落骚扰对方的野外工作队，让工作队无暇挖掘！

但是，这场争斗还是有好处的，人们取得了许

奥斯尼尔·查尔斯·马什和红云（Red Cloud）酋长

多惊人的发现。第一批真正完整的恐龙化石（异特龙［*Allosaurus*］、剑龙［*Stegosaurus*］和三角龙）就是由这些团队发现的。恐龙远比人们想象的还要奇妙！再也没有人会将它们误认为是“大蜥蜴”了。

10

这些骨架使科学家能够更好地了解恐龙的解剖结构和多样性。他们着手对恐龙的食性和运动方式进行更严肃的推测，还运用当时新提出的自然选择演化概念来了解不同恐龙之间的关系。

大约在柯普和马什刚去世不久的20世纪之交，人们又迎来了一个重大发现。科学家意识到，如果将恐龙骨架陈列在博物馆中，并按照骨骼的现实姿态摆放它们，人们就会花钱去参观。现在，除了科学研究之外，收集恐龙骨骼又多了一个理由：恐龙骨架可是伟大的展品！

恐龙的世界

就在马什和柯普为荒野西部的恐龙你争我夺时，欧洲那边继续有了数起发现。在德国发现了第一件侏罗纪鸟类化石（始祖鸟）和第一件完整的小型恐龙（美颌龙［*Compsognathus*］）骨架，在比利时则发现了第一批完整的禽龙骨架。

事实上，20世纪以后，博物馆就开始派遣探险队到全球各地寻找恐龙骨架以供展出。这些探险队中最著名的可能要数纽约市的美国自然历史博物馆中亚探险队了。20世纪20年代，博物馆的团队年复一年地深入中国和蒙古的部分地区，带回了许多重要的发现物。这其中包括第一个完整的恐龙巢穴和第一件伶盗龙标本。这支探险队经历过猛烈的沙尘暴，也遭遇过凶恶的强盗，领队的动物学家罗伊·查普曼·安德鲁斯（Roy Chapman Andrews）随身带着一根鞭子和一把左轮手枪，英勇得好似虚构英雄人物印第安纳·琼斯（Indiana Jones）。

罗伊·查普曼·安德鲁斯

恐龙文艺复兴

但是大萧条和随后而来的第二次世界大战延缓了恐龙研究的进程。到了20世纪中期，世界上几乎没有什么恐龙学家了。许多科学家认为恐龙只是“小儿科”，不值得真正的研究。它们充其量只能作为引子吸引人们进入博物馆参观其他更“重要”的东西。

所幸不是每个人都这么想。耶鲁大学的约翰·奥斯特罗姆就是其中之一。20世纪60年代，他曾参加过一支队伍，该队伍前往蒙大拿州和怀俄明州探索曾出土过少量恐龙骨骼的岩层，其中最重要的发现是被奥斯特罗姆命名为恐爪龙（*Deinonychus*，意为可怕的爪子）的恐龙。这

约翰·奥斯特罗姆

是迄今为止发现的第一件近乎完整的驰龙科恐龙（别名“盗龙”）的骨架。从该骨架可见恐爪龙足部那典型的镰刀形爪子。奥斯特罗姆推断，如果恐爪龙用这种爪子狩猎，它一定非常灵活敏捷，更像是鸟或猫，而不是短吻鳄。他此前曾对鸭嘴龙和角龙的颌部进行过研究，结果表明，这些恐龙能够非常精细地咀嚼食物，从而更快地消化。他还证明了即使在中生代，在世界上很冷的地区也发现了恐龙。

所有这些都向奥斯特罗姆表明恐龙不是冷血动物。他推断它们行为活跃，也许是温血动物，就像现代哺乳动物和鸟类。

事实上，理查德·欧文爵士也有同样的想法，他将其尽数表达在了1842年创造“恐龙”一词的论文中。马什、柯普和他们同时代的科学家们也秉持着相同的观点。反而是20世纪初期和中期的新一代古生物学家（他们中不少人认为恐龙很无趣），把恐龙看作行动缓慢的冷血动物！

奥斯特罗姆比较了恐爪龙的骨架和早期鸟类——始祖鸟的骨架。他发现恐爪龙和始祖鸟的解剖结构更为相似，超过恐爪龙与其他肉食性恐龙之间，或始祖鸟与现代鸟类之间的相似度。这使他重燃恐龙是鸟类祖先的想法。

从某种意义上说，恐龙再次变得“有趣”起来，许多新的研究随之兴起。这种兴趣上的复苏使得奥斯特罗姆的学生罗伯特·巴克尔将这一新时代称为“恐龙文艺复兴”。本书中的大多数信息来自恐龙文艺复兴时期的研究工作。

在过去的几十年中，许多探险队重踏遥远国度。但是如今，这些探险队并没有把标本带回欧洲或美洲展出，而是帮助化石发现所在地建立化石收藏和相关展览。如今包括南极洲在内的每个大陆上都发现了恐龙。一些地方即使经过一个多世纪的探索

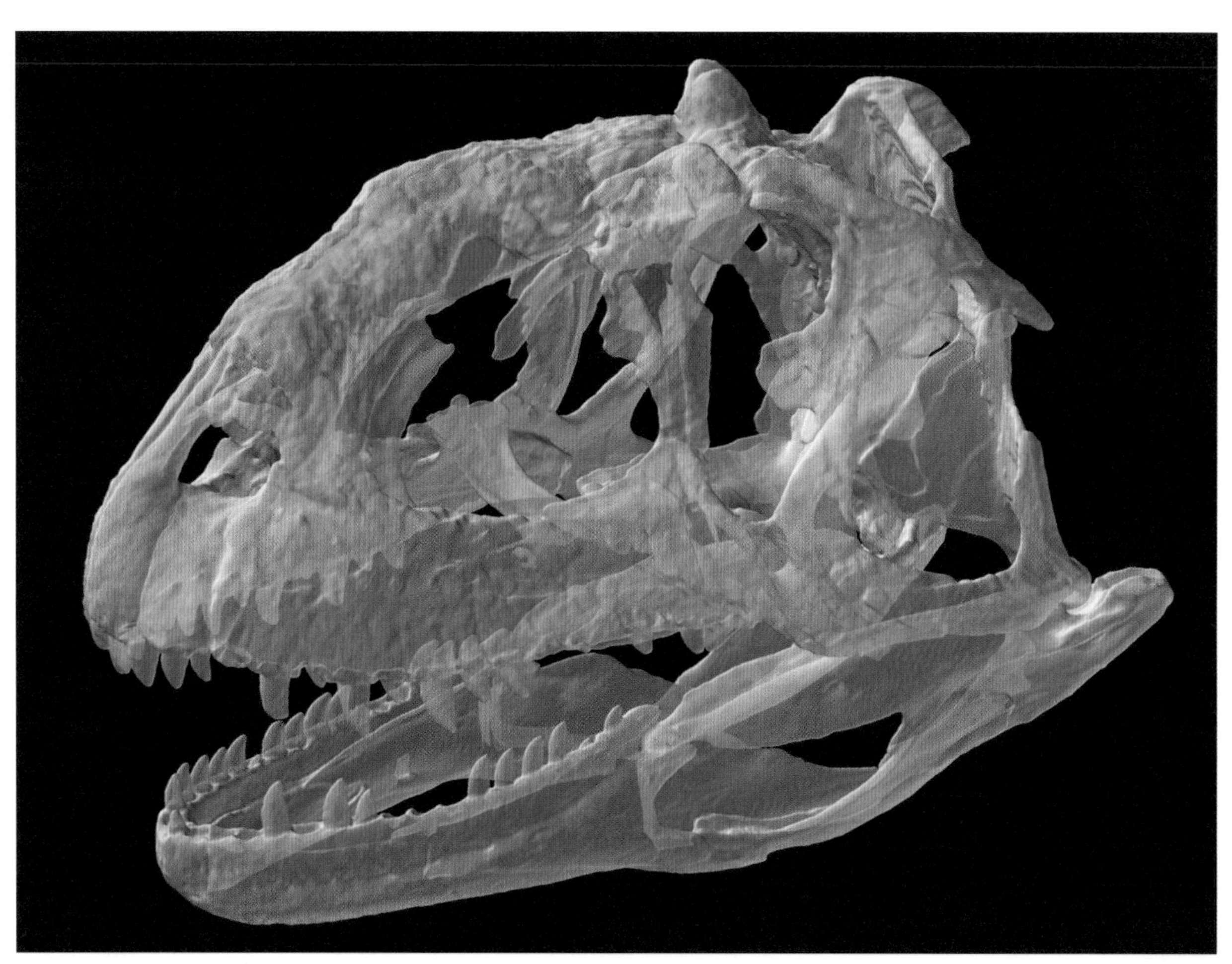

激光、CT扫描和计算机图形学的结合使科学家能够窥视恐龙头骨的内部，比如这只玛君龙（*Majungasaurus*）。

（例如英格兰和蒙大拿州），仍在发掘出新物种。

恐龙数字化

不过，恐龙科学领域可不仅限于寻找新物种。恐龙研究的新领域，或者说解决旧课题的新方法开始发展。蒙大拿州立大学的约翰·R. 杰克·霍纳和他的学生在研究恐龙的筑巢行为和恐龙自孵化到成年的生长情况两方面取得了重要进展。随着同时期一个巨大的小行星撞击点的发现，对中生代末期大灭绝的研究也增加了。分支系统学的新领域使古生物学家可以更好地估算不同恐龙类群间的演化关系。科学家开始探索不同的方法，诸如使用数学和工程学规则对现代动物物种进行观察，并检验有关恐龙行为的各种观点。我碰巧对这一切都很感兴趣！我的大部分工作是弄清楚暴龙和其他肉食性恐龙的谱系树状图，它们是如何跑动，如何进食以及如何与其他恐龙互动的。

研究恐龙科学的主要新方法是计算机和相关技术的使用。今天，一些研究人员将单只恐龙骨骼的形状和尺寸数据输入电脑，预测其可能的运动方式。另外一些研究人员则使用CT扫描（计算机轴向断层扫描）窥视恐龙头骨内部，不必破坏任何骨骼就能观察到颅腔或内耳的形状。有些人甚至使用计算机和传感器寻找尚埋藏在岩层内的化石。

科学家将继续寻找新的恐龙。但是，为了理解恐龙，他们必须从头开始。化石是如何藏身于岩层的？关于恐龙生活的环境，这些岩层又能告诉我们什么？要理解恐龙科学，这是我们必须要做的第一件事。

恐龙科学的前沿领域

卡内基自然历史博物馆
马修·C. 拉曼纳博士（Dr. Matthew C. Lamanna）

肯·拉科瓦拉（Ken Lacovara）摄

恐龙科学的前沿领域在哪里？未来又走向何方？如同古生物学中的许多问题一样，没人能给出确切回答。但是最近一些重大事件为我们提供了一些有价值的线索，让我们有所期待。

有成千上万的新恐龙化石已经被发现。还有许多将在遥远地方的沙漠和荒地中发现，而另一些将在我们的眼皮子底下被发现。那些已出土了许多壮观恐龙化石的国家，包括美国、中国、阿根廷、加拿大和蒙古，将拥有更多的恐龙。此外，古生物学家还将在其他数十个异国土地：北非、中东、西伯利亚、印度和马达加斯加等地找到恐龙。我个人则想更深入地了解南极洲！

我们寻找化石的方式可能会发生巨大变化。诸如探地雷达等新技术也许有一天能使我们精确定位地下的恐龙骨骼。几年前，放射性物质就曾被用来找寻埋藏在沙岩下丢失的异特龙头骨。

未来的化石发现将给我们带来全新而令人惊奇的恐龙种类。有些是我们能设想到的。请记住我的话：总有一天会有人发现另一件保存完好、具有羽毛的非飞行类恐龙的骨架，但这一次的骨架来自侏罗纪时期！它将成为数百万年以来已知最早的有羽恐龙，并填补鸟类演化的另一个空白。除了发现新类型的恐龙外，对于我们已知的恐龙，古生物学家还将发现其更完整的化石。目前人们只能通过8英尺长的前肢和肩部骨骼去了解身型巨大的恐手龙（*Deinocheirus*）。谁又能说出这神奇生物的其余部分长什么样？它与其他哪些种类的恐龙具有亲缘关系？直到有人发现更为完整的恐手龙骨架，我们才能确定问题的答案。

新奇恐龙的发现将令我们遐想联篇，但恐龙科学激动人心的未来远不止于此。富有创新精神的科学家们比以往任何时候都更关心恐龙的真实样子。恐龙的皮肤和器官是什么样的？生长速度有多快？是温血的吗？是成群生活还是独居？照顾幼崽吗？如何与所处环境以及其他生物互动？关于恐龙的生理特征和行为，还有很多东西需要人们去了解。

这些中的许多问题都会在即将到来的化石发现中得到解答。例如，由于在阿根廷发现了一个巨大的筑巢地，我们开始了解巨大的长颈恐龙产蛋及抚养幼崽的方式。惊人的新技术和化石研究的新方法将为我们提供其他线索。现在，被称为CT扫描仪的精密X光设备让我们可以在不损坏恐龙头骨的情况下一窥其内部，对恐龙大脑的样子进行研究。与今天的动物，特别是鸟类和鳄鱼的比较，它将为我们提供一些有关恐龙日常生活的想法。

古生物学家和其他科学家的合作将为了解恐龙世界打开一扇广阔的窗户。地质学家和化学家现在正与我们一起研究恐龙的居住环境，而其他古生物学家们则在探究与恐龙生活在一起的众多动植物。

最后，一些先驱科学家已经开始寻找诸如DNA这样保存在恐龙遗骸中的生物分子。谁知道呢，也许有一天我们能用克隆等技术让恐龙复活。现在看来还不太可能，但以后就说不准了。

恐龙科学的未来会带来什么？有很多很多惊人的发现，我们现在还无法想象的发现。

2
岩层与环境

13

既然没有人见过剑龙、阿根廷龙或棘龙（*Spinosaurus*）活着时的样子，我们又如何得知它们曾真实存在过呢？我们是从化石——保存在岩层中的古生物遗骸中知晓的。要了解化石是如何形成的，首先需要了解岩层如何形成。

当我们捡起一块鹅卵石，通常不太会去思考它来自哪里。但是如果你了解鹅卵石的形成方式，你也就了解世界的历史了。

一块鹅卵石或一块其他什么石头并非一直光滑圆润。它曾是体积更大些的岩层破碎掉落的一部分，被流水滚动搬运，直到棱角被磨光。如果我们追溯破裂出鹅卵石的地方，可能会找到一片悬崖，一个丘陵或一座大山。但是，即使是这些地方也不能称为鹅卵石的“诞生地”，因为悬崖、丘陵和群山都是先前存在的岩层被抬升、被侵蚀而形成的。

对于地质学家（研究地球结构和功能的科学家）来说，“岩层”不仅是石头、群山或悬崖。地质学家谈论岩层时指的是地球上部的固体。这种固体表层，或者说地壳，深达数十英里——厚度从海底以下几英里到山脉下62英里（约100公里）不等。听起来够深了，但与地球半经约4 000英里（约6 380公里）的深度相比，这只是九牛一毛！

岩层是如何形成的

按形成方式分，岩石有三种，因此我们说存在三种不同类型的岩层。

有些岩层开始时是深埋在地表下的滚烫液体。这种液体，或者说熔融的岩层，如果在地表以下就叫作岩浆；如果喷发到陆地或水中，形成火山，就叫作熔岩。熔融物质冷却时形成的岩层被称为火成岩。从某种意义上说，火成岩就像冰：它们开始是液体，但一冷却，就变成了固体。火成岩有许多不同的类型，这取决于原始熔融物质的化学性质以及它是在地下还是在地上冷却的。

火成岩中找不到化石。生命体的任何部分落入热熔岩中都会熔掉，所以也就没有什么东西可以留下变成化石。尽管如此，火成岩对科学家来说还是很重要的，因为它们可以帮助我们确定古代事件发生的时间，并且火山喷发的火山灰甚至偶尔还能保存一两件化石。

另一种岩层的形成是由先前存在的岩层经过巨大的高温和高压转化后而来的。当一块岩层被烤得足够热，埋得足够深，或者被陆地板块碰撞挤压得足够坚硬时，岩层中的原子就能够以新的方式重新组合。我们将因高温或压力而变质的岩层称为变质岩。变质岩通常含有只在高温高压下才能形成的晶体。

14

正如你所想象的那样，足以让岩层原子重新排列的高温和高压会毁掉岩层中存在的任何化石。所以你不会在变质岩中发现化石，即使它们最初存在过。

值得庆幸的是，尽管如此（不然我就该失业了），还是有一类岩层含有化石。这些岩层形

顶图：每块鹅卵石都记录着地球的历史。

火成岩既可以在地表形成，也可以在地下深处形成。左图所示的黑色玄武岩是火山喷发的炽热熔岩冷却后形成的。右边的粉红色花岗岩是来自地表深处的岩浆冷却下来时形成的。我们现在能看到花岗岩是因为它被推高了，周围脆弱些的岩层已被侵蚀掉。

像片麻岩这样的变质岩经折叠、皱缩，由原始状态高度变质。

成于地球表面，所处的环境和地点与动植物生存的环境和地点相同，是先前存在的岩层的碎屑物或生物残骸（例如骨骼或贝壳）堆积成层并融合在一起形成的。这些先前存在的岩层和生物残骸被称为沉积物，因此我们称这些岩层为沉积岩。

沉积岩的形成

沉积岩可以由几种不同的方式产生。在海洋中，许多生物的骨架或贝壳由碳酸钙组成。这些生物死亡时，骨架会分崩离析，有些甚至会溶解在海水中。这些破碎的骨架和溶解的矿物质堆积在海底，形成一层软泥。经过长期埋藏，向下产生的重量将软泥挤压在一起形成石灰岩。贝壳和其他海洋生物的化石在石灰岩中非常常见。但是总的来说，石灰岩并不是寻找恐龙或其他陆栖动物化石的好对象。（那些被找到的化石来自被冲到海里的尸体。）

沉积岩在陆地上最常见的形成方式是原岩的碎屑物从一个地方被搬运到另一个地方沉积下来。这些地方可能是悬崖、山脉、山丘等的侧面，无独有偶，它们遭受着足以产生岩浆和变质岩的同等热量和压力，被向上推出地面。这些地方的岩层受风雨侵蚀，部分脱落。这些脱落的部分，也叫沉淀物，之后被水、风或冰搬运。沉积物可能包括大大小小的鹅卵石、细小的沙子、更为细腻的淤泥，或者非常小块的黏土和泥浆，这取决于原岩中的矿物，以及它们的传播距离。最终沉积物得以沉积下来：风停了，沙子掉落进沙漠里，河水漫过河岸，将泥土留在周围的土地上。这些成层沉积物被称为地层。由于洪水和风暴往往反复发生，新增的沉积物通常沉积在较老的地层之上，形成层状结构。

如果沉积物只是泥，那么仅仅通过掩埋和挤压（像形成石灰岩那样）就能变成岩层。这种岩层被称为泥岩（名字没什么创意），或者如果它有着平整的层理，就被叫作页岩。然而，淤泥、沙子和鹅卵石不会自己粘在一起。它们需要大自然提供的某种“胶水”。在世界上大多数地方，水会流经含有各种溶解矿物质的沉积物。当水在泥沙

沉积岩是由先前存在的岩层碎屑物沉积到地层中形成的。

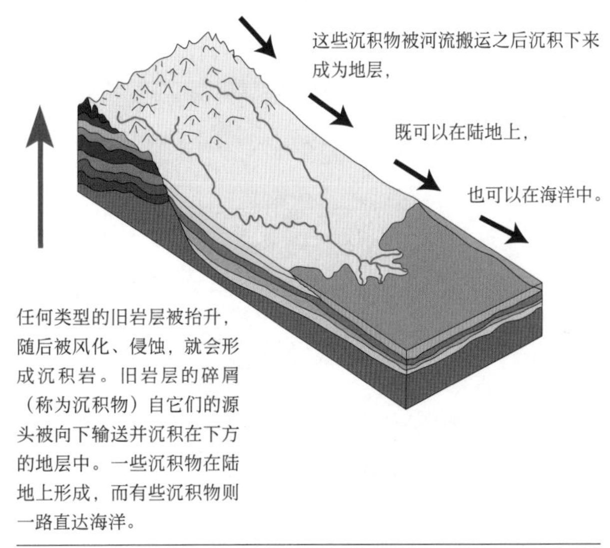

或沙粒之间流动时，一些溶解的物质会附在这些颗粒的边缘，把它们粘在一起。这叫作胶结作用，它把松散的沉积物变成沉积岩。主要由沙子构成的沉积岩叫作砂岩。大部分由淤泥构成的沉积岩被称为粉砂岩。由大鹅卵石和小鹅卵石构成的是沉积岩，如果大鹅卵石和小鹅卵石呈圆形，则称为砾岩；如果大鹅卵石和小鹅卵石的边缘较锋利，则称为角砾岩。

现在想想你需要些什么来制造沉积岩。你需要原始的岩层被抬升、侵蚀并变成沉积物；你需要风、水或冰来搬运沉积物；你还需要一个沉积这些沉积物的地点。并非世界上的每个地方在任何时候都同时具备上述条件。有些地方地势平坦，因此没有沉积物来源。其他地方可能没有足够的风、水或冰来搬运沉积物。在另一些地方，风、水或冰的移动速度可能太快，导致沉积物难以沉积。因此，世界上只有某些地方在某些时刻会形成沉积岩。这就是科学家对古代世界的了解比我们所认为的要少的一个原因。毕竟，如果某个地区在某个特定的时间没有形成沉积岩，我们也就不会在那里得到任何化石。这意味着，在某些地区的某段历史记录中存在着空白或中断。我们根本不知道那里发生了什么。

要注意的是，沉积岩的形成有多种方式。如果像盐湖或潟湖这样的咸水干涸了，就会留下一层石盐，这也是一种沉积岩。另外，如果大量的植被遭到掩埋，而掩埋的速度快于细菌腐化的速度，植被就会被挤压，形成煤岩。所有这些类型的沉积岩都可能含有化石。然而，由于恐龙是陆栖动物，恐龙的化石最常发现于陆地上形成的岩层，如泥岩、粉砂岩、砂岩、砾岩和角砾岩中。

16

沉积构造和古环境

沉积岩沉积时，周围的环境会改变它们。波浪的运动或太阳的干燥作用改变了地层的表面，产生了所谓的沉积构造。我们可以利用这些沉积构造来重建古环境，或重建岩层形成时的环境。

最常见的沉积构造是地层。这些地层的厚度可以揭示环境中被移动的沉积物的数量，这反过来又提供了有关水、风或冰移动速度的线索。非常薄的地层意味着平静的环境，没有水流干扰沉积物，也没有蠕虫在地层中钻洞。较厚的地层通常意味着强大的水流，一次可以输送大量泥沙。

波痕是沉积构造的另一种常见形式。它们都

波痕表明这种砂岩最初是在水流冲刷下沉积而成的。

十亿年前泥岩上的雨滴痕迹

是由流动的水或空气造成的。从波纹的形状我们可以看出水是像溪流一样朝着一个方向流动还是像海水那样往返流动，可以分辨出这些痕迹是由小溪的涟漪还是沙漠或海滩上的巨大沙丘造成的。

另一种沉积构造是泥裂。泥浆变干时会发生收缩，边缘会断裂。如果另一层泥覆盖了这些裂缝，裂痕就可以保存下来，这样你就可以在以后的岁月里找到有泥裂的岩层。与这类似的是雨痕，你可以在其中找到数百万年前留下的雨痕！当你在岩层上发现泥裂和雨痕时，就可以判断出古环境足够潮湿，有泥浆，但并没有完全浸在水中（否则泥土不会干，雨水也不会打到泥上）。

这些沉积构造——沉积层、波痕、泥裂和雨痕是地质学家用来推测古环境的线索。他们将这些古老的岩层与现今世界上可以发现相同沉积构造的地方进行比较。例如，如果他们发现一块岩层中间具有薄层，周围有来回的波纹，边缘有泥裂和雨痕，那么这个古环境可能是湖泊。

地质学家发现，今天所有地点的环境都可能与过去的古环境大不相同。另外，通过从下到上的顺序观察岩层可以看出，在任何特定的地点，古环境都会随着时间的推移而发生很大的变化。例如，如果你去往亚利桑那州的大峡谷，会发现那里的岩层显示该地曾经是温暖的浅海、沙漠、热带沼泽和其他古环境。

板块构造与岩石循环

17

通过观察不断变化的岩层类型和古环境，山脉的形状和位置，火山和地震的出现以及许多其他证据，地质学家们已经弄清了地球不断变化的原因和方式。

地质学家发现，地球的上部（岩石地壳和其下一个不太稳固的层）是由几十个巨大的板块组成的。这些板块像巨大的冰块一样漂浮在其下缓慢流动的物质上。当板块移动时，它们相互摩擦、碰撞、彼此冲击。有时板块彼此分开，新的地壳（以岩浆岩的形式）沿着地表的大裂谷出现。这种运动的地质学术语叫作板块构造。

板块移动会在地球表面造成巨大的振动。有些振动，如地震或火山爆发，发生得很迅速。其他振动，如山脉隆起或者海床扩张，则是缓慢地发生的。数百万年来，这些振动改变着地球的整个表面。

例如，当今世界的地图与恐龙首次出现的三叠纪时的地图大不相同。今天有六大板块：北美洲板块、南美洲板块、亚欧板块、非洲板块、澳大利亚板块和南极洲板块，以及一些较小的陆地。*在三叠

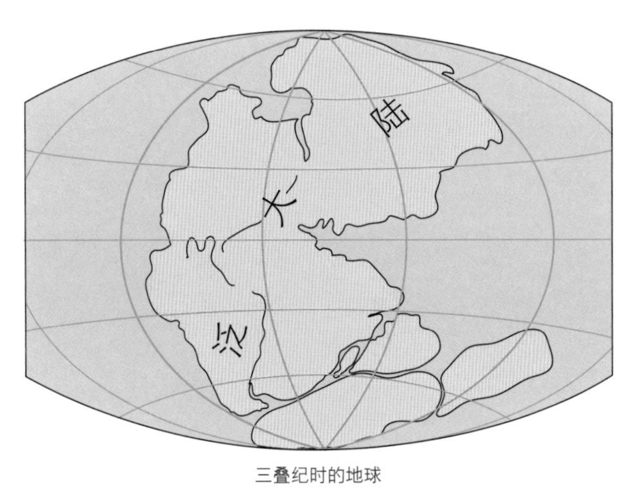

三叠纪时的地球

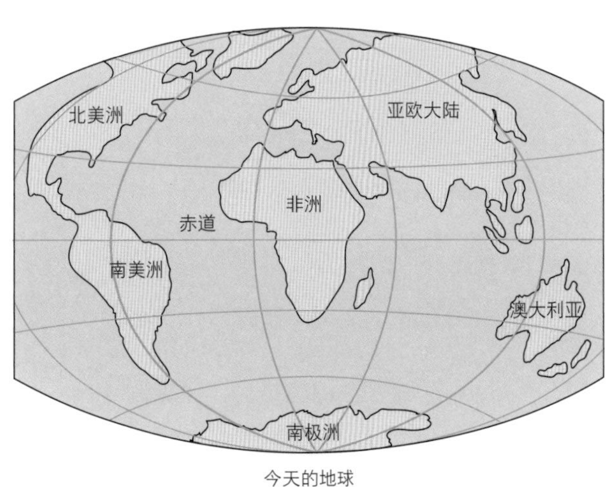

今天的地球

* 又，法国地质学家萨维尔·勒皮雄（Xavier Le Pichon）于 1968 年将全球岩石圈划为六大板块：太平洋板块、亚欧板块、非洲板块、美洲板块、印度洋板块和南极洲板块。——编者

纪时期，只有一个大陆，被称为泛大陆，即“全是陆地”。在三叠纪末期，泛大陆开始分裂，新大西洋在分裂的两个部分之间形成（见第39章）。在中生代到新生代的数百万年间，板块继续运动，时而分裂，时而碰撞。

事实上，这些板块今天还在移动！通过使用GPS（全球定位系统）设备和在轨卫星，地质学家已经证明，大西洋变宽的速度和你指甲生长的速度差不多！

板块构造引起的变化是岩层形成的原因。地下岩浆或地表火山熔岩冷却成火成岩。板块崩塌和挤压产生的巨大压力使老岩层变成新的变质岩。在山脉形成的地方，风和水把它们侵蚀成沉积物，形成沉积岩。

不止于此。古老的火成岩、变质岩和沉积岩熔融形成新的火成岩；古老的火成岩、变质岩和沉积岩被挤压、烘烤，形成新的变质岩；古老的火成岩、变质岩和沉积岩被分解熔融在一起，形成新的沉积岩。这种岩层的不断形成和再形成称为岩石循环。

所以下次你捡起一块石头时，你就要想想了，在你找到它之前，这块石头至少经历过一次岩石循环，也可能几百次！世界上的每一块石头最终都是经过地球表面的重塑而形成的。

3

化石与石化

18

化石是生物的遗骸或它们记录在沉积岩中的活动痕迹。正如我们在上一章中所看到的，沉积岩是在有水或有风的地方形成的，也正是在同样的地点，动植物得以维持生命。我们已经了解了沉积岩的形成方式，那么现在就让我们来看看动植物最终是如何进入沉积岩的。

进入岩石中

古生物学家把化石分为两大类。实体化石实际上是生物身体的一部分，比如骨头、牙齿、贝壳、爪子、树叶和树枝。而另一种遗迹化石，则是生物活动的痕迹，如足迹、洞穴和粪便。正如你所料想的，实体化石和遗迹化石形成和保存的方式是不同的。

要形成实体化石，首先需要的是实体——通常是遗体（从活动物身上脱落的牙齿以及活植物的叶子是两个明显的例外）。像今天的动物一样，恐龙也因各种各样的原因而死亡。有些遭到其他动物的杀戮。另一些则死于疾病或意外。少数幸运的恐龙很可能死于自然衰老。但一只恐龙死掉并不意味着它的遗体就能变成化石。

形成化石所需要的第二个条件是，死去的动物、牙齿、植物或其他什么必须被掩埋起来，越快越好！尸体暴露在自然环境中的时间越长，食腐动物将其四分五裂的可能性就越大，细菌会使其腐烂，天气也会分解它。

19

那么恐龙是怎么被掩埋的呢？与今天动物被掩埋的方式一样：河流泛滥、沙尘暴，以及其他任何能同时造成大量沉积物移动的情况。一只小型恐龙被掩埋的方式有很多种。但大型恐龙通常以两种方式掩埋。第一种是洪水，比如一条大河漫过堤岸或飓风袭击了海岸。另一种则是死在一片干涸的水坑中。在中生代（今天也如此），经历旱季的动物会聚集在日渐缩小的水坑边。一个特别糟糕的旱季结束后，干涸了的水坑的泥裂中能发现大量种类各异、因脱水而死亡的动物尸体，它们随时会在雨季到来

一只剑龙在与一只角鼻龙的搏斗中受了伤，最终一命呜呼……

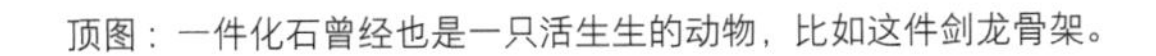

顶图：一件化石曾经也是一只活生生的动物，比如这件剑龙骨架。

时被水淹没。

要制造化石，第三个条件是什么？埋有尸体的沉积物必须变成岩层。像肉和皮肤这样柔软的身体部位常常会在尸体被掩埋之前就迅速腐烂。但骨骼通常比肉和皮肤保持得久些。当水流过沉积物，将泥土、沙子和矿物颗粒黏合在一起时，也会流经骨骼内部的孔隙，在里面留下一点点混合物。这个过程叫作化石化。在一些化石中，骨骼中增加的沉淀物太少了，使得它依然保持着白色的外表，看起来就像7年前，而非7 000万年前被埋葬的一样！另一些化石骨骼里则含有太多沉积混合物，骨骼被染成了黑色，从高处掉落时会像岩石一样裂开。

同样的过程使得一些类型的遗迹化石得以保存。如果一窝恐龙蛋在洪水或沙尘暴中被掩埋，蛋（以及其中的恐龙胚胎骨骼）可能会变成化石。同样，恐龙的粪便也可以被埋藏并变成化石。化石粪便被称为粪化石，可以告诉我们很多关于恐龙以什么为食以及如何进食的信息。

零星碎骨

当你去博物馆参观或者阅读像手头这样一本与恐龙有关的书籍时，经常会看到完整的恐龙骨架。然而在野外，想找到完整的骨架几乎是不可能的！

想想化石形成的步骤。如果恐龙死于另一种动物的啃咬，那么被咬掉的部分将从化石中消失。如果尸体没有被立即掩埋，那么它的某些部分可能会被分食或风化。如果尸体在掩埋前被水冲刷过一段时间，差不多可以确定会有更多的部分丢失。最后，如果化石后来因为侵蚀而暴露在自然中（在大多数情况下，化石就是这样被发现的），露出来的部分就会受到破坏，并被风雨进一步侵蚀。

正因为如此，绝大多数化石都是单件牙齿或碎骨。完整的骨头很少见。几件骨骼连在一起就更少见了。更为罕见的是几乎完整的骨架：恐龙死后，必须马上得到掩埋，并且在小部分暴露于地球表面后立即被人们发现。

喙、角、鳞片、羽毛和像岩石一样坚硬的肌肉

在一些罕见的情况下，恐龙其他的身体组织，如喙、爪子和羽毛得以保存下来。恐龙的喙和角的表面，与鸟、龟的喙或羚羊角的表面一样，是由一种叫作角质的物质构成的，其成分和指甲的成分相同。虽然角质不如骨骼或牙齿那么坚硬，但比皮肤、肌肉和其他组织要硬得多。恐龙的角质鲜少得以保存。如若保存，我们就可以了解到恐龙的喙、角或爪子的形状。

通常情况下，恐龙的皮肤是不会存留下来的。但偶尔会有一具恐龙的尸体停置在一些软泥上，泥变硬，就留下了动物的印痕。这就是为什么我们能

被肉食性恐龙和翼龙类分食的一只恐龙。

够得知许多类型的恐龙周身覆盖有圆形小鳞片。事实上，我们了解到，与蜥蜴或蛇身体上相互覆盖的鳞片不同，恐龙的鳞片更像是海龟、鳄鱼或鸟腿上那种彼此相邻的鳞片。不过，一般来说，我们找到的只是皮肤的印痕，而不是皮肤本身，因此，我们无从得知恐龙鳞片的颜色。

我们还发现了一些皮肤印痕，印痕显示一些恐龙周身没有被特有的鳞片覆盖。例如，一些蜥脚类恐龙的尾巴和大多数鸭嘴龙类的背部都长有一系列非骨质棘刺，这只能通过印痕得知。原始小型恐龙——鹦鹉嘴龙（*Psittacosaurus*）的尾巴上长着一排长长的管状羽毛。若非最近发现的一件化石，我们绝对无从知晓。

在进步的肉食性恐龙（虚骨龙类）身上，人们还发现了另一种身体覆盖物——羽毛！原始的虚骨龙类只具有简单的簇毛，但更进步的类群则具有真正的羽毛。在一些化石中，羽毛是作为印痕保存下来的；在另一些化石中，一些原始羽毛则化作碳膜留在了岩石内！保存这些碳层所需的条件非常苛刻。从20世纪初开始，古生物学家（或至少其中一些人）就推测出虚骨龙类具有羽毛，但直到1996年发现了中华龙鸟（[*Sinosauropteryx*]，以及此后的其他

在一场洪水中，附近涨水的河流掩埋了恐龙尸体。

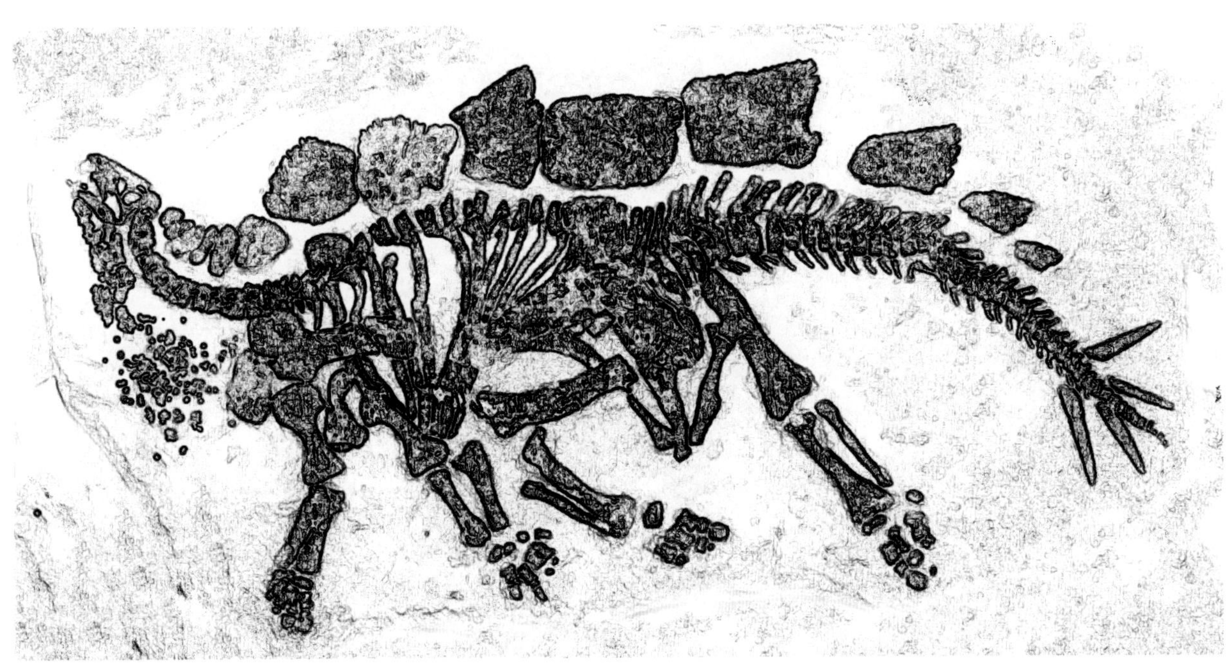

骨架最终石化了。

有羽恐龙），这一点才得到证实。

也许最稀有的化石是古生物学家所说的矿化软组织化石，其指的是通常会迅速腐烂的身体部分，例如肌肉或肌腱，它们在某些细菌的帮助下变成了岩石。这只会发生在某类热带潟湖或食肉动物粪便内。这些化石能告诉我们有关恐龙内部结构的信息。

与恐龙同行

21

实体化石（除了脱落的牙齿）是在恐龙死后形成的；遗迹化石则是恐龙在活着的时候制造的。我们已经了解了一些类型的遗迹化石：蛋和粪化石。它们的保存方式与实体化石相同。

最常见的恐龙的遗迹化石是足迹。这些足迹是恐龙在泥泞中行走时留下的，泥土足够潮湿，足以留下印记，但也不至于太湿而使印记马上被冲刷掉。你可以在湖滨、海边和泥泞的河岸上找到这样的环境。恐龙足迹是一种沉积结构（就像泥裂或雨痕）。像其他沉积构造一样，它们必须被覆盖才能保存下来。

恐龙的足迹可以告诉我们很多信息。首先，它们展示了恐龙足底的样子，有时甚至具有鳞片的印痕。恐龙的行迹（一连串恐龙足迹）证实恐龙的后肢位于身体正下方，而并非从身体侧面伸出。行迹还显示，恐龙并不像一些老式插图所描绘的那样尾巴在地上拖曳。如果它们的尾巴真的在地上拖曳，那拖曳的痕迹在哪里？即使是鬣蜥（比大多数恐龙体型都小得多！）都会留下拖尾痕迹，但恐龙没有。

更重要的是，行迹可以告诉你恐龙的移动速度。如果你知道留下足迹的恐龙有多高，那么就可以运用数学方程式计算出它留下这些足迹时的速度。正如所料，大多数恐龙的行迹都显示它们正在行走（毕竟，你会经常在泥泞中奔跑吗？）。但也有一些行迹显示恐龙在快速移动。德克萨斯州一些来自与

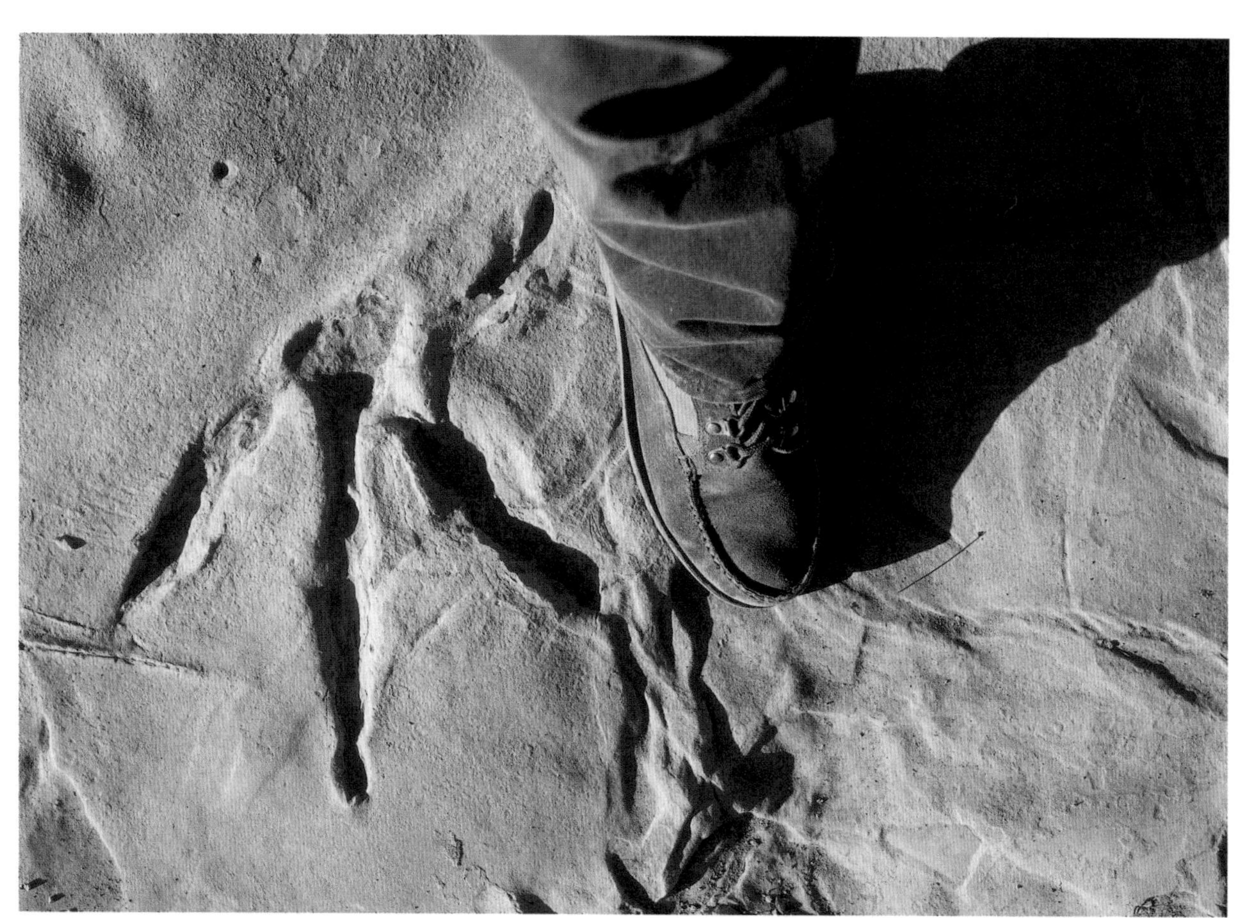

足迹化石是恐龙留下的足迹记录。

人类体型相当的兽脚类恐龙的行迹显示，它们的移动速度高达每小时24英里（约38.6公里），比奥运冠军还快！

德克萨斯州的另一组行迹让我们了解到恐龙的另一种行为：狩猎！它们表明一只巨大的掠食者（可能是肉食龙类恐龙高棘龙［*Acrocanthosaurus*］）在追逐一只体型更为庞大的植食性恐龙（一只蜥脚类恐龙，可能是波塞东龙［*Sauroposeidon*］)。当两条行迹汇合在一起时，掠食者的足迹出现了奇怪的现象：并没有呈现出左脚—右脚—左脚—右脚—左脚的顺序，而是左脚—右脚—右脚—左脚—右脚。除非这只3吨重的肉食性恐龙在玩跳房子游戏，否则，对于缺失的左足迹，最简单的解释就是，高棘龙用它强有力的爪子抓住了植食性恐龙，被其带着向前拖行了一步，之后又被甩开了。植食性恐龙逃脱了吗？我们永远不会知道。其余的足迹都在行迹尽头被侵蚀掉了。

实体化石和遗迹化石是我们了解已灭绝恐龙的唯一直接线索。没有化石能够对动物进行完整的记录：总有一些东西缺失了。不过，通过把这些零碎的东西拼凑在一起，古生物学家可以对恐龙的外貌、生活方式和演化过程进行复原。

先人一步，研究恐龙粪便

科罗拉多大学
凯伦·金博士（Dr. Karen Chin），索姆·霍尔姆斯

照片由凯伦·金提供

凯伦·金是一位具有特殊专长的恐龙科学家。她研究恐龙的“身后物”，这个身后物可不是骨骼。凯伦是研究恐龙粪化石的专家。

科学界的一切都有着奇特的名字，恐龙粪便也不例外。它们被称为粪化石（coprolites，读作KOP-ruh-lites）。粪化石是史前动物石化了的粪便。我们能从粪化石中了解到什么？多着呢。正如凯伦所说，粪化石“让我们了解古生物的饮食习惯以及这些动物的互动方式”。

凯伦研究粪化石的一个方法就是利用显微镜观察它们。“通常很难，甚至无法确定是哪种动物的粪化石，但我们可以通过研究粪便的成分来区分肉食性动物和植食性动物。其他诸如年代以及地理位置的线索，可能有助于指出粪化石最有可能的产生者。一件来自加拿大萨斯喀彻温省的标本含有骨骼碎片，可能来自一只暴龙。来自蒙大拿州的其他标本含有被植食性动物吃下的坚硬的植物组织，这些植食性动物可能是鸭嘴龙类。

粪化石还是揭示恐龙与环境之间关系的证据。凯伦在一些晚白垩世的粪化石中发现了粪甲虫钻出的孔洞。“现在我们知道了，”她解释道，“粪甲虫和恐龙一起演化，并帮助回收了恐龙必然会产生的大量粪便。”这种最为庞大的陆栖生物使一些十分微小的生物得以生存。

恐龙粪化石相当罕见。只有在合适的条件下被掩埋时，软粪便才发生化石化。“我们通常不太清楚恐龙粪便的原始大小或形状，因为大型动物的粪便很容易因雨水侵蚀、践踏或掩埋而破碎或变形。”凯伦发现的最大的粪化石体积约为7夸脱。

粪化石被打开时会散发出气味吗？没有，凯伦解释说恐龙留下的化石实在是太古老了，现在只是一堆石头。“但大约200万年前更新世动物的干粪仍含有大量有机物质，空气潮湿时闻起来可能会有味道。”

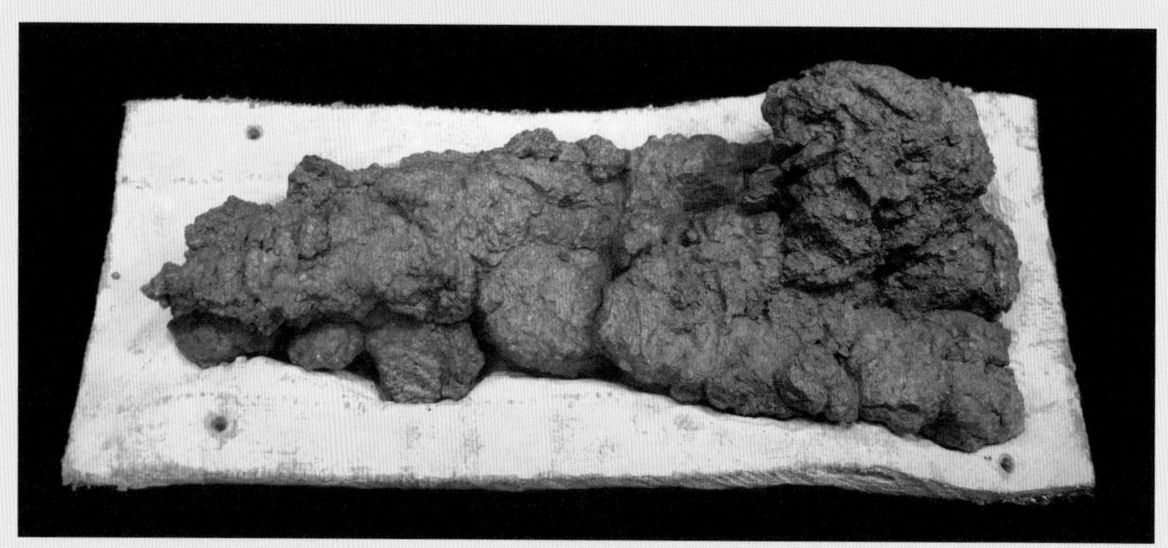

大恐龙造大粪便：君王暴龙2公升的粪化石。

4

地质年代：那只恐龙有多古老，我们如何知晓？

23 地质发现中最惊人的，要数地球广袤的年龄和恐龙生存的年代这两项了。我们发现地球具有几十亿年的历史，还发现恐龙最早出现于千万年前。这些数字大得惊人。我们把地球这段漫长的历史称为地质年代。但科学家是如何计算出这些数字的呢？

数字年代和相对年代

我们测量时间主要用到两种方法。一种是数字年代，或者说是用数字表示时间。可以是小时和分钟，如16：50；也可以是日期，如2004年9月2日。我们用数字来谈论事件的持续时间，不管是让微波炉定时加热3分30秒来制作爆米花，还是光从半人马座的阿尔法星到达地球需要4.3年。当我们谈论恐龙时，我们所说的数字年代，既可以用日期来表示，比如暴龙在6 550万年前灭绝，也可以用持续时间来表示，比如白垩纪从1.455亿年前持续到6 550万年，共8 000万年。

但是我们也可以计算相对年代，也就是说用事件发生的顺序来表示的时间。我们可以说，今天早上上学前我们吃了早餐，还可以说美国独立战争发生在“阿波罗”11号登月之前。这些叙述与数字年代的数据一样真实。事实上，有时比起数字年代，我们对相对年代反而更为确定。当我在森林里看到一棵树时，我可以非常肯定它在长成这样的大树前，曾是一颗橡子，这就是相对年代的顺序，即使看着这棵树我也说不出橡子具体是什么时候掉落到地上发芽成树的。

在17世纪，科学家们开始意识到他们可以用同样的方式来观察地球。他们可以尝试找出事件的顺序（也就是说，以相对年代表示的地球历史），也可以尝试找出事件发生的日期（也就是说，以数字年代表示的地球历史）。原来第一种方式比第二种容易得多！

时间的分层

要想弄清楚如何以相对年代阅读地球的历史，第一个关键是要了解岩层是如何形成的，特别是要知道沉积岩是如何在地层中形成的。随着物质从来源处被输送到沉积区域，沉积物层层堆叠，形成了地层。

要搞清楚如何通过观察岩层来判断时间，你可以试想另一个物品层层叠放的地点：在卧室里，某 24 人把脏衣服丢在了地板上（希望你不会这样！）。这堆衣服最底下的那层是最先被扔在地上的。再往上一层的衣服则是随后掉落的。以此类推（底层是最早的），一直到脏衣堆的顶部，那里的衣服是最晚扔下的。

我们看着这堆衣服，可以立即弄清楚它们掉落在地上的时间顺序。我们可能无法确定每件衣服是什么时间被扔下的，但我们可以分辨出它们是按什

顶图：大峡谷的岩层揭示了数亿年的地质年代。

么顺序被扔到那里的。

沉积岩可以应用同样的原理。沉积在一个区域最初的，也就是最古老的岩层，位于底部；上一层的岩层比下一层的岩层年代要晚，以此类推，最上面的那层年代最晚。

正如我们在第2章中了解到的，沉积岩是唯一含有化石的岩层。在某特定的岩层中发现的化石来自于在该层形成期间死亡的生物。因此，如果我们在某层中发现一件化石，在更上的一层发现第二件化石，我们就知道第二件化石比第一件年代要晚（也更接近我们人类的时代）。我们也许搞不清楚它们究竟距离我们的时代有多久，但我们搞得清楚它们出现的先后顺序。

当我们观察岩层时，有时会发现它们已经折叠或扭曲，不再呈平铺状。这使得我们很难确切地分辨出它们形成的时候到底哪一层位于最底部（底部的是最古老的）。然而，如果有诸如泥裂、波痕和足迹等沉积构造出现，它们会告诉你最初哪一面才是“朝上”的。这是因为这些特征只在沉积层的顶面形成。因此，如果你找到沉积构造，你就可以确定哪一个地层年代最晚，以及这些地层之间的相对年代。

地层中的褶皱和扭曲也能告诉我们有关相对年代的其他信息。它们告诉我们，岩层在被折叠和扭曲之前必然已经存在。所以这些变化发生的时间比岩层本身的时间要晚！

最后的要点我们不仅仅可以用来了解沉积岩。比方说，有时岩浆融穿其他岩层，之后冷却形成火成岩片。那些火成岩片一定比周围的岩层年代要晚（在时间上与我们的年代更接近）。此外，无论何时，一个先前存在的岩层被侵蚀掉，上面又沉积了新的岩层，我们就能得知被侵蚀的岩层一定比新岩层更老。

成为页码的化石

对于岩层位置的观察有助于我们找出地球上某一特定地点（例如大峡谷）发生的事件的相对顺序。但它们并不能帮助你把发生在世界上某一地区的事件与发生在另一地区的事件联系起来。要做到这一点，科学家们还需要借助其他东西：在两个地点的岩层中都能找到，并且只在有限时间内存在过的东西。换言之，这个东西需要在地球上出现过一段时间，之后消失不见，再也没有出现。

在19世纪早期，一个叫威廉·“地层”·史密斯（William “Strata” Smith）的人（是的，他的绰号是“地层”！）意识到，事实上岩层中就有上面我们所提及的东西——化石！一个特定的化石物种在某段时间的地层中出现，之后走向灭绝。我们在下方或上方的岩层中都无法再找到这种类型的化石。因此，任何含有这个特定化石物种的岩层肯定都是在该物种首次出现至灭绝之间形成的。如此，一件化石就可以充当起地球历史的某种“页码”。这些页码化石后来被称为标准化石。

“地层”史密斯实际上并不清楚化石为何会以特定的顺序出现（对演化的现代理解直到1859年才被提出），但他的研究工作意义重大。要成为起到作用的标准化石，这种化石必须非常常见。你应该能够在各地，属于它的那个年代的地层中找到它。而且这个物种应该只存在了相对较短的时间。

最后一点非常重要。记住，任何含有标准化石的岩层都是在该物种第一次出现和最后一次出现之间形成的。物种存在的时间越短，我们就越能准确地知道来自世界不同地区的两个遥远的地层在时间上有多接近。因此，如果一个化石物种从5亿年前一直存活到2.5亿年前，那么两个各自包含该物种的地层之间的时间间隔就可能高达2.5亿年。这个时间也太久了！但如果这个物种只生活在2.51亿到2.5亿年前，我们就能得知，这两个岩层之间最多只有100万年的间隔（从人类的角度来看，这仍然是很长的一段时间，但比2.5亿年的跨度要好多了！

地质年代的名称

19世纪和20世纪早期的地质学家们利用化石为

地质年代的各阶段命名。这些时间块之间的界限建立在标准化石的重大变化之上。事实证明，这些变化往往反映了许多物种的大灭绝。

地质学家为每一个不同的地质年代命名。他们对其进行编组，使每一个大的时间单位包含了一系列较小的时间单位。这种大单位包含各种越来越小的单位的排列，称为地质年代表。

地质年代表的最大单位是“宙”(eon)。我们、恐龙，以及几乎所有不用显微镜就能看到的生物都生活在显生宙(Phanerozoic Eon，四个宙中年代最近的一个)。显生的意思是“可见的生命”。宙又被划分成“代”(era)。

显生宙分为古生代(Paleozoic)、中生代(Mesozoic)和新生代(Cenozoic)。我们现在处于新生代，但恐龙来自中生代。在古生物学中，古生代和中生代之间的界线代表着我们所了解的规模最大的一次大灭绝，当时大约95%的动物物种都消失了。

中、新生代分界发生的那次大灭绝事件并没有如此可怕，但它结束了恐龙对地球的统治(但并没有使恐龙消失——之后我们会了解到)。

代则被分为“纪”(period)。中生代包括三叠纪(Triassic)、侏罗纪(Jurassic)和白垩纪(Cretaceous)。纪又被划分为更小的时间段，称为“世”(epoch)。有早三叠纪、中三叠纪、晚三叠世和早侏罗世、中侏罗世、晚侏罗世。遗憾的是，当19世纪的地质学家研究白垩纪时，只把它分为早白垩世和晚白垩世。由于地质名称的规则限制，今天我们只能沿用白垩纪的这两个时间划分法。

现在有件事需要思考：在上述内容中，我都没有用数字年代谈及宙、代、纪、世。这是因为以前并没有用数字年代来计算地质年代。直到20世纪初，地质学家才确定了如何以年为单位测算地质年代，因为直到那时放射现象才被发现。

标准化石相关性

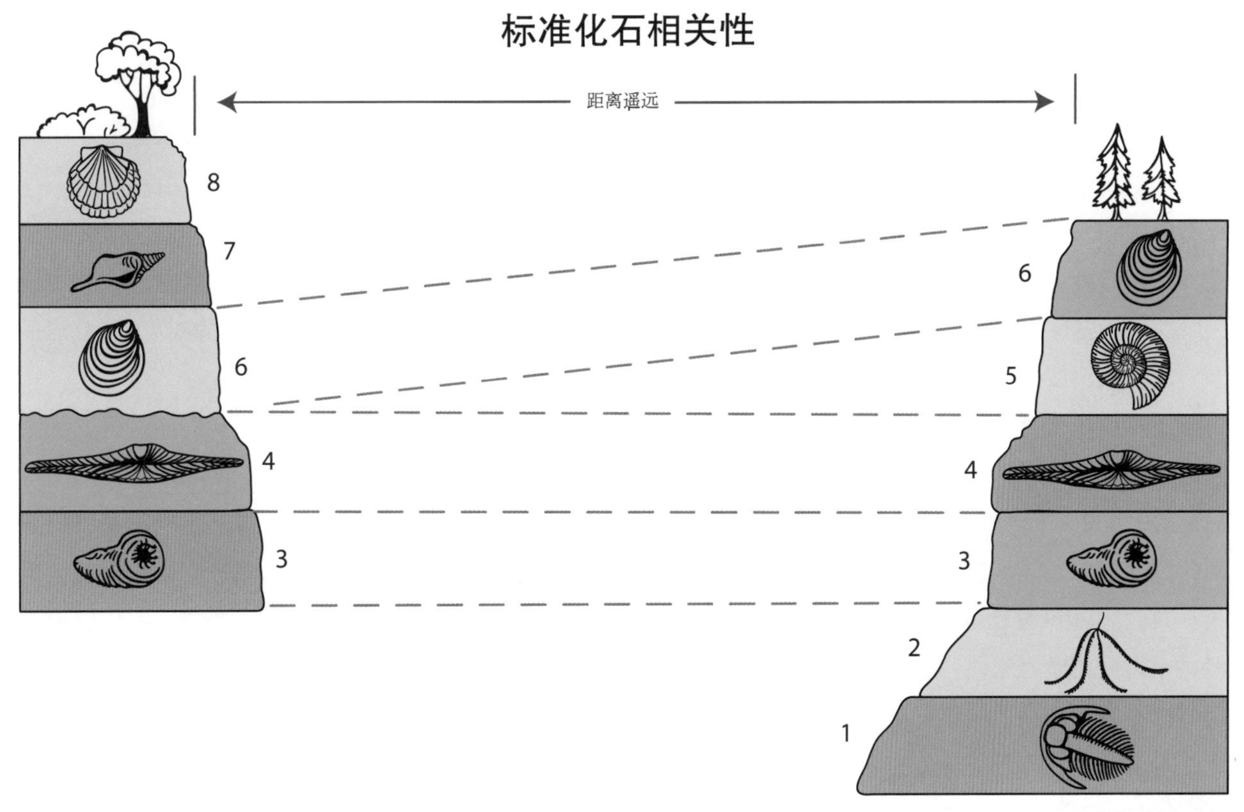

所有含有相同标准化石的岩层都是在相同时期，即化石物种的起源和灭绝之间沉积的。所以，含有化石3的岩层的年代差不多，含有化石4的岩层的年代差不多，以此类推。但是请注意，世界上没有一个地方具有完整的时间历史。例如，左剖面的岩层包括的地层（化石7和化石8）年代较晚，右剖面的岩层包含的地层（化石1和化石2）较早。另外，在左剖面中也没有发现化石5所在年代的岩层：要么在那里没有那个时代的岩层沉积，要么它们在化石6所在年代的岩层形成之前就被侵蚀掉了。

放射性定年法

当我们想到放射现象时，通常会想到人造物，如医疗扫描仪、核电站或原子弹。但是自然界中的许多物质是具有天然放射性的。换句话说，随着时间的推移，它们从一种元素衰变成另一种元素。放射现象无处不在。

大约100年前，人们发现所有的放射性原子都以相同的方式分解或衰变。一段时间后，一个物体中一半的放射性原子会衰变成另一种被称为子体产物的原子。之后，在另一个持续时间相同的周期内，剩余放射性原子的一半会分解成子体产物，留下四分之一的放射性原子和四分之三的子体产物。然后再经过一个持续时间相同的周期，剩余放射性原子的一半又会分解，以此类推。科学家把这段时间称为放射性元素的半衰期。经过仔细研究，他们发现每种放射性元素都具有独特的、固定的半衰期。

地质学家认识到，通过测量一块特定岩层中能找到多少放射性元素和子体产物，就可以得知它形成了多少个半衰期。通过将这个数字与已知的放射性元素半衰期相乘，就可以计算出这些岩层的年龄，或者说它们的放射性定年。他们可以用不同的放射性元素（每种元素都有自己独特的半衰期）来对同一岩层一一进行处理。

这一认识使得地质学家雀跃不已。这项技术使得岩层显示出极为一致的放射性定年，即使科学家们使用了具有不同半衰期的元素去测定。使用不同的元素很重要，因为你可以将它们的年龄相互比较。即使各元素的半衰期非常不同，但只要得出的数据相一致，你就可以确定你计算出的年龄是正确的。但对于古生物学家来说，还存在一个问题。你无法得出沉积岩的放射性定年！如果你这么试过了，那么你测算出来的其实是形成沉积物的岩石的年龄，而不是沉积岩本身的。

但古生物学家也没忘记，有时火成岩会切入较老的沉积岩中，另一些时候沉积岩又会沉积在较老的火成岩上。在这种情况下，他们可以计算出火成岩的放射性定年，并且他们明白，沉积岩连同它包含的标准化石在内，一定要么比火成岩的年龄更早，要么更晚。这样，他们就可以同时使用相对年代和数字年代。

完整的地质年代表

通过在世界各地乐此不疲地使用这一方法，地质学家开始为地质年代表添加数值。像大多数科学计算一样，数字年代计算总是会随着新类型实验的完成而发生变化。这就是为什么有些书里说白垩纪结束于6 550万年前，有些说6 400万年，有些又说是6 600万年。

下面是一张地质年代表，说明了地球历史和生命演化中重大事件发生的时间。因为这本书是有关恐龙的，所以它最为详细地展示了中生代。但古生物学家和地质学家也研究其他地质年代。通过对数字年代的计算，我们了解到恐龙的时代，即从大约2.35亿年前最早一批恐龙出现，一直到6 550万年前的大灭绝，这之间有1.7亿年之久。我们还可以得知，生活在6 550万年前恐龙时代末期的君王暴龙从时间上讲，距离我们人类反而比距离生活在1.5亿年前的剑龙更近！君王暴龙和剑龙间相差的时间刚好是恐龙时代的一半。

那么某一只恐龙有多古老？我们如何得知呢？有很多不同的方法可以处理这个问题。我根据相对地质年代表可以得知，在悬崖边上发现的某只恐龙比在较低的地层中发现的另一只恐龙年代要晚。我们可以利用岩层中的标准化石来确定这些岩层形成于哪个地质年代，还可以使用放射性定年法（无论是在我们发现化石的地点，还是在其他拥有相同标准化石的地方），充分了解恐龙的数字年代究竟距离我们有多久远。

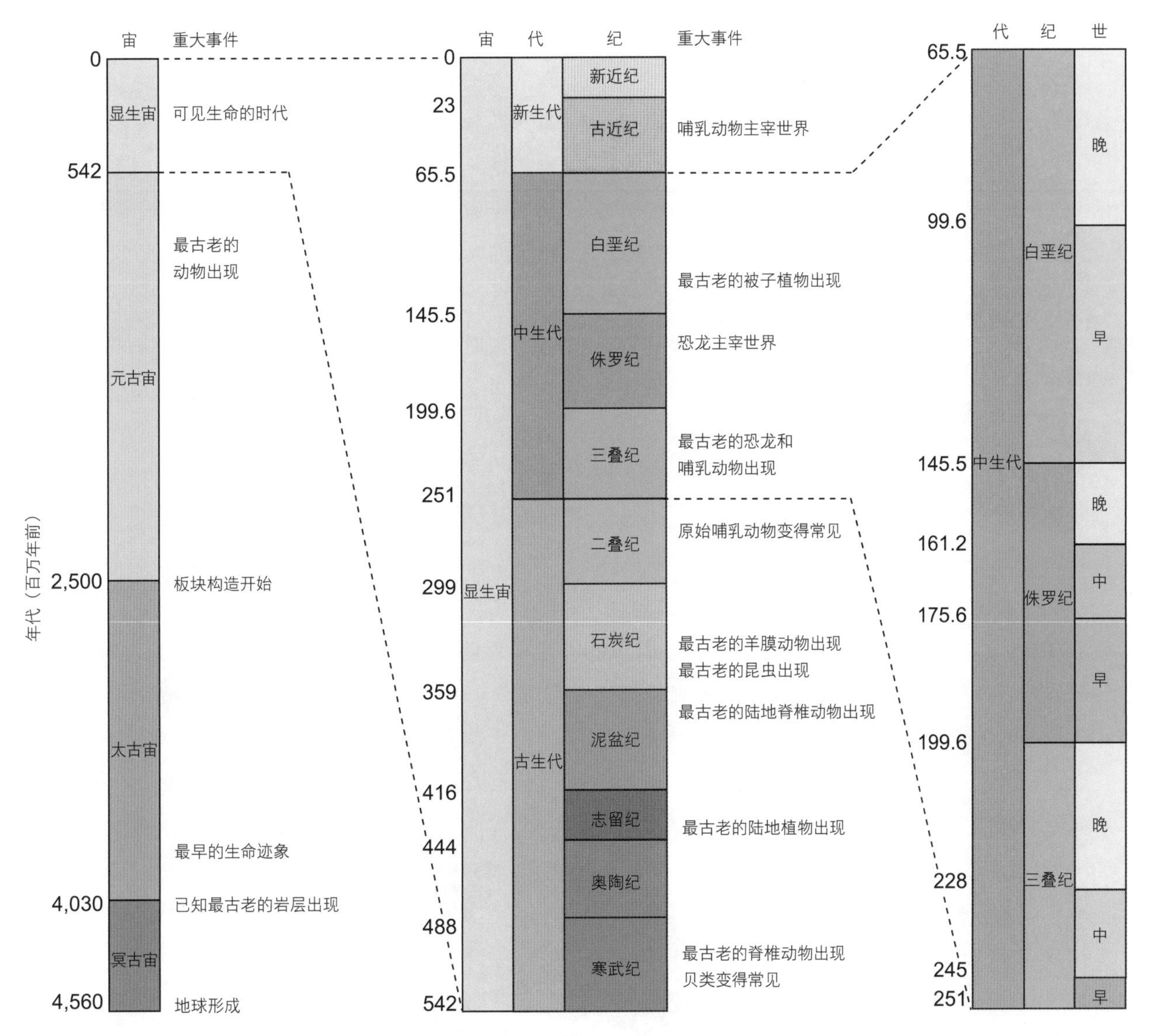

地质年代表以“百万年前”为单位。左边是地球从形成到今日的完整的地质年代。中间是显生宙（表上最后的5.42亿年）的放大图，显生宙即“可见生命的时代”。右边则是中生代，也叫作“爬行动物时代”。

古老有多老？地球生命的演化

明尼苏达州圣保罗，麦克莱斯特学院
雷蒙德·R.罗杰斯博士（Dr. Raymond R. Rogers）

照片由雷蒙德·R.罗杰斯提供

请问各位读者你们多大了？显然岁数足够大，都可以读书了，但比起你们的父母或祖父母，你们还是要年轻得多，因为他们才是真的有些年纪了。但是地球的年龄，则是另一种“有些年纪”。地质学家目前认为地球的年龄约为46亿年。很久以前，我们的地球和太阳系中的其他行星初步形成，开始围绕太阳运转。不可否认，早期的地球是个难以生存的地方，遍布着熔岩的海洋，天空因缺乏我们生存所需的氧气呈现刺眼的粉黄色。幸运的是，随着时间的流逝，地球冷却下来，熔岩随之变成了岩，水蒸气凝结成水，为生命奠定了基础。

地球上的生命开始时渺小而简单。首先出现的是与今天的细菌相似的单细胞生物。化石记录表明单细胞生命的存在可以追溯到35亿年前。从古代海洋沿岸的这些微不足道的原始生命开始，生命愈发蓬勃且多样。不久，即几十亿年后（至少在一位对时间容忍度很高的地质学家看来这算不得久），生命演化出包括你我更为熟悉的生物，比如水母和海绵。

之后，大约5亿年前，鱼儿开始在海绵丛中游动。在那不久之后，它们就能在水母身上咬上一口了。有一类鱼极为勇敢，它冒险离开了水乡，想在陆地上试一试它那结实的叶状鳍。这场有着3.75亿年历史的冒险，来自当今肺鱼的古老远亲，它为两栖动物和各种陆栖动物，比如海龟、哺乳动物，当然还有神奇的恐龙。

现在，对于恐龙有多么古老，它们存活了多久，我们已经有了充分的了解。它们的化石骨骼和牙齿最早出现在距今约2.35亿年前的岩层中，然后自6 550万年前的岩层中消失。简单的数学计算表明，它们以惊人的方式在地球上存活了大约1.7亿年。

在探索古老的恐龙世界时，有两件重要的事要牢记在心。第一，尽管恐龙令人惊叹不已，但它只是生命漫长演化史中的一部分。这段历史一直延续到今天。恐龙那持续了1.7亿年的时代，不过是生命35亿年历史中奇妙的一章罢了。第二，仅仅在几百万年前，我们人类以及与我们关系最为密切的祖先才第一次在地球上行走，而这几百万年对于浩渺的时间海洋来说，不过是沧海一粟罢了。

5

从野外到博物馆：寻找化石

29 我们已经了解动植物是如何变成化石的。但是我们怎么知道在哪里能找到化石呢？即便找到，又该如何处理它们呢？

去哪儿挖掘？

听说发现了一个新恐龙物种时，很多人都想跑去挖出一个来。问题是，恐龙化石很难找到，差不多和把它从岩层里清修出来一样困难。

恐龙化石只出现在恐龙存活时期形成的岩层中。因此，在古生代或前寒武纪的岩层中寻找它们是徒劳的，因为那比恐龙首次出现早太久了。在新生代岩层中，你唯一能找到的恐龙化石是鸟类（它们实际上也是一种恐龙），或者你还能找到那些因侵蚀从较老的岩层中露出，之后又沉积到年代更晚的岩层中的化石。

要找到恐龙化石，必须首先找到中生代形成的岩层。这些岩层在许多地方都能找到，但并不是所有的中生代岩层都含有化石。例如，火成岩和变质岩都不含化石。在海洋中形成的岩层鲜少有恐龙化石，也不会有恐龙足迹或粪化石。

要找到恐龙化石，需要的是在陆地上形成的中生代岩层。谢天谢地，在地球上许多地方，这些岩层都暴露在地表。

这种暴露是非常重要的。如果岩层完全埋在地下，那就无从得知里面究竟有没有化石。只有当化石接近地表，或者部分暴露在外，人们才能真正找到它们。偶尔，化石会意外地暴露出来，比如修建

30 新公路或建筑时，但找到化石的最好方法是让大自然母亲来挖掘。也就是说，寻找那些被风雨侵蚀过的岩层。随着时间的推移，这些岩层中的化石可能会部分暴露出来。按照这种方法，你可能会发现很多东西，既会有碎牙齿尖，也会有恐龙的足迹！

十多年前，在怀俄明州的谢尔市附近，体态纤细（比现在瘦多了）的作者协助发现了附近的晚侏罗世恐龙骨骼。

在电视和电影中，我们经常看到古生物学家大规模探险寻找恐龙化石的画面。虽然这些探险确实

顶图：怀俄明州谢尔市附近含有恐龙化石的沉积岩。

将化石提取出来后的保护工作需要时间和耐心，还需要石膏和卫生纸。

发生过，但大多数恐龙化石并不是由真正寻找它们的人发现的。它们的发现都很偶然！有时是被出于其他原因在地上挖掘的人发现的。例如，第一件恐龙骨架是人们在新泽西为一所房子挖掘地基时发现的。其他时候，化石则是被随意散步的人们发现的！蒙大拿州的一位农场主发现了一件著名的暴龙骨架，他交了好运，在合适的时机低头看了看地面。不过还是有一些发现来自地质学家或其他科学家，他们在为自己的研究而探索岩层时偶然发现了骨骼、蛋或足迹。非常偶尔，恐龙化石会由恐龙古生物学家发现，他们那时通常正在为挖掘自己最喜欢的生物而探索一个地区。

刮去尘土

当发现恐龙骨骼时，你不能仅仅用铲子或挖土机把它们挖出来。恐龙化石非常脆弱，如果不小心对待，它们就会碎裂。事实上，如果你有幸找到了在你看来是化石的骨骼，你应该把它们留在原地，请专业科学家来看看。很多原本保存良好的化石都是被那些迫不及待想自己动手挖出来的人给毁掉的！

除了化石本身，我们更需考虑的是化石发现点。骨骼在岩层中的姿势可以告诉我们这个动物身上发生过什么。它是被泛滥的河水淹死的吗？尸体是被食腐动物撕裂了还是被太阳晒干了？此外，化石周围的岩层中可能保存有很容易遭到破坏的皮肤印痕或其他小细节。

这就是为什么恐龙挖掘应该被称为“恐龙刮掘”。当到了真正要把恐龙化石从岩层中提取出的时候，专业人士会用上牙签、铲子和其他精细的工具。铲子、挖土机和手提钻只能用来移除可能覆盖部分挖掘区域的岩层，绝不能用来去除与化石本体很接近的岩层！

古生物学家和助手们将以从自然界暴露出来的骨骼为起点，向周围移动，检查附近是否还有其他化石。有时可能只有一块骨骼，但有时那块骨骼会连接完整的骨架。非常偶尔，那具骨架属于一整个骨架群！如果你足够幸运，找到了这样的骨架，那么你就获得了一个需要耗费数年的恐龙挖掘点，可能会有大量的新信息埋藏在其中。

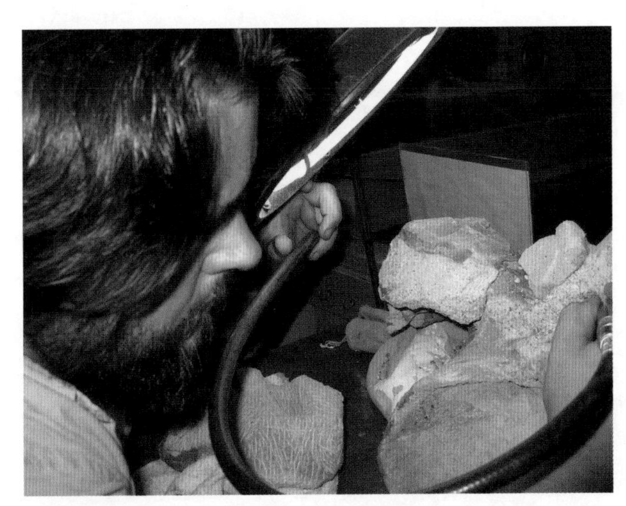

回到实验室，小心移除周遭的岩石，显露出骨骼。

31

在野外就将化石骨骼完全挖出绝不是一个好主意。它们非常脆弱，一旦试图移动它们，很可能就会碎裂。因此，古生物学家转而把发现的化石包裹起来。这意味着他们会将化石周围的一些沉积岩保留下来，并会在化石和岩层四周铺上一层石膏或泡沫，再包上麻布。同时，必须在保护材料和骨骼之间放置一些东西来防止材料粘在化石上，这被称为隔离物。过去，人们用宣纸作为隔离物。如今，更加普遍的是使用卫生纸了，效果一样好，在其他方面也大有用途！

回到博物馆，成为藏品

一旦化石发现地的信息收集完毕，所有东西也已打包，就可以把标本运往博物馆的实验室了。在那里研究者们可以对化石进行更详细的研究。

打开化石外壳并清修化石是古生物学家中一个特殊群体的工作，这个群体叫作“清修师”。清修师并不一定拥有自己的科学研究（虽然有些人有），但是少了他们，其他人可就要对自己的研究束手无策了！清修工作需要大量的技巧和时间。正因为如此，许多博物馆都有很多打包好的化石，它们很久以前就被挖掘出来了，但一直没做清修工作。（有些博物馆里还陈列着一百多年前打包好的化石！）与其让没有经过训练的人在匆忙作业中把它们弄坏，不如就让一件带着护套的化石待在那，虽未制成标本，但仍安然无恙。

在化石被制作成标本的过程中，做研究的古生物学家会对它进行检查，并记录下它的形状和其他特征的细节。如果化石有什么特别之处，也许是一个未知的新物种或是骨架上人们未曾见过的部分，做研究的古生物学家可能会马上开始记录。如果事实证明化石是特别的，那么古生物学家将撰写一篇对它的描述并发表，来向其他科学家宣布这一发现。

并非所有的化石都能告诉我们新信息。但不管一件化石是新的发现，还是不过又是鸭嘴龙类的肋骨，它都必须入藏。入藏意味着每件标本都会被赋予一个独特的编号，之后被正在研究它的博物馆收入藏品中。人们将关于该化石尽可能多的信息（它属于什么物种，是什么骨骼，何时何地发现的，在哪一个岩层中发现的，收集者，鉴定者，等等）都输入到数据库中，以便研究人员将来回看。

一所博物馆的藏品中可能有成千上万入藏的化石，但并非所有藏品都能获得展出。因此，在世界各家博物馆的展厅背后，是堆满化石的仓库。对一些人来说，这些仓库可能很无聊，但对研究人员来说，它们可非常重要。这些贮藏其中的化石可能有助于鉴别在别处发现的化石碎片。可能还需要它们来与新的发现比较。有时，那些曾经被认为不重要的标本反而包含了有用的信息，比如被掠食者咬过或疾病留下的痕迹。事实上，许多新的恐龙物种都是古生物学家在研究几十年前就入藏的标本时被命名的，但那时人们却没能认识到它们是新物种。

32

架设好的骨架，稀有且气派

为什么一所博物馆不能把所有化石都展出？好吧，首先，那会相当无聊。毕竟，人们也不想看到那么多肋骨或脚趾。此外，场地也是个问题：单单展出一件头骨的空间就能安全存放非常多的化石标本。

那么，化石要怎样才能进入展厅呢？通常来说，这件化石必须要有特殊之处（比如尺寸），使得它脱颖而出，值得被很多人参观。恐龙化石越完整，被展出的可能性就越大。毕竟，我们大多数人愿意看的是一件完整的骨架而非一块孤零零的骨骼。

但要组合出一件供展出的完整的骨架并不容易。由于缺少将各骨骼固定在一起的肌肉、肌腱和皮肤，清修师必须打造一个框架来固定骨骼。完整的化石也非常少见，清修师通常要补上一堆缺失的部分。早期，清修师经常使用他们手头现有的骨骼来做这件事。这产生了一些造型奇特、弗兰肯斯坦式的东拼西凑的陈列品，比如有着鸭嘴龙足部的三角龙骨

架和用不同大小标本拼凑而成的剑龙骨架！

如今，清修师用塑料制作骨骼复制品。事实上，在计算机和激光扫描仪的帮助下，他们可以从标本中提取左上臂骨来制作镜像复制品代替丢失的右上臂骨。恐龙骨架展品的组装费用非常昂贵，因此一旦组成轻易不会改动，即使新的发现表明我们关于恐龙站立或抬臂方式的旧想法是错误的。因此，大多数博物馆都有着一些过时的恐龙骨架。这些骨架虽未必精准，但仍值得一赏。

所以，下次你去博物馆的时候，在欣赏展品的同时抽出一点时间，想想清修师在布置这些展品时所付出的体力和脑力。清修师的工作非常出色，但对于他们的辛勤付出，你却几乎从来没有在恐龙书籍，或是电视上看到过。

为了展出，把骨骼重组制成骨架可是个大工程！

拼出恐龙

费城自然科学研究院
杰森·“丘仔”·普乐（Jason “Chewie” Poole）

托马斯·R. 霍尔茨　摄

你最后一次在博物馆里看恐龙骨架是什么时候？你有没有想过是谁把一块块骨骼拼在一起的？

化石清修师是与史前动植物化石打交道的人。他们的工作是小心翼翼地从化石所在的岩层中取出化石，清理掉上面的覆盖物。

恐龙化石常在坚硬的岩层中出现。从地下挖出一件化石骨架可能需要几周或几年的时间。挖掘者最初只能挖出几块骨骼。为了保护剩下的化石，它们会被裹在一件由粗麻布绷带和松软的石膏制成的“皮劳克”（field jecket）里，就像医生给断臂或断腿戴上石膏一样。骨骼在被运往清修师工作的实验室时，其周围的一些岩层通常会被保留下来，用以为骨骼提供支撑。

一旦化石到达实验室，清修师就可以开始进行清理工作，并使化石不那么易碎。

从化石碎片中拼出一只恐龙，就像是拼一幅包装盒上没有完整图样的拼图碎片。为了帮助清修师完成这项任务，挖掘恐龙化石的人们会提供几种信息。他们可能会提供骨骼取出前和取出时挖掘地点的地图和照片，也可能会提供草图和笔记来解释这些骨骼是如何被发现的。所有这些事实都有助于清修师以正确的方式将骨骼重新组合起来。

当皮劳克第一次被打开时，里面的部分骨骼仍覆盖有岩层、泥土和矿物沉积物。矿物要用诸如小凿子、锥子和镐之类像牙医用来清洁牙齿一样的工具从化石上仔细清理出来。岩层和其他残留物必须在不损坏化石的情况下被清除掉。

化石又干又细，而且经常开裂。裂缝和断裂可以用特殊胶水和紧固件修复。一名优秀的清修师掌握着许多修复受损化石的技巧，不会让它们进一步受损。这项工作可能需要数周甚至数月才能完成。

化石清修师的工作似乎慢得令人恼火。但回报是巨大的。想象一下，当化石被重新组合起来之后，第一个看到它的人会是什么感觉。将化石制成标本，与第一时间发现化石一样令人兴奋。

一旦恐龙化石被清理干净并制成标本以备查看，就会有一名古生物学家对其进行研究。古生物学家将判断它是什么种类的恐龙。有时化石会带来惊喜。它们可能会显示出咬痕、疾病的迹象或骨头的断裂。每一个发现都为我们拼凑恐龙世界提供了又一块拼图。

一些恐龙骨架将在博物馆展出，供人们参观。其他的标本可能会进入实验室，以便其他科学家查看。化石收藏就像是一座供科学家学习的化石图书馆。

组装恐龙骨架时，你有时会用到铸模（原骨骼的塑料复制品）。

6

让恐龙复活：恐龙复原艺术的科学

34 我敢说，正在阅读这本书的你喜欢观赏恐龙。既然喜欢，那么很可能你想知道为什么同一恐龙的不同图片之间差异那么大。

恐龙复原（至少你在博物馆和这本书中看到的），即对恐龙真实模样进行描绘的图稿、绘画、雕塑和计算机模型，都出自古生物复原艺术家之手。而为了创造出优秀的恐龙复原，古生物复原艺术家必须研究恐龙科学。

从骨架开始

正如古生物学家必须从恐龙化石着手进行科学研究一样，古生物复原艺术家也必须从化石开始着手进行复原。我们对某一物种化石的信息掌握得越多，对该物种的理解就越全面，无论是出于艺术还是科学。这就是为什么19世纪创作的恐龙图像在我们看来充满了错误：那时科学家和艺术家的素材非常不完整，他们不得不去猜测这些动物的样子。因此，旧的复原显示巨齿龙靠四条腿而非两条腿行走，35 暴龙的尾巴则拖曳在地上。

最为理想的情况是借助完整的骨架展开复原。问题是，并非所有恐龙都有被人们所知的完整的骨架。事实上，只有极个别恐龙有此殊荣！即便有已

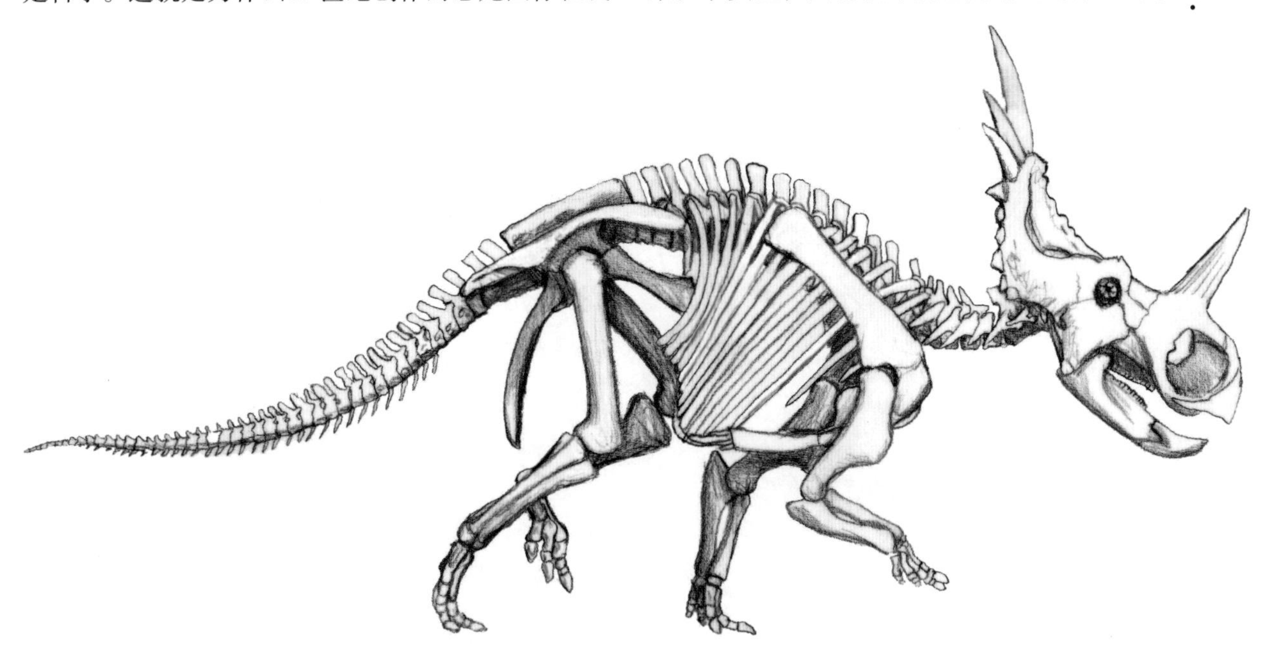

复原恐龙的第一步是重建它的骨架。

顶图：路易斯·V.雷伊将科学与艺术结合，使得这只戟龙栩栩如生。

知完整的骨架，也常常七零八落，只显示出恐龙死时的样子。要想知道恐龙活着时是什么样子，你首先需要制作恐龙重建图，也就是说，需要把骨架重新组合起来（至少要在草稿纸上），填充上缺失的骨骼，弄清楚完整骨架的样子。

你也许会认为，手头拥有一件完整的骨架就能制作出优秀的恐龙重建图——只需将每一块骨骼插入相邻骨骼上正确的关节里就行了，但事实上这仍然会混乱不堪。例如，肩胛骨与其他骨骼的相连并不依靠关节，而是由软骨固定，但软骨不会变成化石。因此，要将肩胛骨、手臂放入正确的位置，总要依靠一些猜测。另一个引起混乱的原因是，骨骼被埋藏并保存在沉积岩中，通常会变形弯曲。有时变形能明眼看出，有时则不然。要做好复原工作，你需要能够分辨出其中的差异。

如果化石中有骨骼丢失，在重建过程中代替它们的最佳方法是使用来自其他骨骼的信息。例如，如果你正在重建的化石缺少右腿，则可以利用左腿创建“镜像图”来完善骨架。或者，如果需要填补一块缺失的脊椎，你可以借助脊椎的前后骨骼来推测它的形状。

通常还得用到另一件来自同一物种或亲缘物种骨架的信息来弄清缺失的部分。但是你必须格外小心对待！毕竟，同一物种的所有个体并非都具有相同的体型，所以它们的骨骼也尺寸各异。想象一下，如果你在复原一件人类的骨架时用到了一名6英尺高举重运动员的上半身和一名4英尺高体操运动员的下半身！看起来是不是傻极了！（过去一些恐龙复原就是这么愚蠢！）

还有一些时候，你拿找到的骨骼束手无策。其中一个著名的例子就是禽龙的尖刺拇指。与禽龙的化石遗骸一道被找到的是一块奇怪的锥形骨骼，但该把它放在哪里，人们则一头雾水。他们认为这可能是一只鼻角，所以很多年来，艺术家们笔下的这只恐龙都长着一只角。当更完整的化石被发现时，人们才发现它实际上是一个拇指。

有时古生物复原艺术家会在化石重建图上留下空白点或虚线来表示缺失的部分。如果你只是在重建骨架，这种方法很有用，但在整体复原的时候则派不上什么用场。

重建骨架之后，艺术家会在其上加上肌肉和肌腱。

肌肉和内脏

骨架为修复工作提供了框架，但这仅仅是个开始。一名古生物复原艺术家接下来必须从里到外为这个动物添加软组织：肌肉、肌腱和各种内脏。（这里真正重要的是肌肉。知道肠胃等器官所处的位置有助于填充腹部，但肌肉决定了动物的外形。）

为了放置肌肉和内脏，古生物复原艺术家需要了解现代动物的内部解剖结构。因为现代鸟类是恐龙家族中幸存下来的成员，可以为我们提供一些信息。但由于鸟类已经适应了截然不同的环境，它们的外形已与其他恐龙大相径庭，所以不能只借助鸟类。古生物复原艺术家还必须研究现代爬行动物，比如鳄类和蜥蜴的内部结构。

因为所有这些动物——包括现代鸟类、恐龙、鳄类和蜥蜴，都有着共同的祖先，所以它们都具有相同的基本身体结构。这意味着即便某块特定肌肉的实际尺寸因类群不同而有所差异，它们的肌肉也往往处于相同的位置。因此，利用这些信息，一名古生物复原艺术家可以将肌肉放在骨架的正确位置上。这有助于将肌肉附着在特定的表面，以及具有隆起、凸块或脊冠的地方。如果你能正确识别这些肌肉附着点，你就会知道特定肌肉该放置在什么位置。

添加皮肤

一旦肌肉遍布在骨骼上，就到了解决恐龙外部问题的时候了。这可能很棘手。在过去的十年里，我们对恐龙皮肤外表的理解发生了很大的变化。

恐龙的皮肤，就像所有现生动物的皮肤一样，包裹着肌肉和内脏。但是不同种类动物拥有不同的外皮，或者皮肤覆盖物。哺乳动物有毛皮；蜥蜴和蛇有鳞片；龟类和鳄类有鳞片和甲片；鸟类有鳞片和羽毛；两栖动物有“光裸”的皮肤（尽管这皮肤有时相当粗糙，比如蟾蜍的皮肤）。因为恐龙是典型的爬行动物，科学家们早就知道恐龙是有鳞片的。事实上，恐龙的皮肤印痕为人们所知已经有一个多世纪了，所以我们知道恐龙的鳞片类似鳄类和龟类腿上的鳞片，也就是说，它们是许多大小不一的突起物。蜥蜴与蛇的鳞片相互覆盖，恐龙的则不然。

艺术家为肌肉包裹上皮肤。

某只恐龙的皮肤印痕显示了它鳞片的大小和形状，但是看不出颜色。

一些恐龙——比如这只小盗龙，既有羽毛也有鳞片。

37 但也许恐龙的身体覆盖物不单单只有鳞片。在过去的几十年里，古生物学家发现现代鸟类是恐龙系谱树中还存活于世的一支。因此，几十年来，古生物学家一直在猜测有多少恐龙可能具有与鸟类相同的特殊覆盖物：羽毛。有人认为羽毛直到最早的鸟类出现才演化而出，所以中生代的其他恐龙都没有羽毛。另一些人则推测羽毛可能出现在许多恐龙类群中，甚至包括一些最早和最原始的恐龙。

从20世纪90年代中期开始，一批大部分来自中国东北部的化石帮助解决了这个问题。这些化石是在古老的湖泊沉积物中发现的，那里在过去曾有着非常细的泥，这些细泥将沉入其中的动植物残骸的外表保存了下来。到目前为止，在这些特别的湖泊沉积物中找到的每一只食肉恐龙的化石都显示，它们不单单只有鳞片。很多物种都有着毛茸茸的身体覆盖物。科学家将这种茸毛称为原羽（*protofeather*），因为它代表了真正演化出羽毛的外皮类型。在这些岩层中发现了各种具有原羽的食肉恐龙，包括美颌龙科恐龙、中华龙鸟，以及原始的暴龙类恐龙、帝龙（*Dilong*）。

不过，还有一些其他恐龙显示出了真羽。其中包括鸟类和与它们亲缘关系最密切的恐龙，比如尾羽龙（*Caudipteryx*）和原始祖鸟（*Protarchaeopteryx*）这样的窃蛋龙类，以及小盗龙（*Microraptor*）和中国鸟龙（*Sinornithosaurus*）这样的恐爪龙类（别称“盗龙”）。鸟类、窃蛋龙类和恐爪龙类都属于一个被称为手盗龙类（Maniraptora）的肉食性恐龙类群。到目前为止，每当人们发现一只手盗龙类的身体覆盖物时，都能 38 观察到它的手臂和尾巴（有时还有腿部）具有宽大的羽毛，身体其他部位具有较小的羽毛。因此，古生物学家和古生物艺术家推测所有的手盗龙类都具有这种身体覆盖物。

到目前为止，在与鸟类的亲缘关系上，比中华鸟龙和帝龙更远或更原始的恐龙都未发现有原羽。根据已有的发现，其他肉食性恐龙类群的鳞片也都是典型的恐龙样式。但现代鸟类给了我们一个警示：如果所有的鸟类都灭绝了，而我们找到的只有鸡或鸵鸟腿部的印痕，那我们很可能会认为这些鸟类只具有鳞片，不具有羽毛。事实上，所有现生的鸟类都有鳞片和羽毛。为了证明肉食性恐龙完全不具有

根据类似上页的化石中找到的鳞片形状为皮肤添上纹理。

羽毛，我们还需要找到完整的皮肤印痕。但即使是部分皮肤印痕也十分少见，所以目前我们没法断言有多少肉食性恐龙具有原羽，也无法说明找到的原羽来自于它们身体哪个部位。因此，我们对原始肉食性恐龙身体覆盖物的解释必须持谨慎态度。它们有些可能具有羽毛，有些则只具有鳞片。目前，我们尚无答案，所以每一次复原都是猜测——但愿是有理有据的猜测。

我们可以把一件古生物艺术作品看作是一种科学假说。就像对待其他假说一样，我们用最充分的证据来检验。目前尚未发现伶盗龙的表皮，但因为目前伶盗龙所有已知的近亲的手臂和尾巴上都具有宽大的羽毛，其他地方也具有小羽毛，我们可以预测伶盗龙也是毛茸茸的。若要证明此假说有误，我们就需要找到这种恐龙皮肤的印痕，表明这样的羽毛不存在。因此，尽管有些奇怪，但古生物学家确实认为盗龙是有羽毛的，而最优秀的古生物艺术家认识到了这一点，并按此描绘它们。

新发现表明，一些以植物为食的恐龙具有自己独特的身体覆盖物。以植物为食的小型角龙类（ceratopsian）恐龙——鹦鹉嘴龙，它与中华龙鸟都发现于中国的同一片湖泊沉积物中。它身体大部分部位的皮肤印痕显示出典型的恐龙样式鳞片，但尾部的印痕非常特别：顶缘有一排细高、可弯曲的羽轴。这些不是鳞片，不是羽毛，甚至不是原羽。它们可能在演化上与羽毛有关，但也可能独立演化于原羽和真羽。谁知道其他恐龙身上可能还存在着什么奇怪的表皮呢！现代动物具有许多不寻常的特征，比如火鸡的垂肉、公鸡的喙或狮子的鬃毛，都无法在这些动物的骨骼上观察到。如果不是如今能看到它们活生生的，我们也无法知晓这些东西的存在。

在给恐龙上色之前，我们必须对恐龙外表的一些最终细节进行考量，比如鼻孔和脸颊。在目前的古生物学中，关于恐龙的肉质外鼻孔究竟长在哪里，以及一些恐龙是否具有脸颊，一直争议尚存。恐龙的骨骼往往具有大鼻孔，所以许多艺术家过去笔下的恐龙都有着大大的肉质外鼻孔。但头骨上的内鼻孔通常充满了各种各样的软组织——不仅仅是一个通向外界的孔洞。俄亥俄大学的拉里·维特默（Larry Witmer）和同事对现生动物的头骨和软组织进行了研究，发现了用来容纳与肉质鼻孔相关的血管和神经的特殊凹坑。当观察恐龙的头骨时，他们

上图和第40页图：由于颜色通常无法保存在化石里，艺术家需要运用自己的判断力、关于现代动物的知识，以及想象力来完成图画。

上页图：一只金色复原的中华鸟龙和死去的孔子鸟。

在恐龙口鼻部前端发现了相同的凹坑，即使这些恐龙的内鼻孔长在头骨顶端。因此，古生物学家和古生物艺术家现在认为，所有恐龙的口鼻部末端都具有肉质外鼻孔。

那么脸颊呢？看看第26章你就知道了！

颜色难题

最后的问题是，恐龙究竟是什么颜色的呢？毕竟，现生动物身体的颜色或图案是非常鲜明的。想想雄性鸵鸟身上灰白相间的羽毛，鹦鹉鲜艳的羽毛、斑马的条纹和猎豹的斑点。遗憾的是，这些颜色和图案都只“流于表面”，无法从骨头或外皮印痕中辨别出来。

恐龙化石也是如此。我们确实没有办法分辨出中生代恐龙的颜色。可以肯定的是，有些恐龙羽毛的图案很艳丽，有些则很朴素，但我们不知道究竟哪个艳丽，哪个朴素。不过，我们可以做出一些合理的猜测。有的恐龙有着大面积显眼的特征，比如剑龙类的骨板或者角龙类的颈盾，这些结构很可能是用来向其他恐龙展示的。因此，我们认为至少在某些情况下，这些结构具有鲜艳的色彩，这不无道理。

因为所有中生代恐龙现存的后代和近亲（即鸟类和其他爬行动物）都具有很好的色觉，所以我们可以推断，灭绝的恐龙也是如此。具有良好色觉的动物通常也具有鲜艳的颜色，至少一年中它们想吸引异性的时候是如此。

另一方面，一只掠食性恐龙如果过于艳丽，在跟踪其他恐龙时就会引起麻烦；当掠食者在附近时，一只植食性恐龙过于艳丽，也会造成麻烦。所以我们认为很多恐龙拥有的颜色有助于它们融入环境。

如果你想成为一名古生物复原艺术家，恐龙的颜色是复原过程中很难求证的（至少在没有时光机的情况下！）。所以你可以在给它们上色时尽情发挥。但请记住，你正在复原的东西曾经是一只活生生、会呼吸的动物——请尽量使它看起来真实。恐龙复原艺术应该始终以恐龙科学为基础。

7

分类学：恐龙的名字为何如此奇怪?

41 关于恐龙，让许多年轻人觉得有趣却让很多年纪较长的人觉得难以理解的，是它们的名字。无论是短名（如寐龙［*Mei*］）还是长名（如小肿头龙［*Micropachycephalosaurus*］），恐龙的名字与现代动物的名字，如“猫”“鳄鱼”和“马”都存在很大不同，这是为什么呢?

科学命名体系

“猫”“鳄鱼”和“马”代表着动物的常用名。人们知道这些动物已经数千年了，很早以前就想出了这些名字。每一种文化都会为其遇见的生物起一个通用的名字。毕竟，说“猫”可比说“一种三角耳、长胡须、毛茸茸、爪子锋利可伸缩的动物”方便得多。

然而，问题是，对所遇到的生物，每一种文化都有着自己的通用名称。所以英语里叫“cat”的动物，在西班牙语里是“gato”，法语里是“chat”，德语中是“katze”，日语中是“neko”，汉语中是“猫”，斯瓦希里语中叫“paka”，古代拉丁语中叫“felis”和“catus”，古希腊语中叫“ailouros”，等等。17世纪和18世纪的科学家和语言学学者发现所有这些常见的名字都存在问题。他们想要的是一个单名，可以被全世界的人用来称呼相同的动物或植物，不论这个动物或植物在不同的地方通常被称为什么——也就是说，他们想要一种分类法：一套赋予生物科学名称的规则。

42 最先创造出我们现代命名系统的最重要的自然学家是生活在17世纪瑞典的卡尔·冯·林奈（Carl von Linné）。他和当时的许多学者一样，用拉丁语写书，那时世界上大多数受过教育的人都能读

各种语言（如古埃及的、19世纪美国的和20世纪法国的）都有各自形容猫的词。但是全世界的科学家都用同一个名字来称呼这个物种：*Felis catus*（家猫）。

顶图：卡洛斯·林奈，他开创了林奈分类系统。

懂拉丁语。所以在他的作品中，他并没有自称卡尔·冯·林奈，而是用了一个拉丁语形式的名字：卡洛斯·林奈（Carolus Linnaeus）。他提出的命名系统也因此被称为林奈分类系统。

考虑到林奈给自己取了一个拉丁笔名，他用拉丁语来命名动植物也就不足为奇了。（实际上他也给岩石和矿物起了拉丁语名，但地质学家从来没有真正采用过林奈分类法，而是发展出了自己的体系。）

林奈的系统有几个不同的规则。一个规则是所有的名字都必须为拉丁语或希腊语，或者至少采用拉丁语或希腊语的形式。另一个规则是所有的生物都被归为较小的分类以及较大的分类，前者称为种（species），后者称为属（genera）。（林奈也将它们归入其他更大的分类中，但我们将在下一章中讨论这个问题。）我们将从属说起。

英语单词"generic"和"general"源自拉丁语单词"*genera*"，它们都具有相同的基本含义：一些广泛的事物的范畴。每个属至少包含一个种，许多属都包含了许多不同的种。例如，当我们说起"鳄鱼"（crocodile）时，我们实际上指的是林奈系统中一个叫作鳄（*Crocodylus*）的属。鳄属包含了现代世界中12个不同的种，还有一批仅能从化石中找到的种。每个属都具有唯一且由单个单词构成的名称。

种实际上是比属更具体的类别。事实上，这就是英语中"具体"（specific）一词的由来！在林奈系统中，每个属都包含一个或多个种。每个种只属于一个属。种的名称是由两个单词组成的。种名的第一部分是它所属的属；第二部分是另外的单词，与属名形成一个独特的组合。因此在鳄属中有*Crocodylus niloticus*（尼罗河鳄），*Crocodylus porosus*（湾鳄），*Crocodylus acutus*（美洲鳄），等等。（如果我们想采用缩略形式，我们也可以将其写成*C. niloticus*、*C. porosus*和*C. acutus*。）

当化石生物首次被发现时，科学家们也想过用林奈命名法为它们起名。他们确实也这样做了。但是因为没有任何文明见到过这些生物活着时的样子，所以也就没有什么常用名能让科学家们翻译成拉丁语。因此，科学家们想出了新的名字。这些名字或描述了这只动物的外表，比如恐怖三角龙（*Triceratops horridus*，意为粗糙的有三只角的脸），或是人们对其行为动作的设想，比如君王暴龙（*Tyrannosaurus rex*，意为暴君爬行动物之王）。其他名字则可能是为了纪念发现化石的人、某个科学家，或者帮助过命名者的人，比如赖氏赖氏龙（*Lambeosaurus lambei*）就是以劳伦斯·赖博（Lawrence Lambe）命名的。另外一些名字可能源自某个神话人物或某个地方：悬崖约巴龙（*Jobaria tiguidensis*），取自北非神话中的怪兽约巴（Jobar）和提归帝悬崖（Tiguidi cliff），后者是第一件约巴龙骨骼被发现的地方。

大多数时候，我们只提及恐龙的属名。君王暴龙是唯一一个种名被大家所熟知的恐龙。事实上，当我们谈及一个恐龙属时，它可能只有一个种被人们所知，但也可能有许多已知种。例如，许多古生物学家认为迷惑龙属具有三个种：埃阿斯迷惑龙（*A. ajax*）、秀丽迷惑龙（*A. excelsus*）和路氏迷惑龙（*A. louisae*）。如果它们真的是三个不同的种，那么它们之间的差异可能就和狮子、老虎和豹子之间的差不多。

统合与分割

但是为什么只是"多数古生物学家"而不是所有古生物学家都认为有三个不同的种存在于迷惑龙属中呢？毕竟，我们很容易就能区分狮子和老虎，对吧？

你也许能从外表区分出狮子和老虎，但它们的内部（特别是它们的骨架）几乎完全相同。对于恐龙化石来说，我们仅仅拥有着骨骼（在大多数情况下，甚至连一件完整的骨架都没有）。所以，如果你有两件只存在着细微不同的化石，这些不同带来的数种假设就会让你困扰不已。也许它们是两个完全不同的属？也许它们是同一属的两个不同的种？或者它们都是同一个种的成员，只不过一个已经完全

有血有肉的狮子和老虎很好区分，但它们的骨架几乎完全一样。

成年，一个更年幼些，又或者一个是雄性，另一个是雌性？让我们面对现实吧，同一个种中没有哪两个成员是百分之百相同的。

如果我能突然拔出我的“物种检测器”或是“分属仪”，来判断两件不同的化石是否属于同一个种或属，那就太好了。但我做不到啊，因为压根就没有这种东西。事实上，辨别两个不同个体是否来自同一物种的问题并不单单困扰着古生物学家，即使是研究现代动物的生物学家也面临着这个问题。（我们这些古生物学家的情况更糟些，因为我们永远看不到完整的动物！）

既然物种探测器和分属仪不存在，就得用上别的东西了。我们能做的一件事是，首先观察一个物种内各个现代动物成员间的差异。我们要评估的是那些大多数生物学家都认可属于同一物种的现生动物群体，看看它们之间存在着什么样的变化。之后再来研究化石。如果它们之间的差异与现代物种的差异范围大致相同，那么就认可这两件化石属于同一物种。如果它们之间的差异看起来比在典型现代物种中看到的要大，但尚在在现代属中看到的差异范围内，那么我们可以说这些化石可能是同一属中的不同种。如果测得的差异比这更甚，那么我们就可以说它们来自不同的属。

正如你能料想的，科学家们对物种层面的差异范围以及属层面的差异范围持有不同的意见。这并非意味着有些科学家绝对错误，而有些科学家绝对正确，这只不过是意见不同导致的结果罢了。认为所有的种或属中存在大量差异的科学家被称为“统合派”（lumpers），因为他们将大量的标本“统合”为同一种或属。认为某一物种或属中几乎不存在差异的科学家被称为“分割派”（splitters），因为他们将这些标本“分割”成许多不同的类群。

模式标本与优先命名

那么对于恐龙的名字来说，归类和分类又意味着什么呢？林奈和其他早期的分类学专家知道可能会发生这种分歧，所以建立了规则，以对名称的使用进行管理。

第一条规则是每个物种都要有自己的模式标本（type specimen）。模式标本是一件特殊的个体标本，种以它命名。当科学家们对差异程度进行研究时，可以将其他标本与模式标本拿来做比较。因此，如果一件新发现的化石，与一个物种的模式标本存在很大的不同，那这件化石很可能属于另一个物种。事实上，如果新化石与所有已命名物种的模式标本都大相径庭，那么它可能属于一个全新的物种，因此可能成为一个全新的模式标本。

第二条规则是优先命名权（principle of priority），简单来说就是必须使用最早命名的名称。因此，如果今天我们这些科学家决定把两个不同的种或属归类在一起，最早的种名或属名就要被优先使用。有一个著名的例子：人们认为秀丽雷龙（*Brontosaurus excelsus*）（1879年被命名）与埃阿斯迷惑龙（*Apatosaurus ayax*）（1877年被命名）属于同一个属，尽管相较于迷惑龙（欺骗的爬行动物），雷龙（雷霆爬行动物）是一个更广为人知，在我看来也更酷些的名字，但后者的名字更早，拥有优先命名权，所以今天我们将前者称为秀丽迷惑龙（*Apatosaurus excelsus*）。

尽管有了这些规则，古生物学家对某些化石的确切分类仍然存在分歧。由于分歧，本书中的一些恐龙可能在其他书中叫作不同的名字。在本书最后的表格中，我将尽力指出哪里存在分歧。

属之外

林奈和其他分类学家并没有停留在属的层面上。林奈注意到自然界中一些非常有趣的事情：每一个物种属于且仅属于一个属；属可以轻松地被归入更大的类群，而那些更大的类群则又可以归入再大些的类群。在林奈分类法中，每个较大的类群都可以拥有自己的名字。这些较大的类群都具有一个由拉丁语形式的单词组成的名字，这些名字首字母大写，但不像属名那样采用斜体字书写。因此，君王暴龙属于暴龙属（*Tyrannosaurus*），暴龙属则可以归入更大的类群，它们由小至大依次为暴龙科（Tyrannosauridae）、暴龙超科（Tyrannosauroidea）、虚骨龙类（Coelurosauria）、兽脚类（兽脚亚目，Theropoda）和恐龙（恐龙纲，Dinosauria）。

但是，为什么生物能归入更大的类群呢？林奈没能弄明白，但一个世纪后，一位名叫查尔斯·达尔文的科学家弄清楚了这一点。在达尔文之后的一个世纪，另一位科学家威利·亨尼格（Willi Hennig）想出了一种方法，将达尔文的发现与把动物归入大类群的科学方法结合了起来。在下一章中，我们将了解达尔文的发现，以及亨尼格的系统如何改变了我们寻找动物密切亲缘关系的方式。

多年来，古生物学家一直将“雷龙”视为独立的属，但现在它通常被认为是典型的迷惑龙。我们对这只恐龙的认识已经发生了变化，所以关于它的图片已经不再将其描绘为钝头钝脑、尾巴拖地的样子（如左上），而是如左下这样更为优雅的动物。

探索恐龙名

本·克莱斯勒（Ben Creisler）

照片由本·克莱斯勒提供

为什么恐龙名字那么长，那么复杂？

我第一次提出这个问题是在幼儿园，在老师向我们展示了生活在很久以前“大如房子”的生物的图片之后。恐龙激起了我的想象，“哇！”我很乐意了解它们奇怪的科学名称。

这些希腊文和拉丁文名称激发了我对各种语言的兴趣。我在不同的大学学习语言，后来写了一些关于被人们所误解的恐龙名字的文章。经过更多的工作，我把恐龙名字的列表，及其含义和发音发布在了万维网上，我甚至还帮助古生物学家为新恐龙命名。

读出这些复杂的希腊名或拉丁名并不容易。不同的人可能会有不同的读法。例如，*Deinonychus*（恐爪龙）有时被读作“dieNON-ick-us”或“die-no-NIE-kuss”。两种方式都是正确的，它们都具有“可怕的爪子”的意思。有些读法比其他读法好，尽管在读“*pterodactyl*”（翼手龙，读作“tair-uh-DAK-til”）时“t”旁边的“p”不发音，但在读“*Caudipteryx*”（尾羽龙，读作“kaw-DIP-tuh-riks”，意思是尾羽）时应该把“p”的音发出来，就像读“helicopter”（直升机）里的“p”时一样。

也许最难发音的名字是包含了中文词的名字。有几个小建议可以帮助你：x读起来像“sh”，“q”读起来像“ch”，“zh”则像“j”，所以，“*Xiaosaurus*”（晓龙，意思是黎明的爬行动物）读作“she-ow-SAW-rus”、“*Qinlingosaurus*”（秦岭龙，意思是来自秦岭的爬行动物）读作“CHIN-ling-uh-SAW-rus”以及“*Zizhongosaurus*”（资中龙，意思是来自资中的爬行动物）读作“dzuh-JOONG-uh-SAW-rus”。

古生物学家如何为恐龙选择名字？

名字可以描述恐龙的长相，比如三角龙（*Triceratops*）（try-SEHR-uh-tops），意思是具有三个角的脸。名字可以描述恐龙的行为：慈母龙（*Maiasaura*）（my-uh-SAW-ruh），意思是好妈妈爬行动物。其他名字则可能包含了恐龙的发现地，比如艾伯塔龙（*Albertosaurus*）（al-BERT-uh-SAW-rus），意思是艾伯塔省（加拿大）的爬行动物。恐龙的名字还可能是为了纪念某人，比如马什龙（*Marshosaurus*），意思是O.C.马什的爬行动物。而有些名字甚至十分可笑，气龙（*Gasosaurus*，意为天然气爬行动物）是以一家在中国南部发现恐龙骨骼的天然气钻探公司命名的，但中文中的“气”一词也有“使人恼怒”的意思——多么适合肉食性恐龙啊！

到如今（2007年）恐龙名字已超过800个了。最长名字的是*Micropachycephalosaurus*（小肿头龙，读作“MY-krow-PAK-ee-SEF-uh-low-SAW-rus”），意思是微小的厚头爬行动物。还有两个名字很短，每个名字只具有五个字母：*Khaan*（可汗龙，读作“KAHN”），它来自蒙古语单词，意思是统治者，“*Minmi*”（敏迷龙，读作“MIN-mee”），以澳大利亚的一个地方命名。（目前［2023年］最短的恐龙名字是“*Qi*”［奇翼龙］，学名只包含2个字母——译者）。其中最奇怪的名字可能是“*Hudiesaurus*”（HOO-dee-eh-SAW-rus）（蝴蝶龙），也叫作蝴蝶爬行动物，它是一只来自中国的巨大的植食性恐龙！它的部分脊柱看起来有点类似蝴蝶的翅膀，所以一位中国科学家在给它命名时使用了中文词语“hudie”，即蝴蝶。

有时候命名恐龙的并不一定是成年的科学家。14岁的韦斯·林斯特（Wes Linster）在蒙大拿州发现了一件小型食肉恐龙的骨架。他以迪斯尼电影里小鹿的名字给它起了个绰号，叫“斑比盗龙”（Bambiraptor）（“宝宝强盗”[Baby robber]），古生物学家把斑比盗龙（*Bambiraptor*, BAM-bee-RAP-tor））用作了它正式的名字！

你也可以用你自己的名字给恐龙命名。拜伦龙（*Byronosaurus*, BYE-ron-uh-SAW-rus）是以拜伦·贾菲（Byron Jaffe）的名字命名的，他的家族资助了前往蒙古的恐龙探险队。而雷利诺龙（*Leaellynasaura*, lay-ELL-in-uh-SAW-ruh）是以两位古生物学家的小女儿雷利诺·里奇（Leaellyn Rich）的名字命名的。

恐龙的名字差不多和恐龙“本龙”一样令人惊奇，而且有趣！

8

进化论：后代渐变

大约在19世纪，科学家真正开始了解化石，他们发现保存在岩层中的动物和植物与周围现存的动物和植物存在差异。有些非常相似，有些则非常不同，但几乎没有完全相同的。因此，科学家们提出了进化论的概念，即生物在长时间内会发生变化。进化论的最佳描述之一是“后代渐变”（达尔文自己使用的一个术语，意为“生物的特征代代相传，略有改变”）。理解生物演化的第一步是观察不同动物的解剖结构。

家养动物的比较解剖学

阅读下一段之前，请你先想一想：农场里有哪些动物的膝盖是朝向后方的？

你是不是会猜马、牛、羊和其他四条腿的哺乳动物？或者你猜的是鸡、鸭、鹅和其他家禽？不管怎样，你都大错特错！（不过，别担心，几乎每个人都会犯同样的错误！）

这些动物的膝盖都不朝向后方，**没有**动物的膝盖是朝向后方的。有些动物**看起来**膝盖朝后，但向后的那部分根本就不是膝盖，那其实是一个朝向后方的脚踝！对于动物身体的部分与我们人类身体的部分的对应，大部分人的认识都存在错误。为了正确识别身体的各个部位，你需要了解比较解剖学的基础：对有亲缘关系的生物的共同解剖结构“蓝图”的研究。

像乔治·居维叶男爵这样的比较解剖学家在200多年前就注意到家养动物和其他脊椎动物的身体具有相同的基本结构。例如，它们都有一根上连腰带、下接膝盖的大腿骨；都有一对骨骼位于膝盖和脚踝之间；都有一些小的踝关节骨骼；脚踝和脚趾之间都有细长的骨骼，都有各种各样的脚趾骨骼。看看你自己的腿，它遵循同样的结构。

现在，如果去看看牛、狗或鸡的骨架，你会发现同样的基本结构。但是你会发现它们的大腿相当短，所以这些动物的膝盖比人类的膝盖更靠近腰带。被大多数人错认的牛（也可能是狗或鸡）的膝盖实际上是它的脚踝，朝向后方，和我们的脚踝一样。事实上，牛、狗和鸡（以及所有其他家养动物）是用脚趾站立的，而不是脚掌。

在比较解剖学中，我们给所有不同动物的同一块骨骼都取了同一个名字。大腿骨被称为股骨，小腿中的两根骨骼分别是胫骨和腓骨，等等。

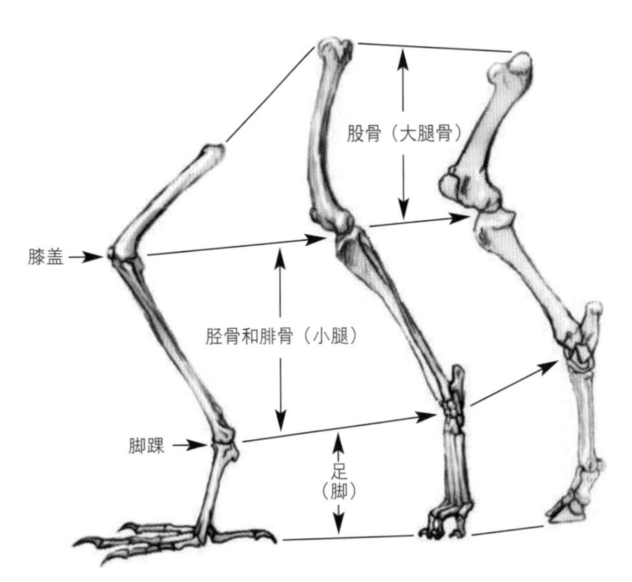

鸡、猫、牛的腿部都具有相同的骨骼。

顶图：查尔斯·达尔文，自然选择进化论的共同发现者之一。

有亲缘关系的动物之所以具有相同的骨架和其他结构，是因为拥有具有上述所有身体结构的共同祖先。当观察古哺乳动物化石或古鸟类化石时，我们能找到与现存哺乳动物或鸟类相同的骨骼，但这些骨骼的确切形状和比例有所不同。而这些古代动物的有些特征，则可以在今天完全不同的类群中找到。例如，始祖鸟有着像鸟一样的羽毛，但它长而骨节分明的尾巴，有爪的手指，以及牙齿，则像典型的爬行动物。

为什么各种有亲缘关系的动物之间会存在这些解剖学上的差异？它们有什么作用？是什么导致了这些变化？

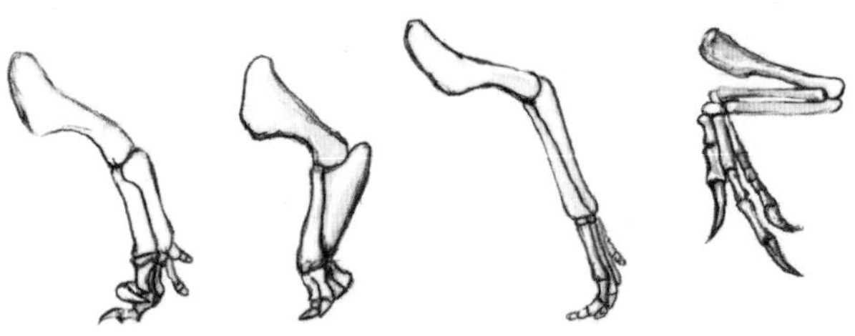

板龙、剑龙、大鹅龙和恐爪龙［依次］的前肢具有相同的骨骼，但是骨骼比例因它们各自的活动方式而产生了不同。

适应性

让我们来看看一些恐龙的前肢（前腿或前臂）。恐龙有着与所有其他脊椎动物的前肢与后肢非常相似的结构：一根上臂骨、两根前臂骨、一束小腕骨、手掌的长骨、每根手指上单独的骨节。然而，每种动物的前肢因其特定的功能而形状不同，也就是说，它们适应的是不同的生活方式。所以我们将这些形状上的差异称为适应性，也称特化性，因为它们帮助生物以特定的方式移动或行动。例如，恐爪龙的长手指和锋利的爪子是为了这种肉食性恐龙能快速捕捉猎物而出现的特化性。剑龙沉重的肢骨和宽阔的前脚是为了支撑其沉重身体重量的特化性。大鹅龙（*Anatotitan*）细长的手部可以支撑部分身体重量，可对握的小手指则是一种特化性，让它能抓取食物。与所有这些恐龙相比，板龙（*Plateosaurus*）的手相当普通：具有一定抓力，也能支撑一些重量，并没有表现出太多的特化性。

上页图片：侏罗纪的始祖鸟既具有进步特征，比如羽毛，也具有原始特性，如有牙的颌部和长长的骨质尾。之后鸟类演化，喙内不再有牙齿，尾部也更加特化。

自然选择

19世纪中叶，两位英国科学家——查尔斯·达尔文和阿尔弗雷德·罗素·华莱士（Alfred Russel Wallace）各自发现了这些适应性的产生过程。达尔文和华莱士将这个过程称作自然选择。它的原理是这样的：每一个生物（包括同一物种的成员）与其他所有生物都略有不同。现在，其中一些微小的差异（称为变异）可能有助于个体在大自然中更好地生存，可能会让它行动更快，或更聪明，或体型更小，又或其他。在大自然中，出生的个体远远多于能够生存下来的个体，因此个体所拥有的任何优势都会让它的生存机会稍稍增加。那些具有利于生存的变异的个体，有更多的机会长大并繁衍后代。如果这种变异是可遗传的（也就是说，由DNA遗传），那么至少个体的一部分后代也会拥有这种变异——它们会行动更快，或者更聪明，或者更小，诸如此类。

历经足够的时间，这些变化就会累积起来。每一代都与前一代稍有不同，直到最终，后代的外表或行为完全有别于它们的祖先。它们有不同的外形和行为，而那些曾经细微的变异将成为全新的特化特征。换句话说，后代将成为一个全新的生物：它们将演化成一个新的物种。

这样，你就可以理解为什么直到科学家发现地球具有数十亿年的历史之后，自然选择才被发现。如果地球的历史只有几千年，那就根本没有足够的时间让无数代生物将细微的变异转化为复杂的特化性。

在达尔文时代，甚至时至今日，仍有些人对“进化论”感到困惑。他们认为这意味着随着时间的推移，生物会变得越来越臻于“完美”。有时，自祖先到后代，生物显示出了一些重大的进步。例如，早期有羽毛的恐龙就算真的能飞，也很可能是

一些特性可能是为了对同物种的成员产生吸引力而演化出来的，比如三角龙的颈盾、剑龙的骨板。

蹩脚的飞行者，比如小盗龙和始祖鸟。但它们长着羽毛的前肢确实曾帮助它们顺着树干竖直跑到树上去（你将在第19章中看到）！后来的恐龙继承了这些有羽的可拍打的双肢。一些后代继续以同样的方式使用它们，但另外一些（也许是羽毛稍宽的那些）则将它们派上更多用场：或是从树上俯冲下来，或是在树枝间滑翔。随着时间的推移，一些翅膀更宽大的后代演化出了其他新的特征，比如更大的胸肌，能更有力地驱动它们在树与树之间穿梭。换句话说，它们能够真正地飞行了。

有时候，后代在做某件事上未必比其祖先更"完美"。想想自然选择是如何运作的：那些在特定环境中表现更好的变异是最容易被遗传的。但是我们从地质学得知环境是一直在变化的！所以，一个对你的祖先有用的变异对你来说就不一定是最适宜的了。而且，由于你所在的环境中的其他生物也在演化，那些曾经没什么特别用处的变异可能会突然变得大有用途。

因此，"适者生存"（一个曾经被研究商业的人使用，但最终应用于进化论的术语）并不是对"进化论"的最好描述。用"后代渐变"这个词更佳。

达尔文还注意到了另一点：特化性并不只是那些能够帮助个体在大自然中更好生存的特性，如速度或智力。它们也可能是使个体更具吸引力的特性！如果一只动物碰巧具有被异性青睐的特征（更漂亮的羽毛、更大的角等），那么它将比其他同类更容易拥有后代。达尔文将其命名为"性选择"，它解释了当今生物身上许多更为奇特的特征，比如孔雀的尾巴。性选择可能有助于解释诸如角龙科恐龙的颈盾和角，以及剑龙的骨板这类事物。

生命之树

从达尔文时代之前至今，许多人认为演化不过就是一个物种演化成另外一个物种，好似一道阶梯，或随时间发展的物种链。但达尔文和他的同事发现，情况远比这要复杂。一个物种要么只产生一个后代物种，要么走向彻底的灭绝，要么产生不止一个后代物种。这完全取决于有多少变异被自然选择青睐。

试想一下，一个植食性动物物种的后代中有些体型更小、更易躲藏，而另一些则体型更大、更能抵御掠食者。随着时间的推移，很可能会产生两个后代物种，一个比祖先小，另一个则比祖先大。所以演化的模式不像阶梯也不像链条，而更像一棵树。在生命之树上，时间用高度表示。位于树干底部的是共同的祖先物种。祖先生存了一段时间（用树干向上生长表示），但是最终，这一支分化成两个或更多的分支。这些分支各自成为全新的物种。这些物

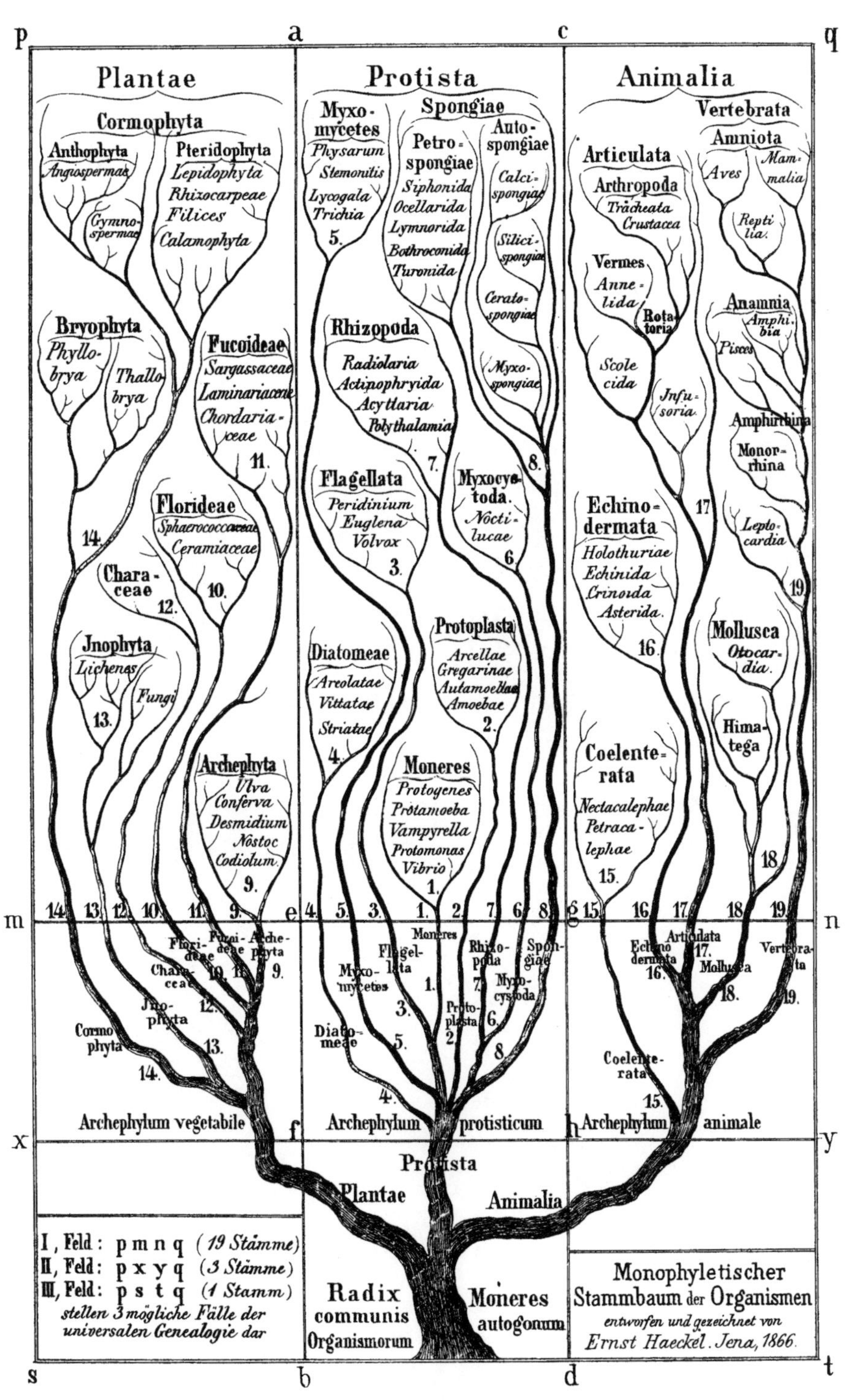

德国科学家恩斯特·黑克尔（Ernst Haeckel）早期尝试重建的生命之树。

种可能会继续演化和发展，并产生新的物种，也可能会走向灭绝。随着时间的推移，曾经光秃秃的树干，已经长出了许多不同的枝丫。

生命之树那最细小枝尖的叶子是现生世界里存活的物种。如果只了解现生生物，我们能看到的就只有很多树叶。我们可能会注意到有些叶子彼此靠近（意味着有些动物彼此相似），但看不到它们之间的联系。树的木质部分，也就是树干和大小树枝，代表着现代物种曾经的历史。研究化石时，我们看的只是树的木质部分。有些物种是现代生物形式的祖先，直接位于通往现代物种的分支上。但另一些物种则是从现代生物的祖先那里分化出来的旁支，它们最后走向了灭绝。

达尔文、华莱士及其同时代的科学家试图为不同动植物类群绘制出他们称之为系统发育学的谱系树。但在那个时代，绘制工作大多靠猜。他们没有一种科学的方法（即用观察结果检验假设）来判断哪些分支之间存在关联。直到20世纪中叶，也就是达尔文和华莱士首次提出自然选择的一百年后，人们才发现了一个好方法。

9

分支系统学：厘清恐龙谱系树

51 18世纪，卡洛斯·林奈发明了一种方法，将生物先归入小类群，之后归入较大类群，再至更大的类群。例如，狮子、老虎和家猫都属于猫科动物（Felidae）这个类群。猫科动物、熊科动物（Ursidae）、犬科动物（Canidae）和其他动物又可以归入更大的类群：食肉目（Carnivora）。食肉目、啮齿目（Rodentia）、翼手目（Chiroptera，即蝙蝠）和其他动物则又能被归入还要大些的类群：哺乳纲（Mammalia）。但为什么能这样分类，林奈也说不清楚原因。一百年后，查尔斯·达尔文和阿尔弗雷德·罗素·华莱士提出了一个理论。原因是什么？是生物随着时间的推移而演化，林奈的类群是一群具有共同祖先的后代们。较小的林奈类群拥有的共同祖先年代较近，较大的类群则拥有年代更久远的祖先。

听起来简单。但是我们如何弄清哪些类群拥有年代最近的共同祖先呢？达尔文和华莱士设想，有亲缘关系的群体之间共同拥有的特化性是弄清这一问题的主要线索。但他们两人都没能研究出一套利用特化性来确定关系的方法。大约历经了一百年，德国科学家威利·亨尼格（研究苍蝇）才发明了一种方法，利用观察动物生理特点和其他特征来确定它与其他类群动物之间最可能的关系。通过使用亨尼格称为分支系统学的技术，我们可以厘清所有生物类群的系统发育学（也叫作谱系树），不论是真菌的、虾的、猫的，还是恐龙的。

追踪生命之树的形状

1859年，达尔文发现林奈分类学可以用演化的生命之树来表示。举例来说，较小的类群，比如同一个属中的不同物种（例如豹属中的狮子，老虎），代表着拥有较近共同祖先的动物或植物，但关系较远的群体，比如一个科中的不同的属（如猫科动物中的豹属和猫属）或一个目中不同的科（如食肉目中的猫科和熊科），代表着它们在更远的年代彼此分化。或者，用达尔文的生命之树比较法来看，亲缘关系的物种是由小树枝连接起来的叶子。远缘关系的类群是则由大树枝连接起来的小树枝。最终，所有的生物都会在树的根部彼此相连！所以即使树最 52 两边的叶子也存在某种程度的联系。

随着生物的演化，或者说生命之树的成长，新的特化性出现在每个分支上，并被传递下去。达尔文的研究就深入到这里，他认识到特化性遵循着某种模式，但从未真正弄清该如何使用这种模式。

20世纪50年代和60年代，在达尔文的观察基础上，亨尼格认识到，可以通过观察生物间共同的特化性，从上至下来研究生命之树（也就是说，以树叶为起始向下研究，由小树枝到大树枝，再到树干）。这些共同的特化性就像演化史留下的标记。亨尼格指出，我们可以看看哪些物种具有哪些标记，并找出它们的演化关系。

例如，熊、斑马、鸭嘴兽和蜥蜴不具有可伸缩的爪子，但狮子和老虎具有。所以狮子和老虎有着不同于其他几种动物的共同祖先。狮子和老虎的爪

顶图：恐龙的特征被转换为计算机代码来进行分支系统学分析。

子是从爪子不可伸缩的祖先演化而来的。这个特化性的演化，发生在狮子和老虎的共同祖先从所有其他动物的共同祖先中分化出来之后，但又在狮子和老虎的共同祖先分化成狮子和老虎之前。

斑马、鸭嘴兽和蜥蜴不具有特化的裂齿，但狮子、老虎和熊有。因此，狮子、老虎和熊拥有一个共同祖先，这个共同祖先从其他生物的祖先中分化出来后，演化出了这种特化性。狮子、老虎和熊都是这个改良祖先的后代。

顺着生命之树再往下看：狮子、老虎、熊和斑马都是胎生，鸭嘴兽和蜥蜴则是蛋生。因此，胎生这个特化性表明狮子、老虎、熊和斑马拥有一个共同的祖先。此外，狮子、老虎、熊、斑马和鸭嘴兽都具有皮毛和乳汁。蜥蜴则没有。

通过观察动物的某些共有特征而非其他，我们可以对谱系树的形状做出假设。可以这样理解：狮子、老虎、熊、斑马和鸭嘴兽的共同祖先是一只演化出了毛皮和乳汁的动物。这个祖先至少有两个后代分支，一个最终产生了鸭嘴兽，第二个则产生了其他动物。其中，第二个后代演化出了胎生，而且其中一条后代分支最终产生了斑马，另一条产生了狮子、老虎和熊的共同祖先。同样，狮子、老虎和熊的共同祖先最终分化成两个不同的分支，一个产生了熊，一个产生了猫。而后者的祖先分支包括了老虎和狮子的共同祖先。

我们可以用两种不同的方式来证明关于这种关系的假说。第一种，可以将具有相同特征的动物放在同一个泡泡中，比如：

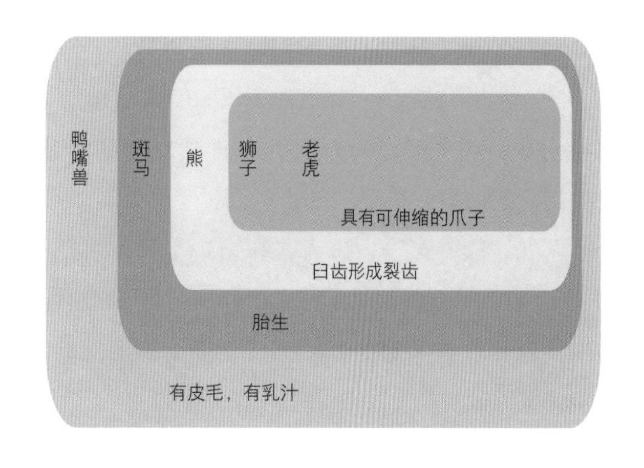

另一种方法是绘制分支模式的简图。这幅简图被称为演化分支图（*cladogram*，来源于“*klados*”，即希腊语中的“树枝”一词），代表了人们对生命之树形状的假设。以下是我们讨论过的动物的演化分支图：

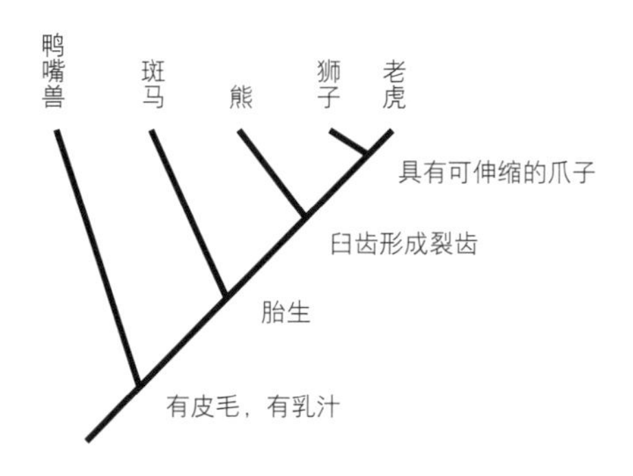

（注意：这绝不是完整的生命之树！它只是整个树的一部分，没有把所有其他的猫、狗、浣熊、熊的亲戚，或所有其他类型的哺乳动物包括进去。它也没有展示任何已经灭绝的哺乳动物。我们正在研究的这几片树叶，也就是这几个物种，被树枝连接在了一起，这幅图的作用就是找出这些树枝的形状。）

分支系统学，基本上是创建和研究演化分支图的过程，现在是生物学家（包括恐龙古生物学家）用来寻找生物之间最密切亲缘关系的主要方法。有些人觉得分支系统学有点复杂。要完全弄懂它确实需要大量的工作，但我们去了解一下它的基本原理时就会发现，分支系统学还是很简单明了的。

亨尼格认识到，并非所有的生物特征都有助于找出最密切的亲缘关系。借用前面的例子，我们可能会注意到蜥蜴、鸭嘴兽、熊、老虎和狮子的每只手上都有五个手指，而斑马只有一个。所以我们可能会认为，所有五指动物之间的关系要比它们各自与斑马的关系更为密切。但是，当我们观察其他动物（如龟类、鳄类、负鼠等）时，我们会发现五个手指的手在大多数动物身上都很常见：它们代表着祖先的或原始的特征。这就意味着，我们所观察的这些动物（包括五个手指的动物和单指斑马）的共同祖先身上都具有这种特征。熊和蜥蜴都有五个手指的原因并不是它们拥有着斑马所没有的共同的五指祖先，而是相较于祖先，斑马的手指没有演化出别的特征罢了。所以祖征不能让我们弄清谁和谁的关系最密切。

此外，脚上只有单趾是个特别的特化特征，只出现在斑马的那一支上，在其他动物那里是找不到的。它无法告诉我们斑马与老虎还是与蜥蜴更密切。因此，独一无二的特化特征也不能帮助我们确定演化分支图的形状。只有那些被某一些动物，而不是所有动物共有的特化特征才有所帮助。

老虎和斑马都有条纹，所以我们可以认为它们之间的关系比它们与其他动物更密切（意味着它们有一个演化出条纹的祖先）。但是当我们观察更多的特征（比如可伸缩的爪子和裂齿），我们会发现老虎与狮子和熊关系更密切，而不是斑马。老虎和斑马的条纹一定是各自地，或趋同地演化出的，也叫作趋同演化。因此，由于趋同演化出的特征可能会误导我们，生物学家会在相关动物身上观察大量不同的特征。如果我们只见其一，很可能会对这些动物的演化关系产生错误的想法。

重建生命之树形状的最好方法是尽可能多地观察不同的特化特征。我在此处举的例子可能看似复杂，但比起生物学家为弄清狮子、老虎、熊、斑马、鸭嘴兽和蜥蜴之间关系所做的工作，还是要简单得多的。一次真正的分支系统学分析，可能包括了几十个物种，几十或几百个特化特征，需要逐一被研究。

因为这是一项耗时的任务，科学家们使用计算机来进行分支系统学分析。他们把对动物的观察和它们的特化特征输入到计算机程序中，估算出这些动物间各种可能的演化分支图。软件程序还会计算出在演化分支图的每个分支上从原始性状到特化特征之间需要多少变化，才能与我们在自然界中观察到的情况对应。科学家们遵循一个叫作奥卡姆剃刀（Occam’s razor）的原则：当面对多项选择时，总是选择简单而非更复杂的解释。因此，变化最少的演化分支图是首选。它们也许并不正确，但却是我们利用手头数据能完成的“最佳推测”。通过添加新的信息（新的特化特征、观察结果和物种），我们可以对之前得出的结果进行验证，有望提高答案的准确性。

分支系统学的优势

在亨尼格之前，大多数试图绘制生物谱系树的人因无法在化石记录中找到每一物种的直系祖先而担忧。亨尼格向我们表明的是，即使不能将所有的祖先和后代囊括在内，你也可以重建生命之树的形状。

因为在数量有限的物种内，你可以通过检验它们的特化特征来制作演化分支图，而不必寻找出每一个祖先和后代，所以分支系统学对古生物学家大有用处。毕竟，只有小部分曾经存在过的生物变成了化石并被发现！因此，即使无法在化石记录中找出每一个祖先和后代，我们仍然可以得出生命之树那部分的大致形状。

54

制作演化分支图也比绘制系统发育图的旧方法更科学。记住，要想科学严谨，一个假设必须是能够检验的。当科学家进行分支系统学分析时，他们必须提供对每个特定物种的特化特征的观察数据。之后，他们将使用计算机给出一个能够阐明上述观察数据的最为简明的演化分支图（有时会产生一批演化分支图）。其他科学家应该能够使用相同的数据找到相同的答案。

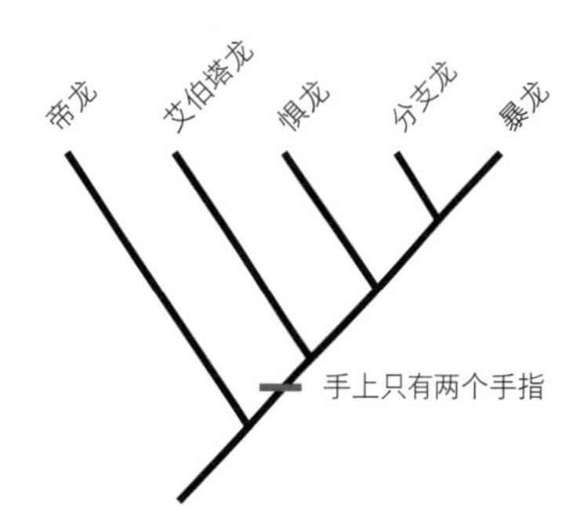

我们看到艾伯塔龙、惧龙（*Daspletosaurus*）和暴龙的共同祖先都具有两个手指这个特化特征，所以它们的共同祖先的手应该是从三个手指（如帝龙）演化成了两个手指。（大多数与暴龙类有亲缘关系的肉食性恐龙，如驰龙科的盗龙，或似鸟龙类，以及异特龙类，手上都具有三个手指，所以三个手指的手是祖征。）分支龙（*Alioramus*）仅从部分头骨和一些脚部骨骼被人们所知，我们缺少它的手部骨骼。然而，从演化分支图可以看出，它也是两指祖先的后代，所以差不多可以肯定它每只手上只有两个手指。事实上，非要说它手上有三个手指（或四指、五指），那就是主张演化上产生了变化，而我们对此没有证据。在科学领域中，我们永远不应该支持那些缺乏证据（直接证据也好，从其他信息推断出的证据也罢）的观点。

林奈分类学与分支系统学的区别

当林奈创立他的分类学体系时，他将整体相似性作为归类的基本原则。分支系统学则遵循达尔文和亨尼格的理论，试图建立基于共同祖先的类群。

实际上，林奈系统有时得出的结果和基于共同祖先的分析结果是相一致的。重新关注本章中的第一个演化分支图，我们发现它与哺乳动物的传统分类相匹配：

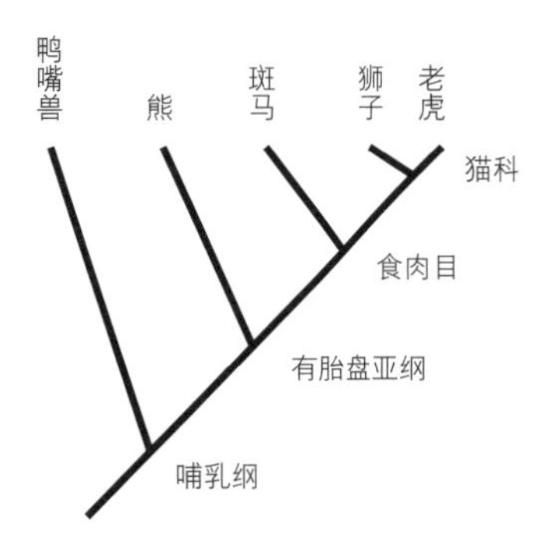

但有时林奈和他的拥趸也会被误导。他们将生物归类在一起，根据的是原始性状，而非特化特征所揭示的共同祖先。请看下面的演化分支图：

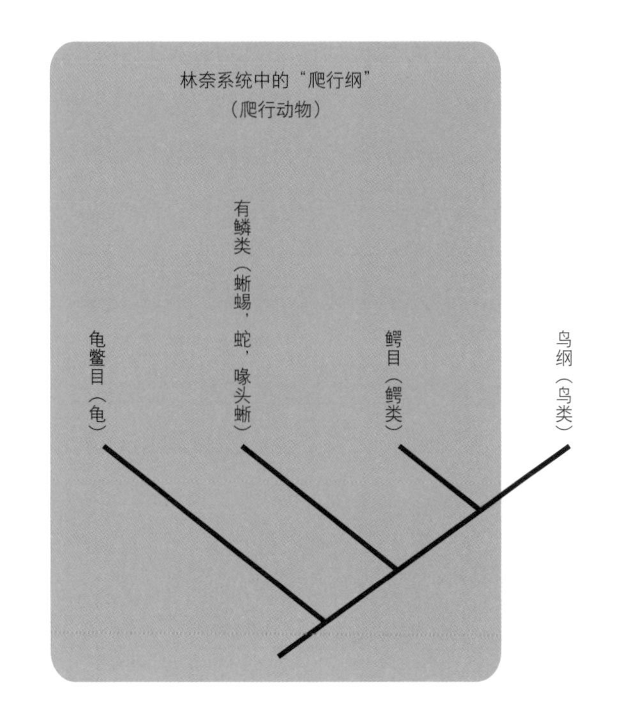

在林奈分类学中，鸟类有着自己的类群，即鸟纲，因为它们与其他生物大不相同。例如，鸟类是温血的，具有羽毛，而且大多数都能飞行。龟、蜥蜴和鳄类被归入爬行纲，因为有鳞，是冷血动物，在陆地上而不是水中产蛋。但有鳞、冷血和在陆地上产蛋都是原始性状，而非特化特征。龟、蜥蜴和鳄类之间并不共同具有鸟类所没有的特化特征。但对大多数人来说，鳄类整体看起来更像蜥蜴，而非鸟类。

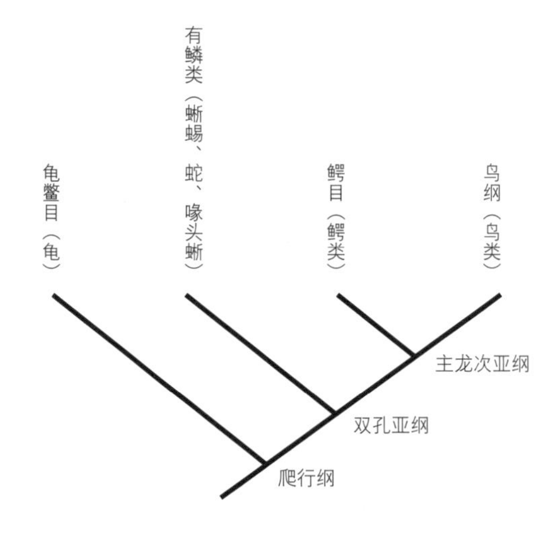

但是当我们用特化特征来揭示演化关系时，会得到一组不同的分类。我们会看到鸟类属于爬行纲不取决于原始性状，而是由鸟类身上的特化特征来

定义的。

所以即使看起来并不相似，鳄类与鸟类的关系也比它们各自与蜥蜴的关系更为密切。

这并不意味着比起人们使用分支系统学之前，鸟类的“鸟味儿”减弱了。它们仍然是独树一帜的类群。只不过现在我们知道鸟类与爬行动物并非完全不同：它们是爬行动物的一支真正特化的类群。

演化分支图对于理解不同动物之间的关系是非常有用的工具。它还可以用来寻找生物的特化特征。下面是角龙类（有颈盾且长角的恐龙）的演化分支图，已标明注解，这样你就知道该如何阅读这些信息。

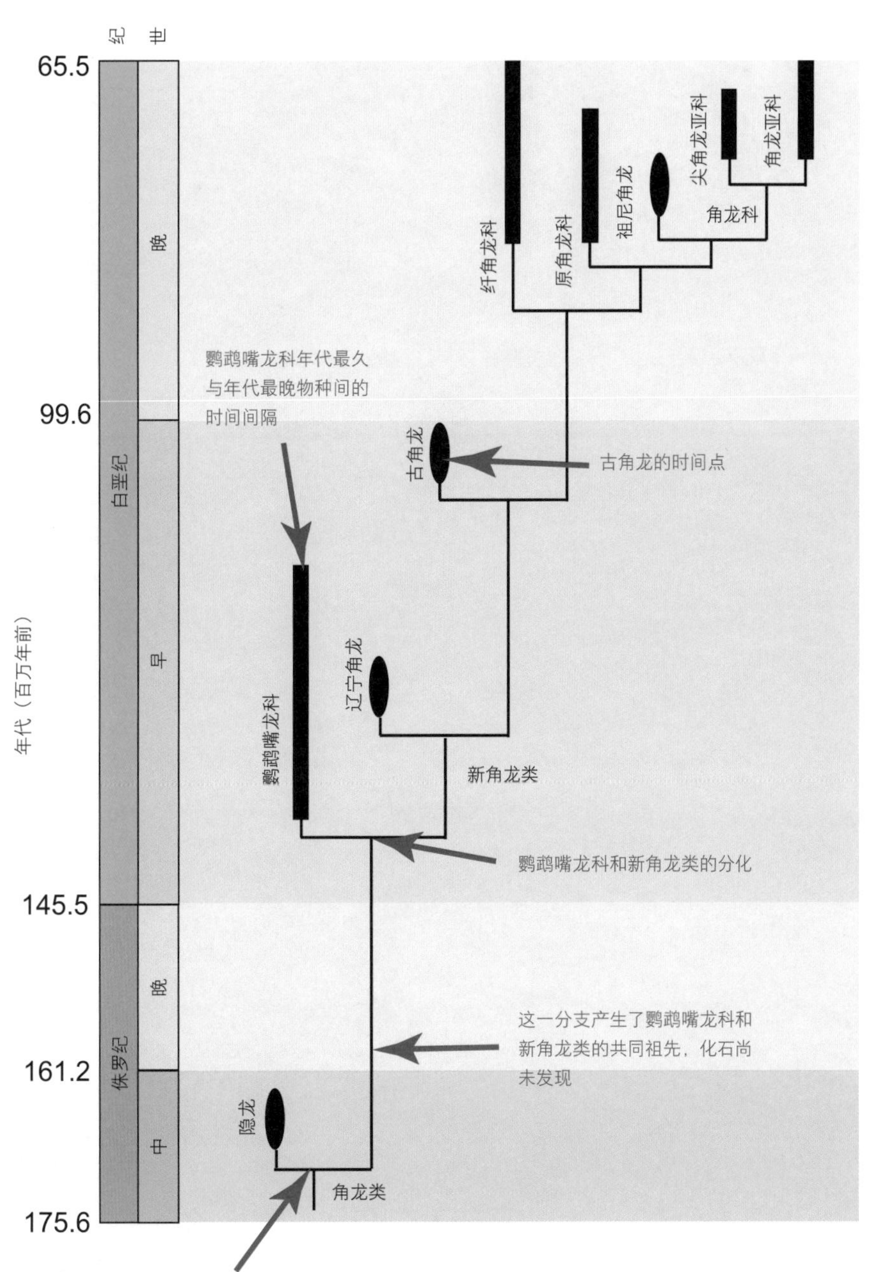

所有角龙类恐龙的共同祖先，（最迟）生活在中侏罗世，但目前尚无化石发掘。

这是一个非常简要的演化分支图。其中可供了解的内容远不止于此。但现有的也足以让你入门了。在下一章中，我将说明我们如何使用分支系统学来确定恐龙在脊椎动物谱系树中的位置。在有关蜥臀目和鸟臀目的章节里，我将展示目前对这些恐龙类群演化分支图的相关了解。

10

脊椎动物演化史

56

脊椎动物，即体内具有骨架的动物，它们的谱系树有众多分支，恐龙只是其中之一。它们的骨架，以及我们的骨架，记录了动物与人共同的演化史。令人惊讶的是，这段历史始于水下。

所有的生命，包括所有脊椎动物在内，最初演化于海洋，并从水中获得氧气。今天，我们给从水中获取氧气的脊椎动物起了个名字：鱼。但它们并不是生命之树上的一个独立分支。相反，“鱼”有许多不同的分支，其中一些鱼类和你我还有恐龙的关系反而比它们与其他鱼类的更为密切。

厚蛙螈（*Crassigyrinus*）是众多水生坚头类之一。它正在逐猎石炭纪湖中的肺鱼。

脊椎动物的历史是一个宏大的主题，我们需要很多很多像这本书一样的大部头才能把故事完整讲出来。所以我想你先将就看看以下这个简短的介绍吧。

第一批脊椎动物出现在5亿多年前的寒武纪。它们有头和尾，但没有骨骼，也没有鳍和颌部。在接下来的1亿年里，它们的每一种特征都得以演化，并传给了不同的后代。其中一个后代演化出了简单的肺。如果这些鱼不能从水中获得足够的氧气，肺会帮助它们在空气中呼吸。（如果你养金鱼当宠物，你可能会看到它们时不时这样做。）

其中一个具有骨骼、颌部和肺的类群，演化出了有腕关节和踝关节的特化的鳍。它们被称为坚头类（stegocephalians），最早出现在泥盆纪。手腕和脚踝可以帮助它们穿过沼泽水域中茂密的植被；如果它们需要去往另一个池塘或小溪，也可以从陆地前行。（今天有一些鱼只用鳍就能做到这一点，如弹涂鱼和黑鱼。有了腕关节和踝关节，坚头类的活动就更容易了。）

在下页，你可以看到一幅演化分支图，展示了坚头类的演化过程。如你所见，这个类群包括两栖类（amphibians）、下孔类（synapsids）（我们人类自己的类群！），以及许多不同类型的爬行动物。其中一类爬行动物是恐龙。

头骨的解剖特征

58

在前几页中，你看到了脊椎动物的演化分支图，也看到了全新的解剖特征（包括骨架各个不同部分在内）是如何通过演化而增加的。为了更多地了解恐龙，了解它们的演化关系以及生物学特征，我们需要知道它们的解剖学细节。

大多数羊膜动物具有相似的基本骨架结构。骨架可分为头骨和头后骨骼。头骨包裹着大脑和许多感觉器官（鼻子、眼睛、舌头和耳朵），由许多块不同的骨骼组成，其上为感觉器官和其他软组织结构留有孔洞。

顶图：和所有脊椎动物一样，这条蛇的骨架是由许多不同的骨骼组成的。

坚头类演化史

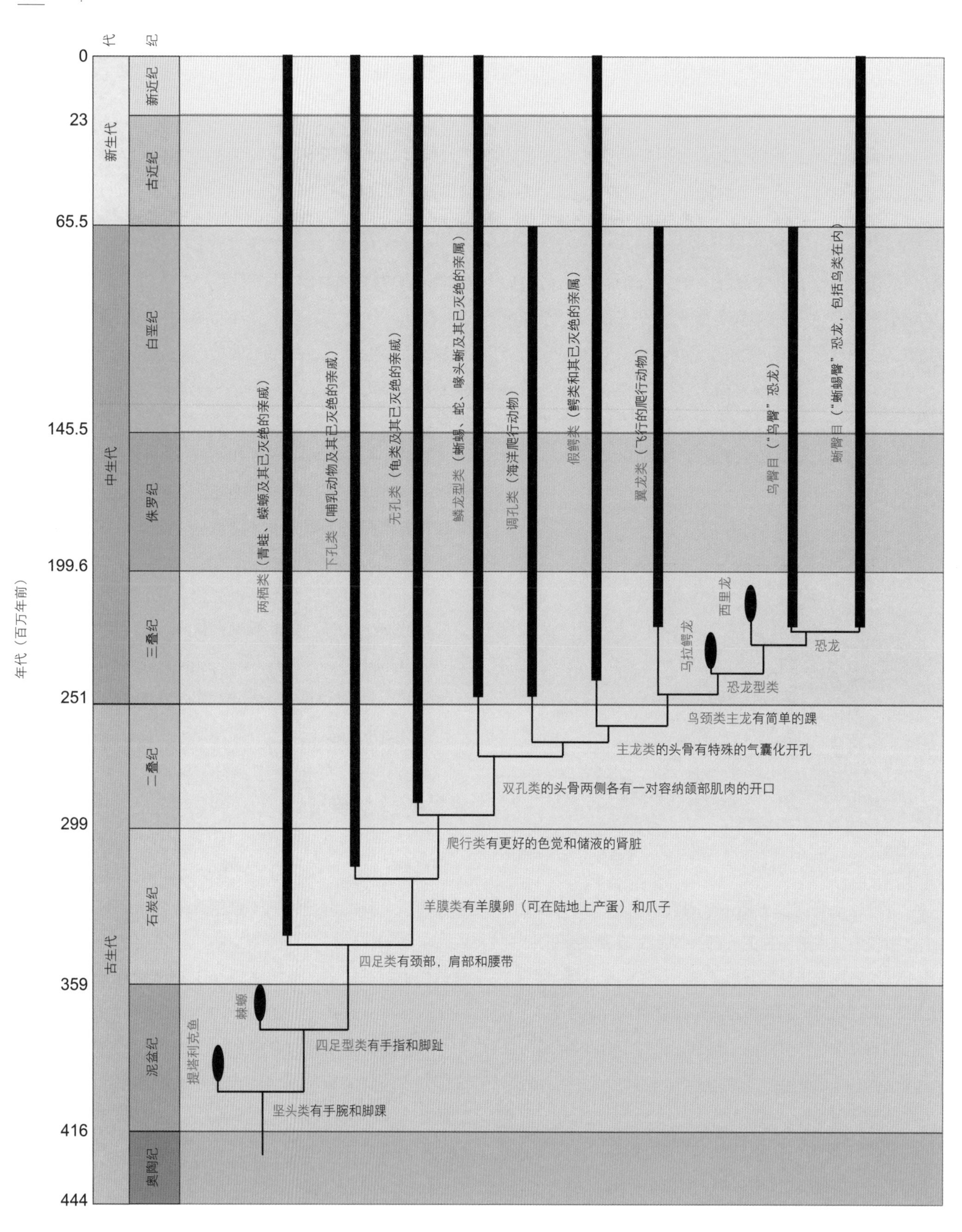
代
纪
0
23
65.5
145.5
199.6
251
299
359
416
444
年代（百万年前）
新生代
中生代
古生代
新近纪
古近纪
白垩纪
侏罗纪
三叠纪
二叠纪
石炭纪
泥盆纪
奥陶纪
两栖类（青蛙、蝾螈及其已灭绝的亲戚）
下孔类（哺乳动物及其已灭绝的亲戚）
无孔类（龟类及其已灭绝的亲戚）
鳞龙型类（蜥蜴、蛇、喙头蜥及其已灭绝的亲属）
调孔类（海洋爬行动物）
假鳄类（鳄类和其已灭绝的亲属）
翼龙类（飞行的爬行动物）
鸟臀目（"鸟臀"恐龙）
蜥臀目（"蜥蜴臀"恐龙，包括鸟类在内）
西里龙
马拉鳄龙
恐龙
恐龙型类
鸟颈类主龙有简单的踝
主龙类的头骨有特殊的气囊化开孔
双孔类的头骨两侧各有一对容纳颌部肌肉的开口
爬行类有更好的色觉和储液的肾脏
羊膜类有羊膜卵（可在陆地上产蛋）和爪子
四足类有颈部，肩部和腰带
棘螈
四足型类有手指和脚趾
提塔利克鱼
坚头类有手腕和脚踝

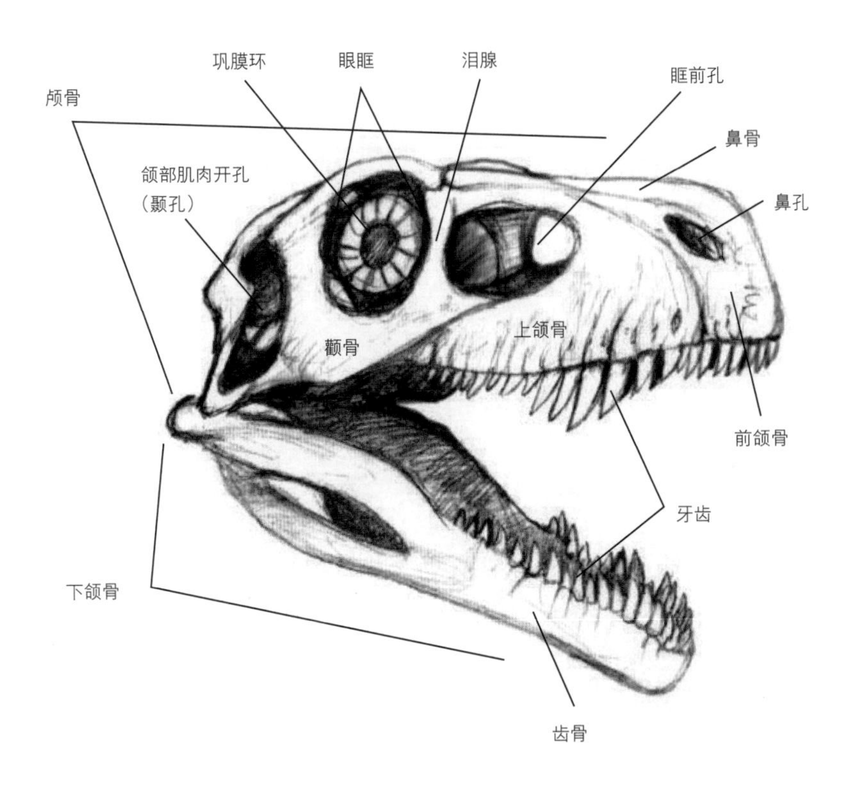
颅骨
巩膜环
眼眶
泪腺
眶前孔
鼻骨
颌部肌肉开孔
（颞孔）
鼻孔
上颌骨
颧骨
前颌骨
牙齿
下颌骨
齿骨

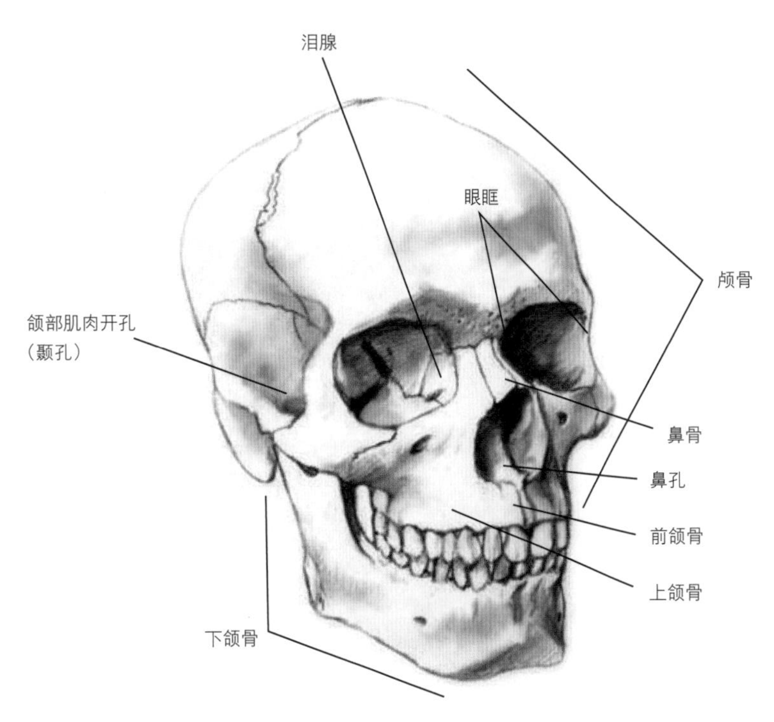
泪腺
眼眶
颅骨
颌部肌肉开孔
（颞孔）
鼻骨
鼻孔
前颌骨
上颌骨
下颌骨

头后骨骼的解剖特征

59 恐龙或其他脊椎动物的头后骨骼——头骨以下所有骨骼——由两个基本部分组成。中轴骨由脊柱和身体躯干的其他骨骼组成。附肢骨由四肢和将四肢连接到中轴骨的骨骼组成。

通过了解骨架中各种骨骼的尺寸及形状差异，古生物学家就可以对不同恐龙的生活方式、运动方式和行为方式做出假设。几乎所有在恐龙骨架中发现的骨骼和结构在人类的骨架上也能找到。

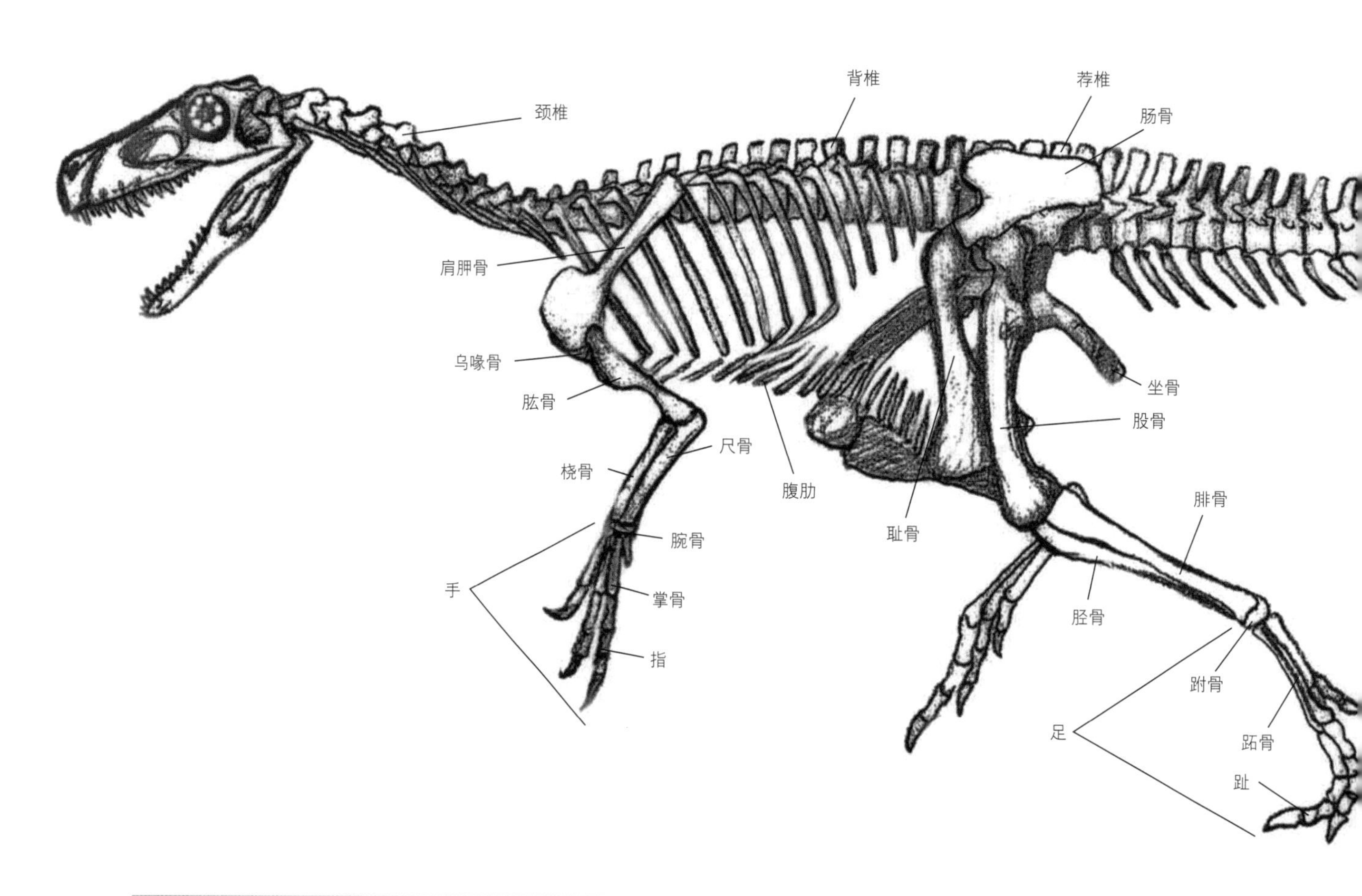

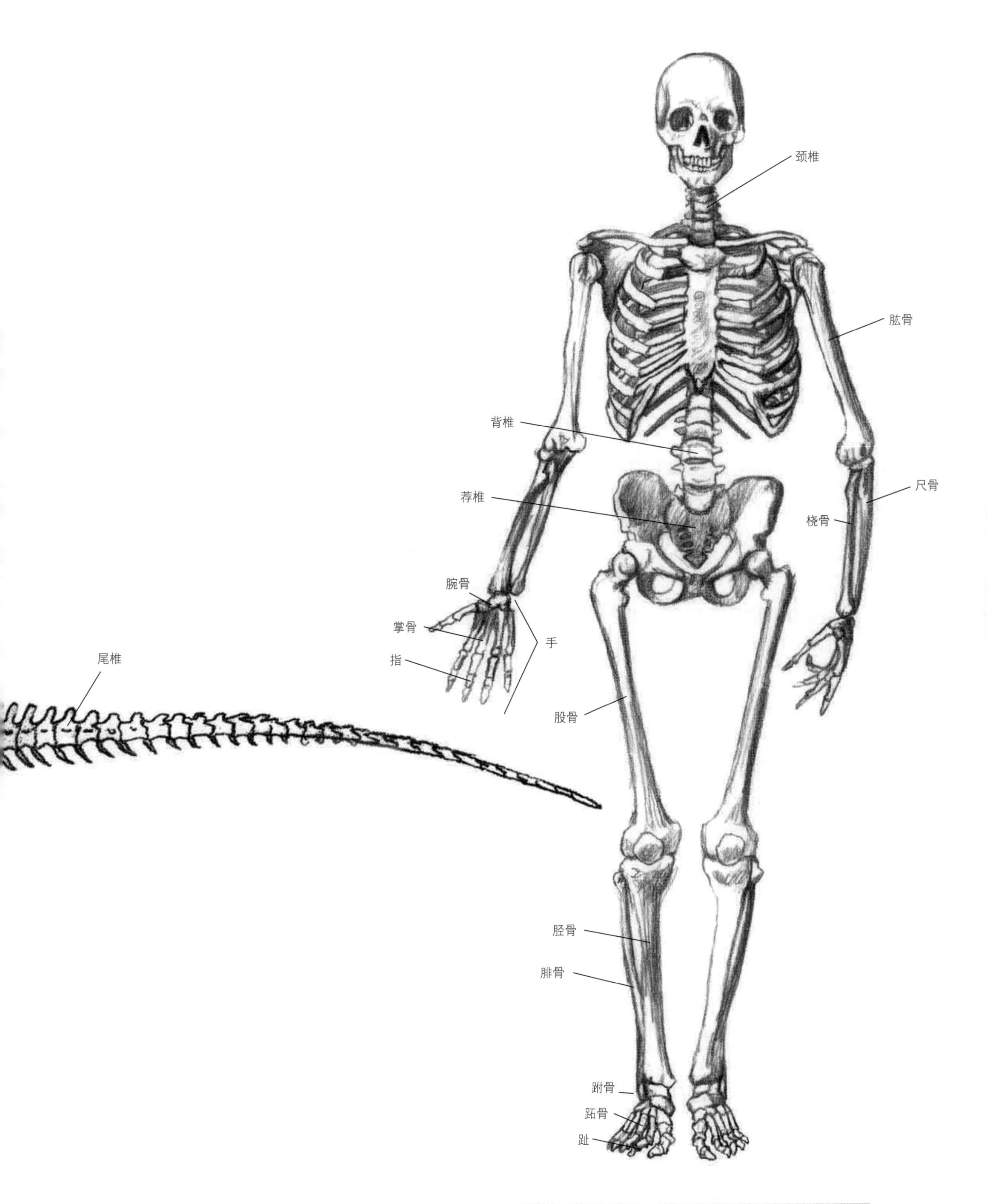
颈椎
肱骨
背椎
尺骨
荐椎
桡骨
腕骨
掌骨
手
指
尾椎
股骨
胫骨
腓骨
跗骨
跖骨
趾

兔蜥
西里龙（*Silesaurus*）
马拉鳄龙（*Marasucbus*）

11
恐 龙 起 源

61

在了解各种类型的恐龙之前，让我们先看看恐龙是从哪里来的。这将帮助你们了解是什么让恐龙成为恐龙的。

恐龙真的存在吗?

对今天的科学家们来说，如果一个类群的所有成员都是该类群中某一生物的后代，那这个生物类群就被称作是“存在”的或“自然”的类群。例如，鲸鱼、海豚和鼠海豚都是同一个祖先的后代，因此它们组成了一个名为鲸目（Cetacea）的自然类群。所以，名为恐龙总目（Dinosauria）的动物群体是“存在的”，所有恐龙的共同祖先必须也是恐龙。

当人们把一群动物归类在一起，而它们的共同祖先又不属于这个群体时，科学家们便认为这个类群是一个“非自然”的类群，一个在自然界中不存在的群体。例如，人们曾经把大象、犀牛和河马归类成一个被他们称之为厚皮类（Pachydermata）的群体。但后来的发现表明，就亲缘关系而言，大象与海牛更密切，犀牛与马更密切，河马与猪更密切，因此，这些厚皮动物的共同祖先根本就不是厚皮动物！所以，厚皮类被认为是一个非自然的动物类群。

从19世纪末到20世纪70年代，大多数古生物学家认为恐龙就像厚皮类一样，是一个非自然的类群。他们认为不同的爬行动物产生了不同类群（例如鸟臀目、蜥脚类和兽脚类），但都被人们称作为恐龙，认为恐龙不是一个自然群体，恐龙总目也就因而不存在。在他们的心目中，三角龙、暴龙和萨尔塔龙（*Saltasaurus*）之间的亲缘关系还不如三角龙和短吻鳄之间的密切。

62

那么，如果恐龙不是一个自然类群，古生物学家又该如何解释恐龙的共同特征，比如直立的站姿和特殊的腰带骨骼？好吧，在20世纪70年代以前，

厚皮类是一个非自然的大型哺乳动物类群。河马、犀牛和大象各自从完全不同的小型哺乳动物演化出巨大的身躯，这些小型哺乳动物都没被当作厚皮动物。

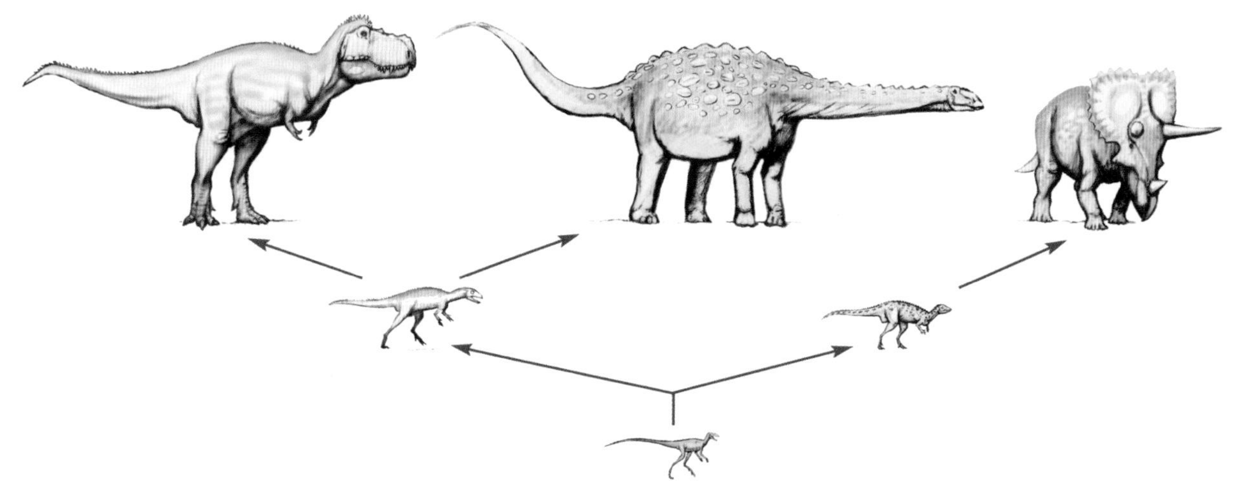

恐龙总目是一个自然类群。在恐龙总目中发现的物种都是同一个祖先的后代，而这个祖先本身也是恐龙。

大多数古生物学家认为，由于相似的生活方式，这些特征得以在不同的爬行动物类群中分别演化而出。这种模式被称为趋同演化，也就是说，最初看起来不同的两个或多个类群演化出了相似的外表。科学家知道很多这样的例子。

当帮助一类动物在特定生活方式下活得更好的特征，在另一类具有相同生活方式的动物类群中单独演化出时，我们就称它们发生了趋同演化。例如，海豚和鲨鱼具有相似的外形、背鳍和鳍状肢，尽管海豚是四条腿的陆栖哺乳动物的后代，而鲨鱼是海底软骨鱼的后代。这两个不同的群体各自演化出了相似的外形，因为这种外形有助它们在水中移动得更快。

古生物学家基于这种趋同现象做出了一个预测：如果每一个恐龙类群是从不同的非恐龙类群中各自演化出这些特征的，那么可想而知各恐龙类群间最古老的恐龙彼此看起来会多么不同，且会更类似其他非恐龙的爬行动物。

然而，在20世纪70年代，恐龙起源的趋同演化观念出了岔子。像美国的罗伯特·T. 巴克尔、彼得·M. 高尔顿（Peter M. Galton）以及阿根廷的何塞·波拿巴（José Bonaparte）这样的古生物学家们，发现了可以证明所有恐龙的共同祖先本身就是恐龙的证据：该生物具有许多在其他恐龙身上也能找到的特征。

这一发现部分来自于他们的观察，即恐龙历史越往前追溯，不同类型的恐龙就越相似。在晚三叠世，每一个主要类群中最早也最原始的成员身长大约4到6英尺（1.2到1.8米），而后来的恐龙则要么和大象一样大，要么比大象更大。最早的恐龙是用两条后肢行走的，而后来的许多恐龙（如剑龙、三角龙和迷惑龙）则是用四肢行走的。尽管后来恐龙的爪子可能像暴龙的两指爪和甲龙的宽爪这样存在巨大的差别，但最早的恐龙的前肢都是五指的，可以用来抓握。

巴克尔、高尔顿和波拿巴认为，这与趋同演化是完全相反的：类群间最早的恐龙彼此十分相似，随着时间的推移，它们之间的差异越来越大。

但这些相似之处仅仅是答案的一部分。巴克尔、高尔顿和波拿巴也在新发现的中三叠世化石中找到了有关恐龙共同祖先的证据。

中三叠世动物园

想想你今天在普通的动物园里能够看到的动物。它们大多是哺乳动物：分泌乳汁，具有皮毛。你也能看到很多鸟类。如果走进爬行动物馆，你会看到现生爬行动物的主要类型：龟、蜥蜴、蛇和鳄类。爬行动物馆里可能也有现代两栖动物——青蛙、蟾蜍和蝾螈。

如果在恐龙时代（从晚三叠世直至白垩纪末期）

走进一所动物园，你会看到一些不同的动物：很多大型恐龙，而非大象、老虎或其他大型哺乳动物。少数你能看到的哺乳动物还不如獾大。这些小型哺乳动物不同于任何现代哺乳动物，但它们仍然长着皮毛，能分泌乳汁。你还会看到一些能归入现代类群的爬行动物和两栖动物。它们和今天你能看到的爬行动物或两栖动物可能是不同的物种，但仍然是龟、蜥蜴或青蛙。

但是，如果你再往前追溯到恐龙的起源呢？在中三叠世的动物园里，动物们会大不相同。没有一只现代动物园里的动物会出现在那里：没有哺乳动物，没有鸟类，没有龟类，没有蜥蜴和蛇，没有鳄类，没有青蛙，没有蟾蜍，没有蝾螈。那里确实有爬行动物和两栖动物，但它们不属于任何现代类群。有些动物既不是爬行动物也不是两栖动物，而是完全不同的动物。

三叠纪的陌生生物并非都是恐龙。左边是一只原始哺乳动物二齿兽类，后景是一只植食性装甲坚蜥类，右上是一只巨大的肉食性劳氏鳄，右下则是一只类似鳄鱼的副鳄类。

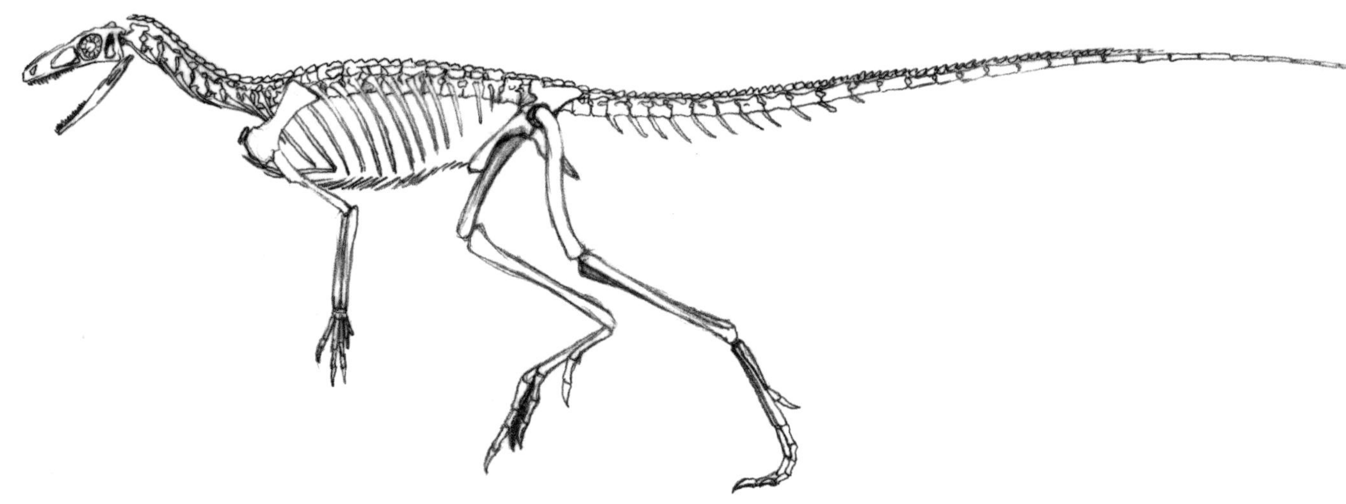

阿根廷中三叠世原始恐龙的亲戚——兔鳄的骨架

在中三叠世动物园的这些动物中，最奇怪的一个类群要数植食性动物二齿兽类了。它们非常奇怪，体型从与猫差不多大到有牛大小，看起来像是龟、海象和斗牛犬的杂交体。二齿兽类与哺乳动物的祖先——犬齿兽类有亲缘关系。中三叠世动物园中，犬齿兽类相当常见。它们是体型从与猫相似到有狼大小的肉食性动物和杂食性动物，有狗一样的口鼻和大张的四肢；可能也有皮毛。在曾经统治地球的多种原始哺乳动物中，二齿兽类和犬齿兽类是最后幸存的类群。

在中三叠世动物园里，也会有许多不同类型的主龙类（archosaurs）（意思是统治爬行动物）。现代的主龙类包括鳄类和鸟类，但在三叠纪，它还包括许多其他种类。潜藏在湖泊和河流中的是副鳄类（parasuchians），有着长长的口鼻部，以鱼为食，看起来像鳄鱼（可能动起来也像）。陆地上有坚蜥类（aetosaurs），是以植物为食，身有硬甲，身侧有尖刺突出的主龙类。顶级的主龙类（或者更确切地说，“顶级鳄鱼”）是巨大的肉食性动物劳氏鳄类（rauisuchians）。所有这些生物奔跑时都四肢着地，且从身体两侧伸出，就像现代蜥蜴和鳄鱼一样。

但这些巨大的主龙类并非恐龙的祖先。想看看恐龙的祖先，你必须低头朝你脚边望去。我们可能认为恐龙都体型巨大，但它们其实源自可能连家猫都打不过的动物！

恐龙的祖先

恐龙的主龙类祖先是小体型动物，长长的后肢位于身体正下方。这意味着它们奔跑速度快，坚持的时间也久（当你生活的世界里满是巨大而又饥肠辘辘的劳氏鳄类、二齿兽类以及笨重但又成群结队的坚蜥类时，这是一个有用的特性）。

这些身量小，具有长长后肢的小型主龙类是原始的鸟颈类主龙（ornithodirans）。后来的鸟颈类主龙包括恐龙，可能还包括会飞的翼龙类（pterosaurs）。像这些后来的生物一样，早期鸟颈类主龙的后肢位于身体正下方，脚踝像结构简单的铰链。

巧的是，我们对早期鸟颈类主龙的了解几乎都来自在南美洲发现的化石。没有完整的鸟颈类主龙骨架已知，因为出于某种原因，它们的腰带和后肢保存得很好，但身体的其他部分却不见了。我们发现的最好的化石表明，它们的前肢很短，可能是两足动物。它们大多数都具有短短的、呈三角形的头，以及小而尖、适合食用昆虫的牙齿。

20世纪70年代，古生物学家阿尔弗雷德·舍伍德·罗默（Alfred Sherwood Romer）发现并命名了若干不同的早期鸟颈类主龙。其中最著名的是兔鳄（*Lagosuchus*），还有与之有亲缘关系的马拉鳄龙，以及体型稍大一些的兔蜥（*Lagerpeton*）。前两种是

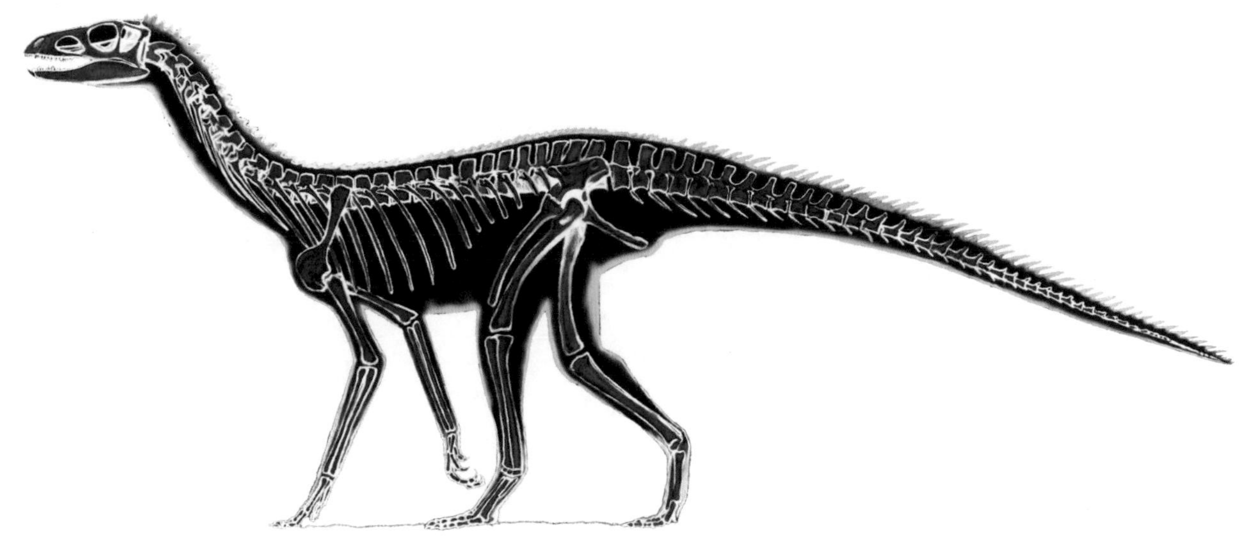

西里龙于2000年被发现，是已知最接近恐龙祖先的爬行动物之一。这个植食性动物差不多6英尺长。

西里龙的头部特写以及复原图

体型相当小，依靠两足奔跑的动物，可能以昆虫为食。兔蜥则体型较大，但不幸的是，人们只对它的腰带、腿部、足部和部分脊柱有所了解。根据足和脊椎的形状，一些古生物学家认为它可能像兔子一样跳跃！

65

体型更大的是刘氏鳄（*Lewisuchus*）和伪兔鳄（*Pseudolagosuchus*）。相较于身体，刘氏鳄的头部比其他几只鸟颈类主龙都大。看起来它捕杀的动物可能要大过昆虫。事实上，它可能杀死并吃掉过兔鳄、马拉鳄龙和兔蜥！根据后肢的某些特征，一些古生物学家认为它与伪兔蜥是同一物种；然而，另一些人则认为它甚至不是鸟颈类主龙，而是鳄鱼祖先的亲戚。

最新发现的恐龙的亲戚可能也是迄今为止最接近恐龙实际祖先的生物，那就是来自波兰、长5.6英尺（1.7米）的西里龙。它发现于2000年，命名于2003年。与大多数恐龙近亲不同，人们了解这只生物的大部分骨架，事实上在同一地点至少发现了四只西里龙。与其他恐龙近亲不同的是，它有着与植食性蜥蜴和植食性恐龙相似的叶状齿，因此古生物学家认为它也是一种

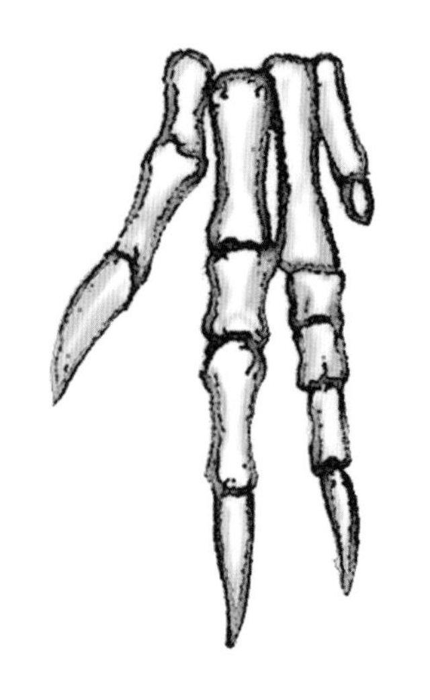
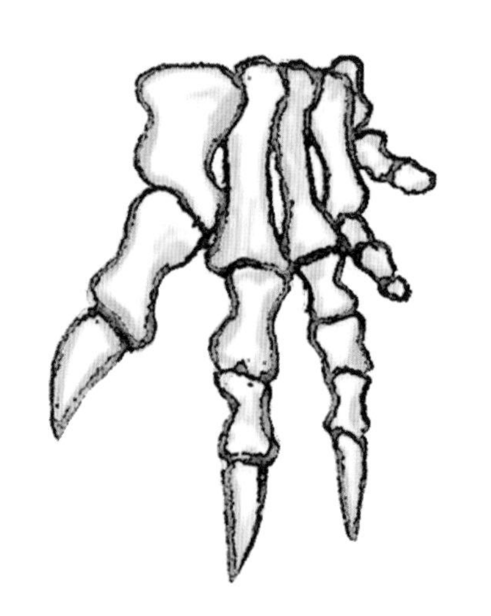
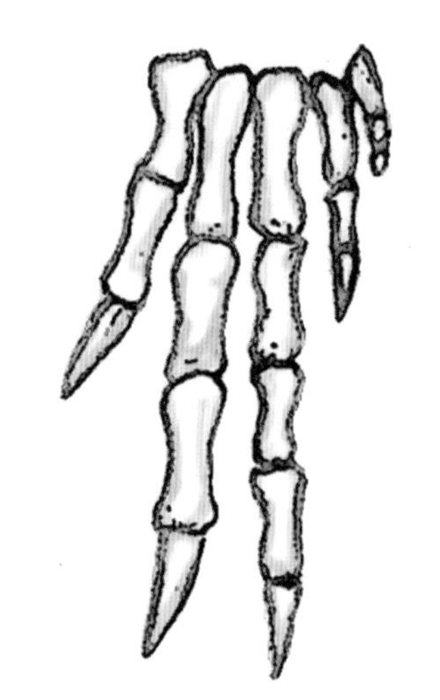

恐龙的手与其他爬行动物的手不同，如巨殁龙（左）、板龙（中）和畸齿龙（右）的左手。它们的拇指是对生的，第四指和第五指（无名指和小指）比其他手指小得多。

66 植食性动物。与恐龙相似，但不同于兔鳄、马拉鳄龙或兔蜥的是，它的腰带有细长的耻骨和坐骨；这表明比起那些阿根廷爬行动物，它与恐龙间的关系更为密切。细长的手臂表明它有时可以用四肢行走，但当快速移动的时候就只依靠后肢。但是，因为西里龙来自晚三叠世，要作为恐龙的真正祖先，时间上未免晚了些。

这些生物与恐龙具有亲缘关系，但还没有演化出所有真正的恐龙总目成员都具有的特征。这些三叠纪爬行动物与真正的恐龙一起组成了恐龙型类。最古老的真恐龙首次出现于2.3亿年前，接近晚三叠世初期。这些早期恐龙与它们的近亲鸟颈类主龙没有太大区别，身长都不足6英尺（1.8米），借助后肢站立（特别是当它们想要奔跑的时候）。原始的鸟颈类主龙没能和它们更为进步的亲戚在同一个世界里生存太久：恐龙发展出了新的适应性，使它们能够更好地奔跑、获取食物等。到三叠纪末期，原始鸟颈类全部灭绝。世界留给了真正的恐龙。

是什么让恐龙成为恐龙?

很多人，包括一些科学家在内，根本分不清楚什么是“恐龙”，什么不是“恐龙”。他们认为会飞的翼手龙（*Pterodactylus*）、背上有帆的异齿龙（*Dimetrodon*）、海中游动的蛇颈龙类或真猛犸象都是恐龙。他们大错特错了！对于古生物学家来说，“恐龙”这个词只用来描述一种动物，这种动物是植食性禽龙和肉食性巨齿龙（科学界已知的第一批中生代恐龙中的两种）的最近的共同祖先及其所有后代。

这么说来，你该怎么识别恐龙呢？有一些特征使得恐龙与众不同。首先是手部。看着你自己的手掌，用你的任意一个指尖去碰你的大拇指。看看你的拇指尖是怎么和其他手指相触的？你可以这样做，因为你有一个与其他手指对生的拇指。恐龙也有一种与其他手指对生的拇指。但恐龙的手和你的手不一样。再看一眼你的手掌，用你的大拇指去碰你的其他手指。你可以看到大拇指牵动了其下的腕关节吧？在恐龙的手上，手掌的骨头都是保持不动的。恐龙之所以能用手抓取东西，是因为拇指的角度与其他手指的不同。当恐龙合上手掌时，它们的拇指和其他手指会碰到。

为什么恐龙演化出了可以抓握的手？这可能有 67 助于它们攀爬。主要是帮助它们捕捉猎物或采集植物。而之所以能演化出如此善于抓握的手，是因为它们的祖先已经是两足动物了。由于这些祖先四处走动时不需要借助前爪，所以前爪就可以空出来做其他事情。

恐龙和它们祖先的另一大区别是腰带。如果你

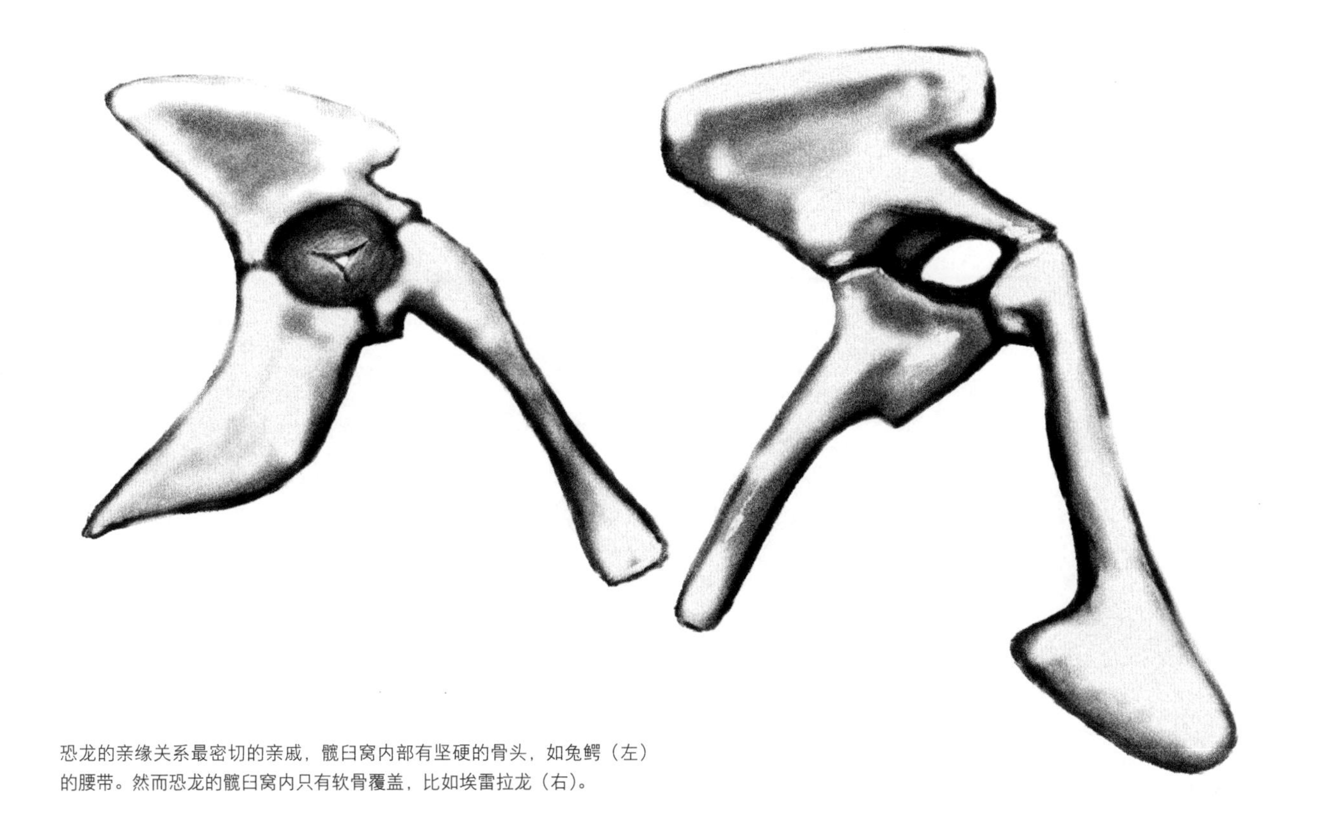

恐龙的亲缘关系最密切的亲戚，髋臼窝内部有坚硬的骨头，如兔鳄（左）的腰带。然而恐龙的髋臼窝内只有软骨覆盖，比如埃雷拉龙（右）。

去看看大多数现生动物的腰带上大腿骨嵌入髋臼窝的位置，其内部具有一个坚固的骨壁。恐龙则不同。它们的髋关节没有骨壁，只有一种叫作软骨的软组织。由于软骨很少变成化石，恐龙腰带化石的髋臼窝里没有任何东西，所以古生物学家称它们为“开放式”的髋臼窝。

为什么恐龙具有开放式的髋臼窝？目前无人能解答。应该不是为了减轻重量，因为第一批拥有这种特征的恐龙身型尚小。一个可能的原因是，髋臼窝内部只有软骨，能使腿部运动更平稳。

虽然恐龙最初是小型动物，但后来却变大了许多。恐龙祖先的后肢已经位于身体下方了，也就是说，恐龙有大好的优势来让体型变得更大！你看，如果你的腿像鳄鱼一样是向两侧张开的，而你的体型又变得非常大，那么在陆地上行动就会十分困难了，因为腿必须保持一定的角度才能支撑体重。但是如果你的腿位于身体下方，它们就可以支撑更多的重量。正因为如此，几乎每个恐龙类群的后代都长成了巨大的体型。

古生物学家认识到，恐龙谱系树的两个主要分支都是从同一个祖先演化而来的，而且都出现在晚三叠世。第一个分支是蜥臀目，也叫“蜥蜴臀”恐龙。蜥臀目包括巨大的长颈蜥脚类及其体型较小的祖先，还有数量众多、种类繁多的肉食性兽脚类。据我们所知，第二个分支鸟臀目，也称“鸟臀”恐龙，都是以植物为食的动物。甲龙类、鸭嘴龙类和它们的亲戚——头部隆起的肿头龙类和有角的角龙类，都是鸟臀目恐龙。但我们应该记住，所有这些不同种类的恐龙都是从你盈手可握的小型可奔走的动物演化而来的。

埃雷拉龙
始盗龙

12
蜥 臀 目
（蜥蜴臀恐龙）

69 蜥臀目是恐龙谱系树的两个主要分支之一。其中包括恐龙科学已知的最大的和最小的恐龙。蜥臀目包含两个不同的类群：以植物为食的长颈蜥脚型类和长着刀片状牙齿、以肉为食的兽脚类。还包括一些三叠纪的物种，它们确切的演化位置还未确定。最令人惊奇的是，蜥臀目恐龙并没有灭绝！今天的活恐龙——鸟类，就是蜥臀目的一种。

蜥蜴的臀部和中空的骨头

整个19世纪，古生物学家发现了各种各样的恐龙化石。尽管第一批发现的骨架非常不完整，但自19世纪60年代开始，近乎完整的骨架接连被人们发现。有了这些新的发现，古生物学家们倍感信心，开始着手鉴别恐龙的类群，也就是说，找出哪些恐龙之间的亲缘关系最密切。从那时起，科学家们提出了许多不同的恐龙分类方法。其中最著名的是英国的哈里·G. 丝莱（Harry G. Seeley）。1887年，丝莱撰写了一篇短短的论文（只有7页），但至今仍然是恐龙学界中最具影响力的论文之一。

为何这篇短小的文章如此著名？在1887年之前，古生物学家已经识别出了一些普通的恐龙类群。特别是，耶鲁大学的美国古生物学家O. C. 马什命名了四个恐龙类群，其名称沿用至今。它们是剑龙类（用来指剑龙和多刺甲龙［*Polacanthus*］这样的装甲恐龙，我们今天将这整个类群称为覆盾甲龙类），鸟脚类（指棱齿龙［*Hypsilophodon*］、禽龙和鸭嘴龙这样的有喙植食性恐龙），蜥脚类（Sauropoda）（指圆顶龙［*Camarasanrus*］和梁龙［*Diplodocus*］这样巨大的长颈植食性恐龙），还有兽脚类（指异特龙［*Auosaurus*］和美颌龙［*Compsognathus*］这样两足肉食性恐龙）。然而，马什并没有提及这四个不同的类群之间的联系。

耻骨

耻骨

像左边的莱索托龙（*Lesothosaurus*）这样的鸟臀目恐龙的耻骨指向尾巴，而像右边巨殁龙（*Megapnosaurus*）这样的蜥臀目恐龙的耻骨则指向头部。

但丝莱做到了。他认识到剑龙类和鸟脚类具有许多共同的特征，尤其是它们腰带的耻骨都指向后方。因为鸟类的腰带也有一个指向后方的耻骨，丝莱便将包含剑龙类和鸟脚类的“目”的学名称为鸟臀目。

70

相比之下，蜥脚类和兽脚类的耻骨（或者至少是所有丝莱所知的）都指向前方。蜥蜴的耻骨就是如此，所以他把该目命名为蜥臀目（蜥蜴的臀部），它包含了蜥脚类和兽脚

大多数蜥臀目恐龙的脊椎都具有中空的腔室，就比如这只蜥脚类。

类。当然，鳄鱼、龟和哺乳动物的耻骨也指向前方，所以他也可以把这些恐龙命名为鳄臀恐龙、龟臀恐龙，甚至哺乳动物臀恐龙。但他还是选择了“蜥臀目”这个名字，所以我们只能沿用。

丝莱还找出了蜥脚类和兽脚类的其他特征，这些特征使得它们彼此之间更为相似而不是更接近鸟臀目恐龙。尤其是蜥脚类和兽脚类的脊椎中都有许多中空的腔室。相比之下，鸟臀目恐龙的脊椎则是实心的。丝莱将蜥臀目中空的脊椎和鸟的脊椎做了一番比较，认为这些中空的恐龙脊椎就像那些鸟类的一样，里面充满了空气。最近几年的发现表明，丝莱的观点是正确的。事实上，丝莱所发现的正是现代鸟类特殊气囊系统演化的第一阶段。

丝莱认为，鸟臀目和蜥臀目之间的差异巨大，所以它们之间的亲缘关系不密切。他提出，它们是爬行动物谱系树上独立的分支，只是之前被错误地归入恐龙总目这一大类群。

之后将近一个世纪，大多数古生物学家都同意丝莱的观点。然而，20世纪70年代的发现表明恐龙总目是一个“真实存在”的类群，也就是说，所有的恐龙都来自一个共同的祖先，这个祖先本身也是恐龙。即便如此，丝莱的两大分类仍然被认为是恐龙谱系树的主要分支。

长颈和食指

自丝莱的论文发表后，更多类型的恐龙被发现了，都属于鸟臀目或蜥臀目。在蜥臀目中，新的发现表明一些以前被认为是兽脚类的三叠纪长颈恐龙（尤其是板龙和安琪龙［*Anchisaurus*］）实际上是蜥脚类的近亲，因此人们发现了一个新的类群：蜥脚型类（蜥蜴类的形态）。现在科学家们认为蜥臀目有两个主要类群：兽脚类和蜥脚型类（Sauropodomorpha）。

随着每个类群更多的骨架被发现，古生物学家也得以更好地着手探究蜥臀目的演化史。更多的三叠纪的兽脚类和蜥脚型类的发现，也使得事情变得容易多了。这些早期形态从所有蜥臀目恐龙共同的原始祖先中演化而出的时间较短，因此仍然保留了许多原始的祖先特征。

三叠纪的兽脚类（如腔骨龙［*Coelophysis*］和原美颌龙［*Procompsognathus*］）以及三叠纪蜥脚型类（如板龙和里奥哈龙［*Riojasaurus*］）的一个共同特征是长长的颈部。如果把这些恐龙的颈部和原始的鸟臀目恐龙（比如莱索托龙）颈部比较，你可以看到蜥臀目恐龙具有向外长长伸出的脖子。尤其是，早期蜥臀目恐龙最长的颈部骨骼位于肩部附近。这与它们大多数亲戚不同，那些亲戚颈部中段的骨骼最长。

对于早期蜥脚型类来说，长颈意味着它们可以比同时代的任何其他植食性动物个头都高。对于早期兽脚类来说，长颈意味着它们既可以迅速地向地面上的小型猎物猛扑过去，也可以将头高高昂起，留意体型更大、更凶残的食肉动物。

早期蜥臀目恐龙与它们亲戚的另一个不同之处，在于它们的手部形状。在所有早期恐龙中，手是用来抓握的，它们有着长长的手指和一个拇指，这种构造适合于抓物。鸟臀目恐龙保留了祖先中指最长的特征。蜥臀目恐龙的手部则不同。如果看看大多数蜥臀目恐龙的手，你会发现它们食指最长。而且，大多数早期蜥臀目恐龙拇指上的爪子非常大。原始蜥脚型类和大多数兽脚类都保存着这种特殊的蜥臀目恐龙的手部。不过，在蜥脚类中，手只是用来行走的，所以它看起来更像一根柱子。

始盗龙和埃雷拉龙科

大多数蜥臀目恐龙不是兽脚类就是蜥脚型类。由于这两个类群在晚三叠世初期就已经存在，所以兽脚类和蜥脚型类的共同祖先一定生活在更早的时期（中三叠世）。

然而，有一些晚三叠世的蜥臀目恐龙很难在谱系树上定位。在这些“问题蜥臀目恐龙”中，最著名的是来自阿根廷的始盗龙（*Eoraptor*）和体型更

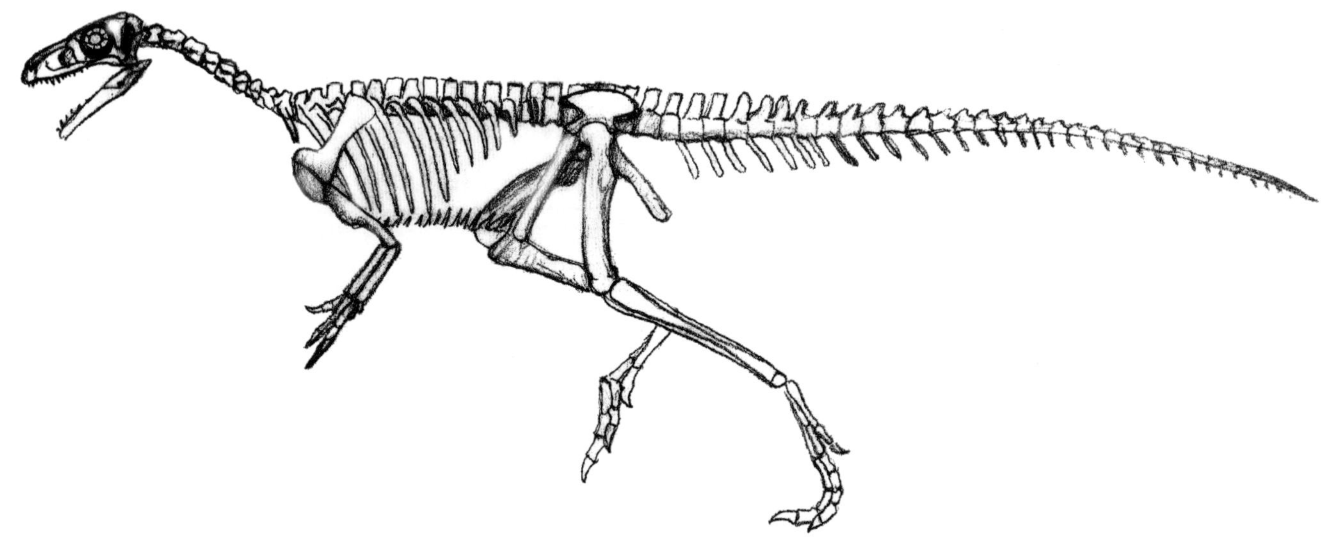

阿根廷晚三叠世的蜥臀目恐龙——始盗龙的骨架

大些的埃雷拉龙（*Herrerasaurus*）。这两只恐龙的化石我们已经发现得足够多了，多到我们了解它们身体里几乎每一块骨骼的样子。还有一些其他恐龙（南十字龙［*Staurikosaurus*］，盒龙［*Caseosaurus*］和钦迪龙［*Chindesaurus*］）已知的零星骨骼与埃雷拉龙非常相似，所以它们都被归入埃雷拉龙科（Herrerasauridae）这个类群。

72

始盗龙和埃雷拉龙以及其他一些类似的恐龙具有食肉动物刀片一样的锯齿状牙齿，因此它们通常被认为是兽脚类中的早期类型。但是，许多恐龙的近亲（如劳氏鳄和其他原始鳄鱼亲戚）也有着刀片一样的锯齿状牙齿，所以我们认为最早的恐龙也具有这种牙齿。鸟臀目恐龙和蜥脚型类的叶片状牙齿被认为是这两类动物各自演化以帮助它们食用植物的特化特征。所以像刀片一样的牙齿不能让我们将一只恐龙当作是一只兽脚类。这只能使它成为一只食肉动物。

这些“问题蜥臀目恐龙”也缺乏某些在确定的兽脚类身上可见的特征。例如，兽脚类的第1趾（人类称其为大脚趾）比较短，当行走时，通常不与地面接触。而跖骨，即脚部的长骨，没有延伸到脚踝。始盗龙和埃雷拉龙类则与非兽脚类相似，第1趾长在靠近脚底的地方，跖骨延伸至脚踝。

此外，始盗龙和埃雷拉龙科恐龙不具有蜥脚型

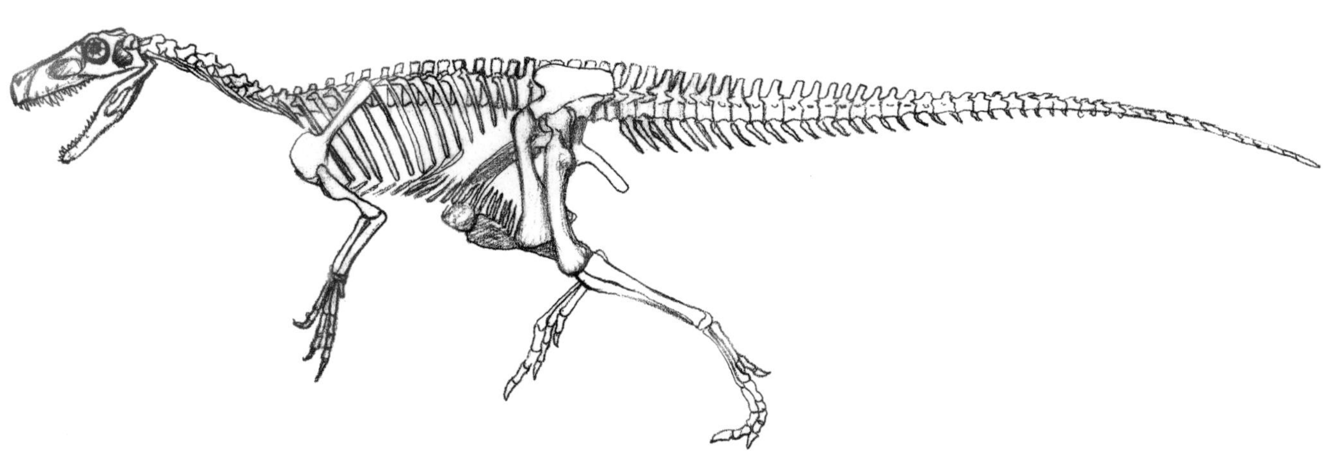

阿根廷晚三叠世埃雷拉龙科恐龙——埃雷拉龙的骨架

类和兽脚类的长颈（即肩部附近有长长的脊椎）、大大的拇指和长长的食指。但它们的脊椎是中空的！这使得一些古生物学家认为，这些恐龙从蜥臀目的谱系树上分化出来的时间早于蜥脚型类和兽脚类。

另一方面，与蜥脚型类相比，埃雷拉龙科恐龙和始盗龙的爪子和一些指骨在形状上更接近真正的兽脚类。这些恐龙脊椎内部腔室的形状让古生物学家想起了真正兽脚类脊椎中的腔室。因此，一些古生物学家认为，始盗龙和埃雷拉龙科恐龙是非常原始的早期兽脚类。就我个人而言，我认为尚未有定论，但不管怎样，新的标本将有助于解决这个问题。

不管它们是兽脚类还是只是原始的蜥臀目恐龙，始盗龙、埃雷拉龙科恐龙，以及蜥臀目中其他所有非蜥脚型类恐龙和非兽脚类恐龙，都没能存活到侏罗纪。然而，正如你将在接下来的第13章中所读到的，蜥脚型类和兽脚类则得以在侏罗纪和白垩纪继续繁衍生息。

阿根廷晚三叠世蜥臀目恐龙中的掠食者——埃雷拉龙

晚三叠世的阿根廷，这只蜥臀目恐龙始盗龙在观察一只早期哺乳动物。

蜥臀目的演化分支图

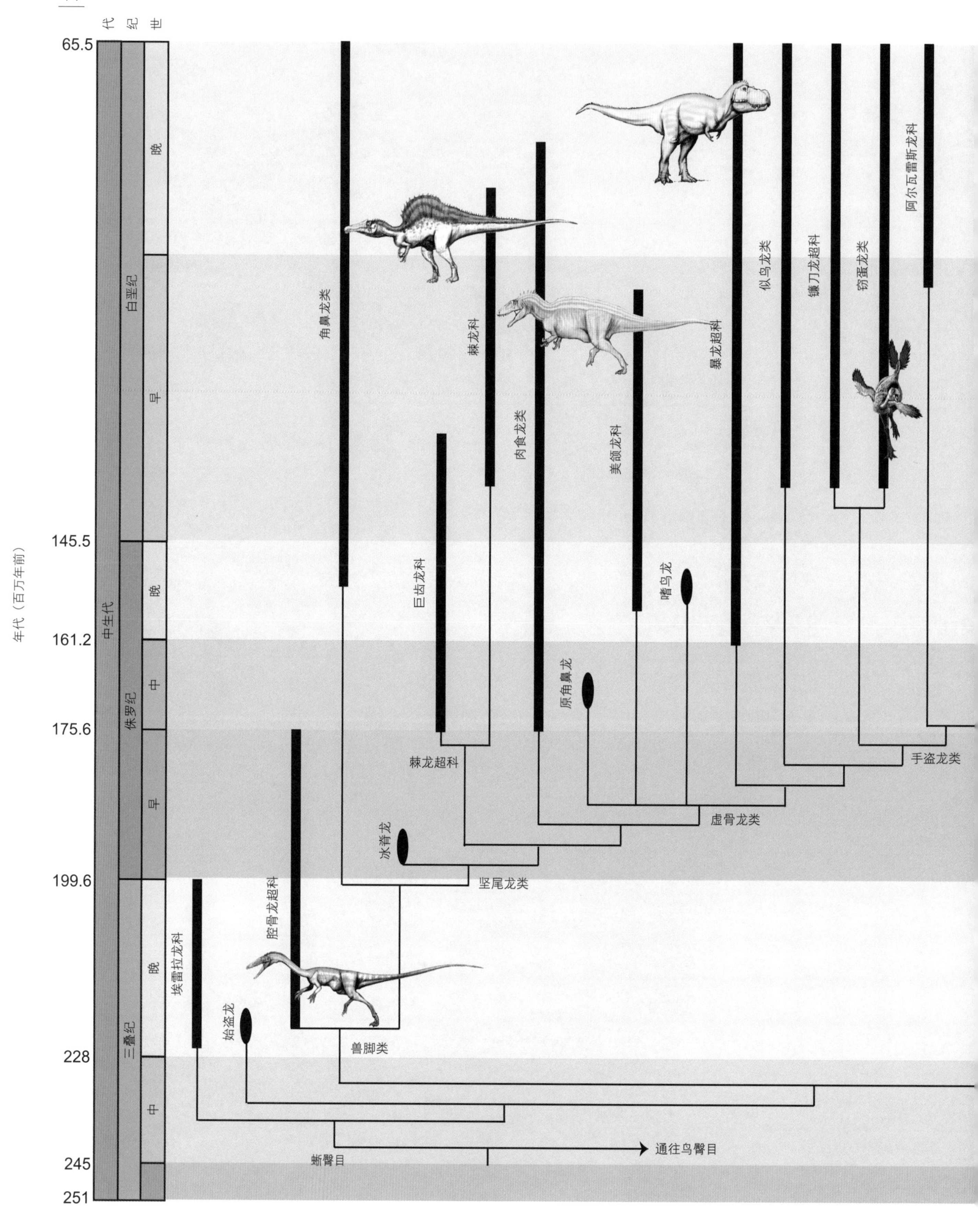

74
代
纪
世
65.5
145.5
161.2
175.6
199.6
228
245
251
年代（百万年前）
中生代
白垩纪
侏罗纪
三叠纪
晚
早
晚
中
早
晚
中
角鼻龙类
棘龙科
肉食龙类
美颌龙科
暴龙超科
似鸟龙类
镰刀龙超科
窃蛋龙类
阿尔瓦雷斯龙科
巨齿龙科
嗜鸟龙
原角鼻龙
棘龙超科
虚骨龙类
手盗龙类
冰脊龙
坚尾龙类
埃雷拉龙科
腔骨龙超科
始盗龙
兽脚类
蜥臀目
通往鸟臀目

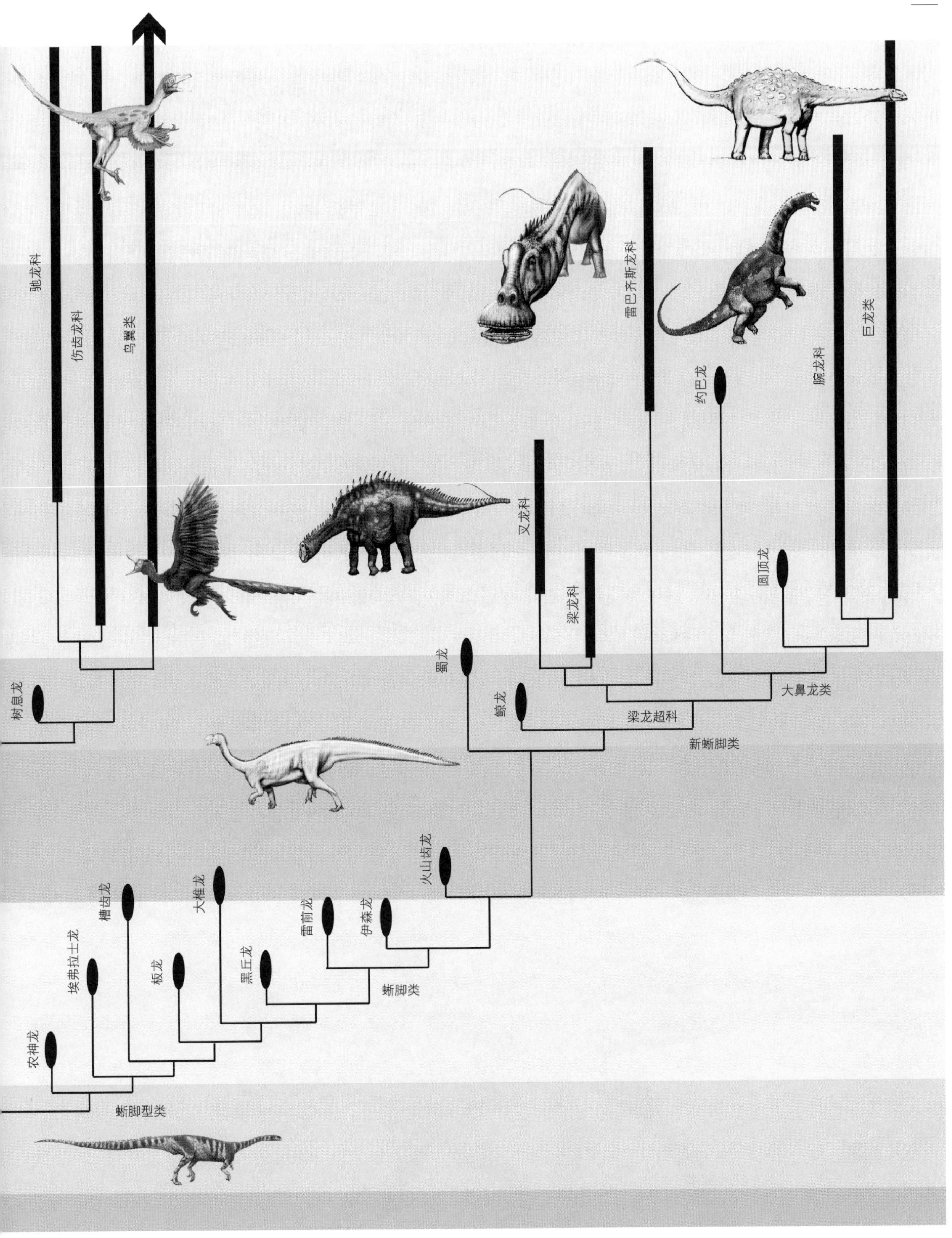

驰龙科
伤齿龙科
鸟翼类
树息龙
雷巴齐斯龙科
约巴龙
腕龙科
巨龙类
叉龙科
梁龙科
圆顶龙
蜀龙
鲸龙
大鼻龙类
梁龙超科
新蜥脚类
火山齿龙
槽齿龙
大椎龙
雷前龙
伊森龙
埃弗拉士龙
板龙
黑丘龙
蜥脚类
农神龙
蜥脚型类

皱褶龙
角鼻龙
恶龙
腔骨龙

13

腔骨龙超科和角鼻龙类

（原始肉食性恐龙）

77 肉食性恐龙属于兽脚类这个类群。兽脚类是蜥臀目的两个主要分支之一（另一支是长颈植食性蜥脚型类）。兽脚类大小不一，形态各异，有像暴龙和棘龙这样牙齿锋利的巨兽，也有像中华龙鸟和寐龙这样小体型的潜行猎手。从侏罗纪初期到白垩纪末期，它们是陆地上最主要的掠食者。兽脚类还包括地球历史上所有长着羽毛的恐龙，从尾羽龙到伶盗龙，再到现代鸟类。所以兽脚类今天仍然和我们生活在一起。

本章将回顾兽脚类的解剖结构和行为特征的基础知识，并重点介绍两个第一批从谱系树上分支出来的兽脚类恐龙类群。它们是兽脚类中最早出现的主要类群，即身形细长的腔骨龙超科，以及更加多种多样且存活时间更久的角鼻龙类。

脑袋大，脚力快

正如你所想象的，食肉动物需要装备精良才能猎杀并吃掉另一只动物。只需看看鲨鱼、老虎或狼，就知道此言不虚。兽脚类中的物种亦然。这群恐龙有许多共同的特征，有助于它们搜寻、捕捉并杀死猎物。

首先，兽脚类的脑袋很大，或者至少对于恐龙来说很大。与其他同体重的恐龙相比，兽脚类的大脑要大过植食性的蜥脚型类或鸟臀目恐龙的大脑。这是因为能够追踪、猎取和杀死另一只动物比找到并吃掉一株植物需要更多的技能，因而也需要容量更大的“计算机”来处理信息。从整个谱系树自下而上（大抵也是本书章节所采取的顺序），兽脚类的大脑演化得越来越大，越来越复杂。这并不是说中生代的兽脚类同现代哺乳动物或现代鸟类一样聪明。即使是中生代最聪明的兽脚类可能也只赶得上现代哺乳动物和鸟类中最笨的那些，比如负鼠和鸸鹋。我知道这话说出来并不怎么讨喜，作为恐龙迷，我自己也不希望如此。但大脑和体型大小相对比的证据似 78 乎证实了这一切。尽管如此，它们的脑力比起同时代的恐龙，包括中生代哺乳动物，也还是要强的。

兽脚类毕竟需要捕捉猎物，而不仅仅只靠脑子想！一般来说，肉食性恐龙比植食性恐龙行动要快。它们的后肢通常细而长，可以大步前进；脚很窄，就像今天大多数跑得快的动物的脚一样。事实上，为了让脚保持狭窄，它们的第1趾（相当于我们人类的大脚趾）在尺寸上退化了，小到基本上没什么用，至少在奔跑时是这样。（它可能有助于抓取食物。）兽脚类动物实际上有三个脚趾，小小的第1趾长在侧面。

兽脚类不仅迅速，而且敏捷。原始兽脚类尾部后半段骨节分明，十分僵直，有助于它们在快速转弯时保持平衡。在兽脚类之后的类群中（尤其是来自驰龙科的盗龙们），这种适应性发挥到了极致。食肉恐龙能够扑倒植食性恐龙，并在它们试图逃跑时迅速转身追赶。

啃猎物的嘴，抓猎物的爪

但仅有智力和速度对于掠食者来说还不够。兽脚类需要在吃掉猎物之前就将它们杀死！

北美洲西部早侏罗世的腔骨龙超科恐龙——双脊龙

自从发现巨齿龙（人们找到的第一只中生代兽脚类）以来，古生物学家就知道了肉食性恐龙具有像刀片一样的锯齿状牙齿。正是这些牙齿表明这些恐龙是食肉动物，因为在现代食肉蜥蜴的颌部也发现了类似的牙齿。像刀片一样的锯齿状牙齿就像牛排刀一样能将肉切断。

79

牛排刀状的牙齿有一个问题，那就是扭转时很容易折断。但是失去一颗牙齿对于恐龙来说，不像对哺乳动物那样会造成严重的问题，因为恐龙一生都在长新牙。即便如此，拥有一种能帮助牙齿不被挣扎的猎物过度损坏的适应性还是大有裨益的。兽脚类演化出了这种适应性，即下颌内关节（intramandibular joint）。这个长长的名字仅仅指的就是它们下颌骨内部的关节。这个关节位于颌部长有牙齿的部分和连接上下颌骨的骨骼之间，起到了减震的作用。如果被兽脚类咬住的动物开始挣扎，下颌内关节会产生弹性形变来防止牙齿过度受力。

然而，肉食性恐龙不仅仅是用颌部钳制猎物。它们中的大多数也用手。事实上，兽脚类是严格意义上两足行走的恐龙类群。就目前所知，还没有兽脚类曾像蜥脚型类和鸟臀目恐龙那样演化成四足动物。

所有恐龙的共同祖先都有着能够抓握的手，而在兽脚类中，这些手变得特化，适合捕杀猎物。兽脚类的爪子就像猛禽的爪子一样，呈弯曲状。爪子可以钩住猎物的肉，还可以划过猎物的身体两侧，使其受伤。今天大型猫科动物的锋利的爪子也可以有这两方面用途。

兽脚类手部的特化则体现在另一个方面。它们的手指比大多数恐龙的五指要少。在原始的兽脚类，比如腔骨龙超科恐龙和角鼻龙类中，小指已经消失，相当于我们无名指的第4指也普遍退化。这使得原始兽脚类拥有了四指手。在更进步的兽脚类中，其他手指有时也会消失。举个例子，你可以在异特龙和伶盗龙手上找到三个手指，而暴龙手上只有两个。

就像咬中猎物一样，钳制住一只猎物对掠食者来说也是相当困难的。兽脚类演化出了解决这一问题的方式。在大多数动物，包括我们人类身上，锁骨是两块独立的骨骼，但在兽脚类身上则愈合成了一块。用专业术语来说，这一块骨头被称为叉骨，但我们大多数人都把它叫作如愿骨。在鸟类身上，如愿骨起到弹簧的作用，因此在飞行时，扇动翅膀消耗的能量更少。在古老的兽脚类身上，如愿骨似乎也起到了弹簧的作用，但在这钳制猎物的情况下，它更像是减震器和支架，可以让肉食性恐龙在不伤害前肢的情况下，钳住它想猎杀的动物。

中空骨和气囊

兽脚类就像它们的植食性近亲——蜥脚型类一样，有着中空的脊椎。事实上，兽脚类具有很多中空的骨骼。肉食性恐龙四肢的长骨里有着中空的空隙，面部骨骼和脑壳骨骼上也具有各种各样的孔洞和腔室。这些开孔为气囊提供了空间。

在今天存活着的兽脚类——鸟类身上，气囊使得它们身体轻盈，因此许多人错误地认为这些结构的演化一定是为了帮助鸟类飞行。但鸟类是从它们体型更大、不飞行且居住在地面的祖先那里继承的气囊。气囊在这些动物体内有什么作用？

鸟类使用气囊不仅仅是为了保持轻盈。气囊可以帮助它们排出体内多余的热量。还有一些气囊被用来向肺部泵入额外的氧气。即使在最早期的兽脚类中，似乎也存在着鸟类的这样排热和泵氧的特征。

最早的怪兽：腔骨龙超科

最早的兽脚类是什么？这是一个值得商榷的问题。一些古生物学家把上一章我们讨论过的始盗龙和埃雷拉龙科的成员视为最古老也是最原始的兽脚类。它们当然是“肉食性恐龙”，因为它们既是肉食性动物，也是恐龙。但它们真的是兽脚类谱系树的一部分吗？始盗龙、埃雷拉龙科恐龙以及兽脚类具有一些共同的特征，比如中空的骨骼，这在其他蜥臀目恐龙身上也有所体现。埃雷拉龙科恐龙的下颌内关节与兽脚类的相似（尽管不完全相同）。但正如第12章所提到的，蜥脚型类和兽脚类具有一些始盗龙和埃雷拉龙科恐龙所缺乏的特征。这表明比起始盗龙和埃雷拉龙科恐龙，蜥脚型类与兽脚类的亲缘关系更近。如果最终在这些晚三叠世肉食性动物身上发现了叉骨（而不是两块单独的锁骨），将会确切证明它们是兽脚类。但目前，这个问题尚未解决。

所有人都认同的最古老也最原始的兽脚类恐龙类群，被称为腔骨龙超科（Coelophysoidea），得名

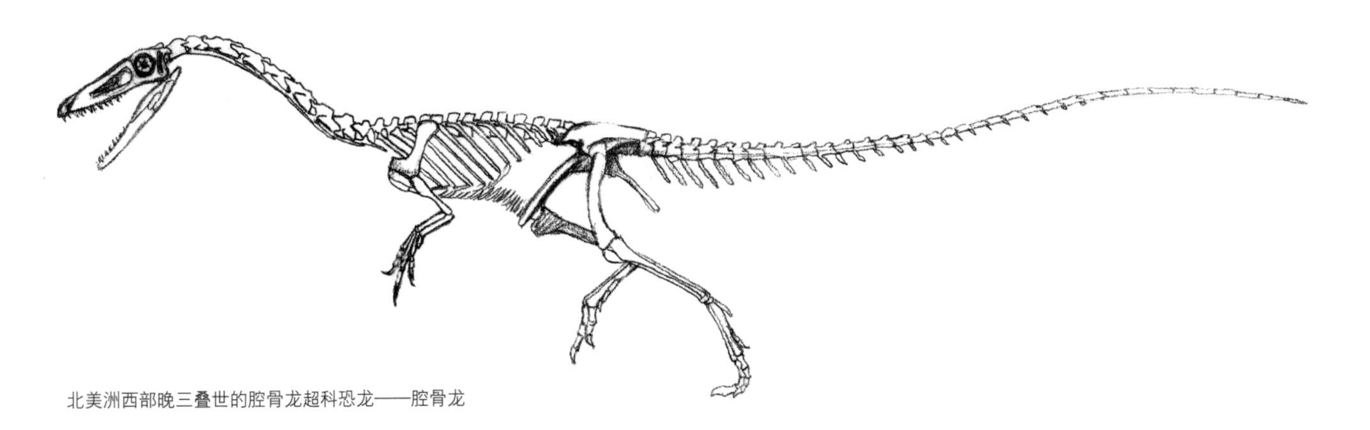

北美洲西部晚三叠世的腔骨龙超科恐龙——腔骨龙

阿根廷晚三叠世的腔骨龙超科恐龙——恶魔龙

于广为人知的属，腔骨龙属（*Coelophysis*，意为中空的形态）。腔骨龙超科恐龙出现在晚三叠世，略晚于始盗龙和埃雷拉龙科的成员，因此是已知的最古老恐龙中的一批。最后一群腔骨龙超科恐龙消失于早侏罗世末期，这之后它们更为进步的亲戚取代了它们。

当腔骨龙超科恐龙首次演化出时，它们并不是生态系统中的顶级掠食者。事实上，那时没有恐龙称霸。在晚三叠世的大部分时间里，其他类群，特别是鳄类的大型陆栖亲戚，是最大型也最强大的肉食性动物。腔骨龙超科只是众多中小型猎手类群中的一个。但在晚三叠世末期发生了大灭绝，恐龙的竞争者也随之消失。从早侏罗世开始，恐龙就成为大型陆地动物的主要类群，而腔骨龙超科恐龙则成为顶级食肉动物。

一般来说，腔骨龙超科恐龙相当纤细，具有长颈和长尾。它们的头骨又长又窄，长满了刀刃状的牙齿。腔骨龙超科恐龙共有的一个特征是上颌前部有一处内凹，而下颌具有一个相对应的突起。下颌中超过正常尺寸的牙齿会从突起中长出，嵌入上颌的这处内凹中。这种结构在一些现代鳄类身上可以看到，它们用颌部的这个位置来钳制挣扎中的猎物。

一只年轻的角鼻龙

腔骨龙超科恐龙可能以同样的方式使用它们颌部的内凹处。

至少有些腔骨龙超科恐龙的头骨上具有另一个不寻常的特征，那就是脊冠。许多腔骨龙超科物种沿口鼻部都生长着一对薄薄的半圆形骨质脊冠。这些脊冠非常脆弱，可能只用来展示。

最小的腔骨龙超科恐龙，如斯基龙（*Segisaurus*）和原美颌龙身长只有3.5到5英尺（1.1到1.5米），其中大约一半长度是尾巴。和火鸡差不多大小！较大的腔骨龙超科恐龙是10到13英尺（3到4米）长的腔骨龙和巨殁龙，以及20英尺（6.1米）长的恶魔龙（*Zupaysaurus*）和理理恩龙（*Liliensternus*）。已知最大的腔骨龙超科恐龙是哥斯拉龙（*Gojirasaurus*）和双脊龙（*Dilophosaurus*），它们能够生长到大约23英尺（7米）长。腔骨龙超科恐龙是最早的大型恐龙掠食者，尽管与后来的一些兽脚类相比，它们还很小。

角鼻龙类来了

在20世纪80年代和90年代，腔骨龙超科被认为是兽脚类中一个更大些的类群的分支，该类群叫作角鼻龙类，得名于角鼻龙（*Ceratosaurus*，意思是有角的爬行动物）。然而，最近的分支系统学研究表明，腔骨龙超科实际上是一个更早的分支，腔骨龙超科恐龙和角鼻龙类共同拥有的特征在所有兽脚类的祖先身上来说是很常见的。

角鼻龙类最早出现在晚侏罗世的化石记录中，一直持续到晚白垩世末期。角鼻龙类有许多共同的特征，比如额外的荐椎、腰带之间特化的髋臼窝，以及相当短的手指。大多数的角鼻龙类，比如阿贝力龙科恐龙和角鼻龙，都具有短而高的头骨，与腔骨龙超科恐龙那长而矮的头骨并不类似。

但除了这些特征之外，大多数角鼻龙类彼此之间存在着相当大的差异。角鼻龙是已知最古老的角鼻龙类之一（顺便说一句，也是最早发现的一只）。它身长23英尺（7米），来自美国西部晚侏罗世的莫里森组（Morrison Formation），可能也来自坦桑尼亚同一时代的敦达古鲁组（Tendayuru Formation）。虽然角鼻龙不如一些更为进步的兽脚类邻居那么大，比如异特龙和蛮龙，但它仍然是不可小觑的掠食者。它的牙齿就其体型而言相当的大，颈部也短而有力。它的名字源于它口鼻部中下方那狭窄的脊冠和每只眼睛前面各具有的那对较小

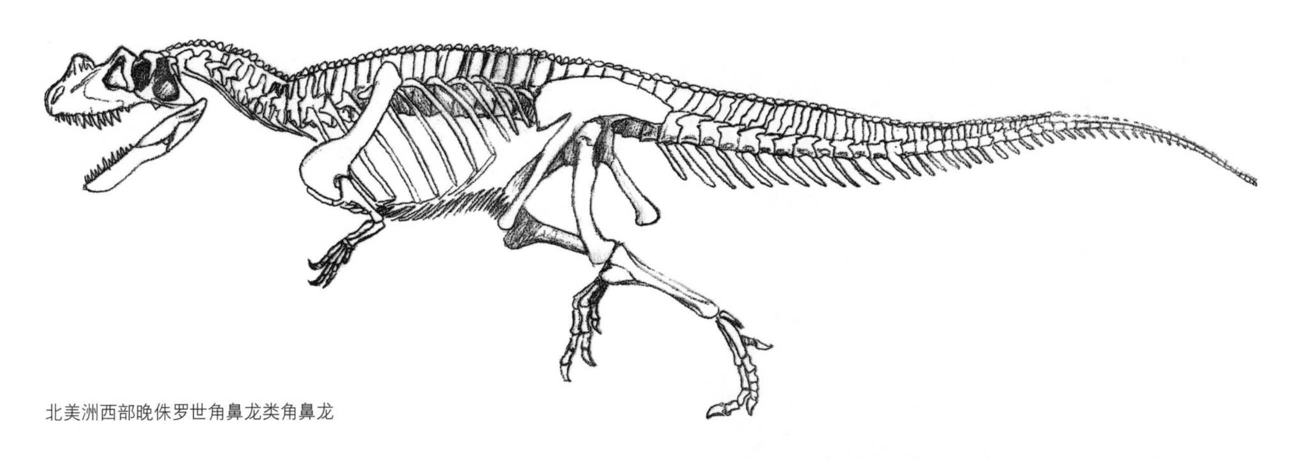

北美洲西部晚侏罗世角鼻龙类角鼻龙

的脊冠。

相比之下，身长20英尺（6.1米）的轻巧龙（*Elaphrosaurus*，同样来自莫里森组和敦达古鲁组）的体型则更像腔骨龙超科恐龙。它有长长的颈部、细长的尾巴和极度细长的后肢。根据四肢比例，它可能是侏罗纪时期速度最快的恐龙。遗憾的是，还没有人发现过轻巧龙的头骨，所以我们还不知道它颌部和牙齿的形状及比例。

一些白垩纪的角鼻龙类似乎更接近角鼻龙或轻巧龙。例如，来自阿根廷早白垩世的锐颌龙（*Genyodectes*）只有部分口鼻部被人们已知，但已经发现的情况表明，它与角鼻龙非常相似。最近被命名的来自尼日尔早白垩世的棘椎龙（*Spinostropheus*）是另一只细长的角鼻龙类，遗憾的是，它的头骨也没找到！但是还有其他一些角鼻龙类恐龙类群不同于上述形态。至少我们拥有了其中一些的头骨！那就是西北阿根廷龙科和阿贝力龙科的恐龙。

神秘的西北阿根廷龙科恐龙

虽然西北阿根廷龙科有一些个体物种已经为人所知了几十年，但直到最近才有人将它们归入一个类群。这是因为在发现马达加斯加晚白垩世的恶龙（*Masiakasaurus*）之前，还没有发现过一件能将所有零星碎骨连接在一起的西北阿根廷龙科恐龙骨架。

在这之前，西北阿根廷龙科的每个物种都只有一些非常不完整的骨架，有些被人们认为是完全不同的兽脚类。例如，迄今为止体型最大的三角洲奔龙（*Deltadromeus*）被认为是一只具有长长后肢的虚骨龙类（一种类似于鸟的进步兽脚类）。但以恶龙的骨架为导向，我们现在对这些恐龙的解剖结构有了更好的理解。

西北阿根廷龙科既包含身长7英尺（2.1米）的西北阿根廷龙，也包含身长26.5英尺（8.1米）的三角洲奔龙。目前已知的仅来自南美洲、非洲还有印度和马达加斯加的白垩纪时期。在那段时间里，上述所有陆地都是连在一起的，形成了一个叫作冈瓦纳大陆的超大陆。西北阿根廷龙科恐龙似乎跑得很快。它们的足部很长，两侧的跖骨（脚的长骨）特别纤细。曾经有人认为西北阿根廷龙科恐龙的脚趾上长着一只镰刀状的爪子（就像驰龙科的盗龙一样），但事实证明那是一只手爪。

然而，西北阿根廷龙科恐龙最不寻常的地方是它们的面部。到目前为止，恶龙的头骨是此类群中唯一大部分为人们所知的，而且非常奇怪！不是后半部分，而是前半部分：下颌向下弯垂，牙齿向前突出。这些牙齿对兽脚类来说也很特别：呈圆锥状，末端有点弯曲。（位于颌部后方的是典型兽脚类的刀片状牙齿。）恶龙如何使用这些奇怪的牙齿尚不确定。一些古生物学家认为它们可能用这些牙来刺穿鱼类。有些则认为它们是用来捕捉昆虫的。

马达加斯加晚白垩世西北阿根廷龙科恐龙——恶魔龙

南部世界的领主：阿贝力龙科

83

在恐龙时代的最后一个时期，西北阿根廷龙科囊括了冈瓦纳大陆最重要的小型兽脚类恐龙。但当时南部大陆的顶级掠食者是它们的来自阿贝力龙科的近亲。

和西北阿根廷龙科恐龙一样，自20世纪初，一些来自阿贝力龙科的个体物种就已经为人们所知，但直到1980年阿贝力龙（*Abelisauru*）和食肉牛龙（*Carnotaurus*）被发现并得到描述，古生物学家们才得以将这些晚白垩世的南方巨兽们联系在一起。阿贝力龙科恐龙有着许多奇怪的特征。它们脸上的骨头具有有褶皱的纹理，这是否意味着褶皱的皮肤或角质（指甲和角中的物质）覆盖了头部的大部分，尚不知晓。而且，与其他兽脚类相比，它们的牙齿相当小。此外，至少有一些阿贝力龙科恐龙头顶上伸出了一对粗壮的角状突起。它们的颈部短而结实。

阿贝力龙科恐龙的前肢短得离谱：两只手不能相碰。它们有四个手指，就像其他角鼻龙类和腔骨龙超科恐龙一样，但这些手指非常短。而且前臂骨极度退化，几乎只剩下了腕骨。它们的远亲，暴龙科（属于虚骨龙类）恐龙，就因细小的手臂而出名。但与阿贝力龙科恐龙短粗的前肢相比，暴龙科恐龙的前肢看上去还算强大有力呢！很可能阿贝力龙科恐龙的前肢根本就没什么用处。一个有趣的推测是，如果阿贝力龙科恐龙没有灭绝，或许在几千万年后，它们的前肢会完全消失。

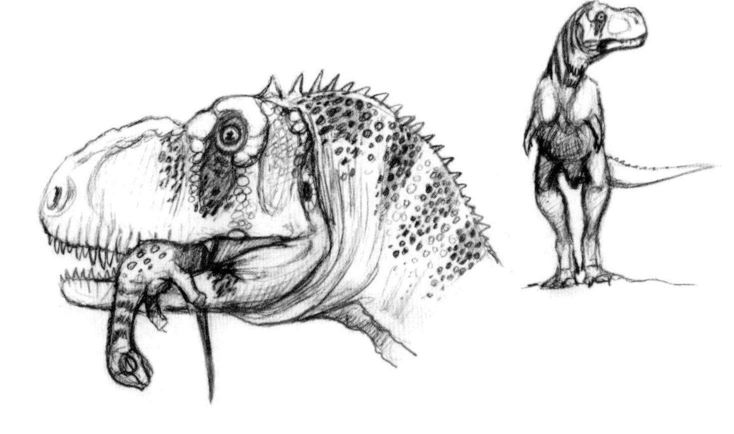

阿根廷晚白垩世阿贝力龙科恐龙——奥卡龙

与其他兽脚类相比，阿贝力龙科恐龙的后肢更粗，也更短，所以可能跑得不快。但阿贝力龙科恐龙可能也不需要太快的速度。与它们来自暴龙科的远亲不同的是，暴龙科恐龙必须追逐相对迅速的猎物，比如有角的角龙科恐龙和嘴似鸭喙的鸭嘴龙科恐龙，而阿贝力龙科恐龙生活的环境里，萨尔塔龙科恐龙和巨龙类是主要的植食性动物。虽然萨尔塔龙科恐龙可能比其他巨型长颈蜥脚类行动要迅速一

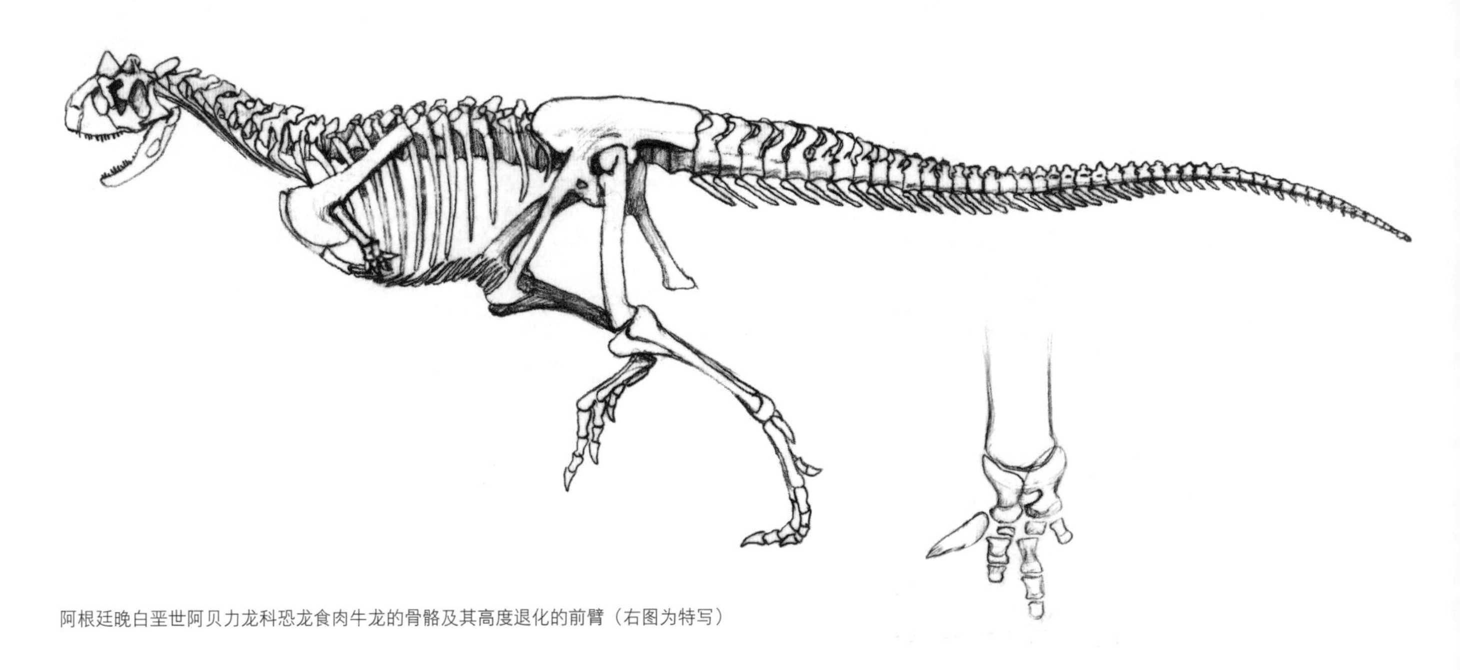

阿根廷晚白垩世阿贝力龙科恐龙食肉牛龙的骨骼及其高度退化的前臂（右图为特写）

些，但仍然比不上角龙类和鸭嘴龙类。所以阿贝力龙科恐龙必须要足够强壮，而不需要特别迅速。

和它们体型较小的邻居——西北阿根廷龙科恐龙一样，阿贝力龙科恐龙一直存活到恐龙时代的末期，远远比大多数其他南方的大型兽脚类（如鲨齿龙科和棘龙科恐龙）灭绝得晚。在那个时代，它们是南方世界的霸主。但是它们的统治，就像北方的暴龙科恐龙一样，随着白垩纪末期大灭绝的到来，终结于6 550万年前。

84

腔骨龙超科和角鼻龙类的遗迹化石

腔骨龙超科的足迹是晚三叠世和早侏罗世岩石中最常见的化石之一。其中一种足迹，学名为实雷龙（*Eubrontes*）留下的，甚至成了康涅狄格州的官方化石！古生物学家从19世纪开始研究这些足迹，美国科学家爱德华·希区柯克第一次对其进行了详细描述。哥伦比亚大学的保罗·奥尔森（Paul Olsen）和他同事们的最新研究是用这些足迹来证明兽脚类是如何崛起成为陆地顶级掠食者的。他们表示，来自新英格兰地区康涅狄格河谷的腔骨龙超科的足迹直到三叠纪都相对较小。那时恰好发生了一场大灭绝，恐龙的大多数竞争对手都消失了。自此，兽脚类的足迹就变大了许多。

阿根廷的阿贝力龙科恐龙食肉牛龙的皮肤印痕被人们所知。印痕显示，它的身体就像植食性恐龙那样被大小各异的圆形鳞片覆盖。

一组有趣的遗迹化石与马达加斯加的阿贝力龙科恐龙玛君龙有关。在一些玛君龙的骨头上具有咬痕，且这些咬痕肯定来自其他玛君龙。这是恐龙同类相食的第一个确定的证据。（人们曾认为一些腔骨龙超科恐龙腔骨龙的化石表明它们曾吃过同物种恐

就像今天的许多动物一样，食肉牛龙这样的阿贝力龙科恐龙也许曾用它们厚厚的头骨来角力。

龙的幼崽。但新的证据显示，其中一些化石来自被它们吃掉的非恐龙爬行动物的骨骼。其他情况中，幼崽实际上并不在成年动物的肚子里，只是死后骨骼被混在了一起。）即使所有的肉食性恐龙都同类相食，也不足为奇，至少它们偶尔会这样做。大多数活着的肉食性动物，包括狮子和狼，如果太过饥饿的话，是会吃掉自己物种里的其他成员的。这是成为掠食者的必经之路。

在晚白垩世马达加斯加，阿贝力龙科恐龙玛君龙向巨龙类掠食龙发起攻击。

小小的兽脚类，大大的思路

德克萨斯大学奥斯汀分校

罗恩·泰克斯基博士（Dr. Ron Tykoski）

照片由罗恩·泰克斯基提供

巨型肉食性恐龙兽脚类，在我们的想象中十分特殊，令人既惊叹又惧怕。然而，与令公众着迷的重达数吨的暴龙类和异特龙类相比，一些恐龙古生物学家对小型兽脚类有更浓厚的兴趣。

“小型”兽脚类究竟有多小？当谈到恐龙时，“小”其实是一个带有误导性的词。小于10英尺（3米）长、体重在220磅（100千克）以下的兽脚类通常被认为是“小型”的。

我们对恐龙之间的关系、解剖特征和生活方式的大部分了解都来自对小型兽脚类的发现和研究。第一件被发现的几乎完整的兽脚类骨架来自和鸡一般大小的美颌龙，于1861年被描述。美颌龙向科学家们表明，并非所有的恐龙都体型高大。它的骨骼细节提供了表明已灭绝恐龙和现存鸟类之间亲缘关系密切的第一批线索。

大多数的早期兽脚类都不大。腔骨龙是一只体格轻、身长10英尺（3米）的掠食者，生活在晚三叠世（约2.2亿年前）的北美洲。值得注意的是，从新墨西哥州北部的一个采石场收集到了十几件它们的骨架化石。已知的腔骨龙骨架比其他任何灭绝的兽脚类的都多。关于兽脚类早期如何演化以及它们如何在地球各地散布繁衍，为腔骨龙及其近亲的研究提供了重要的细节。

1969年对恐爪龙的描述激发了恐龙科学的“文艺复兴”和恐龙在大众中的流行。恐爪龙从鼻子到尾巴末端长10英尺（3米），体重和一只大型的狼差不多。这名杀手的骨架具有许多与鸟类相似的特征，引发了一场关于鸟类是否由恐龙演化而来的新争论。随着更多化石被发现，支持这种关系的证据逐步增加。其中最引人注目的是来自中国的标本：在几具不同小型兽脚类的骨架周围保存着羽毛的痕迹。如果历史为预测恐龙古生物学的未来提供了导向，那么我们的许多重大发现很可能将继续来自一些最小型的掠食性恐龙。

北美洲西部的腔骨龙超科恐龙——腔骨龙

角鼻龙类的多样性

阿根廷布宜诺斯艾利斯，阿根廷科学博物馆
费尔南多·E.诺瓦斯博士（Dr. Fernando E. Novas）

图片由埃尔南·卡努蒂（Hernán Canuti）摄

角鼻龙类指的是一个自侏罗纪到白垩纪居住在地球上的掠食性恐龙类群。所有的角鼻龙类头上都长有某种角。这群头上长角的肉食性恐龙的最佳代表是来自美国西部的角鼻龙和阿根廷南部的食肉牛龙。

古生物学家曾经认为晚三叠世和早侏罗世的一些早期掠食性恐龙属于角鼻龙类，其中包括腔骨龙和它的近亲合踝龙（*Syntarsus*）、敏捷龙（*Halticosaurus*）以及双脊龙。对这些化石的仔细研究表明，它们保留了比角鼻龙和食肉牛龙更原始的腰带结构和后肢。正因如此，许多古生物学家认为这些早期食肉动物代表的是它们自己的兽脚类演化分支，与真正的角鼻龙类的演化不具有密切的亲缘关系。

角鼻龙类起源于侏罗纪时期，但只有少数早期代表被人们已知，包括角鼻龙以及来自中非的细长且奇特的轻巧龙。

在白垩纪，角鼻龙类演化出多种形态，是冈瓦纳大陆上最成功且数目最多的恐龙。这片巨大的陆地是阿贝力龙类——一群漫游于南美洲、非洲，还有马达加斯加和印度的角鼻龙类恐龙类群的摇篮。正是在白垩纪时期，北半球的劳亚大陆和南半球的冈瓦纳大陆断开了连接。由于大多数恐龙不能再在南北半球之间迁徙，不同形态的食肉动物各自占据了世界的一半领土。当暴龙类和伶盗龙科恐龙在北部大陆占据主导地位时，在南部大陆，阿贝力龙类是最常见的掠食者。

阿贝力龙类的体型和外表千差万别。在阿根廷安第斯山脉附近发现的小力加布龙（*Ligabueino*），还不如鸡大。来自非洲附近马达加斯加岛的恶龙稍长一些，大约有7英尺（2.1米）。另一只来自阿根廷的小型阿贝力龙类是西北阿根廷龙（*Noasaurus*），它的第2趾上有一只危险的镰刀形爪子，这种特征是独立于伶盗龙科恐龙更为锋利的足爪演化出的。西北阿根廷龙大约有8英尺（2.4米）长。

最著名也最为壮观的阿贝力龙类是食肉牛龙，迪斯尼电影《恐龙》中的反派。大约7 000万年前，食肉牛龙居住在巴塔哥尼亚。它短粗的脸部上方长着公牛样的角，前肢比暴龙的还短。食肉牛龙有着粗壮、肌肉发达的颈部，可以强力且狂暴地甩动头部。当其他食肉动物聚集在一件尸体周围时，它可能会用头和角把它们顶走。你还可以想象到的是，食肉牛龙与来自自己物种的成员进行战斗：用自己的角来争夺配偶和食物，捍卫自己的领地。脊柱化石中含有的一条重要线索，能够支持我们对食肉牛龙行为的解读。坚固的脊棘限制了脊柱的左右晃动，大概是为了抵消恐龙将长角的头撞向对手时产生的剧烈冲击。

食肉牛龙属于巨大的阿贝力龙类。阿贝力龙类还包括来自马达加斯加的玛君龙、来自印度的印度鳄龙（*Indosuchus*）和来自巴塔哥尼亚的奥卡龙（*Aucasaurus*）。

似鳄龙

巨齿龙

棘龙

14
棘龙超科
（巨齿龙类和帆状背的食鱼恐龙）

89 （两足行走的肉食性恐龙）包含许多不同的类群。在第13章中，我们对两个最早从谱系树上分化出来的类群——腔骨龙超科和角鼻龙类进行了讨论。所有剩余类型的兽脚类都属于一个叫“坚尾龙类”的大类群。坚尾龙类包括各种各样的物种，其中有著名的兽脚类：异特龙、伶盗龙和暴龙。坚尾龙类还包括所有现生和已灭绝的鸟类物种。

在坚尾龙类的主要分支中，有一支是棘龙超科，得名自其最著名的成员：棘龙。棘龙是所有肉食恐龙中最令人惊叹，很可能也是最大的成员。棘龙超科还包括巨齿龙，科学界已知的第一种中生代恐龙。

坚硬的尾巴

坚尾龙类，即“尾巴坚硬的恐龙”，得名于这个类群的一个主要的适应性。几乎所有兽脚类的尾椎中都具有少量的骨质突起，便于让尾巴保持硬挺。在腔骨龙超科恐龙和角鼻龙类中，这些突起相当小，只在少数尾部骨骼中能找到。在坚尾龙类中，突起则更大，在一半或更多的尾部骨骼中都能发现。这些硬挺的尾巴演化成了平衡工具，使坚尾龙类在追逐猎物时更容易转身。

在坚尾龙类身上发现的另一个特征是巨大的手部。与更原始的亲戚相比，它们的手更长，手指更强壮，末端通常是更为巨大的爪子。它们可能用这些爪子钳制猎物。在腔骨龙超科恐龙和角鼻龙类中，每只手只有四个手指。而坚尾龙类的手没有第4指。到目前为止，所有这个类群已知的手部都只有三个或更少的手指。

那么棘龙超科恐龙和其他的坚尾龙类有何不同呢？首先，棘龙超科恐龙的口鼻部更长，事实上，比几乎所有其他兽脚类的口鼻部都长。而且它们手臂上的肌肉附着区特别大，所以前肢可能非常强壮。

因此棘龙超科是坚尾龙类的一个分支，而坚尾龙类又是兽脚类的一个分支。都存在哪些类型的棘龙超科恐龙？棘龙超科包括被称为棘龙科的进步物种类群和一些更原始的物种。一些古生物学家认 90 为，这些原始物种属于一个单独的演化分支，其专有名称应该是巨齿龙科（Megalosauridae），因为它包括巨齿龙在内。但其他古生物学家认为，这些“巨齿龙科”中的一些恐龙距离棘龙科更近：有些成员，即巨齿龙科的真正成员，更接近巨齿龙，还有一些则比棘龙科恐龙或真正的巨齿龙科恐龙更为原始。

冰冻恐龙？

已知的最古老也最原始的坚尾龙类是冰脊龙（*Cryolophosaurus*），来自早侏罗世的南极洲。

今天的南极洲可以说是世界上动物最难生存的地方，几乎整个大陆都被大面积的冰层覆盖。生活在那里的脊椎动物只有海豹、企鹅、会飞的海鸟、人类探险家和科学家。其中两位科学家是威廉·哈默（William Hammer）和威廉·希克森（William

一群早侏罗世冰脊龙（左侧为原蜥脚类）。在右边，一只恐龙在吃菊石（上），一对恐龙在互相展示（下）。

Hickerson）。1991年，他们在为数不多探出冰面的岩石中寻找化石时，发现了许多早侏罗世的恐龙和其他动物的骨骼。在这些骨骼中，有部分是来自一只以植物为食的原蜥脚类和一只奇特的兽脚类。

91

虽然只发现了这只兽脚类的部分头骨和骨架，但足以证明这是一个全新的物种。这只恐龙最不寻常的地方在于它的脊冠。虽然许多兽脚类都具有脊冠，但这些突起通常与头骨平行。然而这只被他们命名为冰脊龙（意思是长着冰冻脊冠的爬行动物）的新恐龙的脊冠则向前弯曲，看起来有点像著名歌唱家、猫王艾尔维斯·普莱斯利（Elvis Presley）的蓬巴杜（pompadour）发型，使得一些古生物学家给这只恐龙起了个绰号，叫“猫王龙”。

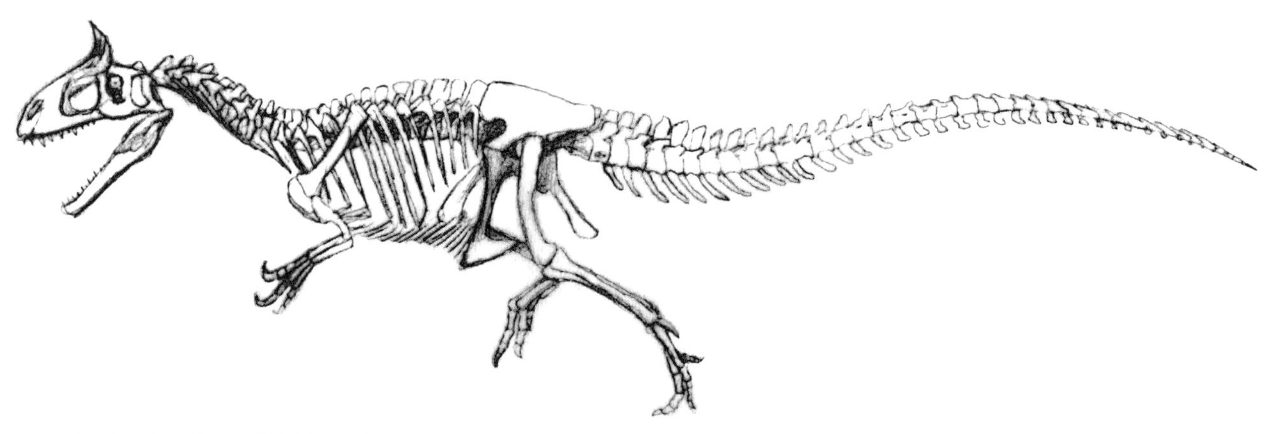

来自南极洲早侏罗世的坚尾龙类冰脊龙的骨架

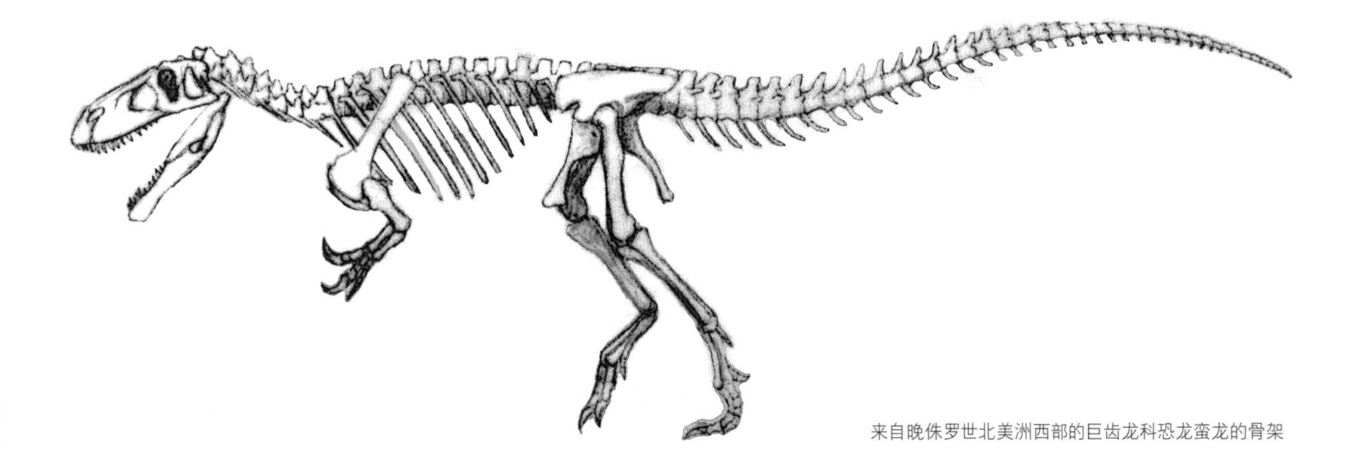

来自晚侏罗世北美洲西部的巨齿龙科恐龙蛮龙的骨架

目前，对于冰脊龙的综合研究尚未完成。一些古生物学家认为它是肉食龙类的原始成员（下一章的主题就是肉食龙类）。其他人则认为它是一只角鼻龙类。但最近的证据表明它是一种原始的坚尾龙类，甚至可能是一只巨齿龙类。只有更进一步的研究才能看出哪一种推测最为准确。

一只中等体型的食肉动物在这样一片冰冻的荒原上做什么呢？在这只恐龙还活着的时候，南极洲并没有被冰雪覆盖！在侏罗纪时期，实际上早在中生代末期，南极洲的位置远比今天要靠北。没有被冰覆盖的这块大陆，有着森林、山丘、溪流和我们在世界其他地方能看到的所有类型的地貌。直到很久以后，这块大陆才漂移到南极。再晚些时候，气候发生了变化，大陆被冰覆盖。谁知道还有什么奇怪的恐龙化石隐藏在冰川之下呢？

另一只早期坚尾龙类，也可能是早期巨齿龙

晚侏罗世的巨齿龙科恐龙蛮龙

类，到现在甚至还没有专有名称呢！“中国双脊龙”（*“Dilophosaurus” sinensis*）最开始被认为是腔骨龙超科双脊龙属的新物种。像真正的双脊龙一样，它生活在早侏罗世，还和真正的双脊龙一样的是，它的头上也具有一对脊冠。但与真正的双脊龙不同的是，中国种的面部、脊椎和四肢的结构与腔骨龙超科恐龙的结构不同。相反，它更类似巨齿龙科恐龙。这是目前另一只正在被研究的恐龙。希望古生物学家能确定它是哪种兽脚类，并赋予它一个专有名称。

92

巴克兰的大蜥蜴

已知最古老的棘龙超科恐龙来自中侏罗世。其中有一只恐龙，也是从化石中发现的第一批恐龙。巨齿龙是威廉·巴克兰牧师于19世纪初在英国发现的，当时人们只找到了几块骨骼，但足以证明这是一只此前不为人们所知的动物。它的牙齿就像今天的肉食性巨蜥，巴克兰（不是很有创意地）将它命名为“巨大的蜥蜴”，也称为巨齿龙。他把它想象成一只庞大的巨蜥，但巨蜥的腿直立于身体下方，而不是从身体两侧伸出。

迄今为止，尚未有人发现巨齿龙的完整骨架。这造成了一些问题。许多古生物学家认为他们发现了巨齿龙属的新物种，而事实上他们发现的是其他完全不同的兽脚类。例如，腔骨龙超科中的双脊龙、角鼻龙类中的玛君龙、肉食龙类中的鲨齿龙（*Carcharodontosaurus*）都曾被认为是巨齿龙属的新种，直到进一步的比较显示它们来自其他类群。

也有可能巴克兰在英格兰侏罗纪岩石中发现的一些骨骼，或者后来人在那里发现的一些骨骼，其实不单单属于一只兽脚类！古生物学家朱莉娅·戴（Julia Day）和保罗·巴雷特（Paul Barrett）最近的一项研究表明，巴克兰的标本可能至少代表了两个不同的物种。其中一种，即体格沉重的原始坚尾龙类，可能是真正的巨齿龙。另一个可能是角鼻龙类，但尚不完全确定。

谢天谢地，巨齿龙科中可不只有巨齿龙！众多其他已知的巨齿龙科恐龙来自中侏罗世到早白垩世的世界各地。有些看起来很像巴克兰的大型爬行动物。其中包括来自法国中侏罗世的杂肋龙（*Poekilopleuron*）和美国西部晚侏罗世的艾德玛龙（*Edmarka*）与蛮龙（*Torvosaurus*）。在意大利和德国中侏罗世的岩石中发现了这个类群里两个尚未命名的新物种。第二个物种可能是目前已知来自欧洲的最大的兽脚类。它们都是体格健壮的恐龙，有着巨大且肌肉发达的前肢，可能会追逐像剑龙类和蜥脚类等速度较慢的猎物，而不是移动速度更快的鸟脚类。

其他的巨齿龙科恐龙则体格更为轻盈。其中包括来自阿根廷中侏罗世的皮亚尼兹基龙（*Piatnitzkysaurus*）、来自法国中侏罗世的迪布勒伊洛龙（*Dubreuillosaurus*）、来自英国中侏罗世的扭椎龙（*Eustreptospondylus*）和来自尼日尔早白垩世的非洲猎龙（*Afrovenator*）。卡尔瓦多斯龙

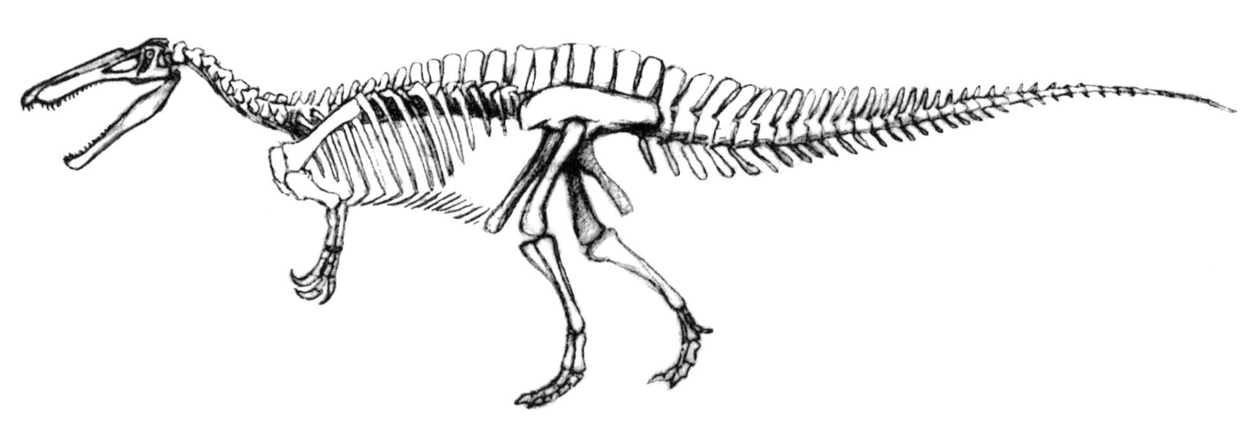

来自早白垩世非洲北部的棘龙科恐龙似鳄龙的骨架

来自早白垩世欧洲的棘龙科恐龙——重爪龙

（*Calvadosaurus*）和扭椎龙的头骨是所有巨齿龙科恐龙中最为完整的。它们的头骨很长，且没有特别高，咬合力似乎比不上角鼻龙类和肉食龙类（而且绝对比暴龙类弱），可能更多地依靠粗壮且肌肉发达的前肢来捕杀猎物。

神秘的“出埃及记”

93

我们经常把埃及与古老而神秘的事物联系在一起：比如象形文字、木乃伊和金字塔。但是埃及的沙子（在此处指的是砂岩）包含着一个比最古老的法老还要久远数千倍的秘密。就像象形文字一样，在找到破译它们的密钥之前，现代人是无法解读的，这个更古老的谜团只有等到其他“密钥”被找到，才能显现出意义。

这个未解之谜就是棘龙。1912年，由德国古生物学家斯特罗默（Erns Freiherr Stromer von Reichenbach）和他的考古助手理查德·马克格拉夫（Richard Markgraf）领导的研究小组发现了这只恐龙。1915年，斯特罗默发表了他对这只来自埃及晚白垩世伊始的奇怪的新恐龙的描述。虽然这只动物被找到的部分还不到10%，但许多特征表明它极度不寻常。首先是尺寸。若与暴龙的骨头（当时已知最大的兽脚类）进行比较，棘龙的骨头就算不比暴龙的大，至少也与暴龙的一样。并且与大多数兽脚类的牙齿不同的是，棘龙的牙齿呈圆锥状，不像牛排刀。事实上，它们看起来像巨大的鳄鱼牙齿。

但最奇怪的是它的脊椎。从脊椎顶部伸出的神经棘很高。高得惊人！最高的有将近6英尺（1.8米）。它们沿着恐龙的背部排列成帆状。后来发现的一些恐龙，如蜥脚类中的梁龙超科恐龙雷巴齐斯龙（*Rebbachisaurus*）和阿马加龙（*Amargasaurus*），以及鸟脚类中的禽龙类恐龙无畏龙（*Ouranosaurus*），也具有高高的帆状物，似哺乳爬行动物异齿龙也有。但是棘龙的背帆使其他动物相形见绌。

遗憾的是，关于这只恐龙的其他方面我们知之甚少。人们只制作出了一张骨骼位置图，由于丢失的骨骼太多，斯特罗默用异特龙和暴龙作为丢失部分的模型。这就是为什么在大多数年代较远的图画和模型里，棘龙看起来像一只长着背帆的暴龙。

更令人感慨的是这件标本的命运，当时它是唯一已知的棘龙科恐龙。第二次世界大战期间，它所在的博物馆遭到轰炸，骨架也被摧毁了。许多年来，所有的古生物学家为了了解这只恐龙不得不继续研究曾经发表在论文中的骨骼图。直到20世纪80年代，人们才发现了全新且更为完整的棘龙科化石。

脸为什么这么长？这恐龙吃鱼！

这项新发现是在英国找到的，开始时也是一个谜。1983年，业余化石猎人威廉·沃克（William Walker）在泥坑里发现了一只巨大的爪子。伦敦自然历史博物馆的一支队伍前去寻找剩余的骨架。他们发现了一个全新的早白垩世恐龙物种，将其命名为沃克重爪龙（*Baryonyx walkeri*）。在研究这件化石的时候，他们发现它明显是神秘棘龙的体型较小、年代较早的亲戚。它开始填补我们对棘龙科解剖特征的空白。很快其他的标本也被找到，包括新的重爪龙和棘龙的碎片化石，以及来自巴西早白垩世的激龙（*Irritator*）和尼日尔早白垩世的似鳄龙（*Suchomimus*）。（由于似鳄龙与重爪龙非常相似，一些古生物学家认为它们甚至可能是同一只恐龙。）

其他的棘龙科恐龙没有棘龙那样的背帆，但它们的神经棘还是几乎比所有其他兽脚类都要高。这些背帆也许能使它们看上去更大更凶猛，也可能被用来区分相近的物种。或者，由于这些恐龙中有许多生活在即使按照中生代的标准也属炎热的地区，背帆也可能帮助它们排出多余的身体热量。

棘龙科恐龙的口鼻部可能是它们第二大明显的特征，看起来与其他兽脚类的口鼻部并不类似，更像是鳄鱼的口鼻部！这就是似鳄龙（意思是鳄鱼模仿者）得名的原因。它们的口鼻部很长而且相对呈管状，布满了圆锥状、牙根很深的牙齿。这种类型的牙齿类型并不善于咬穿肉，但在钳制挣扎的猎物及将其撕碎方面却表现优秀。这也是现代鳄鱼的猎食方式：它们不像巨蜥那样将猎物的肉咬下来，而是用牙紧紧钩住猎物的肉，然后来回扭动。如同鳄类和腔骨龙超科恐龙，棘龙科恐龙的上颌具有一个内凹，能和下颌中巨大的牙齿互相契合，用来牢牢地钳制住食物。

一只50英尺长（15.2米）、8吨重的棘龙会以什么为食？只要它想，吃什么都可以。这可不是开玩笑！虽然我们没有直接来自棘龙腹部的化石，但我们有来自重爪龙的。在它的肚子内有一只被部分消化的幼年禽龙的骨骼，也有被部分消化的大型鱼类的鳞片。看来棘龙科恐龙的饮食结构与现代巨大的鳄类的饮食结构相似。就像今天的尼罗河鳄和美洲鳄以陆地哺乳动物、鸟类、龟类和许多鱼类为食一样，棘龙科恐龙也以陆地脊椎动物（如恐龙）和水生脊椎动物（如龟类和鱼类）为食。

棘龙科恐龙非常适合捕鱼。因为它们是大型恐龙，可以像巨大的苍鹭或灰熊一样涉水。它们的颈部也相当长，很轻易就能把口鼻部浸入水中。在所有的棘龙科恐龙，尤其是棘龙和激龙中，鼻孔似乎长在口鼻部相当靠后的地方，所以它们可以在不影响呼吸的前提下将口鼻部前端浸在水下。与一些鳄类相似，但与其他兽脚类不同的地方在于，它们口鼻部前端的牙齿比后部的牙齿大得多，这有助于钩住大鱼。

在那时的水域里有一些相当大的鱼类。存有棘龙和激龙骨骼的岩石里，也有长达10英尺（3米）的鱼类化石！单靠它们的颌部不足以捕获这些庞然大物，棘龙科恐龙可能是用它们巨大的钩状爪子和肌肉发达的前肢将鱼从水中拖出的。

但我们知道重爪龙也吃禽龙。它们的牙齿和口鼻部利于抓住大鱼，也有利于钳制其他恐龙的后肢和颈部。棘龙科恐龙在水陆两个世界中都堪称最佳。它们既可以从水中也可以自陆地获取食物。而很多“普通”的兽脚类不会抓鱼，当时的巨型鳄类在陆地上也很难捕捉到恐龙。

大盗龙：最后的棘龙超科恐龙？

然而，棘龙科恐龙的世界在9 500万年前还是走到了尽头。棘龙科恐龙生活在赤道地区的浅沼泽地。在距今约1.1亿到9 500万年前，那时气候非常炎热，海平面也非常高，因此世界上有很多供棘龙科恐龙栖息的地方。但是从距今9 500万年前开始，世界开始改变。气候变冷了（虽然按现代标准仍然很热），海平面也下降了。这些变化使得沼泽地逐渐干涸。尽管棘龙科恐龙能很好地适应自己所面对的生存环

96

晚白垩世的兽脚类大盗龙（可能是棘龙科恐龙的亲戚），袭击了巨龙类萨尔塔龙（*Saltasaurus*）。

境，但在干旱期它们似乎难以竞争过其他大型兽脚类。棘龙不仅仅是棘龙科恐龙中最大的一个，还是棘龙科所有物种中的最后一种。

但自2003年以来的发现表明，棘龙科和巨齿龙科的近亲可能存活得更久些，一直到9 000万年前。这些发现指的是一只叫作大盗龙（*Megaraptor*）的恐龙，它的化石发现于阿根廷，其岩层距今9 000万年。起初人们只找到了少许大盗龙的骨骼，其中包括一只巨大的爪子。许多古生物学家认为它可能与驰龙科恐龙、伶盗龙相似，事实上，差不多所有关于这只兽脚类的图片也都是这样的画的。但更近期发现的标本给我们展示了一幅不同的画面。那只爪子不长在脚上，而长在手上！另外，其他骨骼表明，大盗龙绝对不是驰龙科恐龙。

大盗龙的某些特征与肉食龙类中的鲨齿龙科恐龙相似。但其他特征则既像巨齿龙科恐龙，也像棘龙科恐龙。因此，棘龙超科恐龙最后一次出没的地方，可能是阿根廷的森林，而不是埃及的沼泽地。

晚白垩世的棘龙科恐龙棘龙吞下一条6英尺（1.8米）长的莫森氏鱼。

食鱼巨兽棘龙类

英国伦敦，自然历史博物馆，
安吉拉·C.米尔纳博士（Dr. Angela C. Milner）

97

照片由安吉拉·C.米尔纳提供

我们都熟悉肉食性恐龙，但若说到恐龙吃鱼，听起来则可能有些奇怪。其实，一种非常大的恐龙——棘龙类，就专门吃鱼。

我有幸参与了对迄今为止发现的最为完整的棘龙类，即重爪龙的研究。它是在英国伦敦仅30英里外，距今约1.2亿年的早白垩世岩层中找到的。当我们在自然历史博物馆的实验室里清理出颌骨时，几名古生物学家看着它们说："这是鳄鱼的颌部。"但我觉得不然。结果真的证明，它们来自首次发现的食鱼恐龙的头骨。

棘龙类头骨的形状与以鱼为食的鳄鱼的头骨形状类似：十分矮长，长约3英尺（0.9米）。细长的颌部占据了至少一半的长度，上面有许多牙齿，下颌末端呈勺状，有助于捕捉滑溜溜的鱼。棘龙类也具有非常有力的前肢和巨大的钩状爪子。我提出过一个想法，认为它们手上的爪子可能是用来捕鱼的，类似于灰熊捕捉鲑鱼的爪子。

在重爪龙身上发现了更多食用鱼类的证据。我们在恐龙的胸腔里发现了一条大鱼，它的大部分已经被消化，还剩下一些鳞片和牙齿，这是重爪龙最后一餐的残渣。

棘龙类是非常大的动物。我们的重爪龙标本大约有33英尺（约10米）长，而且还没有完全成年。棘龙的体型则还要大。还没有完整的骨架被找到，但它至少有暴龙那么大。这么大的动物只能以鱼为食吗？我对此毫不怀疑。曾生活在欧洲、非洲和南美洲的棘龙类的化石标本，只在靠近海岸或有湖泊、河流和沼泽的地方被发现过。它们的标本总是出现在丰富的鱼类化石附近，这些鱼类包括巨大的身长20英尺（约6米）的腔棘鱼类和肺鱼。棘龙类有着丰富的食物资源，因为世界上不存在其他的食鱼恐龙，它们独享这一切。

晚白垩世棘龙科恐龙——棘龙

南方巨兽龙
异特龙
单脊龙

15

肉 食 龙 类

（巨型食肉恐龙）

99 **肉食龙类是大型肉食性恐龙中生存时间最长的类群之一。从中侏罗世首次出现，直至晚白垩世，肉食龙类是世界上大部分地区的顶级掠食者。其中一些，比如南方巨兽龙（*Giganotosaurus*），体型比暴龙还大，也许能够与棘龙媲美，成为有史以来最大的食肉恐龙。**

肉食龙类是一群兽脚类，即两足行走的食肉恐龙。具体来说，它们属于坚尾龙类。坚尾龙类手部有三个手指，尾部坚直。坚尾龙类的其他类群包括原始且具有长口鼻部的棘龙超科和进步且多种多样的虚骨龙类。

不仅仅是大型兽脚类

在20世纪的大多数恐龙书籍中，“肉食龙类”一词被用来描述各种体型庞大的兽脚类。根据这种用法，双脊龙、角鼻龙、阿贝力龙科、巨齿龙科、棘龙科和暴龙科被认为是肉食龙类的类型。但自20世纪90年代中期以来，古生物学家们一致认为这并非该名字的恰当用法。当一个名字描述的是一个“自然的”类群，或演化支（即生命树上一个完整的分支）时，现代科学家才会将其用作描述类群的专业术语。过去的肉食龙类并不是一个完整的演化支。然而，被现代古生物学家称之为“肉食龙类”的类群则是一个自然的类群。具体地说，它是由异特龙及其近亲组成的演化支（近亲是指与异特龙的亲缘关系较近，而与现代鸟类的较远的物种）。自从1920年德国古生物学家弗里德里希·冯·休恩（Friedrich von Huene）命名肉食龙类以来，异特龙一直被认为是一种肉食龙类。

与肉食龙类亲缘关系最密切的亲戚可以在虚骨龙类这个类群中找到（下面几章我们会谈到）。比起与棘龙超科、角鼻龙类或腔骨超科的关系，肉食龙类和虚骨龙类彼此间在某些方面更为相似。它们都具有极度中空的脊椎，脊椎中有非常复杂的腔室。这就像鸟类脊椎中的复杂腔室（事实上，鸟类是典型的虚骨龙类！），并且可以看出肉食龙类和虚骨龙类都具有复杂的气囊。现代鸟类借助气囊快速呼吸，给身体降温，并防止肺部过于干燥。肉食龙类可能也是如此。（其他原始兽脚类和蜥脚型类的脊椎中也具有腔室，但并不像肉食龙类和虚骨龙类的那样复杂。）

肉食龙类和它们的近亲，即虚骨龙类的头骨也 100 比其他兽脚类进步。与较原始的兽脚类相比，肉食龙类和虚骨龙类头部的气囊更为复杂，这可能也有助于给身体降温（尤其是头部）和保持肺部湿润。我们认为这些气囊更为复杂，是因为在进步的兽脚类面部骨骼上具有其他恐龙没有的额外孔洞。

肉食龙类的多样性

事实上，肉食龙类的面部骨骼上有很多额外的孔洞。有些小如一角钱，其他则大如比萨。要鉴别一只兽脚类是否是真正的肉食龙类，这些开孔是有用的特征之一。此外，肉食龙类的内鼻孔（即头骨上供鼻道通过的开孔）比其他兽脚类的要大。

许多肉食龙类的成员面部都具有脊冠或者隆起。比如单脊龙（*Monolophosaurus*）头顶中央贯穿了一只中空的骨质脊冠。进步的肉食龙类恐龙类群被称为异特龙超科，其特征是面部两侧各有一块隆起。另外，异特龙眼睛前方独有着张开的三角形小脊冠。在上述例子中，脊冠可能是为了展示特征。也就是说，它们帮助恐龙识别出自己物种的其他成员。

中国晚侏罗世中华盗龙科恐龙永川龙

肉食龙类最早出现在中侏罗世。中国的单脊龙和气龙是最古老的形态，可能不属于进步的类群，即异特龙超科。肉食龙类中与之类似的非异特龙超科恐龙包括来自西班牙晚侏罗世的卢雷亚楼龙（*Lourinhanosaurus*）（实际上可能是一只巨齿龙科恐龙）、来自日本早白垩世的福井盗龙（*Fukuiraptor*）和来自泰国早白垩世的暹罗龙（*Siamotyrannus*）。它们都不是特别巨大的动物，长度从15到20英尺（4.6到6.1米）不等。

其余的肉食龙类，也就是异特龙超科恐龙，通常体型更大些。异特龙超科有三个主要分支。来自中国晚侏罗世的中华盗龙科是最为著名的。永川龙（*Yangchuanosaurus*）是最大的中华盗龙科恐龙，它的长度超过35英尺（10.7米），体重近3.5吨。异特龙科这个类群横跨晚侏罗世至早白垩世。它最大的成员是来自俄克拉荷马州的食蜥王龙（*Saurophaganax*），身长约40英尺（12.2米）；异特龙科最著名，也是被研究地最透彻的成员是异特龙。鲨齿龙科这个类群只来自于白垩纪。鲨齿龙科既包括身长26英尺（约8米）的新猎龙（*Neovenator*），也包括身长不少于46英尺（14米）、重约8吨的巨大的南方巨兽龙，比暴龙还长还重。

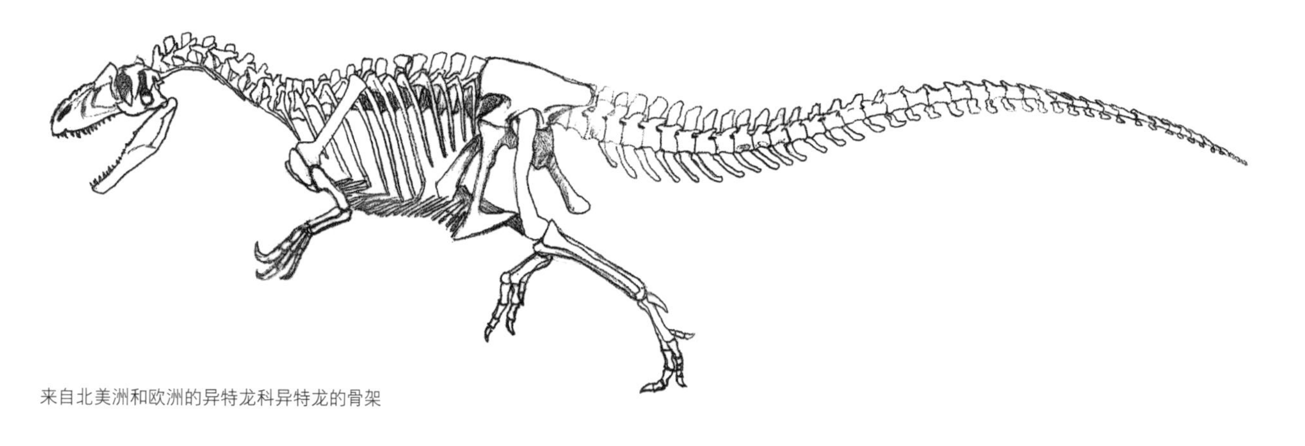

来自北美洲和欧洲的异特龙科异特龙的骨架

异特龙是被研究得最为透彻的肉食龙类。

然而，所有肉食龙类的解剖结构基本上是相同的。它们可能具有不同的脊冠，形状稍有不同的头骨，更小或更大的前肢，但在其他方面，肉食龙类的外表往往没什么差异。因为在1亿年的时间里（除了体型以外），它们的变化很小，所以它们一定对所做的事情非常擅长，那就是捕捉、杀死并吃掉蜥脚类。

巨型杀手的武器

已知有肉食龙类在的地方，就能找到蜥脚类。102
有时也有其他类型的植食性恐龙出现，诸如剑龙类、鸟脚类，或甲龙类，但总会有蜥脚类。这表明，肉食龙类对这类巨型长颈植食性动物很有兴趣。

有一些遗迹化石记录下了肉食龙类以蜥脚类为

食这一事实。例如，蜥脚类的骨头上发现了肉食龙类的齿痕。但是，这些齿痕也有可能是肉食龙类在食用一件已经死亡的巨型植食性恐龙尸体时留下的。我们想要证明肉食龙类确实攻击过蜥脚类，就要靠两类动物都还活着时留下的遗迹化石，换句话说，就是足迹。事实表明这样的遗迹化石是存在的。

德克萨斯州的帕拉克西地区有一串著名的行迹，展示了40.2英尺（12.2米）长的鲨齿龙科恐龙高棘龙追逐蜥脚类中的腕龙科恐龙波塞东龙时的足迹。足迹显示肉食性恐龙袭击了植食性恐龙，并被对方拖着向前走了一步，之后它被对方甩开，然后又续追赶。

这并非意味着肉食龙类不吃其他植食性恐龙，比如，有一件异特龙的化石显示，这只肉食恐龙被剑龙的尾刺击打过。因为剑龙几乎没有理由去挑衅一只巨大的食肉动物，这只身披骨板的植食性动物很可能是在保护自己免受攻击。

一只肉食龙类是如何攻击一只植食性恐龙的？用牛排刀似的牙齿和鹰般的爪子。肉食龙类的牙齿与巨齿龙科、角鼻龙类和其他原始兽脚类的类似。它们两侧平，前部和后部具有一排锋利的锯齿。这种形状很适合咬穿肉。

肉食龙类的头骨又高又窄，一些古生物学家把它们的形状比作切肉刀或斧头。事实上，英国剑桥大学的艾米莉·雷菲尔德（Emily Rayfield）和她同事运用计算机研究表明，斧头并不是一个糟糕的类比。由于头骨两侧具有开口，而且缺少硬腭（口内顶部），肉食龙类的头部并不特别坚实。也就是说，如果肉食龙类试图用自己的颌部钳制住挣扎的猎物，头骨则脆弱不堪。但计算机研究表明，若像斧头一样凿击，肉食龙类的头骨则表现得非常结实。异特龙和它的亲戚可能会猛咬向猎物，扯掉猎物的大块肉筋，造成其大量失血。这种失血会使猎物变得更虚弱，更容易被杀死。

肉食龙类能掌控住攻击吗？对付较小的动物，比如年幼的蜥脚类、鸟脚类和剑龙类，并不难。肉食龙类通常比这些动物高。但与成年蜥脚类相比，想咬上一口可能会有一些困难。这就轮到肉食龙类的前肢派上用场了。虽然它们的前肢不是很长，但很强壮，末端长着像鹰爪一样的爪子。这些爪子就像是肉钩：肉食龙类可以将它们刺入猎物的肉中，牢牢钩住。钩住猎物的同时，它们可以更好对蜥脚类身体两侧发起攻击。（事实上，高棘龙-波塞东龙足迹化石可能就记录了一次未遂的攻击！）

侏罗纪之王

在所有肉食龙类中，最著名也最为人们所了解的是异特龙。我们拥有的这只恐龙的骨架数量比包括暴龙在内的任何其他大型兽脚类的都要多。已知的确定的异特龙标本来自北美洲西部晚侏罗世的莫里森组和葡萄牙同一时期的岩层中。据推测，它遍布这两地之间。

在莫里森组岩层中，异特龙化石的数量比其他兽脚类化石多出一到两倍。并且这里至少还有11种其他兽脚类！这些异特龙化石大多是单具骨架

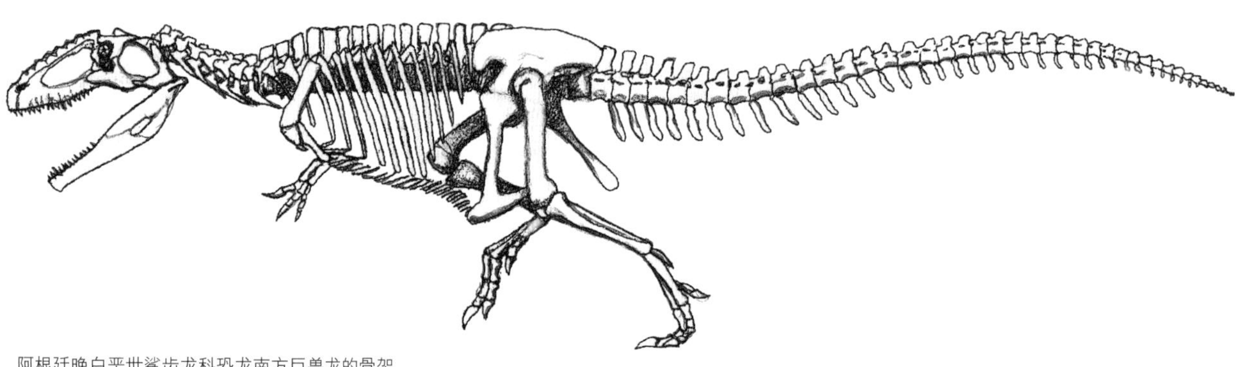

阿根廷晚白垩世鲨齿龙科恐龙南方巨兽龙的骨架

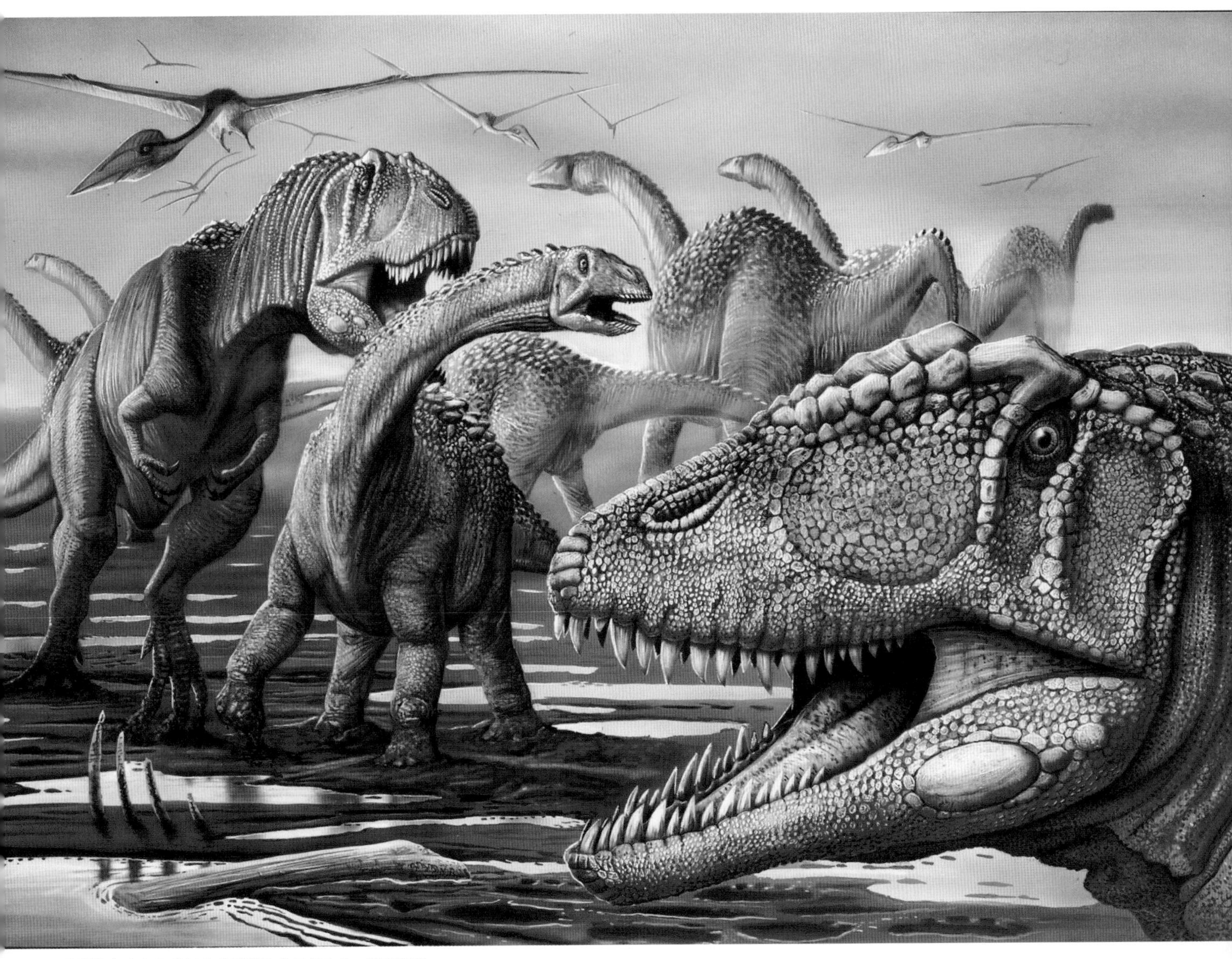

非洲北部晚白垩世鲨齿龙科鲨齿龙正在攻击一群蜥脚类。

或部分骨架。但是在犹他州一个叫作克利夫兰–劳埃德采石场的地方，出土了40多只不同的异特龙化石。这个地点的岩石并非沉积于某一场洪水或风暴，所以可能并不意味着一群恐龙在同一时间的死亡。相反，该地可能是“掠食者陷阱”。掠食者陷阱的运行原理是这样的：首先需要有一些“诱饵”和一些能困住掠食者的东西。克利夫兰–劳埃德采石场的页岩曾经是一片黏糊糊的淤泥；和众多的异特龙（以及少数其他兽脚类）一道成为化石的还有的一些植食性动物的骨架。这些植食性动物一定曾被困在泥中。被困住的植食性动物的呻吟声，或者它们死后腐烂的气味，吸引了异特龙和其他食肉动物。食肉动物们一个接一个地走进来，想要得到在它们看来唾手可得的大餐，结果反而身陷囹圄，成为吸引更多食肉动物的“诱饵”！（类似的情况也发生在加州洛杉矶年代更晚的拉布亚沥青坑。与克利夫兰–劳埃德采石场一样，拉布亚的大部分化石都是食肉动物，只有少数是作为“诱饵”的植食性动物。）

104

异特龙是一只体型适中的掠食者，平均长约30英尺（9.1米），重1.7吨。第二种莫里森组的异特龙科恐龙食蜥王龙长得更大，但只在这一个地点被人们找到过。事实上，一些古生物学家认为它只是异特龙属中一个巨大的种。

早白垩世的高棘龙正在食用一只腕龙科恐龙的尸体，体型较小的恐爪龙类则准备伺机偷食几口。

鲨鱼恐龙

肉食龙类中体型最大的是鲨齿龙科的成员。噬人鲨（*Carcharodon*）是现代大白鲨的学名，鲨齿龙这只来自北非晚白垩世的肉食龙类，因其与大白鲨类似的牙齿而得名，只是它的牙齿还要更大。大白鲨捕食的鱼类大小各异，从小鱼到大型鲸不等，鲨齿龙也与之类似，它食用的恐龙可能既有小型的角鼻龙类，也有巨大的巨龙类。

在白垩纪世界各地还生活着其他一些鲨齿龙类。人们了解得最为完整的是北美洲的高棘龙，尽管有些古生物学家认为它是最后的异特龙科恐龙，而非真正的鲨齿龙科恐龙。不管它在谱系树上的确切位置如何，这只大型肉食龙类具有强有力的钩状爪子和长长的头骨。不过，它最著名的特征是背部高高的棘。这些高高的棘在头后至尾巴末端之间形成了脊冠或隆起。

已知来自南美洲的鲨齿龙科恐龙比世界上任何其他地方都多。魁纣龙（*Tyrannotitan*）比高棘龙还要大，体格也更健壮。更大也更著名的是南方巨兽龙。这种被应景地命名为“巨型南方爬行动物”的恐龙是目前已知的最大的食肉恐龙，尽管一只棘龙的部分骨架显示，这只来自埃及的恐龙可能更为巨大。

另一只阿根廷的鲨齿龙科恐龙马普龙（*Mapusaurus*），来自比南方巨兽龙稍晚一点的年代。它看起来和它年代早些的表亲体型差不多大，只是头骨更短也更结实。但最让人印象深刻的是，它可能是群居的猎手。它的发现者，鲁道夫·科里亚（Rodolfo Coria）和菲利普·柯里，发现了该新物种若干个一同石化的个体。从岩层中的沉积结构来看，它们似乎是同时被掩埋的，这表明它们是群体生活（或至少是群体死亡）。如此巨大的8吨重怪兽能以什么为食？无独有偶，这些岩层中还含有阿根廷龙的化石，阿根廷龙是植食性动物，也是已知最大的恐龙。

事实上，其他大型的鲨齿龙科恐龙也通常与一些最大的蜥脚类一道被发现：高棘龙和腕龙科恐龙波塞东龙；鲨齿龙和巨龙类恐龙潮汐龙（*Paralititan*）；南方巨兽龙和雷巴奇斯龙科恐龙利迈河龙（*Limaysaurus*），以及巨龙类安第斯龙（*Andesaurus*）；马普龙和巨龙类阿根廷龙，以及一只未命名的雷巴齐斯龙科恐龙；一只未命名的阿根廷鲨齿龙科恐龙、萨尔塔龙科恐龙南极龙（*Antarctosaurus*）、内乌肯龙（*Neuquensaurus*），以及萨尔塔龙。这些巨大的肉食龙类似乎是专门以大型植食性动物为食。

最后的肉食龙类

对大型巨龙类的偏好可能导致了肉食龙类的衰落。最后一批肉食龙类大约在8 500万年前消失。也就在这个时候，最后一批超级巨龙类也灭绝了。蜥脚类中只剩下体型相对更小（其实仍然很大）的萨尔塔龙科恐龙。

二者的失踪可能具有联系。有什么东西（也许是气候变化）杀死了这些超级巨大的蜥脚类，导致肉食龙类失去了它们的主要食物来源。确实，周围仍然存在很多较小的植食性动物，但也确实出现了更多新演化出的兽脚类。这些较新的类群是南半球的阿贝力龙科和北半球的暴龙科。也许这些庞大的肉食龙类在捕食其他类型的猎物时，无法与这些新兴的掠食者抗衡。在白垩纪的最后2 000万年里，正是这些较新的兽脚类统治着地球。肉食龙类的长期统治走到了尽头。

巨兽狩猎巨兽：巨大的晚白垩世鲨齿龙科恐龙马普龙在猎杀一只幼年的阿根廷龙，而一群成年的阿根廷龙在远处若隐若现。

106

大型的群猎恐龙

加拿大艾伯塔省，皇家泰瑞尔博物馆
菲利普·柯里博士

照片由菲利普·柯里提供

在包括《侏罗纪公园》(*Jurassic Park*)在内的所有恐龙电影里，最为恐怖的画面都是巨大的食肉恐龙向猎物发起攻击的场景。但是想象一下，如果猎食中的野兽不是单个出现，而是成群结队，这场景会可怕上多少倍！人们可以把这出戏想象成这样：倒霉的猎物试图躲避追捕者，但即使它能够从最大的掠食者口中脱逃，成群的更小、更敏捷、速度更快的恐龙也会冲过来阻断它的后路。

尽管这样的场景尚属推测，但古生物学家已经收集了大量证据，表明许多大型食肉恐龙可能是群体猎手。也许它们一直都如此。又也许这些肉食性动物一年只聚集两次，那时正值大量的植食性恐龙从它们的领地上迁徙而过。

有关恐龙群体狩猎的一些最早证据来自足迹化石点。行迹有时会显示出数只大型食肉动物在同一时间向同一方向移动。有一次，我在清理一块布满足迹的岩面时，突然意识到自己正在目睹数千万年前的一次戏剧性的追捕。三个大型食肉动物始终一起前行，在彼此的路线上来回交错，显然这是一种狩猎策略。

1910年，美国自然历史博物馆的巴纳姆·布朗(Barnum Brown)率领探险队来到加拿大艾伯塔省的马鹿河。在那里他发现了以艾伯塔龙化石为主的地层。这只食肉动物是暴龙的近亲，只是体型稍小。布朗收集了九只动物的部分骨架，但从未完成他的研究。在重新发现这个地方之后，我们收集了更多的证据来证明这些暴龙类是同时死亡的。几乎可以肯定的是，在死亡的那一刻，它们正在成群移动。最年轻的个体还不足成年个体的一半大，体格像鸵鸟一样小。它们一定速度非常快，极具侵略性！虽然暴龙类的化石相对罕见，但现在在加拿大、蒙古国和美国都有化石点被发现，这表明其他暴龙类物种(包括暴龙)曾经也是群体猎手。

有些食肉恐龙的化石和暴龙一样大或比暴龙更大。其中有两只——鲨齿龙和南方巨兽龙可能猎食长颈的蜥脚类。考虑到它们毕竟猎杀的是地球有史以来最大的动物，它们如此巨大也就不足为奇了！即便如此，1997年在阿根廷巴塔哥尼亚的荒野中，当我们发现了由七个这样可怕的猎手组成的群体化石时，我们还是非常惊讶。可能需要不止一个这样的巨型食肉动物才能击倒像阿根廷龙这么大的动物，阿根廷龙是一只可能重达100吨的蜥脚类。

三只南方巨兽龙

异特龙的饮食习性

剑桥大学
艾米莉·雷菲尔德博士

照片由艾米莉·雷菲尔德提供

异特龙是一种食肉动物，而且是习性特别不堪的那种。大约在1.5亿年前，这种恐龙游弋于北美和欧洲的漫滩、河流和湖泊中寻找食物。

我们不能完全确定异特龙以什么为食。一件不完整的迷惑龙脊骨上留有明显的异特龙的牙齿刮痕，这就是我们所掌握的全部证据。也许异特龙成群结队地狩猎大型蜥脚类，如梁龙和圆顶龙（*Camarasaurus*）。或者它追踪较小的猎物，如剑龙和弯龙（*Camptosaurus*）。我们也不确定。但是异特龙的生活方式确实混乱激烈，因为有些骨架中有很多骨折及愈合的骨骼。

异特龙致命的牙齿和爪子（右下为特写图）

异特龙的头骨提供了许多线索，表明这只动物是如何狩猎的。它的颌部肌肉附着在下颌关节附近。这意味着其头骨擅长快速咀嚼而不是用力啃咬。暴龙和短吻鳄的咬合力的估值可能是异特龙的3到4倍，后者的强度与现代大型猫科动物，如狮子和美洲豹的咬合力相似。异特龙的牙齿很结实，呈刀片状，前后边缘有锯齿，可以将肉咬碎。为了在咬中猎物时制造最大的杀戮，锯齿状的边缘沿着牙齿扭曲，每咬一口都能搅动到肉里。然而，相对较弱的咬合力和较窄的牙齿使得异特龙不太可能像暴龙那样将骨骼咬成碎片。异特龙是猛咬型，不是碎骨型。

虽然普通异特龙的咬合力对它这样大体型的动物来说未免太弱，但是它的头骨却非常坚实。如同拱门的支柱一般，骨条有助于控制咬合时产生的应力。其他增厚的骨区和灵活的关节有助于进一步减少由咬合引发的物理性应力，因此异特龙的头骨在骨折前可以承受高达6吨的重量！异特龙还有一个非常强大的S形颈部。它似乎借助强壮的颈部肌肉来推动头部，让上颌的牙齿向下刺入不幸猎物的皮肉中，坚硬的头骨帮助它抵御了强力的撞击，一旦钩住猎物，颌部就紧紧闭合。之后异特龙用它锋利的牙齿将肉刺穿、扯掉并一口吃下。由于休克和失血，猎物会迅速变得虚弱，异特龙悠闲地享用这无助的猎物是早晚的事。

嗜鸟龙
中华龙鸟
棒爪龙

16
原始虚骨龙类（首批有羽恐龙）

109 并非所有的恐龙都是巨兽。它们中的许多比人类还小，许多植食性恐龙还有肉食性恐龙都是如此。早期的始盗龙身长只有约3英尺（0.9米），腔骨龙超科恐龙美颌龙和斯基龙、角鼻龙类恐龙西北阿根廷龙和速龙（*Velocisaurus*）也同样身型不大。不过，所有小型恐龙中最为著名的是虚骨龙类。

这些进步的兽脚类最初是体型从鸡到火鸡大小不等的掠食者。从它们也即本章要讲述的恐龙中，演化出了大量进步物种。有些变成了凶猛的猎手，既有体型较小的驰龙科恐龙伶盗龙，也有巨型的暴龙科恐龙。其他的则演化成了植食性恐龙，比如似鸟龙类和镰刀龙类。有些则演化成了鸟类。现代科学中最显著的发现之一，就是即使是最原始的虚骨龙类，实际上也覆盖着羽毛，而不是鳞片！

虚骨龙类属于兽脚类中一个叫作坚尾龙类的恐龙类群。坚尾龙类的手具有三个手指（既不像腔骨龙超科恐龙和角鼻龙类那样的四个手指，也不像大多数其他恐龙那样的五个手指），且尾巴坚直。坚尾龙类的其他类群是原始且具有长口鼻部的棘龙超科和具有大型头骨的大型肉食龙类。

侏罗纪豺狼，白垩纪郊狼

人们曾经用“虚骨龙类”这个名字来形容所有小体型的兽脚类。但这并不是一个自然的分类。毕竟，小体型的原美颌龙和中等大小的腔骨龙在演化上与大型双脊龙的关系更近，而与小体型的虚骨龙类恐龙美颌龙或是中等体型的虚骨龙类恐龙嗜鸟龙（*Ornitholestes*）较远。于1914年创造了虚骨龙类这个名字的古生物学家弗里德里希·冯·休恩，认识到巨大的暴龙科实际上就是虚骨龙类。要成为一只虚骨龙类，需要的可不仅仅是体型。

除了头骨的某些细节特征外，所有虚骨龙类共有的一些特征包括：狭窄而非宽大的手部和细长的尾巴后部。与其他兽脚类相比，大多数（但并非全部）虚骨龙类的手臂也很长。虚骨龙类的大脑往往比其他同体型的兽脚类大上两倍或更多。

虚骨龙类这个名字来自虚骨龙（意为中空的尾骨），是最古老也最早被发现的虚骨龙类之一。这只身长6.5英尺（2米）的恐龙是这个类群中许多早期成员的典型代表。它具有相当长的颈部和一条很长的尾巴，还有又长又细的前肢和后肢。它比其群落即美国西部侏晚侏罗世的莫里森组中的大多数其他 110 掠食者小得多。如果我们将这个生态系统与今天的非洲塞伦盖蒂平原相比较，那么异特龙和蛮龙就像是强大的狮子，角鼻龙是豹子一样体型稍小些的掠食者，而小小的虚骨龙则是豺狼或狐狸。事实上，在这种环境中还有其他的“侏罗纪豺狼”：6英尺长（1.8米）的嗜鸟龙和11.5英尺（3.5米）长的长臂猎龙（*Tanycolagreus*）。

今天的豺狼猎取的是小动物，比如老鼠、兔子和蛇，而不是羚羊、犀牛或大象这样的大型动物。所以同样地，这些小小的虚骨龙类也不会去追逐像弯龙或剑龙这样的大型猎物，还会避开腕龙（*Brachiosaurus*）或迷惑龙这样可以轻易踩到并将它们碾碎的巨大恐龙！相反，虚骨龙类会猎杀青蛙、

北美洲西部晚侏罗世虚骨龙类嗜鸟龙

哺乳动物、蜥蜴，偶尔还有恐龙幼崽。虽然虚骨龙类不会被这样的猎物撞击、刺伤或踩扁，但捕捉小动物也会带来一系列问题。小动物可能耐力不足，但通常很敏捷。它们可以迅速转身冲进蕨类植物丛、岩石之间或跳进池塘。小小的虚骨龙类该怎么捕到猎物?

想想现代狩猎这种猎物的动物：豺狼、郊狼、浣熊、猫、鹰和蛇。虽然它们非常不同，但也有一些共同的特点。它们都很聪明，至少在获取食物方面；都很敏捷；攻击速度都很快。

原始的虚骨龙类也是如此。它们用机敏的智慧，灵活的手部和矫捷的后肢捕获猎物。大眼睛和大脑袋意味着它们可以找到并追踪一只奔跑的蜥蜴或是奔逃的哺乳动物。长而灵活的前肢可以快速攻击，并能伸入岩层或树枝之间。纤细的后肢和尾巴意味着它们可以在追逐猎物时快速奔跑并突然转身。（这也使得虚骨龙类免于成为更大的兽脚类的猎物！）

科皮、柯奇和斯基皮：原始虚骨龙类

最早被命名的虚骨龙类是来自英国中侏罗世的原角鼻龙（*Proceratosaurus*），尽管世界上许多地方都有来自那个时代的虚骨龙类的碎骨。这只只有头

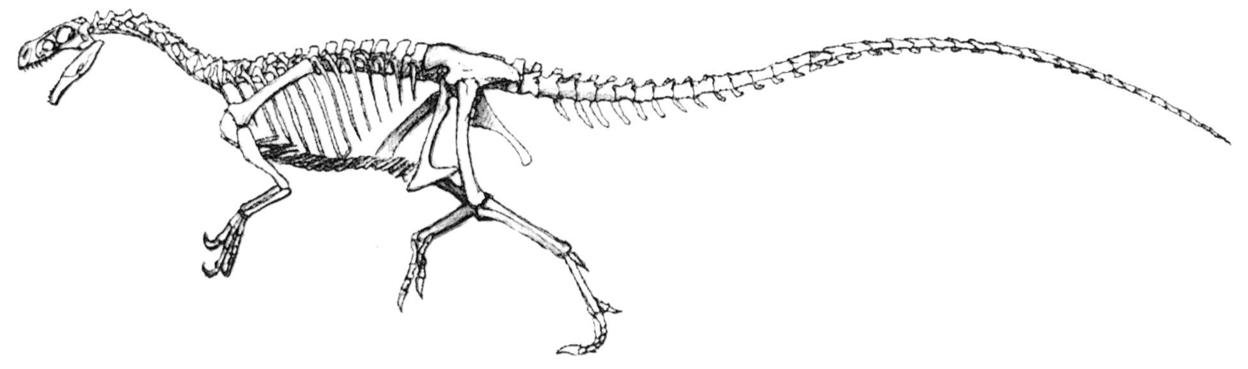

北美洲西部晚侏罗世虚骨龙类嗜鸟龙的骨架

骨被人们了解的恐龙，似乎与来自北美洲的年代较晚的嗜鸟龙非常相似。

到晚侏罗世，更多的虚骨龙类出现了。我已经向你介绍了北美洲的虚骨龙、嗜鸟龙和长臂猎龙。有一只最著名的原始虚骨龙类生活在几乎同时期的欧洲，即美颌龙。它身长3.6英尺（1.1米），但其中超过一半是尾巴。事实上，这只恐龙只有家养鸡那么大！许多年前，在发现极小型的中国形态之前，在古生物学家意识到鸟类是一种恐龙之前，“科皮”（Compy）是已知最小的恐龙物种。

美颌龙属于早期虚骨龙类中一个被称为美颌龙科的类群。“科皮”（美颌龙的绰号）是这个类群中第一个被人们已知的恐龙，出自1861年找到的一件几近完整的骨架。美颌龙科恐龙生活在恐龙时代的中期，其中包括晚侏罗世的美颌龙和它早白垩世的近亲：英国的极鳄龙（*Aristosuchus*），巴西的小坐骨龙（*Mirischia*），中国的中华龙鸟和华夏颌龙（*Huaxiagnathus*）。与大多数其他类型的虚骨龙类不同，美颌龙科恐龙的手臂很短。此外，更进步的美颌龙科恐龙（如美颌龙和中华龙鸟）具有巨大粗厚的拇指。

112

人们在南非的恩霹渥巴龙（*Nqwebasaurus*）身

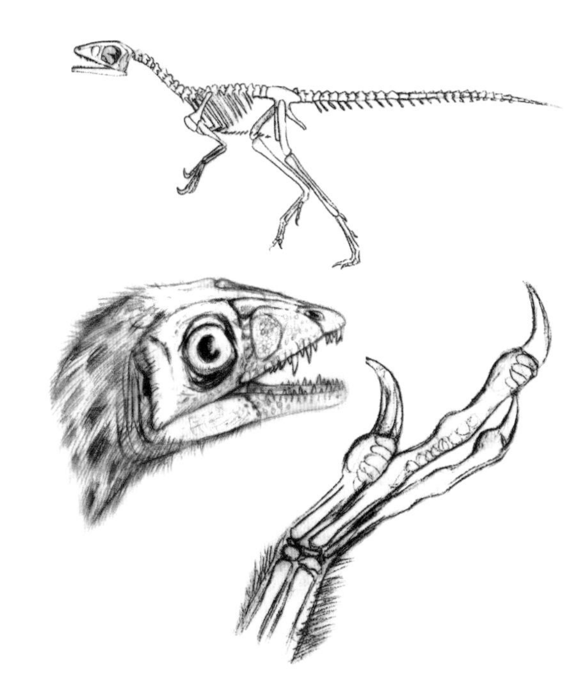

一只来自意大利晚白垩世的死去的棒爪龙（左），其骨架（右上），头（右中），以及它细长、三指的手部特写（右下）。

“斯基皮”和它的家族：意大利晚白垩世的棒爪龙。

上也发现了后一种特征，一些古生物学家认为它是一只美颌龙科恐龙。发现恩霹渥巴龙的科学家给它起了个绰号“柯奇”（Kirky），因为它是在早白垩世早期的柯克伍德组岩层中发现的。这只被发现的小恐龙身长不到1米，而其脊椎的愈合情况表明，它死时可能还未成年。由于只有一件恩霹渥巴龙的骨架被人们所知，我们还不了解它完全成年时会有多大。

同样的情况也发生于另一只原始的虚骨龙类身上。棒爪龙（*Scipionyx*）是来自意大利早白垩世的一只可爱的小恐龙，有大大的脑袋和大大的眼睛。它死的时候可能还不到1英尺（0.3米）长。它的骨骼纹理和牙齿表明它只是一个刚孵化的幼崽。再说一次，我们真的不知道棒爪龙完全成年的时候会有多大。

棒爪龙（意思是斯皮奥的爪子）的名字来自两个不同的人：古罗马执政官大西庇阿（Scipio Africanus），他保护了意大利人免受汉尼拔迦太基人的伤害；希皮奥内·布赖斯拉克（Scipione Breislak）则是一位博物学家，他在1798年首次描述了一处岩石中一批化石。近200年后，棒爪龙在相同的岩石中被发现。第一次读到这只恐龙和它的名字时，我给它起了个绰号“斯基皮”（Skippy），因为这个名字很可爱，适合这只小恐龙，而且在古拉丁语中，斯皮奥（Scipio）的发音是“SKEE pee oh”（斯基皮欧）。然而，发现它的意大利科学家克里斯蒂亚诺·达尔·萨索（Cristiano Dal Sasso）和马可·西尼

不同角度下中国早白垩世的美颌龙科恐龙中华龙鸟

奥雷指出，这个名字在现代意大利语中发音应该为“SHIH-pee-oh”（辛皮欧），他们用“思洛”（Ciro）作为这个小恐龙的绰号。即便如此，我还是把这个小家伙叫作是“斯基皮”。

不管叫什么名字，棒爪龙都是一件有趣的小化石。它的一些身体组织在死后不久就石化了。有一些肌肉和其他组织现在成了岩石。标本最突出的特点之一就是你可以看到它的肠道！（每个人都知道恐龙有肠道，但通常它们并不是能够保存下来的东西。）然而，可能并不是肠组织本身石化了。相反，可能是石灰泥在恐龙死后进入了其肠道，并在肠道内形成了一个内模。只有进一步的研究才能确定。

113

各种各样的进步虚骨龙类

从原始的虚骨龙类演化出许多奇妙的形态，构成了接下来五章的内容。之后的每一个类群都代表了一种进步的虚骨龙类，也就是说，它们仍然属于虚骨龙类。第一个分化出来是暴龙超科。早期暴龙超科恐龙，比如中国的帝龙，与美颌龙科恐龙或嗜鸟龙没有太大区别，除了它们的头骨更坚实，门牙形状像刮刀。但是小型暴龙超科恐龙最终演化成了巨大的暴龙科恐龙，作为两指猎手，它在白垩纪的最后2 000万年里成为北美洲和亚洲的顶级掠食者。

虚骨龙类谱系树上的另一个分支是长得像鸵鸟的似鸟龙类。这些头小、跑得快的兽脚类是最早演化出的不以肉为食的兽脚类之一。

然而，大多数进步的虚骨龙类都属于一个叫作手盗龙类的演化支。这个名字的意思是“长手的掠食者”，指的正是这些恐龙的主要适应性之一。手盗龙类的前肢特别长，有时几乎和后肢一样长。长长的前肢对于抓捕猎物十分有用，但是在奔跑的时候却会拖后腿（字面意思！）。因此，在手盗龙类身上，半月形腕骨（在坚尾龙类中发现的一种特殊腕骨）变得相当大，使得手能够紧紧地折叠起来。肩关节的朝向更偏向侧面而不是像大多数兽脚类那样朝向后方。手盗龙类的前肢和双手会在折叠起来时紧紧地贴在身体上。这样那些长长的前肢就碍不着事，它们也能跑得更快。

我们将在第19章到第21章中更为详细地对手盗龙类进行讨论。被研究得最为透彻的手盗龙类，很久以来甚至都没有被人们意识到是恐龙。它们就是鸟翼类，换句话说就是鸟类和它们的祖先。在过去的130年里，古生物学家收集了大量证据，表明鸟类是从虚骨龙类演化而来的。但是很长一段时间以来，人们认为鸟类和它们的虚骨龙类祖先之间存在一个非常重要的区别。毕竟，鸟有羽毛，其他类型的恐龙都没有羽毛，对吧？

中国恐龙来了

事实上，一些古生物学家，如罗伯特·巴克尔和格雷格·保罗（Greg Paul）的确认为，除了鸟类以外，114虚骨龙类可能具有羽毛。但直到20世纪90年代，在中国东北部的早白垩世岩层中找到了一系列重要发现，才有了证据来证明这一观点。位于辽宁省义县组岩层（及其他类似地区）的纹理极其细腻的沉积岩曾是古湖床上的淤泥。当动植物死亡并沉入湖底时，它们就被这种细密的泥所覆盖。由于湖底和沉积物的特殊性质，许多通常在石化过程中丢失的细节，以薄薄的黑色碳层的形式被保存了下来。花、叶、昆虫、毛发和鳞片都清晰可见。

1996年，中国古生物学家季强和姬书安在一份中国科学期刊上描述了来自义县组的小型中华龙鸟。遗憾的是，鲜有中国以外的科学家知道这篇论文。然而，因为他们在化石中所看到的东西，两人认为这只生物是一只鸟，而非一只美颌龙科恐龙。在这只小恐龙的骨骼周围有一束中空的纤维。透过显微镜观察，它们似乎是原始形态的羽毛！由于他们认为只有鸟具有羽毛，所以得出结论，中华龙鸟一定是一只鸟。

一只死去的中国早白垩世的美颌龙科恐龙中华龙鸟

同年晚些时候，加拿大古生物学家菲利普·柯里访问了中国，人们向他展示了这一标本。他异常兴奋，因为他意识到尽管化石周围存在一些绒毛，但这是一件美颌龙科恐龙的骨架。它就是一直以来被人们预言的长着羽毛的恐龙！我还记得柯里从中国回来后我与他见面的情景。在当年的古脊椎动物学会年会上，他向我和其他人展示了这件化石的照片。我们都很兴奋，就像他一样。

我们的兴奋是有原因的：这表明羽毛，或者得以演化出鸟类羽毛的东西，也存在于虚骨龙类身上。自20世纪80年代以来，骨骼证据使大多数恐龙古生物学家确信鸟类是虚骨龙类中进步的手盗龙类恐龙。但是我们仍然不知道羽毛是从恐龙谱系树的哪里演化而来的。也许虚骨龙类中所有非鸟类恐龙具有的都是鳞片，直到第一只鸟才出现羽毛？许多科学家和古生物艺术家认为，最好采取这种谨慎的看法，这就是为什么几乎所有较老的虚骨龙类图片上，它们都只具有鳞状皮肤。但也许恐爪龙类（鸟类在虚骨龙类中的近亲）也有羽毛？或者也许所有的虚骨龙类都有羽毛（就像巴克尔和保罗提出的那样）？没有身体的印痕，谁也说不准。而在义县组标本发现之前，没有人找到过这样的化石。

1996年以来，中国义县的湖泊沉积物及类似地层中发现了许多虚骨龙类。每次只要发现了身体印痕，就一定是某种羽毛。原始虚骨龙类，比如中华龙鸟这样的美颌龙科恐龙和帝龙这样的暴龙超科恐龙只具有简单的绒毛结构。由于这些结构比现代鸟115类身上所有类型的羽毛都要原始，甚至比雏鸟身上的羽毛都要原始，所以绒毛似乎代表了真正的爬行动物鳞片和现代鸟类羽毛之间的过渡阶段。虽然有人把这些结构称为“恐龙绒毛”，但听起来更专业的术语应该是“原始羽毛”，简称“原羽”。

也许比原始虚骨龙类的原羽更令人惊讶的是在义县组的手盗龙类身上发现的东西。鸟翼类（早期鸟类）具有羽毛，这并不奇怪。但是，窃蛋龙类（如尾羽龙）和恐爪龙类（如小盗龙和中国鸟龙）也具有真真正正的羽毛！它们前肢和尾巴上的羽毛（恐爪龙的后肢上也有）看起来就像现代鸟类的翅膀和尾羽，即使在显微镜下也是如此。

有了这些证据，古生物学家们现在推测所有虚骨龙类的共同祖先至少身体的某一部分具有原羽。在原始的虚骨龙类恐龙类群中，恐龙拥有的仅仅是一种绒毛覆盖物。但在手盗龙类身上，原羽演化成了真羽，至少在四肢和尾巴上是如此。

我要补充的是，我们不知道更原始的兽脚类，例如肉食龙类、棘龙超科、角鼻龙类或腔骨龙超科是否也具有原羽。这些恐龙的皮肤印痕非常少见，到目前为止，我们还没有从可能保存有羽毛的湖泊沉积物中发现任何痕迹。有几块已知的鳞片皮肤来自肉食龙类异特龙。据报道，与角鼻龙类食肉牛龙的骨架一道发现了许多鳞状皮肤。一些古生物学家曾说，由于这些恐龙身上具有鳞片，它们一定是从没有羽毛的祖先演化而来的，而原羽只会在虚骨龙类身上发现。不过，情况可能并非如此。我们知道巨大的暴龙科恐龙有鳞片状的皮肤，但我们也知道，这些大型的暴龙类是从早期像帝龙这样长着绒毛的虚骨龙类演化而来的。所以很有可能所有的兽脚类，自腔骨龙超科开始，都有长绒毛的祖先。事实上，这也可能是因为异特龙宝宝和角鼻龙宝宝具有绒毛，但随着它们的成长，绒毛消失了。如果没有更多的化石，我们就无法确定。

原羽有什么作用?

我们知道羽毛有利于飞行。（我们将在第19章中看到它们也适用于另一种运动方式。）但是中华龙鸟和其他原始虚骨龙类的毛茸茸的原羽有什么用呢?

一个可能的答案是保温。小动物比大动物散热要快得多。所以，如果你是一个需要保温的小动物，身体覆盖物将有助于锁住体内的热量。现代鸟类使用羽毛，现代哺乳动物使用毛皮，而现代蜜蜂使用绒毛正是出于这个原因。因此，生活方式活跃的小恐龙，比如跑得很快的虚骨龙类，演化出了原始羽毛，这样它们就不会失去太多热量。

毛茸茸的覆盖物也有利于炫耀。如果你观察哺乳动物的皮毛和鸟类的羽毛，会发现它们中许多都具有特殊的图案和颜色。有时这些图案是用来吸引异性的。有时它们被用来吓退攻击者。其他时候它们用来帮动物伪装。恐龙可能会使用色彩鲜艳带有图案的原羽来做这些事。

此外，原始的虚骨龙类可能是直接坐在蛋上孵化的。人们认为这种被称为孵蛋的习惯存在于虚骨龙类中的手盗龙类以及原始的虚骨龙类中。原羽有助于蛋维持温度，当雌性恐龙坐在蛋上时，也能缓解蛋受到的压力。但除非我们找到一只正在孵蛋的原始虚骨龙类，否则我们无法确定它们是怎样的。

不管它们如何孵蛋，这些原始的虚骨龙类都是令人惊奇的小型生物。它们本身可能并不十分令人印象深刻，但从这些恐龙中演化出了一些最奇妙的生物：暴龙、伶盗龙、鸡，还有蜂鸟。

蛇发女怪龙
帝龙
始暴龙

17
暴龙超科
（暴君恐龙）

117

毫无疑问，在所有恐龙中（事实上，也是地球历史上的所有生物中），最酷、最令人惊叹的就是君王暴龙（简称霸王龙）。（好吧，我承认我有些偏心。君王暴龙和它的近亲是我的职业专长，从小时候起，前者就一直是我的心头好。）实际上它的名字也是最棒的，可以解释作暴君爬行动物之王！暴龙是最后的暴龙超科恐龙，暴龙超科是兽脚类谱系树上非常成功的分支，也被叫作暴君恐龙。暴龙超科恐龙第一次出现时，还是体型小、奔走速度快的肉食动物。但是在白垩纪的最后2 000万年里，暴龙超科中有一个类群，即体型巨大、具有两个手指的暴龙科，演化成了亚洲和北美洲的顶级掠食者。

然而，暴龙类不仅仅有庞大的体格、巨大的牙齿和天生的无情。它们在许多方面都是大型食肉恐龙中特化度最高的。也就是说，在所有大型掠食者中，它们从所有兽脚类共有的祖征中演化出了最新的特征。这种体型和特化特征的结合使得暴龙类令古生物学家着迷，尤其是我这种人！人们针对暴龙科的化石进行了许多类型的科学分析，包括计算机模型、微观研究还有生化测试。

此外，由于许多古生物学家的研究以及在美国、加拿大、蒙古和中国的化石收集，现在博物馆中暴龙科恐龙的骨架几乎比其他任何兽脚类恐龙类群的都要多。正因为如此，我们对暴龙类的了解多过我们对角鼻龙类、棘龙超科恐龙或大多数肉食龙类的了解（异特龙除外）。

暴龙的起源

来自北美洲西部巨大的暴龙类化石自19世纪50年代就被人们所知，相对完整的骨架也从20世纪初被人们了解。但在这一时期的大部分时间里，古生物学家对该将暴龙科物种放置在肉食性恐龙谱系树的哪个位置上，还未形成清晰的认识。一些科学家，如在1905年给暴龙命名的美国自然历史博物馆的亨利·费尔菲尔德·奥斯本（Henry Fairfield Osborn），认为暴龙科是肉食龙类最后幸存的成员。也就是说，他们认为暴龙科恐龙是异特龙的后代，或者是近亲，其体型越来越大，前肢却越来越小。

118

但其他科学家，包括德国古生物学家弗里德里希·冯·休恩和美国自然历史博物馆的巴纳姆·布朗（奥斯本所描述的那些来自怀俄明州和蒙大拿州的暴龙标本的发现者），认识到暴龙科不是“超级肉食龙类”，头骨、腰带、后肢等确凿的细节表明它们是虚骨龙类的成员。大多数类型的虚骨龙类，如美颌龙科恐龙、似鸟龙科恐龙和恐爪龙类都很小。事实上，许多比人类还小。但是，冯·休恩、布朗和他们的同事发现，暴龙科恐龙是体型巨大的虚骨龙类。

在20世纪的大部分时间里，古生物学家都认为奥斯本是正确的，而且很多恐龙书籍都把暴龙和它的亲戚看作是最后的肉食龙类。但从20世纪80年代末开始，包括阿根廷的费尔南多·诺瓦斯、加拿大人菲利普·柯里等和我在内的古生物学家，证明

119

中国晚侏罗世暴龙超科恐龙冠龙

冯·休恩和布朗才手握真理。我们观察兽脚类的解剖细节，并用分支系统学的方法重建它们的谱系树，结果表明这些巨型暴龙科恐龙是虚骨龙类的成员。

我们对暴龙科的理解在1996年随着原始虚骨龙类恐龙中华龙鸟的发现而再次改变。这只小型的中国美颌龙科恐龙身上覆盖着被称为原羽的原始绒毛结构。这些绒毛是羽毛演化的最早阶段。这种羽毛是在进步的虚骨龙类，即虚骨龙类中的手盗龙类中发现的，其中包括被称为鸟类的现生类群。因为美

中国早白垩世暴龙超科恐龙帝龙

颌龙科恐龙（比如中华龙鸟）和手盗龙类（比如小盗龙和鸟类）都具有某种羽毛结构，科学家们认为它们的共同祖先也一定具有原羽。

以前的分支系统学研究表明，比起中华龙鸟这样的美颌龙科恐龙，暴龙科恐龙与鸟类的亲缘关系更为密切。因此，如果鸟类和美颌龙科恐龙的共同祖先具有原羽，那么暴龙类就是这个长着绒毛的共同祖先的后代！20世纪90年代中期，我和同事们做了一个预测。当有人最终找到谱系树上演化出暴龙科的那个分支的早期成员时，它一定就像所有原始

120

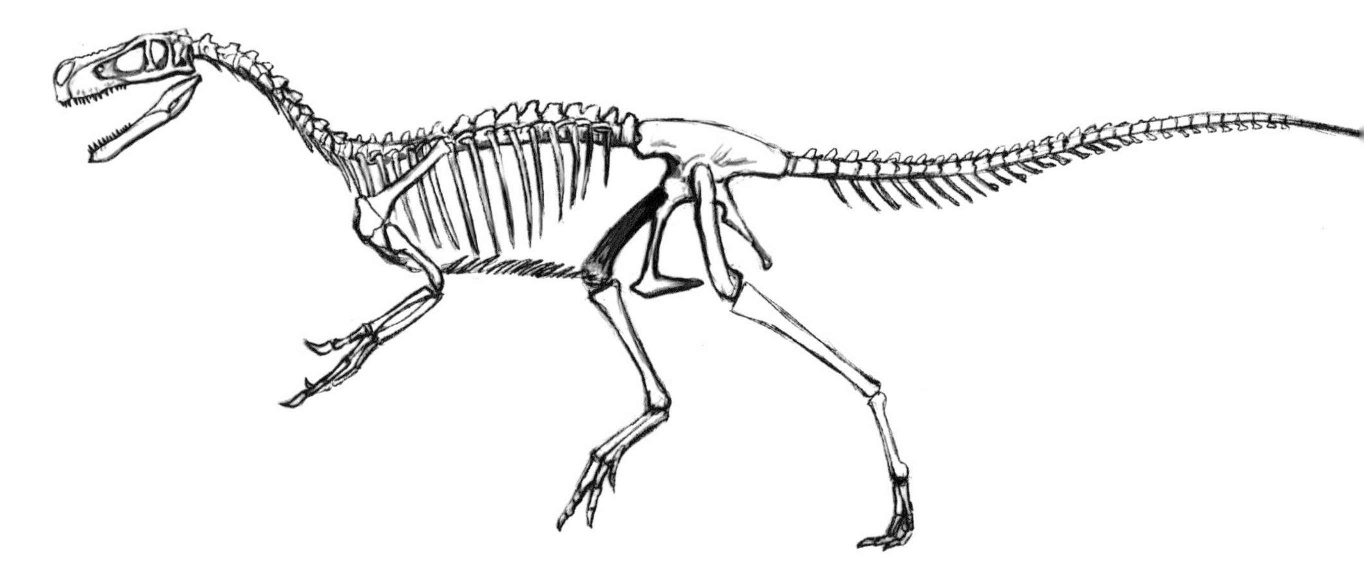

英格兰早白垩世暴龙超科恐龙始暴龙的骨架

的虚骨龙类那样，是个有着长长的前肢和纤细的三指手的小型恐龙。和所有其他原始的虚骨龙类一样，它身上也将覆盖着原羽。要是有人能找到这样的恐龙就好了。

毛茸茸的暴龙：先预测，后发现

事实证明，确实有人发现了这样的恐龙！我们的预测在2004年被证明是正确的：帝龙被发现并获得了描述。帝龙确实是一只小型恐龙，大约5英尺（1.5米）长。它来自中国早白垩世的义县组，一个著名的地层，在其中发现的化石常常还保存着羽毛、毛发、鳞片或其他软结构的印痕。帝龙化石显示了原羽的存在。

但是，帝龙真的在通向暴龙科的那一支上吗？也就是说，它是暴龙超科的成员吗？总的来说，帝龙看起来就像其他许多原始的虚骨龙类那样。它的前肢相当长，每只手上具有三个手指，尾巴很细。它没有暴龙科恐龙特化的足部和能碾碎骨头的牙齿，但确实有着在这些巨型掠食者身上发现而在其他虚骨龙类身上没有的数项特征。

例如，它口鼻部顶端的骨骼就像暴龙科恐龙一

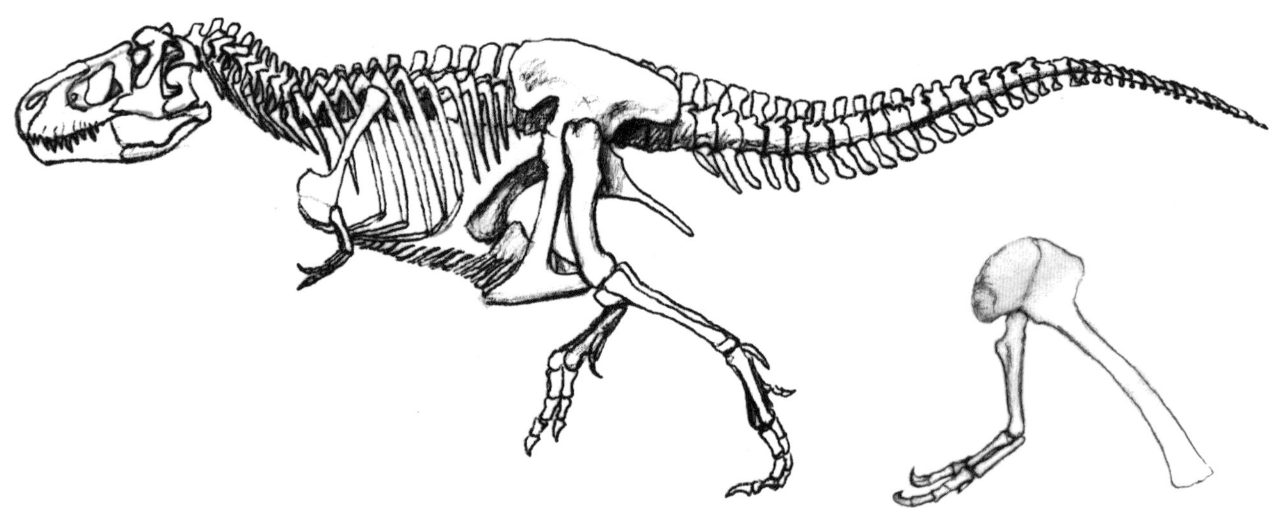

北美洲西部早白垩世暴龙超科恐龙暴龙的骨架，右下是其肩部和纤细前肢的特写图。

般愈合在了一起。另外，前颌骨（即下颌前端的一对骨骼）上牙齿的形状与大多数兽脚类不同。相反，它们状似小刮刀。这些牙齿善于啃咬并将肉从骨头上刮下来。另外，帝龙的头部就其体型来说相当大，这也是暴龙科物种的特征。这些特征使古生物学家得出结论，帝龙确实是演化出暴龙科那个分支的早期的原始成员。换句话说，它是早期暴龙超科恐龙。

通过对帝龙骨架的研究，我们可以了解原始暴龙超科恐龙的行为。帝龙是一只小型猎手，既能用手抓住猎物，又能用颌部攫取猎物。它的猎物可能包括当时生活在中国东北部的许多蜥蜴、哺乳动物和其他小型脊椎动物。它甚至可能还以其他小型虚骨龙类为食。然而，最重要的是，帝龙可能猎杀鹦鹉嘴龙，一种早期角龙类，是早白垩世亚洲最常见的动物之一。有趣的是，这种掠食者与猎物的关系一直贯穿在此后6 550万年间的暴龙超科历史中，在这两类恐龙的巨型亲戚——暴龙和三角龙时达到顶峰。

帝龙是首批从几乎完整的骨架中被人们了解的早期暴龙超科恐龙之一。但它并不是唯一已知的早期暴龙超科恐龙，甚至算不上最古老的。我们还了解到一些晚侏罗世暴龙超科的骨骼。包括北美洲西部的史托龙（*Stokesosaurus*）和葡萄牙的祖母暴龙（*Aviatyrannis*）。但目前还没有人发现这两只恐龙的完整骨架。

今日特辑：新鲜的大鹅龙！一只暴龙妈妈正在给它年幼的宝宝喂食一些美味的鸭嘴龙超科恐龙，其他的成年暴龙则在追赶另一只。

直到2006年，一件近乎完整的侏罗纪暴龙超科骨架终于获得了描述。来自中国西部的冠龙（*Guanlong*）是从晚侏罗世初始的两个非常优良的化石中被人们所知的。它显示了早期暴龙科的一些特征，例如，可以刮肉的门牙、愈合的鼻骨，以及长长的前肢，其末端是长着三个手指的手。但出乎意料的是，它的头骨上具有一个很高的脊冠。这个脊冠很窄小，大概只是为了炫耀。

暴龙类演化的下一个阶段以始暴龙（*Eotyrannus*）为代表。这种更进步的暴龙超科恐龙在欧洲的森林中潜行，大约与生活在亚洲的帝龙是同一时期。迄今为止唯一已知的始暴龙标本有15英尺（4.6米）长，可能还没有完全成年。这只恐龙来自英国南部海岸外的怀特岛。和帝龙一样，但与后来的暴龙超科恐龙不同的是，始暴龙具有长长的前肢和手部。它更像暴龙科的成员而不是帝龙的，有着就其体型来说相当长的后肢和脚部，很明显，它可以借助这一特征来捕捉较小的恐龙。它具有所有暴龙超科恐龙都有的愈合的鼻腔和刮刀式的门牙。与暴龙科的成员相同，但与帝龙不同的是，它的后肢和脚部就体型来说特别长。它可能跑得很快，也许是其所处环境中奔走速度最快的肉食动物。

对于追逐快速奔跑的猎物，比如小型鸟脚类恐龙棱齿龙，这是很有用的，可以避免始暴龙成为更大猎手——棘龙超科恐龙重爪龙和肉食龙类恐龙新猎龙——的猎物。因为在这个时候，暴龙超科恐龙仍然只是小型掠食者。

真正的暴君之王

在晚白垩世，暴龙类体型变得更大。伤龙是一只来自新泽西州晚白垩世的原始暴龙超科恐龙。虽然人

暴龙类自出生伊始就猎食角龙类：中国侏罗纪时期，冠龙准备对隐龙发起攻击。

们对它的了解只来自几块骨骼，但它显然比早白垩世的暴龙类还要大，大概有20英尺（6.1米）或更长。与早期暴龙超科恐龙不同的是，它的前肢非常短。事实上，它完整的前肢和手部可能比它的大腿骨短。这与包括原始暴龙超科在内的典型虚骨龙类非常不同，但与它的近亲、最为进步的暴龙类，即暴龙科真正的物种相似。伤龙与它特化度更高的表亲一样，似乎是其环境中最大型的猎手。

我们对暴龙科真正成员的了解比对其他暴龙超科恐龙要多得多。大多数暴龙科恐龙是从多件标本中被人们所知的，包括幼年恐龙和成年恐龙。就它们的整体解剖结构而言，暴龙科恐龙彼此都很相似。它们拥有就其体型来说格外巨大的头骨。这些暴龙类有着非常钝的口鼻部。大多数暴龙科恐龙（特别是暴龙）的眼睛比典型兽脚类的眼睛更向前方集中。这意味着暴龙类有更好的重叠视觉，能够更好地专注于眼前的事物（对猎手来说这是一个非常有用的特性）。最进步的暴龙科恐龙的头骨后部非常宽，赋予了暴龙类巨大而有力的颈部肌肉。暴龙科也是唯一嘴部具有硬腭的大型兽脚类。这使得暴龙科恐龙的颌部在摄取食物时增加了抵抗扭曲和旋转的力量。许多暴龙科恐龙眼窝上方的骨骼具有小突起，有些鼻子上具有突起或小角。每一个特定的物种似乎都具有大小和形状各异的头部突起物。

123

像所有的暴龙超科恐龙一样，进步的暴龙类的上颌前部有刮刀似的牙齿。但是它们其他长在颌部两侧的牙齿，是独一无二的，并不是在大多数其他兽脚类身上能找到的刀片状牙齿。进步暴龙科恐龙的牙齿两侧很宽。在较大的个体中，它们的侧横截面可能比前后横截面还宽。这些宽厚的牙有很深的牙根：牙齿的三分之二都是根，而不像大多数肉食者那样一半是根。暴龙科恐龙的牙齿也很长，有的有大香蕉那么大！暴龙科恐龙牙齿的大小和形状使它们非常结实，可以刺穿坚韧的兽皮、碾碎骨头，并（对有着如此短小前肢的恐龙来说很重要）钳制住挣扎的猎物。

暴龙科恐龙的前肢非常出名。它们短小得离谱，几乎都伸不过胸肌，也不能互相碰触。一只暴龙类甚至不能用它的前肢和爪子来为自己剔牙。手够不到嘴！它们每只手只有两个手指。

与纤细的前肢相比，暴龙的后肢，特别是小腿骨和足部的长骨比其他巨型兽脚类的都要长。这表明它们行动速度很快。事实上，小型暴龙后肢的比例与奔跑速度很快的似鸟龙类的后肢比例相同。和似鸟龙类一样，暴龙类的跖骨也相互扣合，这样就能更好地吸收快速奔跑带来的扭曲和转动力。总的来说，暴龙类后肢的形状表明它们是非常优秀的奔跑者，尤其是那些较小体型的。最近的计算机研究表明，最大的暴龙类（比如成年暴龙）可能无法跑得很快，而同样的研究表明，较小的暴龙类（包括幼年的暴龙）可能是速度最快的兽脚类。但即使是一只成年暴龙的体型也比嘴似鸭嘴的鸭嘴龙类、头上有角的角龙科恐龙和身形巨大的巨龙类这些可能的猎物更擅长奔跑。

因为暴龙科恐龙拥有长着原羽的祖先，所以它们自己可能也具有原羽。一些古生物学家（比如我）认为，暴龙宝宝身上可能像早期虚骨龙类那样被绒毛覆盖。然而，我们从小片的皮肤化石印痕中了解

暴龙科恐龙的特征是极短且具有两指的前肢（右上为特写）。

到，至少有些成年暴龙超科恐龙的身体上覆盖着小而圆的鳞片。小时候毛茸茸，长大了绒毛变成鳞片，这说得通吗？如果原羽是为了保温而演化的话，这种转变就成立。小动物比大动物需要更多的保温物质来维持体温。（例如，把非洲巨大而相对无毛的犀牛、大象与体型较小、毛茸茸的羚羊相比。）特别要指出，小象比它们的父母毛多。

124

有两种原始的暴龙科恐龙（事实上，一些古生物学家会说它们不是暴龙科的真正成员）分别叫作阿莱龙（*Alectrosaurus*）和阿巴拉契亚龙（*Appalachiosaurus*）。前者来自蒙古和中国，后者来自美国的阿拉巴马州。就暴龙科来说，它们的体型很小：阿莱龙长16.5英尺（5米），阿巴拉契亚龙长21英尺（6.4米）。但它们似乎具有上面提到的所有特征，所以我暂时将它们视为暴龙科恐龙。

后来，更进步的暴龙科恐龙变得更大。它们分化成两个主要分支。艾伯塔龙亚科的恐龙，比如艾伯塔龙和蛇发女怪龙（*Gorgosaurus*），更为纤细，颈部也更长，能长到大约28英尺（8.5米）长。暴龙类中的大块头应属暴龙亚科恐龙。这些恐龙的颈部更短，头骨更宽更结实。惧龙比艾伯塔龙亚科恐龙身体稍长，有30英尺（9.1米）。更大的是亚洲的特暴龙（*Tarbosaurus*），身长超过33英尺（10.1米）。使所有上述恐龙都相形见绌的是年代最晚也最进步的暴龙，迄今为止发现的标本有41英尺（12.5米）长，可能重约6吨。

鸭嘴龙类猎手和角龙类杀手（也是腐肉碾食者）

很明显，暴龙类和大多数兽脚类一样都是肉食动物。几乎所有的科学家都认为它们是掠食者，能够猎杀其他恐龙作为食物。然而，少数古生物学家提出，暴龙超科恐龙，特别是暴龙，可能无法杀死自己的猎物。他们认为君王暴龙严格来说是一只食腐动物。然而，几乎没有直接的证据支持这一观点，反而有相当多的证据证明暴龙类可以（最起码有时）猎杀其他动物。例如，在一件来自蒙大拿州的鸭嘴龙类埃德蒙顿龙（*Edmontosaurus*）的骨架的尾巴根部有一处伤口，与成年暴龙的嘴部形状吻合。有趣的是，这个伤口已经愈合了，这表明在暴龙类咬中它的当时和之后，这只鸭嘴龙类都还活着！埃德蒙顿龙很幸运，暴龙没有下死口。而古生物学者也有幸能发现这一化石，让他们能够了解暴龙（可能还包括其他暴龙类）是如何（至少有些时候）猎食活物的。

最近发现的一件角龙类恐龙三角龙的标本同样表明，它被暴龙咬伤过并存活了下来。但这只特殊的角龙类实际上在这个过程中失去了部分的角。这表明暴龙科恐龙和其他巨型食肉恐龙的一个主要区别，暴龙科恐龙可以咬碎骨头！这几乎可以肯定是暴龙科演化出更宽厚且更深牙根的牙齿的原因。愈合的鼻腔也有助于保持头骨的坚固。力学研究以及对鸭嘴龙科、角龙科，甚至甲龙类恐龙头骨上咬痕的研究表明，暴龙科恐龙有着极其强大的咬合能力。事实上，来自加拿大萨斯喀彻温省白垩纪末期的一件粪化石几乎可以肯定是由暴龙制造的，其中大部分是半消化的骨渣，骨架来自一只与幼年的牛一般大小的鸟臀目恐龙，骨头折断的形状表明，暴龙在吞下猎物之前将猎物碾成了肉泥。

凭借长长的后肢和强壮的颌部，暴龙科恐龙能够在它们生存的环境中扑倒并杀死任何其他恐龙。然而，像现代食肉动物一样，它们在掠食的同时也会食用腐肉。没有多少动物会放弃免费的一餐！在暴龙科恐龙生活的地方，它们是迄今为止最大的肉食性恐龙，因此可以轻易地将其他食肉恐龙从它们杀死的猎物身边赶走。（有时候，做野生动物中的恶霸是值得的。）

早期暴龙超科恐龙很可能使用过前肢来捕捉猎物，而暴龙科恐龙细小的前肢在捕猎中应当毫无用处。对它们来说，用强壮的颌部和巨大的牙齿捕捉并杀死猎物要容易得多。然而，丹佛的古生物学家肯·卡彭特（Ken Carpenter）已经证明，当暴龙科恐龙用颌部将猎物撕碎的同时，前肢应该也足够有力，

125

可以从两侧抓住挣扎中的猎物。

暴龙的生活习惯

不过，前肢可能还具有另一个功能。在现代不会飞翔的鸟类中，翅膀仍然可以用来向其他鸟类发出信号。暴龙科恐龙可能也用这些短小的前肢发出过信号。（事实上，我怀疑，即使最大的暴龙科恐龙也可能在前肢上保留了一些原羽，以让它们更“显眼”。）

暴龙类如何交际？是独自狩猎还是群体狩猎？化石发现表明，艾伯塔龙和暴龙的不同年龄段的个体（幼崽、未完全长成的“青少年”和完全长成的成年）至少有时会生活在一起，因为它们被埋葬在了一起。可能这些暴龙类，也可能是它们的一些亲戚，像现代的狼和狮子一样，以家族为单位成群狩猎。一些科学家认为，速度更快的年轻暴龙类可以将猎物逐向伺机在一旁的它们强大的父母口中。但我们毕竟没有时光机，这样的想法只是猜测。

显然，暴龙科恐龙即使生活在一起，也并不总是能和睦相处。许多化石头骨的口鼻部上都可见一只暴龙类啃咬另一只暴龙类留下的痕迹。这些咬伤并不致命，但深度足以在骨头上留下疤痕。事实上，有些被咬的地方感染了。我们无法确定是什么引发了这些攻击，但很容易想象出，两只暴龙类为了一只新鲜的猎物而争斗，直到一只暴龙类一口咬中对方要害，将其赶走。（从狮子到秃鹫再到科莫多龙，许多现代食肉动物身上都发现过这样的搏斗和创伤。）

像所有的恐龙一样，暴龙类可能会保护它们的蛋并照看它们的后代。暴龙超科恐龙显然太大了，不能（坐在蛋上）孵蛋，但可能会用腐烂的植物来保护蛋，给蛋保暖，就像现代的鳄鱼和一些鸟类所做的那样。

虽然还没有人发现过刚孵化的暴龙科恐龙，但还是有小型的个体被人们所了解。事实上，一些古生物学家认为（现在仍然认为）这些小型个体在它

北美洲西部晚白垩世的暴龙科恐龙蛇发女怪龙

们自己的小型物种中已属成年。其他人则认为它们只是较大型物种尚未完全长成的幼年个体。就我个人而言，我认为证据的分量表明，例如，曾经被称为“矮暴龙”（*Nanotyrannus*）的恐龙其实只是君王暴龙的未成年个体。由几个不同的古生物学家团队进行的一系列新的研究向我们展示了暴龙科恐龙成长所需的时间，以及它们随着年龄的增长而发生的变化。就像所有的恐龙一样，它们的宝宝也很小。和大多数动物一样，这些宝宝到了某个年纪就会开始快速生长，身形也会改变。在大多数恐龙中，这种快速生长的时期在恐龙10岁之前就开始了（有时要早得多）。在暴龙科恐龙身上，则和人类相同，这种快速增长要到它们大约12岁时才开始，到18或19岁时才结束。在这段时间里，暴龙科恐龙的头骨会越来越高，力气也越来越大，牙齿也会成比例地变长，各种各样的头部隆起物也会出现。

为什么暴龙科恐龙的幼年期比其他恐龙长？我认为这与暴龙科恐龙生活环境里一个奇怪的因素有关。在早期（晚三叠世至早白垩世）十分常见的是，同一时间同一地区生活着许多不同类型的大型兽脚类（即便它们体型相同）。此外还有很多中等体型的食肉动物。例如，在北美洲西部的晚侏罗世，巨大的异特龙、食蜥王龙、蛮龙和艾德玛龙构成了食物链的顶端，其次是中等体型的角鼻龙、细长的轻巧龙和一大批较小体型的物种。然而，在北美洲西部和亚洲东部的晚白垩世，暴龙类是唯一已知的大型食肉兽脚类。第二大兽脚类（镰刀龙超科恐龙、似鸟龙类和窃蛋龙类）都是杂食性或植食性动物。事实上，在发现真正暴龙科恐龙的地方，出土的第二大肉食性恐龙总是驰龙科的盗龙或者伤齿龙科恐龙，它们最多只有暴龙类的五十分之一大。

中型掠食者在哪里？我的研究表明，不到半吨重的幼年暴龙类填补了这一生态空白。根据它们极长的后肢比例，年轻的暴龙类应该是中生代速度最快的恐龙之一。它们甚至可以从环境中捕杀其他两类速度很快的兽脚类，即似鸟龙类和伤齿龙科恐龙。大多数恐龙的幼年期似乎很短，但暴龙科恐龙却因多年来作为中等体型的掠食者而受益。最终它们长大成年，成为世界上的顶级掠食者。完全长成的成年暴龙科恐龙能够杀死鸭嘴龙超科恐龙角龙类、甲龙科恐龙，以及蜥脚类中的萨尔塔龙科恐龙。

但有一种危险，即使是君王暴龙也无法战胜。该物种的最后个体出现在白垩纪末期。我们知道君王暴龙生活在北美洲西南部地区。因此，有可能在6 550万年前的某一天，该物种的一些个体曾向南方望去，看到了小行星撞击大海时产生的闪光，这也使得暴龙类的统治走向了终结。虽然暴龙科恐龙在第一批人类出现前就早早死掉可能是件好事，但我仍然为永远看不到活生生的君王暴龙而感到难过。

下页图片：尽管年幼的暴龙是可怕的食肉动物，但它们自己也受到了来自其他食肉动物，比如巨型鳄鱼的威胁。饥饿的翼龙类也对它们虎视眈眈。

暴龙小顽童：和暴君爬行动物一起长大

多伦多大学
托马斯·D.卡尔博士（Dr. Thomas D. Carr）

迪诺·普乐拉（Dino Pulerà）摄

君王暴龙第一次将我迷住，是在我两岁的时候。了解这只神秘的恐龙现如今是我作为恐龙科学家工作的核心。

我一直在研究暴龙类的头骨在成长过程中的变化。有一次，工作所需，我前往克利夫兰自然历史博物馆去检查一件小型暴龙类惊人的头骨标本。这件头骨只有23英寸（58厘米）长，曾被认为是一只侏儒恐龙的头骨。侏儒恐龙即停止生长的小型恐龙。

克利夫兰头骨与成年暴龙的头骨大不相同，科学家认为它可能来自一只独特的暴龙类。它小巧精致，光滑优美，而巨大的成年暴龙类看起来则有点像疣猪——有着满是结节的头骨，大张的嘴和突出的牙齿。我发现这件头骨在很多方面与来自加拿大的暴龙类，即未成年的艾伯塔龙相似。它在许多方面也和成年君王暴龙的头骨相像。综合这些观察结果，我得出结论，克利夫兰头骨可能是幼年君王暴龙的头骨。

克利夫兰头骨显示君王暴龙在成长过程中经历了巨大的变化：掉几颗牙，颌部增高，牙齿变得又长又宽，面部的骨骼被口鼻部的气囊顶起。此外，随着年龄增长君王暴龙的眼睛后上方会长出角状物。克利夫兰头骨，虽然并非来自一只新的暴龙类，但非常珍贵，向我们展示了世界上最著名的恐龙成长中的重要阶段。

我现在正在研究君王暴龙及其亲戚的演化。一路走来，我体会过为来自北美洲的暴龙类和肿头龙类新物种命名的狂喜。发现新的恐龙是令人兴奋的，但这并不是古生物学家的最终目标。如果有一天你想成为一名古生物学家，你应该对新的发现途径持开放态度。问问你自己，关于恐龙，我想弄清楚哪些尚无答案的重大问题？最重要的是，如果科学是你的梦想，你必须留在学校学习，学习，再学习。

一只年幼的暴龙

坏到骨子里：君王暴龙又“咬人”了

佛罗里达州立大学
格雷格·M.艾瑞克森博士（Dr. Gregory M. Erickson）

肯·沃伯（Ken Womble）摄

君王暴龙的牙齿是所有恐龙中最致命的。它们嘴里有60把带锯齿的“匕首”。这些牙齿中最长的能冒头整整6英寸。每一位古生物学家都同意，这些牙齿表明这些暴龙类中的王者以其他恐龙为食。然而，牙齿的使用方法一直是一个存在争议的问题。暴龙类的牙齿能承受咬穿骨头所需的巨大的力吗？还是它们只适合将肉剥离？

回答这个问题的一个方法是研究君王暴龙可能的猎物。最近在蒙大拿州发现的骨骼表明，君王暴龙可能在两只以植物为食的恐龙身上留下了印记，它们是巨大的三角龙和鸭嘴龙超科恐龙埃德蒙顿龙。君王暴龙进食的迹象包括大骨骼上几英寸深的刺孔和长骨骼上的刮痕。其中一只恐龙被啃咬了将近80次。我们将这些咬痕的几个方面与君王暴龙牙齿的大小和间距进行了比较。咬痕的大小、牙齿刮削骨头时形成的锯齿状痕迹的间距，以及刺孔痕迹的牙齿铸模（与牙科医生用来给你的牙齿铸模的材料相同）都与君王暴龙的牙齿完美匹配。根据这一证据，我和同事们得出结论，君王暴龙是造成这些咬痕的罪魁祸首。这也告诉我们君王暴龙以角龙类和鸭嘴龙类为食，这两类恐龙是当时最常见的植食恐龙。我们还可以看到君王暴龙的咬合力足以咬穿骨头，而且君王暴龙能够用巨大的力量去攻击猎物。它当然不担心会弄伤牙齿！

君王暴龙的实际咬合力是多少？牙齿有多结实？为了回答这些问题，我们需要的不仅仅是君王暴龙咬穿过的动物的骨骼。我与斯坦福大学生物力学工程系的一群工程师合作，来计算君王暴龙在进食过程中的咬合力。

通过检查被咬骨骼的微观结构，并将其与现生动物的骨骼进行比较，我们确定奶牛的骨盆是三角龙骨骼的完美替代。之后我们使用青铜和铝的组合来铸造成年君王暴龙牙齿的比例精确的复制品。之后，我们开始用一台力学测试架（能精确测量穿透物体所需力量的机器）将金属牙齿推入与被咬伤的三角龙骨骼尺寸相似的新鲜牛骨中。每当达到我们想要模拟的咬痕的确切深度时，我们就停止测试。

令我们惊讶的是，实验产生的咬痕与恐龙骨骼上的咬痕一模一样，君王暴龙自6 400万年来又一次“进食”了！根据实验，我们确定君王暴龙产生的最小咬合力约为3 300磅。这相当于一辆小型皮卡压在每颗牙齿上。相比之下，这大约是今天大型食肉动物，比如野兽之王狮子和碎骨冠军斑点鬣狗咬合力的三倍。很明显，君王暴龙的牙齿与今天的动物相比并不脆弱，而且能够对其领土中的任何生物造成相当大的伤害。

恐手龙
似鸡龙
鸟面龙

18

似鸟龙类和阿尔瓦雷斯龙类

(鸵鸟恐龙和拇指有爪的恐龙)

131 **古生物学家有时会将恐龙与现代动物相比较，好让人们了解恐龙的行为和解剖结构。所以我会将棘龙科恐龙比作鳄鱼，或者把恐爪龙类比作猫。如果要我把似鸟龙类和阿尔瓦雷斯龙科的物种与现代动物类比，最好的参照物应该分别是鸵鸟和鸡。**

大多数人都认为本章中的恐龙不太能给人留下深刻印象。当我和孩子们交谈，问他们最喜欢的恐龙是什么时，我从来没有听到过答案是似鹈鹕龙（*Pelecanimimus*）、似鸵龙或是鸟面龙（*Shuvuuia*）。但不能仅仅因为一只恐龙不如暴龙、伶盗龙或三角龙那样令人惊叹，我们就认为它无趣。似鸟龙类和阿尔瓦雷斯龙科恐龙的解剖结构中有很多非常奇特的特征。了解它们能使我们对中生代世界有更完整的认识。

似鸟龙类和阿尔瓦雷斯龙科都属于兽脚类，兽脚类是两足行走且大部分为肉食性恐龙的类群。更具体地说，它们是包含鸟类及其亲戚在内的进步的兽脚类恐龙类群——虚骨龙类的成员。其他的虚骨龙类包括小体型的美颌龙科恐龙、巨大的暴龙科恐龙、似猫的恐爪龙类、像树懒的镰刀龙超科恐龙，以及十分奇特的窃蛋龙类。最后三个类群和鸟类一起组成了一个更大的类别，叫作“手盗龙类”，即“长手掠食者”。大多数手盗龙类的前肢很长，交叠后可贴近身体，前肢和尾部具有长长的羽毛。阿尔瓦雷斯龙科可能是手盗龙类中的一个类群，可能与似鸟龙类也很亲近。

不论如何，阿尔瓦雷斯龙科恐龙和似鸟龙类恐龙与大多数其他兽脚类恐龙都有很大的不同。当我们谈论兽脚类恐龙时，大多数人想到的要么是暴龙或异特龙这样的巨大杀手，要么是伶盗龙或恐爪龙这样敏捷的小猎手——换句话说，它们都是有着巨大头骨、锋利牙齿和尖锐爪子的恐龙。但是，虽然阿尔瓦雷斯龙科恐龙和一些似鸟龙类恐龙确实有牙齿，不过这些牙齿非常小。它们的头骨小且有喙。尽管它们的手最后变成了爪子，但绝对不是用来劈砍的。像窃蛋龙类恐龙和镰刀龙超科恐龙一样（我们将在第19章中遇到），似鸟龙类恐龙和阿尔瓦雷斯龙科恐龙绝对不是猎手。它们可能连肉都不吃！

鸟类模仿者

132 第一批似鸟龙类的化石于1890年被发现。耶鲁大学的古生物学家O. C. 马什对在科罗拉多州发现的晚白垩世恐龙的一些手部和足部骨骼进行了描述。马什注意到其足部的长骨（跖骨）紧紧生长在一起。这些让他想起了现代鸟类跖骨愈合的方式。因为恐龙的足部与鸟足相似，但不完全相同，他将这一新发现命名为急速似鸟龙（*Ornithomimus velox*），意思是灵敏的鸟类模仿者。

尽管其他古生物学家在接下来的几年里发现了似鸟龙的化石以及与它们有亲缘关系的恐龙的骨骼碎片，但在马什在世时却没有发现完整的骨架。这使得马什在描述其他一些不完整的虚骨龙类化石时，发生了很多混淆。例如，在1892年，他认为暴龙的腰带和后肢骨骼来自似鸟龙属一个巨大的新物种！

蒙古晚白垩世似鸟龙科恐龙似鸡龙

（这并不像听起来那么疯狂。除了大小不同，似鸟龙和暴龙的后肢确实非常相似。我们稍后会看到，这给两类恐龙的生活方式带来了一些重要启示。）但是，他永远不会知道把似鸟龙叫作“鸟类模仿者”有多正确。

1900年至1916年间的发现表明，似鸟龙的体型非常像现代鸟类，尤其是现代鸵鸟！这些化石中最完整的是一件年代较久远的似鸟龙的加拿大亲戚的骨架，它被命名为似鸵龙，即“鸵鸟模仿者”。这个名字甚至比“鸟类模仿者”更准确，因为似鸟龙类恐龙看起来不太像知更鸟、蓝松鸦或蜂鸟，而更像鸵鸟！事实上，许多古生物学家（包括我在内）都用“鸵鸟恐龙”这个绰号来形容这群恐龙。

似鸟龙类在许多方面都像鸵鸟。大多数物种实际上和鸵鸟差不多大小。它们的头很小，长颈的顶端是细长的口鼻部，眼睛很大，躯干很短，后肢非常长。进步的似鸟龙类没有牙齿。

然而，似鸟龙类与真正的鸵鸟在其他方面有所不同。原始似鸟龙类的喙上有小牙齿。所有的似鸟龙类都没有翅膀，有的是长长的前肢，末端是长着三指的手。它们还有细长的骨质尾。

在更早的恐龙书籍中，有些作者会解释说似鸟龙类和鸵鸟的另一个区别是它们一个有鳞片，另一个（毕竟是鸟类）有羽毛。但我们不能再这么说了。这是因为在手盗龙类恐龙化石中发现了羽毛，而在更原始的虚骨龙类化石中也发现了原羽（如美颌龙科恐龙和暴龙超科恐龙）。分支学研究表明，所有虚骨龙类的共同祖先身上，包括似鸟龙类的祖先在内，都覆盖着原羽。因此，似鸟龙类是绒毛恐龙的后代，而且很可能它们自己也毛茸茸的。

遗憾的是，我们不能确定似鸟龙类是具有真正的羽毛还是只具有原羽。截至2007年，还没有人找到似鸟龙类身体覆盖物的清晰印痕。我们确实有一只名为似鹈鹕龙的早期似鸟龙类的喉囊印痕，上面既没有鳞片，也没有原羽，更没有羽毛。但这无法告诉我们它身体其他部分覆盖着什么。毕竟，现代鹈鹕的喉囊上也没有羽毛或鳞片，但它身体的其他部分长着羽毛或鳞片。

基本无害

似鸟龙类的颌部长而脆弱。原始似鸟龙类，如似鹈鹕龙和神州龙（*Shenzhousaurus*），下颌具有钉状的牙齿。事实上，在所有已知的兽脚类中，似鹈鹕龙拥有的牙齿最多（220颗），但非常小。在更进步的似鸟龙类（比如大嘴鸟以及似鸟龙科中高度特化的成员，如似鸟龙和似鸵龙）身上，根本不存在牙齿。相反，它们的喙被角质覆盖（与现代鸟类和海龟的喙的覆盖物质相同）。

134

似鸟龙类以什么为食？小小的钉齿和扁平无牙的喙无法撕裂死尸上的肉，抑或将一只活着的恐龙开膛破肚，但大概足以咬下植物，猎取蜥蜴、青蛙和哺乳动物等小动物。似鸟龙类的手部也不同于那些典型的食肉恐龙。与大多数兽脚类可抓握的手以及可劈砍的爪子不同，似鸟龙的手部呈钩状或夹子状，爪子相当直。最接近的现代参照物应该是南美树懒的手和爪子。但与树懒不同，似鸟龙类体型太大，无法悬挂在树上。它们一定是用钳夹似的手去抓住树枝，将树枝拉低，以获取美味的叶子和果子。

古生物学家通过观察似鸟龙类的喙部和手部来判断它们的食性。有人认为似鸟龙类像鸭子一样浸入水中捕食小型水生无脊椎动物。其他人则认为它们是严格的植食性动物。有人认为，似鹈鹕龙会大口地将小鱼囫囵吞入腹中。鸵鸟（以及它们的现代近亲，如美洲鸵鸟和鸸鹋）可能是我们了解似鸟龙类食性的最佳参照。这些不会飞的大型现代鸟类是杂食动物。它们吃果子、种子、昆虫、小型脊椎动物（如蜥蜴和青蛙）、鸡蛋和植物，这些构成了它们饮食的绝大部分。似鸟龙类似乎也是如此。

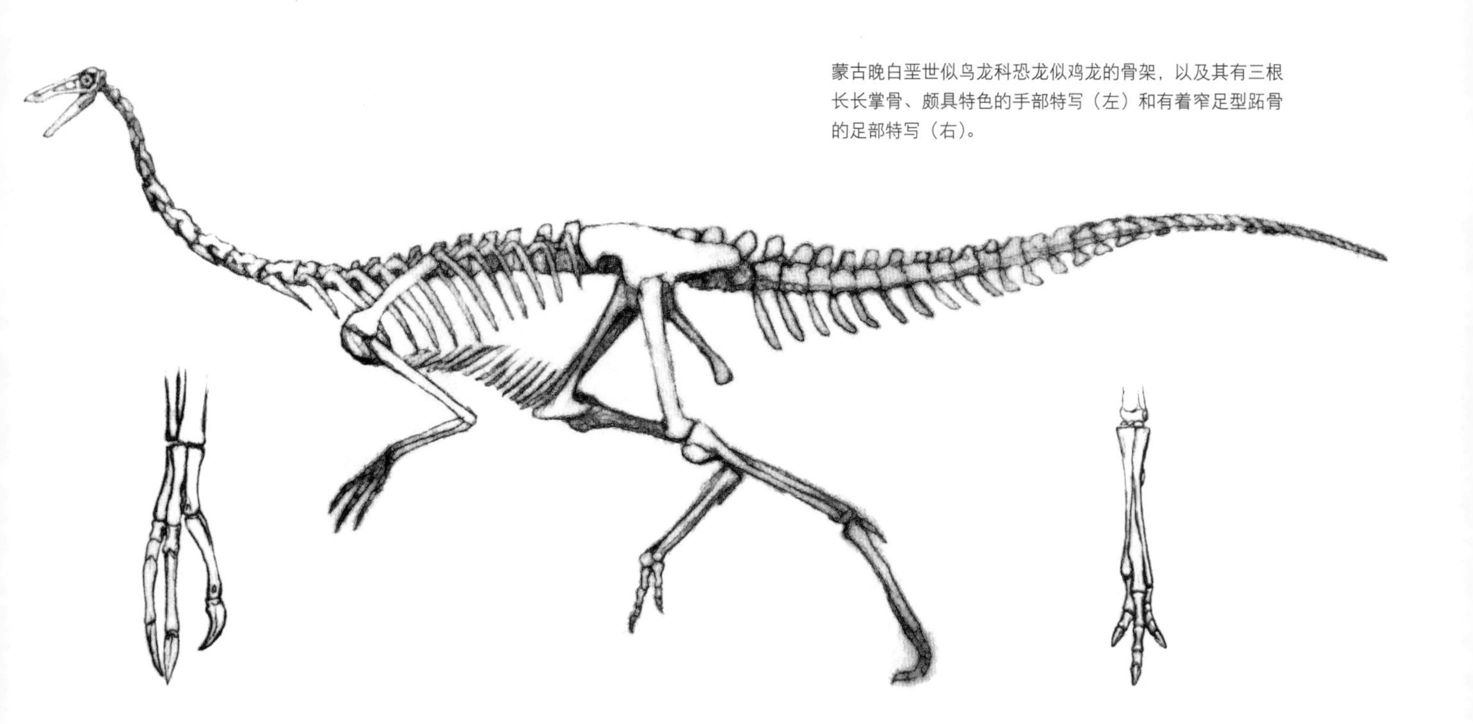

蒙古晚白垩世似鸟龙科恐龙似鸡龙的骨架，以及其有三根长长掌骨、颇具特色的手部特写（左）和有着窄足型跖骨的足部特写（右）。

似鸟龙科恐龙细长的后肢帮助它们逃离了暴龙科恐龙这样的食肉动物。

似鸟龙类，特别是似鸟龙科的进步成员，具有长长的后肢。似鸟龙类的跖骨，比同时代相同体型的所有恐龙的都要长，只存在一个例外，那就是幼年时期的暴龙。事实上（就像19世纪90年代马什有时也会弄混那样），进步的似鸟龙类恐龙和暴龙科恐龙的后肢在细节上几乎是相同的。似鸟龙科恐龙和暴龙科恐龙的跖骨都很长，中跖骨具有特殊的减震形态。正如我和其他人，特别是卡尔加里大学的埃里克·斯奈弗利（Eric Snively）做的研究所显示的那样，这种适应性使似鸟龙科恐龙和暴龙科恐龙能够依靠非常纤细的脚快速奔跑。我的博士论文就对这一特殊的适应性进行了研究，1992年我正式将这个减震结构命名为“窄足型跖骨”（意思是窄长的足）。

135

这种足部的适应性是进步的似鸟龙类和进步的暴龙类各自独立演化出的，因为原始的似鸟龙类和原始的暴龙类都没有窄足型跖骨。在这两个类群中，窄足型跖骨大约同时（约8 000至8 500万年前）在同一区域（亚洲）演化出来。这表明这些适应性（长长的后肢和窄足型跖骨）是有关联的。它可能意味着一场演化的军备（双足）竞赛！也就是说，大多无害的似鸟龙科恐龙之所以演化出这种专门用来奔跑的足部，是为了能够逃离暴龙科恐龙，而绝对有害的暴龙类也演化出了这种专门用来奔跑的足部，以便能够捕捉似鸟龙类。

似鸟龙类的多样性

目前，人们只知道来自白垩纪的似鸟龙类。古生物学家曾认为非洲东部晚侏罗世具有长长后肢的轻巧龙是一只原始的似鸟龙类恐龙，但对其骨架的详细研究表明，它实际上是一只角鼻龙类。确切已知的原始似鸟龙类来自早白垩世的欧洲（似鹈鹕龙）和亚洲（神州龙和似鸟身女妖龙［*Harpymimus*］）。不太确定的是来自北美洲和澳大利亚的中型兽脚类的碎片化石，一些古生物学家认为这些化石可能是

一些古生物学家认为，似鸟龙类可能像鸭子一样将头探入水中吃较小的无脊椎动物。

早白垩世的似鸟龙类。唯一已知的晚白垩世的似鸟龙类来自亚洲和北美洲。后来的这些似鸟龙类没有牙齿。

似鹈鹕龙和神州龙是相当小的恐龙，只有6到8英尺（1.8到2.4米）长。之后的似鸟龙类体型要大些，通常超过13英尺（4米）。蒙古晚白垩世的似鸡龙，是似鸟龙科中最大的成员，但在它生活的环境中，有一只原始的似鸟龙类使它相形见绌。恐手龙身形巨大，人们只了解到其巨大的8英尺（2.4米）的前肢和其他一些骨骼。不过，它的爪子很钝，无法造成太大的伤害。像其他似鸟龙类一样，它可能主要以植物为食。希望有一天有人能找到恐手龙的其他部分，这样我们就能看看和暴龙一样大（或者比暴龙还大？）的似鸟龙类到底长什么样！

136

西班牙早白垩世有齿似鸟龙类恐龙似鹈鹕龙（上）和中国的神州龙（中）的头骨，以及中国晚白垩世无牙齿的似鸟龙类（下）的头部。

神秘的单爪恐龙，是鸟吗？

在所有兽脚类中，恐手龙的前肢最长，而单爪龙（*Mononykus*）的前肢最短。与恐手龙一样，单爪龙也来自晚白垩世的蒙古国。自20世纪20年代以来，人们在德加多克塔组中收集到了这只恐龙及其亲缘恐龙的部分骨架，并将它们归档存放在纽约和乌兰巴托的博物馆中。它们躺在那里，被贴上“类鸟恐龙”或“虚骨龙类”的标签。也许是因为它们很小，只有一只大些的鸡或一只小些的火鸡那么大，所以发现它们的古生物学家并不感兴趣。

但是在1992年，美国自然历史博物馆的马尔科姆·麦肯纳（Malcolm McKenna）发现了一件新的单爪龙标本；1993年，由蒙古古生物学家阿尔坦盖尔·佩尔（Altangerel Perle）和美国自然历史博物馆的马克·A.诺雷尔（Mark A. Norell）领导的研究小组对其进行了描述和命名。这些科学家对鸟类的起源很感兴趣，他们知道，鸟类所属的恐龙类群——虚骨龙类的化石中可能包含有助于弄清这些细节的重要信息。

在某些方面，这只小恐龙非常像鸟。它有一个指向后方的耻骨（腰带的一部分），同鸟类一样。颈椎、背椎和荐椎的形状与鸟类的相似，有些腿骨也是如此。脑壳也有很多与现代鸟类相似的特征，胸骨中部贯穿着一个与鸟类似的大脊。

像鸟面龙这样的阿尔瓦雷斯龙科恐龙曾经食用过蚂蚁和白蚁。

（下次你吃鸡肉或火鸡时，可以找一下这个脊。白肉就附着在这里。）但也存在一些重要的区别。它的尾巴是长长的骨质尾。中跖骨甚至比暴龙科恐龙和似鸟龙科恐龙更为特化。它的前肢很短但很结实。最奇怪的是，它的手似乎只具有一个手指：拇指。

137

佩尔、诺雷尔和他的同事们最初把这种恐龙命名为*Monoychus*，意为“一只爪子”，但是他们不得不将名字的拼写改为*Mononykus*，因为前者已被一只昆虫占用了。在拼写变化后不久，人们发现了更多这种恐龙的骨架，有些是在野外发现的，有些则存放在博物馆的藏品中。此外，新的相关恐龙物种也被发现了，其中包括小驰龙（*Parvicursor*）和鸟面龙（*Ornithopsis*）。随着一只近乎完整的鸟面龙被发现，人们注意到这些恐龙实际上具有三个手指，而不是只有一个。但是另外两个手指非常小，使得手部几乎成为它们身体中最奇怪的部分。

一开始，古生物学家认为单爪龙、鸟面龙和小驰龙与之前发现的所有恐龙完全不同。但人们开始观察以前发现的恐龙标本，意识到这个类群的其他成员之前就已经被发现并获得了命名。例如，在1994年，我注意到O. C. 马什在19世纪90年代发现过类似北美洲单爪龙的足部，并将其命名为小似鸟龙。更重要的是，古生物学家何塞·波拿巴早在1991年就将一只来自阿根廷的虚骨龙类命名为阿尔瓦雷斯龙（*Alvarezsaurus*），它被发现是这些奇怪恐龙的原始亲戚。由于波拿巴已经创造了“阿尔瓦雷斯龙科”这个词，这个名字现在被用来称呼这个不寻常的类群。此外，阿根廷古生物学家费尔南多·诺瓦斯命名了巴塔哥尼亚爪龙（*Patagonykus*），这是一只介于阿尔瓦雷斯龙和进步类群单爪龙亚科（北美洲和亚洲小怪兽）之间的恐龙。

阿尔瓦雷斯龙科恐龙是什么样的恐龙？它们肯定是某种虚骨龙类。但它们有着奇怪的特征组合，这使得它们很难被定位。例如，当佩尔和他的同事们第一次描述单爪龙和鸟面龙时，他们认为这两只恐龙是白垩纪的一种新型鸟类。的确，阿尔瓦雷斯龙科中的单爪龙亚科恐龙具有许多特征，更像是现代鸟类，而不像大多数恐龙。但更原始的阿尔瓦雷斯龙科恐龙（如巴塔哥尼爪龙和阿尔瓦雷斯龙）并不具有所有这些类鸟的特征。因此，在单爪亚科恐龙和鸟类身上发现的相似特征似乎是独立演化出的。

最近的研究表明，阿尔瓦雷斯龙科实际上并不是典型的早期鸟类，而是手盗龙类的一个不同类型。（客观地说，一些研究确实表明它们实际上是似鸟龙类物种的近亲。）我自己的分析将这一类群定位在手盗龙类中，但我承认它们具喙的头骨和钉状的牙齿与鸵鸟恐龙相似。

138

食蚁恐龙？

这些长着巨大拇指的恐龙在演化中处于哪个位置，并不是阿尔瓦雷斯龙科恐龙唯一令人困惑的事情。另一件事是弄清楚它们的生活习性和食性。

有些事情相当明了：它们的后肢很长，特别是单爪龙，几乎可以肯定它奔跑的速度很快。尤其是单爪亚科的成员有着类似于似鸟龙科恐龙和暴龙科恐龙的跖骨，但更为特化。而且，它们小小的具喙的面部和小小的牙齿有力地表明它们不是掠食者。相反，它们可能以植物或者昆虫为食。

阿尔瓦雷斯龙科物种的前肢和奇怪的手部让人很没有头绪。如果只看前肢的形状，而不是它们的小尺寸，你会认为它们很适合用来挖掘。它们的前肢非常强壮，有巨大（相对前肢尺寸来说）的肌肉连接，这样就可以对某样东西进行反复的猛烈攻击。它们粗壮的大拇指和强壮的爪子可能对破坏白蚁巢穴很有用。

但是它们的前肢太小了！恐龙要想猛撞入白蚁窝，就得把胸脯压上去！目前，这似乎是对它们生活方式的最佳解读。它们会在白蚁丘或蚁丘坚硬的泥土中挖洞，并在昆虫冲出来时用颌部捕获它们。

晚白垩世阿尔瓦雷斯龙科中的单爪龙亚科恐龙鸟面龙的骨架

不过，我想知道是否还有其他我们尚未弄清楚的东西。

白垩纪出现的最后一批兽脚类，阿尔瓦雷斯龙科就是其中一个群体。到目前为止，它们已经在北美洲、亚洲和南美洲被找到，在澳大利亚和欧洲可能也有所发现。因为它们已经存在于所有这些地区，如果阿尔瓦雷斯龙科恐龙最终在所有大陆上都被发现，我也不会感到惊讶。

似鸟龙类和阿尔瓦雷斯龙科恐龙可能不是恐龙世界会令人驻足的奇迹。在博物馆里，人们可能会飞快地从它们的骨架旁经过，转而去看更具魅力的迷惑龙和暴龙。但它们确实向我们说明了，还有许多光怪陆离的恐龙化石有待发掘。谁知道未来的古生物学家又会发现什么？

阿尔瓦雷斯龙科恐龙是近年来发现的奇异的恐龙之一。

巨大的鸟类模仿者：似鸟龙类

日本，福井县恐龙博物馆
小林快次博士（Dr. Yoshitsugu Kobayashi）

图片由小林快次提供

1890年，古生物学家奥斯尼尔·C. 马什描述了迄今为止发现的第一只似鸟龙类。只有部分脚和手供他研究。尽管如此，他还是注意到它们与鸟类的骨架有多么相似，并将它们命名为似鸟龙，意思是“鸟类模仿者”。当更完整的似鸟龙类骨架最终被发现时，它们呈现出的与鸟类的相似性使得人们更为惊讶。这些恐龙与鸵鸟等不能飞行的大型鸟类非常相似。它们头小，颈长，后肢也长。

在晚白垩世，似鸟龙类在北美洲（似鸟龙、似鸵龙、似鸸鹋龙）和亚洲（似金翅鸟龙［*Garudimimus*］、古似鸟龙［*Archaeornithomimus*］、似鹈龙、似鸡龙）繁衍生息，并在6 550万年前与其他恐龙一起灭绝。最早的似鸟龙类生活在大约1.3亿年前白垩纪早期的西班牙（似鹈鹕龙）和蒙古（似鸟身女妖龙）。与它们的后代不同，这些早期似鸟龙类具有牙齿。

似鸟龙类的行为是恐龙科学家争论的热点。由于后肢又长又灵活，似鸟龙类可能是跑得最快的恐龙。它们为什么要跑这么快？是跑去抓猎物？还是想逃离掠食者？

尽管似鸟龙被归为兽脚类，但它们并不像其他已知的肉食动物那样具有匕首状的牙齿。相反，似鸟龙类要么长着小而短的牙齿，要么长着坚硬的喙，根本没有牙齿。从中华锥龙的胃内容物化石中得到的证据甚至表明它是以植物为食的动物。似鸡龙的喙中保留着一个梳状结构，可能用来过滤河流和湖泊中的食物，就像渔网一样。这些关于饮食习惯的线索并不意味着它们是寻找猎物的凶猛掠食者。它们可能是为了逃避掠食者。

另一个线索也表明似鸟龙类的生活方式安静平和，它们的一些化石是在由许多个体组成的骨床上发现的。骨床里有成年个体，也有未成年个体。这表明似鸟龙类可能是群居动物，这种社会结构有助于保护个体免受掠食者的侵害。这样一来，这些古怪的兽脚类就更像植食性恐龙而不是猎手了。

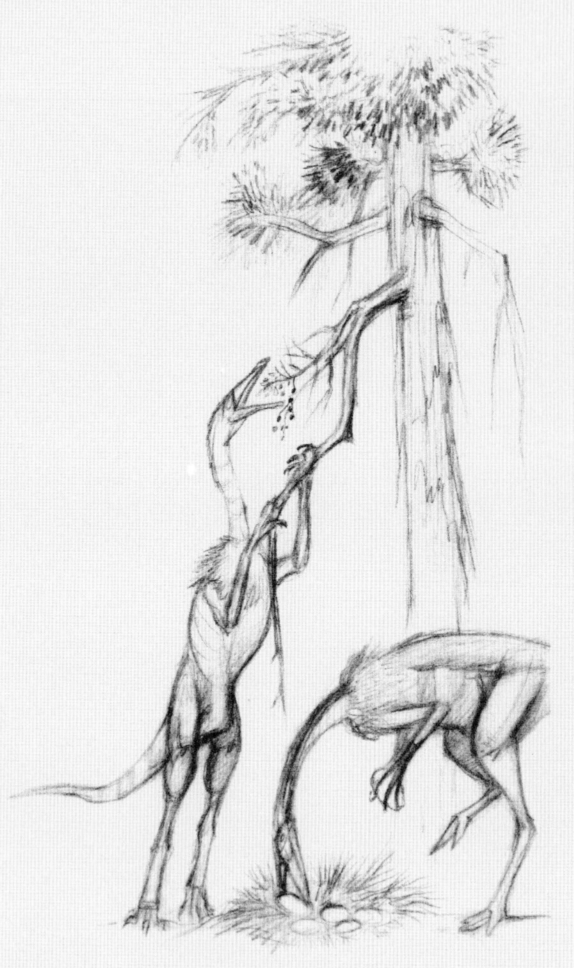
似鸟龙类的进食习惯依然不为人知。

镰刀龙
葬火龙
尾羽龙

19

窃蛋龙类和镰刀龙超科

（偷蛋贼和树懒恐龙）

141 在所有的恐龙中，窃蛋龙类和镰刀龙超科这两个类群中的物种最为奇特。因为它们是以植物为食的肉食性恐龙。这听起来有点自相矛盾，但事实并非如此。古生物学家经常用“肉食性恐龙”来指兽脚类恐龙。确实，许多兽脚类都是食肉动物。但是我们是根据动物的演化位置而不是食性来做分类的。本章中的两个类群似乎主要是植食性动物，因此它们是兽脚类，也就是所谓的食肉恐龙中以植物为食的成员。

是的，我知道这个观点听起来很奇怪。但今天也存在同样的情况。包括猫、鬣狗、狗、熊、海豹及其亲戚在内的哺乳动物类群被称为食肉目，即食肉动物。但熊猫（熊的一个类型）只吃竹子，所以是“植食性的食肉动物”，也就是吃植物的食肉动物！

除了它们奇怪的饮食习惯之外，窃蛋龙类和镰刀龙超科恐龙的外表也很奇怪。窃蛋龙类的头骨通常很短，而且很多没有牙齿（尽管有一对从腭部伸出的突起物）。有些头上具有高高的脊冠。有些前肢很长，有些则很短。它们的体型，有的和鸡一般大小，有的则大过鸵鸟。另一方面，镰刀龙超科恐龙有尖尖的头骨、长长的颈部和沉重的身体，前臂很大。它们有的体型如同鸵鸟，也有的堪比君王暴龙！但最奇怪的是，它们都有着如假包换的羽毛！

与美颌龙科恐龙、暴龙超科恐龙和似鸟龙类一样，本章中的恐龙属于虚骨龙类（有绒毛的兽脚类）。具体地说，它们属于虚骨龙类中一个叫作手盗龙类的类群，该类群又称作“长手掠食者”（其他的主要类群是恐爪龙类和鸟类）。手盗龙类通常具有非常长的前肢。特殊的半月形腕骨使得它们能够将手臂紧贴身体折叠，这样它们就不会在奔跑时被灌木丛纠缠住。然而，正如我们将要看到的，它们还能够用这长且可折叠的手臂做其他事情。一件是孵蛋。另一件是以惊人的方式爬树。

偷蛋贼?

20世纪20年代，在蒙古发现了第一件窃蛋龙的化石，窃蛋龙类这个类群因其得名。142 当美国自然历史博物馆的罗伊·查普曼·安德鲁斯和其他人第一次看到它的头骨时，他们注意到它与大多数兽脚类的头骨有很大的不同：又短又高，布满了巨大的孔洞，而且没有牙齿。事实上，他们根本无法确定哪一端是前，哪一端是后！

不过，更重要的是，他们发现与这些无牙的兽脚类一起埋葬还有一些蛋。安德鲁斯和他的团队在这之前就发现过许多这样的蛋，认为它们来自原角龙，即该地层中最常见的物种，一只小型的角龙类。他们认为这只没有牙齿的兽脚类以蛋为食，并盗窃原角龙（*Protoceratops*）的蛋，所以他们将这个新物种命名为嗜角窃蛋龙（*Oviraptor philoceratop*），即“喜爱原角龙蛋的小偷”。

事实证明，安德鲁斯和他的同事犯了一个错误。20世纪90年代，在蒙古和中国的各种考察中发现了更多件在相同类型蛋上筑巢的窃蛋龙标本（以及相关物种）。最终，他们发现其中一只蛋里含有一件窃

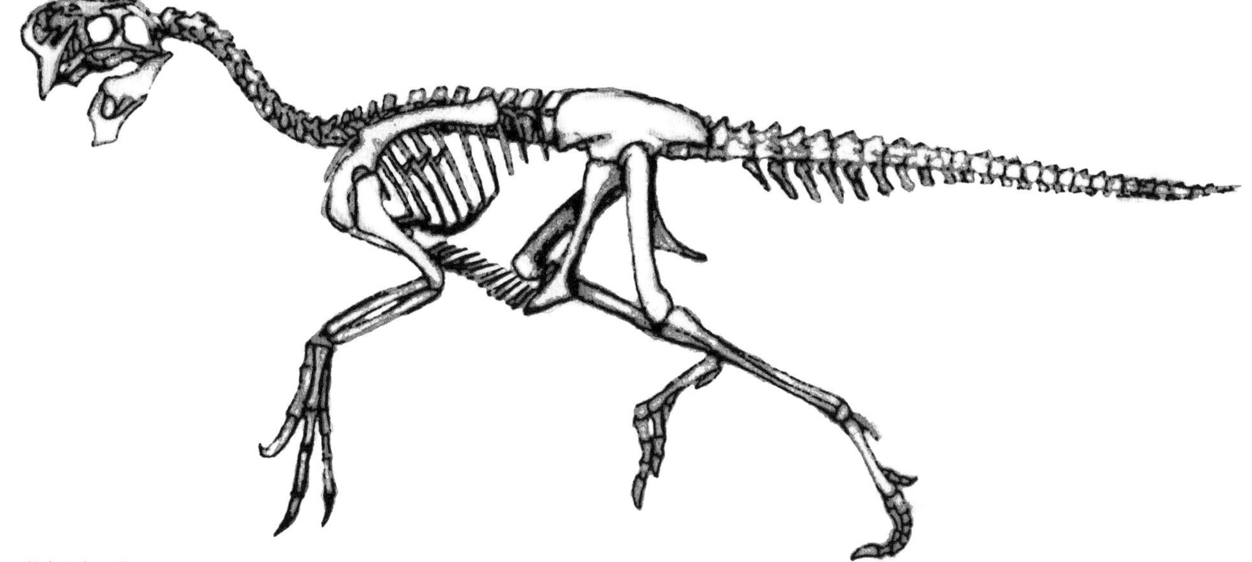

蒙古晚白垩世窃蛋龙科恐龙窃蛋龙的骨架

中国早白垩世的切齿龙是最古老、最原始的窃蛋龙类之一。它的头骨（侧图为特写）前部有结实的切齿状的牙齿，后部是小型叶状齿（适合食用植物）。

蛋龙化石胚胎。窃蛋龙不偷蛋，而是在保护蛋！但仅仅因为窃蛋龙不吃自己的蛋，并不能断言它从没吃过任何别的蛋。它的头骨其实很适合夺取并砸开恐龙蛋。

世界各地的窃蛋龙类

世界上许多地方都发现了窃蛋龙类的各种物种。在亚洲、北美洲和欧洲已经发现了这一类群的化石，澳大利亚和南美洲也发现了可能的窃蛋龙类。到目前为止，所有确定的窃蛋龙标本都来自白垩纪，尽管有一件北美洲晚侏罗世的化石可能来自于这个类群。（然而，这一未命名的标本可能是窃蛋龙类和镰刀龙超科的祖先。）

已知最原始的窃蛋龙类是原始祖鸟和切齿龙（*Incisivosaurus*），都来自中国早白垩世。原始祖鸟是从一件头骨严重受损的骨架中

中国早白垩世的尾羽龙是最早发现的羽毛保存完好的窃蛋龙类之一。

被发现的，切齿龙则发现于完整的头骨，但少了身体骨架。（一些科学家认为它们实际上是同一个物种，这一点也不奇怪。）原始祖鸟的身体和大多数窃蛋龙类的身体一样，具有一个长度适中的颈部，长长的前肢上是大大的三个手指的手部，后肢也长度适中，尾巴很短。切齿龙的头骨是方形的，前部有长长的切齿状牙齿，后部是叶状的牙齿。前面用于啃咬的大牙齿让它看起来像兔子或啮齿动物。不管外表如何，这些都不是肉食动物的牙齿。相反，它可能大部分时候食用，或者只食用植物。

与这两种（或一种？）恐龙同期生活的还有一只更进步的窃蛋龙类恐龙尾羽龙，与原始祖鸟的不同之处在于它短短的前肢和长长的后肢，而与切齿龙的不同之处在于其前排有短牙齿，后排则没有牙齿。类似的物种，如北美洲西部的小猎龙（*Microvenator*）和欧洲的鞘虚骨龙（*Thecocoelurus*），生活的时间要稍晚一些。

晚白垩世的窃蛋龙类种类丰富。拟鸟龙（*Avimimus*）是一种体型从鸡到火鸡大小不等的恐龙，颌部前端具有小牙齿。它眼睛大，颈长，身体胖而圆，尾巴短，前肢短和手指短粗，后肢却很长。像进步的阿尔瓦雷斯龙科恐龙、似鸟龙科恐龙、暴龙科恐龙和其他奔走速度很快的兽脚类一样，它有用来减震的特化的中跖骨（脚部的长骨）。同样的跖骨适应性也存在于近颌龙科恐龙中，它们是一群来自晚白垩世的亚洲和北美洲的窃蛋龙类，既有与鸡大小相同的单足龙（*Elmisaurus*），也有一种来自北美洲西部尚未命名的与鸵鸟大小相同的物种。近颌龙科恐龙与拟鸟龙的不同之处在于，它们的头骨具有脊冠，颌部无牙，前肢很长，手部又大又有力。类似的头骨和前肢也在窃蛋龙类的亚洲亚群——窃蛋龙科中被发现，而窃蛋龙本身也属于这种亚群。

真正的鸟类和窃蛋龙类间有很多相似之处。例如，窃蛋龙科恐龙天青石龙（*Nomingia*）的尾部末端有几块骨头愈合在一起。这种特征被称为尾综骨，也存在于一些镰刀龙超科恐龙和大多数鸟类身上。事实上，在首次被发现的时候，一些窃蛋龙类最初被认为是原始鸟类。一些古生物学家甚至认为窃蛋龙类是一群不会飞行的原始鸟类。虽然我同意进步的窃蛋龙类和进步鸟类之间具有很多相似之处，但我的研究（以及其他许多古生物学家的研究）表明，鸟类最亲密的近亲是恐爪龙类（我们将在下一章中与它们见面），窃蛋龙类的近亲是神秘的镰刀龙超科恐龙。

144

树懒恐龙

史密森学会（Smithsonian Institution）的古生物学家迈克尔·布莱特-瑟曼（Michael Brett-Surman）

窃蛋龙类的头部形状各异。上排（从左到右）：一只来自北美洲西部的目前尚未命名的短颌龙科恐龙、瑞钦龙（*Rinchenia*）、一只来自北美洲西部尚未命名的窃蛋龙类。下排（从左到右）：可汗龙、一只来自蒙古的尚未命名的形态、窃螺龙（*Conchoraptor*）。

称镰刀龙超科是“委员会设计出来的恐龙”。也就是说，它们像是被一群对恐龙持有截然不同想法的人东拼西凑出来的，因此，它们看起来好似各种类群组成的大杂烩。自从被发现以来，镰刀龙超科被当作过兽脚类、蜥脚型类或鸟臀目恐龙（真能迷惑人啊！）。但是现在对这些恐龙的了解已经足够让我们确信它们身体的各部分确确实实是连在一起的，而且它们是典型的手盗龙类（属于兽脚类中的虚骨龙类）。

来自犹他州早白垩世的铸镰龙（*Falcarius*）是已知的最原始的镰刀龙超科恐龙。事实上，已有数十件铸镰龙的化石被人们所知。它头骨很长，长着与切齿龙相似的叶状齿。它还有着相当长的颈部、手盗龙类典型的长手臂、虚骨龙类典型的后肢和一

北美洲西部早白垩世铸镰龙的骨架

更多的窃蛋龙类的头部。上排（从左到右）：葬火龙和两个来自蒙古的尚未命名的形态。下排（从左到右）：耐梅盖特母龙（*Nemegtomaia*）、河源龙（*Heyuannia*）和窃蛋龙。

条细长的尾巴。它成年后有鸵鸟那么大。与大多数兽脚类一样，它的耻骨（腰带区的一块骨骼）指向前方。

与铸镰龙一样，更进步的镰刀龙超科恐龙的颌部前部具有无牙的喙，后部则是叶状的牙齿。按照比例来说，它们的前肢和手更大些，手也更宽。它们的爪子非常大，以庞大的镰刀龙（*Therizinosaurus*）为例，其爪子的大小和形状堪比老式农民镰刀的刀刃。（这是镰刀龙［即“镰刀爬行动物”］得名的原因。）镰刀龙超科恐龙的尾巴很短，至少有一节连接着尾综骨。

年代较晚的镰刀龙超科恐龙通常和铸镰龙一样长或长过铸镰龙，而且体格更健壮。事实上，就兽脚类而言，它们很胖，肚子好似巨大的啤酒肚。为

146

北美洲西部早白垩世的镰刀龙超科恐龙铸镰龙

了给大肚子腾出空间，它们的耻骨指向了后方。更进步的镰刀龙超科恐龙的后肢和足部短而结实。在铸镰龙和其他大多数兽脚类身上，第2、第3和第4跖骨都很长，第1趾通常不接触地面。在进步的镰刀龙超科中，这些跖骨则非常短，四个足趾总是接触地面。

比铸镰龙更进步的镰刀龙超科恐龙，肥大的肚子和短粗的足使它们成为糟糕的猎手。但由于它们的主要食物可能是植物，所以也不必为此忧心。灌木、草本植物和树木可不会逃跑！镰刀龙超科恐龙可以用强壮的前肢抓住树枝，用喙啄取树叶和果子。在某些方面，它们类似于4 000年前

巨大的身体和长长的颈部使得镰刀龙可以从树的高处获取食物。

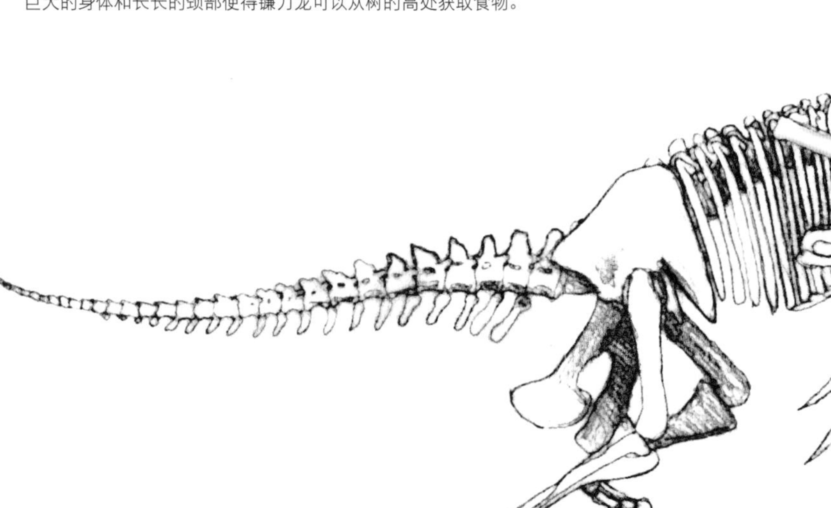

蒙古晚白垩世镰刀龙科恐龙镰刀龙的骨架

生活在美洲的巨型树懒。所以我和其他一些古生物学家把它们叫作“树懒恐龙”。

巨大的树懒和镰刀龙超科恐龙都是身体庞大沉重、行动缓慢的植食性动物。它们前肢有力，末端具有长爪。那些爪子可能是用来抓取树枝的。但毫无疑问，它们还有另一个功能，那就是防御。因为行动迟缓，树懒和镰刀龙超科恐龙通常无法逃离掠食者。相反，它们可能都坚守着阵地，用强有力的爪子保护自己。这也许可以解释为什么镰刀龙超科恐龙有着近3英尺（0.9米）的爪子。对于获取植物来说，它们未免太大了些，但正好可以阻挡暴龙科恐龙。

目前，人们只了解到亚洲和北美洲白垩纪的镰刀龙超科恐龙。然而，如果它们像它们的近亲窃蛋龙类和远房表亲似鸟龙类和暴龙超科恐龙那样出现在欧洲早白垩世的岩石中，我也不会感到惊讶。中国早侏罗世可能存在一种镰刀龙超科恐龙，叫作峨山龙（*Eshanosaurus*），人们只了解它的下颌。由于原蜥脚类在早侏罗世的中国非常普遍，而且它们的下颌与镰刀龙超科的非常相似，我想也许我们最终会发现，峨山龙其实是原蜥脚类的一员。（如果结果表明它是一只镰刀龙超科恐龙，那么这个群体的历史就要比我们现在所知道的还要长几千万年。）

这家伙不只吃植物

镰刀龙超科恐龙最初被认为是食鱼动物，但这并非因为存在任何直接证据。只是因为它们的发现者认为它们一定是食肉动物（它们毕竟是兽脚类，对吧？），而且它们的行动又太过缓慢，无法在陆地上捕捉动物。不过它们的牙齿表明，这些“树懒恐龙”即使不是仅吃植物，也主要以植物为食。铸镰龙可能是个例外，因为它的长腿和尾巴表明它跑得很快。因此，这种早期“树懒恐龙”可能也追逐并食用小动物。（当然，跑得快也是一种很好的防御技能。）

大多数的窃蛋龙类可能也是植食性动物。原始祖鸟、切齿龙、尾羽龙和拟鸟龙即是例证，因为这些物种的牙齿形状不适合吃肉。然而，有证据表明，至少有一些无牙的窃蛋龙类吃肉。例如，在一只原始的窃蛋龙类骨架的腹部发现了一只蜥蜴。同时，古生物学家在窃蛋龙科恐龙葬火龙（*Citipati*）的巢穴中发现了两只伤齿龙科恐龙宝宝（属于恐爪龙类）的遗骸。也许这两只年幼的伤齿龙科恐龙被带到巢穴中是为了给葬火龙刚孵出的宝宝当食物？一些古生物学家认为，窃蛋龙类是以贝类为食的动物，但它们的颌部对于砸开贝壳来说似乎太弱。大多数窃蛋龙类的腭部都具有一对伸出的突出物，它们也很脆弱，无法砸碎一只蛤蜊，但用来敲蛋可能还挺好使。谁叫它们是偷蛋贼呢！

148

在晚白垩世的蒙古，巨大的镰刀龙科恐龙镰刀龙保护自己免受暴龙科恐龙特暴龙的侵害。

铸镰龙和拟鸟龙都生活在大群体中。镰刀龙超科恐龙铸镰龙的骨架和窃蛋龙类恐龙拟鸟龙的足迹表明它们生活在个体数量众多的群体中。尚不确定它们的亲戚是否也以如此庞大的规模聚集在一起。

我们只知道在有大量水的地区，如湖滨和森林中发现过镰刀龙超科恐龙。窃蛋龙类也发现于这类环境，但它们也出现在沙漠中。这些沙质的沙漠沉积物对于了解窃蛋龙类的行为非常重要，因为正是在这些砂岩中发现了这些恐龙的巢穴。

孵蛋的恐龙们

窃蛋龙类都孵蛋，即便是像葬火龙这样几乎和成年人类一样大的恐龙。我们有足够多的恐龙标本，它们被发现时正位于蛋的上方，足以让我们了解它们的孵蛋行为。它们在沙漠里圆形的巢穴中产蛋，之后将蛋部分掩盖起来。然后父母中的一方（我们也不知道是母亲还是父亲，还是两者）会坐在蛋上，用它的臀部、尾巴和前肢覆盖蛋。前肢非常适合这种行为，因为如同大部分手盗龙类，它们从身侧伸出，而不是像其他兽脚类那样朝向后方。更重要的是，长长的臂羽会覆盖在蛋的顶部。柔软的身体羽毛也能使蛋保持温暖，为其提供保护。

我们知道，窃蛋龙类的臂羽和尾羽都很长，因为它们保存于原始祖鸟和尾羽龙中。它们身体的其余部分显然覆盖着更小的羽毛。这些较小的羽毛是简单的原羽绒毛（例如美颌龙科恐龙和暴龙超科恐龙身上的）还是更复杂的身体羽毛（如现代鸟类身体上的），目前还不清楚。这种长而毛茸茸的原羽是在早期镰刀龙超科恐龙北票龙（*Beipiaosaurus*）身上发现的，但一些看似原始的羽毛实际上可能是保存得不完整的真羽。

窃蛋龙在巢中孵蛋，保护自己的蛋不受理查德伊斯特斯龙（*Estesia*）的侵害。

我说的“真羽”是什么意思？现代鸟类几乎所有的羽毛，特别是翅膀、尾巴和身体大部分的羽毛，都具有相同的基本结构：一根中空的羽轴将羽毛附在皮肤上，顺着这根羽轴则是更小的羽支。如果在显微镜下观察它们，你会发现那些较小的羽支上还有更小的羽小支，其上还有钩子。这些钩子有助于让羽毛保持形状。保存最完好的窃蛋龙类的臂羽和尾羽正显示出这种结构。

为什么羽毛会从原羽演化出这么复杂的特征？一个可能是它们用羽毛来炫耀。窃蛋龙类（可能也包括镰刀龙超科恐龙）的尾羽和臂羽，会成为很好的炫耀物。它们可以用来防御敌人或者吸引配偶。另外，较大的羽毛有助于孵蛋。臂羽和尾羽越长越宽，覆盖的蛋就越多。

上树：翼辅助斜坡跑

通过扇动具有羽毛的前肢，早期手盗龙类可以奔跑上树，逃离掠食者。

最近一项关于现代鸟类的发现表明了羽毛演化具有另一个可能用途。你可能会认为我们对所有现生动物的知识都有所掌握，但即使是人最熟悉的动物，动物学家也在不断地探索出一些令人惊讶的事实。下面的事实由蒙大拿大学的动物学家肯·戴尔（Ken Dial）发现。他发现鸟类以一种令人惊讶的方式使用翅膀。我们都知道鸟类可以飞翔。但事实证明，鸟类也会利用翅膀进行另一种形式的运动。这种运动形式可能对窃蛋龙类和镰刀龙超科恐龙的幼崽也大有用处。

许多鸟类物种，如孔雀、火鸡和鹧鸪，主要生活在地面上，但它们在树上或岩层上筑巢，以防受到掠食者的伤害。人们一直认为鸟类来到树枝间依靠的是飞行。但是肯·戴尔发现它们还有另一种方法可以上树，甚至连还没有学会飞翔的小鸟也可以做到。它们沿着垂直的树干跑到树上去！但是不能仅仅用脚来做这件事，因为那样会摔下来。戴尔的发现是，翅膀帮助它们奔上树干，但方式非常出人意料。它们不会用翅膀紧紧抓住树干，或作出类似的动作。相反，它们前后扇动翅膀（而非飞行时那样上下拍打），以产生防止自身坠落的牵引力。只要前后扇动翅膀，产生的力量就能使它们的双脚紧贴在树干表面。这意味着它们真的可以直接跑上树干！

戴尔将这种行为称为“翼辅助斜坡跑”（“wing-assisted incline running”，简称“WAIR”），他通过实验观察这种行为的实际运作。他发现，如果不扇动翅膀，鸟类只能跑上45度角的斜面。任何再陡些的坡度，鸟都会掉下来。但是当鸟类扇动翅膀的时候，它们就可以跑上更倾斜的角度。他还发现，翅膀羽毛越大，鸟儿能跑上的角度就越大。当鸟类扇动着尺寸足够大的翅羽时，它们可以直接跑上垂直的树干！

2001年，当戴尔第一次在古脊椎动物学会上公布这项研究结果时，我和其他许多古生物学家都十分震惊。他发现了一种可能不仅仅局限于鸟类的行为。事实表明，WAIR所需的每个特征也出现在窃蛋龙类，可能还有镰刀龙超科恐龙身上。它们的前肢从侧面伸出，可以前后扇动，就像进行WAIR中的鸟类一样。它们的前肢具有大大的羽毛，有助于产生牵引力。它们甚至有巨大的胸骨，得以支撑这个动作所需的强壮的胸肌。

一只成年的窃蛋龙类或镰刀龙超科恐龙太大了，无法这样跑上树去。（如果一只君王暴龙那么大的镰刀龙超科恐龙试着上树，这棵树很可能会倒。）但是恐龙宝宝很小，它们是掠食者菜单上的佳肴。因此，早期手盗龙类，包括窃蛋龙类和镰刀龙超科的祖先，可能已经演化出了长而可折叠的前肢、大胸骨和羽毛，以便它们在幼崽时期能逃到树上。

仅仅因为它们可以使用WAIR逃跑，是无法断言这些恐龙能够飞行的。然而，手盗龙类谱系树上的其他分支演化出了真正的飞行能力。我们知道鸟类会飞。最近令人惊讶的发现是，鸟类的近亲恐爪龙类，可能也具有一些飞行能力。但即使对于无法飞行的恐爪龙类，使用WAIR作为一种防御方法，也能帮助这些群体生存下来。窃蛋龙类和镰刀龙超科恐龙都存活到了白垩纪末期。

小盗龙
恐爪龙
伤齿龙

20
恐爪龙类
（盗龙）

151 继暴龙之后最受欢迎的食肉恐龙可能要数伶盗龙*了。这种小型恐龙因“侏罗纪公园”系列书籍和电影而闻名（它们实际上比电影里小很多！），是行动迅速、聪明灵敏的猎手。公众眼中的伶盗龙格外富有魅力，所以人们用“Raptor”（盗龙）这个名字来形容恐爪龙类的所有物种，其寓意为“小偷”“抢夺者”或“掠夺者”。并非所有的科学家都喜欢这个新绰号，但我觉得不赖。

顺便说一句，在英语中，“Raptor”一词也意为“猛禽”，用来形容现代掠食的鸟类，如隼、鹰和猎鹰。在现代猛禽和已灭绝的盗龙身上，脚都充当着致命的武器：现代鸟类有能够紧抓猎物的爪子，而灭绝的盗龙则有着用来劈砍猎物的镰刀形利爪。

恐爪龙类分为两个主要分支：驰龙科和伤齿龙科。这两个类群的早期物种都是如同乌鸦般大小的移动迅速的猎手，拥有可抓握的手和与众不同的脚。其脚的第2趾可以抬离地面。换句话说，它可伸缩，就像现代猫类的脚趾一般。还同现代猫类的脚一样的是，恐爪龙类的第2趾也具有锋利弯曲的爪子。

一些非常重要的恐龙

恐龙古生物学中最重要的发现之一，来自1964年耶鲁大学的约翰·奥斯特罗姆对恐爪龙的发现。该恐龙名字的意思是“可怕的爪子”，它是第一只从一具相对完整的骨骼中发现的盗龙。事实上，恐爪龙类这个群体之后因它而得名。

恐爪龙的发现使奥斯特罗姆提出了一些关于恐龙生物学的重要观点。当时，许多古生物学家认为恐龙行动迟缓笨拙。食肉恐龙被描绘得笨手笨脚，充其量只能向同样笨拙愚蠢的猎物咬上几口或扑打几下。但奥斯特罗姆声称，如要将脚趾上的爪子作为致命武器，恐爪龙一定行动敏捷。因为如果它又慢又笨拙，爪子就不过只能搔搔其他恐龙的脚踝而已。但如果恐爪龙动作迅速、灵敏，那爪子就可以一次又一次地用来撕扯。像这样的主动战斗在冷血动物中可不具有代表性，反而有些类似于温血猎手，比如现代食肉的鸟类和哺乳动物发起的攻击。奥斯 152 特罗姆还注意到，这只盗龙的解剖结构与原始侏罗纪鸟类始祖鸟非常相似。例如，前肢除了尺寸差异，在每个细节上实际都是相同的。和鸟类一样，这种驰龙科恐龙腰带上的耻骨指向后方。因此，奥斯特罗姆重新提及了一个在19世纪70年代被首次提出过的观点：恐龙是鸟类的祖先。具体地说，他假设恐爪龙类是各种恐龙中与鸟类最接近的近亲。

这里值得一提的是，奥斯特罗姆并没有声称过恐爪龙类或任何一种恐爪龙类是鸟类的祖先。他认识到恐爪龙类有太多属于它们自己的特化特征，比如可伸缩的镰刀爪，这些都是在早期鸟类中没有的。他知道当时所有的恐爪龙类化石都比已知的最古老

* 读者更为耳熟能详的另一个名字是“迅猛龙”，但实际上“迅猛龙”另有其“龙”。参见 Xing, L., et al., 2019. “A new compsognathid theropod dinosaur from the oldest assemblage of the Jehol Biota in the Lower Cretaceous Huajiying Formation, northeastern China.” *Cretaceous Research* 107：104-285。——编者

一些小型手盗龙类可能居住在树上，如两只树息龙（左）驰龙科恐龙、四只小盗龙（右和后）。

的鸟类始祖鸟年代晚。奥斯特罗姆的发现以及后来的其他数据表明，恐爪龙类和鸟类都来自同一个祖先，而这一祖先并没有与窃蛋龙类、镰刀龙超科恐龙以及兽脚类家族树的早期分支所共有。所以恐爪龙类不是鸟类的祖先，鸟类也不是恐爪龙类的祖先。相反，鸟类和恐龙是彼此的近亲。

在过去十年里，驰龙科和伤齿龙科中新发现的物种表明，比起与狼一般大小的恐爪龙，最早的恐爪龙类与始祖鸟反而更为相似。自2001年，我们开始了解到恐爪龙类的手臂、腿和尾巴上都具有真正的鸟类般的羽毛。最近的发现表明，至少有一些小型盗龙可以进行有限的飞行！

153

树上的恐龙

恐爪龙类这个群体属于一个叫作手盗龙类的更大的类别。其他手盗龙类包括鸟翼类、窃蛋龙类、镰刀龙超科，可能还有阿尔瓦雷斯龙科。“手盗龙类”的意思是“用手掠夺者”或“用手抢夺者”，而且手盗龙类的前肢确实具有一些特化性。它们的手臂比其他的虚骨龙类（包括手盗龙类、似鸟龙类、暴龙超科和相关物种在内的恐龙类群）长；肩关节面向侧面，像鸟类或人类，而不是像猫或大多数恐龙那样朝向后方；手腕上特殊的半月形骨骼使它们细长的手臂在折起时能够紧贴身体；胸骨非常大，有助于支撑强健的胸部肌肉。

手盗龙类也有真正的羽毛。虽然它们在兽脚类虚骨龙类恐龙中更原始的亲属有简单的原羽绒毛，但手盗龙类的羽毛中间具有一根轴，轴上有分支，分支上具有用以保持羽毛形状的较小结构。恐爪龙类的手臂、尾巴末端和腿上都有长长的羽毛。身体的其余部分要么覆盖着原羽，要么覆盖着小小的身体羽毛（就像现代鸟类身上的羽毛）。

正如在第19章中讨论过的，这种特化的手臂和羽毛的结合对于在巢上孵蛋大有用处。它还能实现一种称为WAIR的运动方式。WAIR由蒙大拿州动物学家肯·戴尔发现：现代鸟类边来回拍打翅膀边沿树干直直奔跑上树。这种拍打动作使得鸟的脚可以贴紧树干表面，由此垂直跑上树干。大多数恐爪龙类都具有WAIR所需的所有解剖特征，而且它们很有可能打小就这样做了。

能爬树是一大优势。它能帮助你远离掠食者。事实上，这也是主要在地面上生活和进食的现代鸟类使用WAIR的原因之一。它们的远房表亲也会面临同样的问题。尽管这些恐龙物种像现代的鸡、鹧

上树的能力能帮助小型手盗龙类远离它们的大型肉食亲戚。

蒙古晚侏罗世驰龙科恐龙伶盗龙，脚趾上具有镰刀爪（右图为特写）。

鸽和孔雀等一样因体型太大而无法真正生活在树上，但它们也许可以通过WAIR爬到树枝上自救。（而且，树枝是一个可供过夜的安全的地方。）

154

过去，鲜少有古生物学家认为有在树上度过大部分生命的中生代恐龙。今天，很多鸟确实是这样生活的。然而，几乎所有这样的物种都很小，大多数小过地栖鸟类（一些高度特化的鸟类除外，如鹦鹉和啄木鸟）。因为即使是小型中生代手盗龙类，如始祖鸟，也比大多数树栖鸟类体型大，人们因此认为它们必然都是地栖动物（即使它们可能会借助WAIR逃到树上）。但在21世纪初，发现了关于小型树栖恐龙的新证据。和其他许多著名的有羽恐龙标本一样，这些新发现都是来自中国的小型物种。但是，发现这些小型手盗龙类的湖泊泥岩可能比发现小盗龙和中国鸟龙的泥岩要古老得多。最近的分析表明，它们可能来自晚侏罗世或早白垩世早期。

不管它们的确切年龄如何，小型手盗龙类足羽龙（*Pedopenna*）和树息龙（*Epidendrosaurus*）都既不是恐爪龙类也不是鸟类，但可能是这两个群体共同祖先的近亲。人们只能从一条腿和部分手臂来了解足羽龙，它们上面都有着长羽毛（像恐爪龙和早期鸟类一样）。目前，人们对树息龙的了解来自两个约4.5英寸（11.4厘米）长的小骨架，可能只是刚孵出的幼体。这种恐龙最有趣的特征是它的手。与大多数其他兽脚类（其食指最长）不同，它有一个超长的第3指。一些古生物学家提出了这样一个观点：这个手指是用来从树皮里夹昆虫的，就像有着类似奇怪手指的狐猴（一种来自马达加斯加的灵长类动物）。

在任何情况下，足羽龙、树息龙、原始的驰龙类和鸟类的第1趾都长在脚部非常靠下的地方。这样的脚趾可以抓住树枝来栖息。其他的兽脚类不具有这样的脚趾排列，所以这群进步的手盗龙类的共同祖先可能大部分时间都在树上度过。

除了中国的化石，还有一些来自北美洲和欧洲的孤立的骨头和牙齿表明，恐龙可能已经在晚侏罗世，甚至是中侏罗世演化出来。但确定的最古老的恐爪龙类来自早白垩世。

飞行盗龙？

驰龙科，恐爪龙类中的一个族群，伶盗龙和恐爪龙都属于该群。它包括体型从豺狼到灰熊不等的掠食者。然而，近年来，许多原始的驰龙科物种被发现，让我们对这个群体早期成员的外貌有了更好的了解。驰龙科恐龙最初是乌鸦大小的恐龙，手臂几乎和腿一样长。它们的头骨并不特别强壮，但长满了锋利的小牙齿。与其他兽脚类相比，它们尾巴底部的脉弧骨更紧密地愈合在一起。而且原始驰龙科恐龙手臂和腿上的羽毛很长。

155

芝加哥菲尔德博物馆的古生物学家彼得·马科维奇（Peter Makovicky）和他的同事们的最近一项分析表明，驰龙科家族有四个主要分支。它们分别

阿根廷晚白垩世驰龙科半鸟亚科恐龙鹫龙

是有着长长口鼻部的半鸟亚科生物、小体型的小盗龙亚科成员、身量纤细的伶盗龙亚科物种，以及体型粗壮的驰龙亚科恐龙。

半鸟亚科恐龙是第一批分支出来的。它们目前只在南美洲、非洲和马达加斯加地区被发现。上述这些大陆曾经连接在一起，是一个叫作冈瓦纳的统一超级大陆的一部分。与其他恐爪龙类不同的是，半鸟亚科恐龙具有长长的口鼻部和许多小小的牙齿。这表明它们猎杀的动物比自身小得多。马达加斯加如乌鸦大小的胁空鸟龙（*Rahonavis*）以及阿根廷如火鸡大小

一些小型恐爪龙类——比如晚白垩世半鸟亚科恐龙胁空鸟龙——可能具有有限的飞行和滑翔能力。（但是落在一只游水的掠食龙身上则纯粹是推测！）

一群早白垩世驰龙科伶盗龙亚科恐龙恐爪龙正在袭击一只禽龙类恐龙腱龙。

的鹫龙（*Buitreraptor*）是体型较小的半鸟亚科恐龙。较大的是南美洲的半鸟（*Unenlagia*）、内乌肯盗龙（*Neuquenraptor*）（可能只是代表着半鸟的另一个生长阶段）以及乌奎洛龙（*Unquillosaurus*），身长约8英尺（2.4米）。阿根廷古生物学家费尔南多·诺瓦斯发现了一只巨大的半鸟亚科恐龙。他尚未对其命名，也未完全描述，但它大约20英尺（6.1米）长，是最大的恐爪龙类之一。

156

胁空鸟龙最初被人们描述为原始的鸟类。尽管骨架不完整，但很明显的是，相较于体型来说，它的手臂非常长。沿尺骨（前臂的下部骨骼）具有小小的突起，表明有大型羽毛附着。显然这只小恐龙的手臂是用来拍打的。事实上，它似乎至少和原始鸟类始祖鸟一样善于飞行。（这并没有言过其实，因为与现代鸟类相比，始祖鸟可能算得上是差劲的飞行者！）其他的半鸟亚科恐龙可能身形太大，无法飞行，至少成年后如此。但它们的后代可能会从一棵树滑翔或飞掠到另一棵树，又或者从树上降落到地上。

小盗龙亚科恐龙是另一类可能会飞的恐爪龙类群。顾名思义，已知的小盗龙亚科恐龙都很小。和大体型的表亲伶盗龙亚科和驰龙亚科一样，它们自尾椎顶部至弧脉也具有超长的骨突。这意味着它们的尾巴除了底部都非常僵硬。此外，与体型较大的驰龙科恐龙一样，小盗龙亚科恐龙的口鼻部较短，牙齿也比半鸟亚科恐龙的大。

迄今为止发现的所有确定的小盗龙亚科化石都来自早白垩世的中国。它们包括中华龙和小盗龙。（北美洲晚白垩世的斑比盗龙可能是一种存活到晚期的小盗龙亚科恐龙或小型的伶盗龙亚科恐龙。）化石表明，小盗龙亚科物种的手臂和腿部的羽毛特别长。事实上，有些人把它们叫作“四翼恐龙”，起初一些古生物学家设想这些小盗龙的腿如同其手臂一样向两侧伸出，但这说不通。要做到这一点，它们的大腿骨得从髋关节掉下来！

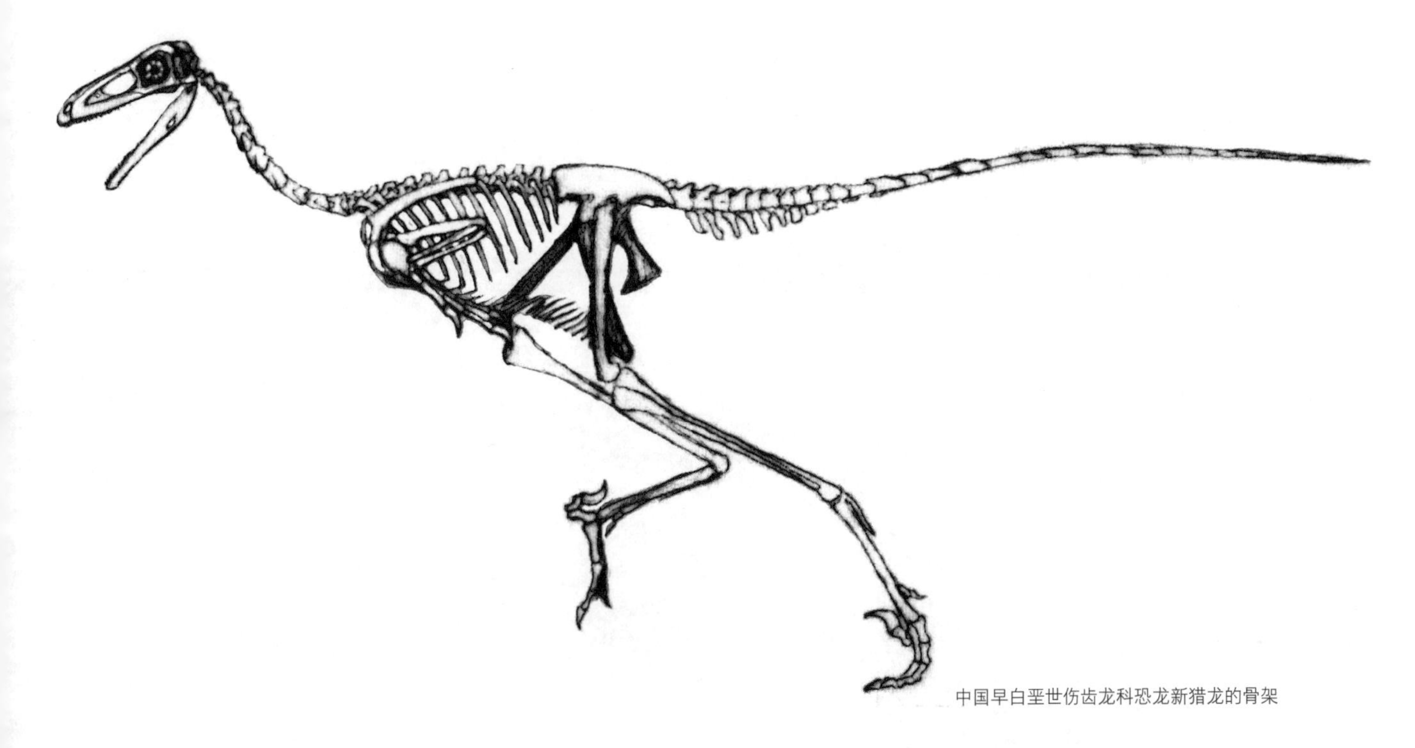

中国早白垩世伤齿龙科恐龙新猎龙的骨架

（你可以在家里用烤鸡或火鸡来测试一下。鸟类157和小型恐爪龙类的大腿骨及髋臼窝的分布非常相似。如果你只把一侧大腿向一边抬起，试图使它呈水平状，它会马上被掰折！）

由于双腿在骨骼不移位的情况下无法伸向一侧，所以它们在滑行时一定是被固定在其他位置的。也许紧挨着身体？但那样的话腿上的羽毛就用不着这么大了。也许它们在飞行时会让双腿下垂以便更好地控制（就像飞机的垂直尾翼）？也许它们会把腿向后伸，让羽毛沿着尾巴排成一排，形成一个“尾鳍”？古生物学家仍在试图弄清楚这一点。

北美洲西部晚白垩世伤齿龙科恐龙（*Troodon*）伤齿龙及其足部（左）和牙齿（右）的特写

有些现代鸟类的腿部羽毛也很大。一些隼和鹰（今天的“猛禽”！）就是如此。这些羽毛可能只是为了炫耀，也可能是为了在这些鸟从空中俯冲下来捕捉猎物时帮助其控制自身的动作。也许原始的驰龙科恐龙也这么做？

白垩纪的猫

更为古生物学家和公众所熟悉的是体型更大些的驰龙科恐龙，即伶盗龙亚科恐龙和驰龙亚科恐龙。伶盗龙亚科恐龙的头骨和四肢更轻，驰龙亚科恐龙的则更坚固、更笨重。这两个群体目前只在北美洲和亚洲发现过，但其可能也生活在欧洲。

恐爪龙身长11.5英尺（3.5米），是一种来自北美洲早白垩世的伶盗龙亚科恐龙。伶盗龙是其年代较晚、体型较小的亲戚，身长只有7英尺（2.1米）或更短，来自蒙古晚白垩世。其他的伶盗龙亚科恐龙还有体型更小、来自北美洲晚白垩世的蜥鸟盗龙（*Saurornitholestes*），可能还有斑比盗龙（可能是最158后的小盗龙亚科恐龙）。驰龙亚科恐龙包括体型最

在早白垩世的中国，三只伤齿龙科恐龙新猎龙在追捕一只鹦鹉嘴龙。

大也最重的恐爪龙类——身长23英尺（7米）、来自北美洲早白垩世的犹他盗龙（*Utahraptor*）和身长17英尺（5.2米）的阿基里斯龙（*Achillobator*）。其他的驰龙亚科恐龙则身长较短，如加拿大的晚白垩世野蛮盗龙（*Atrociraptor*）以及蒙古的恶灵龙（*Adasaurus*），它们的体型都和伶盗龙相当。

驰龙亚科恐龙的宝宝和伶盗龙亚科恐龙的宝宝可能能够在树间滑翔或从树枝间飞掠而出，成年恐龙则因体型太大，无法如此。但这些使其祖先（和幼崽？）在空中移动的适应性能够帮助它们在地面上狩猎。例如，它们长而硬的尾巴在跑步时起到了平衡的作用。通过将尾巴这样或那样翻转，它们可以在追逐猎物时迅速转身。它们的长臂（末端是尖尖的爪子）可以展开并向前猛挥，攫住猎物。成年驰龙亚科恐可以跃上猎物的背部或身侧。它们抓住动物，用那大大的镰刀爪割开猎物的喉咙或刺入它的内脏。驰龙亚科恐龙是非常高效的猎手。

如果这种攻击场景听起来有些耳熟，那么你可能对大型猫科动物有所了解。现代狮子、老虎、豹、猎豹和它们的亲戚以同样的方式狩猎。事实上，在我看来，如果没有给这个种群起“盗龙”这个绰号，“豹龙”也会是个不错的名字。

我们怎么知道它们是这样狩猎的？部分是由于其解剖学的特点：长而可以展开的手臂；僵硬的尾巴；巨大的可伸缩的镰刀状爪子等。当然还因为出土于蒙古的壮观的“搏斗恐龙”的化石。那是一只伶盗龙的化石，是在它用镰刀爪撕扯一只小型角龙类的喉咙的过程中保存下来的。

盗龙成群

驰龙科恐龙是成群狩猎的吗？至少恐爪龙亦是如此。在化石采石场里出土了若干这样的例子：人们发现许多该物种的个体与大型禽龙类恐龙腱龙（*Tenontosaurus*）的单个骨架埋藏在一起。虽然这也可能是因为驰龙科恐龙被埋葬时正成群结队地觅食，但一些证据表明情况并非如此。具体地说，还没有人发现类似的多个恐爪龙群体与单只的蜥结龙（*Sauropelta*）（生活在同一环境中的甲龙类）骨骼混在一起的化石群。看起来，成群的恐爪龙会攻击体型更大但大多没有防御能力的腱龙，而不是有厚厚装甲的蜥结龙。

如果狼群或狮群在一次攻击中失去了几个成员，这个群体可能会变得太弱而无法有效地捕猎。但恐龙不是哺乳动物。因为每只成年雌性每年可以产下十几个或更多的蛋，它们比哺乳动物更容易补充自身的数量。所以一个盗龙群每年失去的猎手可能比狮群多，但依然能成功狩猎。

但不能仅仅因为恐爪龙成群生活就说所有的驰龙科恐龙都是如此！毕竟，狮子群居，但关系非常近的豹和虎大多是独居动物。因此，一些驰龙科恐龙可能是独居的，有些成对狩猎，另一些成群狩猎。恐爪龙生活在一个植物繁茂的环境中，其中有很多可供食用的大型食草动物。这样，恐爪龙能够成群生活也就说得通了。

如果吃东西的嘴有太多张，居住在沙漠中的伶盗龙可能就会饿死，所以伶盗龙更可能是一种独居动物。我们知道，偶尔会有伶盗龙聚在一起，但它们并不总是为了合作。有一件伶盗龙的头盖骨上就留有证据，其上有致命的咬伤，伤害到了大脑，而牙齿的痕迹似乎来自另一只伶盗龙。

中国早白垩世伤齿龙科恐龙曲鼻龙

令人困惑的伤齿龙科

伤齿龙科恐龙不像驰龙科恐龙那样出名，实际上它是第一批被发现的恐爪龙类。1856年伤齿龙被命名时，只有牙齿被人们所知。事实上，它最初被当作了蜥蜴而非恐龙。后来，伤齿龙和肿头龙类牙齿的相似性导致了混乱，伤齿龙科这个名字也被用来形容有着圆脑袋的横冲直撞的植食性恐龙！最终，人们发现了更完整的伤齿龙科恐龙骨骼，并承认它们属于兽脚类虚骨龙类。

160

然而，混乱并没有就此结束。在很长一段时间里，人们了解到的伤齿龙科恐龙是晚白垩世晚期的进步物种，如北美洲的伤齿龙和蒙古的蜥鸟龙

(*Saurornithoides*)。它们似乎将完全不同的兽脚类群体的特征混合在了一起。例如，在某些方面，其大脑的情况类似于鸟类，而在其他方面则类似于似鸟龙类。伤齿龙科恐龙的脚具有与驰龙科恐龙类似的可伸缩的镰刀状爪，也拥有窄足型跖骨，与似鸟龙科恐龙和暴龙科恐龙的类似。与驰龙科恐龙和鸟类不同，但和原始兽脚类相同的是，它们都有一个指向前方的耻骨。像大多数其他的手盗龙类一样，它们有着半月形的、大的腕骨；与大多数手盗龙不同的是，它们的手臂相当短。所以直到最近，伤齿龙科恐龙还是分支系统学分析的"问题儿童"。一些研究表明它们是鸟类的近亲。其他人则把它们放在离似鸟龙类最近的地方（我以前就是这么做的）。还有一些人认为它们是驰龙科恐龙的表亲。

部分问题是，在20世纪90年代中期之前，我们所能研究的只有白垩纪末期高度特化的伤齿龙科恐龙。当时我们需要的是早期原始的伤齿龙科恐龙化石，这些化石将能够显示出哪些特征存在于伤齿龙科恐龙共同的祖先身上，哪些特性是伤齿龙科恐龙之后演化出来的。可喜的是，20世纪90年代和21世纪初，在亚洲的早白垩世岩层中发现了这样的化石：中国鸟脚龙（*Sinornithoides*）、中国猎龙（*Sinovenator*）、寐龙和金凤鸟（*Jinfengopteryx*）。我们现在知道，原始的伤齿龙科恐龙同驰龙科恐龙和鸟类一样，有一个指向后方的耻骨。它们的头骨与似鸟龙类的相似之处只出现在后来的形态中，因此这些相似性是独立演化的例子。目前的大多数信息显示，伤齿龙科恐龙与驰龙科恐龙有关。换句话说，恐爪龙类是生命之树上的完整分支。这些原始的伤齿龙科恐龙的发现帮助我们了解了它们在家族树上的位置（也让我们中很多以前充满困惑的人松了一口气！）。

但是，我们仍然需要谨慎观察。一些像寐龙这样的伤齿龙科恐龙的头骨上有着极其类鸟的特征，所以新的发现可能表明，伤齿龙科恐龙与鸟类的关系实际上比它们与驰龙科恐龙更密切。未来的分析和发现有望帮助解决这些问题。

伤齿龙科恐龙以什么为食也引发了很多困惑。对于手盗龙类来说，它们的手臂很小，不太适合捕捉猎物。它们中只有少数的牙齿具刀片状，适合食肉。许多伤齿龙科物种的牙齿上根本没有锯齿。一些食虫蜥蜴以及似鸟龙类和阿尔瓦雷斯龙科恐龙也有无锯齿的牙齿。伤齿龙和它一些近亲的牙齿拥有的是大突起而非小锯齿。这些具有突起的牙齿与蜥蜴、似鸟龙类和蜥脚型类恐龙等食植类爬行动物的牙齿类似。所有这些都表明了伤齿龙科恐龙的食物种类丰富：小型脊椎动物、昆虫、蛋，甚至可能还有植物。无论如何，它们不太可能像它们的亲戚伶盗龙亚科恐龙和驰龙亚科恐龙那样猎杀跟自己体型相当的或更大的动物。

大多数伤齿龙科的腿都很长。与似鸟龙科、暴龙科、窃蛋龙类拟鸟龙以及其他奔走迅速的兽脚类一样，伤齿龙科恐龙脚部的中跖骨具有吸收冲击的特殊适应能力。一些半鸟亚科以及驰龙类大盗龙科恐龙也具有相似的脚，所以也善于奔跑。长腿和能吸收震动的脚可能有助于伤齿龙科恐龙捕捉小动物，也有助于它们逃离驰龙科恐龙和年轻暴龙科恐龙！（尽管伶盗龙有一个意为"迅速的窃贼"的名字，且常在电影中被描绘成和猎豹一样迅速的动物，但它们既没有特别长的腿，也没有能够减震的脚，几乎可以肯定要比伤齿龙科恐龙速度慢得多。）

伤齿龙科恐龙通常是小型恐龙，已知的伤齿龙科恐龙没有一个的体重超过成年男性。最大的是伤齿龙，身长10英尺（3米），但只有110磅（50千克）左右。小型的寐龙只有21英寸（53厘米）长，与胁空鸟龙（小盗龙的物种之一）和早期鸟类始祖鸟体型差不多。其他的则介于两者之间。

盗龙的行为

恐爪龙类的两个类群都是从潮湿和干燥的环境（包括沙漠）中发现的。这两类恐龙的巢穴和蛋也为人所知。像窃蛋龙类和鸟类一样，恐爪龙类也孵蛋。还和鸟类相同的是，恐爪龙类睡觉时把头埋在有羽毛的手臂下面。我们之所以知道这一点，是因为发现过两具呈这样姿态的伤齿龙科恐龙的骨骼（其中一具为中国鸟脚龙，另一具为寐龙），其尾巴缠绕在身体上。

在20世纪70年代，人们发现伤齿龙（当时被称为细爪龙）大脑的相对大小是除鸟类以外的所有恐龙中最大的。这使伤齿龙科恐龙被誉为中生代最聪明的恐龙。平心而论，这项研究没有对其他任何一个手盗龙类群体进行研究，很可能窃蛋龙类和驰龙科恐龙也会被证明具有同样的智力水平。这些大脑子对于追捕猎物时协调复杂动作大有益处。在树栖恐龙从树上滑翔而下时，大脑袋还可以帮助其在树干间穿梭。不过它们虽然聪明，但以现代哺乳动物和鸟类的标准来看，它们的大脑并不是很大。虽然有些科幻电影可能会说，它们不如海豚或灵长类动物聪明！

驰龙科恐龙和伤齿龙科恐龙都不是其环境中的顶级掠食者。在某些情况下，它们是世界上最小的恐龙。这些高度特化的兽脚类生活在白垩纪的大部分时间，而这两个类群的骨骼和牙齿可一直追溯到6 550万年前，也就是恐龙时代的末期。之后，它们在某一个时刻灭绝了。然而，它们的近亲幸存下来，活成了所有恐龙群体中最为成功的。我们把它们叫作“鸟类”。

我们并不了解恐龙头部装饰着何种软组织。这只面部好似火鸡的恐爪龙纯粹是推测，不过真正的恐龙可能同样外表奇特。

长翼鸟
孔子鸟
始祖鸟

21
鸟翼类
（鸟类）

163 如果你从开头阅读本书，现在想必已经很清楚鸟类就是恐龙这一事实了。不然你可能会想，一本关于恐龙的书里为什么会有一章专门用来讲鸟？请记住恐龙是什么。它不仅仅是一种“史前动物”。它不是“中生代长着鳞片的生物”，甚至不是“来自中生代，生活在陆地上，后肢位于身体正下方的爬行动物”。

对现代科学家来说，如果一种动物是禽龙和巨齿龙年代最近的共同祖先的后代，那么它就是恐龙。动物的体型、生存时代或外形并不重要。重要的是祖先。过去四十年古生物学最重要的发现之一表明，鸟类属于禽龙和巨齿龙年代最近的共同祖先及其所有后代。换句话说，鸟类就是恐龙！

有人认为古生物学家之所以说“鸟类是恐龙”，是因为把恐龙比作家禽，或者说“恐龙吃起来像鸡肉”会很有趣。现在让我告诉你，说“鸟类是恐龙”可不是闹着玩的！它会引起各种各样让人头痛的问题！例如，我该如何回答以下问题：最小的恐龙是什么？速度最快的恐龙是什么？最聪明的恐龙是什么？恐龙为什么灭绝了？

如果我忠于我的科学原则，那么我必须如下回答这些问题。最小的恐龙是古巴的吸蜜蜂鸟（*Mellisuga helenae*），重0.07盎司（2克）。飞行速度最快的恐龙是游隼（*Falco peregrinus*），它在单次潜水中速度可以达到每小时200英里（322公里）。跑得最快的恐龙是鸵鸟（*Struthio Camelus*），时速超过40英里（64公里）。最聪明的恐龙是各种各样的鹦鹉和乌鸦。因为鸟类生活在今天，所以恐龙从未灭绝过。

这些也许不是你想在一本恐龙书籍中找到的答案，但如果我们认识到，判断一种动物是不是恐龙，就像判断一种动物是哺乳动物或是脊椎动物一样，取决于它们的祖先，那上述回答就是那些问题最好的答案。今天所有的证据都表明鸟类是典型的恐龙。

现代的鸟属于一个叫作鸟纲（Aves）的类群，该词在拉丁语中意为“鸟类”。在整个新生代，甚至一些从中生代白垩纪末期就灭绝的物种，也是鸟纲的成员。但是，许多白垩纪时期灭绝的鸟类物种，以及已知的侏罗纪时期的一两个物种，比鸟纲更为原始。1986年，古生物学家雅克·高蒂尔（Jacques Gauthier）创造了一个名称：鸟翼类（Avialae）（意为“鸟的羽翼”），指这个既包含了鸟纲（现代鸟类）又包含了古老的原始鸟类的类群。164 鸟翼类不只包括鸟纲，也囊括了著名的晚侏罗世的始祖鸟、早白垩世无牙的孔子鸟（*Confuciusornis*）、反鸟类各种各样的物种，以及白垩纪一些奇怪的海鸟。

鸟是什么时候成为鸟的？

那么，是什么让鸟类如此特别呢？你如何识别一只动物是不是鸟？你可能忍不住想说“鸟会飞啊”，165 但希望你没忘记，蝙蝠和昆虫也会飞，像已经灭绝的翼龙类，可能甚至还有一些恐爪龙类也会飞。而如假包换的鸟，比如鸵鸟和企鹅，是完全不具有飞行能力的。

如果没有化石记录，如果恐龙从未被发现，鸟类将很容易与其他生物区分开来。事实上，在古生

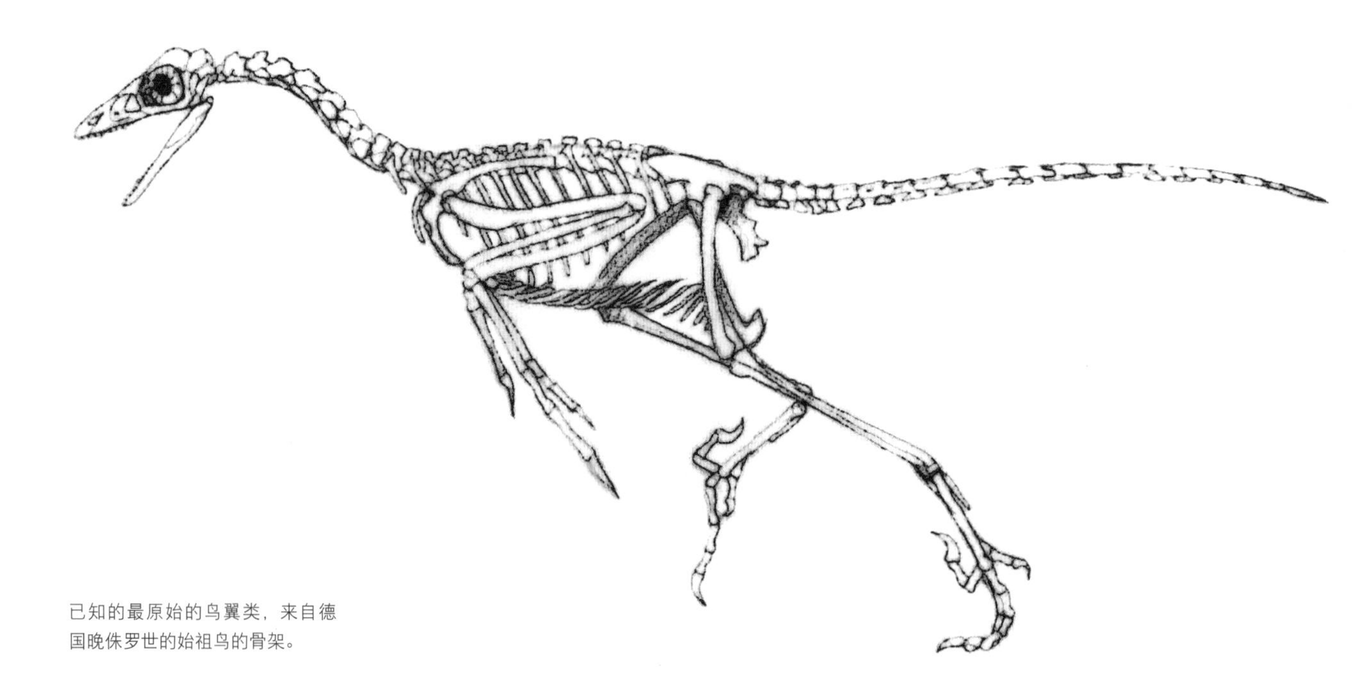

已知的最原始的鸟翼类，来自德国晚侏罗世的始祖鸟的骨架。

我们从最新的研究中得知，始祖鸟的腿就像翅膀和尾巴一样也具有长长的羽毛。

像孔子鸟（左上和右上）这样的鸟类并不是中国早白垩世唯一有羽毛的恐龙。原始角龙类恐龙鹦鹉嘴龙（中和左下）的尾巴上具有长长的羽状鬃毛；美颌龙科恐龙中华龙鸟（右下）浑身覆盖着毛茸茸的原羽，而驰龙科恐龙小盗龙（位于右中正在战斗的那对）和镰刀龙超科恐龙北票龙（背景里）拥有真真正正的羽毛。

物学出现之前就是如此。鸟类一直是现代动物中最容易辨认的群体之一，因为它们与其他任何现生动物迥然不同。当然，鸟有羽毛。在现代世界里，只有鸟类具有羽毛，而且每一种鸟类都有羽毛。但它们的解剖结构还具有其他的特化特征。

让我将一些重要的事实为你一一列举出来。鸟类拥有一个复杂的气囊系统，来帮助它们更有效地呼吸、控制体温和水分的流失。这些气囊在鸟类头骨、脊椎和四肢骨骼中形成了许多复杂的腔室。鸟有巨大的大脑和无牙的喙；有一块如愿骨，也叫叉骨。大多数鸟的大胸骨中间贯穿着一只巨大的脊，也叫龙骨突，那里就是鸡和火鸡的白肉附着的地方。鸟类的前肢——它们的翅膀——通常很长。鸟的半月形的腕骨和手掌骨完全愈合在一起。每只手上只有三个手指，中间的手指最长，而且手指都不具有爪子（除了南美洲一种叫霍兹［hoatzin］的鸟类的幼鸟）。鸟的腰带骨骼愈合在一起，腰带的耻骨向后，尖端不接触。所有的鸟都只靠后腿站立，后

166

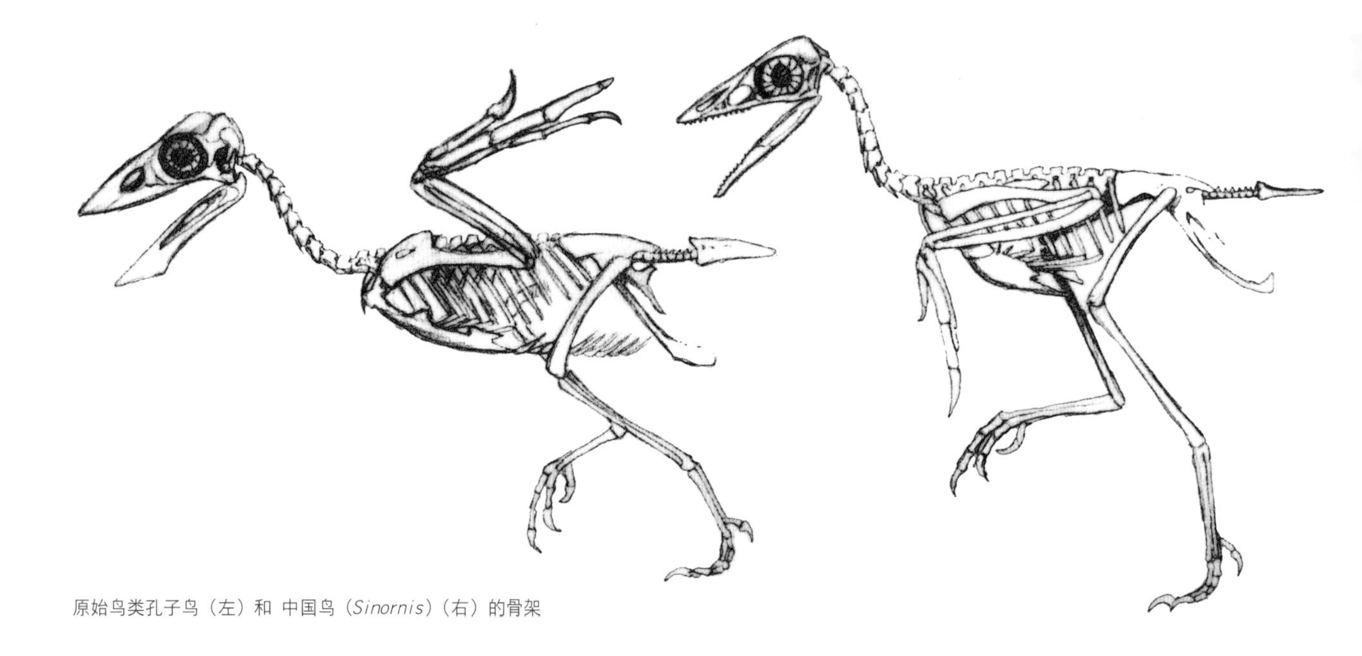
原始鸟类孔子鸟（左）和 中国鸟（*Sinornis*）（右）的骨架

腿位于身体正下方。足部的长骨，也就是跖骨，全部愈合在了一起。鸟类只有四个脚趾，第1趾向后，另外三个脚趾朝前（尽管这个结构在某些会攀爬和会划水的鸟类身上有所改变）。鸟类的尾椎非常短，在靠近臀部的地方可以活动，但尾巴末端愈合成了一个叫作尾综骨的结构。

听起来的确有很多与众不同的地方！如果我们了解现代动物的解剖结构，那不同之处确实相当多。但事实并非如此。我们不仅仅要考虑现代动物的解剖特征，还要考虑所有已经灭绝了的不同物种。结果就是，如果将化石记录中保存的生物加进来，辨别什么是鸟，什么不是鸟就变得复杂多了！它们中有许多远比鳄类更像鸟，从演化的角度来说，鳄鱼是鸟类亲缘关系最密切的亲戚。当然，在所有类鸟的化石标本中，最重要的是不同的恐龙物种。正如你在本书中所看到的，许多今天只在鸟类身上发现的特征，在各种类型的恐龙身上也能找到。事实上，这些特征帮助我们决定鸟类在恐龙谱系树上的位置。

与所有的恐龙一样，鸟类的腿也立于身体正下方。鸟类是蜥臀目恐龙，和其他蜥臀目恐龙一样，它们的脊椎中空，具有气囊，中指（第2指）最长。鸟类属于恐龙—蜥臀目—兽脚类，这从它们的叉骨、头骨上的气囊和具有三个主要脚趾以及一个较小第1趾的脚可以看出。鸟类属于恐龙—蜥臀目—兽脚类—坚尾龙类，因为它们只有三个手指，尾巴僵硬，椎骨的腔室非常复杂。鸟类属于恐龙—蜥臀目—兽脚类—坚尾龙类—虚骨龙类，如你所见，因为它们既有羽毛，也有鳞片，而且手部又长又窄。鸟类属于恐龙—蜥臀目—兽脚类—坚尾龙类—虚骨龙类—手盗龙类，这点从它们有着呈分枝结构的羽毛、长长的前肢，半月形的腕骨、巨大的胸骨和大容量的脑部可以看出。在手盗龙类中，与鸟类亲缘关系最为密切的是恐爪龙类（昵称为“盗龙”）。这两个类群都具有指向后方的耻骨、在靠近腰带处可活动的尾骨和长在足底的第1趾。

那接下来我们该怎么办呢？仍然有许多特征可以将鸟纲和恐爪龙类区分开来。现代鸟类有着无牙的喙、巨大的脑部、具有龙骨突的胸骨、愈合的腕骨和掌骨、无爪的手指、愈合的腰带骨骼、中间不相接的耻骨、愈合的跖骨、指向后方的第1趾、极短且末端具有尾综骨的尾巴。

如果所有这些特征在鸟类演化过程中的某一点同时出现，那么我们就很容易判断什么是鸟，什么不是鸟。但大自然并不是如此运作的。在一个分支的历史中，不同的特征是在不同的时间点上演化而出的。上述特征都是如此。有些特征在各种鸟翼类

（即现代鸟类和中生代鸟类）中都有发现，但没有一个特征是除了鸟纲之外的所有鸟翼类的类群都具备的。换言之，鸟类一开始与它们最密切的表亲非常相似，但在整个中生代的剩余时间里逐渐演化出全新且独有的特征。这一章将论述中生代的鸟类及其演化。

始祖鸟和其他小型鸟类

长期以来，对中生代鸟类的研究主要集中在已知最古老的鸟翼类——始祖鸟身上。这并不奇怪。科学家们自19世纪60年代就知道始祖鸟了，它是第一个被发现具有羽毛印痕的化石动物。而且它的一些保存良好的骨架也被人们找到了（尽管有些人认为其中一些骨架代表不同的物种）。

但始祖鸟只有一个种，好吧，也有人说多达三个，但我认为可能只有一个。今天我们了解到的中生代鸟类远不止始祖鸟。尽管如此，它仍然十分重要，所以我们应该来仔细研究一番。

迄今为止发现的所有始祖鸟化石都来自德国南部。它们来自于晚侏罗世被称为索伦霍芬组的岩层。这些岩层由石灰岩构成，石灰岩沉积在将晚侏罗世欧洲大部分地区覆盖的温暖浅海和潟湖中。这些海洋和潟湖的底部没有氧气，因此蠕虫和其他能够破坏动物尸体的生物在那里无法生存。正因为如此，软组织的印痕，如翼龙类的翼膜和始祖鸟的羽毛，往往得以保存。

始祖鸟是乌鸦般大小的恐龙，从它无牙的口鼻部尖端到骨质的尾巴末端大约有23.6英寸（60厘米）长。它的颌部前部具有小而尖的牙齿，而不是喙。大脑的尺寸和恐爪龙类和窃蛋龙类的差不多。腕骨和掌骨没有愈合，手指很长，末端具有极其锋利的爪子。始祖鸟的腰带骨骼未愈合，耻骨的尖端相触。跖骨也没有愈合，我们不能完全确定其第1趾是否指向后方。它的尾部比大多恐爪龙类的尾部骨骼要少，但没有尾综骨。

我们如何知道始祖鸟真的是鸟类？老实说，目前还很难确定！随着胁空鸟龙和小盗龙等原始恐爪龙类的发现，我们了解到许多曾经只在始祖鸟和其他鸟翼类身上已知的特征也存在在这些恐爪龙类身上。例如，始祖鸟的四肢具有长长的羽毛，这些恐爪龙类不仅也如此，其第1趾也长在足底。许多古生物学家都认为始祖鸟会飞，虽然能力远不及现代鸟类，但小型原始的恐爪龙类似乎也和鸟翼类一样具有许多用来飞行的适应性。

168

现在，只有一些脑壳的细节、颌部前部的少数牙齿、少量的尾椎骨，以及可能向后指的第1趾，才能表明始祖鸟与现代鸟类的关系更为密切，胜过原始恐爪龙类与现代鸟类的关系。如果未来的发现表明，恐爪龙类的物种与鸟纲的关系比始祖鸟与鸟纲的更为密切，我也不会感到惊讶。

始祖鸟的胸骨和前肢发育不良，无法很好地适应飞行，所以它充其量只是一个蹩脚的飞行者。像其他手盗龙类一样，它很可能用有羽毛的前肢来

早白垩世中国的鸟类——孔子鸟

进行WAIR。就骨架而言，它与其他小型虚骨龙类（如小盗龙或寐龙）的骨架非常相似，像它们一样，它可能主要在地面上狩猎。始祖鸟的食性尚不确定，但锋利的牙齿表明它可能以鱼类、小型陆地脊椎动物，也许还有昆虫为食。由于翼龙类在同样的岩层中也像始祖鸟一般常见，我认为这只小恐龙曾在小型飞行爬行动物降落在地面时将其猎杀。

早期鸟类谱系树上的下一个分支是小恐龙热河鸟（*Jeholornis*）（以及有着亲缘关系的神州鸟和吉祥鸟，如果这两者不是同一动物的话）。热河鸟也是已知的最古老、最原始的以植物为食的鸟类。热河鸟是一种火鸡大小的长尾鸟，来自中国早白垩世。其一件标本的腹部含有大约50枚小种子，因此它至少有一段时间是以植物为食。它在许多方面都与始祖鸟相似，手指仍然具有爪子，尾巴具有独立的骨骼，而不是尾综骨。但热河鸟的胸骨和肩部骨骼都发育良好。因此，它的飞行能力可能不如现代鸟类，但大抵比它们侏罗纪的亲戚们要好。

许多已知的鸟类来自中国早白垩世。数量最多的是孔子鸟，数千具化石骨架已经被发现。这种鸟的喙没有牙齿，可能吃种子也可能吃果子。它和后来的所有鸟类一样，具有真正的尾综骨。但是孔子鸟的胸骨只具有很小的龙骨突，手部骨骼和跖骨仍然没有愈合在一起。事实上，它那巨大且长着三指的手，看起来仍然很像恐爪龙类或窃蛋龙类的手，可能用来抓握树枝或食物。

孔子鸟的一个有趣的特征是，有些成年的孔子鸟具有一对长长的尾羽。然而许多成年鸟没有。这可能意味着长尾羽只在雄性身上发现，它们用这些羽毛向潜在的配偶炫耀，就像今天的孔雀一样。

反鸟类和巴塔哥尼亚鸟

大多数早白垩世的鸟类都属于一个更进步的类群，人们称其为“反鸟类”（Enantiornithes）。事实上，反鸟类是世界上最常见的白垩纪鸟类。目前已知的物种有几十个，还有更多的物种正在被古生物学家描述。反鸟类最早出现在白垩纪初期，一直生活至白垩纪末期。它们在每一个大陆上都能找到。

反鸟类与现代鸟类十分相似，手部骨骼部分愈合，跖骨部分愈合，胸骨上有龙骨突，还具有额外的荐椎。一些反鸟类的一个或两个手指上仍然有爪。所有反鸟类的肩部、手掌和胫骨形状都具有特殊的细节。

反鸟类包括许多大小各异的物种，它们的习性和栖息地也各有不同。最小的只有麻雀那么大，但最大的翼展则有40英寸（102厘米）。反鸟类包括可能以虫子或植物为食的短口鼻部种类，在水中搜食无脊椎动物的长长口鼻部种类，以及其他捕捉鱼类的长口鼻种类，甚至可能还有以肉为食的物种。大多数反鸟类具有牙齿，少数有着无牙的喙。有些生活在湖泊中，有些生活在森林里，有些在古代沙漠中被发现。与更原始的物种相比，这些鸟类可能非常善于飞行。

但正如今天有许多无法飞行的鸟类一样，白垩纪也有丧失飞行能力的鸟类。其中一个就是巴塔哥尼亚鸟（*Patagopteryx*）。这个物种来自阿根廷晚白垩世，高约20英寸（51厘米）。像现代的鸵鸟和几维鸟一样，它有着能够飞行的祖先。但是巴塔哥尼亚鸟的翅膀太小了，只能奔跑。与反鸟类相比，它更像现代鸟类，因为它的手掌骨、跖骨和腰带骨骼都愈合了（尽管不是完全愈合在一起！），耻骨中间不相接。

白垩纪的海鸟

今天有许多鸟类物种在海洋附近生活，在海中觅食。海鸥在水面附近捕捉鱼类，在岸边搜食鱼类的尸体；鹈鹕用它们巨大的喉囊捉鱼；信天翁和军舰鸟在海洋上空盘旋，寻找食物；鲣鸟和塘鹅潜入水中捕食猎物，等等。有些海鸟，如企鹅，丧失了飞行能力，演化成了能快速游动的掠食者。

白垩纪的海洋也充满了美味的食物供鸟类捕食，

阿根廷晚白垩世的鸟类——反鸟（*Enantiornis*）

阿根廷晚白垩世不会飞行的鸟类——巴塔哥尼亚鸟

有几个海鸟群体正是在这个时候演化而出的。与今天的海鸟不同的是，白垩纪的海鸟不是现代鸟类的一员。不过，它们与现代鸟类的亲缘关系比我们迄今所见到的所有中生代鸟类都要密切。例如，与其他鸟翼类相比，它们的背椎更少，荐椎更多。

这些中生代海生鸟翼类仍然具有可捕捉鱼类和鱿鱼的牙齿。一些物种，如鱼鸟（*Ichthyornis*）和忽视鸟（*Iaceornis*）是飞行能手。它们很可能曾俯冲到水面上抓取小型鱼类来吃。这些鸟和现代的燕鸥差不多大，大约10英寸（25.4厘米）长。

更大，也更不寻常的是黄昏鸟类的成员，它们也被称作“西方鸟类”。这些鸟类在水中游动，追逐鱼类和鱿鱼；它们用脚推动身体在水中穿行，就像现代的潜鸟、鸊鷉和不会飞的鸬鹚。事实上，至少有一些黄昏鸟类的翅膀极度退化。在黄昏鸟（*Hesperornis*）和潜水鸟（*Baptornis*）身上，翅膀的手部和前臂部分已经完全消失了。黄昏鸟类的体型从鸭子大小到6英尺（1.8米）不等。在欧洲、亚洲和北美洲都有发现，在南极洲和南美洲也发现了可能的黄昏鸟类。它们大多数生活在海洋中，但有些物种生活在湖泊和溪流中。像所有鸟类一样，它们不得不在陆地上产蛋，但最多只能蹒跚而行。它们的大部分时间都在水里度过，就像今天许多企鹅物种一样。

顺便说一句，有些人错误地认为蛇颈龙类和鱼龙类这样的海洋爬行动物是“海栖恐龙”（Seagoing dinosaurs），但也有人说根本就不存在海栖恐龙。这两类人都错了！蛇颈龙类和鱼龙类确实不是恐龙，也就是说，它们不是禽龙和巨齿龙最近的共同祖先及其所有后代。但黄昏鸟类是该祖先的后代。所以它们真的是一种海栖恐龙。事实上，它们是我们所知的唯一适应水中生活的中生代恐龙。

中生代的现代鸟类

鸟纲中的物种具有无牙的喙、大部分骨骼愈合的头骨。在所有恐龙中，它们的头骨、脊椎和四肢骨骼拥有最复杂的气囊腔室。还有一些脊椎和四肢骨骼的特征使我们能够将鸟纲成员同其他鸟翼类区分开来。

虽然我用“现代鸟类”这个别称来形容鸟纲，但我不想把你搞糊涂。也许“现生类型的鸟”更为恰当，因为这个群体的成员实际上可以追溯到中生代。能够确定的最古老的现生类型的鸟起源于晚白垩世初期，尽管有一些早白垩世的中国形态可能是鸟纲的近亲甚至直系祖先。少数早期现代鸟类物种不过是从几块骨骼中被人们所知的，所以很难说它们拥有什么样的习性。它们在许多环境中被人们找到：海洋、沙漠、湖泊、森林，或介于这些地区之间。

这些物种中有些可能是当今类群的早期代表。例如，有古生物学家认为存在白垩纪信天翁、海燕、潜鸟、鹦鹉、火烈鸟、鸭子和雉鸡的骨骼。但并非所有的古生物学家都同意这一观点，而且这些化石中的许多很可能属于鸟纲现今已灭绝的物种。即便如此，这些零碎的化石表明，在恐龙时代末期，现生类型的鸟的多样性相当丰富。

最后，我要向你“致歉”：如果本书真的是对恐龙多样性的一次彻底回顾，那它应该将很多关于现代鸟类的详细内容囊括在内。然而，现生鸟类有9 000多个物种。如果我给每一个现代鸟类类群的空间都与我给恐龙化石类群的一样，这本书的厚度将是现在的十倍左右！既然你读这本书可能出于你对中生代恐龙的兴趣（我写这本书也是出于同样的原因），我就不谈其他那些细节了。但有机会的话，去看看有关鸟类的书。它们真是有趣的生物！记住，它们就像三角龙、萨尔塔龙和暴龙一样有趣！

下页图片：黄昏鸟，一只堪萨斯晚白垩世不会飞翔却能潜水的鸟类，是中生代少数海栖恐龙之一。

最早的鸟类

洛杉矶郡自然历史博物馆
路易斯·奇阿佩博士（Dr. Luis Chiappe）

凯瑟琳·福斯特（Catherine Forster）摄

中生代，即恐龙的时代，见证了鸟类演化的前半段历史。最早的鸟类是在德国发现的距今1.5亿年的始祖鸟。它有海鸥那么大，长着锋利的牙齿和带爪子的翅膀，还有一条长长的骨质尾巴。尽管始祖鸟是已知的唯一来自侏罗纪时期的鸟类，但在年代稍晚的岩层中发现了许多其他原始鸟类。

早白垩世，鸟类发展出各类外形与体型。其中最原始的鸟类是中国以种子为食的热河鸟。这只拥有1.25亿年历史的鸟类也有一条长长的骨质尾巴，但它的翅膀看起来与现代鸟类的更像。

在中生代的大部分时间里，长着长尾巴的鸟类很常见，但现代鸟类典型的短尾也早在历史上演化而出。另一只来自中国的化石鸟类会鸟（*Sapeornis*），与热河鸟生活在同一时期。这只体型庞大且具有牙齿的鸟类，短短的尾巴末端有一个残段。就比例来说，它的翅膀比始祖鸟和热河鸟长得多，这说明它很善于飞行。

随着鸟类演化的不断推进，有些种类已经不再具有能在它们恐龙祖先身上找到的牙齿了。最早的无牙鸟类是孔子鸟，发现于中国早白垩世的岩层中。乌鸦大小的孔子鸟是从数千件化石中被人们得知的。它可能是用喙来压碎种子的。

比孔子鸟更进步的是反鸟类，这个鸟类分支可以同今天的鸟类一样优雅地飞行。反鸟类也具有许多不同的饮食习惯。我们从它们各种各样的头骨和喙部，以及一些化石中发现的胃内容物中了解到这一点。不同种类的反鸟类以种子、昆虫、树液和甲壳类动物为食。我们还知道，最早的反鸟类很小，只有普通鸣禽大小。后来的反鸟类则大得多。到中生代末期，这些鸟类中的一些已经达到了火鸡、秃鹫大小。

在恐龙时代末期，鸟类以多种形态存在，也具有许多不同的生活方式。有一个类型的鸟类体型巨大但不能飞行，最佳的代表是大约在1亿年前首次出现的海雀。它们是优秀的潜水员，用具有长齿的颌部在水下攫取鱼类。它们与一种体型小得多、会飞且也以鱼为食的鸟类——鱼鸟共享着海岸线。到中生代末期，鸟类的多样性急剧增加。大约在最后一批恐龙灭绝的时候，鸟类的一个新类群开始出现，这个类群在适当的时候产生了今天在我们周围飞行的五颜六色、多种多样的鸟儿。

另一幅阿根廷晚白垩世鸟类——反鸟的图片。

鸟类的飞行起源

加州大学伯克利分校
凯文·帕迪安博士（Dr. Kevin Padian）

托马斯·R. 霍尔茨 摄

是什么使鸟类能够飞翔？简单来说，是一对可以拍打的羽毛翅膀。但是，如果一只鸟没有聪明的大脑和充足的耐力使得它们维系在空中，翅膀也就没有用了。

鸟类使飞行看起来轻而易举，但这种能力是如何产生的呢？

羽毛最早是在恐龙身上演化出来的，这种恐龙是最早的鸟类的祖先。一些小型肉食性恐龙全身有着类似毛发的覆盖物。其他种类手上和尾部都有羽毛。这些羽毛很像今天鸟类的羽毛。有些可能色彩鲜艳，具有带状图案。也许这些颜色有助于它们识别其他物种，吸引配偶，甚至可以伪装自己，免受掠食者的攻击。羽毛也可能有助于雌性恐龙为其蛋巢提供遮盖。

与鸟类亲缘关系最密切的小型恐龙的前肢上有羽毛。数百万年来，这些长满羽毛的前肢演化成了翅膀。

为什么当羽毛另做他用时，还会帮助形成翅膀呢？羽毛可能有助于鸟类祖先更好地活动。如果这些动物生活在树上，羽毛可能会为坠落或跳跃起到缓冲作用。如果这些鸟类祖先生活在地面上，羽毛可能会在它们奔跑或是从物体上跃过时提供一些升力。轻轻地从树上降落于地面或跃过地面上的障碍物与飞行是不一样的。在飞行中，鸟儿使用翅膀的运动被称为振翅飞行。振翅飞行开始时翅膀向前下方运动，随后翅膀向后上方运动，之后翅膀回到原位，开始下一轮的振翅。当翅膀划过空气时，会产生一股气流，推动鸟类前进。

拍打翅膀需要大量的能量。大部分的能量来自鸟类腕部的活动。腕关节是圆的，手（前肢）能在半圆范围内转动。你可以在鸡翅膀（手部骨骼）的底部看到腕关节。这是连接飞行羽毛的关节。

除了鸟类，唯一有过这种圆形腕关节的动物是与鸟类亲缘关系最密切的小型肉食性恐龙。如果这些恐龙不会飞，它们用这个关节来干什么？它们似乎能在追逐猎物时将双手向前挥舞，抓住猎物。如果它们追逐猎物或逃离掠食者的时候在空中做这个动作，那么很可能会产生空气动力学优势，将它们托举到空中，或使它们沿着地面移动得更快。关于鸟类飞行起源还有太多内容需要去了解，但我们在与它们关系最密切的小型恐龙骨架中找到了许多揭开谜团的碎片。

美国晚白垩世的海鸟——鱼鸟

里奥哈龙
板龙
大椎龙

22

原蜥脚类

（原始长颈植食性恐龙）

175 一些最为古老，也是最早被发现的一批恐龙，是原始的原蜥脚类。它们是晚三叠世和早侏罗世的长颈植食性动物。在恐龙时代初期，原蜥脚类是最常见的大型植食性动物。事实上，它们是第一个成为生态群落里中坚力量的恐龙类群。与其他晚三叠世的掠食者相比，第一代兽脚类十分小型，而鸟臀目恐龙又很少见，原蜥脚类就成为它们栖息地中最大、最常见的植食性动物。

所有长颈植食性的蜥臀目恐龙都被归入蜥脚型类。最著名的蜥脚型类是蜥脚类中的巨大物种，是有史以来最大的恐龙，也是在陆地上生活过的最大的动物。但是还有其他蜥脚型类比蜥脚类更原始。这些早期原始蜥脚型类恐龙之间的确切关系尚不确定。为了简单起见，我把所有这些早期形态统称为“原蜥脚类”：这要比说更为准确的“原始的蜥脚型类”容易得多，但你要明白，第78—79页所示的演化分支图只是这些恐龙可能的排列方式的一种。在一些分支系统学分析中，它们都归入一个被称为原蜥脚类的分支中。但其他分析表明，一些原始的蜥脚型类其实与蜥脚类的关系更为近。还有研究表明，它们中许多是彼此的近亲（严格意义上的原蜥脚类），但有些如农神龙（*Saturnalia*）、埃弗拉士龙（*Efraasia*）和槽齿龙（*Thecodontosaurus*）早在原蜥脚类和蜥脚类分开之前就从谱系树上分化出来了。是的，这一切都令人困惑，即使对古生物学家来说也是如此！对于原蜥脚类的历史，显然还有更多工作要做。

首批发现的早期恐龙

1836年，医生亨利·莱利（Henry Riley）和地质学家塞缪尔·斯图奇伯里（Samuel Stutchbury）在英国布里斯托尔发现了多种爬行动物的骨骼和牙齿化石。他们以为发现的是一种灭绝的蜥蜴。因为它的牙齿是嵌在齿槽里的（就像哺乳动物或鳄鱼的牙齿一样），而不仅仅是附着在颌部的顶部或内部（就像大多数蜥蜴一样），所以他们把它命名为槽齿龙（齿槽爬行动物）。后来的发现表明，所有恐龙的牙齿都是嵌在齿槽里的，所以这个名字并不是特别具有描述性。事实上，他们发现的动物看起来一点也不像蜥蜴！后来的化石显示，槽齿龙是一只8英尺 176 （2.4米）长的两足恐龙，头小，颈长，长长的后肢末端具有可以抓握的手，尾巴也很长。它是一只小型原始的原蜥脚类。

下一种原蜥脚类发现于一年后的德国纽伦堡。一位名叫约翰·弗里德里希·恩格尔哈特（Johann Friedric Engelhardt）的医生发现了一些巨大的化石骨骼，他把它们带给了古生物学家冯·迈耶（Christian Erich Hermann von Meyer）。冯·迈耶认识到，这些骨骼不同于任何科学已知的、现存或灭绝的爬行动物的骨骼。虽然只有身体的少数部分（一些头骨、腿骨、脊椎和其他）已知，但他能够从大腿骨的形状看出，这只动物的后肢位于身体正下方，就像巨齿龙和禽龙的后肢一样（这两种恐龙当时都已经被发现了）。但这件大腿骨的形状与巨齿龙或禽龙的都不相同。因为这只新动物看起来比牛还大，

欧洲晚三叠世原蜥脚类恐龙板龙，右边为手部特写图。

可能和河马或犀牛一样，冯·迈耶把它命名为板龙，意为“宽宽的爬行动物”。

混料怪物

后来在德国又发现了更多的板龙和其他原蜥脚类的标本。其中包括一些比冯·迈耶研究的化石完整得多的骨架。事实上，古生物学家最终发现了许多完整的板龙的骨架，所以现在它是为数不多的所有骨骼都为我们所知的恐龙之一。正是因为这些板龙的骨架，我们对原蜥脚类这个类群的解剖结构有了很多了解。

但在冯·迈耶找到第一件标本与完整的板龙标本被发现之间，古生物学上发生了一起混乱事件。一些板龙的骨骼与一些肉食性爬行动物的头骨和牙齿一道被发现，一些古生物学家将后者当成了原蜥脚类的头骨和牙齿。19世纪末和20世纪初，奇怪的生物画像涌现，画中的恐龙有着长长的颈部，笨重的身体，大而具爪的手和足，满口锋利的牙齿。这种生物被命名为“巨齿鳄”（怪物爬行动物），被一些人用来连接肉食性恐龙和蜥脚型类。

事实上，这只是一只混乱不堪的怪物！ 20世纪80年代，古生物学家何塞·波拿巴、迈克尔·J.本顿（Michael J. Benton）和彼得·M. 高尔顿认识到，巨齿鳄的头骨和牙齿属于鳄类的一个巨型掠食性亲戚。那只动物颈部相当短，保留了“巨齿鳄”这个名字。它是一只有趣的动物，也是当时顶级的掠食者，但不是恐龙。“巨齿鳄”的其余骨骼来自真正的原蜥脚类。古生物学家把掠食者和它的猎物搞混了！

值得庆幸的是，后来发现了更为完整的化石，使古生物学家们得以弄清真正的原蜥脚类是什么样的。科学家们一明白这一点，就得以着手确定原蜥脚类的生活方式、食性以及经历。

原蜥脚类——真正的画像

原蜥脚类的大小从6英尺（1.8米）到33英尺（10.1米）长不等。它们是第一批真正变大的恐龙。事实上，最大的可能是地球上第一批体重超过1到2吨的陆地动物。

与大多数恐龙（蜥脚类除外）的头部相比，原蜥脚类的头部相对于它们的体型来说似乎小得多。它们的头骨有上叶状的牙齿，牙齿两侧有大的突起（小齿）。这种牙齿在大多数以植物为食的爬行动物身上都能找到，表明这些恐龙主要食用植物。下颌的齿列与上颌的齿列完全契合，这就是我所说的“环包覆合齿”。许多类型的恐龙都有这种牙齿结构。当原蜥脚类合上嘴时，牙齿会像剪刀一样，把它咬着的植物切成薄片。与蜥脚类的头骨相比，原蜥脚

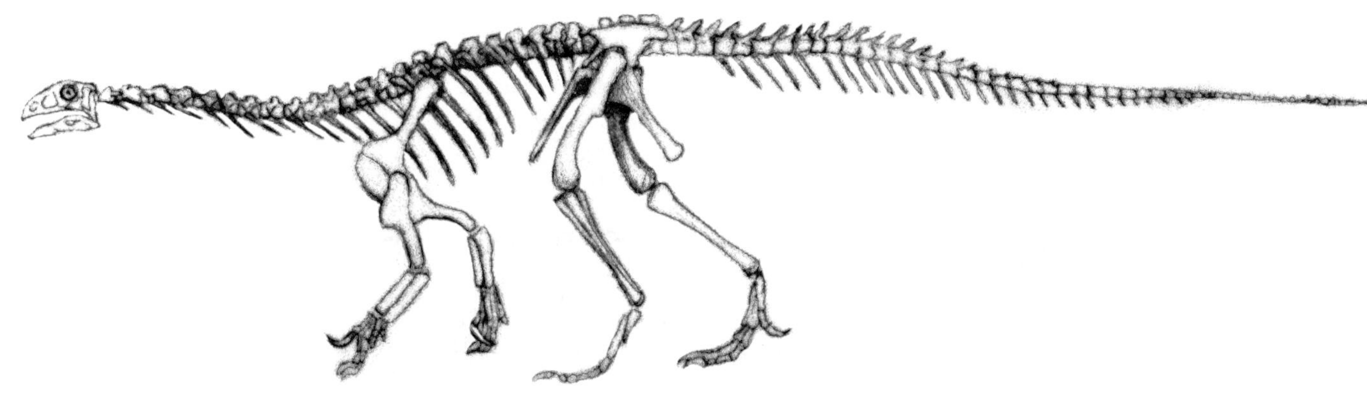

德国晚三叠原蜥脚类恐龙农神龙的骨架

类的头骨看起来相当长。事实上，它们看起来很像“始盗龙”这样的原始蜥臀目恐龙的头骨，这一点也不奇怪，因为自首批蜥臀目恐龙的时代以来，原蜥脚类还没有发生太多的演化。

原蜥脚类的颈部往往又长又灵活，身体却相当笨重。它们不是为速度而生的。它们前肢和后肢的比例介于严格的两足恐龙（如兽脚类和原始鸟脚类）和严格的四足动物（如蜥脚类）之间。这表明，原蜥脚类在缓慢移动时可以用四条腿行走，当它们想奔跑时，则可以依靠两条腿。一条长长的尾巴平衡了它们沉重的身体前半部分。

原蜥脚类手部最重要的一点是拇指。与原始兽脚类一样，原蜥脚类具有一个巨大的拇指爪。它们可能不是用它来撕扯肉（除非有些是杂食动物，而不是严格的植食性动物）。它们也不能用它来刺穿果子，因为原蜥脚类早在第一个果子演化出来之前就已经灭绝了。也许它们用这只爪子来破坏其他植物，或是保护自己免受袭击。不管是什么情况，这爪子可能有一个或多个重要的功能，因为所有已知的原蜥脚类物种都具有大拇指爪。

178

除了用拇指做些什么外，原蜥脚类还保留着我们在大多数原始恐龙身上都能看到的手部抓握功能。但是它们的手也很宽，手指可以张开，这样它们就可以依靠手掌行走了。保存良好的原蜥脚类行迹化石表明，它们确实是如此行走的，至少偶尔如此。

原蜥脚类可是“全能”恐龙。它们既可以只靠两条腿行走，也可以用四条腿。它们既可以在靠近地面的地方觅食，也可以在高处。一些古生物学家认为，它们甚至可能也吃一些肉，尽管目前还没有强有力的证据。不过，有一件事绝对能让原蜥脚类比起同时代的恐龙来与众不同：它们长得很高！

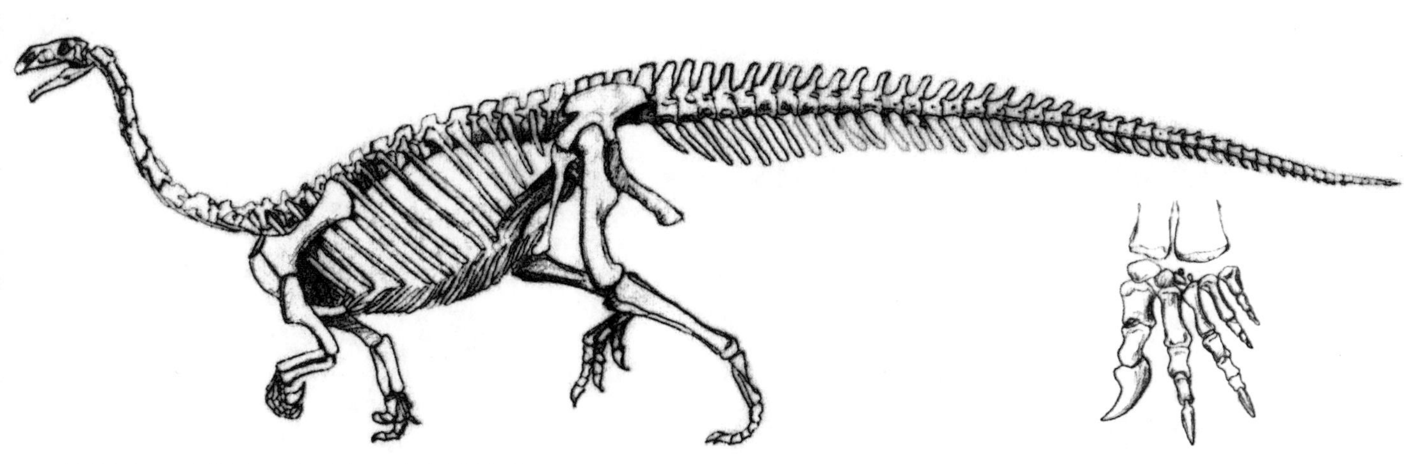

欧洲晚三叠世原蜥脚类恐龙板龙的骨架，右边为手部特写图。

原蜥脚类的头部：晚三叠世的板龙（上），早侏罗世的大椎龙（下）。

比如早期哺乳动物（因为它们可以攀爬）以及（最重要的是）其他原蜥脚类。

脖子长的另一个好处是可以看得更远。这就是瞭望员总跑到船、城堡和灯塔顶部去的原因。你站得越高，阻挡你视线的东西就越少，你能看到的距离就越远。原蜥脚类将脖子伸长可以发现美味的植物或是正在靠近的掠食者——远远先于体型较小的竞争对手。

随着时间的推移，原蜥脚类的一些物种变得越来越高，只靠后腿行走也变得越来越困难。最大的原蜥脚类可能依靠四条腿行走，它们直立起来只是为了觅食。它们的后代蜥脚类是永久的四足动物。我将在接下来的几章中讨论这些巨型恐龙。

长得高，好处多

如果你观察一下晚三叠世时世界上的其他生物，就会发现它们大多数生得较矮。有些是巨大的四足动物，包括像巨齿鳄这样的掠食者，或是链鳄这样的长着装甲的鳄鱼的亲戚，要么就是长着两颗长獠牙的二齿兽。其他的动物是两足动物，但都很小，比如早期似鸟龙类和兽脚类。另一方面，原蜥脚类的脖子很长。它们可以用后腿站立，够到更高的地方。

长得高能带来什么好处？首先就是食物。一个高大的动物可以够到矮小的动物够不到的食物，比如树上的叶子。原蜥脚类主要潜在的对手——链鳄和二齿兽都是身材矮小、体型健壮的植食性动物。它们可以吃灌木和蕨类植物，但除非树倒下，否则它们无法够到树叶。原蜥脚类则可以伸出脖子来咀嚼树叶。而它们唯一的竞争对手是小型植食性动物，

原蜥脚类可能会用它们巨大的拇指爪互相攻击，就像现代的公鸡使用鸡距那样。

对于某些原蜥脚类究竟是严格的两足动物，还是既依靠四肢行走，在某些情况下也两条腿行走，仍存在争论。

巴西晚三叠世原蜥脚类恐龙农神龙，是已知的最原始的蜥脚型类之一。

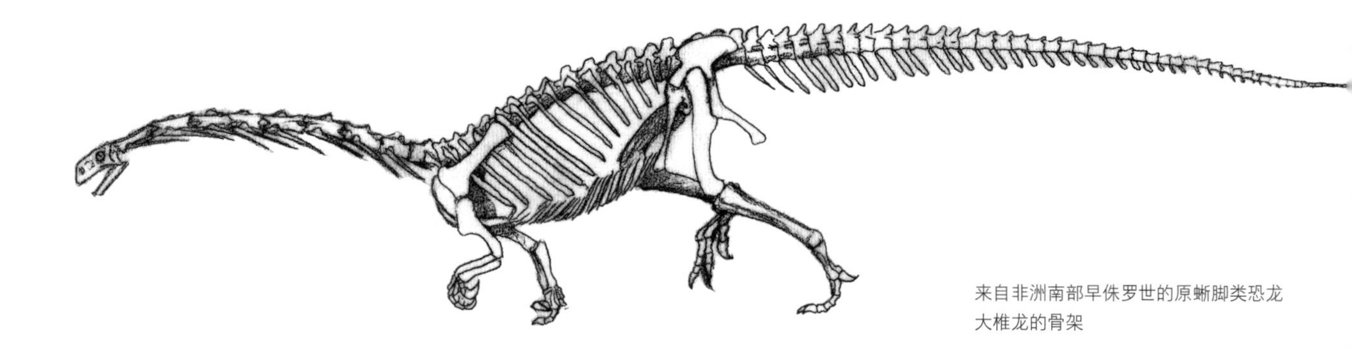

来自非洲南部早侏罗世的原蜥脚类恐龙大椎龙的骨架

世界各地的早期长颈恐龙

当原蜥脚类还存活的时候，世界基本上是同一片土地。所有大陆聚集在一起形成了超级大陆——泛大陆。因此，在世界各地都能发现原蜥脚类，且在今天相距甚远的地方也经常发现类似的物种，这一点也不奇怪。

180

在南美洲发现了许多保存良好的原蜥脚类骨架。有小体型（6英尺［1.8米］）、形态非常原始的农神龙，和年代更晚、体型更大的来自巴西的黑水龙（*Unaysaurus*）。来自阿根廷的有中型的科罗拉多斯龙（*Coloradisaurus*）、巨型的莱森龙（*Lessemsaurus*）和里奥哈龙，还有小型的鼠龙（*Mussaurus*）。最后一只恐龙的名字意思是“老鼠爬行动物”，最早是从一件小小的恐龙宝宝的骨架中被人们知道的。鼠龙宝宝（和其他原蜥脚类的宝宝）有着短短的面部和大大的眼睛，成年形态则具有更长的口鼻部。

另一方面，北美洲却没有发现多少原蜥脚类化石。保存最好的是来自新英格兰的两种小型形态：砂龙（*Ammosaurus*）和近蜥龙（*Anchisaurus*）。

欧洲的原蜥脚类包括一些最著名的恐龙，尤其是槽齿龙、板龙和鞍龙（*Sellosaurus*）。这三个是整个类群中被研究得最充分的，因为每一类型都有许多骨架被人们已知。

非洲南部的国家具有几处发现晚三叠世和早侏罗世陆相岩层的全世界最佳地点。很多完好的原蜥脚类化石来自那里也就不足为奇了。其中包括大椎龙（从至少80只个体中被人们所知）、巨大的黑丘龙（*Melanolosaurus*）和优肢龙（*Euskelosaurus*）。

然而，世界上寻找原蜥脚类的最佳地点可能是中国。目前至少有5个不同物种的恐龙是从来自中国的完好的骨架中被人们发现的。不完整的标本可能也会产生少量新物种。从7.5英尺（2.3米）的小小的兀龙（*Gyposaurus*）到近乎30英尺（9.1米）的易门龙（*Yimenosaurus*）不等。

全能恐龙的末日

如果原蜥脚类如此成功，为什么它们只能在恐龙历史早期中找到？看起来它们的成功之处正是导致它们衰落的原因。

原蜥脚类在很多方面都相当出色。它们能够长得相当大；可以起身站得很高，也可以俯身在低矮处寻找食物，可以两足行走 也可以四足行走。它们甚至还能吃肉。但不像其他恐龙类群，它们没有特别擅长于某件事。

在晚三叠世，除了与其他原蜥脚类竞争之外，原蜥脚类没有面临任何严重的威胁。但到了晚三叠世末期，这种竞争状况产生了一种新的蜥脚型类。“原蜥脚类”的一个分支已经演化成了真正的蜥脚类。这些更进步的形态可以够到更高的地方，咬合力更强，更易免受掠食者的攻击，因为它们的体型巨大无比。

在早侏罗世，似鸟龙类也变得更加进步。鸟脚类演化出比原蜥脚类更复杂的颌部。覆盾甲龙类演化出的身体装甲使它们比起这些长颈的远亲更不易受到攻击。

因此，原蜥脚类从晚三叠世大部分时间里最进步的植食性动物，沦为了在早侏罗世幸存的最原始的恐龙中的一类。更糟糕的是，新侏罗纪食肉恐龙是比鳄类亲属和三叠纪的小型兽脚类进步得多的掠食者。到了中侏罗世时，原蜥脚类已经灭绝了。

181

不过，原蜥脚类留下了重要的遗产。当然，首先它们留下了许多骨骼和足迹，甚至还有一些蛋化石。但它们也留下了后代——蜥脚类。这些后代之后演化成了地球历史上最棒的生物之一。

板龙在自我防卫，抵挡腔骨龙超科恐龙的攻击。

峨眉龙
伊森龙
蜀龙

23

原始蜥脚类

（早期巨型长颈恐龙）

183 最大的恐龙属于一个叫作蜥脚类的类群。它们是巨大的长颈四足植食性动物。所有蜥脚类的成年体都非常大。（最小的成年体比今天陆地上最大的动物——大象还要大。）有些长达115英尺（35米），比最长的鲸还要长。最重的则达100吨，相当于一群大象！蜥脚类使生活在它们之前和之后的其他陆地动物都相形见绌。它们甚至使同时代的恐龙相形见绌！只有最大的鸟臀目恐龙（鸟臀的植食性恐龙）和兽脚类（食肉恐龙）能比得上最小的蜥脚类。

蜥脚类不仅巨大，还存活了很长一段时间。最早的蜥脚类出现在三叠纪末期，大约2.05亿年前。最后的蜥脚类在6 550万年前的大灭绝中消失了。这意味着蜥脚类在地球上漫游了大约1.4亿年。相比之下，角龙科恐龙存活了大约2 000万年，只有蜥脚类七分之一长。蜥脚类化石在除南极洲（几乎可以肯定它们在那里也有存在）以外的所有大陆都有发现。

蜥脚类这个类群属于植食性蜥臀目恐龙中一个更大些的类群，蜥脚型类。你在上一章读到了关于早期蜥脚型类和原蜥脚类的内容。真正的蜥脚类从它们的原蜥脚类祖先那里继承了小头、长颈、健壮的体格，以及消化植物的大肠子。但与大多数原蜥脚类不同的是，蜥脚类不能只依靠后腿行走。它们的身体太重了，不得不四肢着地。它们是四足动物。

蜥脚类是个令人遗憾的名字，意思是“蜥蜴的脚”，但蜥脚类的脚和蜥蜴脚唯一的共同点是它们都有五个脚趾，比大多数恐龙的脚（通常只有四个）多了一个，而和蜥蜴的脚相同。但它和鳄鱼的脚、负鼠的脚，或人类的脚一样！已经有人针对这个群体提出了其他名称（如鲸龙类和后凹龙类），但从未真正流行起来。所以我们仍称它们为“蜥脚类”，并且忘记这样一个事实吧：它们的脚不像蜥蜴的脚，和你我的脚反而更像。

蜥脚类非常独特，它们看起来不像今天的任何生物。它们都有着小小的脑袋，长长的脖子，巨大的身体下是四肢，还有一条长长的尾巴。基本身形始终保持不变。尽管如此，各种蜥脚类之间还是有 184 很多不同之处，足以证明在这本书中用三章来描述它们是合理的！

本章介绍蜥脚类的起源和早期成员。更大更著名的进步蜥脚类——鞭子尾的梁龙超科和大鼻子的大鼻龙类将在接下来的两章中介绍。

鲸鳄鱼？不会飞的翼手龙？不，是巨型恐龙！

在过去大约100年里，蜥脚类一直是所有类型恐龙中最常见的。事实上，如果你让人们画一只恐龙，他们中的一半可能会画出一只蜥脚类。情况并非总是如此。1842年，理查德·欧文爵士命名恐龙时，他和其他人都不知道蜥脚类的存在。但这并不是因为没有人发现蜥脚类。它们中有很多已经被发现了。事实上，欧文发现并描述了其中的一些。但他不知道这些化石来自哪种动物。

欧文在英国发现的蜥脚类化石包括腿骨和脊椎。

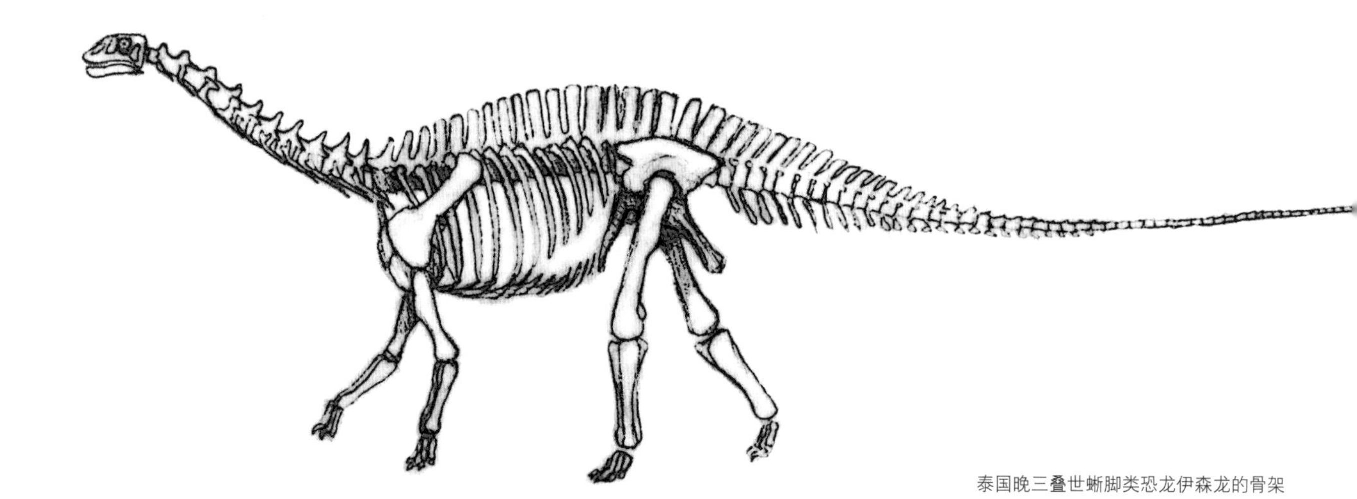

泰国晚三叠世蜥脚类恐龙伊森龙的骨架

脊椎尤其让他想起鳄类。但是这些骨头十分大，远远大于任何现代鳄类。它们有鲸的脊椎那么大。因此，欧文提出，这些骨骼属于一只巨大的海生鳄鱼，他于1841年将其命名为鲸龙（*Cetiosaurus*，鲸类爬行动物）。一只巨大的“鲸鳄鱼”的想法并不像听起来那么疯狂。早在19世纪初，侏罗纪的鳄化石就已为人所知。有些甚至在鲸龙化石出现的岩层中被发现。

古生物学家哈里·G. 丝莱在1870年无意中描述了另一件来自英国蜥脚类的脊椎。因为它们充满了中空的腔室，就像鸟类和翼龙类（会飞的爬行动物）的脊椎一样，所以他把它们命名为鸟面龙。丝莱认为它们是翼手龙（翼龙的一个类型）的脊椎。因为这些脊椎比任何已知翼龙类的脊椎都要大得多，他推测它们一定来自一只失去飞行能力的巨型翼龙。再说一次，这不是一个非常糟糕的想法。有许多种大型鸟类，如今天的鸵鸟和鸸鹋，以及最近灭绝的恐鸟和大象鸟也都失去了飞行能力。但是从来没有人发现过不会飞的翼手龙化石，尤其是比大象更大的翼手龙！

在丝莱描述鸟面龙的同时，其他古生物学家也开始提出鲸龙和类似的化石实际上来自某些巨型恐龙的想法，这些恐龙在他们看来“大过禽龙和巨齿龙”。（从今天的观点来看，这听起来未免愚蠢。因为没有人会再将禽龙或巨齿龙当作是大型恐龙了。）但对于这些动物的外表，人们还没有什么头绪。

直到在美国的发现让人们弄清楚了这一点。19世纪70年代发现的化石，如爱德华·德林克·柯普所描述的圆顶龙，以及奥斯尼尔·查尔斯·马什所命名的梁龙和迷惑龙，向世人展示了这些恐龙的完整骨架。

娃娃脸，合适的咬合

蜥脚类看起来有点像巨型的原蜥脚类，从某种意义上说，它们确实如此。最小的蜥脚类和最大的原蜥脚类大小差不多，有26到33英尺（8到10.1米）长。像最大的原蜥脚类一样，即使是最小的蜥脚类也只能依靠四肢行走。

不过，如果你观察它们的面部，会发现差别。蜥脚类的面部看起来与原蜥脚类的面部不同。或者更确切地说，与**成年**原蜥脚类的面部不同。不过，**确实**与原蜥脚类宝宝的面部类似。

在原蜥脚类宝宝的头骨上，口鼻部非常短，尤其是与成年原蜥脚类相比。从上方看，龙宝宝口鼻部的形状是圆的而不是尖的。此外，原蜥脚类宝宝头骨的颌关节不像成年体长得那么大。蜥脚类（包括龙宝宝和成年体）的头骨更像刚孵化出来的原蜥脚类，而非成年以后的。所以在某种意义上，蜥脚类拥有着娃娃脸。

但是蜥脚类也有一些进步的头骨特征。更原始的恐龙，包括原蜥脚类，具有一种“环包覆合齿”。

伊森龙在进食。

前蜥脚类下颌的齿列完全嵌入上颌的齿列。当原蜥脚类合上嘴时，上颌齿会切过下颌齿，产生剪刀般剪切的动作。

蜥脚类没有这种覆咬合。相反，当蜥脚类闭上嘴时，上齿尖与下齿尖相碰，类似哺乳动物的咬合。这给了它们更进步、精准的咬合，它们可以对所吃的食物有所挑选。

蜥脚类的牙齿也有所不同。原始蜥脚类的牙齿是匙形的，而不是原蜥脚类和大多数鸟臀目恐龙那样的阔叶形。这些又大又宽的匙形牙齿有助于咀嚼树枝，所以蜥脚类可以咬掉食物最好的部分（比如叶子）。

身形巨大

原蜥脚类在它们的世界里比其他植食性动物有优势。比起其他动物，它们可以吃到更高处的食物。蜥脚类把这种优势发挥到了极致。到了中侏罗世，已经有了一些蜥脚类，比如峨眉龙（*Omeisaurus*），只要它们把脖子伸出，就能在高出森林地面33英尺（10.1米）的地方咀嚼树叶。那可有三层楼那么高！

186

蜥脚类巨大的体型也给它们带来了额外的保护，以抵御掠食者。因此，当晚三叠世和早侏罗世的原始掠食动物（包括腔骨龙超科恐龙，如腔骨龙和双脊龙）让位给中侏罗世的进步掠食者（如单脊龙和巨齿龙）时，巨型蜥脚类在原蜥脚类没能幸存的地方存活了下来。

蜥脚类的颈部很长。蜥脚类和长颈鹿不同，长颈鹿的颈部拥有和哺乳动物颈部数量相同的骨骼，蜥脚类则具有许多额外的颈椎。典型的恐龙具有九到十块颈椎，而蜥脚类则有十二到十七块。然而，这些颈部并没有看上去那么重。蜥脚类的脊椎，尤其是颈部区域，具有大量的中空腔室。根据与现生鸟类和兽脚类化石相比较，我们可以预测这些腔室充满了现代鸟类所具有的复杂气囊。现生鸟类用它们的气囊做几种不同的事情：帮助将空气泵入肺部；帮助在全力运动的同时降低体温。这样使得鸟类更加轻盈。蜥脚类可能也利用它们的气囊来达到相同的目的。

蜥脚类的四肢骨骼很重，但相对较细。它们没有大而复杂的肌肉附着，比如像犀牛之类的大型哺乳动物或大型兽脚类的四肢骨骼。大多数蜥脚类的前肢很长，后肢甚至还要更长。蜥脚类的脚短而宽，第1趾上有一个非常大的爪子，手部和脚部骨骼很

南非晚三叠世蜥脚类恐龙雷前龙（*Antetonitrus*）

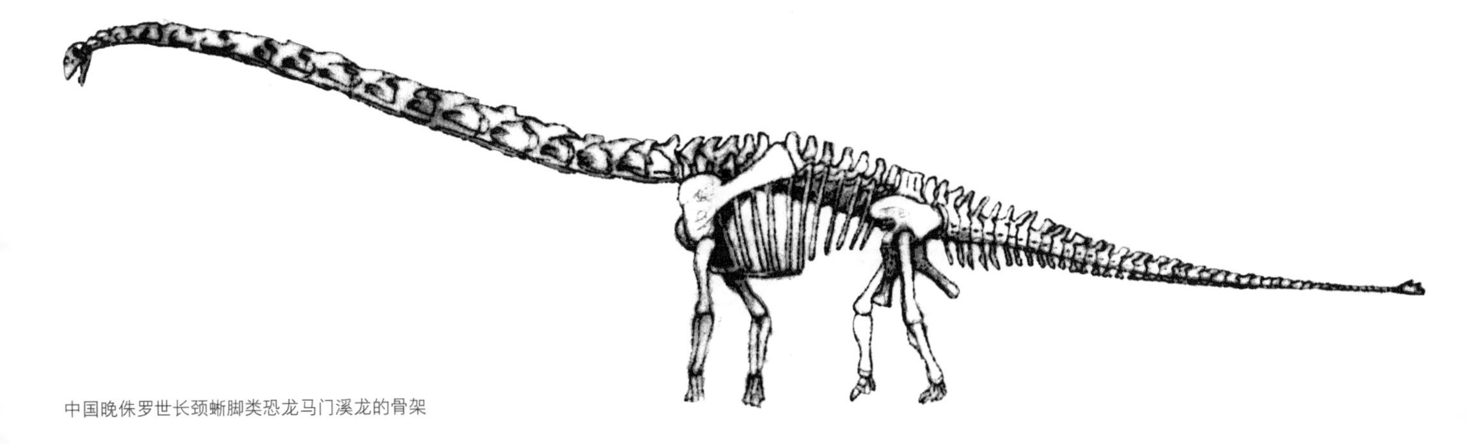

中国晚侏罗世长颈蜥脚类恐龙马门溪龙的骨架

相似，但是有了肌肉附着，两者看起来就不同了！这一点我们从其行迹中得知。蜥脚类的脚下面具有一个巨大的椭圆形脂肪垫，使得它们有点类似大象的脚。它们后足迹的形状类似椭圆形，但前足迹显示其下没有脂肪垫。蜥脚类动物的前足迹形状好似马蹄铁。

187

第一批巨兽

在很长一段时间里，没有来自三叠纪确定的蜥脚类已知。南非晚三叠世有一只名为贝里肯龙（*Blikanasaurus*）的恐龙，但古生物学家不确定它是一只大型的进步原蜥脚类还是一只原始的蜥脚类。特别是20世纪90年代和21世纪的发现，泰国的伊森龙（*Isanosaurus*）和南非的雷前龙证明了在三叠纪最晚期存在蜥脚类，现在大多数古生物学家同意贝里肯龙就是其中之一。不过，要注意的是，这些三叠纪蜥脚类没有保存良好的头骨被人们已知。因此，娃娃脸和特殊咬合可能是在蜥脚类由原蜥脚类演化而来之后的某个时候出现的。

其他已知的原始蜥脚类来自早侏罗世，其中有津巴布韦的火山齿龙（*Vulcanodon*），中国的珙县龙（*Gongxianosaurus*），印度的哥打龙（*Kotasaurus*）和巨脚龙（*Barapasaurus*），德国的欧姆殿龙（*Ohmdenosaurus*）。这些化石表明蜥脚类已经生活在世界的许多地方，但在这个时候，它们的数量仍然比不过它们较小的原始近亲，原蜥脚类。

然而，这种情况在中侏罗世发生了变化。原蜥脚类已经灭绝，可能是被更进步的恐龙淘汰了，蜥脚类成为世界上最常见的两类恐龙之一（剑龙类是另一种最常见的类型）。正是在这一时期，生活着英国的鲸龙和阿根廷的巴塔哥尼亚龙（*Patagosaurus*）。但大多数中侏罗世蜥脚类最好的化石来自中国。

中国的长颈恐龙

如果你回到1.65亿年前的中国，会发现两种截然不同的蜥脚类生活在一起。它们都是从许多保存良好的化石骨架中被人们知道的，所以我们对它们了解颇多。

两者中较小的是蜀龙（*Shunosaurus*）。它只有大约40英尺（12.2米）长，颈部相对较短（对于蜥脚类来说）。这是一只非常典型的早期蜥脚类，但它的尾巴末端有一只尾锤，与甲龙科恐龙的尾锤类似。和甲龙科这些坦克恐龙一样，蜀龙可能也曾用它的尾锤来攻击掠食者。

中国中侏罗世的蜥脚类中更大、更令人印象深刻的是峨眉龙。它大约有56英尺（17.1米）长，颈部奇长（即使对蜥脚类来说也是如此）。它可以比蜀龙吃到树上更高地方的食物。事实上，这两个亲戚演化成这样，可能就是为了不用彼此争食，而能在自己专门的高度进食。我们在现代相关的植食性动物身上也看到了同样的情况，其中一些以长势较低的植物为食，而另一些则以长势较高的植物为食。

峨眉龙并不是中国唯一的超长颈恐龙。在晚侏罗世，有两只颈部更长的恐龙：盘足龙（*Euhelopus*）和马门溪龙（*Mamenchisaurus*）。后者非常大。它长达82英尺（25米），颈部占了一半。事实上，这是科学界已知所有动物（恐龙以及其他动物）中颈部最长的！

188

为什么中国恐龙的颈部那么长？没有任何证据表明中国侏罗纪的树会比世界其他地方的树高上那么多。最有可能的是，这正是它们演化出的解决方式，用来解决所有大型蜥脚类都面临的问题：如何够到树木更高的地方。当有大量蜥脚类出现时，每个地区最大的蜥脚类都倾向于发展出新的方式来获取“小”巨兽无法获取的叶子。它们的颈部相对轻盈，很容易抬得很高，而又重又圆的身体使它们不会倾倒。在接下来的两章，我们将看到其他蜥脚类如何演化出不同的解决方案，以够到树木的更高处。

新的蜥脚类

新的蜥脚类，也叫作新蜥脚类，最终取代了原始的蜥脚类。新蜥脚类不同于它们的祖先，因为它们手部的形状好似一根柱子，而非又短又宽。它们的牙齿位于口鼻部前端。鼻孔的骨质开孔位于面部靠后的地方，接近头顶。

新蜥脚类最早出现在中侏罗世，但直到晚侏罗世才变得常见。正是在这些恐龙中，我们发现了最强的多样性、最大的尺寸和最为特化的特征，这些恐龙包括鞭尾的梁龙超科恐龙和大鼻子的大鼻龙类。我们将在接下来的两章中看到更多关于这些新蜥脚类的信息。

马门溪龙有着已知地球动物中最长的脖子

巨型恐龙的生存故事：蜥脚类的适应性

剑桥大学
保罗·厄普丘奇博士（Dr. Paul Upchurch）

照片由保罗·厄普丘奇提供

蜥脚类其实很大，它们是已知最大的陆地动物。我差不多有6英尺（1.8米）高，但当我站在腕龙的骨架旁边时，我的头还够不到它的肘部！蜥脚类既包括约20英尺（6.1米）、重达几吨的火山齿龙，也有长约131英尺（40米）、重达40至50吨的巨大的波塞东龙和阿根廷龙。在侏罗纪时期，当蜥脚类经过你的街区时，想看不到它们委实很难！

但蜥脚类为什么这么大？为什么它们的体型各异？一种解释是为了自卫。蜥脚类时代有一些非常大的掠食者，比如暴龙。有些蜥脚类身披装甲，长有尖刺、尾锤，或者长的像鞭子的、可以抽打饥饿掠食者的尾巴。但大多数蜥脚类没有这样的防护。它们依靠巨大的身型来保证自己的安全。但是对于蜥脚类巨大体型的解释存在一个问题，在有许多大型掠食者出现之前，蜥脚类已经演化成了巨大的动物。

解释蜥脚类体型的另一个观点是，它们庞大的身躯使它们能够保持身体温暖并维持机体运转，即使在夜间也能如此。想象一下海滩上有一块鹅卵石和一块巨石。比起巨石，鹅卵石会更快被太阳烤热。然而，日落之后，巨石所需的冷却时间比鹅卵石的更长。在动物身上也可以看到同样的效果。如果动物能把身体保持在理想的温度，它的所有机能将以最有效的方式运行。但是，如果变大好处这么多，为什么并非所有的动物都像蜥脚类一样大呢？也许还有另一种方法可以解释蜥脚类的巨大体型。

我最喜欢的解释与巨型蜥脚类的食物有关。首先，大多数蜥脚类需要长脖子、大身体和强壮的腿，这样它们才能以树顶的叶子为食。其次，蜥脚类可以食用的植物相当坚韧，难以消化。蜥脚类必须在一个特别且额外的装满石头的胃（胃囊）里将树叶碾碎。之后食物进入主胃，在那里停留几天，慢慢分解。小动物十分急迫地需要能量，而大动物则能承受更长时间的消化。如果你想吃坚硬的叶子，你就需要变大。这个想法也解释了为什么一些最后的蜥脚类演化成了更小的体型。较小的蜥脚类可能已经放弃吃树梢的叶子，而专门吃靠近地面更有营养的植物了。

蜥脚类之所以成为巨兽，可能是因为蜥脚类吃的是树梢坚硬的叶子，而这是大多数其他恐龙无法做到的。保护它们不受掠食者的侵害以及保持恒定的体温也很重要，但这些都是它们体型庞大带来的好处。自白垩纪以来，植物和气候都发生了很大的变化。不幸的是，像蜥脚类这样的动物不太可能再出现了。

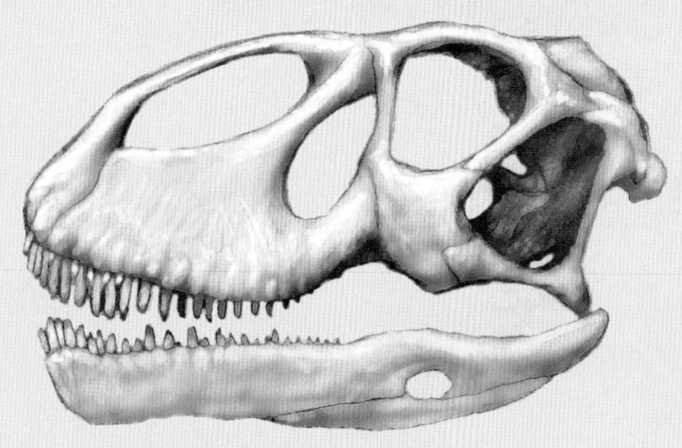
中国中侏罗世的蜥脚类恐龙蜀龙的头骨

迷惑龙
阿马加龙

24
梁龙超科
（鞭尾巨型长颈恐龙）

191 **最大的恐龙，以及有史以来最大的陆地动物都是在蜥脚类中发现的。它们是巨大且用四足行走的长颈蜥臀目恐龙。所有蜥脚类都以植物为食。蜥脚类的谱系树包括各种原始物种以及两个进步类群：尾巴似鞭子的梁龙超科和鼻子巨大的大鼻龙类。大鼻龙类将在下一章讨论。在本章中，我们将看一看梁龙超科，其中包括有史以来在陆地上生活最久的动物。**

梁龙超科恐龙最早出现于中侏罗世，在晚白垩世初期灭绝。它们的名字来源于梁龙属，意思是“双梁”，指的是奇怪形状的脉弧（附着在尾椎下面的小骨骼）。不像大多数恐龙的脉弧，这些骨骼从中间分开，所以它们具有两个骨支（也叫作“梁”）。

牙齿似铅笔，但没有通气管

在其他一些蜥脚类身上也可以找到双梁脉弧，但梁龙超科有许多更加特化的特征，可以帮助我们识别它们。

一个特化特征就是牙齿。原始蜥脚类和大多数蜥脚类中的大鼻龙类都有勺状的牙齿。另一方面，梁龙超科具有铅笔状的牙齿。实际上，用“蜡笔状”形容更恰当。特别是你可以想象一支已经用过很多次，头部变得很钝的蜡笔。几位古生物学家，特别是来自英国的保罗·厄普丘奇和保罗·巴雷特、阿根廷的乔治·卡尔沃（Jorge Calvo）和美国的安东尼·菲奥里略（Anthony Fiorillo），都研究过梁龙超科恐龙使用这些奇怪齿列的方式。根据牙齿上的显微划痕，以及梁龙超科头骨的形状，这些科学家得出结论，梁龙超科不会将树枝上的叶子啃咬下来。相反，它们用牙齿耙过树枝，扯下树叶和针叶。

梁龙超科的头骨很长，口鼻部呈方形。它们只在口鼻部非常靠前的地方具有牙齿。奇怪的是，头骨上鼻道的开孔（也叫作内鼻孔）位于头顶，眼睛的上方。在包括人类在内的大多数脊椎动物中，这些开孔位于头骨前部，靠近肉质鼻孔。但不要以为梁龙超科恐龙肉质的外鼻孔也长在头顶。古生物学家拉里·维特默最近的研究表明，梁龙超科恐龙的外鼻孔并不靠近内鼻孔。相反，与大多数现生动物一样，它们肉质的外鼻孔位于口鼻部的前端，这是 192 说得通的，因为这样它们就能嗅出食物的气味！空气会从鼻子前部流入外鼻孔，通过面部的一根软组织管向上流动，然后顺着头顶的内鼻孔进入气管。

然而，有很长一段时间，古生物学家们都认为梁龙超科的肉质外鼻孔也长在头顶上，可能充当通气管使用。为什么陆栖动物需要通气管？19世纪中期至70年代，许多古生物学家认为，梁龙超科和其他蜥脚类生活在水中。人们认为这些恐龙太大太重，后肢无法在陆地上支撑起它们的身体，因而，它们是绝对的水栖动物！在20世纪60年代，罗伯特·巴克尔（当时还是耶鲁大学的学生）提出了证据，证明蜥脚类实际上更适应陆地上的生活。与它们的体型相比，它们的脚紧凑而狭窄，不像水栖动物的脚那样大张且宽阔。它们的胸腔窄而不圆，后肢一般也都很长。事实上，巴克尔指出蜥脚类更像是大象和长颈鹿等陆栖动物，而不像鳄鱼和河马等大型水

挥鞭！长而细的梁龙超科恐龙尾巴可能是抵御攻击者的有效武器。

栖动物。

让我们回过来继续聊“通气管”，当时的想法是，蜥脚类的大部分身体都会浸在水下，只有头顶，也就是人们认为的鼻孔所在的地方，露出水面呼吸。1951年，英国古生物学家K. A. 科马克（K. A. Kermack）证明了潜泳假说不成立。恐龙的肺会浸在水的深处，即使是它的强大的肌肉和骨骼也没有足够力量泵入氧气供它呼吸。水压只会将它杀死。如今，没有人拿潜水蜥脚类的想法当真了。

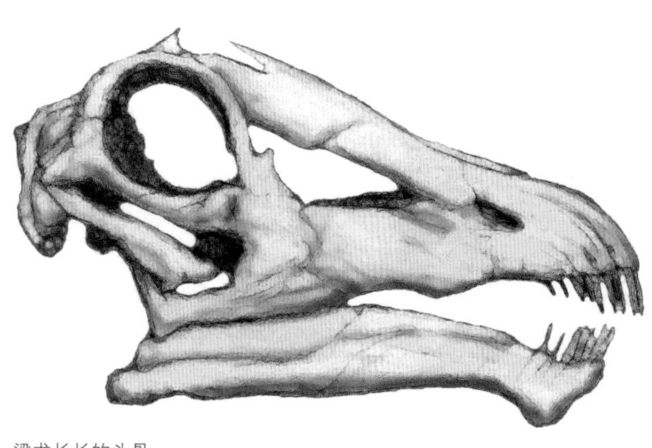
梁龙长长的头骨

梁龙超科的后肢也不同于其他蜥脚类。它们的前肢比后肢短得多，比它们的所有亲戚都要短。一些古生物学家认为这使它们更善于用后肢直立。因为它们的前肢比较短，重心（或者说平衡点）就在腰带附近，可以更容易将背部重量只加在后肢上。虽然它们几乎肯定不能用两条后肢行走，但可以借助两条后肢站立来在树的高处觅食。一些古生物学家认为它们甚至可能采取了“三脚架”的姿势，即用尾巴作为第三条腿来支撑身体。虽然这很难直接证明，但有一些梁龙超科标本具有愈合的脊椎，就长在可能把尾巴作为三脚架第三个支架的地方。也

大鼻龙类恐龙圆顶龙的颈部比长颈的梁龙超科恐龙梁龙的颈部短

许这些骨骼之所以愈合是因为它们必须支撑恐龙的巨大重量？

鞭尾

梁龙超科恐龙的特征还包括长长的鞭状尾巴。但是这些恐龙腰带附近的尾巴部分像大多数蜥脚类的尾巴一样又壮又高，剩下的部分则非常狭窄。而且特别特别长！事实上，这是科学界已知的最长的尾巴。一只体型巨大的梁龙超科恐龙，比如115英尺（35米）长的梁龙，尾巴应该有69英尺（21米）长！

193

这些鞭状的尾巴是用来做什么的？好吧，一个显而易见的想法是它们实际上就是被当作鞭子用的。也就是说，梁龙超科可能用它们击打前来进犯的兽脚类，就像今天（公认要小得多的）巨蜥用尾巴击打袭击者一样。被如此巨大的蜥脚类的尾巴打上一下，很可能会骨碎肉裂。事实上，史密森学会国家自然历史博物馆展出的一只掠食者异特龙的标本显示，它的左下颌、左肩胛骨和左肋骨都有损伤，可能是梁龙的尾巴击打造成的。

然而，计算机专家内森·麦哈沃德（Nathan Myhrvold）和古生物学家菲利普·柯里提出了另一种可能性。他们计算出，梁龙超科尾巴的尖端就像牛鞭的尖端，能够打破声障，发出非常响亮的爆裂声。他们认为这可能是梁龙超科恐龙之间发信号的方式，或者是对潜在攻击者的警告。但是古生物学家肯·卡彭特指出，牛鞭的尖端容易磨损。他认为，一个带有超音速“鞭子”的梁龙超科恐龙最终会毁掉自己的尾巴尖儿！

梁龙是北美洲西部晚侏罗世最常见的恐龙之一。

（也许并不？）灵活的脖子

蜥脚类的脖子有多灵活？它们都能把头伸得很高吗？一些古生物学家和古生物艺术家描绘的蜥脚类有着天鹅般竖直伸出的长脖子，而另一些人则认为它们的脖子是水平伸出的。

蜥脚类的骨架表明，至少在死亡时，它们的脖子是高高伸起的。然而，这种姿势可能是由于韧带脱水干燥后产生的，而非它们生活中抬起脖子的方式。

古生物学家肯特·史蒂文斯（Kent Stevens）和迈克尔·帕里什（Michael Parrish）试图用计算机测试蜥脚类颈部的活动范围。他们测量了蜥脚类脊椎的形状，并制作了其颈部的计算机模型。之后他们确定了每对脊椎之间的活动范围。它们的模型显示蜥脚类的颈部不能摆出天鹅一样的姿势，但是大多数蜥脚类的颈部处在相对水平的位置。（并非所有古生物学家都同意这种看法，一些人认为类似天鹅颈的颈部才是合理的。）

无论如何，关于梁龙超科恐龙颈部的柔韧性，史蒂文斯和帕里什发现了一些不寻常的东西。他们

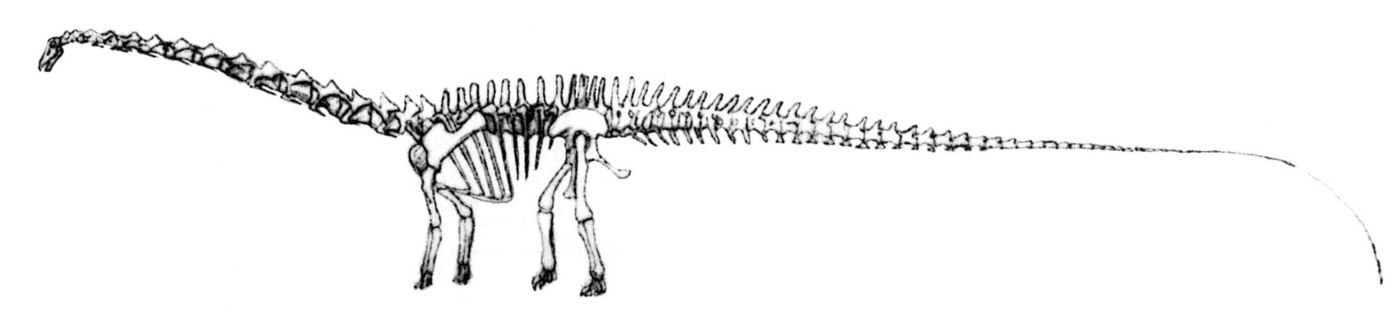

北美洲西部晚侏罗世梁龙科恐龙梁龙的化石骨架

发现颈部向下活动时很灵活。似乎梁龙超科恐龙并不擅长观察自己的腹部，那如何解释它们颈部的这种柔韧性呢？如果它们只看地面，人们认为它们颈部的这种灵活性应该局限于俯视地面所需的范围内。但梁龙超科恐龙的颈部超出这个范围依然可以弯曲。如果梁龙超科恐龙用后肢站立，颈部具有向下的柔韧性就说得通了。那样它们可以一动不动地站在树前，只上下移动颈部，去寻找最好、最美味的枝叶。

195

梁龙超科的多样性

梁龙超科有三个主要类型：颈部非常长的梁龙科、背上有帆状物且颈部很短的叉龙科和高度特化但人们知之甚少的雷巴齐斯龙科。

此外，还有少数梁龙超科物种似乎不属于这些类别的任何一个。其中包括最早的梁龙超科恐龙，如英国中侏罗世的似鲸龙（*Cetioscuriscus*）。但后来的一些梁龙超科形态的演化位置也不确定，包括美国西部的晚侏罗世春雷龙（*Suuwassea*）和双腔龙（*Amphicoelias*）、葡萄牙晚侏罗世的丁赫罗龙（*Dinheirosaurus*）、西班牙早白垩世的露丝娜龙（*Losillasaurus*）（虽然它可能实际上是中国恐龙马门溪龙的亲属），以及巴西早白垩世的亚马逊龙（*Amazonsaurus*）（可能是一只雷巴齐斯龙科恐龙）。

目前，这些原始的梁龙超科恐龙仅从不完整的标本中被发现。其中有一件著名的化石十分残缺不全，显然它还没能够从野外被运送到博物馆就散架了！它是一件巨大的双腔龙标本，爱德华·德林克·柯普将其命名为“脆弱双腔龙”。如果他的测量是正确的，则这件孤零零的部分脊椎来自一只甚至能使梁龙、波塞东龙和阿根廷龙相形见绌的恐龙。这可能是一只长约140英尺（42.7米），重150吨的恐龙（假设它与较小些的梁龙超科恐龙比例相同）。它和现代蓝鲸中最大的个体一样重！遗憾的是，人们已经无法找到这块骨骼，所以没人能证实它是不是真的像柯普所说的那么巨大。无论如何，它都暗示了真正巨大的梁龙超科存在的可能性。

侏罗纪的巨兽：梁龙科

大多数梁龙超科物种都是从一到两具不完整的骨架被人们所知。然而，梁龙科的成员是从许多具非常完好的骨架中被人们认识的。如果你曾去过有恐龙化石的博物馆，可能就见过其中之一。古生物学家甚至还发现了梁龙科恐龙幼崽的骨架，其他梁龙超科类群还不曾有这样的发现。几乎所有这一类群保存良好的骨架都来自莫里森组，一个位于美国西部的晚侏罗世岩层群。

梁龙科包括更为人所知的梁龙和迷惑龙。在过去，一些非常大的梁龙个体被误认为是新物种，如“超龙”和“地震龙”。（事实上，仍有古生物学家认为它们是独特的类型，而不是梁龙。）同样的事情发生在1877年被O. C. 马什命名的迷惑龙身上。马什在1879年发现了一件全新的、更为完整的迷惑龙标本，将其命名为雷龙。直到20世纪70年代，许多古生物学家仍然认为这是一个有效的名称。今天，大多数古生物学家认为“雷龙”的各个物种都属于迷惑龙，因为后者是首先被使用的名称，所以我们就

阿马加龙长长的颈部棘可能是用来展示的。

不再使用“雷龙”这个更酷的名字了。(然而，一些古生物学家仍然认为雷龙是一种不同的类型。)

梁龙是梁龙科形态学的代表。它是一只身形细长但体型庞大的恐龙，最大的个体能达到115英尺（35米）长，约50吨重。更典型的标本则小些，72到80英尺（22到24.4米）长，只有20吨重。

与梁龙相比，迷惑龙体型更庞大，颈部更重，四肢也更粗。据估计，一只72英尺（22米）长的迷惑龙体重约为30吨，而且有个别骨架表明，迷惑龙也许还要更大！一些古生物学家认为，迷惑龙可能是用它强壮的四肢和惊人的体重来击倒树木，而不仅仅依靠后肢站立来觅食！这是一个有趣的推测，

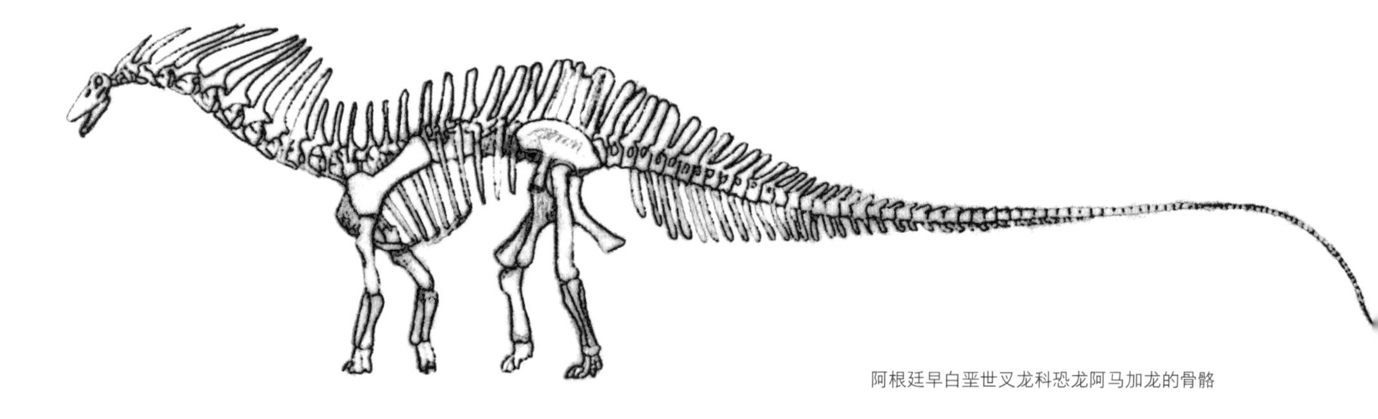

阿根廷早白垩世叉龙科恐龙阿马加龙的骨骼

但很难从化石记录中进行检验。

第三种来自莫里森组的梁龙科恐龙重龙（*Barosaurus*），比其他两只体型小，但就比例来说颈部更长。梁龙科恐龙的颈部和尾巴比其他梁龙超科恐龙的颈部和尾巴都长。大多数梁龙科恐龙的颈部大约是尾巴长度的三分之二，重龙的颈部则和尾巴的长度几乎相等。

晚侏罗世的美国是一个惊人的地方。那里不仅存在着至少三个梁龙科物种和两种原始的梁龙超科物种，还有三个大鼻龙类物种（简棘龙[*Haplocanthosaurus*]、圆顶龙和腕龙）。这是我们所知同一时间同一地点出现的最多的蜥脚类。想象一下八种不同类型的恐龙，个个都比大象还大，在同一地区游荡！

在美国可能有过多种多样的梁龙科恐龙，但它们在其他地方却鲜少被发现。在晚侏罗世的岩层中发现了一只重龙的近亲：托尼龙（*Tornieria*）。还有一些来自其他大陆晚侏罗世的孤零零的碎片有可能是梁龙科恐龙。尽管它们很壮观，但与其他鞭状尾巴的蜥脚类相比，梁龙科的成员似乎存在时间较短。

双帆恐龙

在梁龙科中，神经棘，即从脊椎顶部伸出的部分，自背部中间分开。很可能许多韧带经由这些缝隙从腰带一直延伸到颈部后方。这些韧带将颈部保持在水平位置，而不需要恐龙使用到肌肉。在其他一些蜥脚类身上也发现了类似的分裂的神经棘，而在梁龙科恐龙身上它们达到了极致。

目前已知的叉龙科恐龙只有三个类型。它们分别是非洲东部晚侏罗世的叉龙（*Dicraeosaurus*）、阿根廷晚侏罗世的短颈潘龙（*Brachytrachelopan*）和阿根廷早白垩世的阿马加龙。它们比梁龙科恐龙小，大约20到33英尺（6.1到10.1米），颈部比大多数蜥脚类的短。

叉龙科恐龙的与众不同之处在于不同寻常的神经棘。这些棘不仅是裂开的，而且很高。在叉龙（*Dicraeosaurus*）身上，它们约有2英尺（0.6米），在阿马加龙身上，则高达4英尺（1.2米）。它们可能会沿着这些恐龙的颈部和背部形成一个“帆”。关于阿马加龙最长的神经棘之间究竟是具有一张伸开的

198

阿根廷晚侏罗世的叉龙科恐龙短颈潘龙拥有蜥脚类中已知最短的颈部。

拥有宽口鼻部的尼日尔龙是被研究得最透彻的雷巴齐斯龙科恐龙。

皮膜，还是如第200页所示，单个棘加上皮肤形成大棘，突出背帆，都尚有疑问。除非我们有阿马加龙颈部的皮肤印痕，否则无法确定。

其他恐龙，如禽龙类中的无畏龙和兽脚类中的棘龙都有背帆。但是这些恐龙的神经棘并不是分开的，所以它们只有一个帆。叉龙科恐龙有分裂的神经棘，所以拥有两个帆！和所有具有背帆的恐龙一样，我们不知道帆确切是用来做什么的。它们可能有助于从太阳中获取热量或随风疏散热量，从而帮助恐龙维持体温。帆也会使它们看起来更大，也许用来吓跑潜在攻击者，还可能是用来吸引伴侣，或者这些作用兼而有之。

199

当把蜥脚类恐龙和啮齿动物混合在一起，会得到什么?

答案是一只雷巴齐斯龙科恐龙。雷巴齐斯龙科由一群非常奇怪的白垩纪梁龙超科恐龙组成，它们来自非洲和南美洲。在写作本书的时候，还没有人能完整拼凑出一只雷巴奇斯龙科的头骨或骨架，所以我们不确定它们的外表。但是我们对其不同的身体部位已经有了足够多的了解，可以开始认识它们了。

目前已知的雷巴齐斯龙科恐龙至少有四个类型。它们是来自北非早白垩世的尼日尔龙（*Nigersaurus*）、摩洛哥早白垩世的雷巴齐斯龙、阿根廷早白垩世的雷尤守龙（*Rayososaurus*）和阿根廷晚白垩世早期的利迈河龙。新发现的来自巴西的亚马逊龙可能也是这些恐龙中的一员，克罗地亚早白垩世残缺不全的伊斯的利亚龙（*Histriasaurus*）和一些在西班牙新发现但未命名的蜥脚类可能也是如此。

它们是中型蜥脚类，大约50英尺（15.2米）长。有相当高的神经棘（特别是在雷巴齐斯龙身上），不像梁龙科恐龙和叉龙科恐龙那样呈分裂状。它们的颈部似乎相对较短，类似于叉龙科恐龙。

让雷巴齐斯龙科恐龙与众不同的是它们的嘴。其他梁龙超科恐龙的口鼻部都是方形的，但雷巴齐斯龙科的口鼻部则十分平直，铅笔似的牙齿在口鼻部正前方直直地长成一列。其他梁龙超科的下颌具有18到32颗牙齿，雷巴齐斯龙科恐龙则有68颗！那些还只是你能看到的！在每颗牙齿后的颌骨上还一颗接一颗地长着7颗牙齿备用。一只尼日尔龙嘴里同时会有600颗牙齿！

这种特殊的结构代表着齿系（dental battery）。齿系是特化的牙齿组合，每颗牙齿都属于各自的主要牙组，一旦一颗牙齿磨损掉，另一颗牙齿就会上来替换。另外两种有齿系的恐龙是鸭嘴龙科和角龙科。像那些恐龙一样，雷巴齐斯龙科恐龙一定也用它们的齿系飞快地将植物切碎。但是，鸭嘴龙科和角龙科的齿系长在颌部两侧，雷巴齐斯龙科的牙齿则在颌部前端。

这就是为什么雷巴齐斯龙科恐龙有点像啮齿类。啮齿类的颌部前方有不断增长的门牙，这样它们就可以不停地啃咬，而又不会缺少牙齿。雷巴齐斯龙科恐龙也许并不能啃食物体，但它们确实能咀嚼大量植物。尽管每颗牙齿最终都会被磨损掉，但总会有一颗崭新的牙齿随时准备替换它。

为什么它们需要这种特化的牙齿？我们真的不知道。如果它们生活在今天，我们可能会猜想它们是食草动物，因为食用大量坚硬的草的大型动物（如马和犀牛）通常都有一对宽宽的门牙，可以承受很多磨损。雷巴齐斯龙科恐龙是食草的蜥脚类，这非常合乎情理。但问题是，在早白垩世，草还没有演化出来呢！

梁龙超科包括一些已知的最奇异的恐龙，但据我们现在了解，它们没有一只能活到恐龙时代的末期。最后的梁龙超科恐龙（雷巴齐斯龙和利迈河龙）生活在约9 500万年前，即晚白垩世初期。而在这个类群死亡后，其他蜥脚类又继续活了3 000万年。这些蜥脚类都是大鼻龙类，即有着大鼻子的蜥脚类的成员。

科罗拉多州晚侏罗世，巨大的梁龙科恐龙超龙面对巨齿龙科恐龙蛮龙的威胁时站直了身子。

蜥脚类的演化

密歇根大学
杰弗里·A.威尔逊博士（Dr. Jeffrey A. Wilson）

F.兰多（F. Lando）摄

第一只蜥脚类是160多年前在英国牛津发现的。这件藏品有些简陋，只有几件巨大的尾部骨骼，它们如此之大，人们曾以为它们属于如同今天的鲸一般的海洋动物。因此，第一只蜥脚类被称为鲸龙，意思是“鲸类爬行动物”。不久越来越多更为完好的蜥脚类骨架在北美洲西部和非洲东部被发现，人们很快意识到蜥脚类与鲸完全不同。到19世纪末，古生物学家已经详细绘制了蜥脚类的骨骼。

蜥脚类动物的胸部很厚，呈桶形，由四条柱状的腿支撑。奇特的颈部支撑着小小的头骨，与之相平衡的是一条同样长的尾巴，尾巴末端非常狭窄。这个基本的身体结构，也叫作演化的“蓝图”，是所有蜥脚类所共有的，但是没有哪两种蜥脚类看起来是完全一样的。骨架上各部分的大小差异使我们能够辨认出大约70种不同的蜥脚类，它们生活在恐龙时代的大部分时间里。

与其他恐龙的头骨相比，蜥脚类恐龙的头骨有点简单：没有角，没有脊冠，也没有喙——真是天然去雕饰！蜥脚类的头骨很适合吃植物，而且是大量食用。大多数蜥脚类只有不到100颗又大又结实的牙齿，但有些蜥脚类动物的颌部里则塞满了600多颗窄窄的牙。蜥脚类的上下两排牙齿在上下颌骨后方的同一位置结束，使得每颗上齿可以与下齿相互契合。这就使牙齿形成了一个连续的表面，在植物被吞食之前将其切碎。蜥脚类也许不像今天的植食性动物那样能充分咀嚼食物，它们可能具有很长的内脏，体内贮存的微生物能帮助它们分解食物。

蜥脚类的颈部确实非常特别，无论是长度还是支撑它的颈部骨骼的形状。所有蜥脚类的颈部都很长，但颈部长度的大小差异可能让不同的蜥脚类得以在不同的地方觅食——高至树上、低至地面，或者介于两者之间。也许蜥脚类颈部的部分秘密在于，每一块颈骨都部分充斥着空气，这种骨骼也叫作气囊（或气腔骨骼）。和今天的鸟类一样，从肺部长出的微小延伸物就像气球一样充斥在蜥脚类颈部骨骼的腔室中。充满空气的颈部骨骼在不牺牲骨骼强度的情况下减轻了骨骼的重量。

蜥脚类的身体很重，粗壮的腿在正下方为身体提供支撑，就像树干或建筑物前方的柱子。由于蜥脚类体重极沉，我们认为蜥脚类并不敏捷，不能奔跑，就像今天的大象一样。虽然它们不会跑，但我们知道它们很善于行走，因为我们在世界各地都能找到它们的足迹。我们很容易认出蜥脚类的足迹，因为它们用四条腿行走，具有五个手指和五个脚趾。科罗拉多州的行迹化石告诉我们蜥脚类有时成群结队地行进。

古生物学家对蜥脚类是否能依靠后腿站立起来争论不休。

腕龙
约巴龙
萨尔塔龙

25

大 鼻 龙 类

（大鼻子长颈巨型恐龙）

203 蜥脚类是一群巨型长颈植食性的蜥臀目恐龙。它包括许多不同的类型。有颈部极长的原始形态，如峨眉龙、巨大的鞭状尾梁龙科恐龙、叉龙科中背部有棘的物种，以及雷巴齐斯龙科中嘴似割草机的成员。但在所有蜥脚类类群中，最为多种多样的是大鼻龙类。

大鼻龙类的物种很丰富，包括基本的钝鼻类型恐龙，如圆顶龙和约巴龙，也有腕龙科的长臂物种以及巨龙类中许多不同的类型。巨龙类是所有蜥脚类类群中最为成功的一个，它们从中侏罗世存活至晚白垩世末期。在体型方面，它们既有18英尺［5.5米］长的“侏儒蜥脚类”马尔扎龙（*Magyarosaurus*），也有高达100英尺（30.5米），重100吨的巨兽，如阿根廷龙和南极龙。甚至还有勺状嘴的巨龙类和具有装甲的巨龙类。

鼻子在哪里？

大鼻龙类的意思是“大鼻子”，而这一类群的物种之所以得名，是因为它们头骨上鼻部开孔很大，通常比眼窝还要大得多。尽管比起典型的恐龙，原始蜥脚类鼻部开孔距离口鼻部前端较远，但大鼻龙类鼻部开孔长得特别靠上。基本上，它们的内鼻孔长在了前额上！

但这并不意味着它们的肉质鼻孔也在额头上。然而在过去，人们认为这个假设很站得住脚，几乎所有19世纪或20世纪有关大鼻龙类的图片都证实了这一点。例如，在电影《侏罗纪公园》中有一个令人难忘的场景：一只腕龙——最著名的大鼻龙类之一——对着一个躲在树上的小女孩打喷嚏，鼻涕从它前额飞了上去。

但是，由俄亥俄大学古生物学家拉里·维特默主持的最新研究表明，鼻道实际的肉质开口几乎可以肯定位于口鼻部的末端，就像大多数生物一样。他观察到，大鼻龙类头骨上与外鼻孔肌肉相连的神经和血管的小开孔位于口鼻部的前端，而不是巨大的鼻道开孔附近。这使得威特默得出结论：大鼻龙类巨大的鼻部开孔长有肉质的鼻腔，而实际的外鼻孔则位于面部靠下的地方，靠近口鼻部的末端。

为什么它们有这么大的鼻腔？我们不能确定，但很多类型的恐龙都如此，比如有角的角龙科恐龙 204 和喙状嘴的禽龙类。一种可能性是，这个空间里具有一个肉质的腔或囊，也许可以通过膨胀发出响亮的声音。另一种可能性是，鼻子中具有活性组织！可能有助于排出体内多余的热量或锁住水分，以防止肺部和喉咙干燥。我认为这些原因兼而有之。

大鼻子恐龙的基本形态

除了巨大的鼻子外，最原始的大鼻龙类与其他类群中的早期蜥脚类没有太大区别。事实上，并不是所有的古生物学家都同意一些蜥脚类是原始的大鼻龙类，而一些又是亲缘关系较远、只不过碰巧有了大鼻子的蜥脚类。不过，一般来说，原始的大鼻龙类具有钝钝的口鼻部和又大又结实的匙状牙齿。

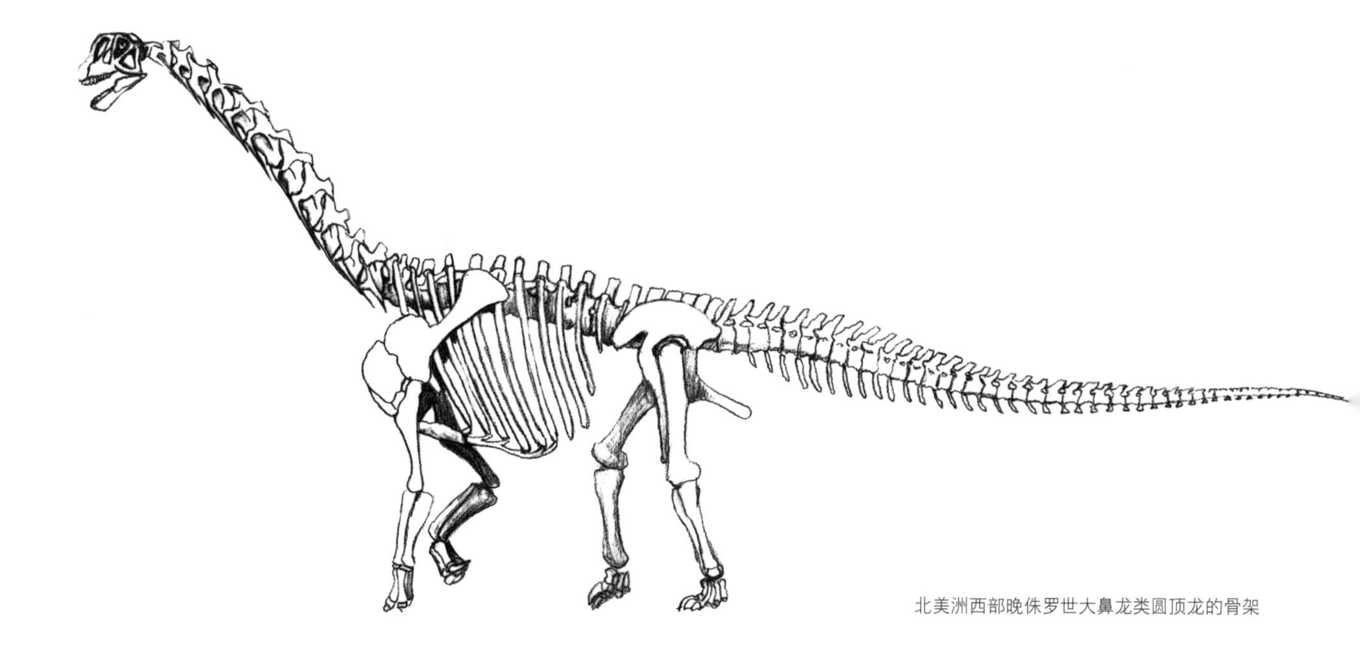

北美洲西部晚侏罗世大鼻龙类圆顶龙的骨架

205

大多数最为古老的大鼻龙类（来自中侏罗世）属于这种“基础大鼻子”类型。其中包括中国的文雅龙（*Abrosaurus*）和巧龙（*Bellusaurus*）以及摩洛哥的亚特拉斯龙（*Atlasaurus*）。与这些恐龙非常相似的是来自尼日尔的约巴龙，但它来自更晚的时期（早白垩世）。处于这些恐龙年代之间的，还有北美洲西部晚侏罗世的简棘龙，一些系统发育研究表明它也是一只大鼻龙类。

但到目前为止，最为著名也研究得最为透彻的原始大鼻龙类是侏罗纪晚期的圆顶龙。这只蜥脚类是从几十具几乎完整的骨架和数百件（甚至可能是数千件）零星的骨骼中被人们认识的。事实上，在美国西部莫里森组岩层中所包含的侏罗纪恐龙的数量比世界上任何地方都多，而圆顶龙又是其中最常见的。世界上许多博物馆都有这种著名蜥脚类恐龙架设好的骨架。它长60英尺（18.3米），重达25吨，比许多同时代的近亲，如腕龙、梁龙和迷惑龙要小。即使如此，它仍然比任何肉食性恐龙都大得多。

除了所有大鼻龙类共同的特征外，这些基础形态的大鼻子恐龙并没有表现出太多的特化性。事实上，它们似乎已经演化到末路了，因为它们最终被

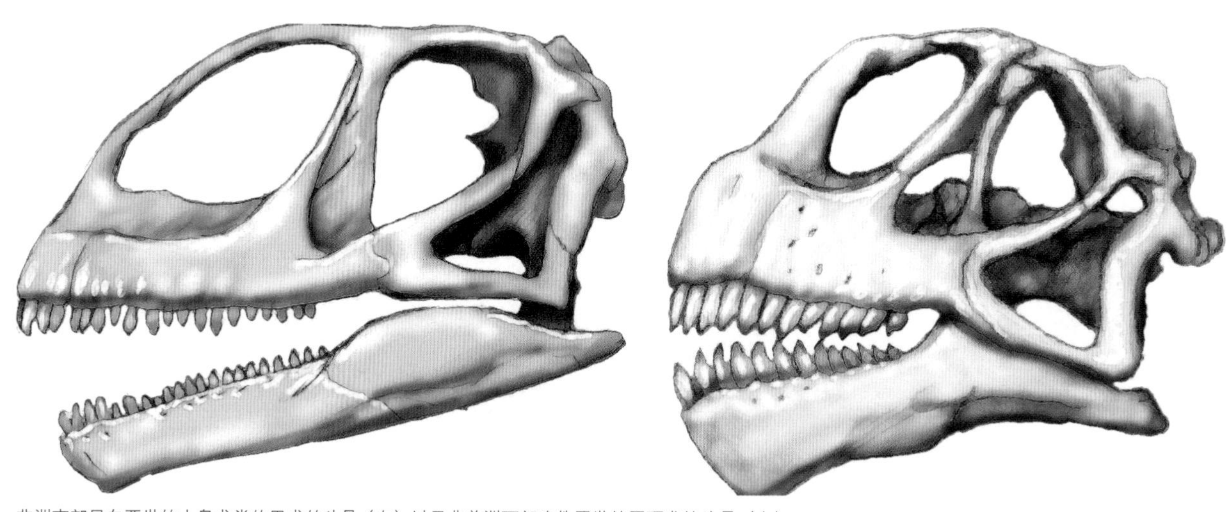

非洲南部早白垩世的大鼻龙类约巴龙的头骨（左）以及北美洲西部晚侏罗世的圆顶龙的头骨（右）

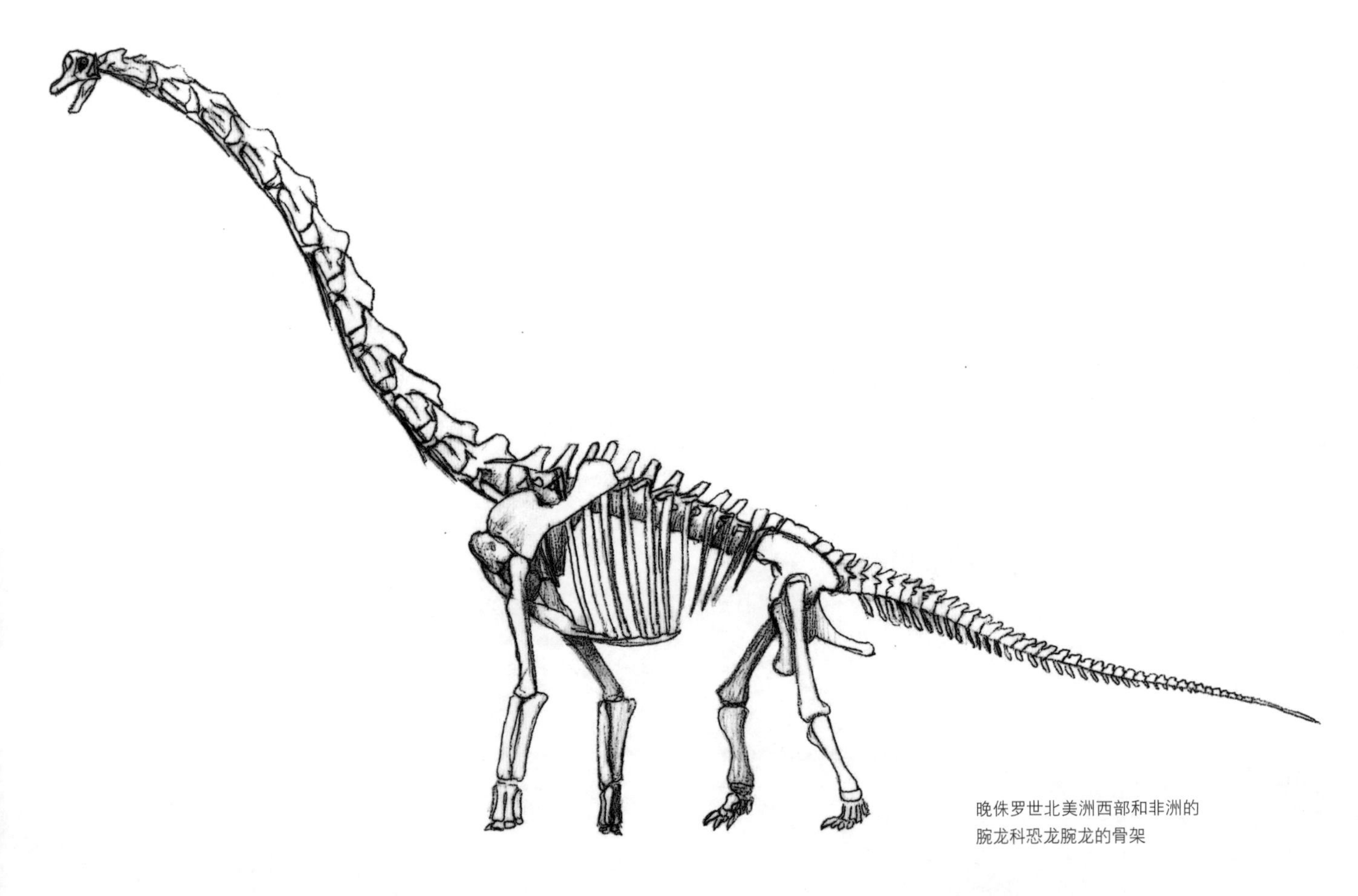

晚侏罗世北美洲西部和非洲的腕龙科恐龙腕龙的骨架

更进步的亲戚所取代：高大的腕龙科和多种多样的巨龙类。

腕龙科：最高的恐龙

最具特色的恐龙之一是腕龙。虽然尚无完整的骨架被发现，但来自美国西部和东非坦桑尼亚的部分保存较好的化石材料让我们对它的样子有了很好的认识。

首先，它很大。几十年来，它都被认为是所有蜥脚类中最大的，重达50吨，长约86英尺（26.2米）。更令人惊叹的是，它还很高！最大的腕龙最高可将头抬至60英尺（18.3米）高，尽管它通常会把头保持在“仅仅”30到33英尺（9.1到10.1米）的高度！

腕龙是怎么达到如此的高度的？部分原因是，即使按照蜥脚类的标准来看，它的颈部也相当长。这只恐龙大约一半的长度是颈部。但大多数时候，腕龙的高，是因为它的体型前高后低！一般来说，恐龙的前肢比后肢短，所以它们的肩膀低于腰带。但腕龙不是这样。它的前肢比后肢长，使得肩部比腰带高出许多。即使腕龙将脖子水平伸出，它的头也会高出地面20英尺（6.1米），这样它就能看到一栋两层楼的楼顶。可能更为自然的姿势是它将脖子以45度的角度抬起。它将脖子伸长，就能看到四楼甚至五楼的窗户。（如果你想要像腕龙一样看看这个世界，从四楼的窗户向外望，想象你的脚站在地上！）

不过，这已经是腕龙能达到的最高高度了。与梁龙超科恐龙不同，可能也与巨龙类不同的是，腕龙和它的近亲不能依靠后肢直立起身子。它们的重量大多在腰带之前，前肢又太细，无法承受它们俯身回来时的冲击力。所以不管你在电影里看到了什么，腕龙很可能是用四肢行走的，进食的时候也是如此。腕龙的头骨有点奇怪，即使以蜥脚类的标准来看也是如此。从四层楼往外看，它看起来很小，

腕龙身体前高后低，使得它比起大多数其他恐龙能在更高些的地方觅食。

但实际上它相当大。腕龙的头部有5英尺（1.5米）长。它有着巨大的、勺状的牙齿，更原始的大鼻龙类也一样。鼻部开孔在头顶形成了一个突起。腕龙身体的另一端具有很短的尾巴（这个短是按蜥脚类的标准来看的）。它的胳膊又长又细，手呈高高的柱状。

一些古生物学家认为腕龙巨大的骨骼属于一种叫作“巨超龙”（*Ultrasauros*）的恐龙，另一些人则认为这个非洲物种应该被命名为“长颈巨龙”（*Giraffatitan*）。然而，大多数古生物学家认为这些新名字不怎么合理，所以我现在还是坚持把它们都称为腕龙！

207

腕龙是最为著名的腕龙科恐龙。鲜少有其他的腕龙科恐龙从哪怕半具骨架中被人们所知，所以我们也不知道腕龙身上的特性有多少是腕龙科恐龙共有的。其他腕龙科恐龙的肩部似乎都比腰带高。它们中的大多数都是相当大的恐龙。

腕龙科恐龙的骨架在世界各地都有发现，它们来自中侏罗世到早白垩世之间。在所有腕龙科恐龙中，年代最近也最强大的是来自美国西部早白垩世

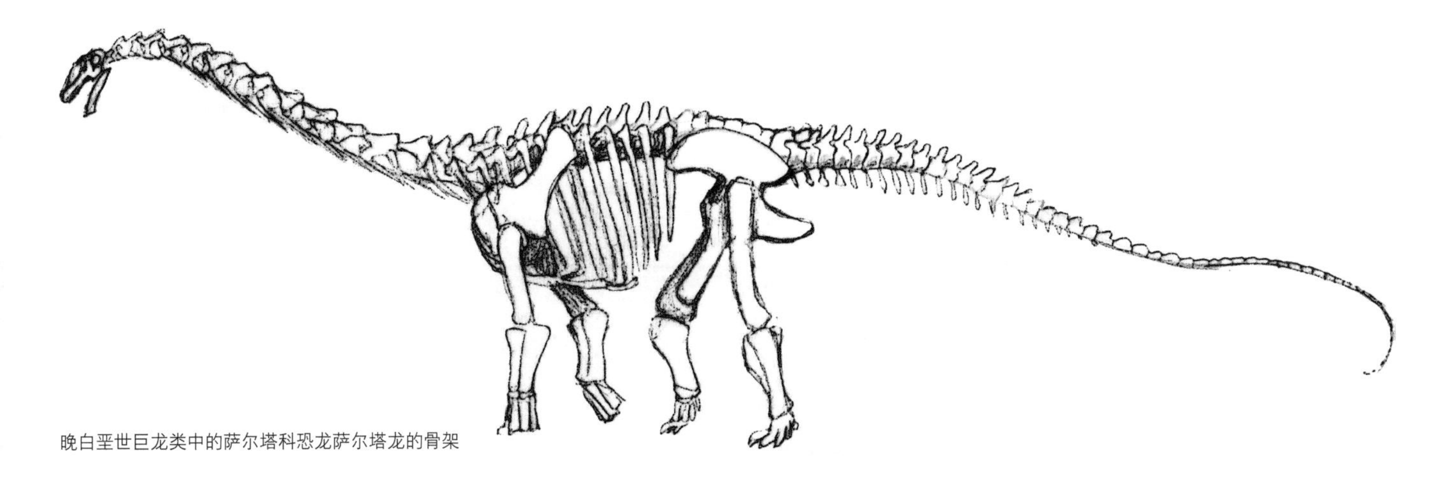
晚白垩世巨龙类中的萨尔塔科恐龙萨尔塔龙的骨架

的波塞东龙。它以希腊地震之神命名（波塞东的“副业”；他作为海神更为著名），是所有恐龙中最大的一个。它大约有98到107英尺（30到32.6米）长，70到80吨重，比巨大的梁龙身体短，也比阿根廷龙轻，但差别不大。因为波塞东龙似乎和腕龙具有差不多的身体构造，所以它可能是所有恐龙中最高的。这使它成为已知最高的动物。如果它将颈部伸长，头可能会保持在66到69英尺（20到21米）的高度或更高。这是三只半最高的长颈鹿叠在一起所达到的高度。

但令人难以置信的是，波塞东龙并非无懈可击！在德克萨斯州的帕拉克西河发现的一件奇妙的化石行迹显示，一只腕龙科恐龙（可能是波塞东龙，但也可能是其近亲）曾被巨大的食肉恐龙高棘龙追赶。在某一点上，两者的足迹交汇了，掠食者似乎抓住了这只植食性动物体的两侧。但之后它显然脱手了，于是便继续追赶。遗憾的是，我们看不出来蜥脚类是否得以脱逃，因为足迹就此结束了。

来自阿根廷晚白垩世的萨尔塔龙科恐龙博妮塔龙（*Bonitasaura*）的头部

巨龙类：巨兽之最

在所有大鼻龙类类群中，历经时间最久的是巨龙类，已知最古老的巨龙类是坦桑尼亚晚侏罗世的詹尼斯龙（*Janenschia*）。在8 500万年后的大灭绝时期，一些巨龙类，如美国的阿拉摩龙（*Alamosaurus*）、罗马尼亚的马尔扎龙和印度的伊希斯龙（*Isisaurus*），尚存于世。这意味着阿拉摩龙距离你和我的时间比距离詹尼斯龙更近。巨龙类在所有大陆都有发现，除了南极洲（古生物学家预测在那里发现它们只是时间问题）。

如你所见，巨龙类多种多样，但也有一些共同的特点。它们的胸部很宽，不像腕龙科恐龙那样窄。与腕龙科恐龙还有所不同的是，它们前臂的骨骼，即位于肘部和手腕之间的骨骼，特别厚、特别沉。巨龙类的肠骨（腰带区的上部）侧向张开，坐骨（腰带区的后下部）比耻骨短。（在其他蜥脚类中，肠骨不会外展，坐骨与耻骨一样长或长过耻骨。）与大多数蜥脚类相比，巨龙类的后肢相距更远。古生物学家杰弗里·A. 威尔逊和马特·卡雷诺推测，这些腰带和后肢的变化让巨龙类依靠后肢坐下或站立变得更容易。

至少在一些巨龙类身上发现的另一个特征是身体装甲。自19世纪末以来，古生物学家们发现了与

晚白垩世马达加斯加的萨尔塔龙科恐龙掠食龙

覆盾甲龙类（装甲鸟臀目恐龙）不同的装甲骨板，这些装甲骨板太大了，除了恐龙以外，不会来自其他生物。这种装甲是哪种恐龙长出来的？1980年，随着蜥脚类中的巨龙类萨尔塔龙被人们发现并描述，这一谜团得以揭开。原来装甲骨板是从它的背上来的。从那时起，在许多其他的巨龙类身上都发现了装甲。目前，我们还不知道是所有的巨龙类，还是只有某些物种具有装甲。在大多数巨龙身上，装甲由圆盘组成，边缘粗糙，大小各异，有的似饼干，有的似单人食的小比萨。但至少有一个物种的装甲不仅仅呈圆盘状。阿根廷早白垩世的奥古斯丁龙（*Agustinia*）有许多不同类型的尖刺、骨板和突起。事实上，它的装甲似乎和剑龙类的一样令人惊奇！

209

掠食龙在水坑处遭遇危险，受到鳄类马任加鳄的攻击。

就蜥脚类而言，有些巨龙类相当小。其中最引人注目的是“小”马尔扎龙，它只有犀牛那么大。它可能很小，因为它受困栖息于一个小岛上（该岛现在是罗马尼亚的特兰西瓦尼亚）。当一个大型物种的成员被困在一个小岛上时，往往没有足够的食物供

早白垩世阿根廷身披尖刺的巨龙类恐龙奥古斯丁龙

最大的个体生存。演化选择会倾向越来越小的动物，直到从一个巨大的祖先那里得到矮小的后代。古生物学家在大象化石和它们的近亲（猛犸象和乳齿象）化石中多次记录到这种情况，马尔扎龙似乎是恐龙类的一个例子。

但有些巨龙类则相当大。事实上，已知最大的恐龙就是巨龙类的成员。根据目前已获得描述的化石，最大的恐龙是来自阿根廷晚白垩世早期的阿根廷龙。将这只恐龙的已知部分与较小但更完整的巨龙类骨架相比较，古生物学家估算出阿根廷龙的体重在80到100吨之间，大概有100到110英尺（30.5到33.5米）长。比阿根廷龙小不了多少的是来自同一时代埃及的潮汐龙和年代更晚些的南极龙（尽管叫这个名字，但它来自阿根廷）。这些恐龙的体型是最大的肉食性恐龙的十倍。今天的蓝鲸是已知的唯一一种大过这种恐龙的动物。

210

萨尔塔龙科：最后的长颈恐龙

目前，人们对巨龙类的演化关系还存在许多困惑。它们鲜少从相对完整的化石材料中被人了解，因此很难对物种进行比较。事实上，只有来自马达加斯加晚白垩世的掠食龙（*Rapetosaurus*）是从保存良好的头骨和身体化石中被人们了解的。

然而，大多数研究都认为，存在一群非常进步的巨龙类。那就是萨尔塔龙科。萨尔塔龙科恐龙具有一些奇怪的特征。例如，没有手指。相反，它们的手呈柱状，末端好似树桩。而且，它们也有铅笔状的牙齿。这在过去引起了很多困惑，因为梁龙超科恐龙也有铅笔状的牙齿。很长一段时间以来，古生物学家认为梁龙超科和巨龙类一定是近亲，但现在更为完好的化石表明，巨龙类与腕龙科的关系更为密切。铅笔状的牙齿是在这两个分支中独立演化出来的。

萨尔塔龙科恐龙头部的形状有点像鸭子或鸭嘴龙超科恐龙。它们的口鼻部前端圆，中间窄，后部又更宽。有很多牙齿集中在颌部前端，尽管没有梁龙超科雷巴齐斯龙科恐龙的那么多。

萨尔塔龙科恐龙是蜥脚类中最后演化出来的类群。所有绝对属于萨尔塔龙科的巨龙类都来自白垩纪的最后2 000万年，在所有非巨龙类的蜥脚类恐龙灭绝之后。尽管体型比它们更原始的巨龙类亲戚要小，但至少像阿拉莫龙这样的有些萨尔塔龙科恐龙达到了30吨。

较早的恐龙书籍说恐龙时代的蜥脚类很罕见。事实上，它们只在北美洲和亚洲比较少见。在其他所有已知有恐龙的地方——欧洲、印度（当时它自成一片岛国大陆）、马达加斯加，尤其是南美洲——巨龙类，尤其是萨尔塔龙科恐龙，是最常见的恐龙类型。即使到了末日，这群长颈巨龙依然顽强地存活着。

大鼻龙类的遗迹化石

并非所有蜥脚类化石都是骨骼和牙齿。它们的行为留下痕迹，被称为遗迹化石，也为人所知。前面我提到了著名的帕拉克西行迹化石。蜥脚类的足迹多种多样，遍布世界各地。通常很难分辨是哪种蜥脚类制造了哪种行迹。然而，巨龙类的行迹非常与众不同，比普通蜥脚类足迹左右分得要开，因为它们的身体也相应地更宽。

一些保存非常好的大鼻龙类遗迹化石是巢穴。在欧洲、南美洲和亚洲发现了巨龙类的蛋和巢穴。最著名的巢穴点是来自阿根廷巴塔哥尼亚的奥卡马维达。事实上，在这个地方已经发现了数千枚恐龙蛋，其中一些包含了尚未孵化的萨尔塔龙幼崽化石。即使里面的幼崽长大后可能有30吨重，蛋的直径也只有6英寸（15.2厘米）。另一个不那么吸引人的恐龙遗迹化石在2005年获得描述。那是一件粪化石，或者说是一件石化的粪便，来自印度晚白垩世。它含有一些种子化石，这是迄今为止在地球上行走的最大动物之一的最后一餐。

下页图片：面对一群驰龙科恐龙犹他盗龙的进攻，星牙龙（*Astrodon*）奋起反击。

莱索托龙
皮萨诺龙

26

鸟 臀 目

（鸟臀恐龙）

213

作为恐龙谱系树的两个主要分支之一，鸟臀目恐龙都是以植物为食的。一些有史以来最为壮观的恐龙——背竖骨板的剑龙类、身披装甲的甲龙类、头上长角的角龙类、头部隆起的肿头龙类和脊冠中空的鸭嘴恐龙，都是鸟臀目恐龙。不过，可能会让你吃惊的是，虽然鸟类是恐龙，但它们却**不是**鸟臀目恐龙！

鸟的臀部和靠下的喙

当古生物学家第一次发现恐龙化石时，他们最重要的工作就是描述化石和命名化石。毕竟，他们需要知道看到的是什么骨骼，以及这些奇怪的、古老的生物叫什么名字。然而，随着时间的推移，随着越来越多的恐龙化石被发现，科学家们开始思考恐龙相互间的联系。

19世纪80年代，足够多的恐龙骨架让人们得以认识到恐龙具有几种主要的身体类型。有四足的长颈植食性恐龙，两足的食肉恐龙，四足的短颈植食性恐龙（通常身披装甲）和两足的植食性恐龙。耶鲁大学的古生物学家O. C. 马什将这四种类型命名为蜥脚类、兽脚类、剑龙类和鸟脚类。

1885年，英国古生物学家哈利·G. 丝莱注意到马什命名的剑龙类（其中包括一些我们现在归为甲龙类的恐龙）和鸟脚类具有许多共同的特征，蜥脚类和兽脚类也有一些共同的特征。例如，蜥脚类的恐龙和兽脚类的恐龙都具有一块指向前方的耻骨，以及具有中空腔室的脊椎。

相比之下，鸟脚类和剑龙类的脊椎是实心的。它们的臀部很奇怪。所有的恐龙和其他有腿的脊椎动物的臀部（腰带）都由三块主要的骨骼组成。肠骨在上，使腰带固定在脊椎上。另外两块骨骼附着在肠骨底部。坐骨是附着在底部后方的骨骼，指向动物的尾部。耻骨是附着在肠骨底部前端的骨骼。几乎所有这些动物的耻骨都指向前方或下方。因为蜥脚类和兽脚类的臀部让丝莱想起了蜥蜴的臀部，所以他将这一类恐龙命名为蜥臀目（蜥蜴臀部）。

相比之下，剑龙类和鸟脚类的耻骨则不太寻常。没有指向前方或者下方，而是像坐骨那样指向后方。就像现代鸟类臀部的耻骨，所以丝莱把这群恐龙称为鸟臀目。然而，鸟臀目恐龙的臀部并不完全像鸟类。一些鸟臀目恐龙（例如鸭嘴龙和角龙）的耻骨前部有一个突起。可没有鸟类的臀部是这样的。

214

后来的发现显示了鸟脚类和剑龙类的另一个相似之处。那就是前齿骨：连接下颌两侧前端的一块额外的骨骼。这种前齿骨只在鸟臀目恐龙中发现过。事实上，O. C. 马什建议将鸟臀目改名为前齿类（有前齿骨的恐龙），但这个想法从未被真正接受。前齿骨上覆盖着角质喙。

在18世纪晚期，肿头龙类（隆顶恐龙）是特别怪异的新类群。随着更完善的甲龙类骨架被发现，古生物学家发现它们与剑龙类其实不同，于是将它们移出剑龙类，赋予了它们一个属于自己的类群（甲龙类）。

大约在同一时期，古生物学家注意到了大多数鸟臀目的共同点：叶状齿。在现代世界，叶状的牙齿在大量食用植物的爬行动物身上被发现（例如鬣

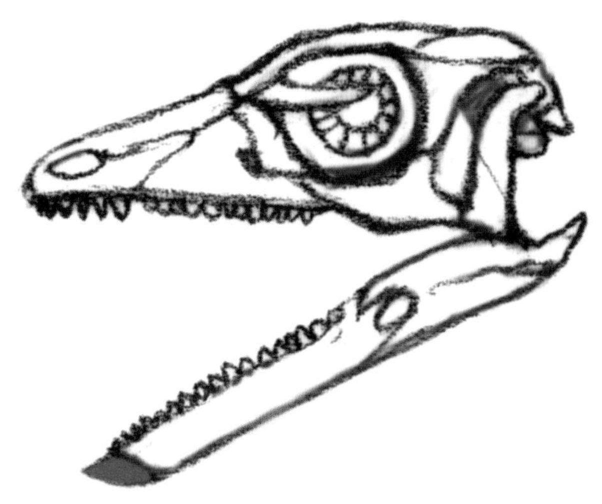

所有鸟臀目的下颌前部都具有一块额外的骨骼，叫作“前齿骨”（标红的部分）。

蜥的许多物种）。这是鸟臀目恐龙以植物为食的一个线索。另一个线索是它们指向后方的耻骨。怎么会这样？你可能会问。最有可能的答案是它们有很长的肠子。这千真万确。

消化植物是一项艰苦的工作。身体分解植物比分解肉需要更多的时间。一般来说，每一口肉都比植物含有更多的营养成分。因此，以植物为食的动物必须有更长更发达的肠道，以确保它们能从所吃下的植物中获得尽可能多的营养。

因此，植食性动物往往很胖。如果你从正面观察一只大型植食性动物，比如牛或马，你会看到它们的腹部从身体两侧突出。然而，如果你从正面观察像狮子或狼这样的大型食肉动物，它们只有在刚进完食的情况下肚子才会变大；其他时候，肉食性动物的肚子相对较小。这是因为食肉动物的肠道比植食性动物短。

像牛和马一样，吃植物的恐龙也必须具备庞大的肠道。然而，早期植食性恐龙都是两足动物，所以它们无法挺着一个大大的肚子，还保持着两足行走。蜥脚型类（长颈植食性蜥臀类恐龙）最终长出了大肚子，永远变成了四足动物。早期鸟臀目恐龙演化出了一种不同的解决方案。它们通过让耻骨转向后方来增加肠子的空间。耻骨越向后移动，肠道的空间就越大。最后，耻骨一路后移到了坐骨的位置。

通过将内脏向后扩展而不是向侧面延伸，鸟臀目恐龙可以使身体重心维持在腰带附近，这样它们仍然可以依靠两足行走。事实上，成了永久性四足动物的鸟臀目恐龙类群并不是因为它们巨大的肠道才用四足行走的。就拿有装甲的恐龙来说，是甲的重量“迫使”它们四脚着地。对于有角恐龙来说，则是因为它们巨大而沉重的头。

早期鸟臀目恐龙

所有恐龙的祖先都具有一个指向前方的耻骨。所以，如果鸟臀目恐龙是由具有前指耻骨的恐龙演化而来的，拥有类似骨骼的鸟臀目化石难道不应该被我们找到吗？事实上，我们确实找到了。而且，不出所料，它是所有鸟臀目恐龙中最古老也最原

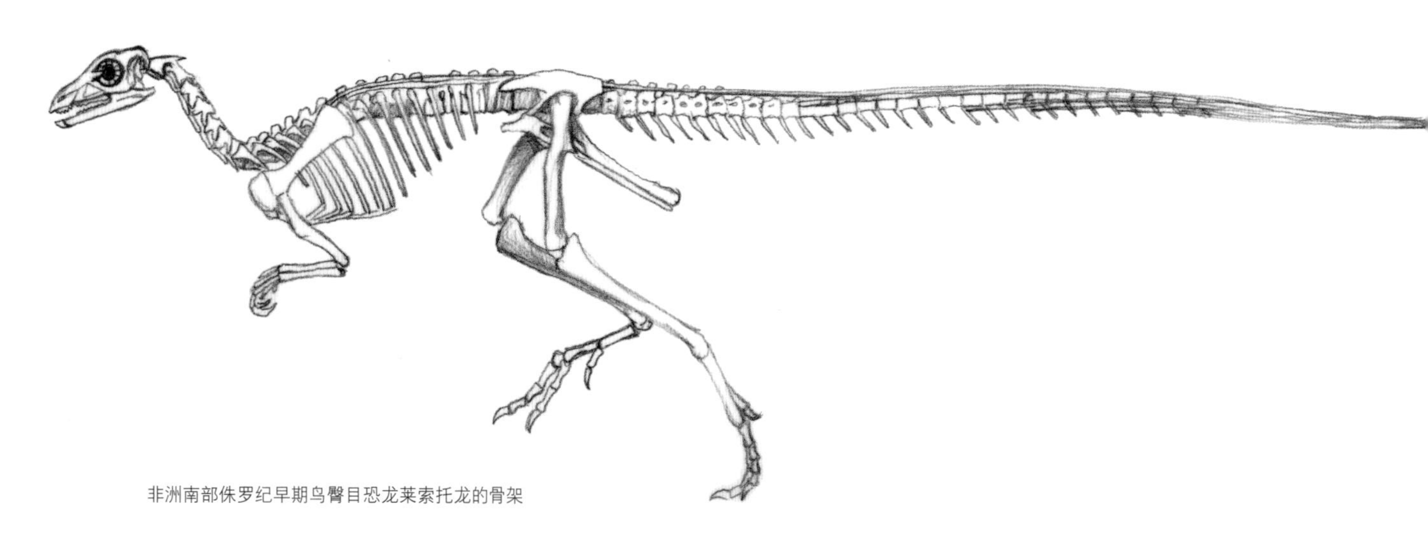

非洲南部侏罗纪早期鸟臀目恐龙莱索托龙的骨架

中国中侏罗世鸟臀目恐龙灵龙的化石

始的。

阿根廷晚三叠世的皮萨诺龙（*Pisanosaurus*）是化石记录中的最古老的鸟臀目恐龙。（少数古生物学家怀疑恐龙的亲戚西里龙才是更为古老的鸟臀目恐龙，但是就2007年了解到的情况来看，并非如此。）人们只从一些骨骼碎片中了解到皮萨诺龙，但这些碎片表明它是鸟臀目恐龙。它的腰带还不完整，但有迹象表明它的耻骨指向前方。（描述这种恐龙的古生物学家何塞·波拿巴实际上认为腰带是朝向后方的。后来的研究表明他是错误的。）

还有一些已知的晚三叠世鸟臀目化石碎片。大部分都是牙齿。所以，虽然我们找出了早期鸟臀目生活在什么地方，但我们不太能说出它们长什么样子。

你去年代稍晚一些的岩层中寻找，会更走运些。从早侏罗世保存较好的标本中发现了一些鸟臀目恐龙。虽然大多数属于鸟臀目谱系树中较进步分支的早期成员，但也有少数是非常原始的。其中最著名的是法布尔龙（*Fabrosaurus*）和莱索托龙。（事实上，这些恐龙可能是同一个恐龙物种。）法布尔龙仅从一件下颌被人们得知，莱索托龙的大部分骨架都是已知的。骨架表明这是一只可以跑得很快的小型两足恐龙。它的耻骨指向后方，因此和皮萨诺龙相比，它与更进步的鸟臀目关系更为密切。然而，它缺乏更进步形态具有的一些特点。

216

有一些恐龙和莱索托龙一样原始，但生活的年代较晚。这些恐龙包括中国的晓龙（来自中侏罗世）、贡布龙（*Gongbusaurus*，来自晚侏罗世）和热河龙（*Jeholosaurus*，来自早白垩世）。然而，这些恐龙可能是鸟脚类的原始成员。针对这些恐龙正在

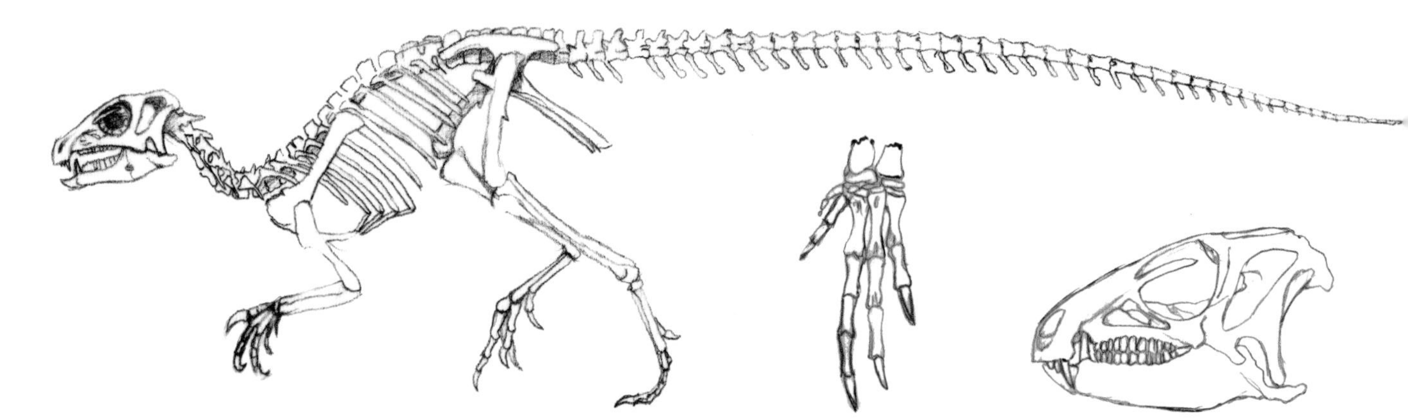

非洲南部早侏罗世畸齿龙类恐龙畸齿龙的骨架，以及对其可抓握的手部和有力的头骨的特写。

进行着新的研究，希望我们能尽快对这些小型植食性恐龙有更多的了解。

畸齿龙类

畸齿龙科是鸟臀目重要的早期类群之一。它们中最为著名的是非洲南部早侏罗世的畸齿龙（*Heterodontosaurus*），但化石直到英国早白垩世的棘齿龙（*Echinodon*）才为人所知。

畸齿龙类的手部具有可抓握的手指和半对生的拇指。因为蜥臀目恐龙也具有相同的手型，所以这似乎是恐龙类的祖征。后来类型的鸟臀目演化出了更粗的手指，不太适合抓握。事实上，在鸟臀目恐龙中，畸齿龙类的手相对前肢来说是最长的。一些古生物学家认为，它们用手来挖根和块茎。

畸齿龙科恐龙的骨架与其他早期鸟臀目恐龙骨架非常相似。不同之处在于它们的头骨比它们的大多数近亲都结实。这表明它们可以食用相当坚硬的植物。此外，畸齿龙科恐龙的牙齿不是典型的叶状齿。相反，它们颊齿（不是下颌前部的那几颗牙）的形状像小凿子——这是它们以坚硬植物为食的另一个线索。

至少有些畸齿龙科恐龙拥有犬齿。对植食性动物来说，这听起来委实奇怪，但是现在也有一些和畸齿龙科恐龙差不多大小的小鹿和羚羊长着犬齿。它们不会用犬齿捕猎，而是用来向雌鹿和羚羊炫耀，恐吓其他雄性。畸齿龙也是这样吗？我们不能确定，因为没有足够多的恐龙头骨来观察是否只有一些恐龙（可能是雄性）具有犬齿。

厚脸皮恐龙？

皮萨诺龙和莱索托龙代表了最原始类型的鸟臀目恐龙。更进步的鸟臀目恐龙的骨架中有许多特殊的特征，特别是在嘴部。齿列是内嵌的，也就是说，牙齿并不完全沿着颌部两侧生长，而是微微向内靠近舌头。为什么会这样？

古生物学家彼得·高尔顿在1972年提出了一个答案：因为脸颊！他推测进步的鸟臀目恐龙颌部两侧具有脸颊。大多数爬行动物都没有脸颊，所以在很长一段时间里，古生物学家都认为恐龙是没有脸颊的。如果你观察一只没有脸颊的植食爬行动物进食，比如海龟或者蜥蜴，你会发现许多食物会从它们的嘴里流出来。

高尔顿认为鸟臀目恐龙的脸颊附着在面部的外侧。他指出，如果鸟臀目恐龙具有脸颊，它们可以吞下更多正吃在口中的食物，从而使进食更有效率。这也许可以解释为什么有脸颊的鸟臀目恐龙类群（覆盾甲龙类、头饰龙类和鸟脚类）是如此成功，而没有脸颊的鸟臀目恐龙则很稀少。

虽然大多数古生物学家都同意鸟臀目恐龙拥有脸颊这个观点，但也有少数人持谨慎态度。俄亥俄大学的拉里·维特默和他的团队提醒我们，目前还没有人真的证明鸟臀目恐龙的颌部具有脸颊的附着

畸齿龙的犬齿可能用于展示或防御。

面。他提醒说，内嵌齿列可能有其他解释，例如，长喙一直延伸到颌部非常靠后的地方。他的研究小组正在探究是否能在颌骨表面找到线索，以证明这些想法是否属实。

（就我个人而言，我觉得高尔顿是正确的，路易斯·V.雷伊在这本书中为大多数鸟臀目画上了脸颊。新的数据可能最终表明这是错的。这就是研究恐龙科学的乐趣的之一，也是挫败之一。有时候，新发现可以彻底改变你对恐龙的“常规”认识！）

不管有没有脸颊，鸟臀目恐龙都曾是一个非常多样化的恐龙群体。虽然不是个头最高的，也不是速度最快的，但它们体型各异，形态丰富。

鸟臀目的演化分支图

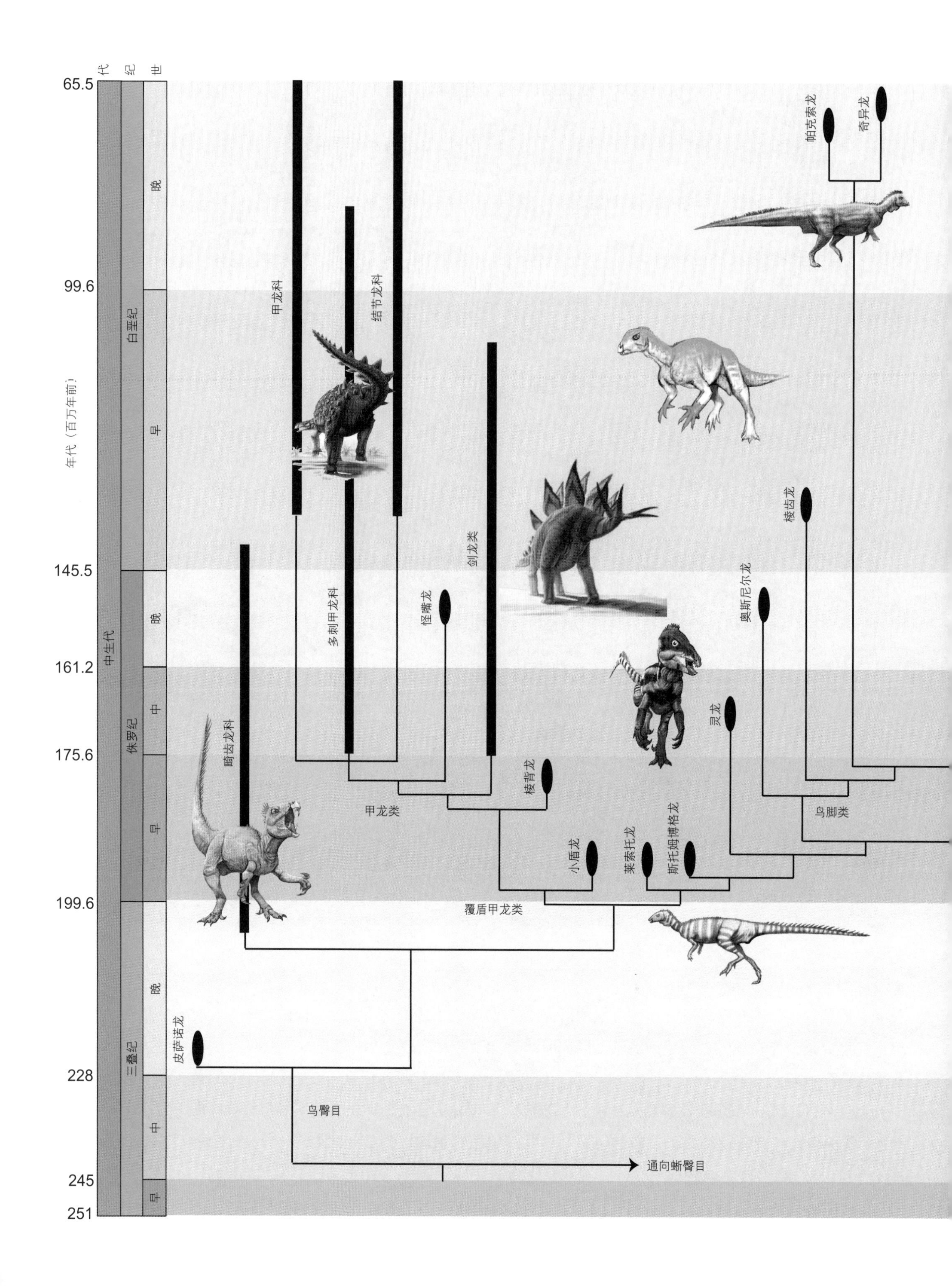

代
纪
世
65.5
99.6
145.5
161.2
175.6
199.6
228
245
251
年代（百万年前）
中生代
白垩纪
侏罗纪
三叠纪
晚
早
晚
中
早
晚
中
早
甲龙科
结节龙科
多刺甲龙科
怪嘴龙
剑龙类
畸齿龙科
棱背龙
甲龙类
小盾龙
莱索托龙
斯托姆博格龙
覆盾甲龙类
帕克索龙
奇异龙
棱齿龙
奥斯尼尔龙
灵龙
鸟脚类
皮萨诺龙
鸟臀目
通向蜥臀目

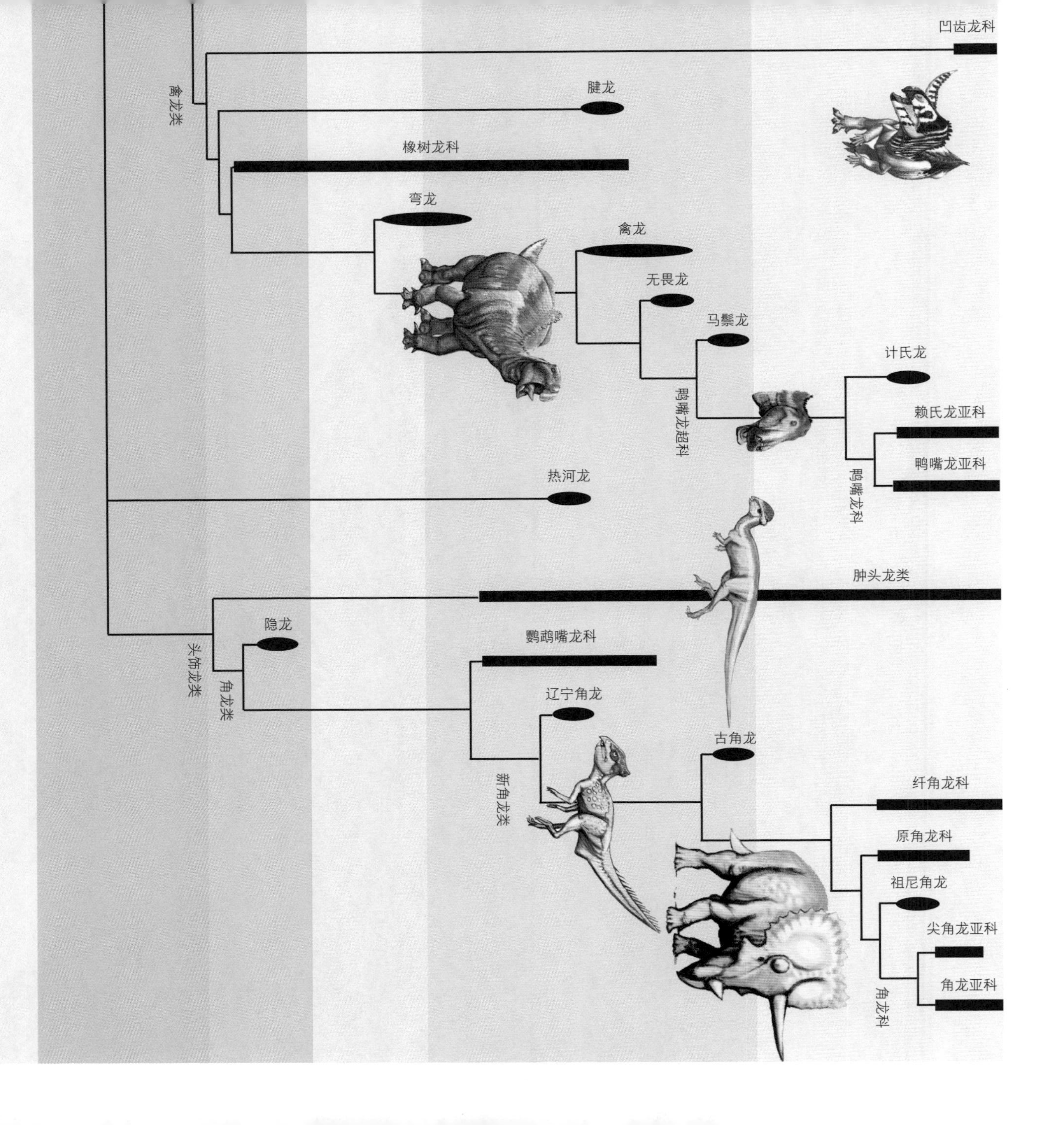

凹齿龙科
腱龙
橡树龙科
弯龙
禽龙
无畏龙
马鬃龙
计氏龙
赖氏龙亚科
鸭嘴龙亚科
鸭嘴龙科
鸭嘴龙超科
禽龙类
热河龙
肿头龙类
隐龙
鹦鹉嘴龙科
辽宁角龙
古角龙
纤角龙科
原角龙科
祖尼角龙
尖角龙亚科
角龙亚科
角龙科
新角龙类
角龙类
头饰龙类

莫阿大学龙
棱背龙
小盾龙

27

原始覆盾甲龙类

（早期装甲恐龙）

221 在一个生活着众多危险肉食性恐龙的世界里，植食性动物有几种不同的生存方式。有些速度比较快，可以逃跑。一些个头很小，可以藏起来。还有一些体型巨大，难以猎杀。少数拥有可以还击的角。后来有些还发展出了装甲。装甲恐龙的主要类群是覆盾甲龙类（有盾的恐龙），1915年由罗马尼亚古生物学家费伦茨·诺普斯卡（Ferenc Nopsca）为其命名。大多数覆盾甲龙类要么属于身有骨板的剑龙类，要么属于身似坦克的甲龙类。但早期装甲恐龙并不是这些进步类群的成员。

小盾龙：最早的覆盾甲龙类

覆盾甲龙类是鸟臀目谱系树上的主要分支之一。已知的早期装甲恐龙来自早侏罗世；所有来自中侏罗世的覆盾甲龙类要么是剑龙类，要么是甲龙类。

早期覆盾甲龙类中最原始的是小盾龙（*Scutellosaurus*），来自北美洲西部早侏罗世初期。一般来说，小盾龙在体型和外形上都与诸如莱索托龙或者盐都龙（*Yandusaurus*）这样的原始鸟臀目恐龙相似，它身长约有5英尺（1.5米），大部分时间都只用后肢行走。它有一条相当长的尾巴。对它头骨鲜少的了解表明它的口鼻部可能相当短，有植食性恐龙典型的叶状齿。它的后肢比莱索托龙和盐都龙的后肢短，且更结实，所以速度可能不是很快。

使小盾龙与众不同的是它身上的装甲骨板。这些装甲骨板被称为盾板，或更专业地来说，叫作皮内成骨（osteoderms）。在小盾龙的皮肤上有几十个这样的盾板。有些是平的，但另一些有突起的棱。它们的大小从十分钱到半美元不等。这些盾板彼此之间没有连接，也不与骨架中的其他骨骼相连。相反，它们是“浮”在恐龙的皮肤上的。这就意味着这些盾板可以保护身体，但不会使皮肤变得僵硬而无法弯曲。

为什么一只恐龙会演化出装甲？答案是：因为其他恐龙！至覆盾甲龙类演化出来的时候，陆地上大多数非恐龙类的掠食者已经灭绝，但周围仍存在大量肉食性恐龙。为了在这样的世界里生存，植食性动物必须找到生存和繁殖的途径。

兽脚类（肉食性恐龙）行动迅速敏捷。所以覆 222 盾甲龙类的祖先可能会通过演化让速度变得更快。然而，已经有其他的植食性动物更快了（早期鸟脚类）。因此，如果覆盾甲龙类试图与鸟脚类竞争的话，它们可能不太会成功。

于是，早期覆盾甲龙类转而演化出了盾板。在对付体型较小的掠食者时特别有用，尤其是早侏罗世最常见的兽脚类，即身形细长敏捷的腔骨龙超科恐龙。如果一只小型食肉动物试图朝早期覆盾甲龙类的皮肤表面啃上一口，很可能会折断牙齿。在三叠纪和侏罗纪之间曾发生过一次重大的灭绝事件，所以大多数体型较大的掠食者，如巨大的劳氏鳄类已经灭绝。因此，抵御小型掠食者的防护措施会大有裨益。

进一步观察皮内成骨

覆盾甲龙类并不是唯一具有皮内成骨的动物。223

原始的身披装甲的小盾龙

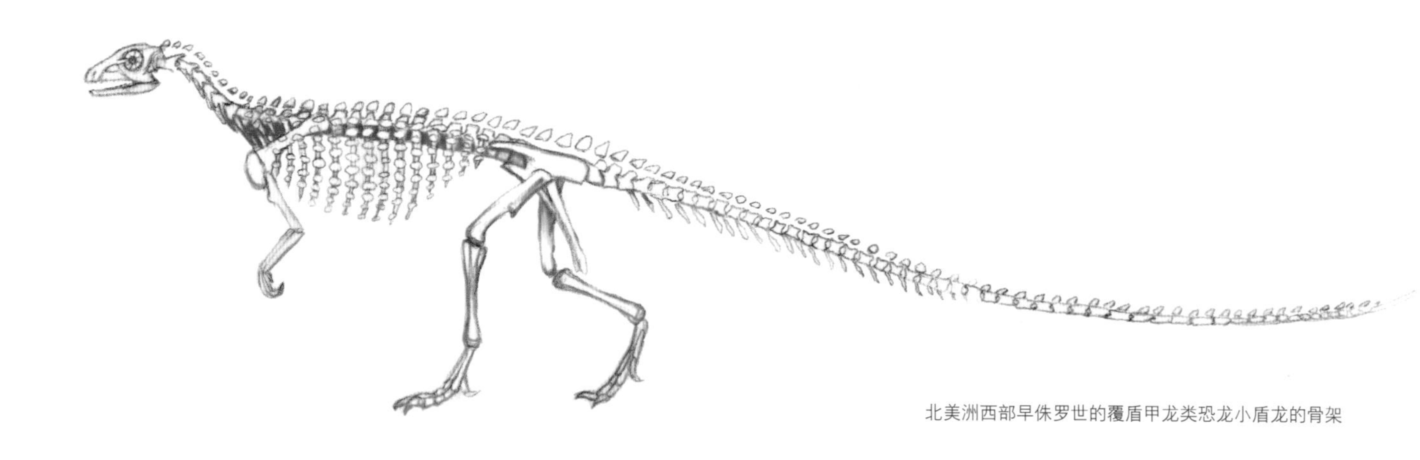

北美洲西部早侏罗世的覆盾甲龙类恐龙小盾龙的骨架

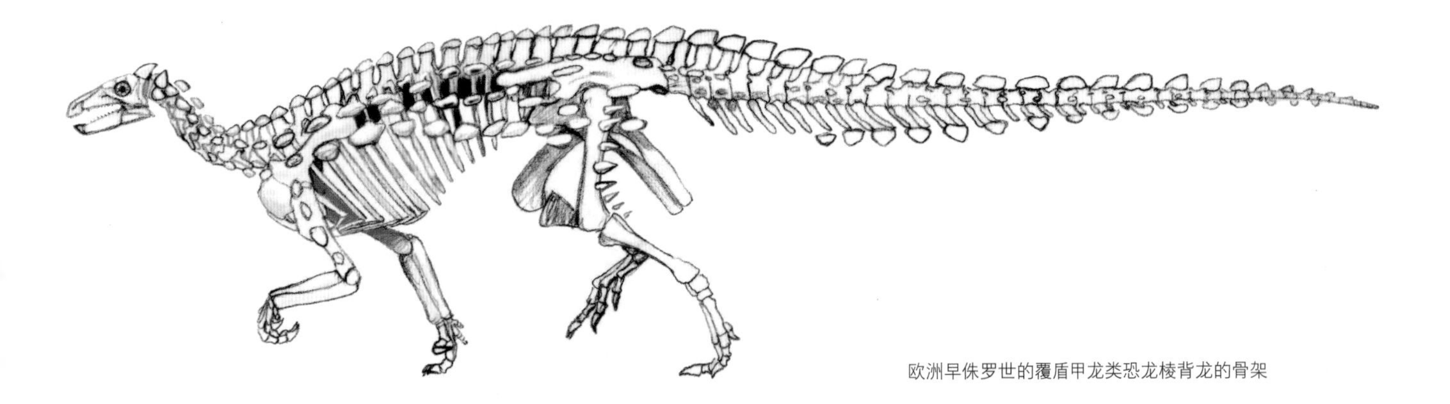
欧洲早侏罗世的覆盾甲龙类恐龙棱背龙的骨架

蜥脚类中的一些巨龙类也具有皮内成骨，一些诸如植食性的链鳄和类似鳄鱼的副鳄类这种已灭绝的非恐龙动物也有。许多现代动物也具有皮内成骨，例如犰狳和鳄鱼。在现生动物中，最极致的皮内成骨在龟类身上可以找到，它们紧密扣合，形成了外壳。

如果我们近距离观察皮内成骨，会看到它大部分是由骨骼构成的。在覆盾甲龙类的骨架中这就是我们找到的全部。但是皮内成骨可不仅仅是骨骼。如果切开现代有甲动物的皮内成骨，你会看到骨骼上覆盖着活性组织。活性组织的外层是角质，它是组成指甲、蹄和牛角表面的物质。角质是“死”组织。新的角质可以自下层增加，但旧的角质（朝外的部分）不具有任何神经或血管，没有任何感觉，也无法愈合。

这使得角质非常有利于用来防护。它可以吸收前来进犯的动物的牙齿和爪子造成的伤害，使装甲动物免于受伤。随着旧角质的磨损，新的角质将由下面的活性组织产生。

我们也可以观察一下现代有甲目动物，看看它们是如何使用皮内成骨的。在大多数情况下，它们用皮内成骨作为简单的防御。也就是说，如果受到攻击，它们会蹲坐下来任由掠食者攻击。如果它们的装甲撑得住，掠食者通常会在感到疲倦后离开，不再理会这些有甲动物。早期的覆盾甲龙类可能也是如此。但是，我们在接下来的几章中会看到，一些后来的覆盾甲龙类并没有干坐在那里任由对方攻击！

防御的代价

尽管在早侏罗世初期（小盾龙生活的时期），大多数掠食者都很小，但情况并非全然如此。例如，含有小盾龙化石的岩层中也有身形细长的合踝龙（约10英尺［3米］长），以及它更大更强壮的亲戚——双脊龙（长20英尺［6.1米］）。小盾龙的装甲也许能够抵挡住合踝龙的攻击，但一只成年的双脊龙怕是会把小盾龙撕得粉碎。

另一只早期小型覆盾甲龙类，即欧洲早侏罗世晚期的莫阿大学龙（*Emausaurus*），也面临着相同的问题。因为莫阿大学龙大约是小盾龙的两倍大，所以单就体型来说它的防护力也更强些。更重要的是，它的一些盾板上具有更大的脊。事实上，有的算得上是真正的尖刺了！要是有大型兽脚类试图对着它咬上一口，一定会发现它更加“刺嘴”。但这只覆盾甲龙类仍然相当小，一个意志坚定的大型掠食者是不会被这些尖刺吓退的。

覆盾甲龙类演化的下一个阶段体现在棱背龙（*Scelidosaurus*）身上。它比小盾龙或莫阿大学龙都大得多——身长13英尺（4米）。它面部的一些骨骼具有褶皱，说明它头部具有一些角质装甲。它的盾板比其他恐龙要多，也更大，有的大过扑克牌。但这身装甲是有代价的。如此多而沉重的骨板压在身体上，迫使它四肢触地。它不能只靠两条腿行走，或者至少不能长时间行走，否则装甲的重量就会迫使它的前肢落回地面。

224

这身装甲也会让它速度变得相当慢。它无法

沉重的装甲使得棱背龙不得不用四足行走……

通过快速奔跑躲开一只前来进攻的兽脚类。但有了皮内成骨，它也不必这么做：只需让骨板发挥作用。如果一只攻击者没被它的装甲吓退，那么它还可以用具有装甲骨板的尾巴来攻击对方。棱背龙代表着后来所有类型的覆盾甲龙类演化的基本形式：身体沉重，四足行走，相对缓慢，但装甲得力。

棱背龙在人类时代也存在一段有趣的历史。它是最早从近乎完整的骨架中被人们得知的恐龙之一，发现于1858年的英国，由理查德·欧文爵士（命名恐龙的人）进行研究。但是，棱背龙的原始样本是在非常坚硬的石灰岩中找到的，19世纪古生物学家很难在不破坏骨骼的情况下将岩石移除。因此，几十年来，棱背龙的化石基本上都是原封未动的。

20世纪中叶，英国古生物学家艾伦·查理格开始使用新技术制备这一标本，包括利用弱酸缓慢溶解石灰岩而又不损坏化石本身。但这个过程需要花上很多时间。事实上，这件化石最终完整的描述到现在也还没有发表！艾伦·查理格已经过世，他的同行英国古生物学家戴夫·诺曼正在完成这份报告。因此，自它被发现一个半世纪后，我们终于要知道这件化石大体是什么样子了。

早期装甲恐龙生活方式

和其他鸟臀目恐龙一样，覆盾甲龙类是植食性恐龙。因为它们或很小（比如小盾龙和莫阿大学龙），或四肢行走（比如棱背龙），只能搜食地面上长势较矮的植物。对小盾龙牙齿磨损的研究表明，比起大蜥蜴那样将食物咬碎，莱索托龙、小盾龙、莫阿大学龙这样更原始的鸟臀目恐龙会以不同的方式碾碎食物。

目前还没有人发现原始覆盾甲龙类的巢穴，因此我们对它们的蛋或幼崽知之甚少。根据剑龙类和甲龙类幼崽的化石，我们可以预测原始覆盾甲龙类幼崽的骨板比成年后要小得多，发育也不充分。

原始覆盾甲龙类生活在各种环境中。例如，在沙漠附近的森林中形成的岩层里就发现了小盾龙的化石，因此可能有些小盾龙或其亲戚偶尔会在沙漠中游荡。在海洋中形成的石灰岩里则发现了棱背龙的化石。古生物学家认为棱背龙并不是水栖动物，而是生活在岸边。这些化石只是被冲入大海的恐龙尸体的残骸。（事实上，有人在一只海洋爬行动物的内脏里发现了一件棱背龙的骨架，这只爬行动物享用了一具耐嚼的尸体！）

……但用来抵御前来进犯的兽脚类还是大有用处的。

剑龙

华阳龙

28

剑 龙 类

（骨板恐龙）

227

剑龙是最易于识别也最受欢迎的恐龙之一。它绝对是覆盾甲龙类（即装甲恐龙，也包括身似坦克的甲龙类以及棱背龙和小盾龙这样的原始装甲恐龙形态）中最为著名的。它背有骨板，尾带尖刺，这一与众不同的形象为无数卡通、电影、电视剧、邮票、玩具和模型增色不少。但是科学家们对这种著名的植食性恐龙到底了解多少呢？它到底有多“与众不同”呢？

屋顶爬行动物？瓦片恐龙

虽然剑龙今天为我们所熟悉，但起初情况并非如此。事实上，当O. C. 马什和他的团队在美国西部首次发现这种动物的化石时，他们甚至无法确定这是不是一只恐龙！马什认为它们可能是一只巨龟的骨骼！

使得马什困惑的部分原因是对这只动物最显著的特征——巨大的骨板存在误解。缺少其他线索来指引，马什不知道这些骨板该如何放置在身体上。在1877年首次描述剑龙时，他最初的猜测是骨板平放于剑龙背上。马什把这些骨板想象成屋顶上的瓦片，事实上，这就是他把这种生物命名为“剑龙”的原因，意思是“有盖板的爬行动物”。

不过，不久之后，马什的研究小组收集到了这种爬行动物更为完整的标本，他随即认识到这是只恐龙，而不是海龟。随着更多的标本出现，他还意识到这些骨板是竖立朝上的。

马什为什么会对剑龙的骨板产生困惑，这很好理解。这些皮内成骨（即骨质甲片）不与骨骼相连，而是由软骨固定在皮肤上。所以当剑龙死去，尸体腐烂，骨板就会掉落，轻易就会被移开。事实上，马什是在找到一只死在干涸水坑里的剑龙标本后才弄清楚骨板的位置的：动物死后，淤泥覆盖水坑，将骨头固定在了原本的位置。

剑龙谬谈

剑龙可能很受欢迎，但它一直饱受误解。

例如，自19世纪末以来，一些书籍（以及现在的一些网站）声称剑龙具有两个大脑。这简直就是无稽之谈！没有任何一位严谨的古生物学家将此当真，然而许多关于恐龙的书籍和网站（一般来说，这些书不是古生物学家写的，网站也不是古生物学家创立的）一直重复着这个令人厌倦的故事。

228

这个谬谈始于两个误解。第一次是在19世纪末，人们发现剑龙（以及其他一些恐龙）荐椎内用来容纳脊髓的空间非常大。包括马什在内的一些古生物学家认为，这片巨大的空间可以容纳额外的大束神经。包括我们人类在内的所有脊椎动物都具有这种被称为神经中枢的束，它们有助于控制四肢的反射和器官的工作。马什和其他古生物学家认为，剑龙臀部有着巨大且罕见的神经节，使得剑龙能够在条件反射下用长有尖刺的尾巴攻击掠食者。

事实证明，马什和其他19世纪的古生物学家可能是错误的。20世纪90年代，美国古生物学家艾米莉·布霍尔茨（Emily Buchholtz）对剑龙现存的亲属（鸟类和鳄类）的臀部进行了检查，发现它们的荐椎

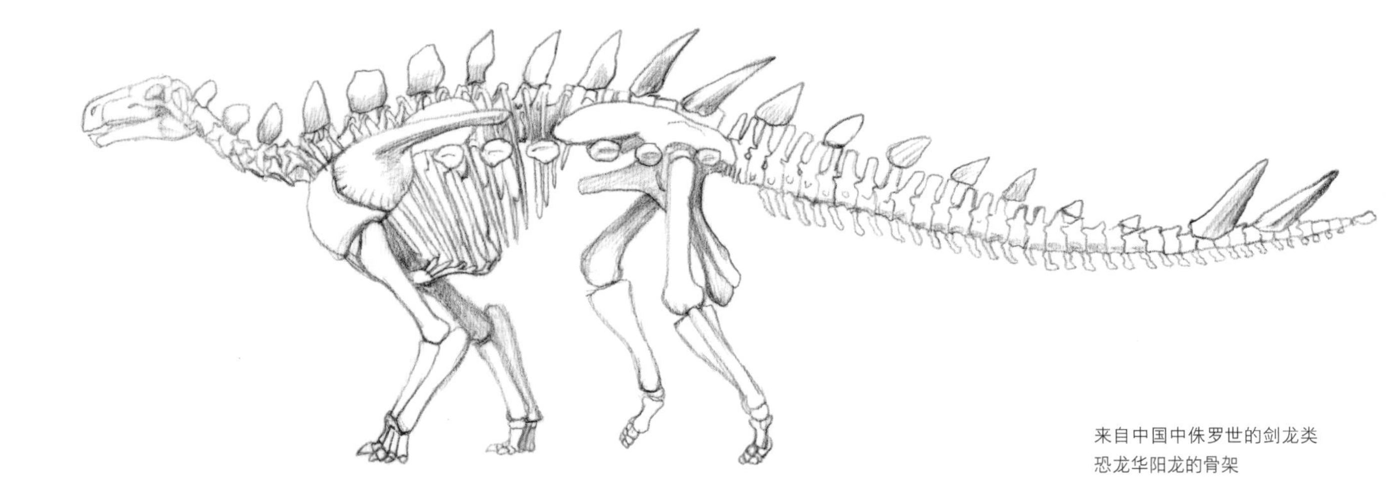

来自中国中侏罗世的剑龙类恐龙华阳龙的骨架

上也具有一个扩大的空间。但是这些动物没有额外巨大的神经节。相反，这个空间充满了脂肪组织。虽然生物学家对这种组织的功能还不确定，但大概不是用来条件反射的！

第二个则是人们在描述恐龙时误解了神经节是什么。马什和其他科学家将神经节描述为“一个大神经丛”。由于大脑基本上就是一个大神经丛，所以一些人读到臀部具有“大神经丛”时就认为，马什和他的同事**实际上是在**说那里存在一个实实在在的大脑！事实上，让他们觉得有趣的是这个“大脑”比剑龙头上的那个还要大，所以他们就声称剑龙有一个“屁股大脑”！就这样关于“双脑剑龙”的传说就传播开来了。但请你不要传播！我们知道剑龙，包括所有其他恐龙，都只有一个大脑。

229

关于剑龙的另一个谬谈是，它生活在恐龙时代的末期，即晚白垩世。这个传说的来源比文字更隐晦些。它经常在插图或电影中传播（比如迪斯尼经典电影《幻想曲》[*Fantasia*]），其中展示了剑龙与暴龙搏斗的场景。**从来没发生过这种事**！剑龙生活在大约1.5亿年前的晚侏罗世，而暴龙只生活在6 550万年前，即晚白垩世末期。事实上如果你计算一下，会发现暴龙在时间上更接近我们人类而不是剑龙。所以从地质年代的角度来看，一张显示暴龙在你居住的街道上奔跑的图片，比一张显示暴龙与

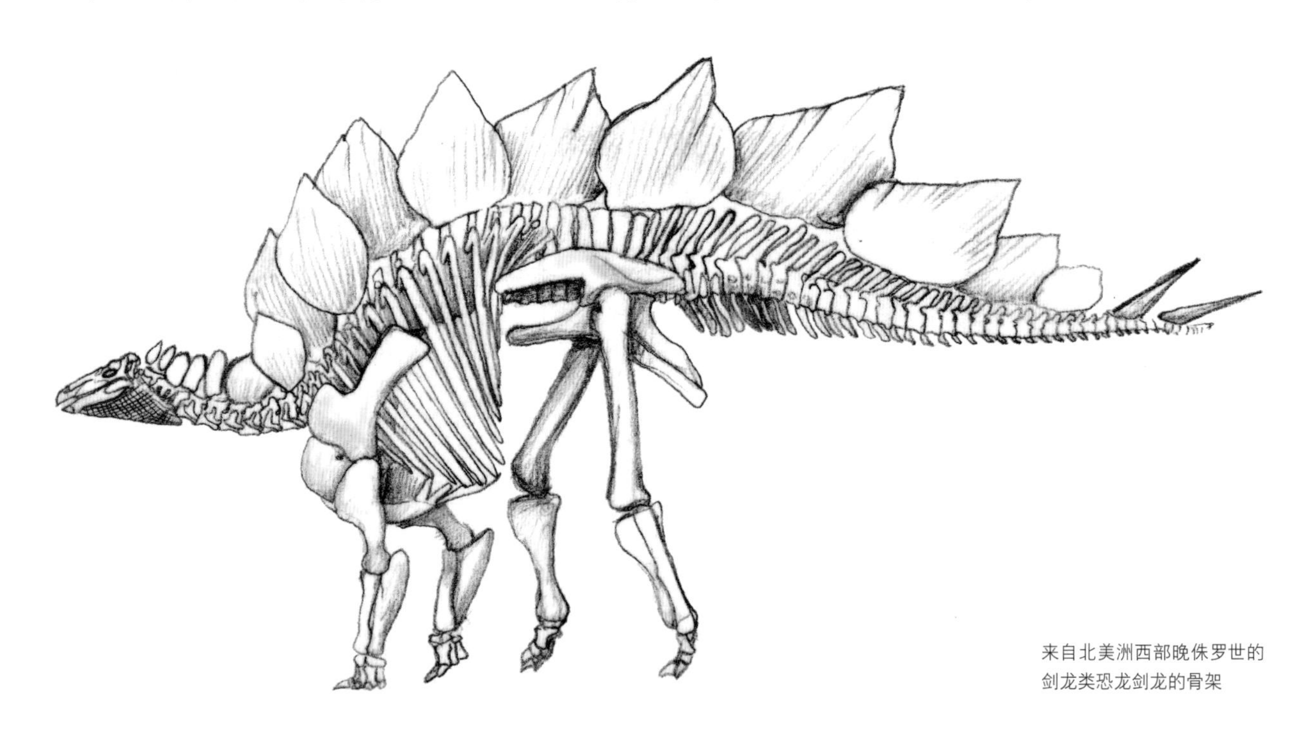

来自北美洲西部晚侏罗世的剑龙类恐龙剑龙的骨架

剑龙的装甲包括骨板、尖锐的尾刺（左边为特写）和颈部下面小小的装甲突出物（右边为特写）。

剑龙搏斗的图片还更真实些！

出于同样的原因，任何显示剑龙在恐龙时代末期目睹小行星撞击的图片也是错误的。当小行星撞击地球时，剑龙已经灭绝8 000多万年了！还有另一个剑龙的谬谈，说它是一只“独一无二”的恐龙。诚然剑龙确实有一些独有的特征，但许多不同类型的骨板恐龙组成了剑龙类，剑龙不过是其中的一个。

剑龙类登场

剑龙类是覆盾甲龙类的两个主要分支之一（另一个是甲龙类）。所有剑龙类都有着相同的基本外形。剑龙类是一种四足恐龙，它们的手演化成了宽宽的足，具有钝蹄而非爪子。它们的头骨都相当长，相当尖，虽然原始剑龙类（比如华阳龙［*Huayangosaurus*］和西龙［*Hesperosaurus*］）比更进步的剑龙类（比如沱江龙和剑龙）头骨短些也宽些。剑龙类的牙齿呈叶状，表明它们食用植物。在最为人所知的原始剑龙类恐龙华阳龙身上，牙齿一直长到了上颌前端，但在其他剑龙类身上，口鼻部（前颌骨）前端则覆盖着无牙的喙。

除了华阳龙，所有剑龙类的前肢都比后肢短得多，这使它们的身体从颈部到臀部呈现一个高高的拱形。剑龙类背部（从肩部到臀部）的脊椎非常不寻常。它们向上拱起，使得剑龙类更加高大。剑龙类的尾巴上下剖面相当高，两侧则很窄。

根据它们前肢到后肢，再从脚到小腿到大腿的相对长度来看，剑龙不太可能跑得很快。然而，它们可能很擅长左右移动。这将有助于他们使用其最著名的特征：装甲。

剑龙类的装甲

剑龙类是从一种类似于棱背龙的恐龙演化而来的，其身体的大部分都平置着巨大的皮内成骨（也叫作盾板）。棱背龙的盾板顶部有些平整，有些则具

剑龙类的头部：西龙（上）、华阳龙（中），以及沱江龙（下）。

230 有低低的脊。剑龙类兼而有之。例如，剑龙最为完整的骨架显示，其大腿上覆盖着平顶和脊顶的小盾板。

剑龙类（或者说至少有些剑龙类）也具有颈部装甲，是由许多嵌在颈部皮肤内的、非常小的盾板组成的。这样的结构保持了颈部的灵活，又起到了防护作用（如果一只兽脚类试图撕开剑龙类的喉咙是不太容易的）。这种灵活与防护的结合使得它们起到中世纪士兵锁子甲一样的作用。

但是剑龙最引人注目的盔甲是它们的钢板和尖刺。每个类型的剑龙类身上的骨板和尖刺的数量都不同，形状、大小和图案也各异。这使得每个类型的剑龙类都与众不同。骨板是一种又高又平的皮内成骨，如同骨质薄饼般从恐龙的背上伸出。剑龙的骨板贯穿背部。在更原始的剑龙类身上，这些骨板是成对的，并没有那么巨大。在更进步的剑龙类身上，这些骨板很高，至少在剑龙身上它们不是成对的，而是左右交错的。剑龙的骨板具有各种各样的形状：椭圆形、三角形，还有一些看起来像是法国的象征——鸢尾花。

和骨板不同，尖刺总是尖尖的。有些剑龙类（虽然显然不是剑龙）的肩上有伸出的尖刺，或称之为肩棘。有些剑龙类的背上，尖刺成对地长在骨板后。最重要的是，所有剑龙类的尾巴末端至少有一对面向侧面的尖刺。当尾巴来回摆动时，这些尖刺会成为惊人的武器，可以刺穿前来进犯的兽脚类的肉。

漫画家加里·拉森（Gary Larson）曾经画过一幅名为《月球背面》（*Far Side*）的漫画，讲的是一群穴居人收到了一个警告，让他们小心剑龙类，这名漫画家将剑龙类尾部武器称为“塔葛米泽”（thagomizer）。丹佛古生物学家肯·卡彭特认为“塔葛米泽”是个好名字，所以在1993年对迄今为止发现的最为完整的剑龙进行科学描述时使用了这个词。这个名字一直沿用至今，现在它已成为公认的学名，人们会说剑龙类的特征是具有一个“塔葛米泽”*。

还有两个剑龙的谬谈要辟谣。马什画了一幅著名的剑龙图，尾部的尖刺朝上。120多年来，每个人都认为这是正确的位置。如果你有一只剑龙玩具，它的尾刺可能就是那样的。但在1993年，肯·卡彭特指出，他新发现的完整剑龙的骨骼以及一些甚至为马什所知的剑龙骨骼表明，尖刺是朝向侧面和后面的。这解开了一个谜团，因为剑龙类的尾巴不够灵活，不能像蝎子一样进攻（像马什所指的那样尖刺向上）。然而，对剑龙类来说，向两侧的击打是很容易做到的。其他关于尾刺的传说与其数量有关。因为没有完整的骨架可供使用，马什认为至少有些剑龙物种具有四对尾刺。卡彭特已经重新检查物证，并表明没有迹象说明剑龙具有两对以上的尾刺。 231

装甲是如何使用的？在其他四足装甲恐龙，比如棱背龙和典型的甲龙类身上，装甲完全是被动使

* 但中文中我们一般还是称之为尾刺。——译者

来自中国晚侏罗世的身披尖刺的沱江龙

用的，如果受到攻击，这些恐龙会蹲下身来，任由攻击者为尝试咬穿盾板而耗费体力（也许还会折断一些牙齿）。剑龙类的做法似乎有所不同。相较于装甲厚重的祖先（可能非常接近于棱背龙），它们演化出了更轻、特化度更高的骨板和尖刺，使得它们更为灵活。这使我们相信，与它们的亲戚相比，剑龙类采用了更积极的防御措施。它们具有朝向后方的尖刺和尾刺，所以如果受到攻击，它们会试图用它们多刺的尾巴末端面对攻击者。之后剑龙可能会试图逃走，如果被追赶，它会猛击追击者。有直接的证据表明剑龙用它们的尾刺来自卫。最近的一项研究表明，收集到的尾刺化石中大约每十个就有一个显示出损伤迹象，可能因为击中了袭击者的骨骼。这对掠食者和剑龙来说一定都很痛苦。更惊人的是，新发现的异特龙的尾椎表明，它曾被剑龙的尾刺刺穿过。（异特龙被击中后一定还活着，因为骨骼已经愈合了。然而我们无从知晓剑龙是否幸免于难。）

世界各地的剑龙类

剑龙类最古老的痕迹是一些来自法国和澳大利亚早侏罗世的足迹化石。已知的最古老的剑龙类骨骼是来自中国中侏罗世的华阳龙。它是最小的剑龙类之一，长15英尺（4.6米）。年代稍晚，体型也稍大些的是来自欧洲的勒苏维斯龙（*Lexovisaurus*），身长20英尺（6.1米）。

在晚侏罗世，剑龙类在世界各地繁衍生息。在欧洲，出现了锐龙（*Dacentrurus*）；在北美洲，有更小的西龙和剑龙，剑龙是剑龙类中最大的一个，有30英尺（9.1米）长（也可能是丝莱氏剑龙[*Hypsirhophus*]，如果它真的是一只与剑龙不同的恐龙的话）；在非洲，有

沱江龙用尖刺和尾刺抵御四处掠食的永川龙。

身披尖刺的钉状龙（*Kentrosaurus*）；在亚洲，有嘉陵龙（*Chialingosaurus*）、重庆龙（*Chungkingosaurus*）和沱江龙。事实上，剑龙类是在晚侏罗世恐龙化石点发现的最为常见的恐龙——只有蜥脚类比它更常见。

232

在早白垩世，剑龙类继续存活，但并不常见了。亚洲的乌尔禾龙（*Wuerhosaurus*）、非洲的似花君龙（*Paranthodon*）、欧洲的碗状龙（*Craterosaurus*）和皇家龙（*Regnosaurus*）都是早白垩世的剑龙类。但与侏罗纪时期不同，剑龙类并不是白垩纪最常见的装甲恐龙。它们的亲戚，甲龙类的数量越来越多。

这让我想到了另一个关于剑龙的谬谈：马达加斯加和印度的所谓的“剑龙失落的世界”。马达加斯加和印度有一些牙齿、装甲碎片和骨骼，直到20世纪90年代，一些人还认为它们来自剑龙。它们比世界其他地方发现的剑龙化石的年代都要晚得多。由于马达加斯加和印度在晚白垩世时期与所有其他陆地隔绝（尽管最初彼此相连），一些古生物学家推测这是一片“失落的世界”，剑龙在其他地方灭绝后得以在这里生存。

遗憾的是，我们现在知道这可能从未发生过。20世纪90年代，对印度化石的进一步研究表明，有些化石来自蜥脚类中的巨龙类的装甲，另一些被错认的骨骼则属于海洋爬行动物（蛇颈龙）。同时，人们发现马达加斯加找到的牙齿来自白垩纪怪异的、植食性的鳄类亲戚（如狮鼻鳄［*Simosuchus*］）。所以“剑龙失落的世界”这个说法，尽管听起来合乎情理又令人兴奋，但确实没有真实的证据。

骨板恐龙的生活习性

虽然目前还没有人发现并描述剑龙类的巢穴，但已有剑龙类幼崽被人们所知。它们看起来很像它们的父母，但就体型来说，它们的装甲在比例上要小得多。

因为剑龙类的前肢通常比后肢短得多，所以它们的头部离地面很近。这就意味着它们大多会食用较小的灌木和其他小植物，而不是树木。一些古生物学家推测剑龙类可能用后肢直立，在树上觅食，尽管这也有可能，但它们的大部分解剖结构表明，它们在低处觅食。（除此之外，有很多禽龙类和蜥脚类的觅食位置比剑龙类高，因此，与其和其他恐龙竞争，剑龙们还不如专注在低处觅食，这也就说得通了。）因为口鼻部很窄，并不宽，它们可能对自己食用什么样的植物有所挑选（而不是像甲龙类可能的那样，一次性嚼食许多不同的植物）。

剑龙类背上那些著名的骨板是怎么回事？有什么作用？如果它们是用来防御的，为什么会从尖刺（似乎是皮内成骨的原始形状）演化成骨板呢？毕竟，如果兽脚类撞向它们，尖刺可能会对天敌造成更严重的伤害，骨板反而也许根本就伤不到攻击者。

对于尖尖的尖刺变为平平的骨板，人们提出了许多想法。一些古生物学家认为尖刺变得更宽，这样剑龙类就能捕捉或者释放更多的热量。剑龙类在寒冷的时候可以把骨板对着太阳取暖；如果很热，它可以让骨板迎风散热。另一种假设是剑龙类可能会改变骨板的颜色，也许是作为一种警示。基于这

233

剑龙的尾刺提供了强大的防御……

……但面对众多攻击者时，显然还不够。

个想法，剑龙类的血液可能会流入覆盖在骨板上的皮肤，迅速改变它们的颜色。

这两个假设的问题在于，骨板，像尖刺和所有覆盾甲龙类的皮内成骨一样，不会被皮肤覆盖。相反，上面会具有一层活性组织，然后由一层角质覆盖。角质作为死组织，是不会充满血管的。所以剑龙的骨板是不能迅速获取热量，散去热量，或者变色的。

剑龙类骨板最重要的特征可能是它很宽，就像路边的广告牌。也正如同广告牌一样，它可能被当作一种标记来使用。也许剑龙类的骨板是对兽脚类的警告标牌，上面写着“离我远点!”，因为骨板让剑龙从侧面看起来比实际更大。或者标牌上写着：“嘿，我是狭脸剑龙，不是蹄足剑龙。”换句话说，因为每种剑龙都具有不同数量、图案和尺寸的骨板和尖刺，所以任何剑龙只要看一眼就能分辨出另一只剑龙是否和自己是同一个物种。我们也许永远无法准确地读出剑龙类骨板给出的信号，但也许最有可能的是，这些与众不同的恐龙演化出大骨板恰恰是为了与众不同。即使亿万年后，我们仍然可以通过它们的骨板来鉴别不同的物种。

蜥结龙
优头甲龙

29

甲龙类

（坦克恐龙）

235 所有鸟臀目恐龙类群中最为成功的一支就是甲龙类，也叫作坦克恐龙。它们生活于中侏罗世至白垩纪末期，已知除非洲外每块大陆上都有它们的踪影。有些甲龙类只有10到13英尺（3到4米）长，而另一些则是覆盾甲龙类（装甲恐龙）中最大的。最大的甲龙类甚至比最大的剑龙类（它们在覆盾甲龙类中关系最近的亲戚）还要大。该类群能够成功的关键可能是它极致的装甲。没有哪个恐龙能有如此完备的防护。

防御，防御，防御

人们已知的第一件甲龙类化石是林龙，由吉迪恩·曼泰尔于1833年描述。它是理查德·欧文爵士创立的恐龙总目的三个原始成员之一。但是林龙仅有头骨后部到躯干中部已知，所以当时古生物学家也不知道它长什么样。事实上，我们仍然不知道林龙的完整头骨是什么样，后半段身体是什么样。

不过，几十年来，人们发现了更完整的坦克恐龙化石。其中包括白垩纪非常末期的甲龙（*Ankylosaurus*）（意思是愈合的爬行动物）。甲龙是甲龙类中最大的恐龙，有30英尺（9.1米）长，这个类群因其得名。它们之所以被称为愈合的爬行动物，是因为有类似盾板的东西愈合入骨骼。新的研究表明，这种头部装甲大部分是因头部骨骼自身向外生长所致，而非皮肤装甲向内长入了头骨中。

甲龙类的身体上覆盖着皮内成骨。其中一些，比如颈部的皮内成骨，连成了一个大环。其他的，比如一些甲龙类臀部上的皮内成骨，愈合形成了巨大的盾甲。许多甲龙类的皮内成骨就像棱背龙的一样，是嵌在皮肤里的。但是甲龙类的皮内成骨比棱背龙多得多。有些甲龙类甚至眼皮上部都有装甲！

坦克的燃料

然而，坦克恐龙不仅只有装甲。还有其他的特征使它们在恐龙中显得与众不同。它们的后肢往往又短又粗，还很结实，手和脚非常宽大。它们可能不是很擅长奔跑。从来没有人提出过甲龙类能够依靠后肢站立起来，在树的高处觅食（有些人对剑龙类持有类似的看法）。大家一致认为它们一定是在离 236 地面较低的地方觅食的。

但是它们吃什么呢？20世纪中叶，一些古生物学家认为甲龙类是食蚁动物。（也许他们想到了犰狳或吃蚂蚁的有甲蜥蜴。）但大多数古生物学家当时以及现在都认为坦克恐龙是植食动物。事实上，澳大利亚小型甲龙类敏迷龙的化石中就有着它最后一餐饭的残渣：各种类型的植物。

甲龙类的牙齿看起来类似植食性蜥蜴的牙齿。事实上，最早发现的一些甲龙类的牙齿被认为来自一只已经灭绝的大型植食性蜥蜴。除了更原始的形态以外，甲龙类都具有宽阔的口鼻部，这表明它们对自己食用的东西并不挑剔，会大口吞食任何它们能找到的长势较低的植物。它们的臀部特别宽大，肚子也很宽。这将有助于它们消化寻找到的各类叶子。

很长一段时间以来，人们都认为甲龙类只是

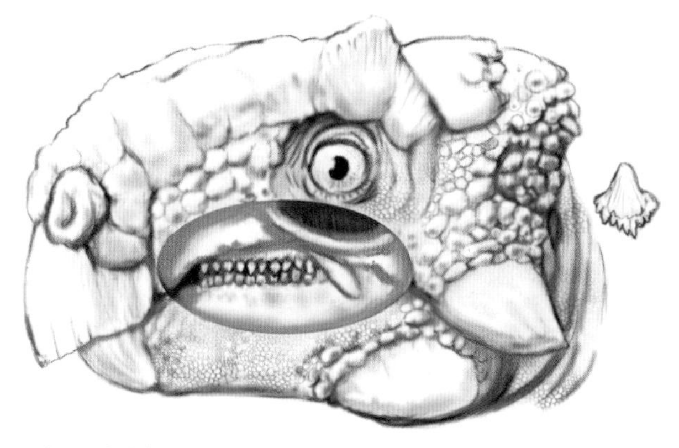

甲龙科恐龙绘龙的头骨以及其细小的牙齿的特写图

像现代植食性蜥蜴一样将食物用牙切碎，而不是像哺乳动物或鸭嘴龙超科恐龙一样咀嚼或磨碎食物。但保罗·巴雷特、纳塔莉亚·瑞布钦斯基（Natalia Rybczynski）和马修·维卡里奥斯（Matthew Vickaryous）最近的研究表明，情况并非如此。通过研究甲龙类牙齿的磨损，以及下颌关节的形状，这些古生物学家已经证明，当甲龙类进食时，牙齿和下颌关节会向前、向后、左右移动。

甲龙类下颌活动关节的发现让许多古生物学家感到惊讶，但也有助于解释一些事情。与其体型相比，甲龙类的牙齿非常小，古生物学家曾经疑惑它们是如何获得足够的食物来生存的。（这就是为什么人们曾经认为它们可能食用虫子的一个原因，因为一口昆虫比一口植物提供的能量要多。）现在我们知道，甲龙类的咀嚼比我们以前想象的要充分，这将帮助它们更快地消化，因此它们单靠植物就能够获得足够的能量。

坦克恐龙的类型

弄清楚不同甲龙类类群之间的演化关系是非常困难的。这在一定程度上是因为我们对北美洲和亚洲晚白垩世末期的一些甲龙类类群有很多了解，对北美洲早白垩世的甲龙类类群也有相当的了解，而对北美洲侏罗纪或世界其他地区所有时期的甲龙类群又知之甚少。（谢天谢地，这种情况开始改变。）

古生物学家早就认识到了两大坦克恐龙类群。其中一个被称为结节龙科，最为著名的是晚白垩世北美的结节龙（*Nodosaurus*）、胄甲龙（*Panoplosaurus*）、林木龙（*Silvisaurus*）和埃德蒙顿甲龙（*Edmontonia*），以及早白垩世的蜥结龙。这一类群可能包含了晚白垩世欧洲的鸵龙（*Struthiosaurus*）以及最近在犹他州发现的形态、生活于早白垩世至晚白垩世的活堡龙（*Animantarx*），还有巨大的长33英尺（10.1米）（使其成为最大的覆盾甲龙类）的雪松甲龙（*Cedarpelta*）等。结节龙科恐龙最为著名的是其巨大的肩部尖刺，其他部位也具有大量尖刺。与其他甲龙类相比，结节龙科恐龙的头顶和背部更光滑，没有其他甲龙类身上的那些小角。

按传统来说，所有其他的坦克恐龙都被归入甲龙科。甲龙科恐龙包括许多著名的晚白垩世恐龙属，如来自美国北部的形态，甲龙、优头甲龙（*Euoplocephalus*）、结节头龙（*Nodocephalosaurus*）和来自亚洲的绘龙（*Pinacosaurus*）、篮尾龙（*Talarurus*）、多智龙（*Tarchia*）、美甲龙（*Saichania*）和白山龙

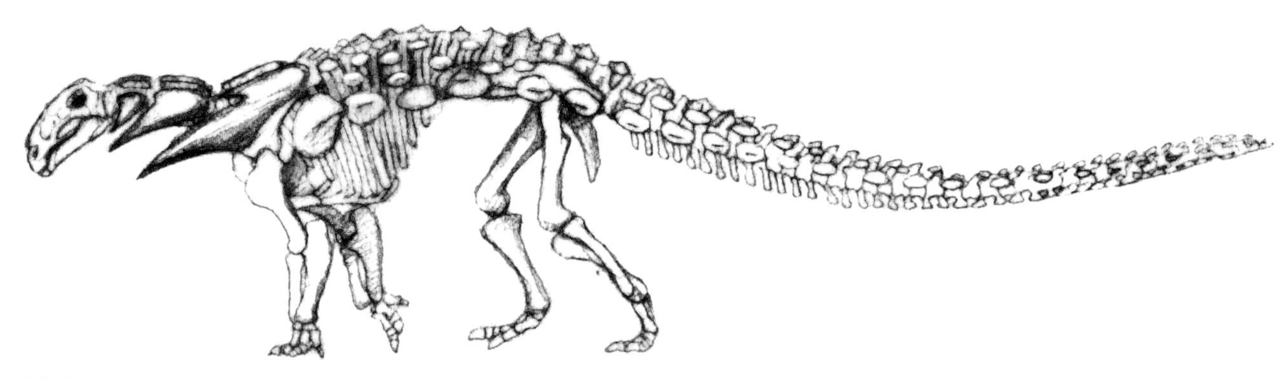

来自北美洲西部晚白垩世的结节龙科恐龙埃德蒙顿甲龙的骨架

北美洲西部晚白垩世的甲龙科恐龙优头甲龙

（*Tsagantegia*）。该类群的早期代表是亚洲早白垩世的沙漠龙（*Shamosaurus*）和戈壁龙（*Gobisaurus*）。甲龙科恐龙是所谓具有锤状尾的甲龙类，因为有一束皮内成骨在它们尾巴末端愈合在了一起，形成了一个巨大而有力的锤子尾。这个尾锤是由交错连接得十分紧密的尾椎支撑的（和书籍或电影中的大多数画面不同），不是很灵活。所有的灵活性都集中在尾巴的根部，即臀部正后方。所以甲龙科恐龙的尾锤会僵硬地左右摆动。这会是一个有效的主动防御武器，类似于剑龙类的尾刺。在大型甲龙科恐龙（如甲龙）身上，尾锤的打击将是毁灭性的：可能会压扁一只驰龙科恐龙的身体，打断前来进犯的暴龙的腿或鼻子。

不过，甲龙科恐龙可不仅仅有尾锤。它们的口鼻部也比结节龙科恐龙短而高，头骨后部有小角。这就是令人迷惑之处。一些侏罗纪晚期的形态（比如怀俄明州的怪嘴龙［*Gargoyleosaurus*］）和早白垩世的甲龙类（例如敏迷龙）都有同样的小角，但它们头骨更窄，且没有尾锤。马修·维卡里奥斯、特雷莎·玛丽亚斯卡（Teresa Maryaska）和戴夫·魏尚佩尔最近的分支学研究表明，这些体型较小的早期甲龙类与甲龙的关系比与结节龙的更为密切：换句话说，它们是早期无尾锤的甲龙科恐龙。虽然这是一个非常合理的假设，但其他研究得出了一个同样合理的观点：结节龙科和甲龙科这两个类群之间的关系比它们中的任何一个与敏迷龙或怪嘴龙的关系都要密切。这也是一个合理的假设。事实上，最近发现的来自中国的甲龙辽宁龙（*Liaoningosaurus*），很可能是在甲龙科与结节龙科分裂之前从其他甲龙类中分化出来的。

其他令人迷惑的坦克恐龙是所谓的多刺甲龙科恐龙。它们包括晚侏罗世和早白垩世的甲龙类，其中有欧洲的多刺甲龙（*Polacanthus*）、龙胄

238

239

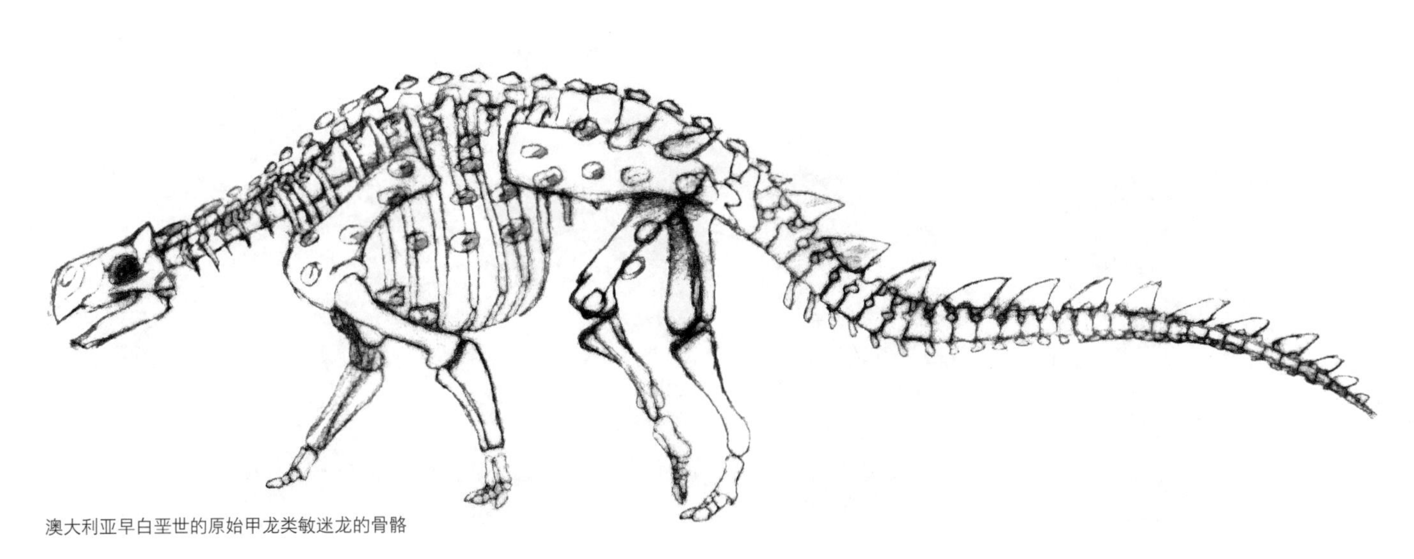

澳大利亚早白垩世的原始甲龙类敏迷龙的骨骼

龙（*Dracopelta*）和林龙，以及北美洲的加斯顿龙（*Gastonia*）和迈摩尔甲龙（*Mymoorapelta*）。一些分析认为上述属有一些在位置上更接近于确定的结节龙科，而另一些则更接近于确定的甲龙科，由此，这些属并不构成自己的类群。但其他研究表明，它们是彼此关系最为密切的亲戚，构成了一个被称为多刺甲龙科的类群，而多刺甲龙本身可能更接近于甲龙科或结节龙科。这种困境目前尚未解决，是恐龙研究的一个重要领域。

而让事情更为复杂的是，少数古生物学家认为，棱背龙实际上是一种非常原始的甲龙类！

所以把上面的内容当作一条信息和一个提醒。信息是：坦克恐龙是一个重要的类群，它们多种多样。提醒则是：本书中展示的甲龙类演化分支图是基于一组特定分析进行的假设，新的证据可能会在未来支持另一种全然不同的演化分支图。

澳大利亚的敏迷龙

多刺甲龙科恐龙加斯顿龙，面对来自犹他盗龙（已知最大的驰龙科恐龙）的威胁。

神秘的鼻子

在坦克恐龙的研究中还有另一个相当令人惊讶的有趣领域：弄清楚它们都用鼻子做了什么。古生物学家花了大量时间观察甲龙类的鼻区，它们比大多数其他恐龙头骨上的简单孔洞要复杂得多。

结节龙科恐龙、甲龙科恐龙和其他甲龙类的鼻道具有复杂的腔室。这些腔室的用途尚不确定，因为不同坦克恐龙的腔室结构也有所不同。也许它们增加了感受嗅觉的表面积？或者有助于保持肺部湿润的组织？也许它们有助于产生特定的声音？目前我们还不知道。

一组新发现专门针对甲龙科的某些成员。包括拉里·维特默在内的古生物学家一直在研究来自沙漠的甲龙科恐龙绘龙的鼻部区域。多年来，人们似乎都认为绘龙每半边脸上具有不止一个鼻孔（真奇怪）。但在2003年，拉里·维特默用CT扫描了一只绘龙头骨，结果显示每半边脸上只有一个开孔是真正的鼻孔。其他则充斥着某种组织。但是，会是什么组织呢？这项工作仍在进行中，但初步结果表明，是与这些开口相连的某种充气结构。绘龙有和象海豹一样可以充气的鼻子吗？或者与任何现存动物不同，它们是某些更为奇怪的东西？针对这种神秘鼻子的研究还在继续。

坦克恐龙无拘无束

所有年龄段的甲龙类化石，从小小的幼崽到完全长成的形态，都已被人们了解。甲龙类幼崽的装甲不如青少年甲龙类的装甲发育得好，而青少年的装甲又不如成年的发达。事实上，幼崽时期和青少年时期的甲龙根本没有头部装甲。

240

北美洲西部晚白垩世森林地区的埃德蒙顿甲龙

蒙古晚白垩世的甲龙科恐龙多智龙

我们确实了解到，至少有一些坦克恐龙宝宝是彼此生活在一起的。在一个著名的化石发现中，人们找到了几只绘龙幼崽，它们被一起埋葬在一场沙尘暴中。附近没有发现成年恐龙的骨架，因此我们不知道这些幼崽是单独作为一个群体生活在一起，还是在沙尘暴期间与父亲、母亲或父母双方分开的。

甲龙类生活在各种各样的环境中。有些住在沙漠里，另一些则来自有河流和湖泊的森林地区。一些物种似乎生活在海岸附近，而事实上，对于有些结节龙科物种，人们是通过它们漂入大海、埋入海洋泥沙的骨架了解到的。但这些恐龙绝不是海栖生物！只不过，坦克恐龙的装甲有助于保护它的尸体，使得它们在海里漂浮的时间比没有装甲的恐龙尸体的长些。

装甲（偶尔还包括尾锤）是甲龙类对抗兽脚类的唯一防御手段。但是由于甲龙类的历史很长，不同属的甲龙类不得不对抗不同的肉食性攻击者。有时这些掠食者的体型会比它们大得多，比如怪嘴龙（只有10英尺［3米］长），却生活在一个游荡着诸如异特龙和蛮龙这种巨兽的世界里）。在其他情况下，甲龙类则比它最常见的掠食者要大。例如，蜥结龙的体型要比驰龙科的恐爪龙大得多，而且似乎能够很好地保护自己不受成群狩猎的恐

甲龙在抵御暴龙。

爪龙攻击。恐爪龙猎食蜥结龙的证据着实少见，但恐爪龙猎食无装甲的鸟脚类恐龙腱龙的证据就很普遍了。

后来的甲龙科恐龙有一组特别可怕的敌人，即暴龙科恐龙。事实上，可能后来甲龙科恐龙演化出巨大的尾锤就是专门为了抵御后肢细长的暴龙类。然而，至少在某些情况下，暴龙科恐龙成功地攻击到了装甲恐龙的头部。事实上，在一个巨型甲龙科恐龙多智龙的头骨上，有着几乎可以肯定是来自巨大暴龙科恐龙特暴龙的伤口。直到中生代末期，甲龙类仍然存在于许多大陆上。然后，6 550万年前，它们就遭遇了那场危机，即使装甲都救不了它们。

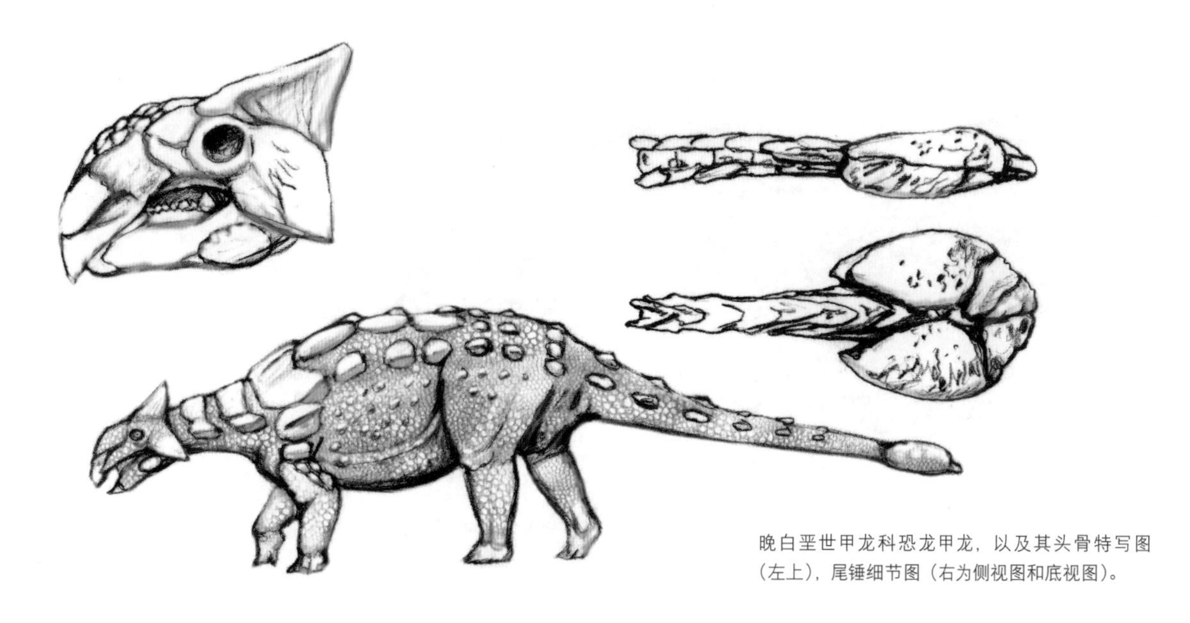

晚白垩世甲龙科恐龙甲龙，以及其头骨特写图（左上），尾锤细节图（右为侧视图和底视图）。

德林克龙
棱齿龙

30

原始鸟脚类

（原始有喙恐龙）

243

当有人说起“恐龙”时，我们通常想到的都是一些令人印象深刻的恐龙，比如巨型蜥脚类，或者肉食性的暴龙和棘龙，又或者是那些有着奇异特征的恐龙，比如长着骨板和尖刺的剑龙。但并不是所有的恐龙都如此令人赞叹。在那些看起来不怎么有趣，但却又非常重要的恐龙中，就有鸟脚类（也叫作有喙恐龙）这个类群的原始成员。

蹩脚的名字

鸟脚类可不是个好名字。它的意思是“鸟的脚”，但鸟脚类的脚并不特别像鸟的脚。进步鸟脚类（包括嘴似鸭嘴的鸭嘴龙超科恐龙在内的禽龙类）确实像鸟那样具有三个主要的脚趾，但是却缺少大多数鸟类脚上朝向后方的退化的第1趾。原始鸟脚类，比如本章中提到的这些，依靠四个朝向前方的脚趾行走。尽管如此，我们还是沿用了O. C. 马什在1881年给它们取的名字。

然而，使一只鸟脚类成为鸟脚类的，不是它的脚，而是它的嘴。和大多数鸟臀目恐龙一样，所有鸟脚类颌部前端都有喙。但是鸟脚类与其他鸟臀目恐龙的不同之处在于，它的前颌骨（上颌前端的骨骼）比上颌骨（上颌的第二块骨骼）伸得更远。与其他恐龙相比，鸟脚类的下颌关节位置更低。这些特征意味着鸟脚类具有非常强大的咬力。所以比起“鸟的脚”，“有喙恐龙”会是个更好的名字。

不管它们的名字如何，原始鸟脚类（即那些不属于禽龙类这个进步群体的恐龙，我们将在接下来的两章中对其介绍）大多具有简单的叶状齿，与其他原始鸟臀目恐龙（莱索托龙、覆盾甲龙类和肿头龙类）相似。所以，也像其他鸟臀目恐龙那样，这些恐龙都是以植物为食的。原始鸟脚类的体型都相当小，大多数只有大约3英尺（0.9米）长，还不如人类的幼童大，而有些则高达8英尺（2.4米）。

这些恐龙保持着原始恐龙用后肢行走的习惯。事实上，考虑到这些恐龙中的大多数都有相当长的后肢，它们可能跑得很快。这很可能是它们的防御措施之一。另一种防御方法可能要数它们的繁殖迅速了。如果一个物种的许多个体生活在同一空间，有些个体也许就能免遭被捕食者吃掉的厄运。这样该物种存活的概率就大了。事实上，它们的防御措施可能兼而有之，例如现代的兔子，它们既跑得很快，也可以迅速增加数量。

244

不论它们如何防御，原始鸟脚类恐龙是非常成功的。它们最早出现在早侏罗世，一直持续生存到白垩纪末期。事实上，有些中侏罗世的原始鸟脚类与白垩纪最新的原始鸟脚类几乎完全相同——中间的跨度大约为1.15亿年！

本章中的恐龙并不代表一个完整的类群。相反，除了更大、更进步的禽龙类外，它们都是不同种类的鸟脚类。在更古老的林奈系统中，本章中的恐龙被归入“棱齿龙类”。但实际上有些“棱齿龙类”与禽龙类的关系比与其他“棱齿龙类”的关系更为密切。事实上，最近的一些研究表明，其他恐龙（特别是肿头龙类和角龙类）也可能是某些“棱齿龙类”的后代。

欧洲和北美洲早白垩世的鸟脚类恐龙棱齿龙及其头部特写

树栖恐龙？（可能不是）

“棱齿龙类”是以欧洲和北美洲早白垩世的棱齿龙命名的。这些恐龙并不共同拥有任何在禽龙身上找不到的特化特征。这两类恐龙共有的特征是短粗的手指，腰带和尾部有长长的骨质肌腱。原始有喙恐龙的头骨相当轻，所以它们可能食用相对柔软的植物。

棱齿龙和它亲戚的头骨如此轻巧，是有充分的理由的。和它们的后代（禽龙类）一样，这些原始鸟脚类的上颌骨，会在下颌骨上抬时稍微向外移动。这意味着它们的牙齿会相互滑动，帮助咀嚼食物。这种头骨关节在原始鸟脚类身上只稍稍发育，但已经可以帮助它们咀嚼并更快地消化食物了。

245

棱齿龙是科学界最早发现的小型恐龙之一，一直吸引着古生物学家。它是怎么生活的？早期提出的一个想法是，它可能是树栖动物。如今，在澳大利亚和附近的岛屿上生存着树居袋鼠，它们的体型和身形与棱齿龙差不多（约5英尺［1.5米］长），在树上攀爬。这些树栖有袋类可能激发了早期古生物学家的灵感，让他们想到棱齿龙类是一种树栖鸟脚类。

然而，当后来的古生物学家对棱齿龙的脚进行研究时，发现它们并不具备攀爬动物的特征。攀爬动物的足尖通常具有较长的趾骨。但是，棱齿龙有着地栖动物的脚，足尖的趾骨较短。（很难说为什么早期的古生物学家没有注意到这一点。）

还有其他证据表明，棱齿龙和它的近亲更善于奔跑。它们尾巴上的大部分骨骼（尤其是末端的部分）被已经变成骨骼的肌腱束在一起。这意味着它们的尾巴很僵硬。许多动物（如一些现生蜥蜴和诸如恐爪龙类中的驰龙科恐龙）在奔跑中快速转向时，会用坚硬的尾巴保持平衡。拥有良好的平衡力意味着原始鸟脚类会相当敏捷，当被掠食者追赶时，这个特征会大有裨益！

棱齿龙有齿的喙使其能够嚼碎植物。

探测化石

我们从许多骨架中得知，棱齿龙幼崽和其他鸟脚类幼崽就是它们成年后的缩小版，再加上眼睛更大些，口鼻部更小些。你可能看过一些图片、电影或电视节目，其中描述这些大眼睛的恐龙宝宝生活在巢穴里。事实上，在一些著名的电视纪录片中，你可能会看到许多原始鸟脚类的巢穴分布在一片群居地上，恐龙宝宝的父母生活在一个复杂的社会结构中。这当然是可能的，但目前没有证据支持这一点。到目前为止，我们还不知道原始鸟脚类的巢穴是什么样的。古生物学家曾经以为他们发现了鸟脚类恐龙奔山龙（*Orodromeus*）的巢穴，但事实证明这些巢穴来自兽脚类恐龙伤齿龙。

另一件可能被搞错的鸟脚类化石是最后的原始鸟

北美洲西部晚白垩世的鸟脚类恐龙奇异龙，以及其脚部（左下）和手部（右下）特写。

脚类恐龙奇异龙（*Thescelosaurus*）的“心脏”。这只恐龙最完整的化石发现于1993年，绰号“威洛”，人们在它的胸部发现了一个肿块。一些古生物学家认为这是一颗石化的心脏。其他古生物学家则认为这只是一块石头。（没有人对奇异龙具有心脏有所质疑，他们质疑的只是这个肿块是否是它的化石残骸。）无论如何，“威洛”是一件非常特殊的化石，因为它显示了原始鸟脚类的皮肤印迹。和其他鸟臀目恐龙一样，它全身都覆盖了大小各异的圆形鳞片。

小恐龙众多

棱齿龙成为该类型中最著名的恐龙是有充分理由的。人们是从相当多的化石中了解该属，包括其幼崽和成年个体。它也早就为人所知。但它并不是该类型恐龙中的唯一的小个子，事实上，这个类群有很多这样的小恐龙，而且在每个大陆都有发现。

已知来自中国的若干小型鸟臀目恐龙可能是原始的鸟脚类。然而，它们也可能反而是鸟臀目谱系树上更原始的分支。其中包括中侏罗世的灵龙（*Agilisaurus*）、何信禄龙（*Hexinlusaurus*）和晓龙；晚侏罗世的盐都龙，以及早白垩世的热河龙。晚侏罗世美国的奥斯尼尔龙（*Othnielia*）和德林克龙（*Drinker*）是体型极小的鸟脚类，生活在更大也更著名的恐龙，如腕龙、剑龙和异特龙的阴影下。西风龙（*Zephyrosaurus*）（以迅捷的希腊西风之神命名）在早白垩世的北美洲被恐爪龙追赶时，也许曾拥有不虚此名的逃跑速度。

在早白垩世，澳大利亚似乎一直遍布着小型鸟脚类：阿特拉斯科普柯龙（*Atlascopcosaurus*）、闪电兽龙（*Fulgurotherium*）、雷利诺龙和快达龙（*Qantassaurus*）。有趣的是，由于大陆一直在移动，这些恐龙实际上曾经生活在南极圈的南部，因此可能好几个月都见不到阳光。它们会在夏天得到回报，因为夏日里的太阳会每天24小时照射，这样的状况通常会持续几个月，它们食用的植物也会茁壮成长。（今天这种情况不会发生，因为南极已经变得太冷，植物根本无法生长。）

在南美洲晚白垩世，已知的鸟脚类很少，但原始的鸟脚类确实存在。阿纳拜斯龙（*Anabisetia*）、加斯帕里尼龙（*Gasparinisaura*）和南方棱齿龙（*Notohypsilophodon*）就来自那时那地。

即使到了恐龙时代末期，原始的鸟脚类也仍然存在。在北美洲西部，有些属，如奔山龙，在大小和外形上与侏罗纪和早白垩世的原始鸟脚类非常相似。但是其他恐龙，如帕克氏龙（*Parksosaurus*）、厚颊龙

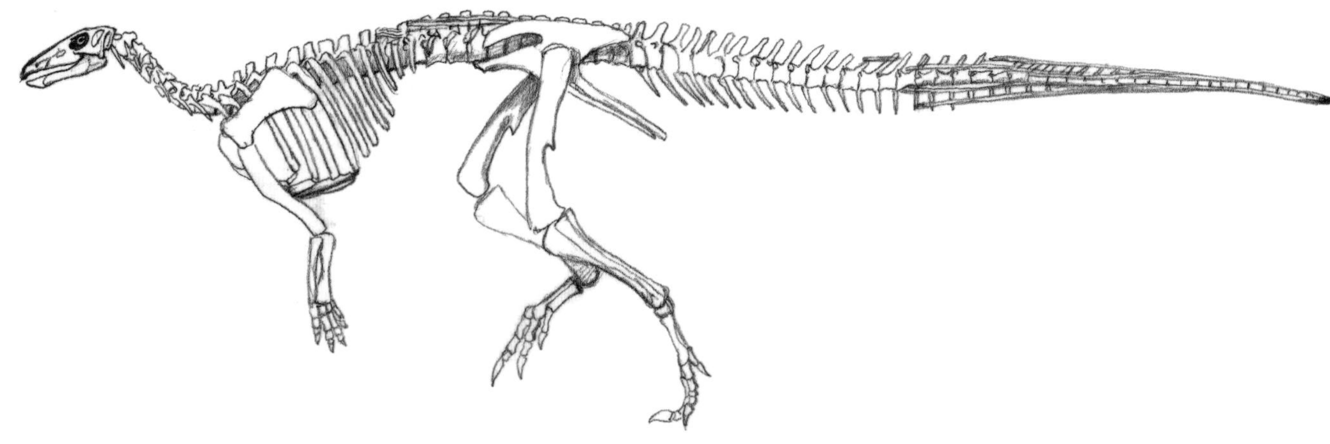

北美洲西部晚白垩世的鸟脚类恐龙奇异龙的骨架

（*Bugenasaura*）和奇异龙，体型则更大（长达8英尺［2.4米］），口鼻部也更长。这些最后的恐龙可能是幼年暴龙或成年恐爪龙类的食物。厚颊龙和奇异龙是最后一批活下来的鸟臀目恐龙之一，这些属中的一些恐龙可能真的亲历了小行星撞击地球，以及恐龙时代走向终结的那段可怕的时日。

在早白垩世的欧洲，一群棱齿龙被暴龙超科恐龙始暴龙攻击。

雷利诺龙生活在寒冷的冰雪地区，以它为食的兽脚类可能也生活于此。

顽强的小恐龙

澳大利亚墨尔本，莫纳什大学
帕特里克·威克斯—里奇博士（Dr. Patricia Vickers-Rich）
澳大利亚墨尔本，维多利亚博物馆
托马斯·H. 里奇博士（Dr. Thomas H. Rich）

249

图片由托马斯·H. 里奇提供

有些恐龙很坚强。大多数人想到恐龙时，想的是身处热气腾腾的沼泽地或干旱高地上的恐龙。他们通常认为恐龙很大——像君王暴龙那样。但一些最为顽强的恐龙体型很小，它们居住在一年中有三个月都处在冬雪和黑暗的地方。

有一个小型恐龙类群棱齿龙类，在当时地球上最艰苦的地方之一，即南极附近繁衍生息，这个地方现在位于南纬38度，离澳大利亚城市墨尔本不远。今天这个地方气候温和，没有冬雪和冰冻。但是在早白垩世，大约1.2亿到1.05亿年前，该地区位于大约南纬75度。岩层中的结构表明，地面曾经因为含有永久冻土被永久冻结。大河蜿蜒流过一片广阔的漫滩，把澳大利亚南部的海岸与南极洲分隔开来。今天对这些水域的同位素研究告诉科学家，这些溪流曾经很寒冷。

在这个寒冷的地方，由于纬度高，冬日里会有三个月时间太阳照射不到。棱齿龙（意思是“有高冠的牙齿”）在这个地区繁衍生息。虽然有少数种类的体型达到了鸸鹋大小，但大多数的棱齿龙只有鸡那么大。这些小恐龙可能并没有冬眠，骨骼研究表明它们全年都在持续生长。它们有着巨大的眼睛，大脑中帮助它们看到东西的部分，即视叶，也十分大。古生物学家认为，这些小恐龙可能是温血恐龙，可以在黑暗中视物。其中一只恐龙，合作雷利诺龙（*Leaellynasaura amicagraphica*），是以我的女儿雷利诺·里奇命名的，她在澳大利亚和巴塔哥尼亚发现了许多新的恐龙化石点。

棱齿龙类十分顽强，发现它们并将它们挖掘出来的人也是如此。在澳大利亚一个名为恐龙湾的地方，人们从冰冻的废墟中找出了许多不同种类的恐龙。这些骨骼是在地下发现的，我们不得不像挖矿一样在化石点上工作。我们的挖掘队用炸药、凿岩机和重型采矿设备，沿着一条满是骨头的旧河道，挖入地下好几米。这些含有化石的岩层沿着崎岖的海岸线分布，位于海平面高度，因此，只有在退潮时工程才能进行，涨潮时隧道会处于水下，这之前必须停止施工。

这些顽强的小恐龙并不是最容易找到和挖掘的，但是它们让我们了解到恐龙能够忍受哪些恶劣的气候状况。它们告诉我们，白垩纪末期发生的那起导致众多恐龙群体灭绝的事件一定持续了一年以上的时间，因为像这样生活在极地地区的恐龙完全能够应对短期灾难。

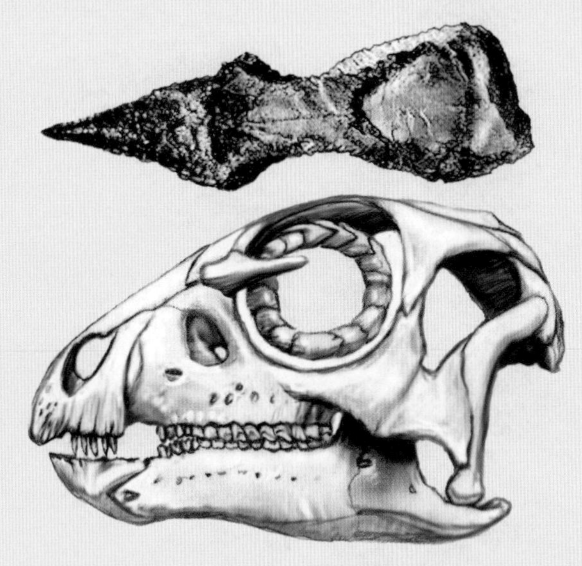
雷利诺龙的原始标本（上）是它头骨的上半部分。这件化石显示它很像棱齿龙，但具有一双巨大的眼睛（下面是复原后的头骨）。

禽龙
无畏龙
弯龙

31
禽龙类
（原始有喙恐龙）

251 在上一章中，我们了解了原始鸟脚类。这些恐龙大多很小，其中既包括年代最早的有喙恐龙，也包括一些年代最晚的。阅读完上一章，你可能会认为原始鸟脚类很无聊。我得承认，我自己有时也会这样想。尽管从中侏罗世到晚白垩世末期它们中的一些没有产生什么变化，但原始鸟脚类确实做了一些很棒的事情。它们演化出了进步的鸟脚类，也就是禽龙类！

禽龙类是以禽龙命名的，禽龙是最早发现的恐龙之一。事实上，禽龙是所有恐龙中最为人们所了解的一个，因为人们已经发现了许多具完整的禽龙骨架。但除了禽龙本身，还有许多其他禽龙类恐龙。有些是小型植食恐龙，与更原始的鸟脚类几乎没有区别。另一些是长着奇怪的帆，粗壮的后肢，或高高鼻子的巨大恐龙。相当一部分恐龙具有形状奇特但大有用处的手部。而禽龙类中属于鸭嘴龙超科的那些恐龙，特化度高且多样，以至于它们自己将占用一个完整的章节！在本章中，我们将了解那些在谱系树上位于原始形态（如奔山龙、棱齿龙和奇异龙）和鸭嘴龙超科之间的鸟脚类。

出身卑微，逆袭成功

最古老的禽龙类，即英国中侏罗世的卡洛夫龙（*Callovosaurus*），仅从一件大腿骨被人们得知，因此我们对它的了解不多。但其他时间稍晚的原始（也更为完整）的禽龙类标本让我们对卡洛夫龙大概的样子有了了解。橡树龙（*Dryosaurus*）和荒漠龙（*Valdosaurus*）以及小头龙（*Talenkauen*）都能很好地代表禽龙类中特化度最低的恐龙。

乍一看，这些恐龙似乎很难与典型的原始的鸟脚类恐龙棱齿龙区分开来。事实上，当被发现的时候，它们确实被当成了棱齿龙类。但如果你看看它们的嘴，就会明白为什么它们不是棱齿龙类。它们的前颌骨（上颌前端的骨骼）没有牙齿，只是一个无牙的喙。这不同于前颌骨上有齿的更原始的鸟脚类（也不同于大多数其他恐龙，同样，也不同于你我）。禽龙类的下颌也比它们原始的近亲更短、更高，也更重。

所以这些禽龙类很明显是用不同于它们亲戚的方式来切碎食物的。但究竟有多大的不同尚不清楚。它们也许以不同的植物为食，或者可以更有效地分 252 解和消化食物？不管存在什么不同，它都让这些恐龙变得非常成功。事实上，你可能觉得鸭嘴龙超科恐龙只不过是禽龙谱系树上的一个分支，但它们却是最成功且多种多样的鸟臀目恐龙。

成功的部分原因是禽龙类演化出了许多不同的身体类型。最早从其他恐龙中分支出来的类型之一是腱龙。从某些方面来说，腱龙看起来像是一只极为巨大的棱齿龙或是具有长尾巴的橡树龙。平均而言，它差不多有15英尺（4.6米）长，比它8英尺（2.4米）长的亲戚要大得多。但除了体型大小，还存在其他区别。腱龙似乎大部分时间都靠四肢行走。就比例来说，它的前肢比橡树龙的前肢粗，因为它们必须承受恐龙的一些重量。腱龙的化石经常与驰龙科恐龙恐爪龙的牙齿一起被发现，恐爪龙似乎经常以禽龙类为食。但是这些恐爪龙并不总能在攻击中幸存下来。古生物学家已经对一些化石点进行了鉴别，恐爪龙和腱龙一同保存在其中。

另一种原始禽龙类是木他龙（*Muttaburrasaurus*）。它具有一个拱形的鼻子，很像进步禽龙类恐龙高吻龙（*Altirhinus*）以及一些鸭嘴龙超科恐龙。与那些恐龙一样，鼻拱可能支撑了一个鼻囊，这个鼻囊可以发出声音或控制木他龙呼吸时空气的温度和湿度。

禽龙类最新发现的一个分支是凹齿龙科。像禽龙类一样，凹齿龙科恐龙很小（只有10英尺［3米］长），而且是绝对的两足动物。它们有巨大的头骨，牙齿的构造更适合用来切碎食物（比如角龙类或木他龙），而并非磨碎食物（比如大多数其他禽龙类）。事实上，当20世纪80年代和90年代在特兰西瓦尼亚发现查摩西斯龙（*Zalmoxes*，人们所知的最为完整的凹齿龙科恐龙）的部分头骨时，谣言就在古生

欧洲晚白垩世的凹齿龙科恐龙查摩西斯龙

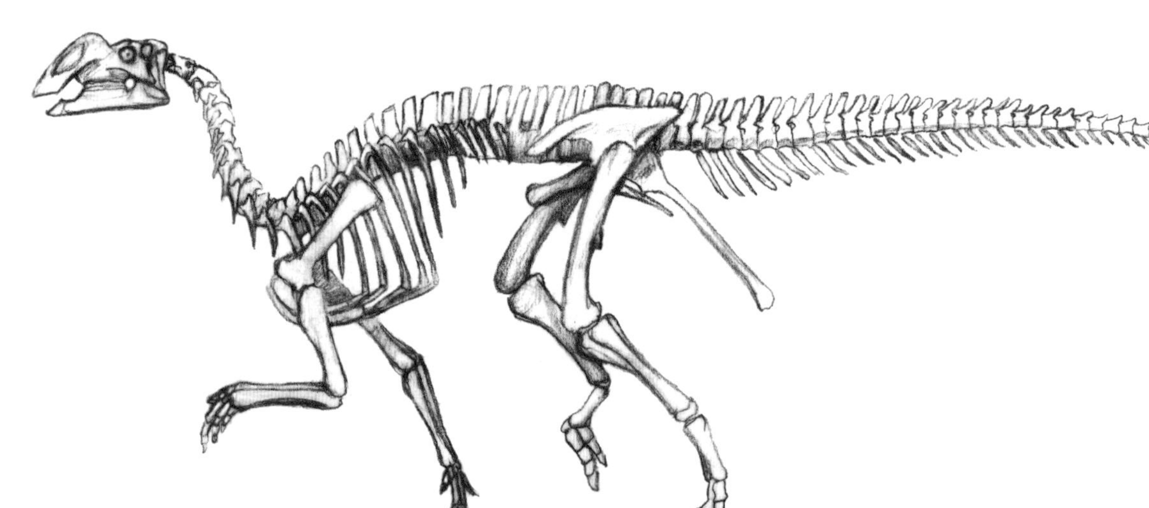

澳大利亚早白垩世的禽龙类恐龙木他龙的骨架

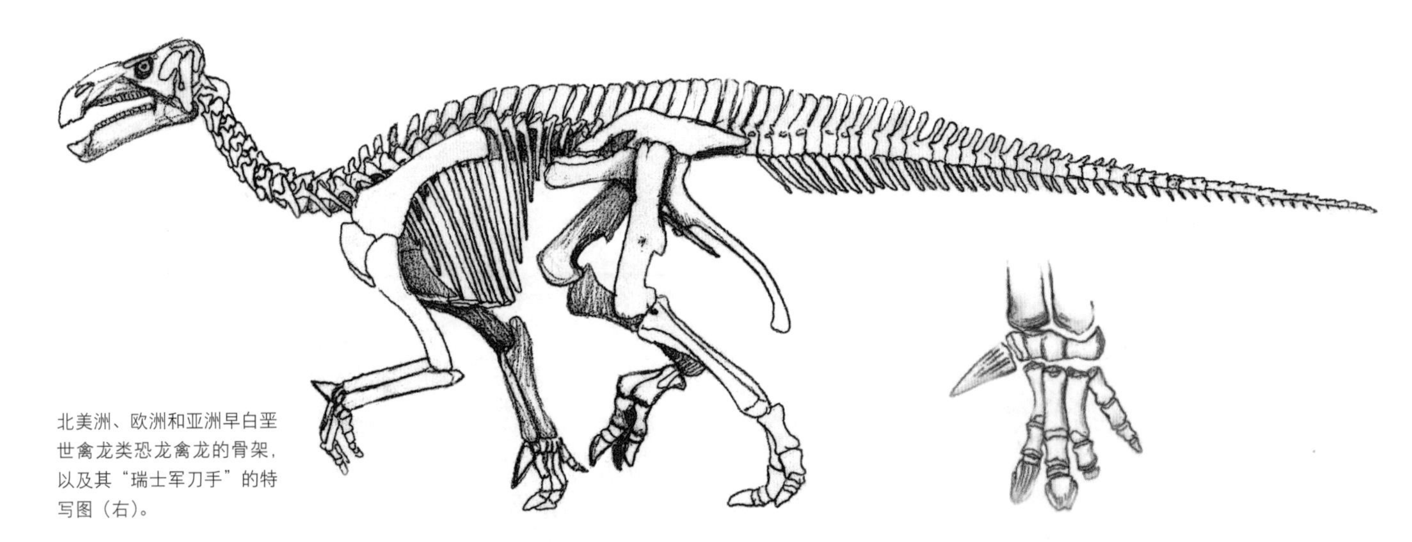

北美洲、欧洲和亚洲早白垩世禽龙类恐龙禽龙的骨架，以及其“瑞士军刀手”的特写图（右）。

物学界四起，说第一只来自欧洲的角龙类被找到了！但查摩西斯龙是一只真正的禽龙类，而非角龙类恐龙。它坚硬的头骨和剪刀似的咬合只是趋同演化的例子，即具有相同生态习性的远缘群体演化出了相同的特征。

（顺便说一句，除了鸭嘴龙超科恐龙和阿根廷的小头龙，凹齿龙科是唯一生存至白垩纪末期的禽龙类。）

滑动的颌部和瑞士军刀手

其他的禽龙类具有许多重要的特化性。首先，它们是最善于咀嚼的恐龙！当生物学家说“咀嚼”时，他们意有所指，即牙齿交错磨动、将食物分解的动作。许多鸟臀目恐龙也许已经能借助前齿骨作为顶端的支点，通过轻微旋转下颌两侧来稍稍进行咀嚼了。还有一些恐龙，比如甲龙类和角龙类，它们的牙齿表现出了某些适应进步进食方法的特化性。但只有更进步的鸟脚类才表现出真正的咀嚼运动。

禽龙类可研磨食物的颌部与我们以及其他哺乳动物可研磨食物的颌部是不同的。当我们咀嚼时，上颌保持不动，下颌前后左右移动。在禽龙类身上，下颌几乎直上直下运动，上颌则同时向两侧滑动。这样，上颌的牙齿会与下颌的牙齿相互摩擦，把夹在中间的食物切分成小块。而切分成小块的食物可以更快地被消化，因此禽龙类能够得到更多的能量，可以更为活跃。

但是上颌是怎么来回滑动的呢？在20世纪80年代，研究禽龙的古生物学家戴夫·诺曼和研究鸭嘴龙超科的戴夫·魏尚佩尔都重新观察了自家恐龙上颌与其他头部骨骼之间的特殊关节。利用分支系统学，他们得以将这种特征追溯到一个非常原始的阶段，包括棱齿龙和其他很早就从谱系树上分化出来的鸟脚类。虽然原始鸟脚类身上还只具有雏形，但在晚侏罗世和早白垩世的禽龙类恐龙弯龙身上，这种关节已经发育得非常好了。

254

在晚侏罗世和早白垩世，弯龙是北美洲和英格兰最常见的恐龙之一。典型弯龙的骨架大约有13英尺（4米）长，但有些个体几乎是这个尺寸的两倍。

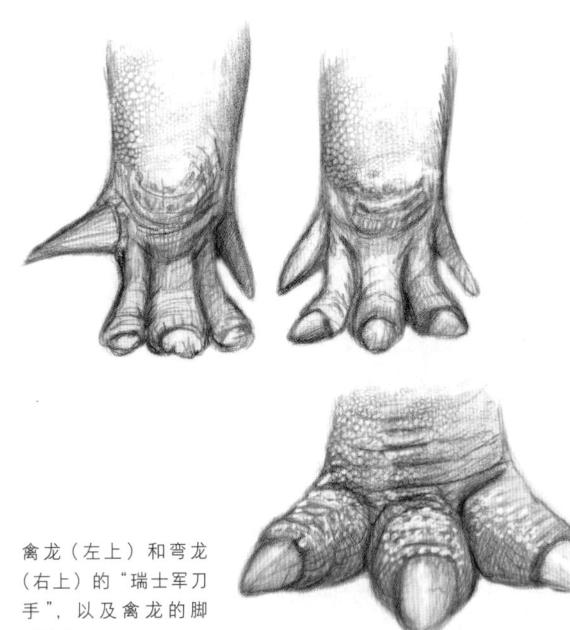

禽龙（左上）和弯龙（右上）的“瑞士军刀手”，以及禽龙的脚（右下）。

非洲北部早白垩世的体型沉重的禽龙类恐龙沉龙

与更原始的鸟脚类相比，弯龙有一张更长的像马一样的脸。事实上，这种特征在后来的禽龙类身上也都有发现，它们通常都具有长长的口鼻部。

弯龙的手部也很有趣。它是第一个被我称为“瑞士军刀”的例子。瑞士军刀是一种工具，有许多功能不同的部件：刀片、螺丝刀、锉刀等。弯龙和更进步的鸟脚类的手部也同样具有不同的部分，这些部分各有分工。中间的三个手指是蹄形的，掌骨是用来帮助支撑重量的。所以我们知道，弯龙和其他进步禽龙类大部分时间是四肢行走的，尽管它们也许能够单独依靠后肢奔跑。瑞士军刀似的手上，具有长长的对生的小指。它可以弯曲起来触摸到手掌，所以禽龙类可以捡取东西（可能是植物）。拇指已经演化成一个圆锥形的尖刺。不过，目前尚不清楚这种尖刺是做什么用的。可能是用来防御攻击者的，但是如果一个掠食者近到都能够被其拇指刺伤，那么它足以一口咬到这只鸟脚类！也许它是用来与其他同物种的成员战斗的，像公鸡用它们的距刺攻击其他公鸡一样？或者它用来撬开种子或植物来获取其中的美味。

禽龙看起来很像一只大型弯龙。它生活在晚白垩世早期，在欧洲和北美洲也有发现。最大的标本

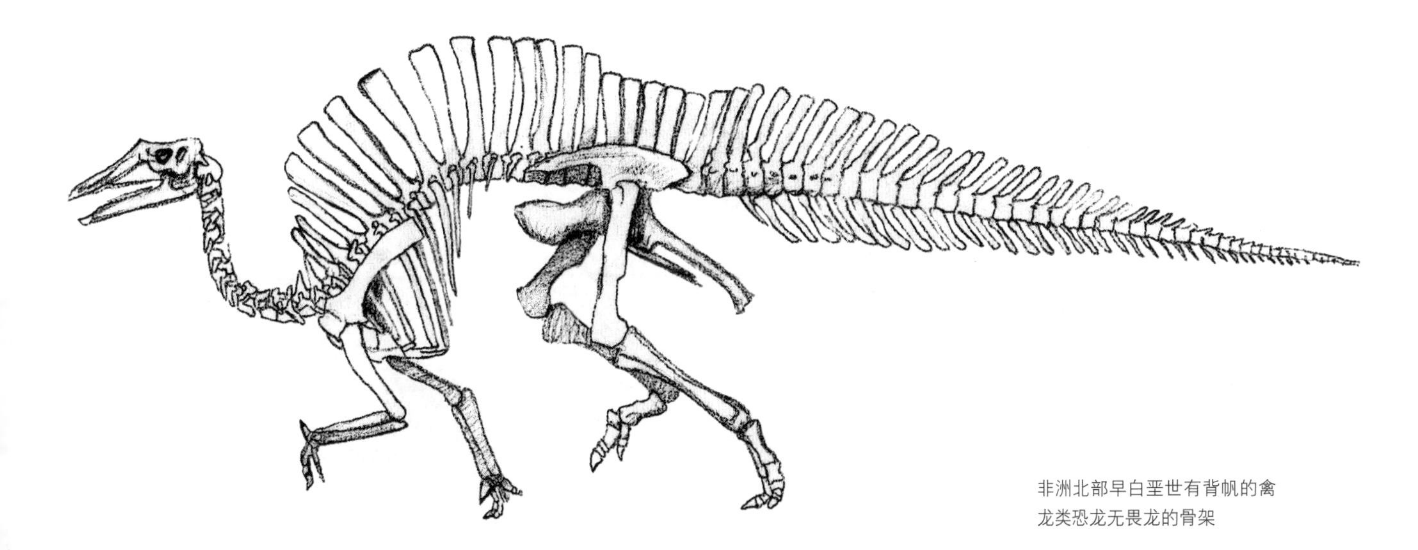

非洲北部早白垩世有背帆的禽龙类恐龙无畏龙的骨架

有33英尺（10.1米）或更长，这使它成为除了鸭嘴龙超科恐龙外，已知最大的鸟脚类。禽龙以及其他进步禽龙类的喙和掌骨通常比弯龙的长，也比弯龙的宽。它们中间的三个手指更像是蹄。禽龙是早白垩世欧洲最常见的恐龙。事实上，在比利时的一个采石场至少发现了38只禽龙个体！然而，尽管许多其他书籍都这么说，证据表明，这并**不是**一个同时死亡的群体。戴夫·诺曼对这些骨架位置的研究，以及不同沉积物层将它们分开的事实表明，它们在采石场至少经历过三次不同的埋藏期。但这些事例

有血有肉的无畏龙

禽龙是所有禽龙类中被研究最为透彻的。

和其他在德国的化石点以及许多行迹化石表明，禽龙可能是群居动物。

如果它们成群生活，年幼的禽龙很可能要奔跑起来才能跟上父母。它们可能是依靠后肢这么做的。对前肢与后肢比例的研究表明，年幼的禽龙个体更像典型的两足动物，而成年禽龙在大多数时间里更像是四足动物。（如果你仔细想想，这与人类刚好相反。我们婴儿时期靠四肢爬行，长大后却只用两条腿行走。）

禽龙、弯龙和它们的亲戚能够成功的部分原因是它们在某种程度上兼具了两类植食动物的特性。当它们用四肢行走时，可以寻找草本植物、蕨类植物和其他长势较低的植物来食用。（如果中生代有草的话，它们一定会很爱吃草。但对禽龙类来说遗憾的是，草在最后一只鸟脚类灭绝后很久才演化出来。）而当它们用后肢行走时，可以达到相当高的高度，在树上觅食。因此，它们可以同时与嚼食草本植物的剑龙类、甲龙类、角龙类以及在树上搜食的蜥脚类竞争，这一切都是因为它们高度特化的可咀嚼的颌部。

高鼻子和帆状背

虽然禽龙是最为著名也被人们研究得最深入的进步禽龙类，但还有许多其他被人们所知的禽龙类。早白垩世在亚洲生活着高吻龙。它的名字意为“高高的鼻子”，只消看一下头骨你就会明白它得名的原因。它高高的口鼻部曾经撑起一只肉乎乎的大鼻子。另外，高吻龙与它在欧洲和北美洲的近亲——禽龙非常相似。

早白垩世的非洲生活着一些最为壮观的禽龙类。无畏龙是这个类群中体格最轻的一只。它有着又长又窄的头骨和细长的四肢。不过，最令人惊奇的是它的背帆。神经棘，即脊椎从背上伸出的那部分，高达3英尺（0.9米）。有些禽龙物种的神经棘也很高，但从来没有这么高过！事实上，少数拥有更大背帆的恐龙之一，即兽脚类中的棘龙，几百万年后也出现在北非。一些古生物学家推测，在早白垩世末期和晚白垩世初期，热带地区的环境非常炎热，像无畏龙和棘龙这样的大恐龙需要一些额外的方法来释放身体热量。为了达到这个目的，背帆是大有用处的，因为它可以迎着风，让热量散去。

然而，来自同一地区的其他巨型恐龙并不需要如此巨大的背帆。所以也许背帆还有其他更重要的功能。例如，无畏龙的背帆可以让每个个体都与众不同，因此同一物种的成员可以立即认出彼此。

与纤细的无畏龙生活在相同环境中的是另一只进步禽龙类恐龙沉龙（*Lurdusaurus*）。无畏龙优美雅致，沉龙却巨大敦实。它是已知身体最宽、四肢最短的禽龙类。它可能相当笨重，但这并不意味着它一定速度非常慢。毕竟，河马身体也很笨重，但必要的时候，河马无论是在陆地上还是在水中，都能移动得非常快。事实上，沉龙可能是一只等同于河马的恐龙。与其他进步禽龙类的手部不同的是，它的手短而宽，向外张开，就像河马的脚。（当然，沉龙演化出这种大张的手部也可能仅仅是为了支撑其巨大的重量。）

鸭嘴龙超科的父亲（和母亲）

其余的禽龙类则代表了向真正的鸭嘴龙超科的过度，但事实上，我们很难弄清楚禽龙类到底在哪里结束，鸭嘴龙超科恐龙又从哪里开始。例如，一些古生物学家认为马鬃龙（*Equijubus*）和原巴克龙（*Probactrosaurus*）不是鸭嘴龙超科恐龙，严格来说，它们应该作为原始禽龙类来讨论。但我认为它们可能是原始鸭嘴龙超科恐龙，所以我把它们放在下一章来讲。

一般来说，非鸭嘴龙超科恐龙身上没有但鸭嘴龙超科恐龙身上有的，是窄而呈菱形的牙齿。禽龙的牙齿相当宽，侧面具有一个叫作小齿的巨大突起。它们看起来有点像现代蜥蜴——鬣蜥的牙齿（因此禽龙的名字意为“鬣蜥的牙齿”）。鸭嘴龙超科恐龙牙齿上的小齿较小，或者干脆没有，牙齿则更窄，侧面呈菱形。这样牙齿可以贴合得更紧密。

两只中国恐龙，锦州龙（*Jinzhousaurus*）和双庙龙（*Shuangmiaosaurus*），似乎代表了鸭嘴龙超科恐龙最为密切的亲戚。事实上，锦州龙的年代够早，很有可能是鸭嘴龙超科恐龙的祖先。这两只恐龙都有非常宽的口鼻部——鸭嘴龙超科也是因为这个特征而得名的，但它们的牙齿仍然相当宽。所以我个人的观点是，暂时把它们放在这一部分来讲。然而，这两只恐龙暗示了接下来的发展：高度特化，更为复杂（对暴龙类来说无比美味）的禽龙类，即鸭嘴龙超科恐龙的大量涌现。

山东龙
盔龙
副栉龙

32
鸭嘴龙超科
（鸭嘴恐龙）

259 鸭嘴恐龙的学名为鸭嘴龙超科，是鸟脚类（两足行走、有喙、植食性的恐龙）中时间最晚，也最为进步的类群。古生物学家对这些生物的生活方式和解剖结构的了解比对任何其他已灭绝的恐龙都要多。鸭嘴龙超科恐龙是北美洲晚白垩世最常见的恐龙，在亚洲、欧洲、南美洲和南极洲都有发现。从蛋里的胚胎到老年恐龙，各个年龄段的鸭嘴龙超科恐龙的骨架都为人们所知。事实上，有整群整群的鸭嘴龙超科骨架（足足有上百只！）在骨床中被发现。鸭嘴龙超科恐龙周围甚至还留有皮肤印痕的骨架（这就是所谓的恐龙木乃伊），也被人们发现了！

鸭嘴龙超科属于鸟脚类中名为“禽龙类”的恐龙类群。像其他禽龙类一样，鸭嘴龙超科恐龙大部分时间都是四肢行走，但也能只用后肢行走。虽然有些鸭嘴龙超科物种（尤其是最早也最原始的）并不比马大多少，但它们大多数的体型从犀牛到非洲象大小不等。有几个甚至还更大。事实上，最大的鸭嘴龙超科恐龙可能是陆地上有史以来最大的动物之一。唯一还要巨大的陆地动物是它们的远亲，蜥脚类恐龙。

鸭嘴龙超科恐龙得到“鸭嘴恐龙”这个称呼并不奇怪，这都源于它们口鼻部的形状。许多禽龙类都具有长长的面部，鸭嘴龙超科恐龙也不例外。然而，鸭嘴龙超科恐龙的口鼻部末端更宽也更圆。在某些情况下，它确实看起来像鸭子的嘴巴。

鸭嘴恐龙的起源

鸟脚类包括许多不同类型的植食恐龙。原始鸟脚类（我们在第30章中讨论过）大多是只依靠后肢奔跑的小动物。禽龙类的物种（我们在第31章中讨论过）体型较大，它们中的许多恐龙至少有段时间依靠四肢行走。禽龙类中特化度更高的类型演化出了一种我喜欢称之为“瑞士军刀”的手部结构。这些禽龙类的手部就像今天的瑞士军刀，也具有许多不同的功能。大拇指是一个尖刺，可能用来防御其他恐龙或撬开想吃的植物。小指与手掌相对，因此 260 可以抓取树枝或其他食物。三个中指起到了蹄形脚趾的作用，依靠它们可以行走得更容易。事实上，似乎至少有些禽龙类（包括鸭嘴龙超科恐龙在内）的脚趾完全被皮肤覆盖，使得它们看起来像是戴着手套，只不过手套的方向朝后！

这些禽龙类也演化出了特化的可研磨食物的颌部。大多数爬行动物只依靠颌部的上下咬合将食物切碎，禽龙类则不同，能够咀嚼食物，因为它们面部骨骼具有一个关节。当嘴巴闭合时，上颌会向外摆动，使上颌的牙齿与下颌的牙齿互相刮削。这与我们和其他哺乳动物咀嚼食物的方式不同。在我们身上，我们的上颌保持不动，下颌则上下前后左右移动。因为鸭嘴龙超科和其他禽龙类能把食物（各种类型的植物）磨成糊状，所以它们能比其他植食性动物更快地消化食物。

鸭嘴龙超科的祖先如若不是锦州龙，也是与锦州龙关系密切的禽龙类。鸭嘴龙超科的物种包括一些原始恐龙以及进步类群，鸭嘴龙科

鸭嘴龙超科成功的部分关键原因在于它们的齿系，此处有齿系细节图。

（Hadrosuuridae）。鸭嘴龙科（包括了大多数已知的鸭嘴龙超科的物种在内），具有两个主要分支：宽口鼻、大鼻子的鸭嘴龙亚科（Hadrosuurinae）和小口鼻、有空心脊冠的赖氏龙亚科。（如你所见，这些名字十分相似，但结尾略有不同。这是因为它们是在19世纪和20世纪被创造出来的，当时有一套不同的“等级”或分类等级的规则。超科通常以“-oidea”结尾，科通常以“-idea”结尾，亚科通常以“-inae”结尾，尽管大多数科学家不再使用这种等级，但我们仍然使用这些的名字。）

最早和最原始的鸭嘴龙超科恐龙生活在早白垩世末期和晚白垩世初期。已知有许多不同物种，如南阳龙（*Nanyangosaurus*）、马鬃龙、原巴克龙、巴克龙（*Bactrosaurus*）、原赖氏龙（*Eolambia*）、始鸭嘴龙（*Protohadros*）。其中大部分是中型恐龙，10到20英尺（3到6.1米）长。始鸭嘴龙能够长至30英尺（9.1米）。与它们原始的禽龙类祖先一样，这些鸭嘴龙超科恐龙具有多功能的“瑞士军刀手”：尖刺的拇指、对生的小指和蹄状的中指。原始鸭嘴恐龙也有它们禽龙类祖先所拥有的深深的喙。换句话说，它们总体上看起来像典型的禽龙类。（事实上，一些古生物学家并不认为它们都是真正的鸭嘴龙超科！）这些原始鸭嘴龙超科恐龙演化出的特征使鸭嘴龙超科这一类群有别于其他禽龙类。这些初代鸭嘴龙超科恐龙的口鼻部末端比典型禽龙类的更宽更圆，所以它们可以嚼食更多植物。换句话说，它们演化出了“鸭嘴”。

磨齿兽

鸭嘴龙超科历史上的下一个重要特征，也是使它们有别于其他进步禽龙类的特征是齿系。这是一种适应性，帮助它们比祖先更好也更精细地咀嚼食物。与祖先不同的是，进步鸭嘴龙超科恐龙的颌部上具有更多的牙齿。研磨动作很快就会损坏牙齿，所以鸭嘴龙超科恐龙需要额外的牙齿。用舌头感觉一下你自己嘴巴的内部。你的嘴里可能有28颗牙齿：上面14颗，下面14颗。从未拔掉过智齿的成年人有32颗牙。早期鸭嘴龙超科恐龙有80颗牙齿，而真正的鸭嘴龙科恐龙则有120颗或更多。每颗牙齿的下方都有6颗以上的替代牙，它们随时准备等最上面的牙齿磨损后将其替换。随着鸭嘴龙超科的演化，颌部两侧许多牙齿被挤压在一起，直至形成真正的齿系，其工作原理好比颌部两侧各有一个巨大的锉刀相互摩擦。鸭嘴龙超科恐龙可以把树叶、树枝、果子和茎磨成浆状物，迅速消化。

尽管两侧具有这么多牙齿，鸭嘴龙超科恐龙的颌部前端却没有牙齿。取而代之的，是上颌和下颌的前端都覆盖着角质的喙。在一些标本化石中发现了这种角质物的痕迹。

破碎龙（*Claosaurus*）、沼泽龙（*Telmatosaurus*）、独孤龙（*Secernosaurus*）和计氏龙（*Gilmoreosaurus*）这样的鸭嘴龙超科恐龙最早演化出了真正的齿系。它们比马鬃龙、巴克龙等特化程度更高，但仍然不是更进步的鸭嘴龙科的成员。只有当一只恐龙属于鸭嘴龙亚科或赖氏龙亚科这两个次类群时，多数古生物学家才会将其归入鸭嘴龙科，上述四只恐龙似

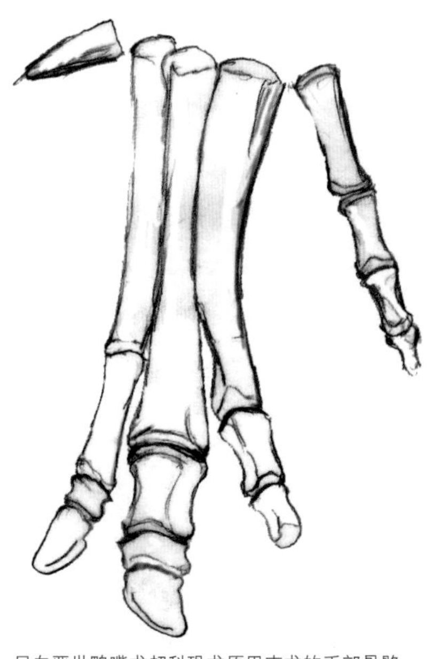

早白垩世鸭嘴龙超科恐龙原巴克龙的手部骨骼

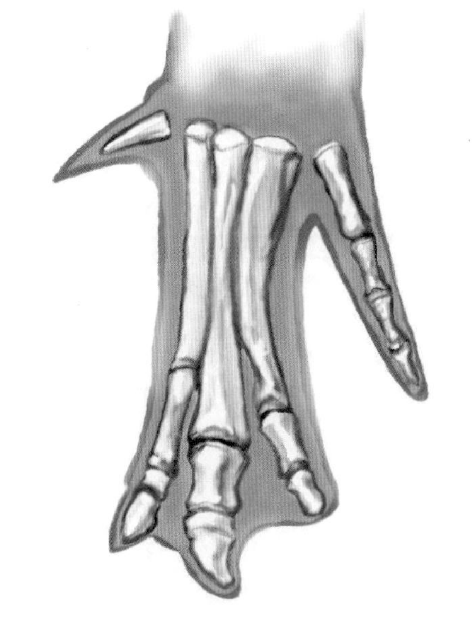

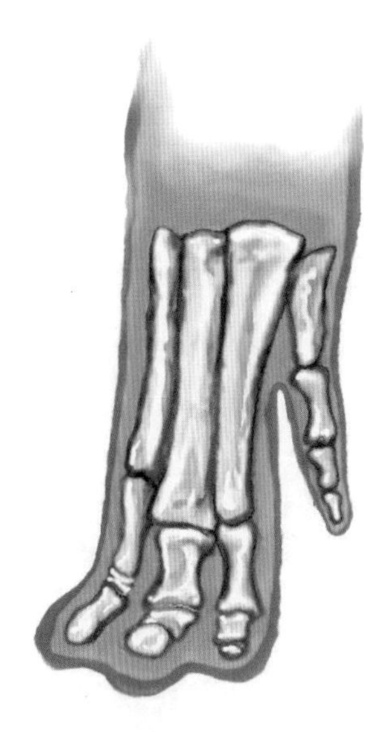

原巴克龙（中）的“瑞士军刀手”与鸭嘴龙科（右）没有拇指的手部相对比。

乎不属于这两个次类群中的任何一个。上述鸭嘴龙超科恐龙，前三个只有大约10到13英尺（3到4米）长，计氏龙的长度则超过了26英尺（8米），可能重达2吨。

上述鸭嘴龙超科恐龙和更原始的种类如马鬃龙、原巴克龙和巴克龙之间的另一个区别在于它们的手部。这些恐龙（以及后来真正的鸭嘴龙科恐龙）是没有拇指的。在原始鸭嘴龙超科恐龙和更为古老的禽龙类身上能找到的拇指尖刺在它们身上消失了。不管那尖刺是用来做什么的，鸭嘴龙科恐龙显然已经不需要它了！

鸭嘴龙科恐龙是最著名也最常见的鸭嘴龙类。鸭嘴龙科的齿系比起它们的祖先拥有更多的牙齿：120颗或更多的单颗牙齿同时咬合在一起。正下方是一排又一排的新牙齿。当上方的一颗牙齿磨损或折断时，另一颗新的牙齿就会从下方取代它。这意味着鸭嘴龙科恐龙的嘴里一直都有上百颗牙齿！这也是鸭嘴龙科的牙齿如此常见的原因之一。这令人赞叹的可磨动的颌部使鸭嘴龙科恐龙能够更快地从食物中获取更多的能量，这可能是鸭嘴龙科恐龙如此成功的原因。（注意：当你彻底地咀嚼食物时也会这样！）

鸭嘴龙科有两个主要的分支。第一个，鸭嘴龙亚科，其包括了鸭嘴龙（这使鸭嘴龙成为一只鸭嘴龙超科–鸭嘴龙科–鸭嘴龙亚科恐龙）。鸭嘴龙亚科拥有鸭嘴龙超科中最宽的口鼻部；换句话说，它们是嘴最像“鸭嘴”的鸭嘴龙类。鸭嘴龙亚科是一个非常多样化的类群。有些口鼻部更短也更厚，比如短冠龙（*Brachylophosaurus*）和小贵族龙（*Kritosaurus*）。其他的一些，比如原栉龙（*Prosaurolophus*）和慈母龙，则有着更大更宽的扁口鼻部。最长也是最宽的口鼻部在大鹅龙、埃德蒙顿龙和山东龙（*Shantungosaurus*）身上可见。大多数鸭嘴亚科恐龙都很大，完全长成时身长通常大于30英尺（9.1米）。事实上，山东龙可能已经长达50英尺（15.2米），重达13吨，这使它成为科学界已知最大的两足动物！（相比之下，最大的两足食肉恐龙可能只有8吨重。）鸭嘴龙亚科恐龙主要来自北美洲，但也发现了一些来自亚洲和阿根廷的鸭嘴龙亚科恐龙。

赖氏龙亚科恐龙的口鼻部比鸭嘴龙亚科恐龙的短且窄，在其他一些骨骼上也存在区别。赖氏龙亚科恐龙最著名也最为显著的特征是它们中空的脊冠。（这一特征实际上并没有出现在最古老也是最原始的赖氏龙亚科恐龙——亚洲的盐海龙［*Aralosaurus*］身上，但却出现在之后所有的形态中。）虽然鸭嘴

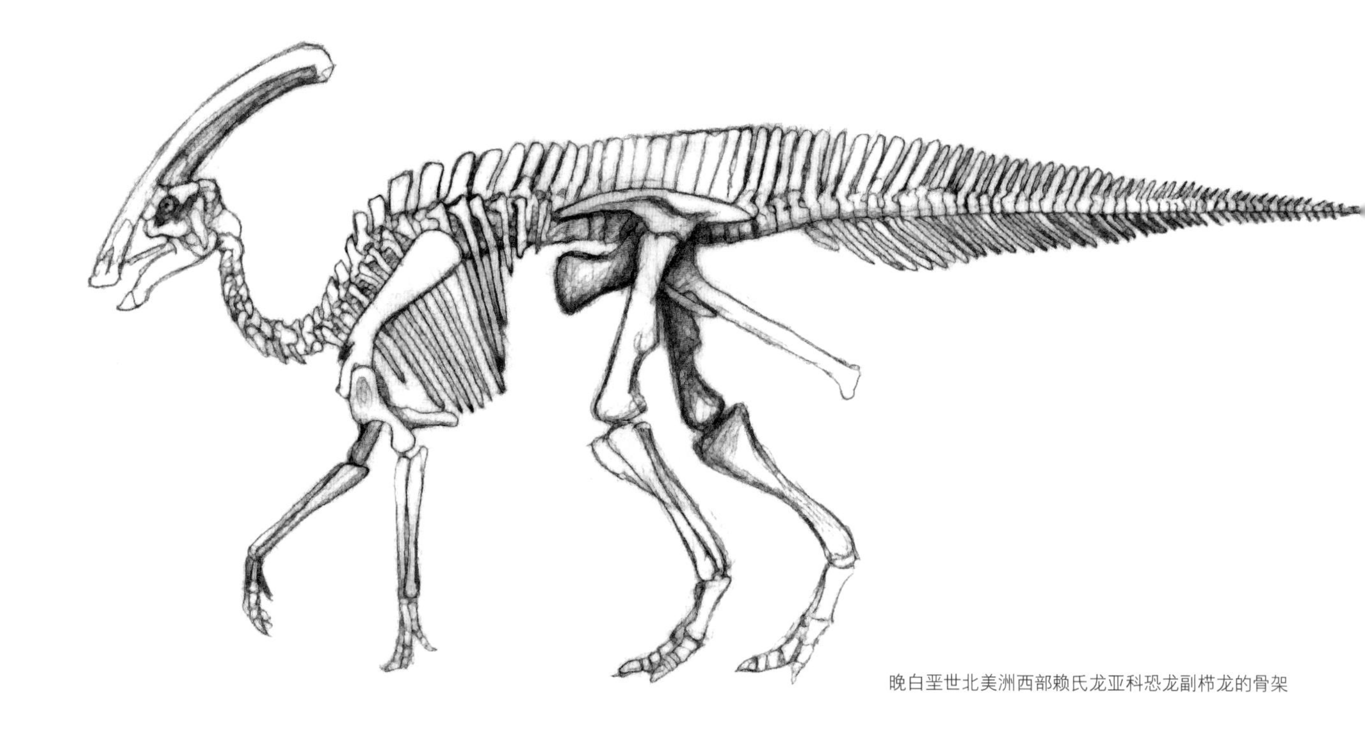

晚白垩世北美洲西部赖氏龙亚科恐龙副栉龙的骨架

龙亚科恐龙栉龙（*Saurolophus*）头骨后部伸出有一个尖峰状的脊冠，但只有赖氏龙亚科恐龙的脊冠是中空的。这些结构实际上是鼻道（连接鼻孔和气管的通道）周围的骨骼。脊冠大小不同，形状各异。在一些恐龙，比如副栉龙（*Parasaurolophus*）和青岛龙（*Tsintaosaurus*）身上，脊冠看起来像一个管道。在其他一些恐龙，比如赖氏龙、盔龙（*Corythosaurus*）和亚冠龙（*Hypacrosaurus*）身上，脊冠看起来则像头盔。扇冠大天鹅龙（*Olorotitan*）的脊冠像是一个管道状的头盔！赖氏龙亚科恐龙在亚洲和北美洲都很常见，但在欧洲也发现了一些化石。

263

巨大可鸣响的鼻子

像其他禽龙类一样，鸭嘴龙超科恐龙也有巨大的鼻子。这在鸭嘴龙亚科恐龙身上尤为突出。但这些大鼻子并没有巨大的鼻孔。事实上，大部分内鼻

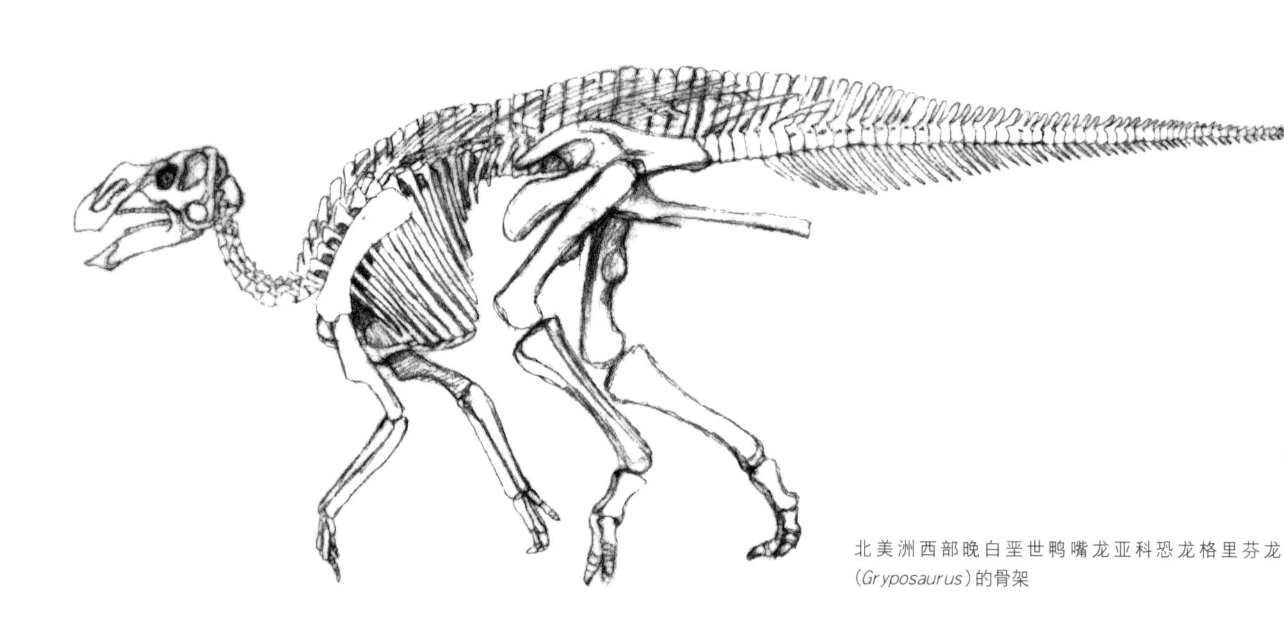

北美洲西部晚白垩世鸭嘴龙亚科恐龙格里芬龙（*Gryposaurus*）的骨架

腔都被肉质组织填充，以帮助恐龙保持肺部的湿润。（在赖氏龙亚科恐龙身上，这种组织大部分都存在于中空的脊冠里。）

不过，肉质组织可能还具有另一个功能。就像青蛙可膨胀的喉囊或雄性象海豹的鼻子一样，鸭嘴龙超科恐龙的大鼻子可能是用来发出响亮的声音的。

鸭嘴龙超科恐龙的叫声也许有助于吸引配偶，但可能还有其他用途。父母可以呼唤幼崽；如果恐龙群中的一员发现了危险，可以呼唤同伴。在鸭嘴龙超科的世界里可是存在很多麻烦的！鸭嘴龙超科恐龙的宝宝会成为许多肉食动物的猎物，成年鸭嘴龙超科恐龙可能会被亚洲和北美洲的暴龙超科恐龙以及欧洲及南部大陆的阿贝力龙超科恐龙猎杀。事实上，有一些鸭嘴龙超科恐龙的化石上就留有暴龙超科恐龙的咬痕。一只成年的鸭嘴龙超科恐龙个体除了体型之外就没有其他真正的防御能力了，尽管在某些情况下，只有体型也足够了。它们的腿生来就不适合奔跑，也不具有角、装甲或锋利的爪子。然而，鸭嘴龙类所拥有的是数量上的优势。在一个群体中，每一个个体都可以留心大型食肉动物，并在发现敌人迫近时向其他同伴发出警报。

赖氏龙亚科恐龙可能是所有鸭嘴龙超科恐龙中最擅长制造声音的，也许它们算得上是除了鸣禽以外所有恐龙中最擅长的！每个赖氏龙亚科物种都具有一个独特的脊冠。就像大小不同、形状各异的西洋管乐器发出不同的声音一样，每个赖氏龙亚科物种似乎都有自己独特的声音。

赖氏龙亚科恐龙的幼崽没有脊冠。当一只年幼的赖氏龙亚科恐龙年岁渐长，它的脊冠会随着它的成长，从最开始面部前端的隆起物，变得越来越大，越来越突出。成年的雄性赖氏龙亚科似乎比成年雌性拥有的脊冠更大、更奇特。事实上，在20世纪初，古生物学家曾认为，由于雄性成年赖氏龙亚科恐龙、雌性成年赖氏龙亚科恐龙、“青少年”赖氏龙亚科恐龙和幼年赖氏龙亚科恐龙有着如此不同的脊冠，它们一定是不同的物种！后来的研究表明，

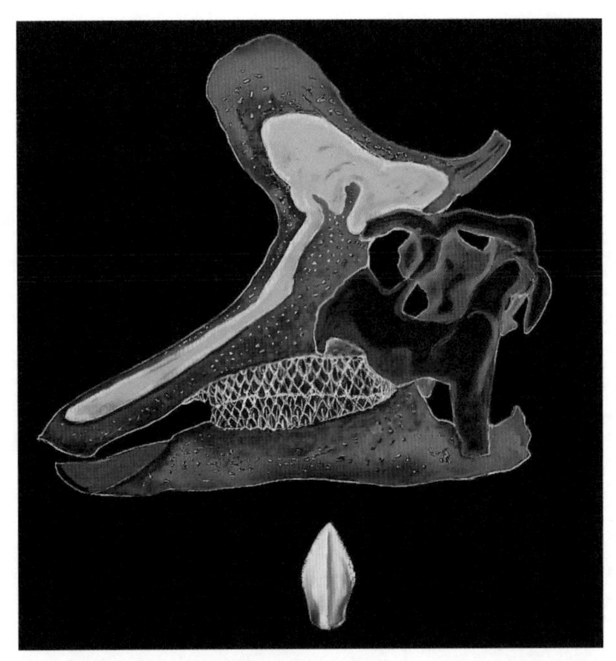

赖氏龙亚科的头骨不止有齿系。它们的脊冠实际上充满了中空的鼻道，这些鼻道可能被用来发出声音或维持肺部湿润。

这些形状和尺寸的变化是由于这些动物的雄雌以及不同年龄之间的差异造成的。雄性和雌性之间脊冠形状的变化为我们提供了一些关于赖氏龙亚科恐龙行为的线索。因为雄性的脊冠比较大，它们可能用脊冠来向雌性炫耀。脊冠最奇特的雄性可能会俘获雌性。

然而，赖氏龙亚科恐龙的脊冠并不仅仅是为了炫耀。还记得鸭嘴龙超科恐龙的脊冠是怎么发出不同声音的吗？这意味着，即使在同一个物种里，雄性和雌性也有不同的鸣声或叫声。

鸭嘴恐龙的巢穴

古生物学家发现的鸭嘴龙超科恐龙的化石，既有蛋，也有完全长成的成年恐龙。鸭嘴龙超科恐龙的蛋比足球小，对于这样大体型的动物来说，这是相当小的。雌性每窝产蛋十二只左右，而且它们不光产蛋！在北美洲和欧洲的发现表明，鸭嘴龙超科恐龙还聚居筑巢，几十个（或几百个，甚至几千个！）巢穴构筑在同一地区。鸭嘴龙超科恐龙妈妈用手或脚筑巢，在泥里挖出浅坑。由于鸭嘴龙超科恐龙妈妈重达数吨，所以她无法坐在巢上孵

蛋。大多数古生物学家相信鸭嘴龙超科恐龙会像现代鳄鱼和一些鸟类一样，用植物覆盖在巢穴上来保暖。

新孵化的鸭嘴龙超科恐龙的骨关节未完全形成。这意味着这些宝宝们只能待在巢穴里。它们无法自己走动。正因为如此，一定是它们的父母给它们喂食的。有时你会在图画里看到鸭嘴龙超科恐龙妈妈衔着一大口植物给宝宝们喂食，但说实话，事实可能并非如此。当现代鸟类（鸭嘴龙超科恐龙和其他已灭绝的恐龙最密切的、尚存于世的亲戚）给它们的宝宝喂食时，它们大多会先吞下食物，然后再把食物反刍给宝宝吃。你大概不喜欢这样的晚餐方式，但鸭嘴龙超科恐龙宝宝可能十分喜欢！

像许多动物一样，幼年鸭嘴龙超科恐龙看起来和它们的父母不一样。体型大小是一个区别，一个很大的区别：它们从可容纳在足球般大小的蛋中的宝宝，长成重达几吨的成年恐龙。但鸭嘴龙超科恐龙也经历了其他的变化。所有鸭嘴龙超科恐龙宝宝，不管是原始的鸭嘴龙超科恐龙、鸭嘴龙亚科恐龙，还是赖氏龙亚科恐龙，都具有短而窄的喙。只有当长大后，它们的喙才呈现出成年的样子。

鸭嘴龙超科恐龙的生活习性和生活环境

有些鸭嘴龙超科恐龙甚至被保存成了“木乃伊”，这些木乃伊不像埃及坟墓里那些肉身还实际存

不同种类和年龄的赖氏龙亚科恐龙的头部都有不同形状的冠：副栉龙（左上角和右上角为成年的恐龙，左中为幼崽），赖氏龙（中上为雄性，中下为雌性），以及盔龙（左下）。

晚白垩世赖氏龙亚科恐龙扇冠大天鹅龙的蛋（左下角为特写图）、宝宝和巢穴都受到成年恐龙的保护。

在，只不过被风干了的木乃伊。恐龙木乃伊的肉身没有保存下来，只有骨架周围的皮肤留下了印痕。鸭嘴龙超科恐龙全身覆盖着具有花纹的鳞片。它们中有些（也可能是所有）背上的大型鳞片形成了脊饰。在一些鸭嘴龙超科恐龙身上，这条背脊看起来就像城堡的顶部，即被短小的空隙分割开来的高高矩状物。我们不知道这些脊饰鳞片的颜色。然而，似乎可以合理地推测，如果脊饰是一种展示物，以吸引其他鸭嘴龙超科恐龙的注意，那么它们将会具有明亮的颜色。

在恐龙研究的早期，古生物学家对鸭嘴龙超科恐龙和鸭子之间的相似性很着迷。有些人认为鸭嘴龙超科恐龙大部分时间在水中游动，而不是在陆地上行走。有些人甚至认为它们只能以柔软的沼泽植物为食。（你不得不怀疑他们是不是压根不了解齿系！）20世纪60年代，耶鲁大学古生物学家约翰·奥斯特罗姆重新研究了化石证据，证明鸭嘴龙超科恐龙确实不是很像鸭子，它们可以食用坚硬的植物。它们的脚不适合划水（脚趾短且粗，而不是长而宽），而非常适合在陆地上行走。

我们知道鸭嘴龙超科恐龙以什么为食，因为我

266

们在它们的骨架或者木乃伊胃部的位置发现了植物化石。我们还发现了它们的粪化石。鸭嘴龙超科恐龙绝对是食植动物。它们食用松树的针叶和树枝，阔叶树的叶子，以及各种种子和果子。它们的齿系甚至可以咬碎坚硬的植物，使植物更容易消化。即便如此，成年的鸭嘴龙超科恐龙还是大型动物，需要大量食物。鸭嘴龙超科恐龙一生大部分时间是在散步和咀嚼中度过的。

鸭嘴龙超科恐龙生活在各种各样的环境中。事实上，它们中有些确实生活在沼泽里（就像人们曾经认为的那样），但它们的行为可能更像驼鹿而不是鸭子。其他的则居住在森林里，还有一些住在山上和高地上。鸭嘴龙超科恐龙不太可能生活在沙漠里（因为那里没有足够的食物），但它们似乎在其他大多数地方都能很好地繁衍。鸭嘴龙超科恐龙是晚白垩世最成功的大型恐龙类群。

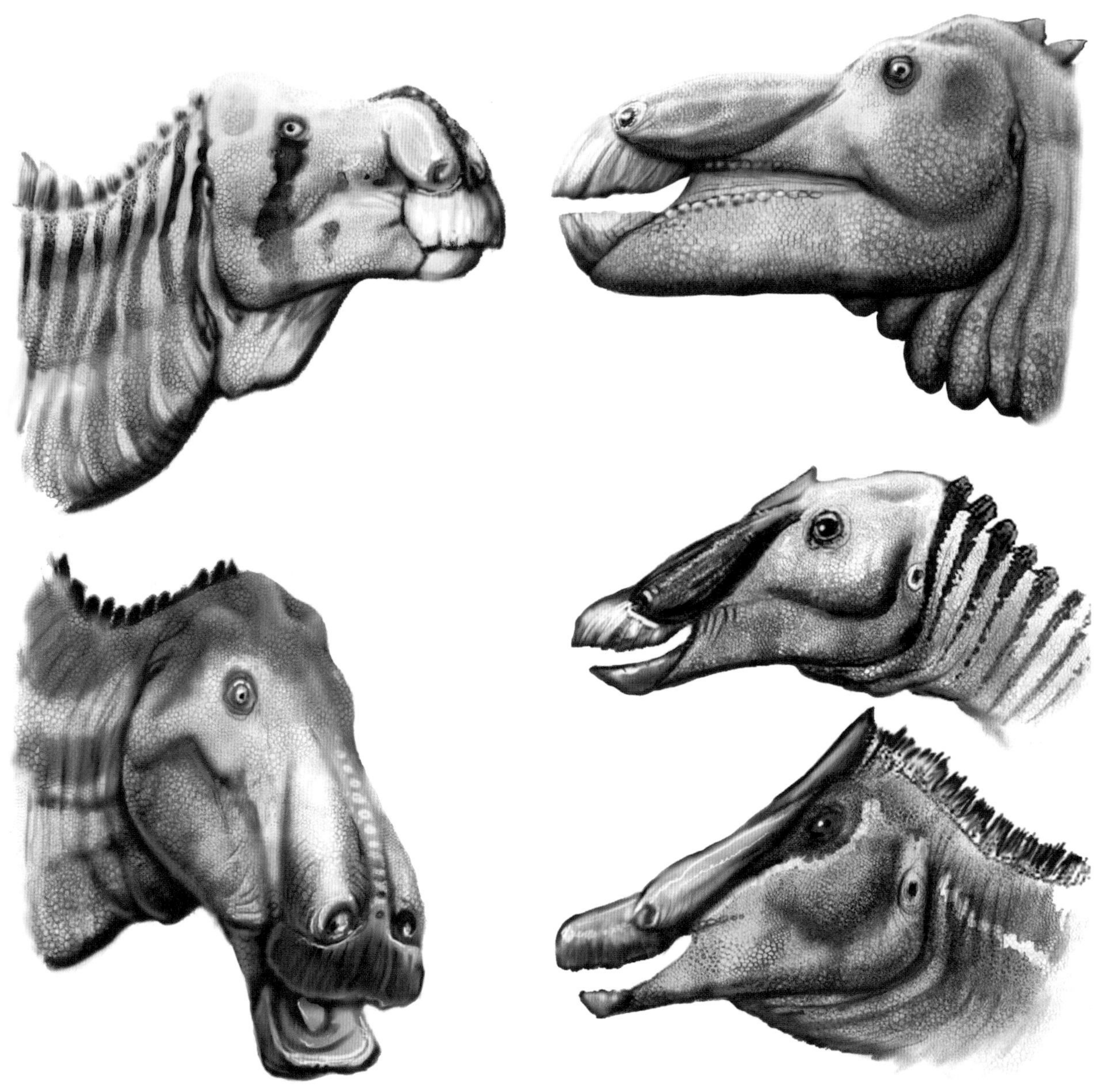

鸭嘴龙亚科恐龙虽然没有它们的亲戚赖氏龙亚科恐龙那样壮观的脊冠，但也有各种不同的头部造型：格里芬龙（左上）、埃德蒙顿龙（左下）、山东龙（右上）、栉龙（右中为雌性，右下为雄性）。

鸭嘴龙类

华盛顿特区，自然历史国家博物馆
迈克尔·K.布莱特-瑟曼博士

金伯利·莫勒
(Kimnerly Moeller) 摄

鸭嘴龙类是鸟脚类恐龙演化的巅峰，也是终点。它们最早出现于早白垩世，在晚白垩世末灭绝。它们的起源似乎在亚洲，到白垩纪末，它们已经遍布于每一片大陆，包括南极洲。它们中一些达到了较小的蜥脚类恐龙的体型。在某些方面，它们比人类的构造还要优秀。

鸭嘴龙类的祖先是禽龙类。像禽龙类一样，鸭嘴龙类也是以植物为食的。鸭嘴龙类和它们祖先之间一个关键的区别，在于在吞咽之前处理食物（植物）的方式。它们已经成为高效的植食性机器。

鸭嘴龙类同时使用着每一侧颌骨的三排齿列，这些齿列完美扣合在一起，形成了一个齿系。随着上方牙齿的磨损，大量牙齿慢慢地从颌部冒出。你可以把它想象成一部缓慢移动的自动扶梯。当一组牙齿磨损掉落，另一组牙齿冒出补位。上下牙的咀嚼面向下并向外倾斜，以增加研磨的表面积。这使得鸭嘴龙类成为唯一一种真正意义上"咀嚼"食物的植食性恐龙。（角龙类"切碎"植物，但不咀嚼。）

鸭嘴龙类的另一个独特特征是上颌的铰合部。每当它们咀嚼植物时，上颌都会向外摆动，就像连接在铰链上一般。这使得颌部可以同时从两个方向咀嚼食物，即向上，以及向外。

鸭嘴龙类是所有鸟脚类中最大的。它们延续了最初在其祖先禽龙类身上看到的几种演化趋势。因为体型很大且体重很重，所以它们有额外的脊椎来加固下背部。肠骨（腰带区的上部）的后部较长，用于连接支撑后肢的大块肌肉。耻骨和坐骨都相对较大，以支撑腹部和尾部的肌肉。尾巴上还有两组相互重叠的骨化肌腱。肌腱使尾巴僵硬，也增加了从背部中间到尾巴前三分之一的脊柱的力量。这改善了这些动物在行走或奔跑时的平衡性和灵活性。虽然鸭嘴龙类跑不过任何一种体型相似的兽脚类，但它们两腿间的距离更宽，转弯半径更小，所以它们比兽脚类更灵活。

古生物学家认识到鸭嘴龙类有三个主要类群。第一个是从禽龙科演化而来的过渡类群。这些早期鸭嘴龙类中的一些后来定义了该家族的特征，但不是全部。

最著名的类群是由赖氏龙类组成的。很容易识别，因为它们有着不同形式的空心脊冠。脊冠本身是鼻子的延伸，由前颌骨和鼻骨组成。脊冠具有许多功能。作为一个扩大的鼻子，脊冠增强了赖氏龙类的嗅觉。一只赖氏龙类可以通过将空气吹入脊冠发出声音，从而与同类进行交流。这些独特的脊冠也使得其他恐龙很容易认出这些赖氏龙类。

最后出现的类群是鸭嘴龙亚科恐龙。它们没有中空的脊冠，但有着最多数量的牙齿——在任何时候都有720颗，口鼻部也是最长的。

从生态学来看，鸭嘴龙类相当于一匹巨大的马或驼鹿。在灭绝之前，它们与角龙类和暴龙类共享着世界。直到恐龙灭绝1 500万年后，它们的生态角色才再次得到了填补。

肿头龙
冥河龙
平头龙

33
肿头龙类
（圆顶恐龙）

269 不知为何，肿头龙类（头部肿厚的爬行动物）的成员看起来有点像人类。大多数物种比成年人类小，都依靠后肢行走。它们的头相当直地矗立在脖子上，大部分头顶都高高地隆起，有点像长着头垢、秃顶的老年人，还是有尖脸和尾巴的那种！

但有一个非常重要的区别。我们人类顶部高隆的头骨里装的是巨大的大脑，其上覆盖着一层薄薄的骨头。肿头龙类顶部高隆的头骨里，脑容量则很有限，上面覆盖着一层厚厚的骨头。你可能会认为有些人"傻头傻脑"（好似脑袋里没有大脑，只有骨头），但这些恐龙才是！

肿头龙类有很多绰号。"骨头骨脑"是个好名字，因为它们都有厚厚的颅骨顶。"圆顶头"适用于除原始的头骨扁平形态以外的大多数肿头龙类。但我最喜欢的名字是"撞头"，不仅仅因为这听起来挺粗野，还因为它描述出了至少有些古生物学家认为它们会用那怪异的脑袋来做的事情。

骨头骨脑

肿头龙类是鸟臀目恐龙。它们最鲜明的特征是厚厚的头骨。在原始形态中，比如皖南龙（*Wannanosaurus*）和平头龙（*Homalocephale*），头骨的厚度只有普通鸟臀目恐龙的两倍。但是，在大多数肿头龙类中，包括冥河龙（*Stygimoloch*）、倾头龙（*Prenocephale*）、圆头龙（*Sphaerotholus*）、剑角龙（*Stegoceras*）和肿头龙（*Pachycephalosaurus*），头骨至少比同等大小的普通鸟臀目恐龙的头骨厚二十倍！

事实上，这些骨质的圆顶是如此坚硬持久，往往成为一只肿头龙类身上唯一变成化石的部分。事实上，当第一件剑角龙标本被发现时，人们只找到了它头上的圆顶。近四分之一世纪以来，还没有人知道这只恐龙的其他部分是什么样子！（顺便说一句，以防你被这个名字搞糊涂了，剑角龙是一只典型的肿头龙类，它和它有着相似名字的远亲剑龙不是一回事。）

"撞头"恐龙？

当古生物学家在化石中发现一个奇怪的特征时，他们会推测这个特征是如何被利用的。面对圆顶恐龙厚厚的头骨时，他们也是如此。

科幻作家萨帕拉格·德·坎普（L. Sprague de Camp）在20世纪50年代首次提出了一个想法，即肿头龙类使用圆顶的方式与大角羊使用角的方式相同：互相撞击！公羊奔向彼此，用头猛撞向对方，进行力量的角逐。战斗结束时表现得最强的就是赢 270 家。它会得到母羊和领地。失败者不得不去其他地方比拼它的力量、运气和技巧，如若它伤得不深的话。

当然，有一个厚厚的头骨对于保护大脑免受另一只肿头龙类头骨的撞击是有用的。但是有没有其他证据表明这些恐龙用头互撞？似乎确实有一些能够支持这一观点的特征。对肿头龙类头骨的一项数学研究表明，在其任何一个种群中，都有一组恐龙

晚白垩世亚洲的肿头龙类恐龙倾头龙的有着圆顶的头部

两只打斗中的冥河龙，一只埃德蒙顿龙在旁观战。

有高高的圆顶，另一组有较低的圆顶。可以料想，如果“公羊恐龙”花费时间和精力来争夺“母羊恐龙”，那么就说明雄性和雌性肿头龙类之间存在差异。当然，如果雄性只是为了炫耀而不是打架，那么性别之间的差异也可能存在。毕竟，雄孔雀有雌孔雀所不具有的巨大而艳丽的尾巴，但它们不会用尾巴来互相拍打对方！

还有其他证据支持“撞头假说”。将头骨与身体相连的关节，在肿头龙类身上的方向与其他大多数鸟臀目恐龙的不同。肿头龙类的关节更垂直。这意味着，当肿头龙直直伸出颈部时，圆顶会朝向前方，如果要撞击另一只恐龙，这是很必要的。然而，目前我们对肿头龙类的颈部知之甚少。但它们背椎结构坚固，有发达的凹和凸来固定骨骼，足以吸收冲击力。而且，就像在原始鸟脚类以及兽脚类中的驰龙类身上发现的那样，它们的尾巴末端非常僵硬。这将在奔跑和转弯时起到平衡的作用。

然而，并不是所有的古生物学家都同意肿头龙类用头互撞的观点。有人认为，由于圆顶的形状是圆的，它们可能反而会尝试用侧面互相碰撞。但古生物学家拉尔夫·E.查普曼（Ralph E. Chapman）的计算机模型显示，即使是高圆顶的肿头龙类，头部也可能是直接对撞，而不是左右疯狂晃动。此外，没有理由认为，所有，甚或任何一只肿头龙类在互撞头部之前会猛冲向对方。许多种类的蜥蜴、鹿、羚羊，甚至果蝇的雄性会用头互相推顶，但不会奔跑着去撞击彼此。它们只需面对面，将头顶在一起，然后开始推搡。

也许肿头龙类并没有用它们的圆顶对付过其他肿头龙类，但是对付掠食者呢？今天的公羊肯定会用角来对付攻击者。这些圆顶可能在对付像恐爪龙类这样的小型掠食者时有用，但是面对暴龙类（圆顶恐龙世界里的顶级掠食者）不会非常有效。事实上，用头撞向一只暴龙类无异于邀请它来吃掉你！

也有一些古生物学对肿头龙类会利用它们的圆顶互撞的观点有所怀疑。他们认为，骨骼（除了很

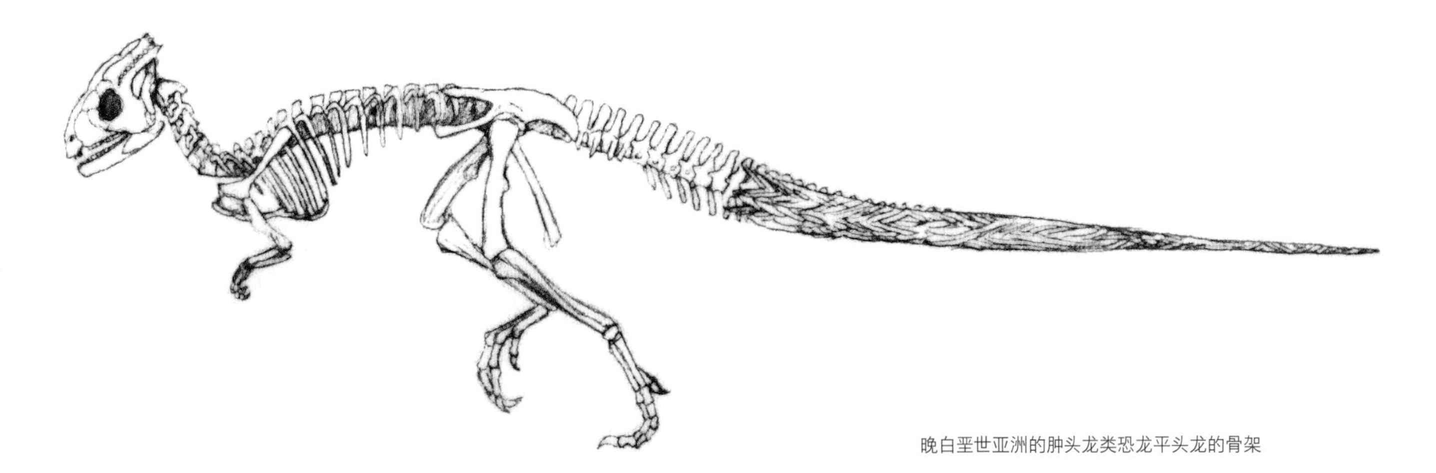

晚白垩世亚洲的肿头龙类恐龙平头龙的骨架

厚之外）没什么地方能更好地吸收冲击力。相反，他们认为这些圆顶大多只是视觉信号，帮助不同物种相互识别。事实上，不同种类的肿头龙类具有不同形状的圆顶。其中许多头骨边缘有小突起，甚至有角，使其形状更加独特。

虽然差不多可以肯定这些圆顶具有视觉信号方面的作用，但有相当有力的证据表明，至少有些肿头龙类用头互相撞击过。但是对这些假设我们不能非此即彼，因为许多动物的特征都有着多种用途。事实上，现代动物身上最好的视觉信号当属每个羚羊物种特有的角。但是这些角用来互相攻击，也用来抵御掠食者。

多样的牙齿和加力燃烧室般的内脏

但是肿头龙类可不只有长着圆顶的脑袋。这些恐龙具有狭窄的口鼻部，是挑剔的食客。它们的牙齿是鸟臀目恐龙中最具多样性的，虽远不及鸭嘴龙超科恐龙或角龙科恐龙的齿系那么复杂，但每一只肿头龙类的颌部都具有几种不同类型的牙齿。这与大多数恐龙不同，大多数恐龙通常只有一种类型的牙齿。

例如，上颌前部的牙齿呈锥形。它们可能是用来啃咬的。上下颌两侧的牙齿更像是典型的鸟臀目恐龙的叶状齿，边缘有凸起的小齿。这些侧牙也类似于兽脚类中的伤齿龙科恐龙的侧牙。事实上，在20世纪早期，人们还弄不清楚伤齿龙是什么类型的恐龙，所以较老的书籍将圆顶恐龙称为“伤齿龙科”恐龙！我们现在知道，伤齿龙科恐龙是驰龙科恐龙和鸟类的近亲，与这些圆顶的植食性恐龙不是很类似。少数肿头龙类，比如皖南龙和饰头龙（*Goyocephale*），下颌也具有高高的锥形牙齿。这些圆顶恐龙的上颌有一个空隙，使得下方锥状的牙齿得以嵌入。所有这些 272 都表明，肿头龙类有着非常特殊的进食方式，但究竟特别在哪里，还没有完全弄清楚。

因为肿头龙类一般都较小，所以它们不得不食用低矮的植物。但不同的牙齿形状可能有助于它们食用多种多样的植物，也许还包括其他食物，诸如小动物或者蛋。

肿头龙类的身体通常看起来与棱齿龙这样的原始鸟脚类恐龙类似，都是两足动物。但是它们的腰带有点特别。超过腿骨的那部分腰带骨没有变窄，反而呈外扩状。事实上，尾巴根部的这一区域向两侧张开，这种演化可能是为了给额外的内脏腾出空间。一些古生物学家将其称为肿头龙类的“加力燃烧室”（afterburners）。

有脊突的头

肿头龙类生存的时间和空间都相当有限。一只可能的肿头龙类恐龙（基于它腰带的形状判定；遗憾的是，它的头骨尚未被人们所知）是德国早白垩世的狭盘龙（*Stenopelix*）。所有其他已知的肿头龙类都 273 只来自白垩纪最后2 000万年的亚洲和北美洲西部。

肿头龙类的头部顶端

肿头龙类是从哪里来的？它们关系最密切的亲戚是什么？

因为它们的体型通常像是一只肥胖的棱齿龙，古生物学家曾把它们视为鸟脚类的一个类型。另一些人把它们厚厚的头骨和甲龙类长着装甲的头骨相比较，因而认为它们也是一种覆盾甲龙类（装甲恐龙）。

然而，在20世纪80年代早期，古生物学家保罗·塞雷诺（Paul Sereno）对鸟臀目进行了第一次分支系统学分析。他观察到肿头龙类与包括鹦鹉嘴龙科、新角龙类和角龙科在内的角龙类物种拥有许多共同的特征。尤其这两个类群（肿头龙类和角龙类）的头骨后部向外伸出一个“骨质架子”。所以塞雷诺把这个较大的类群命名为头饰龙类，又称“头部有脊突的恐龙”。

看起来，角龙类恐龙是肿头龙类的近亲。（并不是所有的古生物学家都同意这一点，但还没有人用分支系统学分析得出另一种排列方法。）如果该想法是正确的，那么还有一个小小的谜团要解开。我们

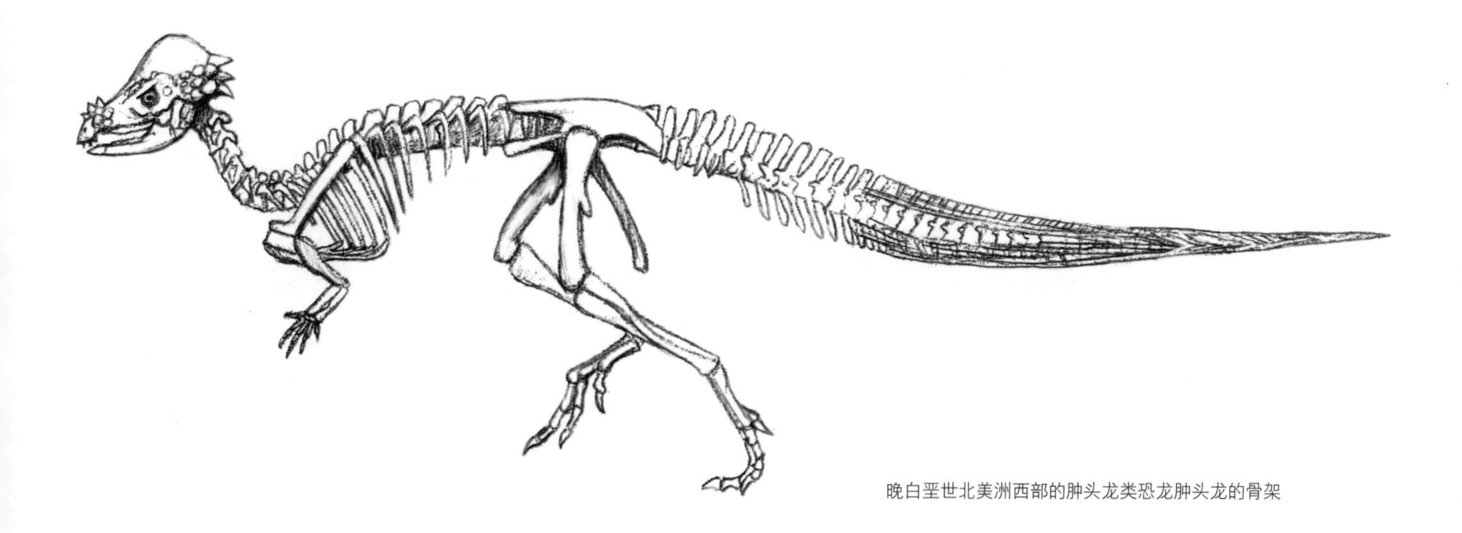
晚白垩世北美洲西部的肿头龙类恐龙肿头龙的骨架

目前已知的角龙类恐龙隐龙（*Yinlong*）始于中侏罗世。但已知最早的肿头龙类则来自2 500万年或更久之后。肿头龙类的直系祖先一定生活在这2 500万年当中的某个时期，但至今还没有人发现它们。

有几种可能性。也许侏罗纪时期的一些原始鸟臀目恐龙，如晓龙、何信禄龙或盐都龙，有一天会变成原肿头龙类。如若如此，那某种意义上来说旧的模型是正确的：肿头龙类的祖先可能确实是一度被我们称为“棱齿龙类”的那群恐龙。

但也有可能是因为肿头龙类的祖先生活在不易形成化石的环境中。例如，今天许多类型的动物生活在山区，可能早在侏罗纪时期就已存在这种情况。但山区难以形成化石。快速流动的山涧往往会把掉进其中的动物尸体冲撞到岩石上，而不是用沙子和泥土将其覆盖。

也可能它们生活在世界上的某个地区，在那里我们尚未发现侏罗纪时期的优质化石。例如，我们还没有来自西伯利亚或蒙古的保存良好的侏罗纪恐龙化石。如果原肿头龙类只生活在这些地区，除非有人在亚洲北部发现了那个时期的岩层，否则我们无从了解。

希望有一天，某个分支系统学的分析或某个新的化石发现将揭示肿头龙类的起源。但不管它们来自何处，肿头龙类都代表了一个有趣的，也许说是怪异的恐龙类群。这一群“骨头骨脑”的恐龙，挺不赖的！

撞头恐龙图集：雌性肿头龙（左上和左下），剑角龙（左中），雄性肿头龙（右上），龙王龙（右下）。龙王龙被证明可能是一只幼年肿头龙。

“骨头骨脑”的恐龙：肿头龙类

爱达荷州立大学

拉尔夫·E.查普曼博士

照片由拉尔夫·E.查普曼提供

让恐龙如此有趣的一件事就是，它们中的许多成员在外表上表现得很极端。有些大得出奇，比如巨大的兽脚类。有些则有引人注目的形态和防御装饰，比如三角龙巨大的颈盾和角。即便如此，肿头龙类仍因其头骨极致的怪诞而脱颖而出。

肿头龙类的圆顶是颅顶后部扩张的结果。它的厚度可超过6英寸（15.2厘米）！头上伸出的奇怪的“骨质架子”，以及环绕在颅后和颅侧的尖刺，形成了怪诞的外表。有一种肿头龙类看起来非常邪恶，以至于古生物学家彼得·高尔顿和汉斯·苏斯（Hans Sues）将这种动物命名为冥河龙，意思是“冥河（希腊神话中的阴间世界）中的恶魔”。

厚厚的颅骨圆顶给人一种肿头龙类大脑很大的印象，但圆顶是实心骨骼，它们的脑容量实际上相当小。如果圆顶不是为了容纳一个巨大的脑部，那是干什么用的呢？

半个多世纪以来，古生物学家一直对圆顶的功能感到困惑。早期的看法多种多样，有人认为这是一种病态显示，也有如埃德温·科尔伯特的观点，认为它被用作撞击的武器。目前的观点是，雄性在求偶竞争中使用圆顶。在这方面具有两派观点。一派科学家认为，圆顶像山羊角一样被使用，肿头龙类在战斗中互相撞击头部来赢得配偶。另一派则认为圆顶过于锐利和脆弱，战斗时难免会伤到自身。相反，他们认为圆顶是用来展示的。如此说来，它的作用就如同在哺乳动物、爬行动物和鸟类的某些现生物种身上的褶皱、角和气囊一样。在这种观点中，圆顶的外观是最重要的；最出色的动物获得胜利。

在不同的肿头龙类身上看到的各种各样的圆顶形状表明，这两种观点兼而有之。更华丽更膨胀的圆顶可能只用于展示，而形状更圆的圆顶可能用于战斗。在更原始的肿头龙类身上看到的非常平坦的圆顶甚至可能被用来从侧面攻击对手，而不是头对头的互撞。验证这些想法很困难，因为我们无法直接观察肿头龙类的行为，毕竟它们都死了。我们也没有很多这些生物的骨架来进行检验。然而，随着更多肿头龙类骨架的发现，我们可能会找到充分了解其圆顶功能所需的证据。

战斗中的肿头龙类！

祖尼角龙
原角龙
鹦鹉嘴龙

34

原始角龙类

（鹦鹉恐龙和颈盾恐龙）

277

世界上的人很早以前就熟悉了三角龙，很多人也都在动画片里看到过颈盾上长着尖刺的戟龙（*Styracosaurus*），即使不知道它的学名叫什么。这些脸上有角、长着巨大喙嘴和骨质颈盾的奇怪四足恐龙从何而来？这就是本章的主题——角龙类（也被称作面部有角的爬行动物）的起源。

角龙类是头饰龙类的两个主要类群之一。另一个主要类群是肿头龙类，即圆顶恐龙。（头饰龙类本身是鸟臀目的次类群，鸟臀目即以植物为食的鸟臀目恐龙。）人们已知的角龙类仅来自亚洲和北美洲西部，虽然在澳大利亚和北美洲东部发现了一些疑似角龙类的碎片。它们是历史上最后出现的恐龙主要类群之一，在当时非常成功。

伸出你最好的喙来

角龙类通常被称为有角恐龙，但并不是所有的角龙类都有角。事实上，只有祖尼角龙（*Zuniceratops*）和进步类群，即角龙科的成员才有角！更原始的角龙类确实有一块从头骨后部伸出的骨质颈盾。但已知的最原始的角龙类连颈盾都没有。那么我们如何知道它们属于角龙类呢？因为它们口鼻部都具有一块特殊的骨骼。

所有角龙类，在脊椎动物中也只有角龙类的上颌末端具有一块额外的骨骼。这个多余的骨骼位于前颌骨的前方，而前颌骨通常是所有脊椎动物上颌最前端的骨骼。（前颌骨固定住门牙，紧挨着前颌骨的是上颌骨，用来固定犬齿）。在你和我，猫或狗，或除角龙类以外的任何动物身上，左右前颌骨在中间相连。不过，角龙的左、右前颌骨却与颌骨上一块三角形的骨骼相连。因为“前-前颌骨”这个名字听起来有些傻气，古生物学家O. C. 马什（他第一个认识到这一特征）将这种三角骨命名为喙骨。如果一只头骨没有喙骨，那它就不是来自角龙类。

你可能还记得，所有鸟臀目恐龙的下颌前端也有一块类似的骨头（称为前齿骨）。前齿骨被角质的喙所覆盖，喙骨有点像是前齿骨的镜像，只不过它位于上颌，其上也覆盖着一个角质喙。角龙类的口鼻部末端都长着无牙的喙，这使得它们可以咬下植物来吃，也可以向试图进犯它们的掠食者发起猛咬。（有些角龙类的前颌骨上确实有牙齿，而且所有角龙类下颌的齿骨上都长着牙齿。但是喙骨和前齿骨总是无牙。）

278

刷子尾、鹦鹉喙的恐龙

已知的最原始的角龙类是鹦鹉嘴龙科恐龙，俗称鹦鹉恐龙。它们是亚洲早白垩世最常见的小型恐龙。目前，只有两种类型被命名：罕见的红山龙（*Hongshanosaurus*）和十分常见的鹦鹉嘴龙。

大部分鹦鹉嘴龙物种的身长都在5英尺（1.5米）或以下，但也有一些能长到6.5英尺（2米）。它们的后肢可以支撑身体的所有重量，但前肢也相当强壮。鹦鹉嘴龙可能是一只兼性两足动物，即可以选择两足也可以选择四足行走的动物。与肿头龙类和原始鸟脚类等近亲相比，它的身体非常矮胖，可能跑得

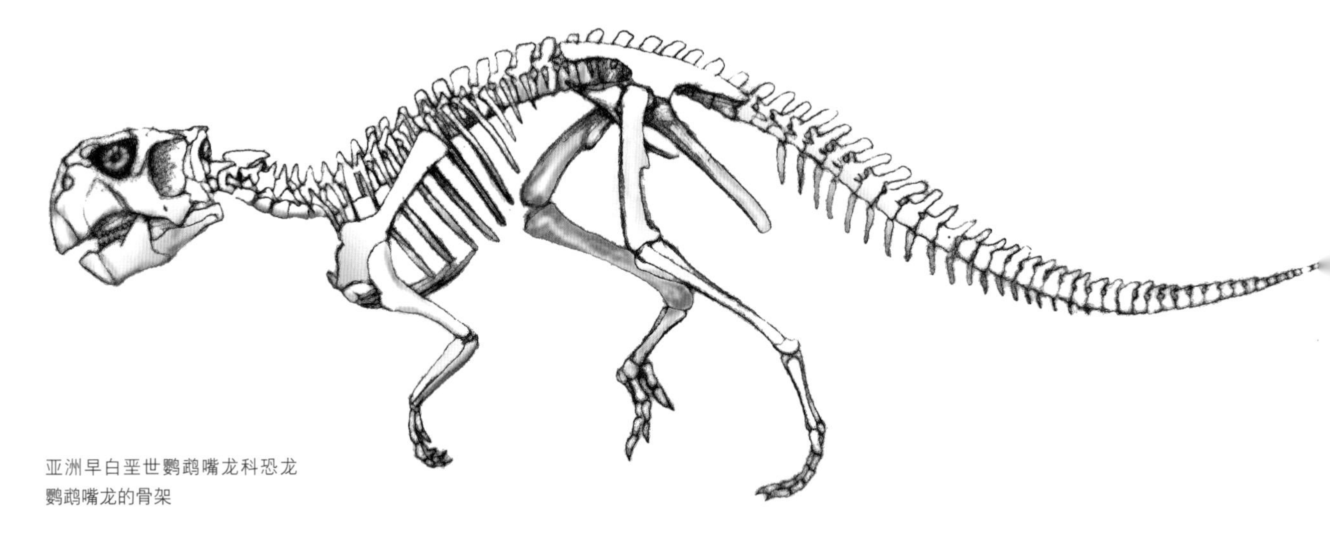

亚洲早白垩世鹦鹉嘴龙科恐龙
鹦鹉嘴龙的骨架

不快。

鹦鹉嘴龙头骨短高，颌骨结实。它可能具有很强的咬合力，可能更喜欢坚硬的植物而不是柔软的植物。我们知道鹦鹉嘴龙不仅仅依靠它的喙和牙齿来分解食物，因为经常与它的骨架一同找到的，还有它体内的胃石。胃石是动物吞入腹内用来帮助分解食物的石头。它们保存在被称为砂囊的消化系统的特殊部位。

人们还了解到许多鹦鹉嘴龙宝宝的骨架。它们很小，只有6英寸（15.2厘米）长。在中国有一例，人们发现一只成年鹦鹉嘴龙和32个幼崽埋在一起。这可能是父母和子女被火山灰一道掩埋了。

另一起中国著名的鹦鹉嘴龙化石发现向我们展示了这种恐龙的皮肤。这件标本来自早白垩世义县组，其所在的岩层中还保存了鸟类和其他食肉恐龙的羽毛印痕、哺乳动物的毛发和蜥蜴的鳞片。这件标本上的印痕显示出恐龙身体的大部分被不同大小的圆形鳞片覆盖。这些鳞片与先前发现的角龙类皮肤印痕所显示的鳞片一致。但这件标本不止于此。许多长长的鬃毛从其尾巴上伸出。它们是一些中空且富有弹性的杆，像鸟类翅膀羽毛的轴，只是少了柔软的边缘部分。

279

这些结构在演化上是否与鸟类以及各种肉食性恐龙的羽毛有关？有可能，但它们也可能是趋同演化出的。尾巴上这一丛管状鬃毛起什么作用？它们是用来展示的？防守的？只有成年恐龙才有吗？雄性和雌性都有吗？全年都有吗？是只有鹦鹉嘴龙才有刷状尾巴，还是其他角龙类（甚至是巨大的三角龙！）也有？

目前，我们无法回答这些问题中的任何一个，因为供我们来研究的只有一件这样的化石。这也说明了即使是鹦鹉嘴龙这样被科学家们所熟知的恐龙——毕竟从19世纪20年代人们就找到完整的骨架了——也仍然有许多秘密未被解开！

当鹦鹉嘴龙被发现时，它的尾巴出人意料地具有鬃毛，震惊了科学家！

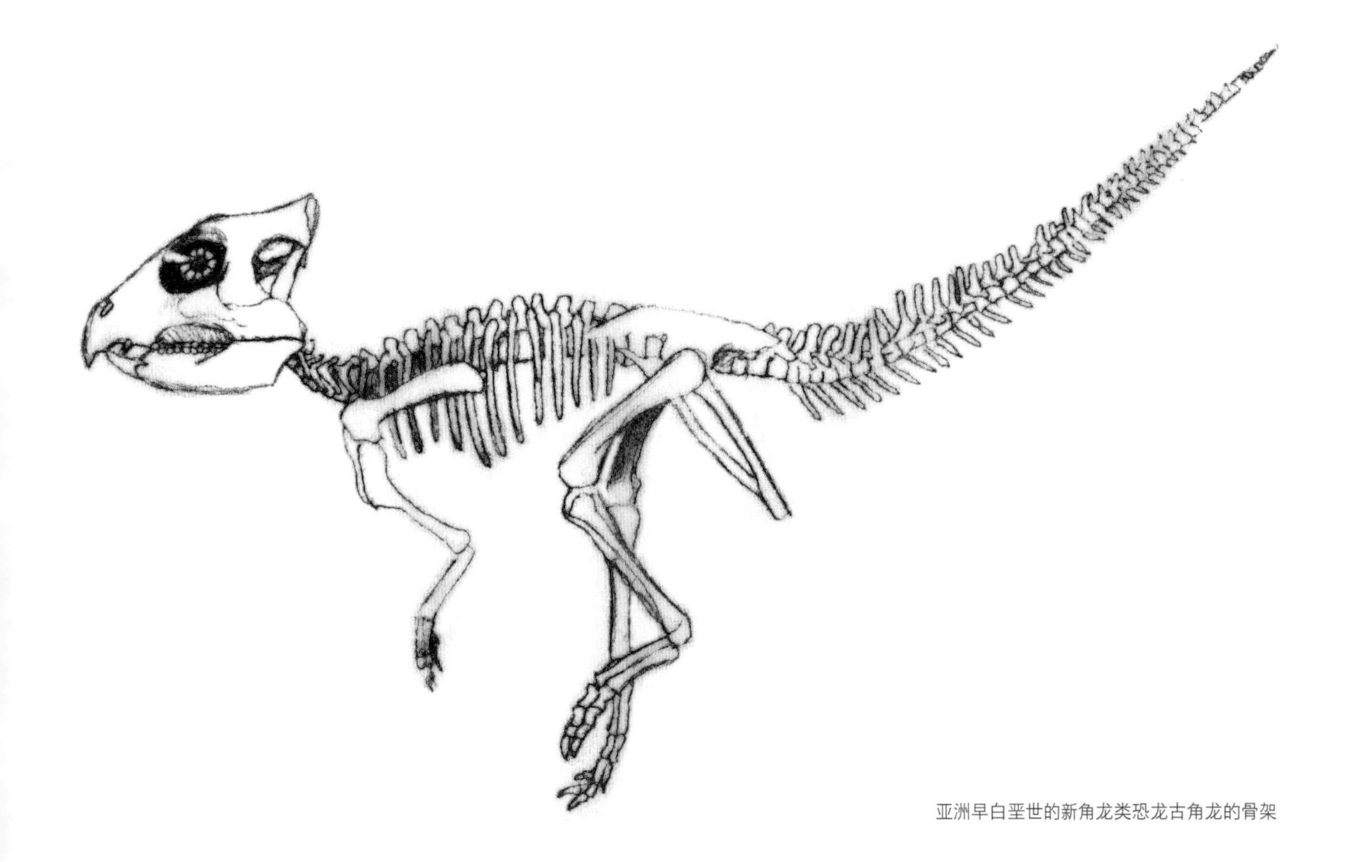

亚洲早白垩世的新角龙类恐龙古角龙的骨架

有着各种颈盾的恐龙

其余的角龙类，包括所有晚白垩世的角龙类，都属于一个叫作新角龙类（意思是新的有角的脸）的类群。新角龙类包括巨大的角龙科（真正有角的恐龙）物种，我们将在下一章讨论。但新角龙类有许多属并不能归入角龙科。在过去出版的书中，那些位于鹦鹉嘴龙科和角龙科之间的角龙类被称为“原角龙类”。这些彼此之间不共有任何它们和角龙科之间不共有的特化特征。事实上，有些“原角龙类”与角龙科的关系更为密切，与其他“原角龙类”反而更远！

280

所有新角龙类恐龙都有一个明显的特征。不像鹦鹉嘴龙和肿头龙类的物种那样颅后有伸出的“骨架子”，它们具有的是一个真正由头部骨骼构成的**颈盾**。

这个颈盾有什么用？在早期新角龙类（如朝阳龙［*Chaoyangsaurus*］、古角龙［*Archaeoceratops*］和辽宁角龙［*Liaoceratops*］）中，它可能增加了颌部肌肉的体积。所有的恐龙和它们的近亲的头骨内部都有一组颌部肌肉穿过，附着在头顶的开孔处。通过增加这个开孔的面积，也提供了一个更大的区

原角龙的蛋、宝宝、幼年雄性、成年雄性，以及幼年雌性和成年雌性（从左至右）在亚洲晚白垩世的岩层里都被找到了。

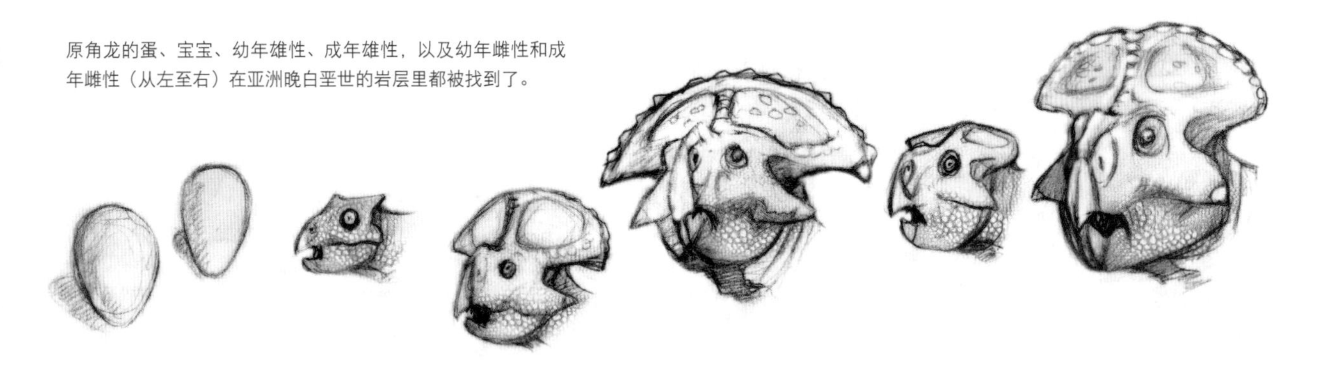

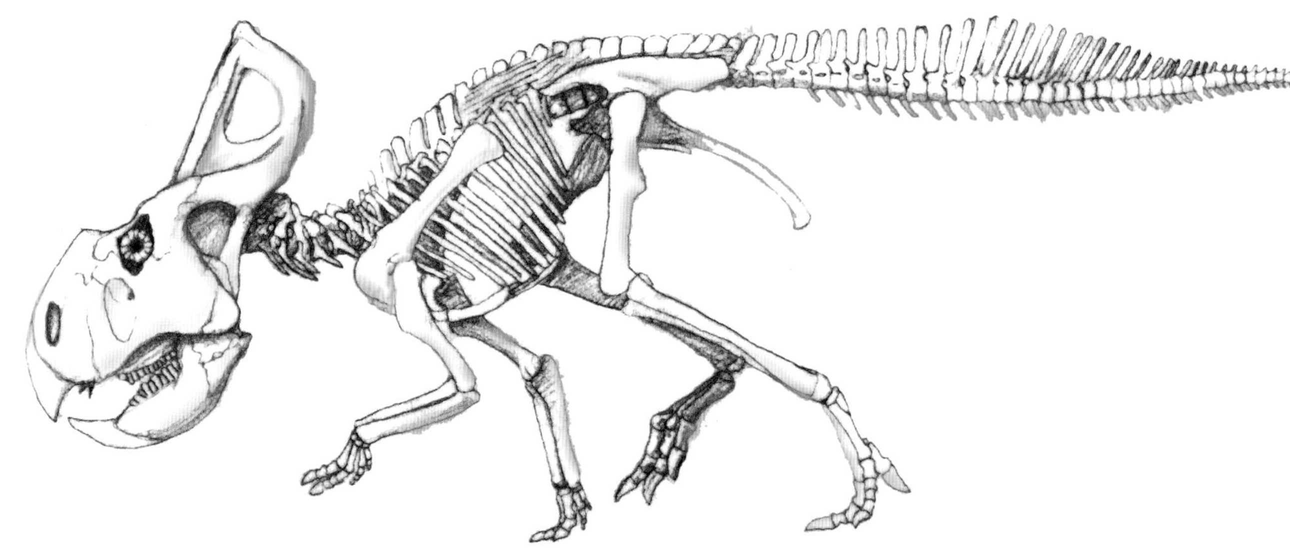

亚洲晚白垩世原角龙科恐龙原角龙的骨架

域来附着肌肉，早期新角龙类会有更大、更强壮的颌部以及更好的咬合力。事实上，许多新角龙类的牙齿不像典型的鸟臀目恐龙那样呈叶状，它们牙齿顶部多出了一个切面。这意味着这些恐龙具有非常强大且锋利的咬合。虽然一些现代古生物学家认为这些恐龙可能也吃一些肉，但大多数研究人员认为，这种剪切性的咬合是为了切碎坚硬的植物。

原始的新角龙类具有相对较小的头部和纤细的前肢，因此它们可能至少有些时候依靠后肢行走。但后来的新角龙类，如祖尼角龙以及纤角龙科、原角龙科和角龙科的恐龙，头部则占全身体积的五分之一或四分之一。这个重量迫使它们四脚着地。为了支撑它们巨大的头骨，进步的新角龙类具有特化的颈部骨骼，它们愈合在一起，以增加颈部力量。

大多数纤角龙科的物种，如北美洲的蒙大拿角龙（*Montanoceratops*）和纤角龙（*Leptoceratops*），其颈盾比早期新角龙类稍大一点。但祖尼角龙、原角龙科和角龙科的恐龙都具有非常大的颈盾。（你可能已经注意到了，几乎所有类型的角龙类的名字里都有“角龙”一词。）有时这些颈盾上具有大洞，可能会被皮肤覆盖。这些巨大的颈盾太大了（而且表面的质地也不对），不适合肌肉附着。它们可能还会被用来做什么？

在恐龙古生物学的早期，许多古生物学家认为颈盾是被用作保护颈部的盾牌。但具有大洞的颈盾是没法作为盾牌的：掠食者可以直接咬到其脖子。

进步角龙类的颈盾可能是用来展示自己的。因为它们平坦，巨大，就像是恐龙的广告牌！这些广告牌可不像餐馆或电影的广告，而是传达着这样的信息：“你好啊，我是弱角龙，我很友好！”或者“离我远点，我是祖尼角龙，我可不好惹！”又或者“看看我啊，女士们，我是只漂亮的雄性原角龙！”这类用于识别物种、警告袭击者或吸引配偶的展示物在各类动物中都很常见。巨大平坦的部位是用来展示图案的好地方，可悲的是，由于没有它们颈盾的皮肤印痕，也无法从任何恐龙化石上得知它们的颜色或图案，我们永远也无法确切知道那些图案（如果有图案的话）会是什么样子。

281

决斗沙丘

在不同环境的岩层中都发现了原始角龙类。有的住在湖边，有的住在森林里。许多原始角龙类（特别是在现在属于蒙古和中国的地区）生活在沙漠中。事实上，最著名的原始角龙类化石可能来自一个沙漠沉积点。

1971年，一支来自波兰和蒙古的古生物学家队伍在戈壁沙漠探险。他们所搜索的那些岩层，一直以来大家都知道含有许多恐龙物种。这些岩层被称为德加多克塔组，形成于晚白垩世，那时的蒙古也是一片沙漠。(顺便说一句，在那期间，蒙古的气候正在变潮湿。事实上，当地发现的年代较晚的恐龙化石来自森林环境。)

上面提到的化石发现中包括两只交缠在一起的恐龙。一件是最著名的原始新角龙类恐龙原角龙的标本；另一件来自驰龙科恐龙伶盗龙。这只伶盗龙以如下的姿势保存了下来：右前肢卡在原角龙的口中，左前肢则抓住原角龙的颈盾。这只掠食者的右后肢立在地上，左后肢则伸向原角龙的颈部。从掠食者脚的位置，我们可以判断出它臭名昭著的镰刀爪正卡在这只原角龙颈部的肉中。换言之，它正准备撕开这只植食性恐龙的喉咙！

如果伶盗龙的爪子撕破了原角龙的脖子，这只植食性恐龙很快就会死去。但它最后一个动作将会是猛地闭合它那牙齿锋利的嘴，咬断伶盗龙的前肢。因为最近的兽医远在8 000万年之外，伶盗龙肯定会死于那个伤口。

但也许是不幸中的万幸，这两只恐龙搏斗时所站立的沙丘突然坍塌了。在它们最后奋力一搏之时，沙丘将它们双双掩埋。沙丘上的这场决斗是恐龙古生物学中最令人惊奇的发现之一，它向我们展示了食肉动物和植食性动物的行为。我们只希望还能找到其他同样壮观的化石！

最古老的角龙类

最原始的新角龙类体型都相当小，只有2到6英尺（0.6到1.8米）长。其中一些形态，如纤角龙，一直存活到白垩纪末期。但是大约在9 000万年前，新角龙类谱系树的一个分支开始向更大的体型演化。这一支严格来说是来自美国的分支。体型增大的迹象最早出现在祖尼角龙中，它身长10英尺（3米）。像纤角龙科恐龙和原角龙科恐龙一样，它用四肢行走。还如同原角龙科恐龙一样的是，它也具有一个巨大的颈盾。但与它们不同的是，它每只眼睛上方都有一个角。这些角有着骨质的内核，在现实中，它们会被角质（我们指甲中的物质和覆盖羚羊角的物质）覆盖。

祖尼角龙并不是角龙科的真正成员。它还没有演化出这个后来体型更大的类群拥有的所有特征。但它正走在演化的道路上，这条道路通往鸟臀目恐龙历史中最后一段成功的故事。那段故事，那些角龙科恐龙（真正的有角恐龙）的生活和时代，你将会在下一章节中读到。

两只决斗中的祖尼角龙

沙漠中的决斗！伶盗龙可能恶名在外，但原角龙巨大的身体和强有力的喙，让其成为一只危险的猎物。

283

抓个现行：来自蒙古的“搏斗中的恐龙”

纽约，美国自然历史博物馆

马克·A.诺雷尔博士

米克·艾里森(Mick Ellison)摄

1971年，一支波兰-蒙古国远征队在蒙古国中南部发现了迄今为止收集到的最令人费解也最为壮观的恐龙化石之一。一开始，挖掘人员以为他们只找到了一件保存完好的伶盗龙骨架。经过进一步的挖掘，他们发现了第二具骨架，一只植食性的原角龙。找到两件紧靠在一起的标本并不罕见，但这不仅仅是两具被冲刷到一起的骨架。它们的姿势表明它们是在一场殊死搏斗中死去的，它们立刻以“搏斗恐龙”而闻名。

许多古生物学家都试图解释为什么搏斗恐龙以这种方式被保存下来。有些人认为这只是偶然。其他人则认为这只掠食者伶盗龙正在食用一只死去的原角龙。还有其他的解释，包括被沙尘暴迅速掩埋，同时窒息而死。甚至还有人认为原角龙正在吃伶盗龙!

此外，要破译这一标本还面临着一个挑战，那就是它很少在蒙古国外展出，蒙古将它视为国家的骄傲，许多科学家也没有对它进行过仔细的研究。它的发现地的地质情况也不是很清楚。这使得古生物学家很难理解大概8 000万年前在这两只生物身上到底发生了什么。

仔细观察一下恐龙标本，你就能更好地了解搏斗恐龙。首先，也是最惹人注目的是，这两只恐龙不仅仅是一起被发现的，它们还互相有接触。原角龙蜷缩成一团，而伶盗龙则伏在它的右边。它的左前肢紧紧抓住原角龙的颈盾。另外，它的右前肢穿过原角龙的嘴，右手耙在原角龙的左脸上。最后一点，这只伶盗龙将它致命的足爪伸入了蜷缩成一团的原角龙的颈部，靠近头部供血液进出的位置。

来自蒙古的这一地区其他化石点的证据表明，动物有时会被突然坍塌的沙丘活埋。当高耸的沙丘被水浸湿，沙子变得太重而无法继续固住，就会发生这种情况。它们会坍塌，湿润的沙子会瞬间将下面的任何东西埋在类似混凝土的物质中。这很像沙滩上的沙堡。被以这种方式突然杀死的动物往往能保存下来惊人的细节。除了搏斗恐龙，还发现了窃蛋龙科恐龙在蛋巢上孵蛋的化石、蜥蜴蜷曲成螺旋状的化石（这是当今一些蜥蜴常见的防御姿势），以及成群的幼年绘龙都朝一个方向前进的化石。这些不寻常的发现不仅是化石，而且是晚白垩世动物行为的可见快照。搏斗恐龙就是其中之一，是一件行为艺术品：两只恐龙，暴力缠斗，又双双被沙丘掩埋。

三角龙
野牛龙
牛角龙

35

角 龙 科

（有角恐龙）

285 在上一章中，我们介绍了角龙类的原始成员，包括鹦鹉嘴龙科和新角龙类。角龙类恐龙的解剖特征（它们都具有的特征）是上颌前部具有喙骨，其构成了无牙的喙。角龙类的其中一个分支，新角龙类的成员的解剖特征是从头骨后部伸出的骨质颈盾。新角龙类的另一个解剖特征是，与两足行走的鹦鹉嘴龙科恐龙相比，它们的头部特别大。它们中的大多数只能用四肢行走。最后，原始新角龙类中最为进步的恐龙——祖尼角龙，每只眼睛上方都有一只角。

在本章中，我们将看看进步的角龙类，即角龙科（真正的有角恐龙）。它们拥有上述所有解剖特征，也拥有自己的一些特征。与原始的近亲相比，角龙科恐龙都很大。它们中最小的有现代犀牛那么大，长度超过13英尺（4米）。最大的（五角龙[*Pentaceratops*]、牛角龙[*Torosaurus*]和三角龙）成年后和最大的雄性非洲公牛一样大，身长超过26英尺（8米），重达11吨！

角龙类是鸟臀目恐龙最后演化出的类群之一。最古老的物种来自大约8 000万年前，因此它们只维系了1 450万年，就遭遇了6 550万年前的大灭绝。由于它们只在北美洲西部（加拿大、美国和墨西哥）的岩层中被发现，所以它们的地理居住范围是所有恐龙群中最为有限的一个。但即使在这有限的时间和空间里，角龙科恐龙也还是非常成功的，我们对这个群体的了解要比其他类型的恐龙多得多。

有角的面部

对于角龙科恐龙，你首先注意到的就是它的角。所有角龙科恐龙都具有两个眉角和一个鼻角。如今，很多人可能都知道最为著名的角龙科恐龙的名字，三角龙，意思是“有三只角的面部”。它是首个被人们发现头骨的角龙科恐龙，所以它具有三只角的脸看起来十分特别。但现在我们知道所有角龙科恐龙的脸上都具有三只角，至少在幼年时如此！我们稍后将了解到，它们中有些长大后，角会缩小并消失，但所有角龙科恐龙在生命初期都具有三只角。

286 角龙科恐龙的角大小不一，有的是只有几英尺高的小突起，有的则长达5英尺（1.5米）或更长，这都取决于物种。在现实里，这些角会被一层角质（你的指甲或牛角和羚羊角表面的物质）覆盖。这些角有多种用途，取决于具体物种的角的大小和形状。它们可以被角龙科恐龙用作互相识别的视觉信号，也可以用来吓跑潜在的掠食者。如果这不管用，它们则可以用来抵御前来进犯的掠食者。

当然，一只角龙科恐龙也可以用自己的角来对付同物种的成员，例如，它们在争夺配偶或领地时。事实上，有直接的证据支持这一假设。在一些角龙科恐龙的头骨上，面部或颈盾存在被刺的孔的痕迹。这些伤口的大小和形状与另一只角龙科恐龙的眉角刚好吻合。

这些角似乎有许多的用途，但这太正常了。毕竟，像羚羊和鹿这样有角的哺乳动物，也同样用它们的角作出各种各样的行为。

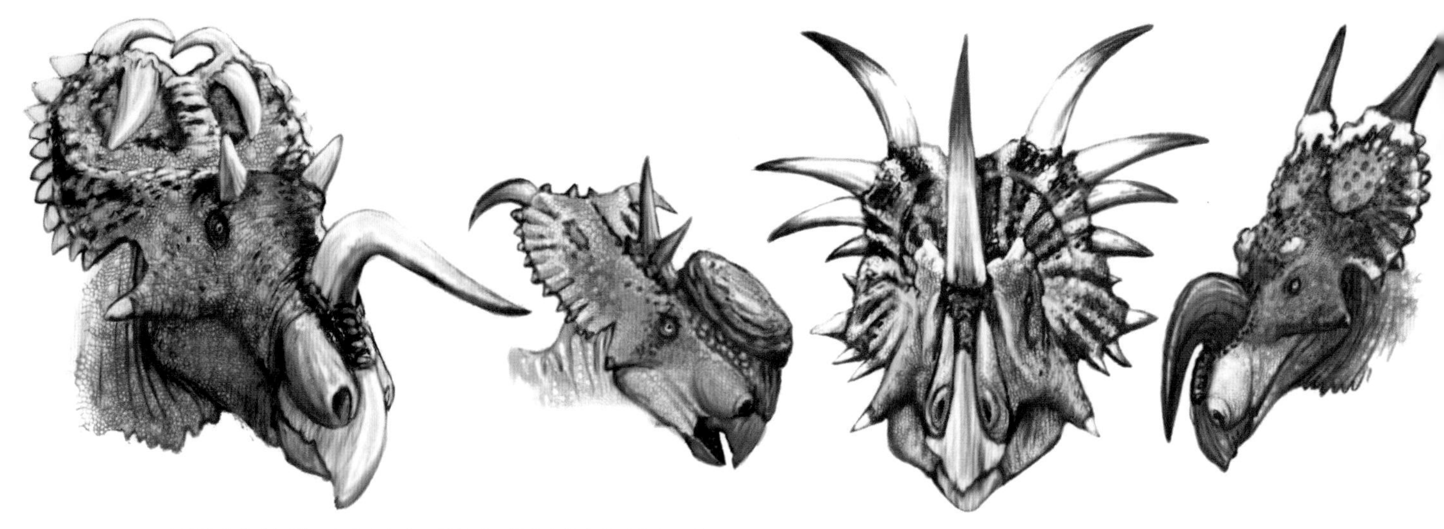

来看看尖角龙亚科：布氏尖角龙、厚鼻龙、戟龙和野牛龙（从左至右）。

剪刀状的咬合

虽然对于一只角龙科恐龙，你首先注意到的一定是它的角，但紧随其后的一定是颈盾。和其他新角龙类一样，这些颈盾可能是为了展示。它们中有许多恐龙，比如开角龙（*Chasmosaurus*）和尖角龙（*Centrosaurus*）的颈盾，都很薄，骨骼上具有很大的开口。它们活着时，这些开口上覆盖着皮肤，而这些颈盾又太过脆弱，无法阻挡一只暴龙类的啃咬或是另一只角龙科恐龙角部的猛击。但有些颈盾则很坚固，比如三角龙的颈盾，可能确实起到了保护颈部的作用。

角龙科恐龙另一个重要的特化特征在颌部。像原始角龙类恐龙一样，它们具有很强的咬合力。与原始新角龙类一样的是，它们牙齿的形状适合将食物切碎而不是捣碎。但是剪切食物很快就会磨坏牙齿。因此，角龙科恐龙的颌部演化出了一种进步的特征。这种特化特征被称为“齿系”，上下颌所有牙齿紧密地排列在一起。牙齿顶端形成了单一连续的表面，所以当角龙科恐龙闭上嘴时，它的牙齿就好似一把巨大的剪刀。每颗牙齿下面都有另一颗牙齿就位，随时准备替换它。（鸭嘴龙科恐龙以及蜥脚类中的雷巴齐斯龙科恐龙也演化出了齿系。但它们的齿系都很独特，不同于角龙科恐龙剪刀似的齿系。）

有了这样的颌部，角龙科恐龙可以把食物切成很小的碎片。这对大胃口的动物来说很有用处，因为它们能更快地消化食物。

遍布北美洲的恐龙：角龙科恐龙的多样性

角龙科有两大分支。第一个是尖角龙亚科。最新发现的尖角龙亚科恐龙艾伯塔角龙（*Albertaceratops*）有着长长的眉角，这种眉角已经在角龙科的原始亲戚祖尼角龙（第34章）身上演化出来了。但在其他尖角龙亚科恐龙中，眉角通常比鼻角小。事实上，在一些成年的尖角龙亚科恐龙身上，眉角完全消失了。它们的颈盾通常较短，上面伸出大的尖刺。它们的口鼻部通常很短，也相当高。

基于这个基础形态结构，角龙类产生了许多变化。尖角龙和戟龙都具有相对纤细的鼻角，但你很容易就能将它们区分开来。尖角龙有一对朝向下方的颈盾尖刺，而戟龙有三只相当长且朝向后方的颈盾尖刺。其他尖角龙亚科恐龙则有一对朝向后方的短短的颈盾尖刺。野牛龙（*Einiosaurus*）有一只粗粗的鼻角，向下弯曲，好似一个巨大的开罐器。河神龙（*Achelousaurus*）和厚鼻龙直到成年时甚至没有鼻角。相反，它们的鼻子上覆盖着大量疙瘩状的

来看看角龙亚科：牛角龙、准角龙（*Anchiceratops*）和五角龙（从左至右）。

骨骼。它们活着时，这些巨大的褶皱区可能被角质覆盖，且可能曾用来相互推搡。厚鼻龙是所有尖角龙亚科恐龙中最后也是最大的一种，但它不如角龙科中最大的恐龙（五角龙、牛角龙和三角龙）大。

角龙科的第二个分支叫角龙亚科，尽管有些书称它为开角龙亚科。这两个名字都被古生物学家使用，但我更喜欢第一个。在角龙亚科恐龙中，眉角通常比鼻角长。它们的颈盾通常很长，上面有大开口。角龙亚科恐龙的口鼻部通常比尖角龙亚科恐龙要长，但从上至下不如尖角龙亚科的厚。乍一看，大多数角龙亚科恐龙看起来都差不多，只不过它们的角和颈盾的大小及形状有差异。角龙亚科恐龙的颈盾不具有尖刺，而是边沿长有小小的三角形骨骼，每个物种的形状略有不同。角龙亚科恐龙通常比尖角龙亚科恐龙大，事实上最大的角龙科恐龙都是角龙亚科恐龙。这些恐龙也是最后幸存下来的角龙科恐龙。厚鼻龙，即最后的尖角龙亚科恐龙，大约在6 800万年前灭绝，但三角龙和牛角龙这些角龙亚科恐龙，却一直活到6 550万年前的大灭绝。

角龙科恐龙的成长

288

角龙科所有物种的幼崽看起来都十分相似。事实上，人们几乎无法将尖角龙亚科中某种恐龙的宝宝和尖角龙亚科中另外一种恐龙的宝宝区分开来。它们并非天生就具有独特的角或颈盾饰物。即使是未成年的角龙科恐龙，即幼年恐龙，也不具备所有成年角龙科恐龙的特征。

这就造成了许多问题。在19世纪末20世纪初，一些古生物学家将尖角龙亚科恐龙的宝宝当成了某个物种，而将未成年的尖角龙亚科恐龙当成了另一个物种。你仍然可以在一些博物馆或是书中看到一些“短角龙”或者“独角龙”的骨架和图片，但现在我们知道所有的尖角龙亚科恐龙在“婴儿”时期看起来都像“短角龙”，“儿童”期则像“独角龙”。小小的“婴儿”期“短角龙”有小小的眉角和鼻角；半成年的“儿童”期“独角龙”有小小的眉角和大大的鼻角，但没有特殊的尖刺或钩子从颈盾上长出来。只有当角龙宝宝完全长大后，角和颈盾的物种特征才会显现出来。正因为如此，我们现在知道

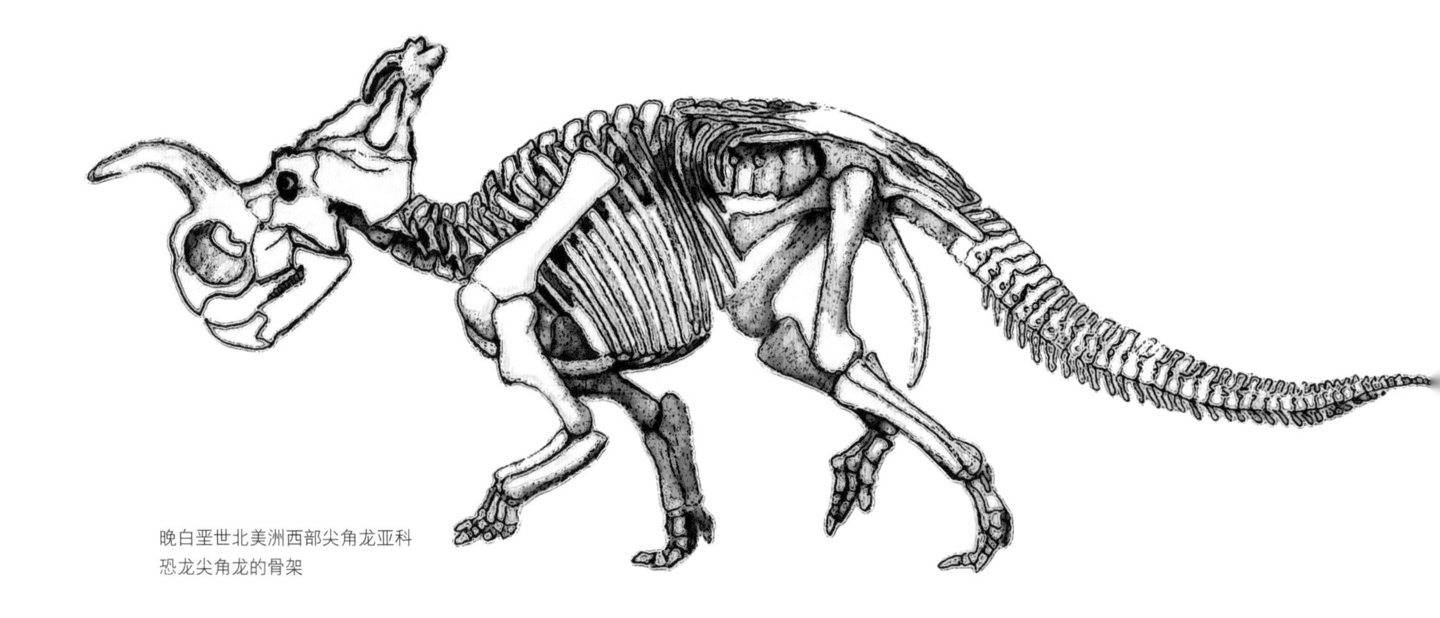

晚白垩世北美洲西部尖角龙亚科恐龙尖角龙的骨架

“短角龙”和“单角龙”并不是恐龙的不同物种；它们只是恐龙的不同生长阶段！

事实上，发现厚鼻龙的幼年标本帮助解决了一个关于恐龙的问题。很长一段时间以来，对于这种鼻子上具有疙瘩的恐龙，人们只了解一件成年体的骨架。一些古生物学家认为这只恐龙鼻子上具有褶皱的骨骼并非正常情况，而是由疾病引起的。这很难只用一个样本来检验。但20世纪80年代，在加拿大艾伯塔省发现了整整一群厚鼻龙的骨架。皇家泰瑞尔古生物博物馆的菲利普·柯里和达伦·坦克（Darren Tanke）及其同事对这一发现进行了研究。他们发现，“婴儿”期的厚鼻龙具有基本的“短角龙”形态，鼻子和眉角很小；而“儿童”期的厚鼻龙则具有“单角龙”形态，眉角变小，但鼻角大小适中。然后，在处于“青少年”期的厚鼻龙身上，鼻角才变成了一个多疙瘩、有褶皱的块状物。这不是由疾病引起的，只是青春期的一个特征。

请注意，古生物学家找到一个化石群才解开了这个谜团。群居似乎已经成为至少一些角龙科物种的重要行为特征。到目前为止，古生物学家已经发现了成群的尖角龙、戟龙、野牛龙、厚鼻龙和准角龙。开角龙、三角龙和河神龙被发现的群体较小。也许其他的角龙科恐龙也成群生活，但我们还没有发现这样的化石点。或者，它们可能是独居的。为了便于比较，请注意，一些现代鹿的物种，如驯鹿，生活在庞大的鹿群中；另一些鹿的物种，如白尾鹿，生活在小群体中；还有一些鹿的物种，如驼鹿，是独居的。

古生物学家如何知道他们找到的是一个恐龙群？首先，他们必须认识到他们发现的是一个骨床。骨床是一层包含了很多骨架的岩层，展现了许多动物同时死亡的景象。它可能是由许多不同的事件引起的，但一个重要原因是风暴。像飓风这样的强风暴能够（而且确实会）同时杀死许多生物。

一些骨床含有多种物种的化石，这让我们能了解某个特定时期生活在某个环境中的动物多样性。但有些骨床只包含一个物种。这些骨床通常包含不同年龄段的个体：婴儿、儿童、“青少年”和成年个体。因为它们死在了一起，所以它们至少有一段时间生活在一起。由于不同年龄段的个体都死在了一起，这表明它们通常生活在一个群体中。它们是群居动物。

为什么要群居？有利也有弊。因为一个恐龙群的所有成员都食用相同的食物，如果没有足够的食物，它们就有挨饿的危险。但是如果周围食物充足，一个恐龙群就可以很好地起到保护作用，当你低头进食时，你的兄弟或表兄弟可能会抬起头来四处张望。如果它发现一个掠食者，比如一只暴龙类正在

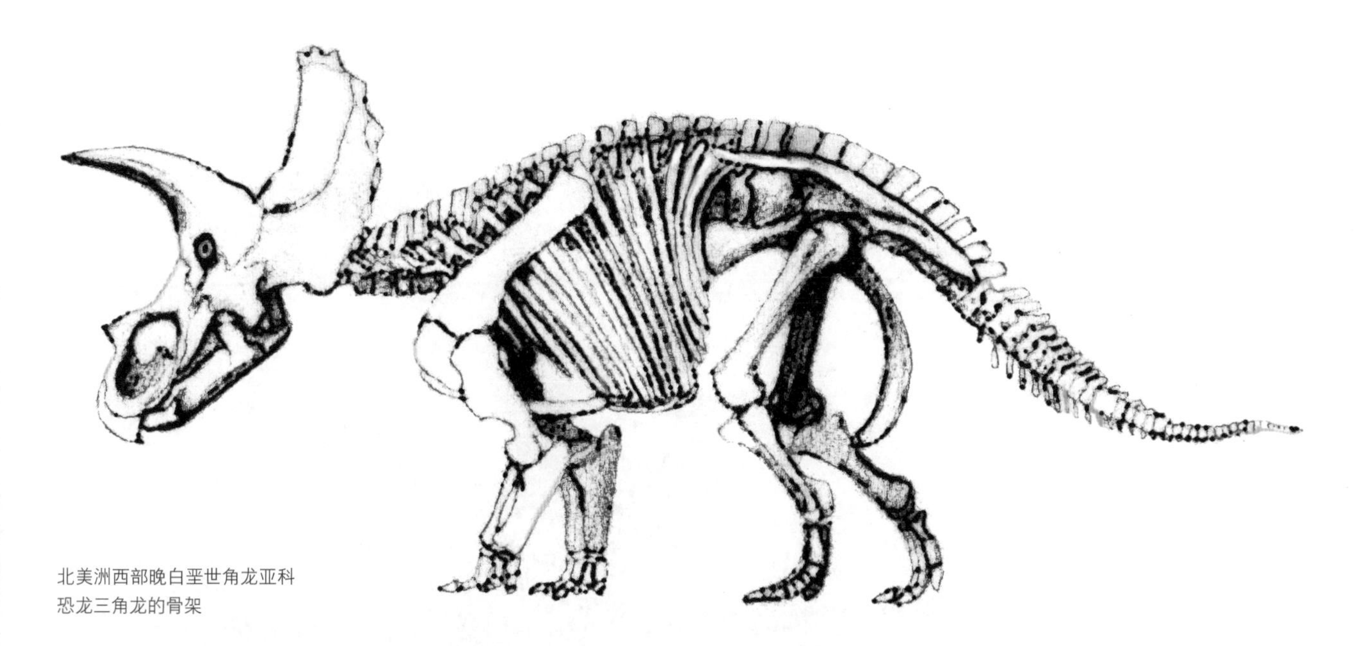
北美洲西部晚白垩世角龙亚科恐龙三角龙的骨架

走来，它可以提醒恐龙群里其他成员。如果你在恰当的时机抬起了头，你也会这么做。同时，恐龙群中的个体被掠食者挑选出来攻击的可能性也很小。但如果你独自一个，则更容易成为目标。

所以，由于至少有一些物种的角龙科恐龙是成群生活的，我们对它们的生活有一些了解。它们一定有很多食物，周围也一定有很多虎视眈眈的猎食者。只有一种大型食肉恐龙与角龙科恐龙生活在同一时间和同一地点。它们是巨大的暴龙科恐龙，其大脑是大型食肉恐龙中最复杂、最大的。因此，晚白垩世的北美洲西部可能是一个相当令人兴奋的世界，成群的，如大象般大小、长着巨角的植食性恐龙，密切提防着大象般大小的食肉恐龙。

现在，可以肯定的是角龙科恐龙群可能并非每天都遭受暴龙类的袭击。但这种情况发生的频率肯定足以让角龙科恐龙演化出群居的行为。

要描绘角龙科恐龙群，最后要考虑的一件事就是它们的生活环境。当我们想到现代世界里巨大的兽群，比如北美洲的野牛或非洲的斑马、大象和羚羊时，我们想到的是生活在草原上的动物。但白垩纪没有草原。事实上，连真正的草都没有！草原是一个新生的环境，出现在不到1 000万年前，远远晚于最后的角龙科恐龙或暴龙科恐龙。相反，角龙科恐龙生活在有溪流、河流穿过的林地中，以及生长着蕨类植物和草本植物的“草原”上。

290

角龙科恐龙以及它们的远亲鸭嘴龙科恐龙，代表着鸟臀目恐龙最后一批成功的类群。它们是各自那一支上最大也最进步的类群（分别属于头饰龙类和鸟脚类）。它们灭绝以后，又过了数千万年，群居行为和大象般大小的植食性动物才再次演化出来。如果不是大灭绝的话，今天在北美洲仍然会有角龙科恐龙生活。

巨兽之斗！暴龙对战三角龙。

291

雄恐龙和雌恐龙：如何分辨?

犹他州，自然历史博物馆
斯科特·D.萨普森博士（Dr. Scott D. Sampson）

J. A.波罗斯科（J. A. Borowczyk）摄

有许多方法可以区分现生动物的雄性和雌性。颜色是其中一个。在鸟类中，如绿头鸭，雄性通常比雌性颜色更鲜艳。

大小和装饰物也可以成为区分雄雌的线索。以鹿来说，雄鹿往往比雌鹿大，且有鹿角，而雌鹿没有。

行为也可以是一个线索。在包括许多鸟类和昆虫在内的动物中，雄性有着独特的叫声或“歌声”。

所有这些特征：颜色、大小、装饰物和行为，都被动物自己用来区分性别。它们也是争夺配偶的重要因素。

这些相同的规则能用来区分雄性恐龙和雌性恐龙吗？出于一些原因，这可谓是一个困难的挑战。首先，请记住，除了罕见的情况外，从恐龙身上保存下来的组织只有骨骼和牙齿这样的坚硬部分。即使在少数情况下，化石中会保存有皮肤或羽毛的印痕，但也没有直接表明颜色的证据。

事实证明，用体型来辨别恐龙的性别也不可靠。我们不能假定雄性总是比雌性大。在一些现生动物中，雌性可能比雄性大。也许更重要的是，恐龙一生都在不断地成长，所以我们发现了各种体型，包括小小的幼年体和巨大的成年体。这意味着更大的体型可能只能表明在相同的性别中，某只恐龙年龄更大。

由于雌性恐龙产蛋，一些古生物学家试图寻找和产蛋有关的骨骼特征。到目前为止，这个研究没有成功。

至于恐龙发出的声音，我们当然不知道雄性恐龙的叫声是否与雌性不同。

在区分雄性恐龙和雌性恐龙的探索中，我们该何去何从呢？最好的线索可能要到恐龙的（骨骼）装饰物中去寻找。幸运的是，少数类群的恐龙保留着特殊的骨骼特征，雄性和雌性之间可能有所不同。角龙类，比如三角龙的鼻子和眼睛上有角，颅后有一个巨大的骨质颈盾。类似地，鸭嘴龙类也有着复杂的鼻子和头顶的骨质脊冠。肿头龙类的头顶有厚厚的头骨。在这些恐龙类群中，每一个物种都具有自己特别的构造和独特的形态。有人认为，这些头骨上的装饰物，如同公鹿较长的鹿角，是区分雄性和雌性的一种方法。雄性可能有更复杂的头饰，以吸引雌性配偶的注意，恐吓甚至打击雄性对手。

区分雄性和雌性的最大障碍可能来自于样本的大小，也就是某一特定恐龙物种已知的标本数量。大多数种类恐龙已知的化石标本很少。结果是，没有足够的信息来区分雄性和雌性之间的差异特征。在少数情况下，比如对于亚洲的角龙科恐龙原角龙，已知的头骨和骨架非常多，因而人们可以清楚地发现存在两个不同的类型。这两个类型可能代表雄性和雌性。但原角龙是个例外。恐龙古生物学家在能够有把握地区分雄性和雌性之前还有很多工作要做。也许你会是那个能解决这个古生物学难题的人！

36

恐龙蛋和恐龙宝宝

293

让我们面对现实吧：动物的宝宝都很可爱！小狗、小猫、小鸡和刚孵出的海龟都非常惹人喜爱。因此，包括古生物学家在内的许多人对恐龙宝宝十分感兴趣也就不足为奇了。

但科学家们对恐龙宝宝感兴趣的原因，除了它们可爱之外还有许多理由。如果你只研究成年标本，就根本无法了解该动物的生理特征。每一只恐龙，即使是体型最大的蜥脚类，都曾经是一只小小的宝宝，需要成长、进食和生存，直到成年。

恐龙蛋

开始研究恐龙宝宝的最佳场所，也是恐龙宝宝生命起始的地方：恐龙蛋。就像包括所有现生鸟类在内的大多数现代爬行动物，恐龙也是蛋生的。具体来说，它们在陆地上产蛋，像鳄鱼、蜥蜴、蛇、龟和产蛋的哺乳动物那样，而不像鱼类和两栖动物那样在水中产卵。一些古生物学家曾经推测，一些恐龙类群，特别是巨型蜥脚类，可能会把蛋保存在体内（做法同一些现代的蛇）。然而，现在恐龙每一个主要类群的蛋化石都已经被发现，因此科学家们对我们得出所有恐龙都会下蛋的这个结论相当有把握。

第一批恐龙蛋化石于19世纪的兰斯被发现，但人们当时认为它们来自巨大的海鳄。20世纪20年代，人们在蒙古的戈壁沙漠发现了完整的恐龙巢穴，在接下来的几十年里又有了新的发现。20世纪70年代，古生物学家杰克·霍纳在蒙大拿州发现鸭嘴龙类和恐爪龙类的巢穴，开启了一场“恐龙蛋热”，现在世界各地都发现了化石蛋和巢穴。

恐龙的蛋壳像现代鸟类的蛋壳一样脆弱，而不像大多数龟、蜥蜴、蛇或哺乳动物的那样坚韧。（哺乳动物的蛋？对！大多数哺乳动物物种都不产蛋，除了现今的鸭嘴兽以及针鼹的两个不同的物种。这些来自澳大利亚和新几内亚的奇怪的生物是仅存的卵生哺乳动物，尽管中生代的大多数哺乳动物可能都是这样繁殖的。）如同它们现代的代表鸟类一样，中生代不同物种的恐龙也产下了不同形状的蛋。有些是球状，有些呈对称的椭圆，有些一头尖一头圆，我们将该形状称之为蛋形（我们真正所指的是鸡蛋形）。现代鸟类的蛋具有不同的颜色，有些蛋上也有不同的颜色图案。灭绝恐龙的蛋可能也有不同的颜色和图案，但这些特征并没有被保存在化石中。不过，有一样东西确实保存了下来，那就是蛋的表面。有些恐龙产下的蛋很光滑，但更多恐龙产下的蛋具有褶皱、突起和其他微小的结构。这使得每种类型的蛋壳都与众不同，所以一块蛋壳就可以帮助你鉴别它是哪种类型的恐龙蛋。

294

遗憾的是，尽管我们对许多不同类型的恐龙蛋了解甚多，但很难区分哪个物种的恐龙产下哪个类型的蛋。偶尔也会非常容易。例如，当你在雌性恐龙的骨架内发现蛋化石时，或者当你在蛋内发现了胚胎骨架时，联系就显而易见了。但这些化石很罕见。正因为如此，在不知道它来自于哪种恐龙的情况下，古生物学家给每一种蛋都取了它们自己的“种”名。

上页图片：阿根廷晚白垩世萨尔塔龙科恐龙萨尔塔龙的筑巢地。

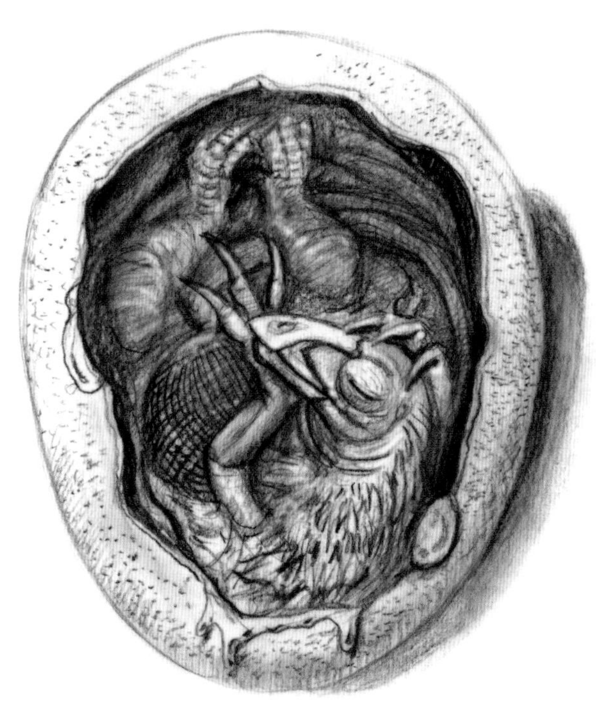

一只在蛋中发育的镰刀龙超科恐龙的胚胎

古生物学家有时会猜测哪种恐龙产下哪种蛋。他们将那个地区和那个时代已知的恐龙种类，以及恐龙蛋相较于恐龙体型的大小考虑在内。但这会导致重大的错误。最为出名的就是，在兽脚类恐龙窃蛋龙的骨架附近发现了被认为来自小型角龙类恐龙原角龙的蛋。后来的发现表明，这些蛋其实是窃蛋龙的蛋。

你可能认为恐龙蛋很大。电影制作人和漫画家显然也这么想！（我看过很多电影和动画片，里面的恐龙蛋和人一样大！）事实上，它们通常很小。很明显，小型恐龙只能产下很小的蛋，但即使是大型恐龙产下的蛋也相当小。巨大的巨龙类（可以长到100吨）来自于只有1到2夸脱（1到1.9升）体积的蛋。已知的中生代恐龙中最大的蛋是赖氏龙亚科恐龙亚冠龙的1加仑（3.8公升）的蛋，亚洲肉食性恐龙（可能是一只暴龙超科恐龙，也可能是一只镰刀龙超科恐龙，里面没有胚胎的话我们是无法得知的）的蛋也有着类似的大小。当然，这些蛋比鸡蛋大得多，但与最近灭绝的马达加斯加的象鸟（*Aepyornis*）的蛋相比则相形见绌，象鸟能产下2.4加仑（9.1升）的蛋！

从一个更为熟悉的角度来看，大多数恐龙，甚至是最大的恐龙，蛋的大小也只从垒球到足球不等。既然这些蛋能装得下恐龙宝宝，也就告诉我们有关恐龙的一些非常重要的事情：所有的恐龙曾经都很小，至少在它们刚出生的时候是这样！这与现代大型动物如河马、犀牛或大象不同。一头新生的小象比生活在非洲的所有其他动物都要大，但一只小阿根廷龙或南方巨兽龙要比生活在这个世界上的所有其他恐龙小得多。

巢穴：暴露在外？

恐龙不是随意下蛋的。像现在的动物一样，它们把蛋贮存在巢穴里。现代产蛋的哺乳动物、龟、蜥蜴和蛇通常通过在沙子上挖洞筑巢，然后将蛋埋入其中。恐龙（包括鸟类）和它们的近亲鳄类，发展出了一种不同的方法。虽然它们可能会将蛋部分埋在沙子里，但它们也经常用植物筑巢。鳄类和一些原始鸟类，将蛋埋在大片的植物下。当这些植物腐烂时，能为蛋保持温暖。此外，大堆的植物有助于保护蛋远离掠食者。

古生物学家猜测大多数恐龙都有这种巢穴。毕竟，如果大多数恐龙想坐在蛋上来为蛋保暖，会把蛋压碎的！然而，尽管在一些恐龙巢穴中发现了植物的迹象，但这些假想的植物堆通常不会被保存下来。事实上，可能是因为许多恐龙的巢穴都是部分暴露在外的。

我们知道有些恐龙（它们都是人类体型或更小）确实直接坐在它们的蛋上。人们找到了窃蛋龙类和伤齿龙科恐龙的化石标本，它们坐在自己的巢穴上，伸出手臂覆盖在蛋上。这种行为被称为孵蛋，许多现代鸟类也用这种方式保护和温暖它们的蛋。到目前为止，人们发现的所有孵蛋恐龙都来自手盗龙类，手盗龙类是兽脚类的进步群体，拥有羽毛和可以向侧面展开的前肢。可能在手盗龙类演化出这些特征（这将帮助它们更充分地覆盖巢穴）之后，它们才开始孵蛋。但也有更原始的小型恐龙，比如中华龙鸟和原美颌龙这样的兽脚类，槽齿龙这样的蜥脚型类，以及棱齿龙和鹦鹉嘴龙这样的小型鸟脚类，可能也会孵蛋。事实上，一件成年的小型角龙类鹦鹉嘴龙标本被人们发现时，身下有34只宝宝，它可能是为了保护它们免受火山灰的伤害（虽然没有成功）。但这些是宝宝，不是蛋。在我们发现一只成年的非手盗龙类的恐龙直接坐在自己的蛋上之前，我们还不能确定其他的小型恐龙是否也会孵蛋。

中生代恐龙在哪里产蛋？它们**不太可能**在树上筑巢，甚至中生代的鸟类也不能。大多数人认为鸟巢是我们在树上发现的东西，但事实上，只有更进步的现代鸟类群体才在树上筑巢。所有的原始鸟类都是不会飞行的类群，就像几维鸟、鸵鸟、鸸鸵、鸡等，以及野鸡类群的其他成员，还包括鹅和鸭类群中的其他成员，它们在地面上，或离地面很近的地方筑巢。因此，孔子鸟、始祖鸟以及鸟类大小的恐龙，如小盗龙和树息龙，可能是地面筑巢动物，就像它们巨大的表亲一样。而恐龙在各种环境中的地面上筑巢。恐龙的巢穴来自沙漠、森林、高地、湖边、海岸，几乎遍及所有的地方。

296

萨尔塔龙在孵化幼崽。

一只葬火龙妈妈在给幼崽喂食。

一样，恐龙宝宝很可能是在破蛋齿的帮助下从蛋中孵化出来的，这种破蛋齿是从鼻子末端伸出的一个小突起，宝宝用它从蛋内敲开蛋壳，破壳而出，之后破蛋齿很快就会脱落了。

在现代动物中，有些幼崽在出生后几分钟内就可以到处奔跑了。大多数地栖鸟类（如鸡和鸵鸟），除鸟类以外的爬行动物，以及象、马和羚羊等哺乳动物在孵化或出生后不久就能四处走动。但是也有一些物种，比如大多数树栖鸟类、所有卵生哺乳动物和有袋动物，以及许多其他哺乳动物（包括老鼠，熊和人类），它们生下的宝宝是完全没有自理能力的。恐龙宝宝的情况又如何呢？

这取决于物种。霍纳和同事们研究了不同类型的恐龙胚胎和幼体。在一些包括伤齿龙和窃蛋龙类在内的手盗龙类中，四肢骨骼上的关节在恐龙宝宝孵化时已经完全形成。这可能意味着宝宝们孵出后就可以到处跑，围着父母转了。其他物种，如鸭嘴龙类恐龙慈母龙的关节发育还不足以支撑幼崽的体重。它们会像刚孵出的知更鸟或刚出生的小狗一样待在窝里。像今天待在窝里的幼崽一样，刚孵出的慈母龙也需要父母来喂养。事实上，这是恐龙有父母照顾的第一个证据。

但伤齿龙和窃蛋龙一出生就可以跑来跑去，并不意味着它们没有父母的照顾。毕竟，即使幼崽孵化后很快就能行走，鸡也依然照顾它们的小鸡，短吻鳄也依然照顾它们的宝宝。像这些现代的近亲一样，恐龙的父母可能会帮助它们的幼崽获取食物，

待在家里还是到处跑？

正如在恐龙行为一章（第37章）中所讨论的，我们可以推断所有种类的恐龙在蛋发育时都待在它们的巢穴附近，并且在蛋孵化后不久就和它们的宝宝待在一起。

像现代卵生哺乳动物和爬行动物（包括鸟类）

并在掠食者到来时把它们赶向安全的藏身之地。

有关恐龙宝宝的电影、动画片和电视节目经常会把一个母亲、一个父亲和一两个宝宝放在一起。

我们不知道是父母共同保护，还是只有母亲帮助保护了幼崽（鸟类及其亲属中这两种情况都存在），但我们知道只有一个或两个宝宝是非常不现实的。恐龙巢穴里的蛋比这多得多。许多现代鸣禽的巢穴通常一次只有四到六个蛋。与鸣禽不同，大多数中生代恐龙巢穴一次有12个或者24个蛋。（如果与鹦鹉嘴龙一道被发现的34个宝宝来自同一窝，那么这个物种大约一次有30多个蛋，相当于一窝典型短吻鳄的数目。）

即使在孵化和离开巢穴后，恐龙宝宝似乎也常常腻在一起。已经有好几个实例，其中十几只或更多的恐龙宝宝被发现埋在一起。它们很可能是兄弟姐妹，互相跟随。它们也可能独自生存，但也有可能是父母中的一方或者父母双方和它们生活在一起，但父母体型太大，掩埋了幼崽的沙尘暴或洪水无法埋住它们。鹦鹉嘴龙和它的幼崽至少是父母和孩子一起被埋葬的一个例子。还有许多其他物种的发现，其中包括成群的鸭嘴龙类和角龙科恐龙、暴龙科龙群和其他肉食龙类龙群，年幼的、半成年的和完全成年的恐龙被埋葬在一起。

长得快，死得早

所有的恐龙在幼崽时期都很小，但很多恐龙长大后绝对不小！它们花了多长时间才长成这么巨大的体型？

几十年来，科学家们对此进行推测，但缺乏找出答案所需的信息。有人预言恐龙的成长模式和现代冷血动物，比如龟类、蛇和鳄鱼一样。这些动物的生长速度相对较慢，几乎一生都在持续生长。

中国早白垩世恐龙育儿所。角龙类恐龙鹦鹉嘴龙（左后）和窃蛋龙类恐龙尾羽龙（前中）守护着它们的巢穴，而后者则受到三只吉祥鸟的骚扰。一只偷偷摸摸的中华龙鸟想偷一枚尾羽龙的蛋。左边的树上是热河龙，背景中一群小盗龙自树上飞下。

但其他古生物学家预测，恐龙的成长更像现代哺乳动物或鸟类。这些动物从幼崽时期就开始生长，经历了一个非常快速的生长阶段，当长大成年后，就停止生长（或者至少放慢生长速度）。在几乎所有的鸟类中，这种生长只发生在几个月的时间内。小型哺乳动物也有类似的生长模式。更大的哺乳动物，（比如马和牛）可能需要几年的时间，或者10年，甚至更长的时间（比如大猩猩和大象）。举一个我们都熟悉的例子，人类有大约10到12年的童年期，6到8年的青春期，然后就会停止生长，至少不再怎么长高。

那么恐龙的生长模式是什么样的呢？佛罗里达州立大学古生物学家格雷格·M. 埃瑞克森（Gregory M. Erickson）和其他科学家利用了恐龙骨骼具有生长环这一事实（许多现生动物也有），来回答这个问题。与树木年轮相似，在恐龙生长期间，骨骼每年都会形成一个环。这些古生物学家发现，恐龙的生长方式与哺乳动物或鸟类相似，但也存在区别。通常它们有为期几年的幼年期，然后是为期几年的快速成长期。许多小物种在2到3年内就可以完全长大。像慈母龙这样的鸭嘴龙类在7岁时就已经成年了。即使是巨大的迷惑龙也在5岁左右开始进入快速生长阶段，在10到15岁之间就能完全发育成熟！所以大多数物种的恐龙并没有享受到漫长的童年时光。这样来说，恐龙就像大多数哺乳动物和鸟类一样。但与这些生物不同的是，典型的恐龙一生中的每一年都会继续生长些许，因此成年恐龙的骨骼边缘具有一串狭窄的生长环。

（暴龙科或暴龙超科恐龙是个例外。埃瑞克森和他同事的研究表明，这些物种直到10岁或12岁才开始快速生长，与人类相似。）

不过，可以肯定的是，大多数恐龙宝宝都没能活到成年。今天在大自然中，任何物种父母中的一方，平均只有一个后代能够存活足够长的时间来产下自己的孩子。（如果不是这样的话，种群会越来越大，直到耗尽食物和空间！）由于恐龙一次能有十几个或更多同时出生，而且雌恐龙在整个成年期可能每年都会产下一窝，所以大多数的恐龙宝宝在达到成年体型之前就会死掉。

在这段时间里，它们不仅要达到成年体型，而且还要发展出它们所有独有的特征。大多数有亲缘关系的恐龙幼崽彼此非常相似。只有到了生长的末期，它们特殊的特征，比如角、脊冠等才能充分发育。我们在现代动物身上也看到了同样的模式。

一旦恐龙完全长成，它们又能活多久？再说一次，在人们开始计算它们的生长环之前，没有人确切知道。几乎每个人都认为恐龙就像今天的大型动物。这些物种往往活得很久，通常有几十年。许多哺乳动物，如鲸鱼、大象、犀牛、马等，以及许多大型爬行动物，包括大型鸟类如大型鹦鹉和信天翁，还有鳄鱼、蜥蜴、蛇和龟，都是如此。冠军要数亚达伯拉象龟（*Geochelone gigantea*）了。其中一只以成年形态被圈养着存活了150多年，直到在意外中死去，而另一只，据记录，出生于1755年，现在仍然生活在印度的一个动物园里！

但令人多数古生物学家惊讶的是，人们发现恐龙通常死得很早。例如，已知最古老的暴龙还不到29岁。大多数鸭嘴龙类和角龙类死去的时候只有10岁左右。即使是大型蜥脚类也只能活到50岁左右，不像大象那样活到70岁或更久。

298

所以恐龙的生命周期不同于现代大型爬行动物或现代大型哺乳动物。与现代爬行动物不同的是，恐龙生长得很快。与现代哺乳动物不同的是，恐龙产生了**很多**后代。与两者都不同的是，恐龙死得相对较早。

关于恐龙蛋、恐龙宝宝和恐龙的成长，还有很多东西要了解。蛋壳上的小节和小突起有什么作用？恐龙是否用植物覆盖它们的巢穴，如果如此，都有哪些物种会这样做？除了手盗龙类，还有其他恐龙筑巢吗？是双亲还是单亲保护孩子？恐龙宝宝会和父母待多久？

这些问题似乎很难回答。但在过去的10年或20年里，我们对恐龙蛋和恐龙宝宝的了解要比很多人所料想的多得多。希望能有更多的技术帮助我们理解恐龙的成长过程。

一只暴龙为她的幼崽带来了午餐。

恐龙长得有多快

洛基博物馆
约翰·R.“杰克”·霍纳博士

赛莱斯特·霍纳（Celeste Horner）摄

恐龙像今天大多数温血动物一样成长。一些小型恐龙，比如原始的棱齿龙科恐龙，生长速度最慢。巨型恐龙，如暴龙类和蜥脚类，长得最快。

科学家通过研究恐龙骨骼的内部来了解恐龙的生长速度。我们用金刚石锯子把化石骨骼切成薄片，然后把薄片打磨成薄纸样。这样一来，这些切片就可以放在显微镜的载玻片上了。然后，我们通过用显微镜观察透明的骨切片来研究骨骼的结构。

恐龙骨骼的内部看起来和大多数鸟类骨骼的内部一样，只是恐龙骨骼有时会有像树木那样的年轮。现代爬行动物的骨骼也有这样的年轮。树木和爬行动物的骨骼每年都长出新的年轮。要确定一棵树或一种爬行动物的年龄，只需数数年轮就行了。

恐龙的骨骼也有年轮。我们通过数一数年轮，看看一只恐龙死去的时候有多大年纪。现代鸟类没有年轮，因为它们在不到一年的时间内就能完全长成，时间太短了，不足以让生长环形成。许多已灭绝的鸟类的骨骼中也有年轮，因此我们知道它们的生长方式与恐龙相似。

通过计算恐龙骨骼的年轮可以发现，大多数中等体型的恐龙，比如鸭嘴龙类，需要七八年的时间才能成年。刚孵出的鸭嘴龙类只有30英寸（0.8米）长。第一年后它们长到9英尺（2.7米）长，第七年时长到25英尺（7.6米）。长颈蜥脚类恐龙刚孵化时体型很小，需要10到12年才能成年。君王暴龙大约在8年内长成。一些原始的小型恐龙，如棱齿龙科恐龙奔山龙生长得比大型恐龙慢，得花3年时间才能长到大约3英尺（0.9米）长。

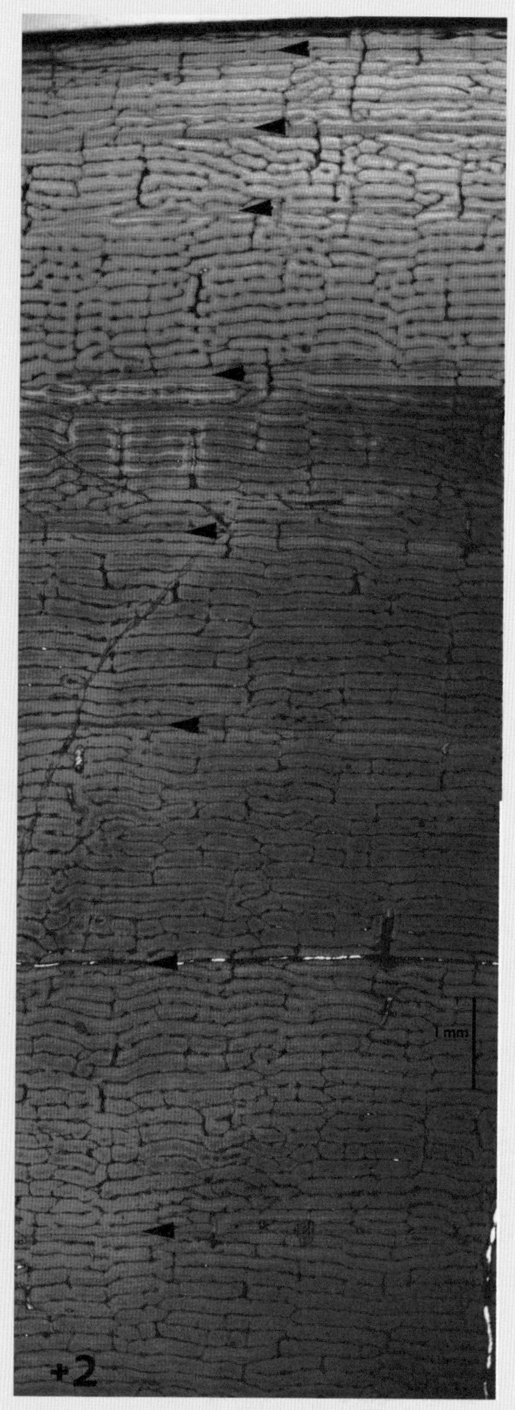

显微镜下的暴龙股骨（大腿骨）。箭头显示了生长环，每年一个。

恐龙的生长：以迷惑龙为例

明尼苏达科学博物馆
克里斯蒂娜·加里·罗杰斯博士（Dr. Kristina Curry Rogers）

照片由克里斯蒂娜·加里·罗杰斯提供

蜥脚类恐龙是所有恐龙中最为庞大的。但是它们生长速度有多快？自从120多年前第一批保存良好的蜥脚类骨架被发现以来，这个问题就一直吸引着恐龙科学家。

许多科学家最初认为蜥脚类的生长速度很慢，和今天的爬行动物一样。如果这是真的，那地球上有史以来最大的动物只有在过了100岁生日之后才能长成它们完全发育的体型！今天有证据表明蜥脚类的生长速度比这快得多。

在大学里，我努力为恐龙的幼年生长期“计时”，我最喜欢研究的恐龙是长颈蜥脚类迷惑龙。我想知道迷惑龙是否在生命早期生长得很快，只有到了成年时才会变慢。现代鸟类和哺乳动物就是这样。或者，像迷惑龙这样的恐龙一生都在缓慢生长，偶尔会停顿下来，甚至在它们还是“儿童”恐龙的时候也是如此，这种过去的观点有没有道理？因为今天没有一只迷惑龙生活在我们周围，让我去捕捉、称重和观察，所以我不得不想出一种不同的方法来测量其生长速度。我知道骨骼的微观结构有时能说明动物的成长过程。在我近距离观察了迷惑龙骨骼的薄片后，迷惑龙生长的画面变得清晰起来。

关于生长，骨骼能告诉我们什么？所有脊椎动物骨骼的生长模式就像树一样——向外，向上生长。随着骨骼的生长，蛋白质和矿物质会以一定的方式沉淀下来，显示出新骨质沉积的速度。新骨质会将围绕在骨骼外缘的血管包裹住。骨矿物质、蛋白质和血管的排列方式让我们能估算出骨骼的生长速度。既然我们知道在许多现代动物身上某些排列模式形成得有多快，我们就可以很容易地针对迷惑龙的类似的发育模式得出结论。

显微镜下，迷惑龙的骨质排列杂乱无序，血管向四面八方分布。这种模式与现存爬行动物的模式完全不同，但与我们在哺乳动物（包括我们自己）还有鸟身上观察到的模式是相同的。显微镜下的爬行动物骨骼看起来就像是被砍断的树，骨骼上几乎没有血管，环状物明显表明其发育快慢受季节性影响。在迷惑龙的骨骼上则没有环状物。这意味着迷惑龙全年都在迅速生长，不受季节变化的影响。这也表明，迷惑龙在长至成年体型之前一直快速生长。这些显微镜下的结构让我得出结论，迷惑龙不仅仅是一只大体型的爬行动物，它的生长速度和现存的哺乳动物及鸟类一样快。在如此迅速的生长速度下，迷惑龙在5岁时就能达到成年体型的一半，而达到它的成年体型——从头到尾75英尺（22.9米）长，重30吨！要到它10岁或12岁的年纪。

晚侏罗世梁龙科恐龙迷惑龙

37

恐龙的行为：恐龙如何行动，我们如何得知？

303

我想大多数人都知道古生物学家是如何通过检查和测量恐龙的骨骼、牙齿、尖刺等化石来确定某只恐龙的体型和外形的。毕竟，这些都是通常作为化石保存下来的部分，是构成恐龙身体的框架。所以，通过测量脊椎的长度可以很好地估计出恐龙活着时候的高度，也就不太难理解。但是关于动物我们要了解的可远不止体型和外形！

人们真正想知道的是动物的行为。这就是为什么我们去赏鸟，或者观看有关野生动物的电视节目，又或者去动物园参观。活着的动物比死了的有趣。但是古生物学家怎么可能搞清楚恐龙的行为呢？

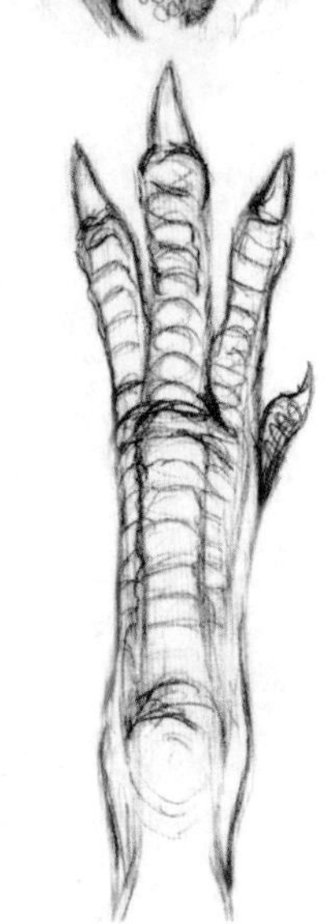

足迹是动物活着时留下的石化的行迹。

这是可以做到的，但并不像估算恐龙的长度或弄清它的外形那么容易。毕竟，除了现代鸟类，恐龙已经灭绝了。我们不能拿着双筒望远镜走出去，等着观看两只长着圆顶的雄性肿头龙类为繁殖权而争斗。我们也无法在野生动物园看到一群鸭嘴龙类被一群暴龙类追踪。

所以研究恐龙的行为似乎毫无希望。但事实证明，有几种不同的方法可以解决这个问题。其中一些是基于身体化石（骨骼和牙齿实际上是恐龙身体的一部分）和遗迹化石（足迹、粪化石、巢穴以及恐龙与世界互动的其他痕迹）的物理证据。其他的方法是通过与现代动物的比较，要么是体形相似的动物，要么是与灭绝的恐龙关系密切的动物。我们也可以用模型和数学来理解恐龙的运动方式和它们的身体是如何运作的。

但首先，我们需要思考我们所说的“行为”是什么。如果家长或老师告诉你要注意自己的行为，他们可能是希望你不要再做某事了。从某种意义上说，这与科学家感兴趣的行为恰恰相反。我们想知道恐龙不呆站着无所事事的时候都做了些什么！

最佳行为的物理证据

304

我们可以从一个相对简单的行为——觅食开始。人们对于恐龙的第一个疑问可能就是它是肉食性动物还是植食性动物。（一个见识更广的人可能还会问它是否是杂食动物！）事实上，觅食行为是古生物学家最早解决的有关恐龙生活方式的方面之一。当威廉·巴克兰推断巨齿龙是肉食性动物，吉迪恩·曼泰尔推断禽龙是植食性动物时，他们是在对这些首批发现的恐龙的觅食行为进行假设。他们分别用现

上页图片：禽龙类恐龙无畏龙在展示它的背帆。

五角龙喜欢用角和颈
盾来震慑对方……

……而伤齿龙科恐龙曲鼻龙则一边拍打自己长着羽毛的手臂，一边挥动着镰刀爪。

代爬行动物的牙齿、巨蜥的刀状牙齿和鬣蜥的叶状突起的牙齿，来预测恐龙的觅食行为。最近，古生物学家在显微镜下观察了化石牙齿的磨损状况，并将其与现代动物牙齿的磨损状况进行了比较。因为以肉为食，以柔软植物为食，以坚硬植物为食，都会产生不同的磨损，所以我们可以根据牙齿的形状，对照我们在显微镜下看到的磨损状况，来检验我们的推测。

粪化石，也就是石化的粪便，也是觅食行为的物理证据。它们告诉我们动物以什么为食以及食物是如何被消化的。不幸的是，只有少数粪化石可以追溯到特定的恐龙物种。那是因为恐龙极少在便便的那一刻死去，而便便还需要完整地被完全掩埋。

运动是恐龙生活的另一个重要方面。恐龙是两足动物、四足动物，还是两者兼而有之（严格地说，是兼性两足动物，如熊）？它会跑，还是只会走？会爬树吗？会飞吗？如果会，速度有多快？古生物学家利用各种线索来研究恐龙的运动，其中包括各种四肢骨骼的形状、大小和强度，以及肌肉可能的大小和形状。以行迹形式存在的遗迹化石是运动的最佳证据之一。从一条行迹上，科学家可以计算出一只恐龙在留下这些足迹时的移动速度。

305

但很多时候，当我们问起恐龙的行为时，我们指的是，恐龙是如何与其他动物互动的？其中一些互动可能涉及身体接触。例如，一只雄性三角龙的角可能被用来与其他雄性三角龙搏斗，以角逐力量，给雌性留下深刻印象。或者它们可能用角来抵御暴龙的攻击。我们可以通过寻找物理证据来验证这些想法。事实上，这两种行为我们都有证据。一些三角龙的颈盾上有被刺过的痕迹，刺痕与三角龙角的大小和形状相吻合。还有一些三角龙类的标本显示角曾被暴龙咬掉，之后重新愈合。

不过，有些行为并不涉及直接接触。可能其中最重要的一类就是展示行为。展示行为是动物之间的一种交流形式。有警告作用的展示，比如猫咪炸毛并发出嘶嘶声，或响尾蛇摇动尾巴。有求偶作用的展示，比如孔雀向雌性炫耀它的尾羽，或者雄性牛蛙对雌性牛蛙发出呱呱的叫声。有物种身份识别作用的展示，例如不同种类的非洲羚羊有不同形状的角，或者每种鸣禽有不同的鸣叫声。在父母和后代之间也存在展示行为，比如海狮幼崽的叫声或老鼠幼崽的气味。

并非所有的展示行为都能直接保存在化石记录中。例如，现在许多动物用声音或气味来交流，但声波和气味分子都不会留下物理痕迹。一些相当于猫咪炸毛并发出嘶嘶声，或响尾蛇摇动尾巴的视觉类展示行为也不容易被记录下来。但有时这些视觉类的展示要借助大型的骨骼结构，这些结构会被保存在骨架中。事实上，恐龙骨架中的许多巨大而夸张的结构：角、冠、颈盾、骨板等，都被解释为是用来交流的。在亲缘物种中这些结构形状存在着差异，这样一来我们几乎可以肯定的是，这些结构具有物种识别作用。如果恐龙宝宝身上的脊冠、骨板或其他显示物很小或者不存在，但成年恐龙身上却有，这些特征可能就是求偶作用的展示物。如果成年雄性和成年雌性身上的展示物外形不同，这种可能性就会加倍。这些特征中有许多可能起到了警告的作用。重要的是要记得，现代动物身上的大多数展示结构有助于多种行为。

与当前生物的比较

如你所见，即使使用来自化石的直接物理证据，我们也差不多总是在将恐龙与现代动物相比较。这是因为研究现代动物仍然是了解生物行为的最好方法！

有时候，这些比较非常简单。例如，牙齿的形状几乎总是与动物所吃的食物类型有关，因此我们利用物种牙齿化石的形状来预测它如何进食，以什么为食。我们知道头骨上的哪些孔洞容纳生物的眼球、鼻道、耳朵、颌肌等，所以可以利用恐龙头骨上这些孔洞的大小和形状来估算它们的特征。

其他的比较则有些困难。大型的、夸张的结构，如角龙类的颈盾和剑龙类的骨板，被认为是用来展

赖氏龙亚科恐龙副栉龙可能用它的脊冠作为视觉展示并发出声音。上图雄恐龙身上的巨大膨胀囊是艺术家的推测。

示的，因为现代动物就是这么使用的。但是，它们上面有牙齿留下的咬痕和角留下的刺伤，展示作用的结构是不会留下“展示痕迹”的，你不能通过物证来证明颈盾**确实**是用来展示的。因此，在这种情况下，认为颈盾或骨板很**可能**被用作展示的想法比牙齿被用来切肉的想法更不确定。如果我们称一个颈盾被用来进行非常特殊的展示（比如向右摇晃两次，向左摇晃两次，上下摇晃一次，然后如此重复），那就是纯粹的推测了。当然，这**可能**是真的，但我们没有办法对此进行检验。推测可能很有趣，但它超出了科学能够准确甚至合理预测的范围。

通常，我们会将恐龙和现代动物作比较，因为它们可能有着相似的体型或生态环境。例如，将角龙科恐龙与现代有角的植食性动物（如羚羊和犀牛）进行比较是很常见的。这不无道理，理由是趋同演化——关系较远的类群因相似的生活方式演化出相似的特征和行为。但我们必须谨慎行事，因为尽管它们有很多相似之处，但角龙科恐龙并**不是**有角哺乳动物。例如，与现代长着大角的陆栖动物不同，角龙科恐龙是蛋生，就比例来说其大脑更小，且生活在一个没有草的世界。这些差异意味着我们不能仅仅把三角龙当成长着鳞片的犀牛。恐龙是不同世界里不同的动物。

不必总是把恐龙与体型或外形相似的动物作比较。我们也可以使用有亲缘关系的动物，即使它们的体型和外形完全不同。这是因为行为就像身体特征一样，是祖先传给后代的一系列特征。今天的鸟类是恐龙的一个类群，具体地说，属于兽脚类-

虚骨龙类–手盗龙类–鸟翼类，而现代鳄类是与中生代恐龙亲缘关系最近的非鸟类生物，其次是蜥蜴和蛇，再其次是海龟，然后是哺乳动物，之后是两栖动物（也可另见第10章）。任何在现代鸟类和鳄类身上发现的共同特征，包括行为特征，几乎可以肯定也能在这两个类群的共同祖先身上发现。这个祖先也是所有恐龙的祖先！因此，我们可以推测，所有灭绝的恐龙物种都有这种特征，除非有很好的物理证据表明恐龙物种在演化中失去了此特征。

307 这里有一组很好的例子。鳄类和鸟类，是更大的类群——主龙类的两个现生成员，下面这些特征使得它们不同于大多数其他脊椎动物。现代鳄类和现代鸟类在求爱时会使用复杂的叫声——鸣叫，以及不同的姿势和动作。它们通常用植物筑巢，而不仅仅借助沙子上的洞。随着蛋的发育，它们会在巢穴周围游荡，保护蛋远离潜在的小偷。当胚胎即将孵化时，它们会向父母发出尖细的吱吱声，父母也会向胚胎回叫。蛋孵化后，父母（有时只是母亲）会陪伴幼崽至少几个星期，照看它们，直到它们长大，可以自理。（当然，在某些鸟类中，孩子和父母可能一辈子都在一起，组成一个更大的鸟群。）

由于在所有现生主龙类身上都发现了这些行为，因此可以预测，成为化石的主龙类，比如说已经灭绝的恐龙物种，也具有这些特征。我们不知道甲龙求偶的鸣叫，或巨椎龙胚胎尖细的叫声听起来是什么样的，但是我们可以推断出它们确实在这种情况下发出了声音。

模型

另一种解决恐龙行为问题的方法是制作模型。可以是实物比例模型，或计算机图形，又或复杂的数学方程。在试图找出恐龙行为的范围时，模型通常是最有用的。

因为恐龙生活在物理世界中，就像所有真实的过去、现在和将来的事物一样，它们得遵从物理定律。因为我们从实验中知道骨骼和肌肉有多强壮，血液如何获得和失脱氧气，不同大小和形状的管道发出什么样的声音，等等，所以我们可以利用这些信息来帮助理解恐龙的行为。

例如，约翰·霍普金斯大学的古生物学家戴夫·魏尚佩尔制作了一个实物比例的模型，模拟了鸭嘴龙类赖氏龙亚科恐龙副栉龙脊冠内部的管道。他这样做是为了弄清楚当恐龙将空气从脊冠上吹出时会发出什么样的声音。魏尚佩尔发现了一种深沉的，巴松管一样的声音。最近一些针对副栉龙脊冠的计算机模型，利用对化石的实际内部结构的扫描，也产生了类似的声音。

许多古生物学家，如伦敦大学的约翰·R. 哈金森（John R. Hutchinson）和卡尔加里大学的唐纳德·亨德森（Donald Henderson），已经使用数学和计算机模型来对体型各异的恐龙可能的速度极限进行了预测。剑桥大学的艾米莉·雷菲尔德用计算机测试了各种肉食恐龙可能的咬合强度。这些实验以及类似的实验是非常有用的，能帮助我们了解恐龙行为的可能范围。

不过，和所有计算机程序一样，它们也受限于科学家能够写入的信息。这就是为什么恐龙行为研究（即使是那些高科技的研究）最重要的要素之一，是将恐龙与现代动物的比较。一个优秀的计算机、力学或数学行为模型应该能够计算出我们在现代动物身上看到的真实行为，这样它们预测出的关于灭绝恐龙的数值才能令我们信服。很多这类工作才刚刚起步，所以在接下来的几年里，我们应该对这些方法的准确性有一个更好的认识。

但即使是在最好的情况下，模型、与现生动物的比较以及物理证据也只能让我们对恐龙的行为有部分了解。恐龙的大部分生活方式将永远是个谜。有时这让我有点难过，因为我很想像野外生态学家了解狮子、犀牛和大象的行为那样了解暴龙、三角龙和大鹅龙的行为。但即使我们永远无法完全了解恐龙的行为，我们仍然可以利用有限的证据进行推测。毕竟，这就是科学的意义所在。

行走和奔跑的恐龙

美国国家自然历史博物馆
马修·T.卡雷诺博士（Dr. Matthew T. Carrano）

照片由马修·T.卡雷诺提供

恐龙是如何行走的？它们跑得有多快？移动的方式都一样吗？这些都是简单的问题，但在许多方面，它们也位于古生物学家最难以回答的问题之列。我们怎样才能了解恐龙的运动？行走和奔跑属于某种行为，而行为是难以从化石中辨认的。就像我们无法仅仅通过看一名球员球卡上的照片来计算他的平均击球率一样。

除了骨骼化石，恐龙有时还会留下其他的痕迹让我们去寻找。最常见的是保存在石头上的足迹。有了恐龙的足迹，我们有时可以通过测量足迹之间的距离来计算出动物的速度。恐龙跑得越快，足迹间离得就越远。另外一些足迹显示成群的恐龙一起行走，还有一些足迹显示恐龙趴下来休息。

我们还有很多恐龙的骨架。关于现生动物身上骨骼运作的方式，骨骼的形状可以告诉我们很多信息。奔跑速度快的动物会比体重更大、行动更缓慢的动物具有更长、更细的腿骨。掘洞动物的骨骼也与爬树动物的骨骼看起来不同。通过研究鸟类、爬行动物和哺乳动物等多种现生动物，我们可以探寻它们运动方式和骨骼形状之间的联系。我们看到的这些模式可以用来对恐龙骨骼进行“解释”。

恐龙是如何行走的？事实证明，恐龙的腿与哺乳动物以及鸟类的腿没有太大区别。它们有相同的骨骼和关节，可以用同样的方式将腿前后移动。恐龙用腿直立站立，不像爬行动物那样蜷缩在一起。但是恐龙与人类不同，因为它们用脚尖行走，脚后跟离地。在这方面，它们更像鸟或马。

恐龙速度有多快？像蜥脚类这样的大型恐龙速度也许不是很快，但它们其实也不需要那么快；几乎没有肉食动物能伤害到一只完全长成的蜥脚类。大多数以植物为食的恐龙体型都像大象和犀牛一样，但是少数小一些的可能很快——也许奔跑速度可以达到每小时15到20英里。像暴龙这样的大型食肉动物，就其体型来说速度也算快了，但它可能太大了，不能经常或特别快速地奔跑。

所有恐龙的运动方式都一样吗？大多数恐龙的构造基本相同，所以它们的行走方式可能也很相似。它们不生活在水里，可能不挖洞也不爬树；没有恐龙鲸，没有恐龙鼹鼠，没有恐龙猴子。它们中的大多数无论到哪里都是依靠行走或奔跑，就像今天的动物一样，它们行走的次数可能比奔跑的次数要多。但即使许多恐龙基本上是相似的，当它们活着的时候，肯定还是会展现出大量的大小、外形和速度上的差异。

三角龙会跑吗？许多艺术家喜欢这样描绘，但科学研究仍在进行，以确定它们是否真的可以。

追上君王暴龙：它能跑多快?

伦敦大学
约翰·R.哈金森博士

309

照片由约翰·R.哈金森提供

君王暴龙是一种巨大的恐龙，但它奔跑速度快吗？最早描述君王暴龙的科学家亨利·费尔菲尔德·奥斯本对“食肉恐龙之王”细长的腿印象深刻。他认为它结合了巨大的“破坏力和速度”，一些同意奥斯本观点的科学家认为君王暴龙可以以每小时25英里的速度奔跑，与人类奥林匹克短跑运动员一样快，甚至比其快得多。但并非所有古生物学家都同意这个观点。

他们想知道君王暴龙巨大的身躯是否允许它高速奔跑。一些认为君王暴龙跑得不快的科学家喜欢把它与现代的大象作类比。大象的体重约为13 000磅，与成年暴龙的体重相当。根据我们对大象和其他现生动物身体极限的了解，这个体重的生物实在太重了，速度快不了。

认为君王暴龙奔跑速度快的科学家指出，它的长腿是在当今奔跑速度快的动物身上发现的特征之一。他们认为，大象是暴龙的不良模型，因为尽管这两类动物体重相似，但却拥有截然不同的腿。这些科学家最初认为，暴龙的奔跑速度可能高达每小时45英里（与赛马一样快），但最近却以每小时25英里左右的速度踩下了刹车。

我的研究试图通过运用生物力学的方法，即动物运动物理学，来加深我们对这个问题的理解。我的同事马里亚诺·加西亚（Mariano Garcia）和我用简单的计算机模型估算了各种动物在行走和奔跑时所受的力。我们知道，任何动物要想奔跑，其腿部肌肉必须足够大，以产生支撑身体所需的力量。我们问自己，如果君王暴龙奔跑速度很快，它需要多大的腿部肌肉？我们的电脑模型给出了一个出人意料而又不可能的答案。我们发现一只君王暴龙要想奔跑速度快，腿的重量需要占它总体重的86%！因为这是不可能的，所以我们得出结论，君王暴龙可能是一只速度较慢的动物，无法快速奔跑。也许君王暴龙的腿比我们的模型显示的要直，步行速度很快，或者跑得很慢，也许恐龙科学对君王暴龙还不够了解。随着我们对暴龙和所有大型动物的生物力学的进一步了解，对恐龙奔跑速度的研究将继续下去。

当哈金森和加西亚利用计算机模型计算出暴龙的移动速度时，他们将其与各种现代动物（包括一只鸡）进行了比较。

38
恐龙生物学：活生生，有呼吸的恐龙

311 恐龙骨架真是太棒了！我喜欢观察它们。我可以在田野里、实验室里、典藏馆中、博物馆的展览上，一个小时接一个小时地凝视着它们。如果做不到，那我肯定是找错工作了！但恐龙不仅仅是一具骨架。它们曾经是活生生的，有呼吸的动物。每只恐龙都有皮肤、肌肉、筋腱、肺、肠道、心脏、静脉、神经，大脑，简而言之，骨骼周围（有时甚至里面）都是黏糊糊的东西。而那些黏糊糊的东西内部，就是“生命”发生的地方。

有许多关于恐龙生物学的问题是古生物学家想要解答的。例如：恐龙是如何繁殖的？它们有什么样的表现？不同的物种有什么关系？它们是怎样行动的？是如何互动的？以什么为食？这些主题在本书的其他部分都有涉及。

不过，我将一些关于恐龙生物学的一般性问题留在了这一章。这些问题与生物科学中被称为生理学的部分有关，即生物及其各个部分的功能。这包括新陈代谢（营养物质的消化和废物的清除）、呼吸、血液循环和新组织的生长。所有这些功能都是密切相关的。其中一个最重要的问题是，它们发生得有多快？

温血恐龙还是冷血恐龙？

因为有一类恐龙以鸟类的形式生存了下来，而恐龙的远亲更多是以鳄类以及其他爬行动物和哺乳动物等形式存在的，所以我们可以经常利用这些现代动物来检验我们对恐龙生理学的想法。这有助于我们大致了解恐龙体内不同器官的大小和形状。例如，根据眼窝的存在，我们知道眼球该长在哪里。我们还可以从脑壳的大小和里面的空间来估算恐龙的大脑有多大。

关于恐龙的生理机能，人们争论了很久的一个问题是恐龙究竟是温血的还是冷血的。但在开始讨论这个问题之前，我们需要知道这些语词的含义。

不管人们在逻辑上如何假设，温血或冷血与动物血液的温度无关。相反，这两种不同类型的生理机能关乎的是动物如何获得大部分能量。现代的温血动物包括哺乳动物和鸟类，也包括金枪鱼 312 和其他一些鱼类，还有正在孵蛋的蟒蛇。温血动物从体内产生大部分能量，或者，正如科学家所说，它们是内温性的。因为温血动物体内产生热量，所以它们的体温往往稳定，与外界环境的起伏无关——严格意义来说，它们是恒温的。但是吸收热量和维持恒温是有代价的。温血动物需要食用大量的食物并保持快速地呼吸，以维持热量，所以它们有着快速的新陈代谢，换句话说，它们是高代谢型动物。

典型的现代冷血脊椎动物包括鳄类、蜥蜴、蛇、龟、两栖动物和大多数鱼类。虽然冷血动物

上页图片：恐龙并不只生活在热带气候地区。在阿拉斯加北部的皑皑白雪中，一只艾伯塔龙在追逐一只埃德蒙顿龙。

冷血动物（比如青蛙）所需要的食物比同体型的温血动物（比如仓鼠）要少。

从体内获得一些热量，但它们通常依靠来自太阳、温暖的岩石或其他外部热源的热量，这意味着它们是外温性。（这就是为什么动物园爬行动物馆里的动物通常躺在暖灯下。）由于冷血动物依靠外界的能量取暖，体温会随着环境的变化而波动，它们是变温动物。然而，由于冷血动物不需要内脏来产生大部分热量，它们可以依靠较少的食物和氧气生存，科学家称之为低代谢型动物。

那么，现代动物是温血（内温性、恒温型和高代谢型）还是冷血（外温性、变温型和低代谢型）又有什么关系呢？嗯，这对动物的生存环境和活动能力有很大的影响！在一天中温血动物往往比冷血动物更为活跃。而且它们可以在高山和寒冷地区等环境中生存，这些环境对冷血动物来说太寒冷了。但是温血动物需要很多食物才能生存。所以一片土地，只要不是寒冷的地方，能够养活的冷血动物比温血动物要多得多。

早在1842年，理查德·欧文爵士在他给恐龙命名的那篇论文中，就呼吁人们开始思考恐龙的生理学。在那篇文章的结尾，他想知道恐龙（它们有着长而可以直立的腿，更像现代鸟类和哺乳动物，而不像四肢大张的蜥蜴和鳄鱼），是否是温血动物。从那时起，这个观点就一直争论不休。我们来看看支持或者反对温血的一些证据，但首先我们需要了解一些生理学原理的基础知识。

生命的引擎

当我说温血动物（在较小程度上，还有冷血动物）在体内产生热量时，我没有说明它们是如何产生热量的。一些热量来自内脏和肌肉的活动。但在最基本的层面上，动物通过细胞内的微小结构产生内部热量。这些被称为线粒体的微观结构结合营养物质和氧气来释放热量。毫无疑问，它们是“生命的引擎”，就像汽车需要一个引擎来混合燃料（汽油）和氧气才能移动一样，动物需要线粒体来混合燃料（营养）和氧气才能生存。

但是线粒体非常，非常，非常小，只有0.000 08到0.000 3英寸（0.002到0.008毫米）长。如果把它们端对端地排成一行，你需要成千上万的线粒体才能排成一英寸的长度。所以你不能把牛排或土豆塞进线粒体，让它用作燃料！咬下一块食物，用牙齿、砂囊（如果你碰巧有砂囊）弄碎，用胃里的消化酸分解，并通过肠壁将这些溶解的碎片吸收入血液的这一消化过程，就是为了将食物分解成足够小的碎片提供给线粒体作为燃料。我们之所以呼吸是为了让氧气被吸收到血液中，然后输送到线粒体来燃烧这些燃料。

所有动物都有线粒体，不仅仅是温血动物。（植物、真菌和许多类型的单细胞动物也有线粒体。）然而，温血动物细胞中的线粒体比冷血动物多得多。

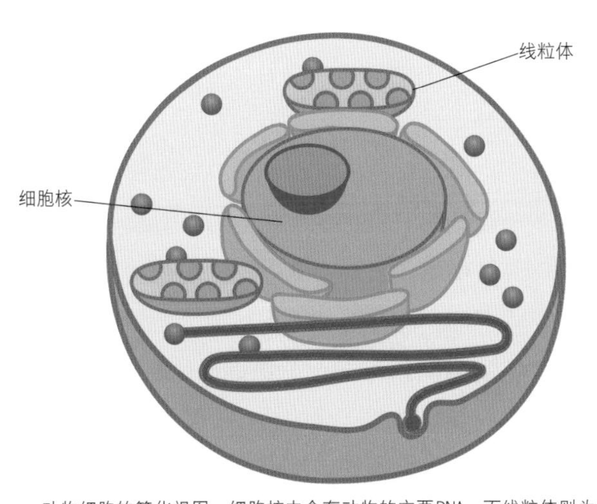

动物细胞的简化视图。细胞核中含有动物的主要DNA，而线粒体则为细胞提供能量来促使它们完成工作。

正是这些额外的线粒体利用食物和氧气在哺乳动物和鸟类体内产生能量。

在这一点上，你可能会想，哇，那我们应该很容易判断恐龙是不是温血动物！你所要做的就是计算它们细胞中的线粒体。不幸的是，单个细胞几乎不可能在石化过程中存活下来。绝大多数恐龙细胞在数千万年前就已经腐烂了。而被发现的少量保存下来的组织似乎也已经分解。所以我们无法确定这些细胞的内部最初是什么样的。

你可能还会想，但鸟类是恐龙的一种，如果它们是温血动物，恐龙不应该也是温血动物吗？嗯。虽然鸟类确实是活着的恐龙，但它们也是特化度高的进步恐龙。使用这个论点有风险。这有点像说因为鸟会飞，所以所有的恐龙，甚至剑龙和腕龙都会飞一样！因此，我们不能确定温血特征是鸟类从非鸟类祖先那里遗传下来的，还是鸟类这一支从其他食肉恐龙中分化出来之后才演化而来的。

我们需要做的是看看我们能在化石记录中找到什么线索，来帮助我们回答有关恐龙生理学的问题。

晚饭吃什么？吃多少？

如果一只恐龙是温血动物，它就肯定有某种方法在一定时期内获得比同样大小的冷血动物更多的食物。毕竟，必须给那些小小的线粒体引擎加油。事实证明，有各种各样的适应特性，表明恐龙有这样的手段。

在这些适应特性中，最早的，当然也是已知最长的，可能是恐龙长长的直立的四肢。与现代鳄类、蜥蜴、龟和两栖动物不同，而与现代哺乳动物和鸟类相同的是，恐龙的四肢位于身体正下方。这意味着它们很善于行走，并且可以到达许多区域。这种适应特性早在1842年就被欧文注意到了，他认为恐龙在生理上可能更像哺乳动物而不是蜥蜴。

即使是最大的蜥脚类和最笨重的甲龙类也相当善于行走。许多恐龙，从小型的美颌龙科恐龙到大型的鸭嘴龙类，似乎都能移动得相当快。所以一般来说，所有恐龙寻找食物的范围都能覆盖广阔的地区。

但更重要的是，至少有些种类的恐龙有特化的进食适应性。其中最令人惊叹的是鸟脚类中的鸭嘴龙科恐龙、角龙类中的角龙科恐龙和蜥脚类中的雷巴齐斯龙科恐龙。这些恐龙可以很快地将植物磨碎、切片或啃成极小的块，以便更快地消化。

在20世纪60年代末和70年代初，古生物学家罗伯特·T. 巴克尔研究了另一种解决恐龙觅食问题的方法，特别是兽脚类恐龙。他观察到，在现代世界，一定数量的食物可以养活更多的冷血动物，而不是温血动物。因此，如果你将食肉动物的数量与生态系统中可获得的食物（肉类）数量进行比较，你就能知道食肉动物是温血动物还是冷血动物。同样数量的肉可以养活更多的冷血食肉动物，而不是温血食肉动物。

巴克尔对公认是温血动物的新生代哺乳动物的化石族群进行了研究。他发现族群中只有一小部分（约5%）是肉食者。同样，他还研究了早二叠世时期陆地脊椎动物的族群，当时有背帆的似哺乳爬行动物是最主要的掠食者。在这些群落中，总数的三分之一到二分之一是掠食者。它们一定都是冷血动物，因为这个数字若换成温血掠食者，那食物将很快耗尽！

巴克尔发现，晚二叠世时期更加进步的似哺乳爬行动物和早三叠世鳄类近亲的数量介于这两者之间，表明它们比现代蜥蜴等更温血，但程度不如哺乳动物。然而，他对恐龙群落研究发现的数字，与他在哺乳动物群落中发现的数字相同。换句话说，这些数字表明恐龙或者至少兽脚类是完全温血的。

不过，并不是所有人都同意巴克尔的分析。有人说，很难判断不同化石物种被发现的比例是否准确地反映出它们在现实生活中的比例。然而，有趣的是，基于巴克尔在恐龙身上使用的相同的技术，他找出的哺乳动物化石群落的数字对温血动物来说是合理的。如果这项技术适用于哺乳动物化石，那么对恐龙也可能同样适用。

巴克尔的研究有助于理解肉食动物的生理机能，但它们没有直接解决植食动物的问题。一些研究人员认为，对于任何一个地区来说，植食性恐龙若是温血的话，数量未免也太多了。也就是说，研究人员认为，根据一个特定地区的植物能产生多少营养物质，以及这些植物能养活多少吨温血植食性动物来看，在特定的时间、特定地点中，温血植食恐龙的数量未免也太多了。他们认为，也许只有部分吃植物的恐龙是温血的。

不过，最近的一项研究对这些分析中的一个假设提出了质疑。根据对浮游生物化石和岩层中其他证据的研究，中生代大气中氧气和二氧化碳的含量似乎与今天不同。北卡罗莱纳州立大学的研究生萨拉·德克赫德（Sara Decherd）和她的同事想知道，大气成分的差异是否意味着植物在一段时间内产生的营养物质量与今天不同。他们将银杏树（一种生活在中生代且存活至今的植物）种植在史前类型的大气中，发现这些植物产生的营养物质是正常的2到3倍！因此，比起现代植物每英亩所能提供的食物，恐龙时代的植物每英亩所能提供的食物能够养活更多数量的恐龙。这真是一个令人兴奋的研究，我和其他人都非常期待看到进一步的研究！

美国古生物学家罗伯特·T. 巴克尔

木他龙的大鼻囊可能有助于呼吸时保持湿润，以及发出很大的鸣响！

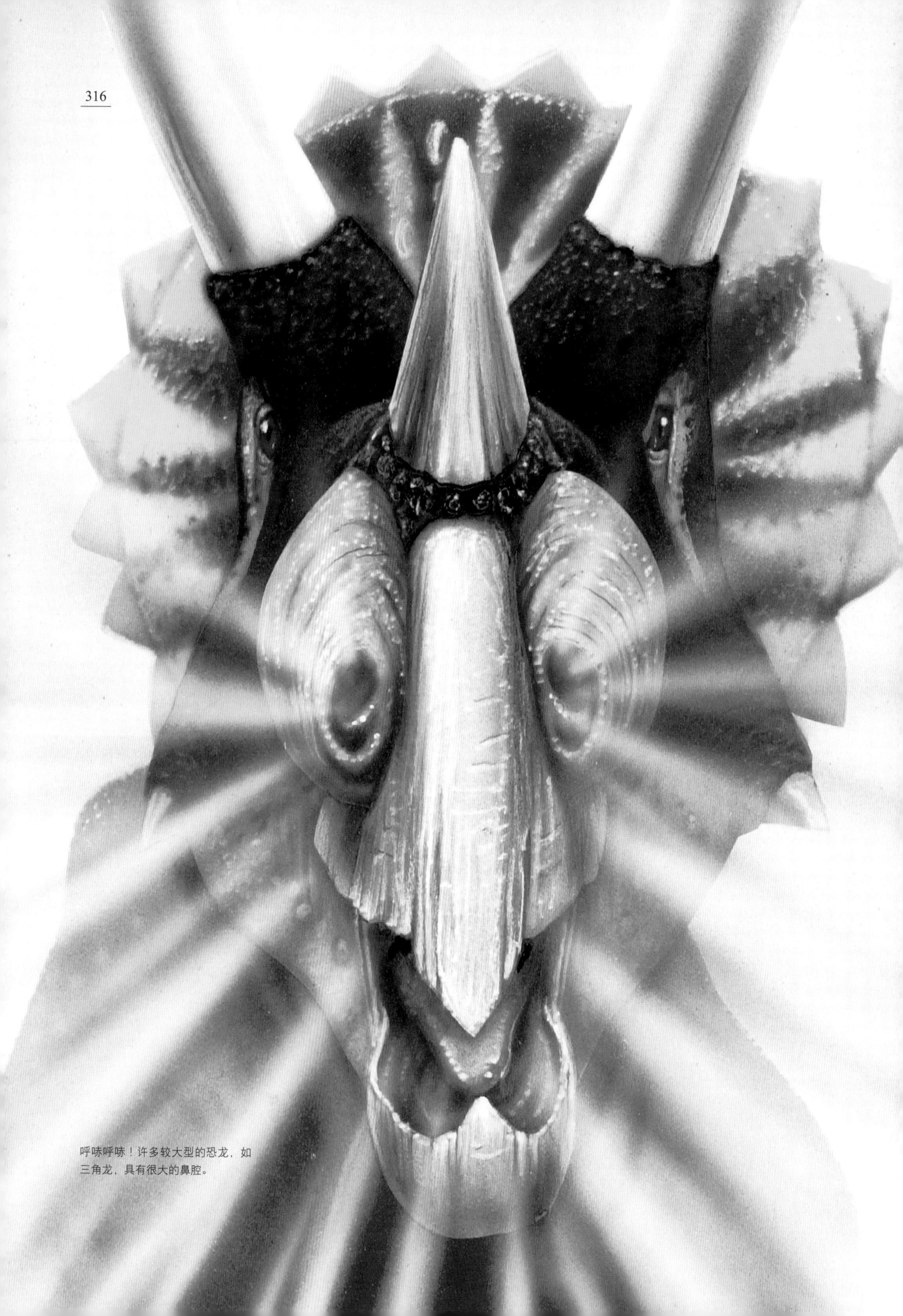

呼哧呼哧！许多较大型的恐龙，如三角龙，具有很大的鼻腔。

深呼吸

说到大气，可别忘了，生理学可不只包括进食。线粒体需要氧气与营养物质结合以产生能量，因此额外的营养物质本身不能给动物更高的代谢率。有没有证据表明恐龙很善于呼吸？

事实上，有很好的证据表明，恐龙和它们的一些近亲能够迅速地将氧气吸入肺部，并将废气排出体外。生物学家科琳·法默（Collen Farmer）、理查德·卡利（Richard Carrier）、伊丽莎白·布雷纳德（Elizabeth Brainerd）和古生物学家利昂·克莱森（Leon Claessens）一直在研究现代的和灭绝的脊椎动物（包括恐龙）呼吸的各个方面。他们有一个发现，主龙类，这个包括现代鸟类和鳄类以及它们灭绝的近亲（包括除鸟类以外的各种恐龙）在内的种群的祖先，具有一种特殊的呼吸方式。史前主龙类的腹肋，是愈合在一起的，所以当腹部肌肉收紧时，就会使腹部和胸部向外隆起。这使得肺部膨胀得更快，容纳空气也更多，而不单单扩张胸腔。放松这些肌肉使得空气得以排出。

因此，早期的主龙类（巴克尔有证据表明其有某种程度的温血代谢）有一种特殊的方式使得呼吸速度更快。而恐龙更为进步，腰带有超长的耻骨和坐骨，这有助于它们通过肺部输送更多的空气。

此外，早期的主龙类似乎具有特殊气囊系统的雏形，鸟类利用这个系统更有效地呼吸。这个系统是一串连接喉咙和肺部的气囊，帮助保持空气快速流动。气囊也可能用来减少水分流失和排出多余的热量。在原始主龙类身上，这些气囊存在于头部和部分脊椎中，这在鸟臀目恐龙身上也有所发现。蜥臀目恐龙的系统特化度更高，部分气囊张大可以填满更多的脊椎。所以恐龙似乎能够快速地吸入和呼出大量的空气。

气囊也可能在恐龙呼气时起到了一定的锁水作用。这将有助于防止恐龙因为快速呼吸而脱水。此外，许多不同类群的大型恐龙——鸟臀目、蜥脚型类和兽脚类——还有另一种再利用水分的方法。它们的鼻部特别大。一些古生物学家认为，这些巨大的鼻区充满了有助于锁水的组织。

有一个问题科学家们刚刚开始探索，中生代大气中不同水平的氧气和二氧化碳可能会对恐龙类（和翼龙类）的生理机能产生什么样的影响。更高的含氧量可能使这些爬行动物比在我们相同的大气中更为活跃。在我写这本书的时候，研究人员正在对现代的主龙类，即鸟类和鳄类进行研究，以观察不同的大气对它们生理机能的影响。

恐龙的脉搏

额外的营养和氧气只能为线粒体提供燃料，前提是它们能分别从肠和肺进入身体的所有细胞。这种运输是心脏、动脉和静脉等循环系统的任务。我们能否确定恐龙的心脏可以胜任这项任务？

古生物学家约翰·奥斯特罗姆曾经表明，恐龙必须具有有力的心脏，因为它们太高了。为了让血液进入恐龙的大脑，心脏必须逆着重力泵血。即使是相对较小型的恐龙，如棱齿龙和伶盗龙，大脑也比现代鳄类和海龟的大脑离得更远，因此它们的心脏不得不更加有力地跳动，以防止昏厥。真正高大的恐龙，尤其是蜥脚类恐龙，需要非常强壮的心脏。

为了把血液泵到这样的高度，恐龙必须有四腔心脏。龟、蜥蜴和蛇的心脏只有三个腔。进入肺部的血液和进入身体其他部位的血液不会被任何瓣膜分开。如果这些三腔心脏动物中的任何一个长得太高，血压就会过高，造成死亡。相比之下，有四腔心脏的动物，比如哺乳动物、鳄类和鸟类都具有瓣膜，它将进入肺部的血液和输送到身体其他部位的血液分开。四腔心脏意味着这些动物能够比三腔心脏的动物长得更高。

因为鳄类和鸟类，即现存的主龙类都有四腔心脏，我们可以推断已经灭绝的恐龙也有。事实上，若持相反的观点，那么我们没有任何证据来证明发生了演化变化。最近在一件鸟脚类恐龙奇异龙的标本中发现了可能的四腔心脏化石。然而，许多科学家认为，这不是一个石化的心脏，而只是一块岩石。即便如此，古生物学家也认为恐龙的心脏差不多可以肯定是四腔的。

生长中的骨骼

我们通常认为骨骼只是把身体固定在一起的支架。事实上，骨骼本身就是活组织。它们会随着动物的成长而变化，而不只是尺寸发生了变化。骨骼的微观细节也发生了变化。其中一些可能反映了动物的生理机能。对古生物学家来说最重要的是，这些变化可以保存在化石中。

骨骼是身体储存矿物质，特别是钙和磷的地方。当身体需要这些营养时，它会输送特殊的细胞将少量骨骼溶解到血液中。稍晚些时候，其他的细胞进入这些空隙，并“贴”上新的骨质来填充这些洞。如果不这样做，骨骼会变得很脆。这种溶解和修补骨骼的模式被称为再生或再造。一般来说，代谢率较低的动物和大多数冷血动物一样，骨骼中只有少量的再生。那些代谢率较高的动物，如温血动物，则有更多再生。

低代谢和高代谢动物的骨骼内部还有另一个区别。在显微镜下，生长速度非常快的骨骼（意味着高代谢率），与生长缓慢的骨骼看起来不同。换句话说，骨骼的纹理是不同的，这取决于它是快速生长还是缓慢生长。典型的现代温血动物的骨骼经过大量的再生，骨骼纹理生长迅速。典型的现代冷血动物只有很少的再生，大多具有的是生长缓慢的骨骼纹理。

许多古生物学家，特别是阿尔芒·德·里奎尔

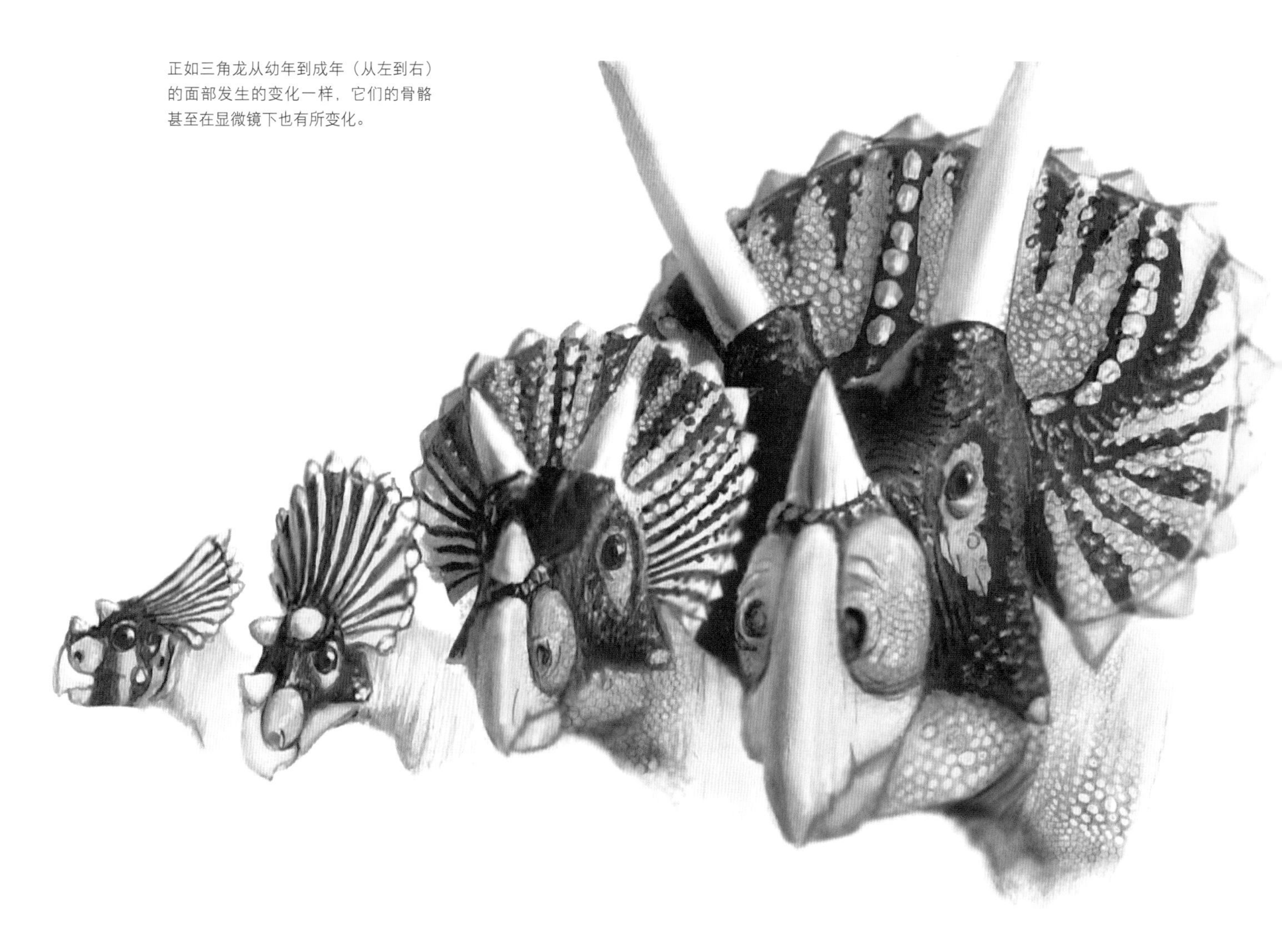

正如三角龙从幼年到成年（从左到右）的面部发生的变化一样，它们的骨骼甚至在显微镜下也有所变化。

斯（Armand de Ricqlès）、凯文·帕迪安、约翰·R.杰克·霍纳、阿努苏亚·钦萨米-图兰（Anusuya Chinsamy-Turan）、克里斯蒂娜·加里·罗杰斯和里德（R. E. H. Reid），都研究过恐龙骨骼的微观特征，以对恐龙生理学作出推断。自20世纪初以来，科学家们就注意到恐龙的骨骼有很多再生过的地方。此外，人们还观察到恐龙的骨骼几乎只有快速生长的骨骼纹理。所以至少有些古生物学家认为这是恐龙是温血动物的证据。然而其他人则持相反意见，他们声称冷血海龟和鳄类偶尔也会有快速生长的纹理。所以尽管骨骼的证据很有力，但依然无法就此定论。

许多恐龙骨骼还具有生长环。它们似乎是以每年一个环的速度形成的，就像树木的年轮一样。有时骨骼长得太快，以至于环没来得及形成，而其他时候环虽然形成了，但之后该骨骼因被身体用作（或参与）其他用途而历经了变化，生长环也随之变化。生长环通常只在恐龙生长时形成。

我们今天通常在冷血动物，而不是温血动物身上看到这些生长环，它们曾被当作证明恐龙是冷血动物的证据。但现在我们知道，在一些温血哺乳动物和鸟类身上也发现了这样的生长环。我们通常不会在鸟类身上看到它们，因为它们在一岁之前就已经完全发育成熟了，但一些新生代的巨型鸟类却出现了典型的恐龙型生长环。

大脑

320

恐龙的大脑能告诉我们什么生理特性？虽然大脑本身并没有保存下来（它们早就腐烂了），脑壳内部的空间却向我们展示了该器官的大小和形状。

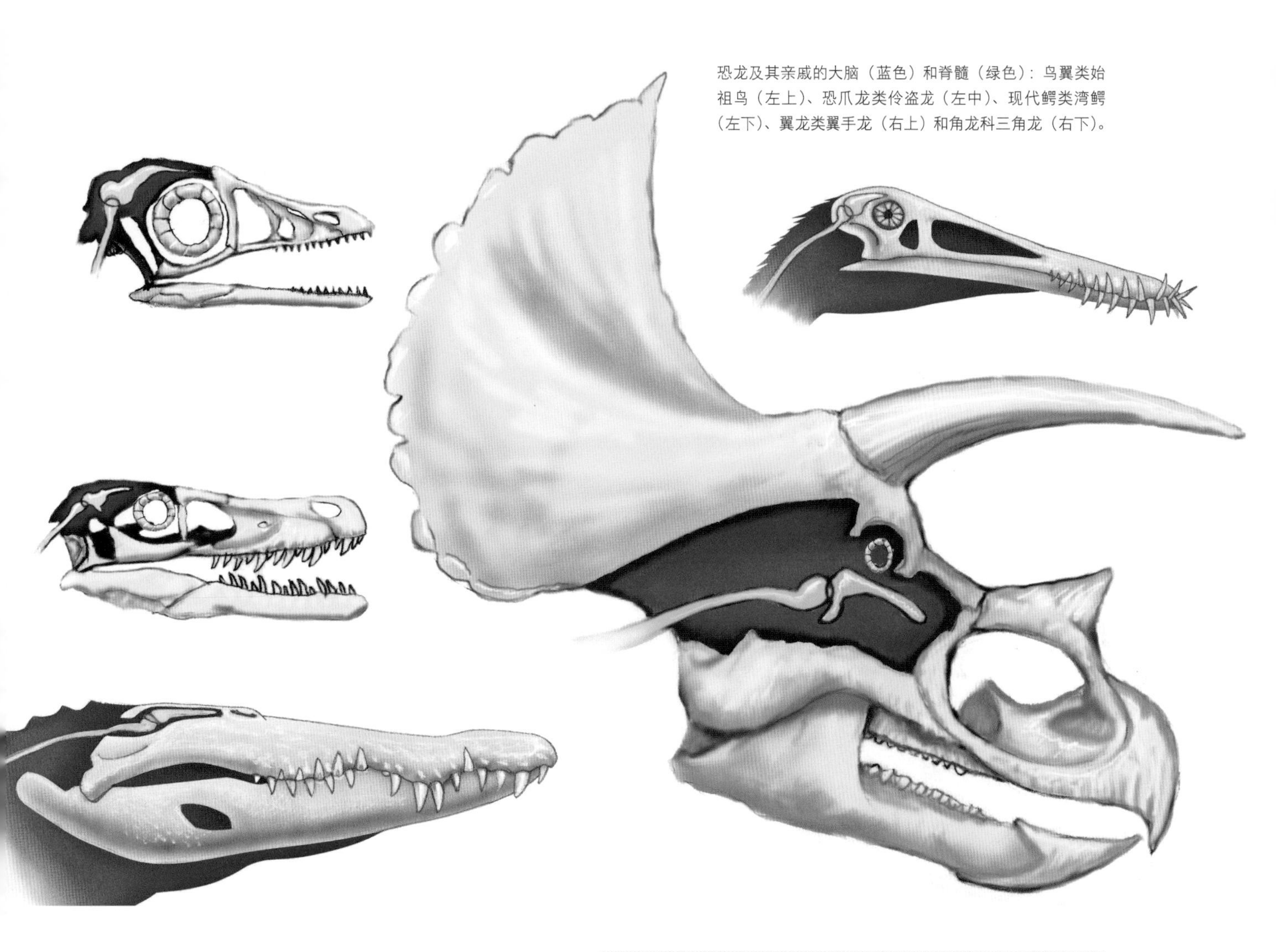

恐龙及其亲戚的大脑（蓝色）和脊髓（绿色）：鸟翼类始祖鸟（左上）、恐爪龙类伶盗龙（左中）、现代鳄类湾鳄（左下）、翼龙类翼手龙（右上）和角龙科三角龙（右下）。

恐龙以大脑很小而闻名。人们经常指出，剑龙类和蜥脚类的大脑就它们的体型来说实在是太小了。这当然是真的。如果你将一条鳄鱼放大到剑龙或迷惑龙那么大，它的大脑可能是这些恐龙的两倍。

但并不是所有的恐龙的脑容量都很小。鸟脚类，尤其是兽脚类，有较大的脑容量。在兽脚类中，毛茸茸的虚骨龙类脑容量最大，而虚骨龙类中的手盗龙类比虚骨龙类中的非手盗龙类恐龙的大脑要大。手盗龙类的一个类群，鸟类，是所有恐龙中大脑最大的。

中生代恐龙的大脑没有现代鸟类和哺乳动物的那么大。虽然大脑的大小和智力并没有确切的联系，但是大脑的相对大小是一个很好的综合指标，可以反映一个生物有多聪明。所以大多数恐龙可能没有现代哺乳动物聪明。它们当然也不会像有些电影里说的那样，比海豚和灵长类动物聪明！（这真荒谬，因为人类就是灵长类动物。）不过，这并不是说它们愚蠢。在中生代，大多数恐龙似乎拥有和其他陆地动物一样多甚至更多的智力，而手盗龙类可能和它们那个时代的哺乳动物一样聪明。

不过，化石的大脑空间告诉我们的不仅仅是智力水平。大脑的不同部分控制着不同的功能。因此，研究大脑中的空间有助于古生物学家理解恐龙的感官。例如，大脑嗅觉部分的相对大小表明，暴龙有很好的嗅觉，但伤齿龙没有。像始祖鸟这样的小型手盗龙类有很好的平衡感，这在爬树和飞行的动物身上来说是合理的。两足恐龙仍然有相当好的平衡能力，但四足恐龙没有特化度那么高的平衡控制能力（可能是因为它们身子已经挺稳的了）。

对恐龙大脑的探究直到现在才逐渐形成规模。这是因为研究它们的工具已经改变了。在过去，你必须锯开恐龙的头骨才能观察脑壳内的特征。正如你所想的，没有多少博物馆会让科学家们锯开稀有的恐龙头骨！但现在CT扫描仪可以在不损伤头骨的情况下探测脑壳内部。从古老恐龙的脑袋里寻找新的发现是很有趣的。

那么答案是什么呢？

恐龙是温血的还是冷血的？这是个好问题。这也是一个没有得到大家都满意的答案的问题。今天几乎没有人会说恐龙的生理特性就像现代蜥蜴或海龟一样。有太多的证据表明，情况并非如此，比如本章讨论的特征，以及观察到恐龙的生长速度远远快于世界上的冷血动物（第36章）。

一些古生物学家认为恐龙是完全温血的，就像现代哺乳动物和鸟类一样。然而，另一些人则猜测，从生理学角度来看，它们是否可能介于鳄类和鸟类之间。

我承认，我强烈赞成温血假说，但认为仍有理由保持谨慎。例如，我们才刚刚开始认识到不断变化的大气在恐龙生物学中可能扮演的角色。关于恐龙的祖先和其他灭绝的近亲，还有很多研究要做。但总的来说，我想说的是，运动、进食、呼吸、循环和生长的证据表明，恐龙更像它们现代的代表——鸟类，而不像它们的远亲——鳄鱼和蜥蜴。这尚未有定论，因此是恐龙科学里一块激动人心的领域。

从里到外：恐龙骨头能告诉我们什么

南非，开普敦大学
阿努苏亚·钦萨米–图兰博士

照片由阿努苏亚·钦萨米–图兰提供

恐龙主要是从保存下来的骨骼的坚硬部分——通常是骨头和牙齿，被人们所认识的。通过研究这些遗骸的解剖特征和结构，古生物学家对恐龙形态的多样性有了合理的认识。恐龙的生理特性仍有许多争议，人们提出了许多条证据。其中，人们充分认识到，保存下来的骨骼的微观结构（也被称为组织学）为恐龙是如何生长的提供了直接的观察。骨骼也提供了影响恐龙生长因素的线索。

尽管恐龙骨骼经历了数千万年的石化过程，但骨骼的微观结构通常保存完好。古生物学家可以在显微镜下检查恐龙骨骼的薄片。尽管有机质已经不复存在，但有关恐龙生长的重要线索仍然可以在骨骼中找到。这是因为一种叫作羟基磷灰石的由钙化合物组成的骨骼的无机矿物结构，仍然可以保存在化石中。骨矿物质结晶（或磷灰石）的方向以及血液曾经流过的骨骼的各种通道，都能告诉我们一些恐龙生长的情况。

磷灰石的组织结构告诉我们胶原纤维的排列（在石化过程中被分解）和骨质形成的速度。例如，如果骨骼纹理由编织纹组成，而胶原纤维的方向是杂乱无章的，这表明骨骼形成的速度相对较快。这与骨骼形成较慢时的纹理形成了对比。当生长缓慢时，胶原纤维的形态更趋向平行。

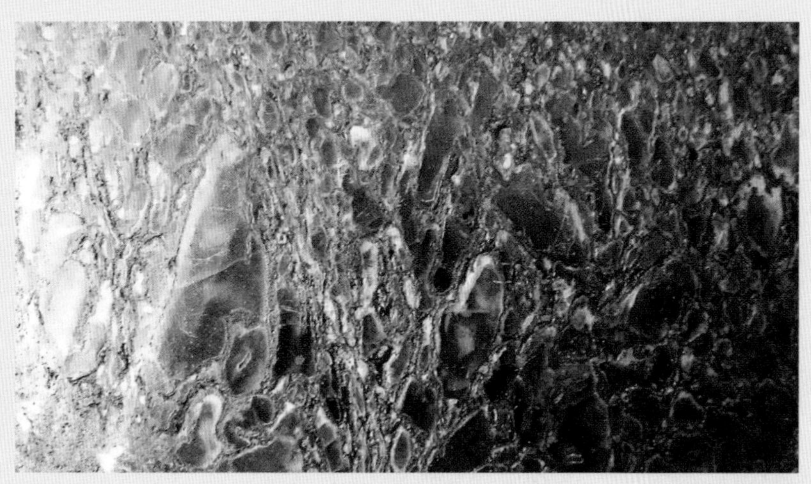
显微镜下观察到的恐龙骨头，显示了动物生长的细节。

恐龙骨骼血管的形成或生长情况，可以通过研究保存在骨骼化石中的血管通道结构推断。当骨骼快速形成时，就会产生编织的纹理，血管周围会留下空隙。之后，一种独特的，被称为骨单位的骨环会在每一根血管周围形成。这种类型的骨骼叫作纤维板层骨。当骨骼生长缓慢时，血管会在骨骼形成时融入周围的骨骼。

值得注意的是，恐龙骨骼主要由纤维板层骨组成，代表着它们生长迅速。然而，对一种恐龙来说是正确的事情，对其他恐龙来说可能不一定正确。虽然大多数恐龙都有纤维板层骨，但其中许多显示了生长的中断。这种中断可以被检测出来，表现为生长停滞线和（或）板层骨组织层。这些线通常被称为生长环。像这样的季节性或偶发性的生长，在现代爬行动物，如鳄鱼、海龟和蜥蜴中很常见。在对同一种恐龙不同体型的个体研究中发现，随着恐龙年龄的增长，生长环的数量也在增加。利用一种称为骨骼年代学的技术（这种技术包括计算骨骼中存在的生长环的数量），可以确定个体的年龄及其生长模式。

尽管我们永远无法研究活恐龙，但对骨骼微观结构的研究为我们提供了恐龙生长方式的直接证据。

恐龙：温血还是冷血？

宾夕法尼亚大学
彼得·多德森博士（Dr. Peter Dodson）

帕提·卡尼–万尼（Patti Kane Vanni）摄

我们对恐龙的直接认识来自它们留下的骨骼，但我们迫切想要理解这些古老神奇的生物活着时的样子。这就引出了两个相互独立但又相互关联，也是很多争论源头的问题：恐龙是温血的还是冷血的？这有什么区别？

第一个问题的简易答案是所有恐龙都有温暖的身体。我们怎么知道？因为所有的恐龙至少和它们生活的世界一样温暖，中生代的世界比我们今天所知道的世界要温暖得多。恐龙时代是没有冰雪的。但我们想知道的不止这些。

恐龙的新陈代谢速度像今天的温血鸟类和哺乳动物一样快，还是像今天的冷血爬行动物一样慢？我们回答这个问题的一种方法是用计算机建立恐龙的工程模型。在计算机的帮助下，我们对不同大小的虚拟恐龙的各种代谢率进行了测试。通过改变计算机中诸如血流模式、风速和日照强度等虚拟条件，我们可以计算出恐龙的体温，并确定哪些代谢率使恐龙处于温度舒适区，哪些使恐龙处于温度危险区。

我们的结果表明，体型非常重要。对于5.5磅（2.5公斤）的美颌龙或170磅（77.1公斤）的恐爪龙这样的小型恐龙来说，体温几乎不受新陈代谢速度是慢还是快的影响。但是对于非常大型的恐龙，比如33吨重的迷惑龙，体温对新陈代谢率非常敏感。高新陈代谢率使这种生物面临严重的过热危险。没有荫凉和水，类似哺乳动物的大型蜥脚类恐龙的代谢就无法快速排出体内热量来避免死亡。即使是一只体重3吨、新陈代谢强的鸭嘴龙类，在选择环境时也需要谨慎。荫凉和水总是有益的。

恐龙的生长速度是新陈代谢率的指标。科学家通过研究骨骼内部的微观结构来了解恐龙的生长速度。对骨骼结构的研究表明，鸭嘴龙类和蜥脚类也许在短短几年内就能长到成年体型，这对于这样的大型动物来说可是十分了不起的。当它们长到成年体型后，速度就趋于稳定，以较慢的速度生长。快速生长可能表明动物在生长时的高代谢率，但对于大型物种的成年形态来说代表着低代谢率。

恐龙迁徙的证据也表明它们是活跃的温血动物。阿拉斯加州发现了一些来自艾伯塔省和蒙大拿州的恐龙（埃德蒙顿龙、厚鼻龙）。这表明它们春季向北迁移，秋季再向南迁移，以避免冬季的黑暗和寒冷。迁徙能力与体型有关：体型较大的动物可以走更远的距离。迁移需要耗费大量能量。对于新陈代谢率较低的恐龙来说，迁移会更容易，因为它们可以利用现有的脂肪储存来获取能量，维持很长一段时间。代谢率高的恐龙没有足够的能量跑完全程。

我们想象中的恐龙是温血的，快乐的漫步者，有着迷你小型汽车的发动机，而不是耗油的SUV发动机！[①]

① 参见J. R. Spotila, M. P. O'Connor, P. Dodson, and F. V. Pal adino. 1991. "Hot and Cold Running Dinosaurs：Body Size, Metabolism, and Migration." *Modern Geology* 16：203–227。

323

恐龙古病理学

加利福尼亚，波莫纳健康科学西部大学太平洋骨科医学院和兽医学院

伊丽莎白·莱加博士（Dr. Elizabeth Rega）

莱斯·罗普提斯基（Jess Lopatynski）摄

化石骨骼能显示恐龙疾病或损伤的痕迹吗？是的，如果你知道该寻找些什么的话。

在古生物学家发掘出的许多恐龙骨骼中，只有少数显示出异常。骨骼可能形状不对，它的骨轴可能看起来要么“肿胀”，要么被腐蚀过。有时相邻的骨骼会融合在一起。额外的骨桥可能存在于骨骼之间，或是肌肉或韧带曾经可能附着的部位。可能会有看起来像穿孔的洞，甚至是不应该存在关节的假关节。

这些都是在恐龙化石中发现的疾病或损伤的证据。对古代疾病的研究被称为古病理学。影响恐龙的疾病和伤害有很多种。其中，骨折等外伤最为常见。骨骼感染也很常见，还有曾经将骨骼和肌肉连接在一起的软组织，如韧带和肌腱的骨化。癌症在恐龙身上似乎很罕见。奇怪的是，关节表面的磨损（我们称之为退行性关节病或骨关节炎）似乎完全不存在。关节炎在老年人和一些动物，如狗身上很常见，但即使是老年恐龙似乎也没有这种疾病的迹象。

对恐龙疾病的研究受到化石记录的限制。我们能在恐龙身上看到的唯一的疾病是那些影响骨骼的。它们可能存在许多其他不影响骨骼的疾病。我们从自己身上得知，最严重、威胁生命的疾病根本不会影响骨骼。它们发展得太快，以至于骨骼无法做出反应，或者它们只影响到软组织，如内脏、皮肤或大脑。因此，恐龙所患的绝大多数疾病对我们来说可能是看不见的，因为它们的软组织没有得到保存。因此，通常不可能说出死因。

尽管可以在恐龙的骨骼上看到疾病的迹象，但我们确实对恐龙的健康状况知之甚少。骨骼被影响，通常是对疾病或损伤的恢复作出的反应。如果一只体弱多病的恐龙很快死于感染，它的骨骼在我们看来就是完全正常的。无法显示恐龙是不健康的。相比之下，具有强大免疫系统的恐龙会存活足够长的时间来对感染做出反应。它的化石可以显示骨骼的病理变化。因此，即使这件标本在我们看来“有病”，它也可能比体弱早死的恐龙更健康。

另一个挑战是确定恐龙感染的疾病种类。我们可以假设恐龙骨骼对疾病的反应和现代动物的骨骼一样，但我们不知道这是否是真的。我们还将恐龙疾病与我们所知道的现代动物疾病进行比较。但它们实际上可能不是同一种疾病，因为恐龙时代的致病生物可能已经演化或灭绝。随着时间的推移，恐龙的疾病可能以我们看不到的方式发生了变化。

即使我们的知识有限，恐龙的疾病仍然是关于古代生物生活方式的一个有趣的推测来源。一只著名的兽脚类恐龙君王暴龙“苏”，遭受了许多痛苦，这体现在了它的骨骼上。它的小腿骨（腓骨）感染后愈合，肋骨两侧多处骨折，手臂和肩胛骨受伤，脊椎多处融合，下颌两侧后部有多个孔洞。科学家仍在争论后者是咬痕还是感染的后果。

39

三叠纪的生命

325 三叠纪（2.51亿至1.996亿年前）是中生代（2.51亿至6 500万年前）的第一个阶段。恐龙就是在那时首次出现的。但在三叠纪发生的事情远不止这些。我们今天所熟悉的许多动物类群，青蛙、哺乳动物、龟、鳄，都首次出现于这一时期。三叠纪还见证了一些在中生代极为重要但早已消失的翼龙类、海洋爬行动物等类群的起源。在三叠纪末期，大西洋诞生了。

最大规模的灭绝

三叠纪始于也止于大规模的灭绝：许多远缘动植物物种消失。事实上，几乎所有两个纪元的分界都是以大灭绝为基础的。但在三叠纪初期，将古生代（5.42亿至2.51亿年前）与中生代分开的那次大灭绝是所有灭绝中规模最大的一次。

大多数人都知道白垩纪末期（1.455亿至6 550万年前）的那场大灭绝，它导致了恐龙时代的终结。在那场事件里，大约65%的物种死亡了。那是一次非常严重的灭绝，但与古生代二叠纪（2.99亿至2.51亿年前）和中生代三叠纪之间的那场灭绝相比，规模仍然算是小的。在这场二叠纪至三叠纪之间的大灭绝中，大约90%到95%的物种消失了！因为一个物种若想得以存活，只需其数百万的个体中有少数个体能存活下来即可，这也就意味着地球上95%以上的个体生物在那时死亡了。事实上，这可能是地球生命最接近完全毁灭的时候！

是什么导致了这场灾难？正是在那时，一系列巨大的火山爆发发生于如今的西伯利亚地区。这些喷发形成了一个巨大的熔岩场，也叫作西伯利亚地盾（Siberian Traps）。（英文中“Traps”直译为“陷阱”，并不意味有什么东西困在里面！这是一个地质学术语，是对一种保存下来的特殊类型的熔岩场的称呼，来自荷兰语，意思是“台阶”。）西伯利亚地盾是生命史上最大规模火山爆发的证据。在相当短的地质时间内，有40万到100万立方英里（160万到400万立方公里）的熔岩流到西伯利亚的地表。如果你把这么多的熔岩铺开在现代的北美洲，它将形成一个243到614英尺（74到187米）深的熔岩层！

326 但是除了二叠纪西伯利亚可怜的动植物外，熔岩并没有直接引起死亡。相反，火山喷出的气体和熔岩一起改变了世界各地的大气层。因为其中一些气体起到的作用就像温室中的玻璃一样，它们将阳光产生的热量困在了地球表面，而不是辐射到太空。火山释放的其他气体和海底的震动导致陆地和海洋中的氧气浓度急剧下降。世界上许多动物都窒息了。也就是说，它们没有氧气来呼吸。（我们有时会忘记水中的动物也需要氧气。但是贝类和鱼类等确实“呼吸”溶解在水中的氧气。这就是为什么“泡泡器”，或一些水下氧气源，对水族馆是如此重要：没有它，鱼会死！）除此之外，火山爆发产生的灰尘覆盖了整个世界，阻断了植物和藻类生存所需的阳光。

在这种恶劣的环境中，唯一能存活下来的是那些不需要太多氧气的生物，或者是那些能够更好地在少量氧气中呼吸的生物。在水中，许多类型的贝类完全灭绝，包括现代甲壳类动物的近亲三叶虫和

上页图片：晚三叠世兽脚类虚骨龙吃下了一只似哺乳爬行动物，同时也在极力躲避一只副鳄类，以防被吃掉。早期的翼龙类盘旋在上空。

在古生代海洋中最常见的蛛形纲动物。在陆地上，所有体型大过小型犬类的物种似乎都灭绝了。似哺乳爬行动物是古生代最重要的陆地脊椎动物，它们大部分都消失了。然而，确实有一些似哺乳爬行动物成功地存活下来了。那些活着的动物表现出的适应特性，表明它们可以比它们的亲戚呼吸得更快，进气量也更大。其他幸存者是两栖动物和真正的爬行动物。

爬行动物的复兴

在存活的爬行动物类群中，有一个类型是新演化出来的。它们就是主龙类。这个类群最终演化出了鳄类、翼龙类和包括鸟类在内的恐龙类。主龙类具有特殊的适应性，比如特化的腹肋和气囊等，使它们比大多数陆地脊椎动物呼吸更快、进气量更大。327虽然对于世界来说它们初来乍到，但随着三叠纪的发展，它们变得越来越普遍。

二叠纪—三叠纪大灭绝事件后的世界需要一段时间才能恢复。沉积岩记录显示当时大部分的陆地表面是贫瘠的，但最终幸存下来的植物又覆盖了土地。这些植物包括各种类型的蕨类植物和一些木本植物，如银杏树、苏铁和松树、柏树、红杉等针叶树及其亲缘植物。但是没有草，没有花，也没有果实。这些类型的植物尚未演化出。

三叠纪的初期在某种程度上对幸存者们来说是328一段美好时光。来自相同物种的众多不同后代可能找到了一种没有竞争对手的生活方式。所以在很短的时间内，至少从地质学的角度来看，幸存的类群产生了各种各样的后代，科学家称之为适应性辐射

古生代的“模范生”——多腿的三叶虫类，是二叠纪—三叠纪大灭绝的众多受害者之一。

二叠纪—三叠纪大灭绝是一个世界的终结，也是另一个世界的开始。

晚三叠世的海洋爬行动物：以贝类为食的盾齿龙（下）、颈部很长的长颈龙（*Tanystropheus*）（中）、一群小型贵州龙（*Keichousaurus*）（右上）和一对鱼龙类（背景）。

演化（adaptive radiation）。两栖动物、似哺乳爬行动物和爬行动物在这个时期都经历了适应性辐射演化。例如，在早三叠世，第一批青蛙出现了。但是两栖动物发展受限，它们必须回到池塘繁殖，所以它们从来没有成为陆地脊椎动物的优势类群。一开始，似哺乳爬行动物看似占了上风，就像在二叠纪一样，但爬行动物最终变得更加常见且多样。

这可能是由于世界的普遍特征。在三叠纪，所有的大陆连接在一起形成了一个单一的超级大陆，称为泛大陆。泛大陆大部分地区都很热，部分原因是全球的温室效应。内陆非常干燥，因为这块陆地的内陆离海很远。（一般来说，离海越远，陆地越干燥，因为积雨云不容易到达。想想现代的例子，美国西部或戈壁沙漠。）

爬行动物在炎热干燥的环境中往往比哺乳动物或两栖动物生存得更好，因为爬行动物皮肤外层的孔隙较少，而且具有特殊的储液肾脏。古生物学家推断，似哺乳爬行动物的皮肤和肾脏与它们幸存的后代——哺乳动物相似。所以爬行动物在炎热的三叠纪比它们这些邻居活得更好。

海洋与天空之龙

许多类型的三叠纪爬行动物看起来都有点像蜥蜴，特别是对于那些不知道蜥蜴所有特化特性的人来说。换句话说，许多三叠纪的爬行动物是四足动物，四肢大张，尾巴很长。但是自这样的祖先开始出现了许多不同的新形态。

这些爬行动物中的一些（大部分是主龙类的近亲），开始在海洋中定居。起初，它们住在海边，找鱼吃。它们的后代变得更善于游泳，就像现代加拉帕戈斯海洋鬣蜥比你所了解的典型的蜥蜴更擅长游泳。这些水栖爬行动物有点像现代水獭，虽然可能没那么有趣。（水獭差不多是我所知道的最爱戏水的生物。）一些爬行动物，比如长颈龙和恐头龙，演化出了非常长的颈部和针状的牙齿，它们可能是用来抓鱼的。其他的如肿肋龙类和幻龙类则长出了结实的锥形牙齿来捕捉更大的鱼类和快速游动的鱿鱼。其中一种类型，被称为楯齿龙（*Placodus*），它演化出了非常结实的可以抓取食物的前排牙齿，后排则是可碾碎食物的牙齿。楯齿龙食用贝类，它们从海底将软体动物拉起，用巨大的颌部敲碎贝壳，以获取里面美味的肉。

即使这些动物在水中觅食，它们也必须浮上水面才能呼吸。这些最早的三叠纪水生爬行动物的前肢和后肢上分别具有手指和脚趾（尽管有的可能是蹼状的手指和脚趾），所以可以沿着海岸行走。很长一段时间以来，古生物学家认为它们爬上海滩产蛋。长颈龙和恐头龙所属的类群可能确实如此。但是，有一个海洋爬行动物类群叫作调孔类，其中最早的成员，已经发展出一种新的繁殖方式。中国新发现的肿肋龙化石揭示了这一变化的最古老证据，这个变化已经在较进步的调孔类中被发现。变化是这样的：蛋不是产在陆地上，而是留在母体内孵化。在那里，它们可以一直发育，直到幼崽达到可以独立游泳和进食的年龄。只有到那时，它们才会将幼崽生下。

这种适应特性使得调孔类变得更适合在海中生存，因为它们不必再到岸上来了。在中三叠世期间，所有海洋爬行动物中最适合海洋的动物演化而出。它们就是鱼龙类。这个类群有长长的口鼻部和小小的锥形牙齿，肠道内容物表明它们猎食鱼类和鱿鱼。它们的眼睛是巨大的，即使在黑暗的海洋深处也能看得清楚。它们的手和脚已经演化成了鳍状肢，在陆地上毫无用处，但在游泳方面却大有作为。三叠纪鱼龙类的大小从约3英尺（0.9米）长的小体型到约50英尺（15.2米）长的巨大体型不等。大的跟抹香鲸一样大！大多数三叠纪鱼龙类都很长，有点像

晚三叠世的真双型齿翼龙（*Eudimorphodon*）是最为著名的翼龙类。

鳗鱼。它们用宽大扁平的尾巴推动着自己穿越海洋，鳍主要用来控制方向。相比之下，巨大的鱼龙类则有着非常长的鳍状肢，可能既用来游泳也用来控制方向。在三叠纪末期，全新且能够快速游动的鱼龙类已经演化出来了，但是由于这种类型的鱼龙类是在侏罗纪时期达到鼎盛的，我将在第40章对它们进行更多的讨论。不管鱼龙类是哪种类型，它们都把蛋留在体内，直到做好孵化的准备。

另一个出现在三叠纪末期的调孔类类群是蛇颈龙类。这些完全海栖的爬行动物在侏罗纪和白垩纪更为常见，所以你将在有关那些时期的章节中了解它们。

不过，爬行动物不仅仅聚居于三叠纪的海洋，还占领了三叠纪的树木。有若干不同的类型演化成了爬树的动物。一些爬行动物，比如巨爪蜥和镰龙（*Drepanosaurus*），可能只能爬上树去寻找昆虫吃。但是有些爬行动物则演化出了从树上滑翔而下的能力，就像今天的龙蜥一样。一些三叠纪会滑翔的动物，比如长鳞龙和空尾蜥科，使用从身体两侧伸出的长长的身体结构作为“翅膀”。其他的，比如沙洛维龙，后肢之间则有张开的皮肤可以用来滑翔。

大多数三叠纪滑翔动物就是这样。它们可以从一棵树滑翔到另一棵树，也可以从树干滑翔到地面，但它们无法在森林上空飞翔。不过，有一类三叠纪爬行动物确实演化出了真正的动力飞行。它们是翼龙类。像沙洛维龙（*Sharovipteryx*）一样，翼龙四肢之间有伸展开来的皮膜，形成了翅膀。它们的前肢非常长，无名指长长地伸出。也就是说，它们的无名指就是翼指！翅膀末端的皮肤里有硬化的纤维，所以不像蝙蝠的翅膀那么松软。两条后肢之间也有张开的皮膜，至少在早期形态中是这样的。但它们不仅仅可以滑翔。翼龙类有非常强壮的胸部和前肢肌肉，所以它们像现代蝙蝠和鸟类一样是动力驱动的飞行者。

翼龙类很可能是主龙类的一个类型（尽管一些研究者认为它们更接近于三叠纪外貌奇特、有着长长颈部的会游泳的动物，比如长颈龙类）。它们具有中空的骨骼，几乎可以肯定它们有着像鸟一样复杂的气囊系统。它们的身体上布满了绒毛，类似哺乳动物的毛发或虚骨龙类的原羽。绒毛可能起到了保暖的作用。事实上，许多古生物学家认为翼龙类可能是温血动物，或者至少比现代鳄类和蜥蜴更温血。

最近的一项发现表明翼龙类在沙子里产蛋。当它们的宝宝出生时，就已经拥有了发育良好的翅膀。所以看起来这些会飞的爬行动物在孵化后不久就能升空。一些古生物学家认为它们甚至不会得到父母的照顾，并提出它们的母亲产下蛋后就会离开。之后这些宝宝会孵出并飞走，自食其力。

三叠纪的翼龙类一般都很小，不比海鸥大。它们长着长长的尾巴，长长的口鼻部里是尖尖的牙齿，用来捕捉鱼、昆虫或其他小猎物。在侏罗纪和白垩纪，翼龙类会变得更加多样化。在晚侏罗世，最著名的翼龙种类翼手龙演化而出（见第40章）。

当恐龙漫游地球

爬行动物，尤其是主龙类，在三叠纪统治着陆地，也统治着海洋和天空。似哺乳爬行动物仍然存在，但总的来说，主龙类是陆地脊椎动物的优势类群。其中许多类型与鳄类的祖先关系密切。在中三叠世末期，或者可能是晚三叠世初期出现的一个主龙类的分支，是恐龙总目。

331

恐龙的起源我们在第11章讨论过。到了晚三叠世，鸟臀目、蜥脚型类和兽脚类都演化而出了。但即使恐龙出现了，它们还不是这块土地的主人。在晚三叠世，恐龙和其他动物共享着地球。虽然原蜥脚类确实是周围最大的植食性动物，事实上也是到那时为止出现的最大的陆地动物，但早期食肉恐龙，如埃雷拉龙和虚骨龙超科恐龙并不是顶级食肉动物。相反，它们不得不留心体型更大的亲戚：肉食性鳄类。像皮萨诺龙这样的早期鸟臀目恐龙不得不与身披装甲的坚蜥类和各种似哺乳爬行动物为争夺植物而竞争。

332

也有新的小动物出现。最早的龟类出现在晚三叠世。第一批哺乳动物也是如此。它们是老鼠一般

美国西南部晚三叠世的一个场景：两只埃雷拉龙科恐龙钦迪龙受到了副鳄类凿齿鳄的威胁，而劳氏鳄类波波龙（*Poposaurus*）则在一旁看热闹。

大小，甚至更小的生物，看起来像现代的鼩类。但它们比任何现代哺乳动物都原始。事实上，像最原始的哺乳动物一样，三叠纪的哺乳动物也产蛋。

虽然爬行动物的繁盛可能是因为地球上干燥的地方太多，但这并不是说整个地球都是沙漠。远没有！的确，一些寻找晚三叠世陆地脊椎动物化石的最佳地点曾经是沙漠。这包括发现了始盗龙、埃雷拉龙和皮萨诺龙的阿根廷的伊斯基瓜拉斯托组，以及其他较年代较近的阿根廷化石沉积地。它还包括美国西南部的钦利组。如腔骨龙这样的恐龙类，以及爬行动物、似哺乳爬行动物和两栖动物组成的多样化群体从钦利组被人们得知。但这些岩层中最著名的化石是石化森林中的树木。这些巨大的树干，曾经是巨大的针叶树，被保存下来成为五颜六色的矿物玛瑙。你仍然可以在亚利桑那州看到它们巨大的遗骸，这些化石表明现在干旱的佩恩蒂德彩绘沙漠曾经是一片水源充足的森林地区。

大西洋的诞生

在三叠纪时期，各地的情况基本相同。也就是说，世界上某个地方的动植物也可以在世界上所有其他的地方找到。这是因为各大洲仍然彼此相连。世界只是一个大大的地点。没有海洋可以阻挡动物从一个地区迁徙到另一个地区。

但这并不是说到处都**毫无区别**。例如，在三叠纪末期，最早的蜥脚类（第23章），主要存在于泛大陆的南部。在北美洲和欧洲同样年代的岩层中并没有这些巨型恐龙的迹象（或者至少它们还没有被发现）。不同地方的降雨量、温度和季节会有所不同，这意味着一些物种留在一个地区，而其他物种留在另一个地区。但是，三叠纪的世界各地比现代，甚至是白垩纪的世界要相似得多。

不过，在三叠纪末期，情况开始发生变化。一系列的地震和火山爆发标志着泛大陆开始解体。当北部地区开始同南部地区分裂开来时，这个超级大陆的中心形成了许多巨大的裂缝。板块构造曾在晚古生代将泛大陆推到一起，现在却又把它撕成两半。新的海洋地壳从中部的火山裂缝开始形成。海水涌进来覆盖了地壳。大西洋诞生了。

泛大陆的分裂产生了两个超大陆。北部包括现代的北美洲、格陵兰岛、欧洲和亚洲大部分地区，被称为劳亚大陆。南部大陆包括南美洲、非洲、马达加斯加、印度、南极洲和澳大利亚，被称为冈瓦纳大陆。到三叠纪末期，劳亚大陆和冈瓦纳大陆仍然非常靠近。事实上，2亿年前的大西洋并不比今天的红海宽多少。但在整个中生代剩下的时间里，大西洋继续扩张，虽然缓慢，但确定无疑。今天它仍然在扩大，以每年约1英寸（2.5厘米）的速度。

新的灭绝

除了标志着泛大陆的终结外，导致大西洋诞生的火山活动也可能在三叠纪末期起了关键作用。在三叠纪和侏罗纪之间存在着一次大灭绝。虽然没有白垩纪末期的严重，甚至没有二叠纪末期的严重，但仍有许多物种消失了。

各种海洋生物，包括除鱼龙类和蛇颈龙类外的大多数海洋爬行动物，都灭绝了。在陆地上，似哺乳爬行动物消失了，只剩下哺乳动物及其近亲。许多主龙类灭绝了，鳄类和它们的近亲翼龙类和恐龙类幸存了下来。许多其他爬行动物也消失了。

这次灭绝的原因，以及它发生的速度，仍然是科学界争论的问题。有人认为它实际上分几个阶段发生，但也有人认为它是同时发生的。由于在三叠纪末有一个火山活动的高峰期，一些古生物学家认为发生的灭绝事件是二叠纪—三叠纪大灭绝的缩小版。另一些人指出，当时可能有小行星撞击地球的迹象，使得这次灭绝成为6 550万年前事件的预演。

不管是某种原因，还是多种原因，世界再一次被改变了。当灭绝结束后，就轮到恐龙统治地球了。

许个愿吧！两只腔骨龙在争夺一只美味的爬行动物。

40

侏罗纪的生命

335

侏罗纪（1.996亿至1.45亿年前）是中生代（2.51亿至6 500万年前）的第二阶段。它始于终结了三叠纪并让恐龙成为这片土地统治者的大灭绝。在这一时期，恐龙演化出各种各样的形态。有的变成了巨兽，有的变成了装甲坦克。更多的则成为强大的猎手。一群小恐龙则飞上了天空。

在侏罗纪，海洋爬行动物和翼龙类也继续繁衍生息。哺乳动物也变得多样。从许多方面来说，古生物学家认为侏罗纪是恐龙世界的黄金时代。

恐龙的胜利

三叠纪末的那场大灭绝，是一场旷日持久，或许绵延了数世纪的灭绝事件，无论是什么原因导致了它，是火山爆发或小行星撞击，或两者的结合，它都带来了一个让恐龙得以称霸的世界。似哺乳爬行动物基本上被消灭了。只有它们最小的后代，早期哺乳动物及其亲属幸存下来。翼龙类仍然统治着天空，但在陆地上却相对无助。曾经是恐龙主要掠食者，也是竞争对手的各种主龙类都消失了，只有鳄类和它们的近亲还在。龟、蜥蜴和青蛙只是有趣的动物，并不对恐龙构成威胁。

因此，侏罗纪最早期的恐龙站在了世界的顶端。它们是最敏捷的食肉动物和最大的植食性动物。恐龙的统治已经真正开始了。

这些侏罗纪最早期的恐龙对于来自晚三叠世的游客来说是十分熟悉的。最常见的食肉恐龙是腔骨龙超科恐龙，最早出现在三叠纪。它们基本上没有什么改变，尽管一些像双脊龙一样的恐龙已经变大了。原蜥脚类和原始蜥脚类是三叠纪最大的陆生动物，它们仍愉快地在树上啃食着，不过特别需要注意的是，蜥脚类继续生长着。原始鸟臀目恐龙也没有太大的变化。然而，随着侏罗纪早期的推进，恐龙出现了新的类群。在掠食者中，出现了第一批坚尾龙类。在侏罗纪早期，也演化出了第一批具有装甲的覆盾甲龙类和喙状嘴的鸟脚类。

与三叠纪时期一样，但与今天不同的是，包括恐龙在内的动物在世界各地都很相似。在非洲南部、美国西南部、中国以及两者之间的地方发现了几乎相同类型的恐龙——腔骨龙超科、原蜥脚类和原始鸟臀目恐龙。336尽管大西洋在三叠纪末开始形成，但动物还是能够自由地迁徙到地球上所有遥远地区。所以，从很多方面来看，如果你在侏罗纪早期地球上的某个地方看到恐龙，你也就知道其他地方的恐龙是什么样子。

新品种

随着早侏罗世远去，中侏罗世到来，恐龙的世界开始发生变化。腔骨龙超科似乎已经灭绝了，原蜥脚类和最原始的鸟臀目恐龙也难逃厄运。这些群体被更为特化的恐龙所取代。例如，坚尾龙类，特别是棘龙超科和肉食龙类，成为顶级的大型掠食者，而长着茸毛的虚骨龙类则成为顶级的小型掠食者。各种类型的蜥脚类，包括早期的梁龙超科和大鼻龙类，取代了年代较早的长颈植食性动物。特别是在

上页图片：美国西部晚侏罗世，异特龙一大家子正望着一只剑龙和一群迷惑龙走过。

晚侏罗世的翼龙类：原始长尾的喙嘴龙（*Rhamphorhynchus*）（左前）和翼手龙亚目翼龙翼手龙（右前）。

中国，出现了几种颈部超长的蜥脚类。

在鸟臀目恐龙中，更原始的种类被长着装甲的剑龙类和甲龙类（能更好地保护自己）及更进步的鸟脚类（更擅长处理食物）所取代。

在中、晚侏罗世，最繁盛的恐龙是肉食龙类、剑龙类和蜥脚类。正是这些类群最能代表恐龙的黄金时代。

337

翼手龙类和海洋巨兽

翼龙类从恐龙的头顶飞过。许多侏罗纪的翼龙类和它们的三叠纪祖先一样，都是长尾的类型。它们通常很小，只有知更鸟或海鸥那么大，但也有一些长到了老鹰那么大。然而，在侏罗纪时期，第一只翼手龙类演化而出。翼手龙类的学名是翼手龙亚目，是翼龙类中最进步的特化类型。翼手龙亚目翼龙的尾巴比原始的飞行爬行动物短，颈部也更长。它们的大脑按比例来说更大，很可能是更熟练的飞行老手。许多翼手龙类具有某种口鼻部或头骨脊冠。它们被用作方向舵，但也可能是用来展示的。

有些翼手龙亚目翼龙体型很小，但大多数侏罗纪的物种都有现代老鹰那么大，换句话说，它们中的大多数都和最大的长尾翼龙类一样大。然而，在白垩纪，它们有些会长成巨大的体型。

晚侏罗世的蛇颈龙类浅隐龙（*Cryptoclidus*）

少量侏罗纪翼龙类物种的牙齿已经适应了食用昆虫，许多则是食鱼动物。它们有很多鱼可以食用！侏罗纪的海洋中熙熙攘攘，鱿鱼和它们的近亲很常见，尤其是有甲壳的菊石类和赤裸的箭石类。菊石类的贝壳和箭石类的鞘（身体内部的固体结构）是世界上最丰富的侏罗纪海洋化石之一。

蛤蜊和牡蛎在侏罗纪海底繁衍生息，第一批现代类型的珊瑚礁也出现了。（古生代就有珊瑚，但它们与现代珊瑚只有远缘关系。这些古生代的珊瑚类型在二叠纪—三叠纪灭绝事件中灭绝了。）在此期间，最早的螃蟹和龙虾演化而出了。

338

侏罗纪海洋中也有大量的鱼类。大约6英尺（1.8米）长的原始鲨鱼在海洋中游动。不管很多书和电视节目怎么说，现代鲨鱼自恐龙时代到来前并非没有改变！十分类似现代海洋中大型猎手的鲨鱼直到白垩纪才出现。有一个今天仍然存在，并首次出现在侏罗纪的鲨鱼类型，那就是鳐。（原来像今天的刺鳐和蝠鲼这样的鳐鱼其实是一种非常扁平的鲨鱼！）

比任何侏罗纪鲨鱼都更令人印象深刻的是利兹鱼，尽管它们对浮游生物以外的生物毫无威胁。这是一种原始的辐鳍鱼类。辐鳍鱼类各种各样，既有鲭鱼、鲱鱼、金枪鱼，也有海马，还有差不多所有你能叫出名字来的不是鲨鱼的鱼类！利兹鱼是已知最大的辐鳍鱼类。从它张开的大嘴到半月形尾巴的顶端，有将近40英尺（12.2米）长。光是尾巴从顶端到末端就有16英尺（4.9米）！利兹鱼游过成群的浮游生物，用特化的鳃把这些小生物从水中吸走。最大的现代哺乳动物以及最大的鲨鱼，包括须鲸、鲸鲨和姥鲨，它们都是当今海洋中巨大的浮游生物掠食者，因此这种生活方式可以养活大型海洋动物。

339

在安静平和的利兹鱼旁边游动的是海洋爬行动物，它们的性情显然不那么无害。据我们所知，没有一种海洋爬行动物演化出吞食浮游生物的习惯。相反，它们是猎手，追逐一切，从小鱼到最大的海洋生物，甚至同类！它们是侏罗纪海洋的国王。其中，鱼龙类和蛇颈龙类是优势类群。它们都是完全海栖的调孔类，是将幼崽保留在体内，直到它们能自己游动的主龙类的水生近亲。正因为如此，鱼龙类和蛇颈龙类才一直留在水中。

像它们的祖先一样，侏罗纪的鱼龙类是以鱼和鱿鱼为食的动物。事实上，人们发现了一些被鱼龙类呕吐出的鱿鱼化石。一些侏罗纪的鱼龙类具有锥形的牙齿，但也有一些失去了牙齿，演化出了剑鱼般的喙。侏罗纪的鱼龙类不同于它们三叠纪的祖先，它们的构造更适合在海洋生活。一些特征则保留了早期形态，如长长的口鼻部，巨大的眼睛，桨状的

鱼龙类从未登上陆地，连产蛋也是在水里。

角鼻龙类的一大家子在分食着一只圆顶龙尸体。

鳍状肢。

但侏罗纪鱼龙类的体形与早期不同。侏罗纪鱼龙类的外形更像现代金枪鱼和海豚。它们的尾巴已经演化成了半月形的鳍，背上是三角形的背鳍。这些特征在金枪鱼、海豚、掠食性鲨鱼和旗鱼中都有发现。所有这些海洋生物都有几个共同点：都是猎手，而且速度都非常非常快。事实上，它们是现代海洋中速度最快的生物，每小时可以游动20到30英里（每小时32.2到48.3公里），每小时可以跃起60英里（每小时96.6公里）。侏罗纪鱼龙类可能也能达到同样的速度。

虽然不像鱼龙类那么敏捷，但其他侏罗纪的调孔类也是令人生畏的海洋生物。它们是蛇颈龙类。蛇颈龙类最早出现在三叠纪末期，但直到侏罗纪才变得常见。鱼龙类有着与鱼类相似的身体，与蛇颈龙类最接近的类比物应该是无壳海龟的身体。它们有着短短的尾巴，宽而平的身体，四个巨大的鳍状肢推动它们穿过水面。这是所有蛇颈龙类的共同点。

340

然而，蛇颈龙类身体前端的变化更多。有些蛇颈龙类的头非常小，颈极其长；有些蛇颈龙类的头较小，颈长度中等；还有一些蛇颈龙类的头很大，颈很短。但它们的牙齿都是锥形的。颈长的也许从鱼群中攫食小鱼；颈长中等的可能捕猎大鱼、鱿鱼和菊石类；有着大脑袋的可能食用其他海洋爬行动物以及像利兹鱼这样的大鱼。侏罗纪的蛇颈龙类从10英尺（3米）到46英尺（14米）长不等，甚至可能是更大的巨型动物。

颈部最长的蛇颈龙有76块颈椎，远远超过任何恐龙（最多有19个）。最大的大头蛇颈龙类的头骨有10英尺（3米）长或更甚，比任何兽脚类的头骨都大。

在侏罗纪海域游动的还有海鳄类。它们是陆地鳄鱼的后代，但已经完全适应了海洋生活：尾巴变成了桨，手和脚变成了鳍状肢。然而，也许它们能够在陆地上产卵。像许多海洋爬行动物一样，它们以鱼和鱿鱼为食。

我们对侏罗纪的海洋动物了解很多，因为，随着冈瓦纳大陆的碎片，即北方的劳亚大陆和南方的冈瓦纳大陆继续分离，水开始覆盖大陆。随着海平面上升，原本低洼的地区被洪水淹没。例如，我们现在称之为欧洲的地区，在三叠纪和早侏罗世曾是许多被山谷和低平原隔开的山脉，在中侏罗世则变成了一个群岛（就像现代的印度尼西亚）。现代北美洲的内陆在中、晚侏罗世时期被部分淹没。类似的事件也发生在世界其他地区。海洋沉积物和化石在这些浅海中沉积下来，最终变成岩层。后来，地质变化将这些海洋排干并抬升这些岩层，所以现在我们可以进入山脉寻找侏罗纪海洋。

真正的“侏罗纪公园”

侏罗纪时期的造山运动对我们了解美洲恐龙很重要。从中侏罗世开始，落基山脉开始被再一次抬升……（在晚古生代和三叠纪，那里曾有过早期的造山运动。）随着这些年代较晚的山脉被向上推起，受气候影响，山脉侧面被侵蚀，产生的沉积物被冲向大陆中心的浅海。一部分巨大的楔状沉积物最终固化成莫里森组，那里是真正的“侏罗纪公园”。

莫里森组记录了北美洲西部晚侏罗世时期的湖泊、溪流、沼泽和其他环境。它包含了已知的密度最大、种类最多的恐龙化石之一。兽脚类包括肉食龙类中的异特龙和食蜥王龙、巨齿龙科中的蛮龙和艾德玛龙、角鼻龙类中的轻巧龙和角鼻龙，以及各种较小的兽脚类，比如暴龙超科恐龙史托龙，原始虚骨龙类中的长臂猎龙、嗜鸟龙和虚骨龙，以及三种不同的可能的手盗龙类。鸟臀目包括鸟脚类中的弯龙、橡树龙、德林克龙、奥斯尼尔龙、棘齿龙，甲龙类中的迈摩尔甲龙、怪嘴龙，剑龙类中的西龙、丝莱氏剑龙和剑龙。蜥脚类也非常多样化。莫里森组中有着鞭状尾的梁龙超科恐龙，它们是春雷龙、迷惑龙、梁龙、腕龙和超龙，而与它们同时代的鼻子巨大的大鼻龙类则有简棘龙、圆顶龙和腕龙。这对莫里森组的掠食者来说可是一个非常盛大的菜单！莫里森组不仅仅承载着恐龙化石，其中还有很多鳄类、蜥蜴、海龟、哺乳动物和其他动植物。

341

不过，真正需要记住的是，我们不应该认为北美洲西部比世界其他地区拥有更多的恐龙物种。更有可能的是因为那里的地质条件有利于形成化石：有很多新的沉积物，且有地方供其倾倒。此外，古生物学家对这些岩层的探索比对地球上任何一个存在恐龙的地方都要热情。换言之，尽管莫里森组的化石记录似乎很特殊，但这种恐龙的多样性实际上可能是侏罗纪晚期世界各地恐龙生命的典型分布特征。

这并不是说所有这些物种恰好生活在同一个时间和地点。有些恐龙只在早期的莫里森组中被发现，有些只在后期被发现。可能有些也生活在不同的环境中。即便如此，如果你去北美洲西部进行侏罗纪探险，我想你很有可能会在短时间内看到差不多所有这些类型的恐龙。

地球上的其他地方几乎肯定也有这种多样性。事实上，大多数发现晚侏罗世恐龙的地方——葡萄牙、坦桑尼亚，尤其是中国，都有类似的大型兽脚类、剑龙类和蜥脚类。有着截然不同的恐龙化石的是中欧（尤其是现在的法国和德国），这个地区有被温暖浅海隔开的热带岛屿。这些海洋中的淤泥形成的石灰岩含有许多翼龙类和其他海洋生物的化石。它还包含了从这些岛屿被冲入海中的小型虚骨龙类的化石。其中包括美颌龙和始祖鸟，后者是已知最古老的有羽毛的手盗龙类之一。

342

迷惑龙在水坑边。

侏罗纪以灭绝而告终，但并不像它开端时的那场灭绝那么严重。几乎所有生活在晚侏罗世的主要类型的恐龙也在白垩纪被发现（尽管并不总是同一物种）。在海洋中，除了一类鱼龙之外，其他鱼龙类都灭绝了，原始翼龙类和一些海洋爬行动物也灭绝了。但总的来说，恐龙的黄金时代一直延续到白垩纪初期。不过，在那期间，恐龙的世界将会发生巨大的变化。

蛮龙在考虑享用一顿迷惑龙大餐。

343

侏罗纪侦探

怀俄明州恐龙国际协会
罗伯·T.巴克尔博士

照片由休斯敦自然科学博物馆提供

我是恐龙侦探，一个凶杀案侦探。我的团队前往怀俄明州的科摩绝壁，挖掘1.44亿年前的谋杀案受害者。然后由我们找出是谁杀了它们。

我们想知道的是谁吃了谁这些血淋淋的细节，不是因为我们对血液和内脏着迷，而是因为除非我们对这些动物如何相互影响有一个很好的了解，否则我们无法了解侏罗纪世界。

科摩绝壁上到处都是食肉动物——36英尺（11米）长的异特龙，20英尺（6.1米）口鼻部上长着角的角鼻龙，身长44英尺（13.4米）的骨头粗壮、几乎和君王暴龙一样重的巨齿龙，另外还有十几种小至3英尺（0.9米）长的迷你掠食者。

这么多饥饿的食肉动物在一个只有8英里长2英里宽的地方徘徊。我们怎么知道科摩绝壁的每只恐龙在哪里猎食？方法是通过恐龙的“子弹”和“枪伤”。

我们挖掘的大多数恐龙骨架上都有咬痕。我们称这种牙齿损伤为“枪伤”，一些造成这种损伤的“子弹”与受害者的骨骼混合在一起。“子弹”是食肉动物在咀嚼猎物时脱落的牙齿。

人类只会掉一次牙：我们的乳牙脱落，恒牙生长。恐龙从来没有恒牙。随着新牙在每个牙槽中生长，旧牙被挤出。这贯穿了恐龙的一生。我们称脱落的牙齿为“子弹”，因为我们把它们当作侦探在谋杀现场发现的子弹一样使用。就像子弹能告诉我们它们是从哪种枪射出的一样，脱落的牙齿也能帮我们识别出掉落它的恐龙。在科摩绝壁发现的食肉动物中，角鼻龙的牙齿最锋利，异特龙的牙齿更钝、更粗，还有轻微的扭曲。

发现食肉恐龙牙齿的岩层可以告诉我们犯罪现场的情况。红绿斑驳的岩石来自一年中大部分时间都很干燥的土壤。黑色岩石是在潮湿的沼泽中形成的。砂岩和鹅卵石曾经出现在小溪或河流中。

那么侏罗纪食肉恐龙在哪里狩猎呢？在几乎所有曾经土壤干燥的地方发现的牙齿都来自异特龙。它们以巨大的长颈植食性恐龙——迷惑龙、梁龙和腕龙为食。

由于巨齿龙类更重，牙齿更坚韧，我们认为这些食肉恐龙也会以巨大的猎物为食。但我们错了。巨齿龙类把牙齿留在曾经是沼泽的地方。它们的牙齿在被咬过的龟和鳄鱼的化石中找到了。

角鼻龙类的牙齿脱落在布满大鱼和鳄鱼残骸的地方。这不仅告诉我们它们可能吃了什么，还暗示了这些食肉恐龙的狩猎习惯。角鼻龙类有极度强壮且灵活的尾巴。为什么？“子弹”解开了谜团。在侏罗纪水域中，角鼻龙类肯定是借助尾巴来游动追赶猎物的。

那些较小型的食肉恐龙呢？它们杀死了什么？我们有一些侏罗纪的恐爪龙类化石，它们是世界上已知最早的伶盗龙的化石（所有其他恐爪龙类都来自下一个纪元——白垩纪）。我们这些来自科摩绝壁的伶盗龙像郊狼一样重，脱落的牙齿表明它们更喜欢在沼泽地附近游荡，那里有很多小型猎物。我们在被咀嚼过的小蜥蜴骨骼和火鸡般大小的植食性恐龙骨架旁边发现了伶盗龙的牙齿。这些伶盗龙也吃过人类的祖先：我们发现伶盗龙啃食的骨骼来自小小的、毛茸茸的、鼩鼱一样的动物，这些动物的后代最终演化出猴子、猿和人。

当恐龙侦探是我所知道的让恐龙化石活起来的最好方法。

41

白垩纪的生命

345 白垩纪（1.455亿—6 550万年前）是中生代（2.51亿—6 550万年前）最后一个阶段。在这漫长的时期里，恐龙世界发生了巨大的变化。它伊始时，地球上的生命与之前侏罗纪时期的非常相似，但到了它结束的时候，地球上已经居住了众多今天我们能够识别得出的动植物类型。在白垩纪中，每一个主要的恐龙类群——鸟臀目、蜥脚型类和兽脚类都演化出了它们最大的物种。大陆的持续移动和海平面的升降将地球的不同地区分隔开来，因此一个地区的恐龙开始演化得与其他地区的恐龙极度不同。

在整个白垩纪，恐龙仍然是陆地脊椎动物中占主导的类群，尽管其他类型的动物也变得越来越多样化。但白垩纪和恐龙时代最终以大灭绝告终。

鲜花初绽

当我们思及史前世界时，往往忽略了植物。与通常看起来很奇怪的动物化石相比，植物化石看起来相当正常。事实上，如果你看的只是中生代的植物，你会发现它们和你在植物园看到的没什么区别。但它们仍然很重要。植物史上最重要的事件之一发生在白垩纪初期。

三叠纪和侏罗纪的大多数植物群至今仍与我们同在。其中包括蕨类植物、苏铁、银杏和针叶树（松树、柏树、红杉及其亲缘植物）。在中生代，有一些物种已经灭绝，比如苏铁类，但大多数三叠纪和侏罗纪的植物属于我们熟悉的现生类型。这些中生代早期植物群，即在同一地点和时间生长的植物群落，与现代植物群的不同之处在于它们少了的那些东西，而不是具有什么东西。它们没有被子植物，或称之为开花植物。

正如你能从名字猜到的，被子植物通常至少会在一年中的一段时间内开花。我们认为花是一种好看又好闻的东西。但实际上，花是植物的繁殖方式。花朵的外观和气味会吸引昆虫，偶尔也会吸引其他类型的动物，它们会进入花朵中，喝下植物酿造的 346 甘甜花蜜。这种花蜜是一种诱饵，吸引昆虫爬到花里。当昆虫喝花蜜的时候，它会蹭到花朵内部的结构，沾染上花粉。之后昆虫飞走，落在另一朵花上。如果第二朵花和第一朵花是同一种植物，那么第一朵花的花粉会使第二朵花受精，第二朵花就开始结种子。

苏铁、银杏、针叶树和苏铁类植物也会结种子，但这些种子通常缺乏覆盖物。被子植物的种子则包裹在果实里。有些果实柔软多汁，比如樱桃、桃子和橘子。但是坚果也是一种果实。谷物也是，比如玉米、小麦和大米。为什么植物会把种子包在果实里？因为可以吸引动物吃掉它们！

乍听之下有点奇怪。如果一棵植物的种子被吃掉，能有什么好处？主要的益处是它们的种子可以四处传播。当动物吃下一枚果实（软的、坚果状的或颗粒状的）时，它通常也会吞下坚硬的、难以消化的种子。之后这种动物继续活动，最终把种子连同肥料（粪便）一道排泄在离“母”植物一段距离外的地方。因此，有美味果实的植物比没有果实的植物分布范围更广。植物也要保护它们的种子不被

上页图片：晚白垩世的黑道分子都来了！暴龙追逐着窃蛋龙类、甲龙类和似鸟龙科恐龙，而巨大的翼龙类风神翼龙（*Quetzalcoatlus*）在上空飞翔。

白垩纪出现了第一批蛇、被子植物和现代哺乳动物。

过早吃掉，所以没熟的果实是苦的，毫无吸引力，直到种子长成，果实也就随之成熟。

正如你能猜到的（否则我不会在这章谈起），第一批被子植物出现在白垩纪。确实有一些早期的植物化石可能来自被子植物的祖先，但最古老且**确切**的被子植物来自白垩纪早期。就像现在一样，它们的花朵会吸引昆虫来授粉。但是果实的目标是谁呢？

白垩纪有一些植食性哺乳动物：龟，翼龙类，甚至鳄类，它们可能偶尔会吃下果实并排出种子。但是最大、最常见且能长距离传播种子的植食性动物是植食性恐龙。果实很可能是为了吸引恐龙才演化出来的。所以下次你吃苹果或核桃时，要感谢鸟臀目和蜥脚型类恐龙！

347

早白垩世的被子植物一般为小型杂草植物。然而，在晚白垩世，出现了开花的大树。早期代表如棕榈、月桂、木兰、梧桐和核桃，这些形成了晚白垩世森林的一部分，同时早期的蔷薇形成灌木丛，池塘里有睡莲。（这并不是说其他植物类群已经消失。事实上，针叶树和银杏在那个时期仍然是主要的林木。）

被子植物的一个主要类型在白垩纪末期演化而出。在晚白垩世的一些遗迹化石中发现了草。但据我们所知，还没有形成大草原。所以，尽管你可能会看到一些图片是这么画的，但事实上没有一只暴龙科恐龙是在高高的草丛中猎杀一只角龙类恐龙的。

早白垩世欧洲恐龙：前景是幼年禽龙（左）和成年禽龙，两只有长长口鼻的重爪龙正从后面冲过来；背景是一群腕龙科恐龙。头顶上是翼手龙类鸟掌翼龙（*Ornithocheirus*）。

非常令人熟悉的动物群

正如晚白垩世的植物群对我们来说十分熟悉，动物群，即同一地点和时间内共同生活的动物群落对我们来说也是如此。至少动物群中那些较小的成员是这样。很明显，角龙科、萨尔塔龙科和暴龙科恐龙并不是你今天会遇到的动物。但在白垩纪的小型动物中存在大量的蝾螈、龟和蜥蜴。事实上，白垩纪的一个蜥蜴类群演化成的我们所熟悉的无腿后代——蛇，首次在那时出现了。

白垩纪的哺乳动物继续演化。一些达到了巨大的尺寸，至少以中生代的标准来看是这样。虽然大多数都是老鼠般大小，但有些白垩纪哺乳动物却如同猫、獾和小狗一样大。有几个甚至对恐龙宝宝构成了威胁！2004年，一只狗大小的爬兽标本被发现，它的腹部满是鹦鹉嘴龙宝宝的骨骼。在多种多样的白垩纪哺乳动物中，有各种原始产蛋的品种，以及早期囊袋哺乳动物（有袋类）和胎盘哺乳动物（胎盘类）的代表。有些能爬树，其他则居住在地面。在现代动物园里，这些动物中的大多数在小型哺乳动物的居所里似乎并不会显得格格不入。但事实上，它们的内部结构会显示它们比现生的哺乳动物要原始。

在许多方面，白垩纪是鳄类的全盛时期。三叠纪的鳄类大多是小型陆栖品种。有些行动缓慢，四肢大张，善于爬行，有些则可以直立奔跑。这两个类型的鳄类都存活到侏罗纪，在那个时期，侵入池塘和溪流的四肢大张的爬行鳄类演化成了类似现生类型的鳄。事实上，它们仍然比短吻鳄、恒河鳄（又名食鱼鳄、长吻鳄）和其他直到白垩纪才出现的现生鳄类更原始。这些白垩纪淡水鳄类中有一些体型巨大，如北美洲晚白垩世的33英尺（10.1米）长的恐鳄和北非早白垩世的39英尺（11.9米）长的帝鳄。它们可以将成年恐龙大卸八块，尽管研究表明，恐鳄主要吃大型龟类，而帝鳄主要吃大鱼。

除了潜伏在湖中的鳄类之外，白垩纪还有许多其他类型的鳄类。海洋鳄类继续在海中游动。在陆地上，游荡着各种各样的鳄类。有些似乎有哺乳动物般的牙齿，可能是杂食动物。还有一些，比如马达加斯加的狮鼻鳄，其牙齿看起来和鸟臀目恐龙的很像，它们是植食性动物！事实上，短脸、背有装甲的狮鼻鳄似乎是一只很像甲龙类的鳄类！

飞机般大小的翼手龙类和巨型海蜥蜴

白垩纪也是翼手龙类的全盛时期。一些长尾翼龙类存活到了这个时期伊始，而翼手龙亚目中短尾长颈的物种在天空中占据了主导地位。有一些体型较小，但在这一时期，有少数达到了任何其他飞行类群无法比拟的体型。最大的翼龙类，如早白垩世的鸟掌翼龙和晚白垩世的风神翼龙，翼展接近或大于40英尺（12.2米）。有些翼手龙类长着形状奇特、尺寸惊人的脊冠。白垩纪翼龙类的饮食多种多样，包括鱼类、昆虫、果子和其他植物部位，甚至还有浮游生物。

白垩纪，尤其是晚白垩世的海洋，非常温暖。在这一时期，海平面有升有降，但在最高点时，海洋淹没的大陆比地球历史上几乎任何时候都多。在那个时期，浅海把大陆的许多部分彼此隔开。例如，在北美洲，一条起自北冰洋，终至墨西哥湾的海道从北至南贯穿了北美洲，将落基山脉西部地区与阿巴拉契亚山脉东部高地分隔开来。在这些浅海的底部，厚厚的石灰泥层沉淀下来。这种由单细胞藻类的骨骼组成的石灰泥，最终变成了我们称为白垩层的岩石。事实上，白垩纪这个名字来自拉丁语“*creta*”，意思是就是“白垩”。世界上几乎所有的白垩都是在晚白垩世沉积的。所以当有人用粉笔画画的时候，他们其实是在用数百万个恐龙时代的微型化石画画！

白垩纪的贝类包括许多种类的菊石类（现代鱿

巨大的风神翼龙是最后的翼龙类之一。

在海浪下游动着新型的海洋爬行动物，比如巨大的古海龟……

……以及诸如球齿龙（*Globidens*）这样的沧龙类海蜥蜴。

中国早白垩世有大量有羽恐龙。

鱼和章鱼有壳的近亲）和箭石类，它们是鱿鱼已经灭绝的近亲，具有坚实的内部构造。珊瑚仍然存在，但在温暖的晚白垩世海洋中，主要的制礁者是一类巨型的蛤类，固着蛤类。另一类巨型的蛤类叠瓦蛤类，则体型巨大，形似扇贝。

白垩纪的鲨鱼包括数量增多的鳐鱼和现代游动速度快的鲨鱼类群的首批代表。与这些鲨鱼相匹敌的是敏捷、有力、有牙齿的辐鳍鱼类，其中包括20英尺（6.1米）长的剑射鱼。

但是海洋中的顶级掠食者仍然是海洋爬行动物。海洋鳄类继续繁衍，蛇颈龙类正是如此。一些白垩纪的蛇颈龙类，无论是颈部极长的种类还是头骨极大的形态，都超过了46英尺（14米）长。鱼龙类的少数物种在早白垩世还存在，但到了晚白垩世初期，就已经完全灭绝了。

在白垩纪，三个新形态的海洋爬行动物进入海洋。第一批是最早的海龟。那时的它们就和现在一样长着较轻的外壳和桨鳍，是硬壳陆地龟的后代。它们的食物包括鱼、鱿鱼、水母和海生植物。就像今天一样，它们几乎可以肯定是自己拖行到海滩上产蛋的，但除此之外，它们的一生都在海上度过。一些白垩纪的海龟，尤其是晚白垩世北美洲的古海龟，长到了15英尺（4.6米）长。然而，即使是这样大的海龟，也会遭遇掠食者，因为首次被发现的古海龟标本的后腿就被咬掉了。

这个咬伤的罪魁祸首很可能不是一头巨大的大头蛇颈龙类，因为这些物种中没有一种来自发现了古海龟的时代。相反，袭击者可能是海洋爬行动物第二大类群，沧龙类。它们是如假包换的蜥蜴，与今天的巨蜥和毒蜥关系密切，后者已经演化成了远洋猎手。沧龙类像调孔类一样将幼崽留在体内，直至它们发育到可以自己游泳为止，因此它们一生都在水里度过。它们的四肢变成了蹼状的鳍状肢，尾部很高很强壮，可以推动它们穿越海洋。沧龙类的食物包括蛤蜊、菊石、鱼、鱿鱼和其他海洋爬行动物，这取决于沧龙类的大小和牙齿的形状。有些物种只有6英尺（1.8米）长，但其他物种则长到了近55英尺（16.8米），比最大的兽脚类还要长！（最大的蛇颈龙类比最大的沧龙类要短，但要重得多，身体更庞大而不是更纤细。）

在白垩纪，最后进入海洋的爬行动物类群是黄昏鸟类，它们也被称为不会飞的、有牙齿的鸟类。在所有中生代的海洋爬行动物中，**只有**黄昏鸟类实际上是一种海生恐龙。

遥远的陆地，多样的恐龙

然而，在陆地上，恐龙种类繁多。几乎所有在晚侏罗世发现的恐龙类群在白垩纪早期仍然存在。351这些纪元之间最明显的区别是，一些以前很少见的类群变成了普通类群，反之亦然。虽然蜥脚类和剑龙类在晚侏罗世比鸟脚类和甲龙类更为常见，但后两者在早白垩世变得越来越丰富（至少在北方的超级大陆——劳亚大陆上是如此）。一些古生物学家认为，这些类群的成功与被子植物的崛起之间存在联系。例如，有古生物学家认为后两类（鸟脚类和甲龙类）更喜欢被子植物，因此它们的数量随着新植物群的出现而“遍地开花”。其他研究者则认为顺序相反，他们指出鸟兽脚类和甲龙类在地面低处觅食，能够比蜥脚类和剑龙类更有效地清理出土地，而新演化的被子植物则趁机利用了这一优势。任何一种情况都只是猜测。

晚侏罗世和早白垩世之间的下一个主要差异是由于板块构造的影响产生的。随着劳亚大陆与冈瓦纳大陆南部逐渐远离，这些地区中的每一个类群都开始演化出自己独特的恐龙群落。例如，禽龙是北美洲、欧洲和亚洲的主要植食性动物，所有这些地区都有非常相似的小型鸟脚类和甲龙类。一些蜥脚

晚白垩世亚洲的巨兽（从左到右）：长颈的巨龙类恐龙纳摩盖吐龙（*Nemegtosaurus*）、鸭嘴龙亚科恐龙栉龙和山东龙，以及兽脚类恐龙恐手龙的前肢、腹部和后肢。

并非所有的晚白垩世灾难都是灭绝事件！在这里，火山喷发产生的火山灰云逼近两只盔龙（后）、一只副栉龙宝宝以及两只成年副栉龙（中和前）。

类，特别是腕龙科恐龙和早期巨龙类也出现了。最后一批的剑龙类生活在早白垩世的劳亚大陆，并在这个时代结束时灭绝了。也是在早白垩世的劳亚大陆，第一批确定的头饰龙类，也被称作头部有脊突的鸟臀目恐龙，演化出来了。奇怪的是，虽然它们出现在亚洲（比如无处不在的小型角龙类恐龙鹦鹉嘴龙），但在欧洲和北美洲却非常少见。肉食龙类和棘龙超科恐龙作为顶级掠食者，互为对手，而多种多样的虚骨龙类构成了中小型掠食者。其中包括中国义县组已知的各种长着羽毛的恐龙。在欧洲和北美洲也发现了类似的恐龙物种，但这些化石通常保存得不太好，它们被埋在流动的溪流中，而不是静静的湖泊或火山灰下。义县的发现表明，劳亚大陆的虚骨龙类种类繁多，发展出各种类型，其中包括：掠食性的暴龙超科和驰龙科、体型极小的美颌龙科和伤齿龙科猎手、植食性的似鸟龙类、窃蛋龙类和镰刀龙超科恐龙。

冈瓦纳大陆南部的情况则不同了。蜥脚类，如叉龙科、雷巴奇斯龙科和早期巨龙类是最常见的大型植食性动物。至少在澳大利亚，鸟脚类是多种多样的，既有小型的雷利诺龙，也有大型的木他龙。也曾出现禽龙类和甲龙类，但从未像在北方那样常见。棘龙超科、肉食龙类和角鼻龙类是主要的兽脚类，与劳亚大陆相比，虚骨龙类非常少见。因此，与三叠纪和侏罗纪不同的是，白垩纪的世界里，不同地区出现了不同的恐龙群落。

到了白垩纪中期，早白垩世结束，晚白垩世开始，随着南大西洋和印度洋的形成，组成南部超大陆的各个部分开始彼此分离。南美洲、非洲、马达加斯加、印度，以及今天澳大利亚和南极洲组成的联合陆地成了各自独立的大陆。动植物群的相似性表明，有某块陆地连接着澳大利亚和南极洲，也许类似于今天北美洲和南美洲之间的巴拿马地峡。但总的来说，世界变得越来越分裂。

在白垩纪中期，地球变得异常炎热，海洋升至最高水平。早在中生代开始之前（或此后），植物生产的氧气和营养物质可能已经比任何时候都多了。蜥脚类中体型最大的恐龙，比如阿根廷龙、潮汐龙这样巨大的巨龙类恐龙，波塞东龙这样巨大的腕龙类，以及兽脚类中的南方巨兽龙、鲨齿龙和棘龙，都生活在这个富足的时代，这并不是巧合。然而，在晚白垩世，地球开始冷却，这些物种也消失了。

353

在晚白垩世的南美洲、印度和马达加斯加，巨龙类中的萨尔塔龙科恐龙是主要的植食性动物，尽管也有小型鸟脚类存在。角龙类也生活在那里，但相当少见。这一时期临近结束的时候，鸭嘴龙科恐龙到达了南美洲，它们可能来自北美洲。掠食者中，以角鼻龙类中的阿贝力龙科恐龙为优势类群，小型掠食者则包括结节龙科恐龙大盗龙以及驰龙科中的半鸟亚科恐龙。已知阿尔瓦雷斯龙科也来自南美洲。

目前，我们还不知道非洲大陆晚白垩世的恐龙是什么样子。在那里很少能发现晚白垩世的化石。我们对澳大利亚和南极洲的晚白垩世恐龙的有限了解表明它们与早白垩世的恐龙种类相似，具有相似的特征，许多是小型鸟脚类和甲龙类。（不过，在南极洲发现了一只鸭嘴龙超科恐龙的化石。）

在白垩纪时期，欧洲仍然是一个群岛，类似于现代的印度尼西亚。至少在一些较大的岛屿上，比如现在是特兰西瓦尼亚和法国的地方，有鸟脚类中的凹齿龙科、甲龙类、鸭嘴龙科、巨龙科、驰龙科和阿贝力龙科恐龙（这些阿贝力龙科恐龙可能是来自冈瓦纳大陆的“移民”，因为没有来自早期的任何劳亚地区的阿贝力龙科恐龙被人们所知）。

晚白垩世的亚洲恐龙大多是义县组已知形态的后代。例如，有尾锤的角龙科和有颈盾的新角龙类都有早白垩世的祖先。最早确定的肿头龙类也出现了。在晚白垩世亚洲较为潮湿的地区，生活着大型的巨龙类、鸭嘴龙科恐龙（包括赖氏龙亚科和鸭嘴龙亚科）、镰刀龙超科恐龙和似鸟龙类，它们都密切提防着暴龙科恐龙这样的掠食者。然而，中亚的沙漠无法支撑这些巨型恐龙群落，因此我们只能在那里发现较小的恐龙：甲龙科恐龙和诸如乌达诺角龙和原角龙这样的小型角龙类。沙漠中最大的猎手是像阿基里斯龙和伶盗龙这样的驰龙科恐龙。体型较小的虚骨龙类也存在，如伤齿龙科和阿尔瓦雷斯龙科。

在北美洲白垩纪中期，主要的恐龙是蜥脚类、禽龙类、小型鸟脚类、镰刀龙超科恐龙，以及甲龙类中结节龙科；食肉恐龙包括肉食龙类、恐爪龙这样的驰龙科恐龙，以及窃蛋龙类。然而到了晚白垩世，亚洲的恐龙取代了上述种类。在这个新世界里，亚洲“移民”演化成了许多物种，它们在恐龙时代末期赋予了北美洲独特的面貌。正是在这里，而不是其他任何地方，人们发现了真正的有角恐龙——角龙科恐龙。这些恐龙群和同样庞大且种类繁多的鸭嘴龙类恐龙群生活在一起，它们中既有鸭嘴龙亚科恐龙，也有赖氏龙亚科恐龙。新恐龙到来后仍然幸存下来的结节龙科恐龙和它们的亚洲后裔亲戚角龙科恐龙生活在一起。在白垩纪末期，巨龙类中的一种萨尔塔龙科恐龙阿拉莫龙，来到了这里，它可能来自南美洲。窃蛋龙类和似鸟龙类也出现了，罕见的阿尔瓦雷斯龙科恐龙和镰刀龙超科恐龙也出现了。小型的驰龙科恐龙和伤齿龙科恐龙可能对小型恐龙构成威胁，但大型猎手都是暴龙科恐龙。

正如你所见，在白垩纪末期，世界上有许多类型的恐龙。就像今天一样，如果你从一个陆地旅行到另一个陆地，会在每个地区看到不同的动物群。每年都有更多的化石被发现。如果恐龙有深刻的思想，它们可能会以为它们的世界将这样下去，直到时间尽头。但事实并非如此。6 550万年前，灾难降临，恐龙时代结束。下一章（也是最后一章）将讨论这场灾难如何发生，以及出现的原因。

南美洲的恐龙

阿根廷普拉萨温库尔，卡门·富内斯博物馆
鲁道夫·科里亚博士

照片由鲁道夫·科里亚提供

南美洲的恐龙在很多方面都很了不起。有些非常大。有些则是世界上最奇怪的恐龙之一。也许更重要的是南美洲是恐龙演化的摇篮。最早的恐龙是在这块大陆上发现的。它们的名字是埃雷拉龙、始盗龙和皮萨诺龙。但那只是个开始。

在中生代前半期，即恐龙时代，南美洲是连接南北半球的巨大陆地的一部分。许多种类的早期恐龙能够遍布地球的任何地方。其中包括现在南美洲的早期恐龙。然而，到了中生代末期，南美洲与北半球的大陆分离了。它变成了一个独立的大陆，被太平洋和大西洋包围。在白垩纪的8 000万到9 000万年之间，恐龙不再能够从南美洲陆地迁徙到北半球。在这段时间里，南美洲的恐龙与世界其他地区隔离开来，并以自己独特的方式演化。这就是为什么南美洲的恐龙与世界其他地方的恐龙相比显得如此奇怪，就像袋鼠、考拉和其他许多奇怪的澳大利亚动物对生活在其他地方的人来说十分奇特一样。

南美洲恐龙的故事也是生存故事中的一个。到了侏罗纪末期，世界上到处都是各种长颈蜥脚类、小型植食性的禽龙类和掠食者。到了白垩纪初期，其中许多在北半球灭绝了。然而，同样种类的恐龙继续在南美洲繁衍生息，在那里它们演化了数千万年。巨龙类、阿贝力龙类和加斯帕里尼龙类都是曾经生活在北美洲和亚洲的“古老的”侏罗纪恐龙的白垩纪“现代”变体。

在这些恐龙中，我们发现了有史以来最大的恐龙：阿根廷龙。它是已知的最大的陆地动物。这只恐龙非常大，它最大的一块脊椎有冰箱般大小。它可能有将近130英尺（39.6米）长，体重超过70吨。当这只缓慢的、以植物为食的、四条腿的庞然大物行走在干旱的南美洲平原时，每一步都会让大地震动，那一定是一种独特壮观的景象。

南美洲的一些肉食性恐龙也达到了惊人的体型。其中包括45英尺（13.7米）长的南方巨兽龙及其近亲，人们认为其中一些是群体狩猎的。它们的头骨长度超过6英尺（1.8米），具有一排香蕉大小的牙齿，锋利得像牛排刀。南方巨兽龙与北美洲的暴龙没有亲缘关系，但它们在体型上不相上下。

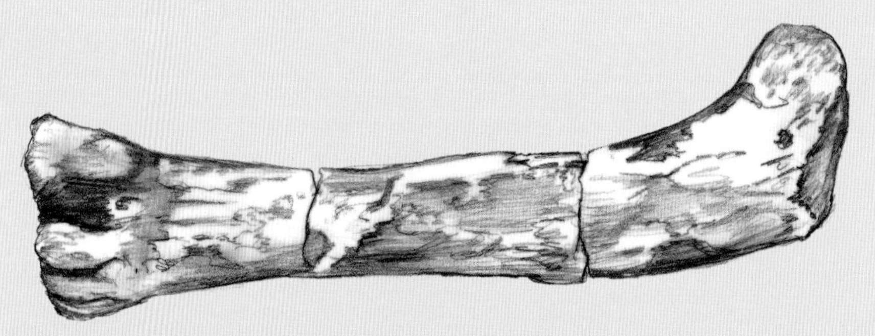

南美洲发现了许多巨型蜥脚类的骨骼。

欧洲的恐龙

英国，朴茨茅斯大学
达伦·奈什博士

路易斯·V.雷伊 摄

如果被问及哪些地方发现了新种类的恐龙，很多人可能会回答蒙大拿州或蒙古。他们说的不错，但他们是否还会想到法国、西班牙、英国或德国？每个对恐龙感兴趣的人都知道，欧洲曾经是禽龙和巨齿龙等著名恐龙的故乡。但你是否知道欧洲仍然是不断发现新种类恐龙最重要的地方之一？

欧洲最近发现的一些恐龙令人着迷，它们传递给古生物学家许多有关恐龙演化的新信息。似鹈鹕龙，命名于1994年，是一只来自西班牙的原始似鸟龙类，有200多颗牙齿。棒爪龙（意大利，1998年）因其内部器官得以保存而引人注目。英国恐龙始暴龙（2001年），是最古老的暴龙类之一。

尽管北美洲以发现恐龙而闻名，但实际上欧洲才是恐龙科学的发源地。恐龙的概念起源于欧洲。1842年，英国科学家理查德·欧文将恐龙视为一个独特的动物群。欧文基于禽龙、巨齿龙和甲龙类林龙的残缺化石提出了这个想法。在19世纪60年代和19世纪70年代，欧洲是许多壮观的恐龙的发现地。其中包括第一件保存完好的兽脚类（来自德国的小型美颌龙）、第一件完整的甲龙类（来自英国的小盾龙）和许多来自比利时的完整的禽龙的骨架。著名的第一只鸟类——始祖鸟，1860年在德国发现，是世界上最重要的化石之一。

在过去的30年里，人们对欧洲恐龙重新产生了极大的兴趣。人们发现，欧洲的恐龙比人们想象的更加多样化。人们发现，剑龙类和甲龙类在欧洲侏罗纪和早白垩世十分重要。20世纪80年代，欧洲对包括棘龙类、阿贝力龙类和驰龙类在内的兽脚类进行了记录，最近的重新解读表明，欧洲化石记录中也出现了肿头龙类、弯龙类、畸齿龙类和窃蛋龙类。

目前欧洲恐龙研究有几个热点。葡萄牙的卢林阿已经被证明是晚侏罗世恐龙的家园，其他被人们所知的仅来自北美洲。罗马尼亚的晚白垩世岩层中存在着令人费解的蜥脚类、鸟脚类和兽脚类。新的兽脚类、巨型蜥脚类和其他恐龙继续在英国怀特岛被发现。每年都有新的发现不断证明，欧洲的恐龙是迄今为止发现的最有趣、最重要的一些恐龙之一。

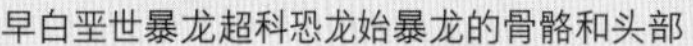
早白垩世暴龙超科恐龙始暴龙的骨骼和头部

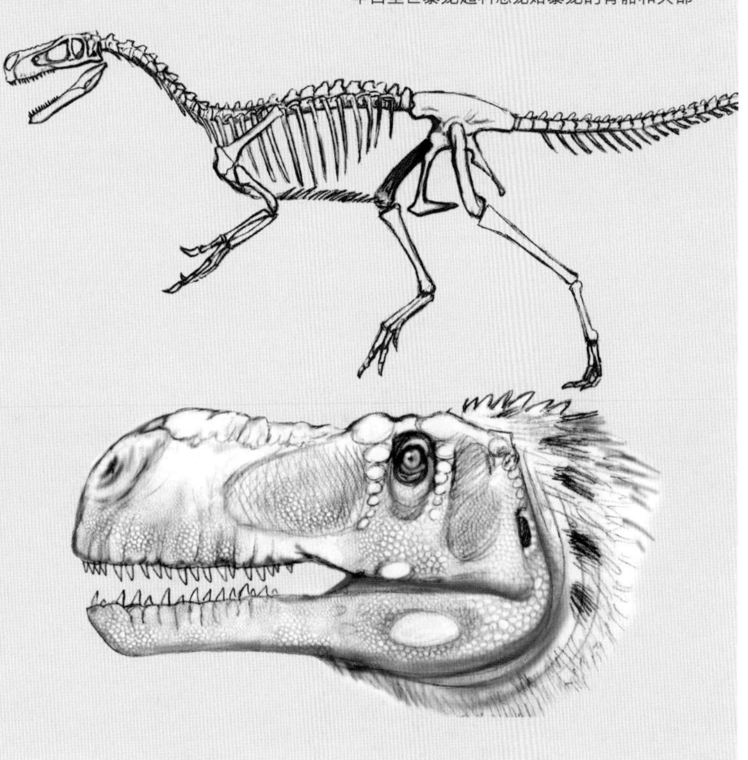

42
灭绝：恐龙世界的终结

357 有句老话说：“天下无不散之筵席。”至少恐龙时代是如此。恐龙最早出现在2.35亿年前，在2亿年前至6 550万年前，它们是陆地动物的统治群体。但之后它们的统治落下帷幕。随着新生代的到来（6 550万年前至今），哺乳动物的时代开始了。

但6 550万年前发生的事件，既算不得恐龙灭绝，又远不止恐龙灭绝。说算不得，是因为恐龙其实并未灭绝。说远不止，是因为陆栖恐龙并非唯一的受害者！由于鸟类是禽龙和巨齿龙最近的共同祖先及其所有后代，恐龙总目在它们身上得以延续，所以从严格意义上讲，恐龙并没有灭绝。（不过，客观地说，这应该算是各种各样非鸟恐龙的终结，或者说是那些在我看来有趣的恐龙的终结。）大量动物和植物物种（可能占陆地和海洋所有物种的65%），也在那时灭绝了。换句话说，这是一场真正的大规模灭绝。但它并非最大的一场灭绝，最大的“头衔”当属二叠纪-三叠纪的大灭绝，这场灭绝将古生代的二叠纪和中生代的三叠纪划分开来。它甚至算不得第二大，因为在古生代发生过一些灭绝，其中65%的物种都消亡殆尽，但却是最为重要的大灭绝之一，因为它是一个旧时代的终结，也是一个新时代的开始。

一个时代真的终结了！

甚至在恐龙被发现之前，地质学家和古生物学家就已经注意到来自这个时期的化石类型发生了巨大的变化。这些变化很容易识别，它们出现在世界各地的岩层中。

最明显的变化是白垩的消失，白垩纪就是以这种类型的石灰岩命名的。此外，白垩纪特有的贝类，即各种各样的菊石类、箭石类、叠瓦蛤类和固着蛤类，都消失了。

所有这些曾经常见的化石消失不见，是如此巨大的变化，地质学家认为这是一个很好标志，划分了时代的界限。这是中生代终结、新生代开始，是“中期生命”与“近期生命”的交替，代的分界同时也是纪的分界。中生代的最后一个纪——白垩纪，地质标志是K。新生代的第一个纪，即第三纪（公元前6 550万年—公元前180万年），其地质标志是T。因此，这一事件被称为白垩纪-第三纪大灭绝，也简称K/T灭绝或K/T界线。358

严格地说，地质学家不再正式使用“第三纪”这个名称。现代地质学家没有将新生代划分为极不对等的第三纪和第四纪（180万年前至今），而是使用更平均的古近纪（6 550万年前—2 300万年前）和新近纪（2 300万年前至今）。但很少有人将6 550万年前的事件称为白垩纪-古近纪大灭绝或K/Pg分界。我想我们只是念旧罢了。

受害者和幸存者

那么在K/T界线中有什么消失了？又有什么得以幸存？那些骨骼会变成白垩的藻类并没有完全灭绝，但该类群中的大多数物种都灭绝了。灭绝事件

上页图片：“最后的晚餐”，暴龙目睹小行星在撞击墨西哥的途中爆炸。

幸存者！哺乳动物中的多瘤齿兽类（树上）、鸟类和鳄龙类（水中）都度过了这场灾难。（不过，多瘤齿兽类和鳄龙类后来也灭绝了。）

359

之后，这类藻类的幸存者就不常见了。正因为如此，白垩再也没能在世界的浅海中厚厚地堆积成层。其他类型的浮游生物也受到了影响。有壳的菊石类和硬心的箭石类从海洋中消失了，消失的还有造礁的厚壳蛤类和它们巨大、扁平的叠瓦蛤类亲戚。划水的蛇颈龙类、海蜥蜴沧龙类和不会飞的黄昏鸟类一直生活到白垩纪末，之后便消失了。当然，海龟活了下来。少数海洋鳄类物种也得以幸存，尽管它们在古近纪早期就消失了。（今天所谓的咸水鳄是游泳高手，但它们只是近期才演化出来的，并不能真正适应海中的生活。中生代和古近纪的早期海洋鳄类则完全是海洋生物：尾上有鳍，装甲也退化了，以便快速游动。）

最后一只翼龙类从天上消失了。除了鳐鱼，淡水鲨鱼都灭绝了。（淡水鲨鱼？除了鳐鱼和偶尔迷路的公牛鲨，今日的淡水里根本没有鲨鱼。不过，在白垩纪的河流和溪流中，有许多鲨鱼物种。）许多类型的白垩纪哺乳动物消失了，包括以植物为食的、各种形态的鳄类，都在那个时候灭绝了。当然，除了鸟类之外，所有的恐龙都灭绝了，不论是小体型的反鸟类、中等大小甲龙科恐龙，还是蜥脚类中大型的萨尔塔龙科恐龙。

但有些事情我们应该注意。并非所有在白垩纪灭绝的物种都是在6 550万年前灭绝的。许多类型的恐龙以及其他动物早就灭绝了。例如，最后一批鱼龙类大约在1亿年前，即晚白垩世的初期就从海洋中消失了。大约在同一时间，剑龙类从陆地上消失了。大约在7 000万年前，角龙科中的尖角龙亚科恐龙灭绝了。因此，它们统统都不是白垩纪–第三纪大灭绝的真正受害者。有些东西如果已经死了，又怎么能再死一次呢！

还有很多幸存者。记住：今天地球上的每一个活着的动物都有一个在白垩纪–第三纪大灭绝中幸存下来的祖先。无一例外！有若干类动物在白垩纪–第三纪大灭绝中幸存了下来，却在随后的小规模灭绝中死去。在陆地上，昆虫大量存活下来。两栖动物也挺过来了，龟类、蜥蜴、蛇和现生类型的鳄也如此。鳄龙类是水生主龙类的一群亲戚，看起来像长吻鳄类，它们幸存了下来，在古近纪繁衍生息，但在古近纪接近尾声的时候灭绝了。同样的情况也出现在多瘤齿兽类身上，它们是一群从侏罗纪到古近纪晚期都很常见的哺乳动物。每一个现生哺乳动物的主要类群：产蛋的单孔类、有袋的有袋类和胎盘类的祖先（我们自己的类群）在K/T界线时都存在于世，并活了下来。

寻求解答

让我们借此信息来看看能否在幸存者和受害者身上找到任何特点。这也许能让我们更好地了解白垩纪–第三纪大灭绝是什么样的，从而更好地了解导致它的原因。

陆地上几乎所有的幸存者都是小动物，但许多受害者，如反鸟类和各种哺乳动物群体，也很小。大多数淡水动物存活了下来，但淡水鲨鱼没有。在海洋中，表层的动植物比海底的动植物死亡的要多。为什么？

要找出这个问题的答案很复杂。事实上，对于这一事件的细节仍存在许多不同意见。但有一点是明确的：白垩纪–第三纪大灭绝不仅仅是恐龙灭绝。所以我们可以忘掉那些仅仅“解释”了恐龙因何而消失的观点。有很多类似的观点被提出过，比如哺乳动物吃掉了所有恐龙蛋，或者恐龙由于对新演化出的被子植物过敏而死亡。这类事件不可能影响菊石类和白垩藻类以及各种灭绝的哺乳动物类群，然而它们也都是白垩纪–第三纪大灭绝的受害者。

无论如何，拒绝这些假设还有其他原因。没有证据表明突然出现了吃蛋的哺乳动物。还有，为什么这些生物会吃大多数恐龙的蛋却没吃鸟类的蛋？为什么会吃植食性鳄鱼的蛋而不吃肉食性鳄鱼的蛋？被子植物也算不上是“新演化出的”。当然，它们最早出现在白垩纪，但那是在白垩纪的初期，而不是末期。白垩纪持续了很长一段时间，比整个新生代（至今）还要长1 450万年！

360

如果我们正在寻找导致灭绝的原因，我们应该努力寻找除了灭绝本身之外的证据。也就是说，我们应该通过在岩层记录中寻找灭绝原因的独立证据，而不仅仅是观察灭绝事件本身，来证明发生了一些变化。

结果表明，白垩纪–第三纪大灭绝前后发生了三次主要的环境变化。我们知道这三件事确确实实发生过，因为每个事件我们都有独立的地质证据。其中两个，即不断变化的海平面和巨大的火山活动期，我们将在后面讨论。第三个事件，是20世纪最伟大的地质发现之一，也是当时最大的变化，所以我们先来研究一下。那就是，人们认识到，6 550万年前一颗巨大的小行星曾撞击过地球！

死神从天而降

一块太空岩石，即一颗小行星，在白垩纪末期与地球相撞，这个发现始于一个简单的问题，关乎

带来灭绝的小行星一路燃烧着穿过了地球的大气层。

一层“泥”。意大利古比奥镇附近有着记录了白垩纪结束和古近纪开始时的石灰岩。就在两者的交界处，石灰岩变成了一层薄薄的黏土。那层黏土代表多长时间呢？几年？几个世纪？几百万年？几千万年？还是更久？

20世纪70年代末，加州大学伯克利分校的地质学家沃尔特·阿尔瓦雷斯（Walter Alvarez）想找到这个问题的答案，但他无法使用常规的岩层测年技术。因为黏土中没有化石，所以他不能将它们与年代已知的岩层中的化石序列进行比较。因为这是黏土而不是火成岩，所以他不能使用放射性定年法。所以像很多人一样，他去找父亲帮他解决难题（当然，当你的父亲是诺贝尔奖得主、核物理学家路易斯·阿尔瓦雷斯［Luis Alvarez］时，绝对能为你提供大大的帮助！）阿尔瓦雷斯夫妇和两位化学家弗兰克·阿萨罗（Frank Asaro）和海伦·米歇尔（Helen Michel）一起想出了一个在他们看来可以给出答案的方法。

他们知道流星，即大块的太空冰、岩层和金属，会不断落入地球大气层并熊熊燃烧。流星产生的灰烬最终降落在地球表面，散布在陆地和海底。因此，这些科学家推测，通过寻找铱元素（一种类似于金和铂，但在流星中比在地球表面更常见的元素），可以找到古代太空灰的痕迹。如果你知道一年中有多少太空灰落在地球上，你就可以寻找古比奥黏土中的铱元素，计算出产生它需要多少年。

所以他们取走大块的岩石，检测了样品，发现了一些非常不同寻常的事情。流星雨持续多年，黏土中含有的铱应该是微量的，但他们却发现黏土底部的铱含量非常高。发生了什么事？他们想到了许多不同的场景，但唯一符合情理且与铱含量相匹配的场景是，一块巨大的太空岩层和金属，即一颗直径为6.2到9.3英里（10到15公里）的小行星撞击了地球。它引起巨大的爆炸，灰尘散落到世界各地。

361

进一步的计算表明，这场撞击着实巨大。冲击力相当于183万亿吨TNT（三硝基甲苯）炸药！（相比之下，有史以来最大的一次核爆炸的威力仅相当于5 000万吨TNT。）这次爆炸产生了10.1级地震，远超过人类历史上已知的任何一次地震，并炸出了一个直径超过100英里（161公里）的火山口。巨大的火球会蒸发掉附近的任何东西，空气中的冲击波和海洋中的海啸也会自它辐射而出，传播到世界各地。

但最糟糕的是火山灰。包括小行星本身在内的大量岩石将化为灰尘，被高高抛入大气层。这些粉末状的岩石中有一些会马上倾洒而落，但还是有很多会悬在空中。整个世界都会持续数周甚至数月的暗无天日。植物和藻类会因缺乏阳光而死亡。以植被为生的植食性动物会挨饿，在饱食了植食性动物和其他死去动物的尸体一段时间后，食肉动物也会耗尽食物。全世界的陆地和海洋，许多生物都会在黑暗中死去。

仅从一层黏土就可以推测出这么多信息！但这还只是探索的开始。阿尔瓦雷斯团队和其他许多科学家开始研究世界各地白垩纪–第三纪大灭绝界线的岩层。他们发现了其他许多地方也显示出铱含量的激增。他们发现了熔化的玻璃和被震碎的石英颗粒，这是从天而降的爆炸岩层的残骸。

最重要的是，他们发现了陨石坑。在墨西哥尤卡坦半岛底下留有撞击的残骸。它被埋在990到3 300英尺厚（302到1 006米）的新生代岩层下面，所以无法直接被看到。但是通过从地面钻取岩芯，之后使用更先进的扫描技术，他们发现了一个直径为112英里（180公里）的陨石坑，正好在阿尔瓦雷斯团队预测的适当范围内！这座陨石坑现在被称为希克苏鲁伯陨石坑，是以一个小镇的名字命名的，这个小镇靠近钻取第一个岩芯的地方，该岩芯证明了撞击的存在。

所以，很多人认为白垩纪–第三纪大灭绝已经有解答了。这次巨大爆炸的冲击力使中生代和恐龙时代走向尽头。

水深火热

然而，事实证明，这个故事有点复杂。希克苏鲁伯撞击几乎可以肯定是这次灭绝中最重要的事件，但它不是唯一的。肯定有些变化在这之前已经发生，助推了恐龙统治的终结。

其中一个事件是当时是火山活动的高峰期。大约在7 000万年前，美国西部落基山脉的隆起方式发生了变化：从向上挤压地壳碎片转变为一系列强烈的火山爆发。然而，更重要的是发生在世界另一边的事件。从希克苏鲁伯撞击前大约50万年开始，一系列巨大的熔岩流开始出现于现在的印度西部。它们是德干地盾火山。在一次又一次的喷发中，123 000立方英里（512 000立方千米）的熔岩在100万年的时间跨度里遍布印度和附近的海洋。这是一个惊人的熔岩量。如果你把它均匀地分布在当今的整个北美洲，它将形成一层79英尺（24米）深的地层。与二叠纪末期西伯利亚地盾火山的熔岩流相比，这个可能是小规模，但它仍然是地球历史上最大的熔岩流之一。

西伯利亚地盾火山可能是导致二叠纪-三叠纪大灭绝的原因，这是已知最大的一次大灭绝。因此，德干地盾可能在白垩纪-第三纪大灭绝中起了一定的作用。就像希克苏鲁伯撞击一样，德干地盾也会产生灰尘，减弱世界各地的阳光。它可能不会使世界完全陷入黑暗，但会使白垩纪动植物的生存条件变得非常恶劣。

362

另一个环境变化与水有关，而不是火。最初，海平面上升得如此之高，以至于白垩纪的大部分时

白垩纪末期的印度，两只萨尔塔龙科恐龙伊希斯龙目睹了德干地盾火山的喷发。

间里，大部分大陆都被洪水淹没，大约在6 900万年前，海平面开始回落。导致了落基山脉火山变化的同一板块构造活动，也导致了海平面的下降。更多的陆地露了出来，因此曾经靠近海洋的地区现在变得离海远了。气候会发生变化，冬天更为严酷，夏天更加炎热。而且，那些温暖的浅海充满了浮游生物，它们是海洋食物链的基础。随着内海的流失，地球表面被水覆盖的面积大大减少。水面越少，浮游生物就越少；浮游生物越少，其他海洋生物可以食用的食物也就越少。

可能火山和海平面的变化（单独作用或者两者兼有）都不会导致恐龙时代的终结。但我们知道，这些事件确实发生了，它们一定给陆地和海洋上的许多动物和植物的生活带来了困难。而这些已经生活在紧张环境中的生物，在小行星最终撞击时面临了被毁灭的命运。

从灰烬中重生

单是希克苏鲁伯撞击是否足以终结中生代，我们永远无法确定。不管怎么说，海平面下降、火山爆发和小行星爆炸的综合作用，给这个世界留下了满目疮痍。

363

一些灭绝的模式是说得通的。例如，在海洋中，许多类型的藻类，特别是形成白垩的藻类的消失，会导致大型的、行为活跃的动物，比如沧龙类、蛇颈龙类和黄昏鸟类饿肚子。许多古生物学家认为菊石类以浮游生物为食，所以它们的消失也是说得通的。就像今天的巨型蛤蜊一样，固着蛤类和叠瓦蛤类可能需要藻类长在它们的组织里，才能生长和生存，所以一个陷入黑暗的世界可能会让它们走入绝境。

陆地上的物种灭绝也有一些方面符合撞击说。恐龙类和翼龙类是相当大的动物，新陈代谢活跃，所以它们需要大量的食物。在一个黑暗的世界里，植食性动物会随着植物的死亡而饿死，食肉动物随之也会饿死。但像哺乳动物这样的小型温血动物，出于体型原因，对食物需求量较少。像龟类、蜥蜴和鳄鱼这样的中小型冷血动物也需要较少的食物，因为它们的新陈代谢很慢。

但其他模式更难解释。众所周知，在现代世界，青蛙对环境的变化非常敏感，但它们那时却活了下来。为什么今鸟类存活下来，而鱼鸟类或反鸟类却没有？在某些情况下，可能碰巧是运气罢了，一个类群碰巧找到了足够的食物渡过难关，而其他类群则没有。

不管具体情况如何，灾难最终还是结束了。尽管许多植物已经死亡，但它们的种子和孢子仍然存在，它们重新开始生长。幸存下来的动物发现它们面对着一个大型动物几乎完全消失的世界，很像三叠纪初期，当时主要的潜在竞争对手是两栖动物、似哺乳爬行动物和爬行动物。

这次就不一样了。两栖动物再次幸存下来，但当不得不进行繁殖时，它们仍然被困在水塘里。鳄龙类和鳄类是海洋之外最大的动物，但灭绝事件几乎消灭了所有陆生的种类，所以它们大多数只是淡水猎手。龟、蜥蜴和蛇具有多样性的，但它们都是冷血动物。因此，这一次，较量就在温血动物，即鸟类——唯一幸存的恐龙——和哺乳动物之间了。

起初鸟儿们表现不错。古近纪有些最大型的掠食者是6英尺（1.8米）长的不会飞的鸟类，比如不飞鸟。但在很大程度上，是哺乳动物继承了这个世界。在几百上千万年的时间里，哺乳动物形成了许多不同的生态习性，也就是所谓的适应性辐射。会飞的哺乳动物（蝙蝠）出现了，各种各样的海生哺乳动物，海牛、鲸鱼、海豹和其他现已灭绝的类群，也出现了。陆地上的类群也多种多样：小啮齿动物、食草的有蹄类、大象、潜行的掠食者等。在树上，一群非常聪明的有胎盘类演化出了可以用来抓物的手和指甲，而不是爪子。这种新的树栖动物类群是灵长类动物，它们是胎盘动物自白垩纪末期以来的后代。最终，在数千万年的时间里，灵长类动物更加多样化，变成狐猴、猴子、猿和猿人。大约在20万年前，一种非常聪明和成功的灵长类动物演化而

一些新生代的哺乳动物和恐龙一样奇怪且神奇，如剑齿猫科动物剑齿虎（后）和巨大的地懒——美洲大地懒（前）！

出。那就是智人，换句话说，是我们。

而在不到那段时间的千分之一里，我们对中生代地层进行了研究，发现世界上曾经有一群令人惊叹的爬行动物：恐龙。

恐龙还活着？

这些“可怕的巨大的爬行动物”已经有6 550万年没有在地球上行走了。客观地说，鸟类物种和哺乳动物物种的比例是9 000 ∶ 4 500（2 ∶ 1），所以从某种意义上说，恐龙如今依然活得很好。但在大多数新生代环境中，最重要的动物——顶级食肉动物、杂食动物和草食动物，都是哺乳动物。那些巨大的恐龙不再与我们同在，它们永远不会回来了。

又或许不是？每隔一段时间，就有人声称恐龙和其他中生代爬行动物仍然蛰伏在遥远的地方。你可能听说过这样的说法，探险家在非洲报告说看到了活着的蜥脚类。或者你可能读到过文字，说从海里捞上来腐烂的蛇颈龙类尸体。但不幸的是，这些都不过是骗局或误会。“蛇颈龙类”的尸体原来是腐烂的姥鲨类。至于有关蜥脚类的报道，从来没有可靠的物证支持。即使是希望成真，我们也不能让一些口说无凭的虚假变成真实。毕竟，直到今天，人们都声称看到活着的歌手埃尔维斯·普雷斯利（猫王）在超市里购物，尽管他在1977年就去世了！

也许我们不需要找到活着的蜥脚类、暴龙科恐龙或其他非鸟类恐龙，而是可以让它们复活？迈克尔·克莱顿（Michael Crichton）的《侏罗纪公园》（*Jurassic Park*）一书（以及基于这本书的电影）就采用了这一理念。克莱顿认为，通过找出恐龙的DNA，我们可以拼凑出完整的基因指令或基因组，来克隆恐龙。但这个想法只是科幻小说。到目前为止，还没有人发现恐龙的DNA化石。已经发现了一些破损的软组织，但没有证据表明DNA链仍在其中。

即使我们能找到DNA的碎片，比如从年代要近得多的化石，诸如真猛犸象和尼安德特人的化石里发现的零星碎片，但它们仍然不够完好。要制造出真正的恐龙，你必须拥有该物种100%的基因组。用其他物种基因填补空白是不行的。相比之下，人类和黑猩猩的DNA大约有98.5%相同。这小小的1.5%造成了人类和黑猩猩之间的大相径庭！正是这些DNA的小小差异决定了你究竟是能够阅读这本书的人类，还是一只吊在树上、用脚抓住这本书的大猩猩。如果有人发现恐龙的DNA片段，我会很高兴的，因为这将是一个伟大的研究。但克隆恐龙几乎肯定永远不会发生。

但还有另一种方法可以让恐龙复活。这是一种更好的方法，它会随着每年和每次的发现而改进。那就是古生物学。通过观察化石和岩层中的证据，通过与现代动物的比较，通过用我们的眼睛、用计算机研究古老的骨骼，我们可以让“有趣的”恐龙重新在我们的脑海中鲜活起来。当我们将想象力的神奇与理性的力量相结合时，恐龙的时代将继续存在。

《侏罗纪公园》会成真吗？

蒙大拿州立大学

玛丽·希格比·施魏策尔博士（Dr. Mary Higby Schweitzer）

365

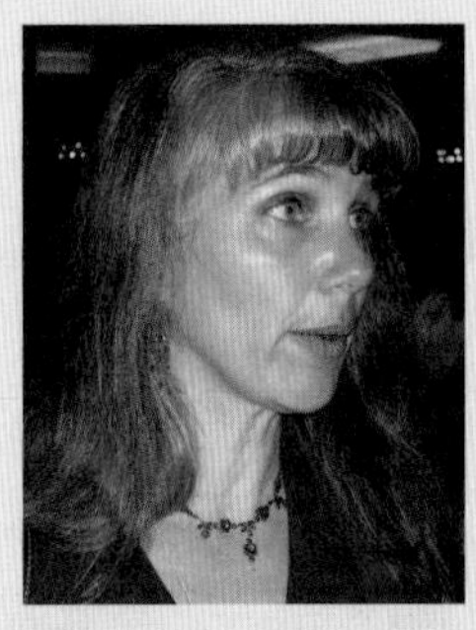

图片由玛丽·希格比·施魏策尔提供

《侏罗纪公园》系列电影为恐龙科学带来了极大的关注度，也让人们以全新的方式看待恐龙。这部电影是基于这样一种想法：DNA，一种携带遗传信息的使所有生物都独一无二的分子，可以从化石中获取，并用来“培育”新的恐龙。这真的会发生吗？

好吧，如果我有办法，我会让它成真。我最想要的就是在我家后院建一个恐龙养殖场。但遗憾的是，要让恐龙复活还有太多的障碍——即使是不吃人的那些也不行。

作为一名恐龙科学家，我的工作是研究骨骼和牙齿，有时是皮肤和肌肉，寻找动物活着时的残留分子。这需要大量的化学知识，以及其他科学家用来研究生物体细胞和过程的技术。虽然我们还不能证明DNA仍然存在于古老的恐龙骨骼中，但我们可以证明蛋白质和其他分子的碎片仍然存在。通过研究恐龙化石的一部分，即分子的化学痕迹，我们可以了解它们是如何生活的，以及与它们一起生活的生物，如植物和微生物。

对恐龙分子的研究也能让我们更清楚地了解恐龙与现生动物的关系。利用研究活体动物蛋白质和DNA的方法，我们将恐龙分子的碎片和活体动物的碎片进行比较，看看它们有多相似。这有助于我们了解分子在演化过程中是如何变化的，以及它们与有亲缘关系的现生动物分子的相似程度。

我在实验室里的工作和人们说起恐龙科学或谈及在奇妙的荒地里挖掘骨骼时所设想的不太一样。然而，这类信息也很重要，让我们对恐龙及其居住环境有很多了解。

烧杯里的恐龙？不太可能是真的！但未来将为我们带来了解恐龙的全新方式。

恐龙属名表

在这个表中，我试图根据中生代恐龙所属的类群来排列所有已知的恐龙属。你可能还记得，属是我们谈论恐龙时常用的单个词的名字。暴龙、三角龙和大鹅龙都代表着一个属。每个属是由一个或多个种组成的类群。大多数恐龙属仅有一个物种已知，少数（如皮萨诺龙、迷惑龙和埃德蒙顿龙）则有几个不同的种被人们所知。

需要注意的是：我没有把新生代的鸟类属名列入这个名单，它们实在太多了！由于恐龙的发现和命名速度大约保持在每月两个新属，这个列表将缺少一些最新的名称。（这样一本有插图的书，从付梓到书店和图书馆展示成品书之间至少间隔三个月的时间。）此外，在某些情况下，某特定属在某类群中的位置是非常不确定的。当一个属只能从一件非常不完整的化石中被人们得知，或者当它具有令人困惑的特征时，就会发生这种情况。我已经将一些恐龙属名排除掉了，它们仅仅基于残缺不全的化石材料，以至于很难说出它们属于哪一个类群。

一些恐龙目前还没有专有名称。例如，有些恐龙曾经被称为“*Syntarsus*”（合踝龙的旧称）、“*Diceratops*”（双角龙的旧称）和“*Ingenia*”（母驼龙的旧称）。遗憾的是，也有一些昆虫也叫作“*Syntarsus*”“*Diceratops*”和“*Ingenia*”，而且还是先得名的！所以根据命名规则，虫子保留了名字，恐龙则需要新的名字。此外，有些恐龙化石曾经被认为是某一已命名的属的物种，但现在新的研究表明它们自成一属。当新的研究完成后，它们最终会拥有自己的属名。因为这些物种有些十分有趣，我也就把它们放在表里了。

（如果您想查看此列表的最新版本，请访问我的网站：www.geol.umd.edu/~tholtz/dinoappendix. 和 www.geol.umd.edu/~tholtz/dinoappendix/.）

我列出了每个属的名称和含义。

我还给出了恐龙的生存年代：它所来自的地质纪元和生活的大致时间。遗憾的是，我们对一只恐龙有多古老的了解仅限于对发现它们的岩层年龄的了解。一些岩层的年龄是众所周知的，对于这类恐龙来说，时间范围就比较小了。但其他恐龙的生存年代就不那么好确定了。

我根据最大的标本给出了这些恐龙的长度。（当然，对于那些只发现了宝宝阶段化石的恐龙来说，所谓的“最大的标本”其实比成年恐龙要小得多！）由于大多数恐龙都是从不完整的化石中发现的，所以这些测量结果往往只是猜测。特别大胆的猜测都会打上问号。

重量更难确定。一只只有几磅重的恐龙宝宝可以长成几十吨重的成年恐龙。所以我力所能及地给出了最大个体的重量。但是，我没有给出确切的数字（确切数字听似准确，但实际上也只是猜测），而是列出了差不多大小的现代动物。不过，就和长度一样，有很多恐龙属只能从非常不完整的化石中得知。对于那些能猜出大概重量的，我会在重量旁边打一个问号；对于那些很难猜出来的，我就只打一个问号。

我还列出了恐龙的发现地。当然，它们也生活在别的地方。事实上，几乎可以肯定，如果一个恐龙物种是从蒙大拿州和新墨西哥州的化石中发现的，那么它几乎肯定也生活在这两个州之间。只是我们还没找到它们。

原始恐龙型类——恐龙的近亲（第11章）

以下这些不是真正的恐龙，但它们是我们所知道的恐龙的近亲。

名称	含义	年代	长度	重量	发现地	注解
无父龙（*Agnosphitys*）	“父亲”不详	晚三叠世（2.165亿—2.036亿年前）	2.3英尺（70厘米）	鸡	英格兰	尚不确定是恐龙还是其近亲。
坎普龙（*Camposaurus*）	美国古生物学家查尔斯·刘易斯·坎普的爬行动物	晚三叠世（2.28亿—2.165亿年前）	9.8英尺（3米）？	海狸	美国亚利桑那州	以前曾被认为是一只埃雷拉龙类或腔骨龙超科恐龙。人们知之甚少。
真腔骨龙（*Eucoelophysis*）	真正的腔骨龙	晚三叠世（2.28亿—2.165亿年前）	9.8英尺（3米）	海狸	美国新墨西哥州	曾一度被认为是一只腔骨龙超科恐龙（属于兽脚类）。
兔蜥（*Lagerpeton*）	兔子爬行动物	中三叠世（2.37亿—2.28亿年前）	2.6英尺（80厘米）	鸡	阿根廷	可能曾像兔子一样跳跃。
兔鳄（*Lagosuchus*）	兔子鳄鱼	中三叠世（2.37亿—2.28亿年前）	1.7英尺（51厘米）	鸽子	阿根廷	可能和马拉鳄龙是相同的物种。
刘氏鳄（*Lewisuchus*）	美国清修师阿诺德·刘易斯的鳄鱼	中三叠世（2.37亿—2.28亿年前）	3.8英尺（1.2米）	鸡	阿根廷	有人认为它和伪兔鳄是同一种生物；也有人认为它是鳄鱼的原始亲戚。
马拉鳄龙（*Marasuchus*）	（南美洲的外表和行动都像兔子的啮齿动物）鳄鱼	中三叠世（2.37亿—2.28亿年前）	1.7英尺（51厘米）	鸽子	阿根廷	最初被认为是一种兔鳄。
伪兔鳄（*Pseudolagosuchus*）	假的兔鳄	中三叠世（2.37亿—2.28亿年前）	4.3英尺（1.3米）	鸡	阿根廷	可能和刘氏鳄是相同物种。
跳龙（*Saltopus*）	跳跃的脚	晚三叠世（2.165亿—2.036亿年前）	2英尺（60厘米）	鸽子	苏格兰	人们对跳龙的了解仅仅来自它们骨骼分解后留在岩层中的空隙：一种“模具”化石。
斯克列罗龙（*Scleromochlus*）	硬支点	晚三叠世（2.165亿—2.036亿年前）	8英寸（20厘米）	燕子	苏格兰	有些人认为它们是翼龙类（会飞的爬行动物）的祖先。
西里龙（*Silesaurus*）	西里西亚（波兰）的爬行动物	晚三叠世（2.28亿—2.165亿年前）	7.5英尺（2.3米）	火鸡	波兰	从许多个体被人们所知。目前已知的与恐龙关系最密切的亲属之一。
椎体龙（*Spondylosoma*）	脊椎组成的身体	中三叠世（2.37亿—2.28亿年前）	?	?	巴西	可能是原始恐龙型类早期恐龙和其他主龙类的骨骼混在了一起。
科龙（*Technosaurus*）	德州理工大学爬行动物	晚三叠世（2.28亿—2.165亿年前）	3.3英尺（1米）？	海狸	美国德克萨斯州	只有一个颌骨被人们所知。一度被认为是一只原始鸟臀目恐龙。
巴西大龙（*Teyuwasu*）	大蜥蜴	晚三叠世（2.28亿—2.165亿年前）	?	海狸	巴西	仅有右腿股骨到胫骨的部分被人们所知。
三叠鳄（*Trialestes*）	三叠世的小偷	晚三叠世（2.28亿—2.165亿年前）	?	火鸡	阿根廷	这具骨架的前肢可能实际上属于一只原始的鳄鱼亲戚。

原始蜥臀目——早期蜥蜴臀恐龙（第12章）

以下恐龙是蜥臀目这个类群的成员，但它们究竟是兽脚类中最古老、最原始的成员，还是在兽脚类和蜥脚型类的共同祖先首次演化出之前就从谱系树上分化出来，仍存在争议。

名称	含义	年代	长度	重量	发现地	注解
艾沃克龙（*Alwalkeria*）	纪念英国古生物学家艾里克·沃克	晚三叠世（2.28亿—2.036亿年前）	1.6英尺（50厘米）？	火鸡	莱索托	仅从一件不完整的标本中被人们所知，甚至可能都不是恐龙。
始盗龙（*Eoraptor*）	初始的窃贼	晚三叠世（2.28亿—2.165亿年前）	3.3英尺（1米）	海狸	阿根廷	从许多具骨架被人们所知，为我们提供了观察早期恐龙的最佳机会。
瓜巴龙（*Guaibasaurus*）	巴西里奥瓜巴的爬行动物	晚三叠世（2.28亿—2.165亿年前）	6.6英尺（2米）	海狸	巴西	身形细长的早期蜥臀目恐龙。
中国龙（*Sinosaurus*）	中国爬行动物	早侏罗世（1.996亿—1.83亿年前）	?	?	中国	仅从一件长着些许牙齿的颌部被人们所知。可能是原始的肉食性蜥臀目恐龙、真兽脚类或者非恐龙的食肉动物。

埃雷拉龙科——原始蜥臀目恐龙（第12章）

以下恐龙都是埃雷拉龙科的成员，它们是一群原始的蜥臀目恐龙。一些古生物学家认为它们是极度原始的兽脚类。

名称	含义	年代	长度	重量	发现地	注解
盒龙（*Caseosaurus*）	美国古生物学家E. C. 凯斯［Case］的爬行动物	晚三叠世（2.28亿—2.165亿年前）	6.6英尺（2米）？	狼?	美国宾夕法尼亚州	可能与钦迪龙是相同物种。
钦迪龙（*Chindesaurus*）	钦迪化石点［亚利桑那州］的爬行动物	晚三叠世（2.28亿—2.165亿年前）	6.6英尺（2米）？	狼	美国亚利桑那州和新墨西哥州	发现的第一件样本获得了“杰提”的昵称，该名来自于一只早年的卡通恐龙。
埃雷拉龙（*Herrerasaurus*）	阿根廷农民维克托里奥·埃雷拉的爬行动物	晚三叠世（2.28亿—2.165亿年前）	13.1英尺（4米）	灰熊	阿根廷	一只强大的猎手，但可能是体型更为巨大的掠食者——劳氏鳄类蜥鳄的盘中餐。
南十字龙（*Staurikosaurus*）	南方十字爬行动物	晚三叠世（2.28亿—2.165亿年前）	6.6英尺（2米）	狼	巴西	许多年来，它都是人们已知的最古老、最原始的恐龙。

腔骨龙超科——口鼻部有内凹的恐龙（第13章）

腔骨龙超科是一群非常成功的原始兽脚类。

名称	含义	年代	长度	重量	发现地	注解
腔骨龙（*Coelophysis*）	中空形态	晚三叠世（2.28亿—2.036亿年前）	8.9英尺（2.7米）	海狸	美国亚利桑那州和新墨西哥州	已知最为完整的腔骨龙超科恐龙。“幽灵牧场”采石场发现了数十具独立的骨架（其中许多都是完整的）。

（续表）

名称	含义	年代	长度	重量	发现地	注解
双脊龙（*Dilophosaurus*）	双脊冠的爬行动物	早侏罗世（1.996亿—1.896亿年前）	23英尺（7米）	灰熊	美国亚利桑那州	尽管一些电影会这样刻画，但这只恐龙没有颈部皮膜，也没有任何证据表明它可以喷出毒液。
哥斯拉龙（*Gojirasaurus*）	哥斯拉爬行动物	晚三叠世（2.165亿—2.036亿年前）	18英尺（5.5米）	狮子	美国新墨西哥州里昂市	获得此名并不是因为它尤为巨大，也并非因为它看起来与日本电影中的怪物哥斯拉特别相似。而是它的发现者（美国古生物学家肯·卡彭特）是哥斯拉的忠实粉丝，所以他想以他的“英雄”命名一只恐龙。
理理恩龙（*Liliensternus*）	致敬德国古生物学家雨果·吕勒·理理恩斯坦	晚三叠世（2.165亿—2.036亿年前）	16.9英尺（5.2米）	狮子	德国	尽管已被人们所知几十年，但这只恐龙尚未被完整描述。
巨殁龙（*Megapnosaurus*）	巨大的死亡爬行动物	早侏罗世（1.996亿—1.896亿年前）	7.2英尺（2.2米）	海狸	南非；津巴布韦；英格兰？	更为人所知的名字是“*Syntarsus*”，但这正好是一只甲虫的名字！一些古生物学家认为它是腔骨龙属中一个晚期存活的物种。
快足龙（*Podokesaurus*）	足部敏捷的爬行动物	早侏罗世（1.896亿—1.756亿年前）	4.9英尺（1.5米）	火鸡	美国马萨诸塞州	这只恐龙的原始标本，也是迄今为止唯一确定的标本，不幸地在博物馆的一场火灾中被毁。
原美颌龙（*Procompsognathus*）	先于美颌龙	晚三叠世（2.165亿—2.036亿年前）	3.6英尺（1.1米）	鸡	德国	一只非常小的腔骨龙超科恐龙，可能与斯基龙和快足龙有亲缘关系。
肉龙（*Sarcosaurus*）	肌肉爬行动物	早侏罗世（1.996亿—1.965亿年前）	?	羊	英格兰	虽然有多件骨骼被人们所知，但还不足以确定它确切的样子。
斯基龙（*Segisaurus*）	[亚利桑那]斯基峡谷爬行动物	早侏罗世（1.896亿—1.756亿年前）	4.9英尺（1.5米）	火鸡	美国亚利桑那州	从一件除了没有头骨、几乎完整骨架中被人们所知。曾经被错误地认为骨骼是实心的；进一步的检查表明它们是中空的，就像其他兽脚类的骨骼一样。
恶魔龙（*Zupaysaurus*）	恶魔爬行动物	晚三叠世（2.165亿—1.996亿年前）	16.9英尺（5.2米）	狮子	阿根廷	一只中等大小长有脊冠的腔骨龙超科恐龙，曾被认为是已知最古老的坚尾龙类恐龙。
无正式属名，之前叫作艾伦勒“理理恩龙”（“*Liliensternus*” *airelensis*）		早侏罗世（1.996亿—1.965亿年前）	9.8英尺（3米）	狮子	法国	原先被认为是理理恩龙属的一个早期种。
无正式属名，之前叫作凯氏“合踝龙”（“*Syntarsus*” *kayentakatae*）		早侏罗世（1.996亿—1.896亿年前）	7.1英尺（2.2米）	海狸	美国亚利桑那州	原先被认为是“*Syntarsus*”（合踝龙的旧称，现在叫作巨殁龙）属的一个种。有一对小脊冠。
无正式属名，之前叫作坎布里奇“镰齿龙”（“*Zanclodon*” *cambrensis*）		晚三叠世（2.036亿—1.996亿年前）	?	?	英格兰	只从一件颌骨被人们所知。
尚未正式命名		早侏罗世（1.996亿—1.896亿年前）	3.6英尺（1.1米）？	鸡？	美国亚利桑那州	尚未被描述，是一只小型腔骨龙超科恐龙。

原始角鼻龙类——早期角鼻龙类（第13章）

以下恐龙是角鼻龙类的成员，但它们不属于特化程度更高的角鼻龙类恐龙类群，即西北阿根廷龙科或阿贝力龙超科。

名称	含义	年代	长度	重量	发现地	注解
恷鳄龙（*Betasuchus*）	鳄鱼“B”	晚白垩世（7 060万—6 550万年前）	?	?	尼德兰	最初被认为是一只似鸟龙类。
角鼻龙（*Ceratosaurus*）	有角爬行动物	晚侏罗世（1.557亿—1.508亿年前）	20英尺（6.1米）	马	美国科罗拉多州和犹他州；坦桑尼亚?	已知最为完整的角鼻龙类。它的鼻子上具有一个形状独特的狭窄的脊冠，每只眼睛前面也各有一只较小的脊冠。第一只发现完整骨架的大型兽脚类。
川东虚骨龙（*Chuandongocoelurus*）	中国川东虚骨龙	中侏罗世（1.677亿—1.612亿年前）	?	?	中国	可能是轻巧龙的近亲。
虚骨形龙（*Coeluroides*）	类似虚骨龙	晚白垩世（7 060万—6 550万年前）	?	?	印度	尾椎类似但大于巴贾尔普尔龙的尾椎（可能是该物种的幼年体）。
轻巧龙（*Elaphrosaurus*）	跑得快的爬行动物	晚侏罗世（1.557亿—1.508亿年前）	20.3英尺（6.2米）	狮子	坦桑尼亚；可能也有美国科罗拉多州	长期以来被认为是最原始的似鸟龙类，但仍被一些人认为是最后的腔骨龙超科恐龙。不幸的是，它的头骨尚未被发现。
膝龙（*Genusaurus*）	膝盖爬行动物	早白垩世（1.12亿—9 960万年前）	9.8英尺（3米）?	?	法国	可能是一只真正的阿贝力龙科恐龙。
锐颌龙（*Genyodectes*）	颌部啃噬者	早白垩世（1.25亿—9 960万年前）	?	犀牛?	阿根廷	南美洲最早发现的恐龙之一。它似乎是角鼻龙的近亲，但仅从部分颌部被人们得知。
肌肉龙（*Ilokelesia*）	食肉爬行动物	晚白垩世（9 700万—9 350万年前）	?	?	阿根廷	有些人认识它是一只真正的阿贝力龙科恐龙。
贾巴尔普尔龙（*Jubbulpuria*）	来自贾巴尔普尔［印度］	晚白垩世（7 060万—6 500万年前）	?	?	印度	从两件小小的脊椎被人们所知。
芦沟龙（*Lukousaurus*）	卢沟桥［中国］爬行动物	早侏罗世（1.996亿—1.83亿年前）	?	?	中国	仅从一件小小的前半部头骨被人们所知。不一定是恐龙！
皮尔逊龙（*Piveteausaurus*）	法国古生物学家让·皮尔逊的爬行动物	中侏罗世（1.647亿—1.612亿年前）	36英尺（11米）?	犀牛?	法国	有着与角鼻龙相似的脑壳。有人认为它是一只巨齿龙科恐龙。
棘椎龙（*Spinostropheus*）	棘（神经棘）脊椎	早白垩世（1.364亿—1.25亿年前）	20.3英尺（6.2米）	狮子	尼日尔	最初被当成轻巧龙的晚期物种。

西北阿根廷龙科——身形细长的角鼻龙类（第13章）

西北阿根廷龙科恐龙是一群有着细长后肢，能快速奔跑的角鼻龙类，十分多样化。

名称	含义	年代	长度	重量	发现地	注解
巴哈利亚龙（*Bahariasaurus*）	巴哈利亚［埃及］的爬行动物	早白垩世至晚白垩世（1.12亿—9 350万年前）	39.4英尺（12米）？	犀牛	埃及；尼日尔？	可能和三角洲奔龙是同一只恐龙。
巧鳄龙（*Compsosuchus*）	精巧的鳄鱼	晚白垩世（7 060万—6 550万年前）	?	?	印度	只从一件颈椎被人们所知。
三角洲奔龙（*Deltadromeus*）	三角洲奔跑者	早白垩世至晚白垩世（1.12亿—9 350万年前）	26.2英尺（8米）	犀牛	摩洛哥；埃及？	头部尚未发现。三角洲奔龙的牙齿常常放在岩层化石商店中出售，但是我们根本不知道那些到底是不是三角洲奔龙的牙齿！
福左轻鳄龙（*Laevisuchus*）	轻巧的鳄鱼	晚白垩世（7 060万—6 550万年前）	?	?	印度	人们对这只小型兽脚类知之甚少。
小力加布龙（*Ligabueino*）	意大利恐龙猎人吉安卡洛·力加布的爬行动物	早白垩世（1.3亿—1.2亿年前）	2.3英尺（70厘米）	?	阿根廷	最古老的西北阿根廷龙科恐龙之一。
恶龙（*Masiakasaurus*）	邪恶的爬行动物	晚白垩世（7 060万—6 550万年前）	4.9英尺（1.5米）	海狸	马达加斯加	已知最为完整的西北阿根廷龙科恐龙，有着不同寻常的牙齿。
西北阿根廷龙（*Noasaurus*）	西北阿根廷的爬行动物	晚白垩世（7 060万—6 550万年前）	7.9英尺（2.4米）	海狸	阿根廷	这只恐龙的一只巨大的爪子曾一度被认为是类似恐爪龙类那样的足爪，但事实是一只手爪。
速龙（*Velocisaurus*）	快速的爬行动物	晚白垩世（8 600万—8 300万年前）	?	鸡	阿根廷	除了足部，人们对它没有太多了解。

阿贝力龙科——短臂角鼻龙类（第13章）

阿贝力龙科恐龙是晚白垩世南方大陆的顶级掠食者。它们的特点是短短的口鼻部、相对较小的牙齿，以及非常短的前肢。

名称	含义	年代	长度	重量	发现地	注解
阿贝力龙（*Abelisaurus*）	阿根廷博物馆馆长罗伯特·阿贝力的爬行动物	晚白垩世（8 300万—7 800万年前）	21.3英尺（6.5米）？	犀牛	阿根廷	第一只被人们所知的阿贝力龙科恐龙，人们认识到它属于独立的类群。仅从一件巨大的、几近完整的头骨中被认知。
奥卡龙（*Aucasaurus*）	奥卡·瓜伊巴［阿根廷的遗址］的爬行动物	晚白垩世（8 300万—7 800万年前）	13.8英尺（4.2米）	灰熊	阿根廷	从一件非常完整，但尚未被充分描述的骨架中被人们所知。
食肉牛龙（*Carnotaurus*）	［吃］肉的牛	晚白垩世（8 350万—6 550万年前）	26.2英尺（8米）	犀牛	阿根廷	第一只从相对完整的骨架（有皮肤印痕）被人们所知的阿贝力龙科恐龙，骨架表明这些恐龙前肢高度退化。
伤形龙（*Dryptosauroides*）	类似伤龙	晚白垩世（7 060万—6 550万年前）	?	大象?	印度	从尾椎被人们所知，该阿贝力龙科恐龙比肉食龙体型还大。

（续表）

名称	含义	年代	长度	重量	发现地	注解
爆诞龙（*Ekrixinatosaurus*）	爆炸中诞生的爬行动物	晚白垩世（9 960万—9 700万年前）	20英尺（6.1）	犀牛	阿根廷	人们用炸药炸开岩层时发现它的，也因此得名！
印度龙（*Indosaurus*）	印度爬行动物	晚白垩世（7 060万—6 550万年前）	?	灰熊?	印度	最初仅从一件不完整的头骨被人们所知；全新且更完整的头骨和骨骼已被发现，但没有完全获得描述。与阿贝力龙相似。
印度鳄龙（*Indosuchus*）	印度鳄鱼	晚白垩世（7 060万—6 550万年前）	?	马?	印度	与印度龙一样，它也被人们知之甚久了，但人们曾经认为它要么是一只肉食龙类，要么是一只暴龙超科恐龙，直到阿贝力龙和食肉牛龙的发现表明，南方存在一群独特的巨型兽脚类。
拉米塔龙（*Lametasaurus*）	拉米塔组的爬行动物	晚白垩世（7 060万—6 550万年前）	?	马?	印度	一些阿贝力龙科的骨骼与鳄类、巨龙类的甲片混在一起在岩层中被发现，此恐龙用这套岩层的名字命名。
玛君龙（*Majungasaurus*）	玛君地区［马达加斯］的爬行动物	晚白垩世（7 060万—6 550万年前）	29.5英尺（9米）	犀牛	马达加斯加	有时被称为“*Majungatholus*”（玛君头龙）。最初它头部厚厚的圆顶被发现时，人们以为它是一只肿头龙类。不同大小个体的几近完整的骨架已被人们所知。
似鸟龙形龙（*Ornithomimoides*）	类似似鸟龙	晚白垩世（7 060万—6 550万年前）	?	?	印度	从一只阿贝力龙科恐龙的尾椎被人们所知。
密林龙（*Pycnonemosaurus*）	茂密森林的爬行动物	晚白垩世（7 060万—6 550万年前）	19.7英尺（6米）	犀牛	巴西	化石于20世纪50年代收集，但直到2002年才被描述。
酋尔龙（*Quilmesaurus*）	［阿根廷的古老土著］酋尔族的爬行动物	晚白垩世（7 280万—6 680万年前）	19.7英尺（6米）	犀牛	阿根廷	仅从一件不完整的后肢骨骼被人们所知。
胜王龙（*Rajasaurus*）	帝王爬行动物	晚白垩世（7 060万—6 550万年前）	19.7英尺（6米）	犀牛	印度	可能和拉米塔龙是同一只恐龙，只不过是从更为完好的化石中被人们已知。
褶皱龙（*Rugops*）	粗糙不平的脸	晚白垩世（9 960万—9 350万年前）	19.7英尺（6米）	犀牛	尼日尔	一只早期阿贝力龙科恐龙。脸上的血管孔表明它的头部被角质块所覆盖。
塔哈斯克龙（*Tarascosaurus*）	塔哈斯克［中世纪法国传说中的怪物］的爬行动物	晚白垩世（8 350万—8 000万年前）	19.7英尺（6米）	犀牛	法国	只有一些脊椎和一件股骨已知，可能不属于同一物种。
怪踝龙（*Xenotarsosaurus*）	脚踝奇怪的爬行动物	晚白垩世（9 960万—9 350万年前）	19.7英尺（6米）?	犀牛?	阿根廷	已知一些脊椎和一件几乎完整的后肢化石。尽管叫这个名字，它的脚踝实际上与其他的角鼻龙类相似。

原始坚尾龙类——早期尾巴坚硬的恐龙（第14章）

以下恐龙是坚尾龙类的成员，但它们显然不是更进步的坚尾龙类类群——棘龙超科、肉食龙类或虚骨龙类的成员。

名称	含义	年代	长度	重量	发现地	注解
比克尔斯棘龙（*Becklespinax*）	纪念英国化石收集家萨缪尔·哈斯本德·比克尔斯	早白垩世（1.3亿—1.25亿年前）	26.2英尺（8米）？	犀牛？	英格兰	仅从一些高的脊椎神经棘被人们所知；这些骨骼曾被认为来自巨齿龙。
吉兰泰龙（*Chilantaisaurus*）	内蒙古吉兰泰［中国］的爬行动物	早白垩世（1.25亿—9 960万年前）	42.7英尺（13米）？	大象	中国	有着巨大弯曲的爪子的巨型兽脚类；可能是一只棘龙超科恐龙（甚至可能是大盗龙的近亲）。
冰脊龙（*Cryolophosaurus*）	冰冻脊冠的爬行动物	早侏罗世（1.896亿—1.83亿年前）	20英尺（6.1）	马	南极洲	头上有一只造型奇特的喇叭形的脊冠。
髂鳄龙（*Iliosuchus*）	髂骨鳄鱼	中侏罗世（1.677亿—1.647亿年前）	4.9英尺（1.5米）？	海狸	英格兰	仅从一对髂骨中被人们得知。
开江龙（*Kaijiangosaurus*）	开江［中国］的爬行动物	中侏罗世（1.677亿—1.612亿年前）	19.7英尺（6米）？	马？	中国	可能是一只原始的肉食龙类。
克拉玛依龙（*Kelmayisaurus*）	克拉玛依市［中国］的爬行动物	早白垩世（时间非常不确定）	？	？	中国	从一些未获得良好描述的颌部中被人们得知。可能是一只肉食龙类而不是一只坚尾龙类。
马什龙（*Marshosaurus*）	美国古生物学家奥瑟尼尔·查尔斯·马什的爬行动物	晚侏罗世（1.557亿—1.508亿年前）	16.4英尺（5米）	狮子	美国犹他州	不完全被人们了解，它有一些特征像棘龙超科，一些像肉食龙类，还有一些像原始虚骨龙类。
大盗龙（*Megaraptor*）	大盗贼	晚白垩世（9 100万—8 800万年前）	29.5英尺（9米）	犀牛	阿根廷	最初被认为有和驰龙科恐龙类似的镰刀状足爪，但事实证明它是一只巨大的肉食龙类或棘龙超科恐龙，有巨大的手爪。
澳洲盗龙（*Ozraptor*）	奥兹国［澳大利亚的别称］的小偷	中侏罗世（1.716亿—1.677亿年前）	6.6英尺（2米）	？	澳大利亚	仅从一件脚踝被人所知，可能是一只肉食龙类。
祖巨蜥鳄（*Razanandrongobe*）	巨大蜥蜴的祖先	中侏罗世（1.677亿—1.647亿年前）	？	？	马达加斯加	从一件非常残缺的标本中被人们所知，该标本的牙齿非常厚。可能是鳄鱼的亲戚，而不是恐龙！
威尔顿盗龙（*Valdoraptor*）	威尔顿群的盗贼	早白垩世（1.3亿—1.25亿年前）	16.4英尺（5米）？	狮子？	英格兰	仅从一只不完整的足部标本被人们所知。
宣汉龙（*Xuanhanosaurus*）	［中国］宣汉县的爬行动物	中侏罗世（1.677亿—1.612亿年前）	19.7英尺（6米）	灰熊	中国	从一些保存良好的前肢和其他骨骼中被得知。
无正式属名，之前叫作中国“双脊龙”（“*Dilophosaurus*” *sinensis*）		早侏罗世（1.996亿—1.83亿年前）	19.7英尺（6米）	灰熊	中国	最初被认为是虚骨龙超科恐龙双脊龙的一个新种，因为它的头上也有一对脊冠。

（续表）

名称	含义	年代	长度	重量	发现地	注解
尚未正式命名		早侏罗世（1.996亿—1.896亿年前）	?	海狸	美国亚利桑那州	已知最古老的坚尾龙类。
尚未正式命名		中侏罗世（1.677亿—1.612亿年前）	26.2英尺（8米）	马	中国	从保存良好的骨架和其他化石材料中被得知，按传统它被称为“四川龙”。不巧的是，这个名字正式属于一组牙齿，与这种特殊的原始坚尾龙类没有明确的联系。

巨齿龙科——原始大型食肉恐龙（第14章）

巨齿龙科包括中侏罗世的许多大型食肉恐龙。

名称	含义	年代	长度	重量	发现地	注解
非洲猎龙（*Afrovenator*）	非洲猎手	早白垩世（1.364亿—1.25亿年前）	24.9英尺（7.6米）	马	尼日尔	在它所生活的时期里，它是一种外貌相当原始的兽脚类。与巨型蜥脚类约巴龙生活在同一时期，可能猎食过幼小的约巴龙。
迪布勒伊洛龙（*Dubreuillosaurus*）	迪布勒伊［发现这只恐龙的家族］的爬行动物	中侏罗世（1.677亿—1.647亿年前）	24.9英尺（7.6米）	马	法国	最初被认为是体格更为健壮的杂肋龙的一个新种。
艾德玛龙（*Edmarka*）	致敬科罗拉多大学的科学家比尔·艾德玛	晚侏罗世（1.557亿—1.508亿年前）	36英尺（11米）	犀牛	美国怀俄明州	许多古生物学家认为它与蛮龙是同一只恐龙，但也有人认为一些艾德玛龙化石应该被视为第三只巨齿龙科恐龙，叫作“雷盗龙”。
优椎龙（*Eustreptospondylus*）	优美弯曲的脊椎	中侏罗世（1.647亿—1.612亿年前）	23英尺（7米）	狮子	英格兰	从一件年幼个体的几乎完整的骨架中被人们得知。有些人认为其是大龙的一个种。
大龙（*Magnosaurus*）	巨大的爬行动物	中侏罗世（1.756亿—1.677亿年前）	?	狮子	英格兰	有些人认为其和美扭椎龙是相同的恐龙。
巨齿龙（*Megalosaurus*）	大的爬行动物	中侏罗世（1.756亿—1.557亿年前）	29.5英尺（9米）	犀牛	英格兰	尽管它是第一个被命名的中生代恐龙，但我们对它了解不多。许多被标记为“巨齿龙”的化石后来被证明来自完全不同种类的兽脚类。
中棘龙（*Metriacanthosaurus*）	中等棘的爬行动物	晚侏罗世（1.612亿—1.557亿年前）	26.2英尺（8米）?	犀牛	英格兰	可能实际上是一只中华盗龙类。
皮亚尼兹基龙（*Piatnitzkysaurus*）	阿根廷地质学家亚力山德罗·玛塔维奇·皮亚尼兹基的爬行动物	中侏罗世（1.647亿—1.612亿年前）	19.7英尺（6米）	灰熊	阿根廷	已知的最为完整的巨齿龙科恐龙之一。

（续表）

名称	含义	年代	长度	重量	发现地	注解
杂肋龙（*Poekilopleuron*）	各种各样的肋骨	中侏罗世（1.677亿—1.647亿年前）	29.5英尺（9米）	犀牛	法国	首批被发现的恐龙之一；最初发现的化石在第二次世界大战中被毁。
扭椎龙（*Streptospondylus*）	扭转的脊椎	中侏罗世至晚侏罗世（1.647亿—1.557亿年前）	?	?	法国	最初被认为是一只鳄类的化石。
蛮龙（*Torvosaurus*）	野蛮的爬行动物	晚侏罗世（1.557亿—1.508亿年前）	39.4英尺（12米）	大象	美国科罗拉多州和犹他州；葡萄牙?	一只体格巨大且健壮的巨齿龙科恐龙，有着强有力的手臂。
无正式属名，之前叫作黄昏“巨齿龙”（“*Megalosaurus*” *hesperis*）		中侏罗世（1.756亿—1.677亿年前）	?	?	英格兰	从类似于真正巨齿龙的颌骨被人们所知，可能是大龙的颌部。

棘龙科——似鳄鱼的恐龙（第14章）

以下恐龙是棘龙科的成员，其特征是具有像鳄鱼一样的口鼻部以及巨大的锥形牙齿。与现代鳄鱼一样，它们的食物可能包括鱼类和陆栖动物。

名称	含义	年代	长度	重量	发现地	注解
崇高龙（*Angaturama*）	高贵的龙	早白垩世（1.12亿—9 960万年前）	26.2英尺（8米）?	犀牛?	巴西	仅从部分头骨被人们已知。可能和激龙是同一只恐龙。
重爪龙（*Baryonyx*）	沉重的爪子	早白垩世（1.402亿—1.12亿年前）	32.8英尺（10米）	犀牛	英格兰；西班牙	原始标本的昵称是“爪子”。
脊饰龙（*Cristatusaurus*）	有脊冠的爬行动物	早白垩世（1.25亿—1.12亿年前）	32.8英尺（10米）?	犀牛?	尼日尔	仅从少许骨头被人们已知。可能和似鳄龙或者重爪龙是相同的恐龙。
激龙（*Irritator*）	激怒者	早白垩世（1.12亿—9 960万年前）	26.2英尺（8米）?	犀牛?	巴西	只从部分头骨被人们所知。它之所以得此名字，是因为研究它的古生物学家对收藏者在头骨上添加假骨骼这件事感到恼火！
暹罗龙（*Siamosaurus*）	暹罗［泰国的旧称］的爬行动物	早白垩世（1.455亿—1.25亿年前）	?	?	泰国	从一些牙齿中被人们所知，牙齿可能来自于鱼类而不是恐龙！
棘龙（*Spinosaurus*）	有棘的爬行动物	晚白垩世（1.12亿—9 350万年前）	52.5英尺（16米）	大象	埃及；摩洛哥；肯尼亚?；突尼斯?	兽脚类中最大的一员。原始标本在第二次世界大战期间被摧毁，但最近发现了一些标本（尽管没有一个是完整的）。
似鳄龙（*Suchomimus*）	仿鳄者	早白垩世（1.25亿—1.12亿年前）	36英尺（11米）	犀牛	尼日尔	有些人认为这只恐龙仅仅是重爪龙来自非洲的一个种。
鳄龙（*Suchosaurus*）	鳄鱼爬行动物	早白垩世（1.402亿—1.25亿年前）	32.8英尺（10米）?	犀牛?	英格兰	最初被认为是一只鳄鱼。可能和重爪龙是相同的恐龙。

原始肉食龙类——早期巨型食肉恐龙（第15章）

晚侏罗世和早白垩世的顶级掠食者是肉食龙类的成员。

名称	含义	年代	长度	重量	发现地	注解
挺足龙（*Erectopus*）	立起的脚	早白垩世（1.12亿—9 960万年前）	?	狮子	法国	原始标本在第二次世界大战中被销毁，但仍有铸型可供研究。
福井盗龙（*Fukuiraptor*）	福井县［日本］的盗贼	早白垩世（1.364亿—1.25亿年前）	16.4英尺（5米）	狮子	日本	当只有包括一只巨爪在内的几块骨骼被发现时，人们认为这是一只巨大的驰龙科恐龙。但随着更多的标本被发现，人们了解到“足爪”原来是一只手爪。
卢雷亚楼龙（*Lourinhanosaurus*）	卢雷亚［葡萄牙］的爬行动物	晚侏罗世（1.508亿—1.455亿年前）	16.4英尺（5米）	狮子	葡萄牙	这种恐龙的许多蛋和胚胎之所以被人们所知，是因为人们发现了卢雷亚楼龙的筑巢地。
单脊龙（*Monolophosaurus*）	单脊冠的爬行动物	中侏罗世（1.677亿—1.612亿年前）	16.4英尺（5米）	灰熊	中国	沿其头骨顶部生长着一只巨大的中空的脊冠。
暹罗暴龙（*Siamotyrannus*）	暹罗［泰国的旧称］的暴君	早白垩世（1.455亿—1.25亿年前）	19.7英尺（6米）?	马?	泰国	最初被认为是一只暴龙超科恐龙。
斯基玛萨龙（*Sigilmassasaurus*）	斯基玛萨［摩洛哥］的爬行动物	晚白垩世（9 960万—9 350万年前）	?	犀牛	摩洛哥；埃及?	一些人认为它和鲨齿龙是同一只恐龙。最初被认为是棘龙的一个种。

中华盗龙科——中国巨型食肉恐龙（第15章）

目前我们已知的中华盗龙科恐龙仅来自中、晚侏罗世的中国。

名称	含义	年代	长度	重量	发现地	注解
气龙（*Gasosaurus*）	天然气爬行动物	中侏罗世（1.677亿—1.612亿年前）	11.5英尺（3.5米）	狮子	中国	一只原始的中华盗龙科恐龙。
中华盗龙（*Sinraptor*）	中国的窃贼	中侏罗世至晚侏罗世（1.677亿—1.557亿年前）	29英尺（8.8米）	犀牛	中国	从一些非常完整的骨架中被人们所知。
永川龙（*Yangchuanosaurus*）	永川县［中国］的爬行动物	晚侏罗世（1.612亿—1.557亿年前）	34.4英尺（10.5米）	犀牛	中国	最大的中华盗龙科恐龙，也是最大的侏罗纪兽脚类之一。

异特龙科——美洲和欧洲巨型食肉恐龙（第15章）

异特龙——所有肉食龙类中最为著名的，是异特龙科这个类群的成员。

名称	含义	年代	长度	重量	发现地	注解
异特龙（*Allosaurus*）	［脊椎］奇异的爬行动物	晚侏罗世（1.557亿—1.508亿年前）	39.4英尺（12米）	犀牛	葡萄牙；美国科罗拉多州、新墨西哥州、犹他州、怀俄明州	侏罗纪最著名的兽脚类，也是所有恐龙中被研究最多的一只。它从几十具骨架被人们所知，其中既有胚胎也有成年体。
食蜥王龙（*Saurophaganax*）	食蜥蜴［恐龙］之王	晚侏罗世（1.557亿—1.508亿年前）	42.7英尺（13米）	大象	美国俄赫拉荷马州	一些人认为它是异特龙的一个巨大的种。

鲨齿龙科——巨型食肉恐龙（第15章）

肉食龙类中最后也是最大的恐龙，鲨齿龙科的成员生活在白垩纪。

名称	含义	年代	长度	重量	发现地	注解
高棘龙（*Acrocanthosaurus*）	高棘的爬行动物	早白垩世（1.25亿—9 960万年前）	39.4英尺（12米）	犀牛	美国俄克拉何马州、德克萨斯州、犹他州，可能还有马里兰州	在暴龙类演化出之前，它是北美洲最大的兽脚类。行迹显示它捕食蜥脚类。
鲨齿龙（*Carcharodontosaurus*）	噬人鲨［大白鲨的学名］爬行动物	早白垩世至晚白垩世（1.12亿—9 350万年前）	39.4英尺（12米）	犀牛	阿尔及利亚；埃及；摩洛哥；尼日尔	虽然没有一件保存良好的骨架被人们所知，但一件几乎完整的头骨和其他各种零星的骨骼已被发现。
南方巨兽龙（*Giganotosaurus*）	巨大的南方爬行动物	晚白垩世（9 960万—9 700万年前）	43.3英尺（13.2米）	大象	阿根廷	兽脚类中最大的一个。从一只不完整的颌骨被人们所知，颌骨比南方巨兽龙的总的原始骨架大8%。
马普龙（*Mapusaurus*）	大地爬行动物	晚白垩世（9 700万—9 350万年前）	41.3英尺（12.6米）	大象	阿根廷	在被描述之前，一些人认为它是南方巨兽龙的一个新种。从一系列不同大小的个体的骨架中被人们所知，表明它们是群居生活的。
新猎龙（*Neovenator*）	新猎手	早白垩世（1.3亿—1.25亿年前）	24.6英尺（7.5米）	马	英格兰	最初被当作是异特龙科成员，口鼻部具有小小的脊冠。
魁纣龙（*Tyrannotitan*）	巨大的暴君	早白垩世（1.25亿—1.12亿年前）	40英尺（12.2米）	大象	阿根廷	一只巨大的鲨齿龙科恐龙。
尚未正式命名		晚白垩世（8 300万—7 800万年前）	37.7英尺（11.5米）	犀牛	阿根廷	已知最后的鲨齿龙科恐龙，它的骨头极度中空。

原始虚骨龙类——早期绒毛恐龙（第16章）

这些小恐龙是虚骨龙类早期成员。

名称	含义	年代	长度	重量	发现地	注解
小猎龙（*Bagaraatan*）	小型掠食者	晚白垩世（7 060万—6 850万年前）	11.2英尺（3.4米）	羊	蒙古	可能是一只暴龙超科恐龙。
虚骨龙（*Coelurus*）	空心的尾巴	晚侏罗世（1.557亿—1.508亿年前）	6.6英尺（2米）	海狸	美国犹他州和怀俄明州	一只后肢长，奔跑速度快的兽脚类。可能是一只早期暴龙超科恐龙。
神鹰盗龙（*Condorraptor*）	赛罗康多［它被找到的地方］的盗贼	中侏罗世（1.647亿—1.612亿年前）	?	海狸	阿根廷	从许多孤零零的骨骼被人们所知，这些骨骼可能仅来自一只个体。
侏罗猎龙（*Juravenator*）	侏罗纪猎手	晚侏罗世（1.557亿—1.508亿年前）	2.6英尺（80厘米）	鸡	德国	最初被认为是一只美颌龙科恐龙。鳞片状皮肤的印痕得以保存，但没有原始羽毛印痕。
内德科尔伯特龙（*Nedcolbertia*）	致敬美国古生物学家埃德温·“内德”·科尔伯特	早白垩世（1.3亿—1.25亿年前）	?	海狸	美国犹他州	一只具有长长后肢的兽脚类，尚不完全被人们所知。
恩霹渥巴龙（*Nqwebasaurus*）	恩霹渥巴［南非］的爬行动物	早白垩世（1.455亿—1.364亿年前）	12英寸（30厘米）	鸡	南非	可能是似鸟龙的早期亲戚。
嗜鸟龙（*Ornitholestes*）	偷鸟者	晚侏罗世（1.557亿—1.508亿年前）	6.6英尺（2米）	海狸	美国怀俄明州和犹他州	可能是原始的暴龙超科恐龙。后肢比虚骨龙的短而粗。
敏捷龙（*Phaedrolosaurus*）	敏捷的爬行动物	早白垩世（非常不确定）	23英尺（7米）?	犀牛?	中国	仅从一件牙齿化石被人们所知。曾经被认为属于敏捷龙的骨骼，现在被赋予了自己的名字：新疆猎龙。
原角鼻龙（*Proceratosaurus*）	早于角鼻龙	中侏罗世（1.677亿—1.647亿年前）	9.8英尺（3米）?	狼	英格兰	仅从一只不完整的头骨被人们所知。可能是早期暴龙超科恐龙。
理查德伊斯特斯龙（*Richardoestesia*）	致敬美国古生物学家理查德·伊斯特斯	晚白垩世（8 350万—6 550万年前）	?	?	遍布美国和加拿大西部	最初的标本只有一对下颌骨，但这种恐龙的牙齿几乎在落基山脉附近的每个州和省都有发现。这是一只真正的神秘恐龙，因为我们还不知道它身体的其他部分是什么样子！
棒爪龙（*Scipionyx*）	西皮奥［意大利地质学家西皮奥内·布莱斯拉克和罗马将军西皮奥］之爪	早白垩世（1.12亿—9 960万年前）	12英寸（30厘米），是恐龙宝宝的长度	鸽子	意大利	仅从刚孵化出来的幼崽被人们所知，所以没人知道这只恐龙会长到多大。唯一已知的标本具有石化的软组织。
长臂猎龙（*Tanycolagreus*）	长有修长四肢的猎手	晚侏罗世（1.557亿—1.508亿年前）	10.8英尺（3.3米）	狼	美国科罗拉多州、犹他州和怀俄明州	可能是一只原始的暴龙超科恐龙。最初被认为是虚骨龙的一个种。
展尾龙（*Teinurosaurus*）	尾巴伸长的爬行动物	晚侏罗世（1.557亿—1.508亿年前）	?	?	法国	仅从一件孤零零的脊椎被人们所知，但在第二次世界大战中被毁掉了。

（续表）

名称	含义	年代	长度	重量	发现地	注解
似提姆龙（*Timimus*）	仿提姆·瑞驰者	早白垩世（1.12亿—9 960万年前）	9.8英尺（3米）？	狼？	澳大利亚	从一件股骨中被人们所知。可能是一只似鸟龙类。
小巧吐谷鲁龙（*Tugulusaurus*）	吐谷鲁组的爬行动物	早白垩世（时间非常不确定）	？	狼	中国	曾经被认为是一只似鸟龙类：它似乎是一只混合了不同类群特征的虚骨龙类。
新疆猎龙（*Xinjiangovenator*）	新疆［中国］的猎手	早白垩世（时间非常不确定）	13.1英尺（4米）	狼	中国	从一件不完整的化石被人们所知，化石的有些特征像小猎龙，另一些则像手盗龙类。

美颌龙科——小型早期虚骨龙类（第16章）

原始虚骨龙类中一个常见的类群即具有短前肢的美颌龙科。

名称	含义	年代	长度	重量	发现地	注解
极鳄龙（*Aristosuchus*）	超级鳄鱼	早白垩世（1.3亿—1.25亿年前）	6.6英尺（2米）	海狸	英格兰	大型美颌龙科恐龙中的一个属。
美颌龙（*Compsognathus*）	精美的颌部	晚侏罗世（1.557亿—1.455亿年前）	4.1英尺（1.3米）	火鸡	法国；德国	最早从近乎完整的骨架中发现的中生代小型恐龙之一。
华夏颌龙（*Huaxiagnathus*）	中国颌部	早白垩世（1.25亿—1.216亿年前）	5.9英尺（1.8米）	海狸	中国	被发现的时候，有些人认为它是一只大型的中华龙鸟。
小坐骨龙（*Mirischia*）	神奇的坐骨	早白垩世（1.12亿—9 960万年前）	6.9英尺（2.1米）	海狸	巴西	这只恐龙的腰带左右两边不对称。
中华龙鸟（*Sinosauropteryx*）	中国有羽毛的爬行动物	早白垩世（1.25亿—1.216亿年前）	4.3英尺（1.3）	火鸡	中国	除鸟翼类以外，第一只被发现具有羽毛（或至少是原羽）的恐龙。

原始暴龙超科——早期暴君恐龙（第17章）

以下的虚骨龙类是暴龙超科的成员，但不属于更进步的暴龙科。

名称	含义	年代	长度	重量	发现地	注解
祖母暴龙（*Aviatyrannis*）	暴君的祖母	晚白垩世（1.557亿—1.508亿年前）	13.1英尺（4米）？	狮子	葡萄牙；美国南达科他州？	仅从少量骨骼和牙齿被人们所知。
簧龙（*Calamosaurus*）	簧片爬行动物	早白垩世（1.3亿—1.25亿年前）	？	？	英格兰	常与簧椎龙和极鳄龙混淆，这只恐龙似乎是一只类似始暴龙的早期暴龙超科恐龙。
帝龙（*Dilong*）	帝王龙	早白垩世（1.282亿—1.25亿年前）	4.9英尺（1.5米）	海狸	中国	原始暴龙类最完整的骨架之一，也是第一只显示它们拥有原羽的恐龙。
伤龙（*Dryptosaurus*）	痛苦的爬行动物	晚白垩世（7 100万年前—6 800万年前）	19.7英尺（6米）	犀牛	美国新泽西州	被发现时，骨架表明这只兽脚类是两足动物。

（续表）

名称	含义	年代	长度	重量	发现地	注解
始暴龙（*Eotyrannus*）	初始的暴君	早白垩世（1.3亿—1.25亿年前）	14.8英尺（4.5米），可能更大	狮子，可能如同灰熊	英格兰	一只四肢长长的早期暴龙类。
冠龙（*Guanlong*）	长着脊冠的龙	晚侏罗世（1.612亿—1.557亿年前）	9.8英尺（3米）	羊	中国；美国	有着早期暴龙超科恐龙中最为完整的骨架，以及令人惊叹的头骨脊。
依特米龙（*Itemirus*）	来自坦伊特米遗址［乌兹别克斯坦］	晚白垩世（9 350万—8 930万年前）	?	?	蒙古	仅从脑壳被人们所知。
屿峡龙（*Labocania*）	来自拉伯坎那罗亚组	晚白垩世（8 350万—7 060万年前）	24.6英尺（7.5米）?	犀牛	墨西哥	第一只来自墨西哥的被命名的兽脚类。
桑塔纳盗龙（*Santanaraptor*）	桑塔纳组的盗贼	早白垩世（1.12亿—9 960万年前）	4.1英尺（1.3米）	海狸	巴西	仅从一件不完整的骨架被人们所知，但是这具骨架上有石化的肌肉组织!
史托龙（*Stokesosaurus*）	美国古生物学家威廉·李·史托的爬行动物	晚侏罗世（1.557亿—1.508亿年前）	13.1英尺（4米）?	狮子?	美国犹他州	已知最古老的暴龙超科恐龙之一。
未正式命名		早白垩世（1.25亿—9 960万年前）	19.7英尺（6米）?	马	中国	之前被认为是原始坚尾龙类吉兰泰龙的一个种。

原始暴龙科——早期巨型暴君恐龙（第17章）

这些恐龙是暴龙科的成员，但是它们既不属于身形细长的艾伯塔龙亚科物种，也不属于巨大的暴龙亚科物种。

名称	含义	年代	长度	重量	发现地	注解
阿莱龙（*Alectrosaurus*）	无配偶的爬行动物	晚白垩世（9 500万—8 000万年前）	16.4英尺（5米）?	马	中国；蒙古	仅从不完整的骨架被人们所知；一只原始的能够快速奔跑的暴龙类。
阿巴拉契亚龙（*Appalachiosaurus*）	阿巴拉契亚的爬行动物	晚白垩世（8 350万—7 600万年前）	21.3英尺（6.5米）	马	美国阿拉巴马州	美国南部迄今为止找到的最完整的恐龙之一。

艾伯塔龙亚科——身形细长的巨型暴君恐龙（第17章）

目前了解到的艾伯塔龙亚科恐龙仅来自北美洲西部。

名称	含义	年代	长度	重量	发现地	注解
艾伯塔龙（*Albertosaurus*）	［加拿大］艾伯塔省的爬行动物	晚白垩世（7 280万—6 680万年前）	28.2英尺（8.6米）	犀牛	加拿大艾伯塔省；美国蒙大拿州	化石显示，它们可能生活在家族群体中，甚至可能成群结队狩猎。
蛇发女怪龙（*Gorgosaurus*）	凶猛的爬行动物	晚白垩世（8 000万—7 280万年前）	28.2英尺（8.6米）	犀牛	加拿大艾伯塔省；美国蒙大拿州	有时候被人们认为是艾伯塔龙属的第二个种，从多具骨架中被人们所知。

暴龙亚科——巨型暴君恐龙（第17章）

在恐龙时代末期，它们是北美洲西部、东亚和中亚的顶级掠食者。

名称	含义	年代	长度	重量	发现地	注解
分支龙（*Alioramus*）	另外的分支	晚白垩世（7 060万—6 850万年前）	19.7英尺（6米）？	马	蒙古	从几件非常漂亮的头骨和一些非常散乱的其他部位的骨骼被人们得知；鼻子上具有一排小突起。有人认为这可能是一只特暴龙的未成年体。
惧龙（*Daspletosaurus*）	可惧的爬行动物	晚白垩世（8 000万—7 280万年前）	29.5英尺（9米）	犀牛	加拿大艾伯塔省；美国蒙大拿州和新墨西哥州	蒙大拿州和新墨西哥州的标本可能代表着惧龙的新种。
矮暴龙（*Nanotyrannus*）	矮小的暴君	晚白垩世（6 680万—6 550万年前）	19.7英尺（6米）	马	美国蒙大拿州	许多古生物学家觉得它不过是一只暴龙的未成年体。
特暴龙（*Tarbosaurus*）	可怕的爬行动物	晚白垩世（7 060万—6 850万年前）	32.8英尺（10米）	犀牛	中国；蒙古	已知来自中国的最大的兽脚类，有时被认为是暴龙的一个种。
暴龙（*Tyrannosaurus*）	暴君爬行动物	晚白垩世（6 680万—6 550万年前）	40.7英尺（12.4米）	大象	加拿大萨斯喀彻温省和艾伯塔省；美国科罗拉多州、蒙大拿州、怀俄明州、南达科他州、犹他州、新墨西哥州，可能还有德克萨斯州	最大的暴龙超科恐龙，最大的虚骨龙类，也是北美洲已知的最大的兽脚类。

原始似鸟龙类——早期鸵鸟恐龙（第18章）

似鸟龙类，也叫作鸵鸟恐龙，是一群身形细长、具有小脑袋的杂食性或植食性兽脚类。以下恐龙是似鸟龙类的成员，但不属于进步的类群似鸟龙科。

名称	含义	年代	长度	重量	发现地	注解
恐手龙（*Deinocheirus*）	恐怖的手	晚白垩世（7 060万—6 850万年前）	39.4英尺（12米）？	大象	蒙古	仅从它巨大的8英尺长的前肢和少量脊椎被人们所知，似乎是一只暴龙大小的似鸟龙类。
似金翅鸟龙（*Garudimimus*）	仿金翅鸟［印度传说中的一种鸟］者	晚白垩世（9 960万—8 930万年前）	13.1英尺（4米）	羊	蒙古	从一只几近完整的头骨和部分骨骼被人们所知。
似鸟身女妖龙（*Harpymimus*）	仿鸟身女妖［希腊神话中的一种鸟］者	早白垩世（1.364亿—1.25亿年前）	16.4英尺（5米）	羊	蒙古	从一件被压碎但却几乎完整的骨架中被人们所知，似鸟身女妖龙是第一个被发现的有齿似鸟龙类。
似鹈鹕龙（*Pelecanimimus*）	仿鹈鹕者	早白垩世（1.3亿—1.25亿年前）	5.9英尺（1.8米）	狼	西班牙	似鹈鹕龙有220颗细小的牙齿，比其他已知的兽脚类的牙齿都多。

（续表）

名称	含义	年代	长度	重量	发现地	注解
神州龙（*Shenzhousaurus*）	中国的爬行动物	早白垩世（1.25亿—1.216亿年前）	6.6英尺（2米）	羊	中国	从个体的前半段身体被人们所知。
中国似鸟龙（*Sinornithomimus*）	中国的似鸟龙	晚白垩世（8 580万—8 350万年前）	8.2英尺（2.5米）	羊	中国	许多个体被一同找到，其中包括几乎完整的骨架，这表明中国似鸟龙成群生活。

似鸟龙科——进步鸵鸟恐龙（第18章）

它们位列于中生代速度最快的恐龙。

名称	含义	年代	长度	重量	发现地	注解
似鹅龙（*Anserimimus*）	仿鹅者	晚白垩世（7 060万—6 850万年前）	9.8英尺（3米）	羊	蒙古	人们对这只长着直爪的似鸟龙科恐龙知之甚少。
亚洲古似鸟龙（*Archaeornithomimus*）	古老的似鸟龙	晚白垩世（9 960万—8 580万年前）	11.2英尺（3.4米）	羊	中国	人们了解甚少的似鸟龙科恐龙之一。
似鸡龙（*Gallimimus*）	仿鸡者	晚白垩世（7 060万—6 850万年前）	19.7英尺（6米）	马	蒙古	已知最为完整的似鸟龙类，包括幼崽、半成年个体和大型成年体的骨架。
似鸟龙（*Ornithomimus*）	仿鸟者	晚白垩世（8 000万—6 550万年前）	11.5英尺（3.5米）	狮子	加拿大艾伯塔省和萨斯喀彻温省；美国蒙大拿州、怀俄明州、犹他州、科罗拉多州和南达科他州	最早是从非常不完整的化石为人所知的，但已经发现了其几乎完整的头骨和骨架。这只恐龙曾经被称为“似鸸鹋龙”，现在被认为是似鸟龙的一个种。
似鸵龙（*Struthiomimu*）	仿鸵鸟者	晚白垩世（8 000万—7 280万年前）	13.1英尺（4米）	狮子	加拿大艾伯塔省	从几乎完整的骨架中发现的第一只似鸟龙科恐龙，看起来与鸵鸟十分相像。

原始阿尔瓦雷斯龙科——早期具拇指爪的恐龙（第18章）

阿尔瓦雷斯龙科恐龙是来自白垩纪的一群奇特的小型虚骨龙类。

名称	含义	年代	长度	重量	发现地	注解
阿尔瓦雷斯龙（*Alvarezsaurus*）	历史学家唐乔治里奥·阿尔瓦雷斯的爬行动物	晚白垩世（8 600万—8 300万年前）	4.6英尺（1.4米）?	火鸡	阿根廷	从一件不完整的骨架人们所知。
重腿龙（*Bradycneme*）	沉重的胫骨	晚白垩世（7 060万—6 550万年前）	?	火鸡	罗马尼亚	这件标本也被认为是一只化石猫头鹰，或是一只伤齿龙科恐龙。
七镇鸟龙（*Heptasteornis*）	七个小镇的鸟类	晚白垩世（7 060万—6 550万年前）	?	火鸡	罗马尼亚	像重腿龙一样，也曾经被认为是一只化石猫头鹰，或是一只伤齿龙科恐龙。

（续表）

名称	含义	年代	长度	重量	发现地	注解
巴塔哥尼亚爪龙（*Patagonykus*）	［阿根廷］巴塔哥尼亚的爪子	晚白垩世（9 100万—8 800万年前）	5.6英尺（1.7米）	海狸	阿根廷	这只恐龙让古生物学家得以将阿尔瓦雷斯龙和单爪龙亚科恐龙联系在一起（以前人们认为它们只有远缘关系）。
盗龙（*Rapator*）	掠食者	早白垩世（1.12亿—9 960万年前）	?	灰熊	澳大利亚	仅从一件手部骨骼中被人们所知，似乎是一只早期的非常的阿尔瓦雷斯龙科恐龙。

单爪龙亚科——进步具拇指爪恐龙（第18章）

具有特化的窄足型足部的阿尔瓦雷斯龙科恐龙被归入单爪龙亚科。

名称	含义	年代	长度	重量	发现地	注解
单爪龙（*Mononykus*）	一只爪子	晚白垩世（8 580万—7 060万年前）	3英尺（90厘米）	火鸡	蒙古	是从相对完整的骨架中发现的第一只阿尔瓦雷斯龙科恐龙，曾被认为是一只早期鸟类或一种奇异的似鸟龙类。
小驰龙（*Parvicursor*）	小型奔跑者	晚白垩世（8 580万—7 060万年前）	12英寸（30厘米）	鸽子	蒙古	从不完整的骨架中被人们所知，是鸟面龙和单爪龙的亲戚。
鸟面龙（*Shuvuuia*）	鸟	晚白垩世（8 580万—7 060万年前）	2英尺（60厘米）	鸡	蒙古	从保存非常完好的化石中被人们所知，包括保存最为完好的阿尔瓦雷斯龙科恐龙的头骨。
无正式属名，之前叫作似袖珍"似鸟龙"（"*Ornithomimus*" *minutus*）		晚白垩世（6 680万—6 550万年前）	12英寸（30厘米）	鸽子	美国科罗拉多州	这只来自北美的单爪龙亚科的零星骨骼曾被人们认为属于似鸟龙的极小型物种。

原始手盗龙类——早期有羽恐龙（第19章和第20章）

手盗龙类是包括最进步的虚骨龙类在内的恐龙类群。以下列举的属是手盗龙类，但并非阿尔瓦雷斯龙科、窃蛋龙类、镰刀龙超科、恐爪龙类或鸟翼类。

名称	含义	年代	长度	重量	发现地	注解
原鸟形龙（*Archaeornithoides*）	类似原鸟［始祖鸟的曾用名］	晚白垩世（8 580万—7 060万年前）	?	?	蒙古	仅从一件不完整的头骨被人们所知，一度被人们认为是一只刚出壳的特暴龙幼崽。
树息龙（*Epidendrosaurus*）	树枝上的爬行动物	中侏罗世（1.716亿—1.647亿年前）？	12英寸（30厘米）	鸽子	中国	树息龙最初的标本是一只刚孵化的幼崽。第二只标本则被另外命名为"擅攀鸟龙"（*Scansoriopteryx*），但它可能只是一只成年的树息龙。这种恐龙的年代尚不确定，可能来自早白垩世。

（续表）

名称	含义	年代	长度	重量	发现地	注解
欧爪牙龙（*Euronychodon*）	欧洲的爪子和牙齿	晚白垩世（8 350万—6 550万年前）	?	?	葡萄牙	仅从牙齿中被人们所知。人们还找到了来自晚白垩世乌兹别克斯坦的类似的牙齿。
彩蛇龙（*Kakuru*）	始祖大蛇	早白垩世（1.25亿—1.12亿年前）	4.9英尺（1.5米）?	火鸡	澳大利亚	仅从一件胫骨的下半段和一件足趾化石被人们所知，这些化石实际上可能来自于一只窃蛋龙类或一只阿贝力龙超科恐龙。
侦察龙（*Nuthetes*）	监视者	早白垩世（1.455亿—1.402亿年前）	5.9英尺（1.8米）?	火鸡	英格兰	可能是一只驰龙科恐龙。
古老翼鸟龙（*Palaeopteryx*）	古老的翅膀	晚侏罗世（1.557亿—1.508亿年前）	12英寸（30厘米）?	鸽子?	美国科罗拉多州	仅从腰带骨骼和一件股骨被人们所知。可能是一只早期鸟类，或者早期恐爪龙类。
近爪牙龙（*Paronychodon*）	靠近爪子的牙齿	晚白垩世（8 350万—6 550万年前）	?	?	美国蒙大拿州、新墨西哥州和怀俄明州	仅从牙齿中被人们所知。
足羽龙（*Pedopenna*）	有羽的脚	中侏罗世（1.716亿—1.647亿年前?）	2英尺（60厘米）?	鸡?	中国	仅从具有羽毛的部分前肢和后肢被人们所知。找到这只恐龙的岩层的年代非常不确定，可能来自早白垩世。
雅尔龙（*Yaverlandia*）	来自雅尔兰炮台［怀特岛］	早白垩世（1.3亿—1.25亿年前）	?	海狸	英格兰	仅从一件头骨被人们所知，最初被认为来自一只肿头龙类。
义县龙（*Yixianosaurus*）	义县组的爬行动物	早白垩世（1.25亿—1.216亿年前）	?	火鸡	中国	从一件有着长长手部的不完整的骨架被人们所知。

原始窃蛋龙类——早期偷蛋贼恐龙（第19章）

窃蛋龙类是一个种类多样的长着短喙的杂食性兽脚类恐龙类群。

名称	含义	年代	长度	重量	发现地	注解
拟鸟龙（*Avimimus*）	仿鸟者	晚白垩世（9 960万—7 060万年前）	4.9英尺（1.5米）	火鸡	中国；蒙古	一只长相奇怪、身体肥胖的早期窃蛋龙类，有着长颈、短尾和长长的后肢。行迹化石显示它生活在大群体中。
簧椎龙（*Calamospondylus*）	簧片脊椎	早白垩世（1.3亿—1.25亿年前）	?	?	英格兰	孤零零的脊椎表明它要么是一只早期窃蛋龙类恐龙，要么是窃蛋龙类和镰刀龙超科恐龙的亲戚。
尾羽龙（*Caudipteryx*）	尾部的羽毛	早白垩世（1.25亿—1.106亿年前）	3英尺（90厘米）	火鸡	中国	来自中国义县组最常见的恐龙之一。
切齿龙（*Incisivosaurus*）	具有切牙的爬行动物	早白垩世（1.282亿—1.25亿年前）	3英尺（90厘米）?	火鸡	中国	仅从一只头骨被人们所知，这只头骨可能是原始祖鸟或者某个近亲的。

（续表）

名称	含义	年代	长度	重量	发现地	注解
小猎龙（*Microvenator*）	小型猎手	早白垩世（1.18亿—1.1亿年前）	4.3英尺（1.3米）	火鸡	美国蒙大拿州	从一件残缺的骨架中被人们所知。原先要被叫作“巨齿龙”（大牙齿的爬行动物），因为人们曾经把更为巨大的恐爪龙的牙齿误当作了它的！
原始祖鸟（*Protarchaeopteryx*）	第一只始祖鸟	早白垩世（1.25亿—1.216亿年前）	2.3英尺（70厘米）	火鸡	中国	从一件不完整的骨架中被人们所知，实际可能是切齿龙或者某个近亲的身体残骸。
山阳龙（*Shanyangosaurus*）	山阳组的爬行动物	晚白垩世（7 060万—6 550万年前）	5.6英尺（1.7米）	海狸	中国	仅从一件不完整的骨架被人们所知。可能是其他种类的手盗龙类。
鞘虚骨龙（*Thecocoelurus*）	有鞘的虚骨龙	早白垩世（1.3亿—1.25亿年前）	23英尺（7米）？	灰熊	英格兰	仅从一件不完整的脊椎化石被人们所知。可能是一只镰刀龙超科恐龙而不是一只窃蛋龙类恐龙。

近颌龙科——具窄足型足部的偷蛋贼恐龙（第19章）

近颌龙科恐龙是一群行动迅速的窃蛋龙类。

名称	含义	年代	长度	重量	发现地	注解
亚洲近颌龙（*Caenagnathasia*）	来自亚洲的近颌龙	晚白垩世（9 350万—8 930万年前）	3.3英尺（1米）？	火鸡	乌兹别克斯坦	仅从没有牙齿的颌部被人们得知。
近颌龙（*Caenagnathus*）	新近的颌部	晚白垩世（8 000万—7 280万年前）	6.6英尺（2米）？	狼	加拿大艾伯塔省	仅从颌部被人们所知。可能和纤手龙是同一只恐龙。
纤手龙（*Chirostenotes*）	手部狭窄的恐龙	晚白垩世（8 000万—6 680万年前）	6.6英尺（2米）？	狼	加拿大艾伯塔省	已知的第一只来自北美洲的窃蛋龙类。
单足龙（*Elmisaurus*）	仅存后足的爬行动物	晚白垩世（8 000万—6 850万年前）	6.6英尺（2米）？	狼	蒙古；加拿大艾伯塔省；美国蒙大拿州	最初从手部和足部被人们所知。
哈格里芬龙（*Hagryphus*）	西部沙漠的爪子	晚白垩世（8 000万—7 280万年前）	9.8英尺（3米）？	羊	美国犹他州	最新发现的大型北美洲窃蛋龙类。
尚未正式命名		晚白垩世（6 680万—6 550万年前）	16.4英尺（5米）	狮子	美国蒙大拿州	已知最大的窃蛋龙类。

窃蛋龙科——进步偷蛋贼恐龙（第19章）

窃蛋龙科是窃蛋龙类中最为进步的类群，目前已知的都仅来自亚洲晚白垩世。

名称	含义	年代	长度	重量	发现地	注解
葬火龙（*Citipati*）	［密宗佛教火葬墓地的领主］西提帕提	晚白垩世（8 580万—7 060万年前）	8.9英尺（2.7米）	狼	蒙古	从若干几乎完整的头骨和骨架中被人们所知。这些恐龙头骨具有脊冠，其中有一只在从前的插图中经常被标记为“窃蛋龙”，后来人们才发现它有着自己的属。数具个体被发现卧躺在巢穴中。
窃螺龙（*Conchoraptor*）	贝类窃贼	晚白垩世（8 580万—7 060万年前）	4.9英尺（1.5米）	火鸡	蒙古	只有一个小脊冠。叫这个名字是因为它是一种吃贝类的动物（小蛤蜊是在发现它的沉积物中被找到的）。
河源龙（*Heyuannia*）	来自［中国］河源市	晚白垩世（时间非常不确定）	4.9英尺（1.5米）	火鸡	中国	从一些保存非常好的骨架中被人们所知。
可汗龙（*Khaan*）	统治者	晚白垩世（8 580万—7 060万年前）	4.9英尺（1.5米）	火鸡	蒙古	从若干几乎完整的头骨和骨架中得知。类似于窃螺龙和“雌驼龙”。
耐梅盖特母龙（*Nemegtomaia*）	来自耐梅盖特组的好妈妈	晚白垩世（7 060万—6 580万年前）	4.9英尺（1.5米）	火鸡	蒙古	最初写作“*Nemegtia*”，但是已经有一只甲壳纲动物叫这个名字了。
天青石龙（*Nomingia*）	来自瑙明恩地区［戈壁沙漠］	晚白垩世（7 060万—6 850万年前）	4.9英尺（1.5米）	火鸡	蒙古	这只恐龙只有后半部分被人们所知，具有类似进步鸟翼类的短尾（尾综骨）。
窃蛋龙（*Oviraptor*）	偷蛋贼	晚白垩世（8 580万—7 060万年前）	4.9英尺（1.5米）	火鸡	蒙古	它的头骨比其他的窃蛋龙科恐龙长一些。最初的标本与一窝恐龙蛋一同被发现，这些蛋被误认为是原角龙的蛋。
瑞钦龙（*Rinchenia*）	致敬蒙古古生物学家瑞钦·巴斯霍德	晚白垩世（7 060万—6 850万年前）	4.9英尺（1.5米）	火鸡	蒙古	一只非常高的具有冠饰的窃蛋龙科恐龙。
始兴龙（*Shixinggia*）	以始兴县［中国］为名	晚白垩世（7 060万—6 550万年前）	4.9英尺（1.5米）？	火鸡?	中国	只有部分骨架已知。
无正式属名，之前叫作杨氏“雌驼龙”（“*Ingenia*” *yanshini*）		晚白垩世（8 580万—6 850万年前）	5.9英尺（1.8米）	火鸡	蒙古	原本叫“雌驼龙”，但这个名字实际上属于一只昆虫。

原始镰刀龙超科——早期树懒恐龙（第19章）

这些恐龙是镰刀龙超科的早期成员。

名称	含义	年代	长度	重量	发现地	注解
阿拉善龙（*Alxasaurus*）	内蒙古阿拉善沙漠［中国］的爬行动物	早白垩世（1.25亿—1.12亿年前）	12.4英尺（3.8米）	灰熊	中国	第一只被人们所知的原始镰刀龙超科恐龙；表明这些奇怪的恐龙实际上是兽脚类中的手盗龙类。
北票龙（*Beipiaosaurus*）	［中国］北票市的爬行动物	早白垩世（1.25亿—1.216亿年前）	6.1英尺（1.9米）	羊	中国	第一只被发现具有羽毛印痕的镰刀龙超科恐龙。
铸镰龙（*Falcarius*）	镰刀片［爪］	早白垩世（1.3亿—1.25亿年前）	13.1英尺（4米）	灰熊	美国犹他州	从几十只，也可能是几百只大量堆积的个体中被人们所知。

镰刀龙科——进步树懒恐龙（第19章）

镰刀龙科恐龙是晚白垩世特化度更高的镰刀龙超科恐龙。

名称	含义	年代	长度	重量	发现地	注解
秘龙（*Enigmosaurus*）	神秘的爬行动物	晚白垩世（9 960万—8 580万年前）	16.4英尺（5米）	马	蒙古	从一只件腰带被人们所知，可能和死神龙是同一只恐龙。
二连龙（*Erlianosaurus*）	二连浩特市［中国］的爬行动物	晚白垩世（9 960万—8 580万年前）	8.4英尺（2.6米）	狮子	中国	连接着更原始的镰刀龙超科恐龙和进步的镰刀龙科恐龙。
死神龙（*Erlikosaurus*）	埃里克［蒙古神话中的死神］的爬行动物	晚白垩世（9 960万—8 580万年前）	11.2英尺（3.4米）	灰熊	中国；蒙古	原始标本包含了一件保存得很好的头骨。
南雄龙（*Nanshiungosaurus*）	南雄组的爬行动物	晚白垩世（7 060万—6 850万年前）	14.4英尺（4.4米）	马	中国	最初被认为是一只奇怪的小型蜥脚类。
内蒙古龙（*Neimongosaurus*）	内蒙古的爬行动物	晚白垩世（9 960万—8 580万年前）	7.6英尺（2.3米）	狮子	中国	一只长颈镰刀龙超科恐龙，有着很短高的下颌骨。
懒爪龙（*Nothronychus*）	树懒的爪子	晚白垩世（9 350万—8 930万年前）	17.3英尺（5.3米）	犀牛	美国新墨西哥州和犹他州	第一只被发现的北美镰刀龙超科恐龙，有着奇怪的外张的腰带。
慢龙（*Segnosaurus*）	缓慢的爬行动物	晚白垩世（9 960万—8 580万年前）	23英尺（7米）	犀牛	中国；蒙古	第一只不仅仅从前肢被人们所知的镰刀龙科恐龙。刚开始被当作是一只食鱼的兽脚类。
镰刀龙（*Therizinosaurus*）	镰刀爬行动物	晚白垩世（7 060万—6 850万年前）	31.5英尺（9.6米）	大象	蒙古	已知的最大的镰刀龙超科恐龙，以其巨大有力的前肢而闻名。来自同一岩层的部分后肢可能属于这个物种。

原始驰龙科——早期盗贼恐龙（第20章）

恐爪龙类包含两大分类，其中一个是驰龙科，其后肢更粗更短，前肢也更长。

名称	含义	年代	长度	重量	发现地	注解
似驰龙（*Dromaeosauroides*）	类似驰龙	早白垩世（1.455亿—1.364亿年前）	?	?	丹麦	仅从牙齿被人们所知。
联鸟龙（*Ornithodesmus*）	与鸟类的联系	早白垩世（1.3亿—1.25亿年前）	?	火鸡	英格兰	仅从一件荐椎被人们所知。
火盗龙（*Pyroraptor*）	火焰盗贼［在火灾中发现］	晚白垩世（7 280万—6 680万年前）	?	狼?	法国	化石非常零散。可能和瓦尔盗龙是相同的。
瓦尔盗龙（*Variraptor*）	瓦尔省［法国］的盗贼	晚白垩世（7 280万—6 680万年前）	8.9英尺（2.7米）	狼?	法国	非常零散。可能和火盗龙是同样的恐龙。

半鸟亚科——具口鼻部的南方盗贼恐龙（第20章）

半鸟亚科是一群最近被发现的、来自南方大陆的长口鼻部驰龙科恐龙。

名称	含义	年代	长度	重量	发现地	注解
鹫龙（*Buitreraptor*）	秃鹫栖息地［发现地］的猎手	晚白垩世（9 960万—9 700万年前）	4.3英尺（1.3米）	火鸡	阿根廷	最为完整的半鸟亚科恐龙。
内乌肯盗龙（*Neuquenraptor*）	内乌肯省［阿根廷］的盗贼	晚白垩世（9 100万—8 800万年前）	5.9英尺（1.8米）	火鸡	阿根廷	已知的标本不完整，可能和半鸟是相同的恐龙。
胁空鸟龙（*Rahonavis*）	来自云间的充满威胁的鸟类	晚白垩世（7 060万—6 550万年前）	2.3英尺（70厘米）	鸡	马达加斯加	前臂上的小突起表明曾附着有强有力的飞行羽毛。
半鸟（*Unenlagia*）	一半的鸟	晚白垩世（9 100万—8 800万年前）	7.5英尺（2.3米）	海狸	阿根廷	最初被认为是一只早期鸟类（或者至少与鸟类的亲缘关系比与驰龙科恐龙的更为密切）。
乌奎洛龙（*Unquillosaurus*）	乌奎洛河［阿根廷］的爬行动物	晚白垩世（8 350万—7 060万年前）	9.8英尺（3米）?	狼	阿根廷	曾经被认为是肉食龙或其他大型兽脚类。许多书籍和网站都错误地将它当作是一只36英尺（11米）长的巨兽！仅从腰带和其他一些骨骼被人们得知。
尚未正式命名		晚白垩世（7 800万—6 550万年前）	19.7英尺（6米）	狮子	阿根廷	一只巨大的半鸟亚科恐龙，几乎和犹他盗龙一样大。

小盗龙亚科——小型盗贼恐龙（第20章）

小盗龙亚科是一群来自中国早白垩世最负盛名的小型且能够爬树的恐爪龙类。

名称	含义	年代	长度	重量	发现地	注解
纤细盗龙（*Graciliraptor*）	纤细的盗贼	早白垩世（1.282亿—1.25亿年前）	3英尺（90厘米）	火鸡	中国	已知的骨架比其他小盗龙亚科的骨架更不完整，但具有相同的普遍外形。
小盗龙（*Microraptor*）	小盗贼	早白垩世（1.216亿—1.106亿年前）	3英尺（90厘米）	火鸡	中国	从许多具骨架被人们所知。包括之前被称作“羽龙”（*Cryptovolans*）的标本。
中国鸟龙（*Sinornithosaurus*）	中国鸟爬行动物	早白垩世（1.25亿—1.106亿年前）	3英尺（90厘米）	火鸡	中国	第一只被发现有羽毛的恐爪龙类。面部骨骼上有奇怪的皱纹。

伶盗龙亚科——身形细长的盗贼恐龙（第20章）

伶盗龙、恐爪龙及其亲戚来自驰龙科中的伶盗龙亚科这一类群。

名称	含义	年代	长度	重量	发现地	注解
斑比盗龙（*Bambiraptor*）	斑比［卡通片中的小鹿］体型的盗贼	晚白垩世（8 000万—7 280万年前）	3英尺（90厘米）	火鸡	美国蒙大拿州	一些人认为它是一只存活到晚期的小盗龙亚科恐龙。最初被认为是一只来自北美洲的伶盗龙化石。
恐爪龙（*Deinonychus*）	恐怖的爪子	早白垩世（1.18亿—1.1亿年前）	13.1英尺（4米）	狼	美国蒙大拿州、俄克拉荷马州、怀俄明州，可能还有马里兰州	从相对完整的骨架中发现的第一只驰龙科恐龙。最重要的恐龙发现之一，因为正是它让古生物学家们开始思考恐龙是温血动物，以及恐龙和鸟类之间的关系。
白魔龙（*Tsaagan*）	白色	晚白垩世（8 580万—7 060万年前）	5.9英尺（1.8米）？	海狸	蒙古	从一件保存良好的头骨和一些脊椎中被人们所知。有着比大多数伶盗龙亚科恐龙都强大的口鼻部。
伶盗龙（*Velociraptor*）	伶俐的盗贼	晚白垩世（8 580万—7 060万年前）	5.9英尺（1.8米）	海狸	中国；蒙古	最著名的驰龙科恐龙（多亏了《侏罗纪公园》），从许多保存良好的头骨和骨架中被人们所知。

驰龙亚科——体格健壮的盗贼恐龙（第20章）

驰龙亚科包括许多最为健壮的恐爪龙类。

名称	含义	年代	长度	重量	发现地	注解
阿基里斯龙（*Achillobator*）	英雄阿基里斯［意为足腱］	晚白垩世（9 960万—8 580万年前）	19.7英尺（6米）	狮子	蒙古	只有不完整的骨架被人们所知，这是最为健壮的驰龙科恐龙之一。
恶灵龙（*Adasaurus*）	阿达［蒙古传说中的恶灵］爬行动物	晚白垩世（7 060万—6 850万年前）	5.9英尺（1.8米）	海狸	蒙古	这只蒙古恐龙的细节鲜少被人所了解。

（续表）

名称	含义	年代	长度	重量	发现地	注解
野蛮盗龙（*Atrociraptor*）	野蛮的猎手	晚白垩世（7 280万—6 680万年前）	5.9英尺（1.8米）	海狸	加拿大艾伯塔省	一只具有短高口鼻部的驰龙科恐龙，目前只有部分被人们所知。
驰龙（*Dromaeosaurus*）	敏捷的爬行动物	晚白垩世（8 000万—7 280万年前）	5.9英尺（1.8米）?	海狸	加拿大艾伯塔省；美国蒙大拿州	被发现时，人们认为它是一只小型的暴龙超科恐龙。直到恐爪龙被发现，才揭示了驰龙科恐龙与其他兽脚类有多么地不同。
蜥鸟盗龙（*Saurornitholestes*）	类似鸟的爬行动物盗贼	晚白垩世（8 000万—7 280万年前）	5.9英尺（1.8米）?	火鸡	加拿大艾伯塔省；美国新墨西哥州	可能是一只伶盗龙亚科恐龙。
犹他盗龙（*Utahraptor*）	犹他州的盗贼	早白垩世（1.3亿—1.25亿年前）	23英尺（7米）	灰熊	美国犹他州	目前是已知的最大的驰龙科恐龙。

伤齿龙科——长腿盗贼恐龙（第20章）

它们是驰龙科恐龙的近亲，是恐爪龙类中另一个类群。

名称	含义	年代	长度	重量	发现地	注解
无聊龙（*Borogovia*）	［刘易斯·卡罗尔在《爱丽丝梦游仙境》中虚构的生物“贾巴沃克”］无聊龙	晚白垩世（8 580万—7 060万年前）	6.6英尺（2米）?	海狸	蒙古	从后肢的骨骼材料被人们所知，一些人认为是蜥鸟龙属的一个种。
拜伦龙（*Byronosaurus*）	拜伦的爬行动物（致敬拜伦·杰夫，他为寻找恐龙的探险提供了支持）	晚白垩世（8 580万—7 060万年前）	4.9英尺（1.5米）?	火鸡	蒙古	从一只口鼻部和若干其他部位的骨骼被人们所知。
沼泽鸟龙（*Elopteryx*）	沼泽的翅膀	晚白垩世（7 060万—6 550万年前）	?	?	罗马尼亚	曾被认为是一只鸟类，之后发现是一只驰龙科恐龙。
金凤鸟（*Jinfengopteryx*）	金色的凤凰羽毛	晚侏罗世或早白垩世（确切时间不确定）	2.3英尺（70厘米）	鸡	中国	最初被认为是一只原始的鸟类，但更像是一只原始的伤齿龙科恐龙。
剖齿龙（*Koparion*）	解剖刀	晚侏罗世（1.557亿—1.508亿年前）	?	?	美国犹他州	仅从牙齿被人们所知。最新发现的怀俄明州的骨架可能最终表明其来自于一只剖齿龙。
寐龙（*Mei*）	沉睡的龙	早白垩世（1.282亿—1.25亿年前）	2.3英尺（70厘米）	鸡	中国	从一件近乎完整的骨架中被人们所知，它的身体蜷曲在一起仿佛陷入了沉睡（尽管更可能是在保护自己免受火山灰的袭击）。
蜥鸟龙（*Saurornithoides*）	类似鸟的爬行动物	晚白垩世（8 580万—6 850万年前）	6.6英尺（2米）?	狼	蒙古；中国	从几件不完整的头骨和骨架被人们所知。
中国鸟脚龙（*Sinornithoides*）	来自中国并且与鸟类似的爬行动物	早白垩世（1.3亿—1.25亿年前）	3.9英尺（1.2米）	鸡	中国	像寐龙一样，它也从呈现“沉睡”姿势的化石中被人们所知。
中国猎龙（*Sinovenator*）	中国猎手	早白垩世（1.282亿—1.216亿年前）	3.9英尺（1.2米）	鸡	中国	原始的伤齿龙科恐龙，有着一些类似驰龙科恐龙的特征。

（续表）

名称	含义	年代	长度	重量	发现地	注解
曲鼻龙（*Sinusonasus*）	弯曲的鼻子	早白垩世（1.282亿—1.25亿年前）	3.9英尺（1.2米）	鸡	中国	人们找到的鼻骨是弯曲的，因此得名。
鸵鸟龙（*Tochisaurus*）	鸵鸟［脚］的爬行动物	晚白垩世（7 060万—6 850万年前）	?	?	蒙古	仅从一只足被人们所知。
伤齿龙（*Troodon*）	牙齿受伤	晚白垩世（8 000万—6 550万年前）	7.9英尺（2.4米）	羊	加拿大艾伯塔省；美国蒙大拿州以及怀俄明州	所有来自北美洲晚白垩世的伤齿龙科化石都被称为“伤齿龙”，但当更多的骨架被发现时，人们可能会发现该地区有着许多不同的伤齿龙科恐龙。如果是这样的话，古老的名字“细爪龙”（*Stenonychosaurus*）和“扇贝龙”（*Pectinodon*）可能会重新启用。
尚未正式命名		晚侏罗世（1.557亿—1.508亿年前）	?	?	美国怀俄明州	仅从一件不完整的骨架被人们所知。从骨架中被人们所知的最古老的伤齿龙科恐龙。

长尾鸟翼类——最早的鸟类（第21章）

鸟翼类包括现代鸟类和它们古老的亲戚。下面列举的是最原始的鸟类，它们保留着其他恐龙典型的长长的骨质尾。

名称	含义	年代	长度	重量	发现地	注解
始祖鸟（*Archaeopteryx*）	古老的翅膀	晚侏罗世（1.508亿—1.455亿年前）	1.3英尺（40厘米）	鸡	德国；葡萄牙?	几十年来最著名的原始鸟类。实际上，它与现代鸟类的亲缘关系不如恐爪龙类与现代鸟类的密切。
大连鸟（*Dalianraptor*）	大连市［中国］的盗贼	早白垩世（1.216亿—1.106亿年前）	2.6英尺（80厘米）	火鸡	中国	短臂（因此不会飞）恐龙。有些类似于原始热河鸟，另一些类似于孔子鸟。然而，它甚至可能不是一只鸟类，而是一种更原始的手盗龙类。
热河鸟（*Jeholornis*）	热河组［中国］的鸟类	早白垩世（1.216亿—1.106亿年前）	2.5英尺（75厘米）	火鸡	中国	白垩纪最广为人知的长尾鸟类之一。既吃种子又吃鱼。
吉祥鸟（*Jixiangornis*）	［中国地质学家尹*］吉祥的鸟类	早白垩世（1.216亿—1.106亿年前）	2.6英尺（80厘米）	火鸡	中国	很有可能与热河鸟是同一只动物。
神州鸟（*Shenzhouraptor*）	中国的猛禽	早白垩世（1.216亿—1.106亿年前）	2.6英尺（80厘米）	火鸡	中国	很有可能和热河鸟是同一只动物。

* 原文错误，不存在的一个人。——译者

（续表）

名称	含义	年代	长度	重量	发现地	注解
沃尔赫费尔龙（*Wellnhoferia*）	致敬德国古生物学家彼得·沃尔赫费尔	晚侏罗世（1.508亿—1.455亿年前）	1.5英尺（45厘米）	鸡	德国	与始祖鸟非常相似，可能是同一只动物。
雁荡鸟（*Yandangornis*）	雁荡山［中国］的鸟类	晚白垩世（8 580万—8 350万年前）	2.6英尺（80厘米）	火鸡	中国	一只无牙、长尾的鸟类或其近亲。

原始短尾鸟翼类——小型短尾鸟类（第21章）

这些鸟类以及所有更进步的鸟类，都具有短而粗的尾综骨，而不是长长的骨质尾。但和原始的亲戚一样（也不像更进步的鸟类），它们的手和爪子都发育得很好。

名称	含义	年代	长度	重量	发现地	注解
长城鸟（*Changchengornis*）	［中国］长城的鸟类	早白垩世（1.25亿—1.216亿年前）	8英寸（20厘米）	鸽子	中国	孔子鸟的近亲。
朝阳鸟（*Chaoyangia*）	来自［中国］朝阳市	早白垩世（1.216亿—1.106亿年前）	6英寸（15厘米）	鸽子	中国	只有躯干、腰带和后肢是已知的。一些曾经被认为是来自朝阳鸟的骨架现在被认为是来自另一种鸟，松林鸟。
孔子鸟（*Confuciusornis*）	向中国哲学家孔子致敬的鸟类	早白垩世（1.25亿—1.216亿年前）	1.6英尺（50厘米）	鸡	中国	可能是最常见的中生代恐龙化石。从成千上万的标本被人们得知。
锦州鸟（*Jinzhouornis*）	锦州［中国］的鸟类	早白垩世（1.25亿—1.216亿年前）	6英寸（15厘米）	鸽子	中国	孔子鸟的近亲。
辽宁鸟（*Liaoningornis*）	［中国］辽宁省的鸟类	早白垩世（1.25亿—1.216亿年前）	8英寸（20厘米）	鸽子	中国	最原始的鸟类之一，胸骨很大。
杂食鸟（*Omnivoropteryx*）	有翅膀的杂食动物	早白垩世（1.216亿—1.106亿年前）	12英寸（30厘米）	火鸡	中国	与会鸟非常相似，也可能相同。
前鸟（*Proornis*）	先于鸟类	早白垩世（1.3亿—1.25亿年前）	?	鸽子	朝鲜	尚未详细研究。从手的形状来看，它是孔子鸟的近亲。
会鸟（*Sapeornis*）	国际古鸟类与进化学会的鸟类	早白垩世（1.216亿—1.106亿年前）	3.9英尺（1.2米）	火鸡	中国	一只相当巨大的早期鸟类。

反鸟类——白垩纪的鸟类（第21章）

白垩纪最多样化的鸟类群体是反鸟类。

名称	含义	年代	长度	重量	发现地	注解
曾祖鸟（*Abavornis*）	曾曾祖父的鸟类	晚白垩世（9 350万—8 930万年前）	?	鸽子	乌兹别克斯坦	仅从零星的肩部骨骼被人们得知。
异齿鸟（*Aberratiodontus*）	不同寻常的牙齿	早白垩世（1.216亿—1.106亿年前）	12英寸（30厘米）	鸡	中国	最“牙尖嘴利”的早期鸟类之一。

（续表）

名称	含义	年代	长度	重量	发现地	注解
阿克西鸟（*Alexornis*）	美国古生物学家亚历克斯·韦特莫尔的鸟类	晚白垩世（8 350万—7 060万年前）	?	?	墨西哥	人们对这只鸟知之甚少。
鸟龙鸟（*Avisaurus*）	鸟类爬行动物	晚白垩世（8 000万—6 550万年前）	3.9英尺（1.2米）翼展	火鸡	阿根廷；美国蒙大拿州	可能是一种猎鸟，有点像鹰的反鸟类。
波罗赤鸟（*Boluochia*）	来自波罗赤［中国］	早白垩世（1.216亿—1.106亿年前）	?	鸽子	中国	一只无牙的反鸟类成员。
续存鸟（*Catenoleimus*）	血脉的遗存	晚白垩世（9 350万—8 930万年前）	?	鸽子	乌兹别克斯坦	基于一件保存特别糟糕的化石。
昆卡鸟（*Concornis*）	昆卡省［西班牙］的鸟类	早白垩世（1.3亿—1.25亿年前）	6英寸（15厘米）	鸽子	西班牙	是最早从保存良好的骨架被人们了解的反鸟类之一。
尖嘴鸟（*Cuspirostrisornis*）	尖口鼻部的鸟类	早白垩世（1.216亿—1.106亿年前）	?	鸡	中国	可能是鸟龙鸟的近亲。
大平房翼鸟（*Dapingfangornis*）	大平房［中国的化石点］的爬行动物	早白垩世（1.216亿—1.106亿年前）	?	鸡	中国	（像大多数白垩纪鸟类一样）从破碎的标本中被人们得知。它与细弱鸟有一些相似之处，其他的则与异齿鸟相似。
反鸟（*Enantiornis*）	相反的鸟类	晚白垩世（9 350万—6 550万年前）	3.3英尺（1米）翼展	火鸡	阿根廷；乌兹别克斯坦	南美洲反鸟类物种的发现揭示了这一重要的白垩纪鸟类群体的存在。乌兹别克斯坦的物种最终可能被确认自成一个新的属。
始小翼鸟（*Eoalulavis*）	开始出现小羽翼［拇指羽毛］的鸟类	早白垩世（1.3亿—1.25亿年前）	?	鸽子	西班牙	在被发现的时候，它是已知最古老的拥有“小翼羽”（alula）的鸟类。小羽翼是拇指上的一种特殊的羽毛，可以帮助鸟类转向。
始华夏鸟（*Eocathayornis*）	初始的华夏鸟	早白垩世（1.216亿—1.106亿年前）	?	鸽子	中国	尽管叫这个名字，它似乎与“华夏鸟”没有特别近的亲缘关系。
始反鸟（*Eoenantiornis*）	初始的反鸟	早白垩世（1.25亿—1.216亿年前）	4英寸（10厘米）	麻雀	中国	具有比较短且钝的口鼻部。
发现鸟（*Explorornis*）	发现者的鸟类	晚白垩世（9 350万—8 930万年前）	?	鸽子	乌兹别克斯坦	从骨架的几个部位为人所知，但尚未完全描述。
戈壁鸟（*Gobipteryx*）	戈壁沙漠的羽翼	晚白垩世（8 580万—7 060万年前）	?	鸽子	蒙古	从两件无牙的头骨被人们所知。
格日勒鸟（*Gurilynia*）	来自格日勒萨瓦［蒙古］	晚白垩世（7 060万—6 850万年前）	?	鸡	蒙古	一只相对巨大的反鸟类。
海积鸟（*Halimornis*）	海洋鸟类	晚白垩世（8 350万—8 000万年前）	?	鸽子	美国阿拉巴马州	在当时离海岸线约50公里处沉积的岩层中被发现，表明至少有一些反鸟类是海鸟。

（续表）

名称	含义	年代	长度	重量	发现地	注解
伊比利亚鸟（*Iberomesornis*）	西班牙中生代鸟类	早白垩世（1.3亿—1.25亿年前）	8英寸（20厘米）翼展	麻雀	西班牙	最原始的反鸟类之一。
栖息鸟（*Incolornis*）	栖息的鸟类	晚白垩世（9 350万—8 930万年前）	?	鸽子	乌兹别克斯坦	仅从一些肩部骨骼被人们所知。
冀北鸟（*Jibeinia*）	来自冀北［中国］	早白垩世（1.25亿—1.216亿年前）	?	鸽子	中国	虽然有时也会被描述成类似于孔子鸟，但这似乎是一种比较典型的有齿反鸟类。
银河鸟（*Kuszholia*）	银河	晚白垩世（9 350万—8 930万年前）	?	鸽子	乌兹别克斯坦	人们发现了若干可能来自于这只鸟的部分骨骼，但不确定它们是否真的属于同一副骨架。
克孜勒库姆鸟（*Kyzylkumavis*）	克孜勒库姆［哈萨克斯坦］的鸟类	晚白垩世（9 350万—8 930万年前）	?	鸽子	乌兹别克斯坦	与在比塞特基组发现的大多数鸟类化石一样，目前只有骨骼的碎片（就这只鸟而言，是肱骨）已知。
大嘴鸟（*Largirostrornis*）	巨大口鼻部的鸟类	早白垩世（1.216亿—1.106亿年前）	?	鸡	中国	几只具有长长口鼻部的反鸟类之一。
莱乔鸟（*Lectavis*）	莱乔组的鸟类	晚白垩世（7 060万—6 550万年前）	?	鸽子	阿根廷	只有部分后肢被人们所知。
利尼斯鸟（*Lenesornis*）	［俄罗斯古生物学家］列夫·涅索夫的鸟类	晚白垩世（9 350万—8 930万年前）	?	鸽子	乌兹别克斯坦	仅从一些荐椎被人们所知。
辽西鸟（*Liaoxiornis*）	［中国］辽西的鸟类	早白垩世（1.25亿—1.216亿年前）	3英寸（7厘米）	麻雀	中国	已知中生代最小的鸟类之一，但可能只是大物种的幼鸟。
龙城鸟（*Longchengornis*）	龙城［中国］的鸟类	早白垩世（1.216亿—1.106亿年前）	?	鸽子	中国	人们对这只鸟了解不多。
长翼鸟（*Longipteryx*）	长羽翼	早白垩世（1.216亿—1.106亿年前）	5.7英寸（14.5厘米）	鸽子	中国	一个具有长长口鼻部的反鸟类，可能会捉鱼。
长嘴鸟（*Longirostravis*）	长嘴的鸟类	早白垩世（1.25亿—1.216亿年前）	5.7英寸（14.5厘米）	鸽子	中国	另一只具有长长口鼻部的反鸟类。可能会在泥土中搜寻蠕虫和甲壳类动物来吃。
侏儒鸟（*Nanantius*）	侏儒反鸟	早白垩世至晚白垩世（1.12亿—7 060万年前）	?	鸽子	澳大利亚；可能还有蒙古	蒙古的化石显示，它不具有牙齿，但很可能属于一个新属。
内乌肯鸟（*Neuquenornis*）	内乌肯省［阿根廷］的鸟类	晚白垩世（8 600万—8 300万年前）	?	鸽子	阿根廷	从部分骨架和带有胚胎的蛋中被人们所知。
诺盖尔鸟（*Noguerornis*）	诺盖尔河［西班牙］的鸟类	早白垩世（1.455亿—1.28亿年前）	?	鸽子	西班牙	是已知来自西班牙白垩纪的数种反鸟类之一。
鄂托鸟（*Otogornis*）	内蒙古鄂托克旗［中国］的鸟类	早白垩世（1.216亿—1.106亿年前）	?	鸽子	中国	仅从前肢和肩部被人们所知。

（续表）

名称	含义	年代	长度	重量	发现地	注解
原羽鸟（*Protopteryx*）	第一只翅膀	早白垩世（1.32亿—1.28亿年前）	5.1英寸（13厘米）	鸽子	中国	最古老，也是最原始的反鸟类之一。
土鸟（*Sazavis*）	泥土的鸟类	晚白垩世（9 350万—8 930万年前）	?	鸽子	乌兹别克斯坦	像许多比塞特基组的鸟类一样，它仅从骨头的碎片（对于此鸟来说是胫骨下半段）中被人们所知。
中国鸟（*Sinornis*）	中国的鸟类	早白垩世（1.216亿—1.106亿年前）	5.5英寸（14厘米）	鸽子	中国	从近乎完整的骨架中发现的第一只反鸟类。曾经被称为“华夏鸟”的标本其实是中国鸟的化石。
姐妹鸟龙鸟（*Soroavisaurus*）	鸟龙鸟的姐妹	晚白垩世（7 060万—6 550万年前）	?	鸡	阿根廷	仅从足部被人们所知。因似乎是真正龙鸟的“姐妹类群”（也就是关系最近的亲属）而得名。
细弱鸟（*Vescornis*）	纤瘦［手指］的鸟类	早白垩世（1.25亿—1.216亿年前）	4.7英寸（12厘米）	鸽子	中国	像许多反鸟类一样，它的翅膀上也保留着小爪子。
云加鸟（*Yungavolucris*）	云加［阿根廷］的鸟类	晚白垩世（7 060万—6 550万年前）	?	鸽子	阿根廷	仅从许多足部被人们所知。
者勒鸟（*Zhyraornis*）	兹拉库杜克［乌兹别克斯坦］的鸟类	晚白垩世（9 350万—8 930万年前）	?	鸽子	乌兹别克斯坦	仅从两组荐椎中被人们所知。

进步短尾鸟翼类——现代鸟类的近亲（第21章）

这些鸟类与鸟纲（现代鸟类）有亲缘关系，但缺乏一些在真正鸟类身上发现的特化特征。

名称	含义	年代	长度	重量	发现地	注解
不明鸟（*Ambiortus*）	来历不明	早白垩世（1.364亿—1.25亿年前）	?	鸡	蒙古	它的名字意指它身上既有进步的特征，也有原始的特征。
神翼鸟（*Apsaravis*）	阿普萨拉［梵语Apsara，是佛教和印度教的女云神］的鸟类	晚白垩世（8 580万—7 060万年前）	?	鸡	蒙古	晚白垩世最为完整的鸟类化石之一，遗憾的是，缺少头骨。非常接近于真正的现代鸟类。
古喙鸟（*Archaeorhynchus*）	古老的喙	早白垩世（1.25亿—1.216亿年前）	?	鸽子	中国	宽大的喙有点类似于鸭子。
欧洲湖鸟龙（*Eurolimnornis*）	欧洲的芦雀	早白垩世（1.42亿—1.28亿年前）	?	鸽子	罗马尼亚	只有少部分被人们所知。被一些人认为是一只现代鸟类；可能是鱼鸟或者一些现已灭绝的鸟类的早期亲戚。
甘肃鸟（*Gansus*）	来自甘肃省［中国］	早白垩世（1.15亿—1.05亿年前）	?	鸡	中国	从许多骨架中被人们所知（但还没有头！）。有蹼的足和沉重的翅膀表明它潜水时用足推动身体向前，就像现代的鹭鸟和鹕鹈。

（续表）

名称	含义	年代	长度	重量	发现地	注解
卡冈杜亚鸟（*Gargantuavis*）	卡冈杜亚［法国神话中的巨人］的鸟类	晚白垩世（7 060万—6 550万年前）	?	海狸	法国	可能是中生代最大的鸟类。
吉尔德鸟（*Guildavis*）	［美国化石收藏家］E.W.吉尔德的鸟类。	晚白垩世（8 700万—8 200万年前）	?	鸡	美国堪萨斯州	曾被认为是鱼鸟的一个种。
赫伯鸟（*Holbotia*）	来自霍尔博图［蒙古］	早白垩世（1.364亿—1.25亿年前）	?	鸡	蒙古	可能和不明鸟是同样的动物。
红山鸟（*Hongshanornis*）	红山文化［中国的一种古老文化］的鸟类	早白垩世（1.25亿—1.216亿年前）	5.5英寸（14厘米）	鸽子	中国	由一件带有羽毛印痕的完整骨架被人们所知。具有与鸟类趋同演化的前齿骨。
花剌子模鸟（*Horezmavis*）	花剌子模［乌兹别克斯坦］的鸟类	晚白垩世（9 350万—8 930万年前）	?	鸽子	乌兹别克斯坦	仅从一只足部被人们所知。
胡山足龙（*Hulsanpes*）	胡山［蒙国］的脚	晚白垩世（7 060万—6 850万年前）	?	鸡	蒙古	仅从一只足部被人们所知。最初被认为是一只驰龙科恐龙（实际上可能就是）。
忽视鸟（*Iaceornis*）	被忽视的鸟类	晚白垩世（8 700万—8 200万年前）	9.8英寸（25厘米）	鸡	美国堪萨斯州	曾被认为是鱼鸟的一个种。
鱼鸟（*Ichthyornis*）	鱼鸟	晚白垩世（8 700万—8 200万年前）	9.8英寸（25厘米）	鸡	美国阿拉巴马州和堪萨斯州	北美洲最早发现的鸟类化石之一，也是最早显示出许多白垩纪鸟类仍具有牙齿的化石之一。
阈鸟（*Limenavis*）	处于临界状态的鸟类	晚白垩世（7 280万—6 680万年前）	?	鸽子	阿根廷	仅从部分翅膀被人们所知。
古颚鸟翼龙（*Palaeocursornis*）	古老的奔跑的鸟类	早白垩世（1.42亿—1.28亿年前）	?	火鸡	罗马尼亚	仅从一只保存较差的大腿骨被人们所知。有些人认为它是包含现代鸵鸟和鸸鹋在内的类群的早期代表。但更有可能来自其他一些已经灭绝的鸟类群体。
巴塔哥尼亚鸟（*Patagopteryx*）	巴塔哥尼亚［阿根廷］的翅膀	晚白垩世（8 600万—8 300万年前）	1.6英尺（50厘米）	火鸡	阿根廷	从一件骨架的大部分（虽然头骨不完整）为人们所知。一只早期不会飞的鸟类。
大鸟（*Piksi*）	大大的鸟	晚白垩世（8 000万—7 280万年前）	?	鸡	美国蒙大拿州	从目前所知的情况来看，它似乎是一只体型健壮、生活在地面的鸟类，类似于现代的鸡或火鸡。（目前被归入翼龙。——译者）
梧桐鸟（*Platanavis*）	西克莫的鸟类	晚白垩世（9 350万—8 930万年前）	?	鸡	乌兹别克斯坦	仅从一组荐椎被人们所知。
松岭鸟（*Songlingornis*）	松岭［山脉］的鸟类	早白垩世（1.216亿—1.106亿年前）	?	麻雀	中国	是燕鸟和义县鸟的近亲。

（续表）

名称	含义	年代	长度	重量	发现地	注解
乌如那鸟（*Vorona*）	鸟类	晚白垩世（7 060万—6 550万年前）	?	鸽子	马达加斯加	仅从后肢被人们所知。
威利鸟（*Wyleyia*）	致敬英国化石收藏家J.F.威利	早白垩世（1.3亿—1.25亿年前）	?	鸽子	英格兰	可能是一只非鸟类的手盗龙类。
燕鸟（*Yanornis*）	燕朝的鸟类	早白垩世（1.216亿—1.106亿年前）	11英寸（27.5厘米）	鸡	中国	吃鱼，也可能吃植物。一个著名的骗局声称存在“古盗鸟”，其“骨架”结合了燕鸟标本的前半部分和驰龙科恐龙小盗龙标本的后半部分。
义县鸟（*Yixianornis*）	义县组的鸟类	早白垩世（1.216亿—1.106亿年前）	8英寸（20厘米）	鸡	中国	燕鸟的亲缘亲属。

黄昏鸟类——不会飞、具牙齿、会游泳的鸟类（第21章）

黄昏鸟类是一群晚白垩世的有牙齿、会游泳的鸟类。

名称	含义	年代	长度	重量	发现地	注解
亚洲黄昏鸟（*Asiahesperornis*）	亚洲的黄昏鸟	晚白垩世（8 580万—8 000万年前）	?	火鸡	哈萨克斯坦	只有一些脊椎和部分后肢被人们所知。
潜水鸟（*Baptornis*）	潜水的鸟类	晚白垩世（8 700万—8 200万年前）	3.9英尺（1.2米）	火鸡	美国堪萨斯州	由一件近乎完整的骨架被人们所知。
加拿大鸟（*Canadaga*）	加拿大的鸟类	晚白垩世（7 060万—6 550万年前）	4.9英尺（1.5米）	海狸	加拿大西北地区	已知的最后一只，也是最为巨大的黄昏鸟类。
白垩鸟（*Coniornis*）	白垩纪的鸟类	晚白垩世（8 000万—7 280万年前）	?	火鸡	美国蒙大拿州	由脊椎和胫部骨骼被人们所知。
大洋鸟（*Enaliornis*）	海鸟	晚白垩世（9 960万—9 350万年前）	?	鸡	英格兰	从零碎的骨骼中被人们所知。已知最古老的反鸟类之一，可能具有飞行能力。
黄昏鸟（*Hesperornis*）	西部的鸟类	晚白垩世（8 700万—8 200万年前）	4.6英尺（1.4米）	海狸	加拿大艾伯塔省、马尼托巴省和加拿大西北地区；美国堪萨斯州和内布拉斯加州	研究得最透彻，也是发现最多的黄昏鸟类，从几十件头骨和骨架中被人们所知。
尤氏鸟（*Judinornis*）	尤金的鸟类	晚白垩世（7 060万—6 850万年前）	?	火鸡?	蒙古	不完全被人们所知。显然生活在淡水中。
似黄昏鸟（*Parahesperornis*）	近似黄昏鸟	晚白垩世（8 700万—8 200万年前）	3.9英尺（1.2米）	火鸡	美国堪萨斯州	已知一件近乎完整的骨架。
帕斯基亚鸟（*Pasquiaornis*）	帕斯基亚山的鸟类	晚白垩世（9 960万—9 350万年前）	?	火鸡	加拿大萨斯喀彻温省	从后肢骨骼和一件头骨中被人们所知。
河流鸟（*Potamornis*）	河流的鸟类	晚白垩世（6 680万—6 550万年前）	?	火鸡	美国怀俄明州	从极少的骨骼被人所知；显然生活在淡水中。

鸟纲——现生类型的鸟类（第21章）

下面列出的属是现生类型的鸟类——鸟纲的成员，鸟纲存在于白垩纪。今天活着的所有鸟类都是鸟纲的成员。

名称	含义	年代	长度	重量	发现地	注解
鸭翼鸟（*Anatalavis*）	有鸭翅膀的鸟类	晚白垩世至古近纪（6 680万—4 860万年前）	?	鸡	英格兰；美国新泽西州	鸭鹅类群的原始成员。最好的化石来自新生代的古近纪，但新泽西州白垩纪末期的零碎化石似乎属于本属的一个古老物种。
虚椎鸟（*Apatornis*）	欺骗性［脊椎］的鸟	晚白垩世（8 700万—8 200万年前）	?	鸡	美国堪萨斯州	曾被认为是鱼鸟的一个物种。
奥斯汀鸟（*Austinornis*）	奥斯汀［德克萨斯州］的鸟	晚白垩世（8 700万—8 200万年前）	?	鸡	美国德克萨斯州	鸡、雉类群的原始成员。
白垩鸟（*Ceramornis*）	白垩纪的鸟类	晚白垩世（6 680万—6 550万年前）	?	鸡	美国怀俄明州	仅从一块肩部骨骼被人们所知，和现代水滨鸟类的肩部骨骼很像。
白垩翼鸟（*Cimolopteryx*）	白垩纪的翅膀	晚白垩世（8 000万—6 550万年前）	?	鸡	加拿大艾伯塔省和萨斯喀彻温省；美国怀俄明州	可能是现代水滨鸟类的早期代表。
加尔鸟（*Gallornis*）	法国鸟［也是鸡］	早白垩世（1.455亿—1.3亿年前）	?	鸡	法国	仅从四肢的碎骨被人们所知。
纤鹈鸟（*Graculavus*）	鸬鹚的祖先	晚白垩世（6 680万—6 550万年前）	?	火鸡	美国新泽西州、怀俄明州	一只相对巨大的鸟类。
化石鸟（*Laornis*）	石头鸟	晚白垩世至古近纪（6 680万—6 400万年前）	?	鸡	美国新泽西州	恐龙时代最后一批鸟类。
枪潜鸟（*Lonchodytes*）	发现于兰斯组的潜泳者	晚白垩世（6 680万—6 550万年前）	?	鸡	美国怀俄明州	唯一已知的标本是一只不完整的足部；也许是现代海燕的早期亲戚。
新潜鸟（*Neogaeornis*）	新世界的鸟类	晚白垩世（7 060万—6 550万年前）	?	鸡	智利	南美洲最早发现的白垩纪鸟类之一。可能是现代鹭鸟的近亲。
新泽西鸟（*Novacaesareala*）	来自新泽西州	晚白垩世至古近纪（6 680万—6 400万年前）	?	鸡	美国新泽西州	托罗蒂克鸟的亲戚，因此是包含鹈鹕、军舰鸟和鸬鹚的类群的早期代表。
古鹬（*Palaeotringa*）	古老的水滨鸟类	晚白垩世至古近纪（6 680万—6 400万年前）	?	鸡	美国新泽西州	有几块相互分离的骨骼已知，但不确定它与现代鸟类中的哪一个类群关系最为密切。
后弯鸟（*Palintropus*）	弯腰驼背者	晚白垩世（8 000万—6 550万年前）	?	鸡	加拿大艾伯塔省；美国怀俄明州	为鸡、雉类群的白垩纪成员。
沼鸟（*Telmatornis*）	沼泽鸟	晚白垩世至古近纪（6 680万—6 400万年前）	?	鸡	美国新泽西州	可能和白垩翼鸟相同。

（续表）

名称	含义	年代	长度	重量	发现地	注解
捷维诺鸟（*Teviornis*）	俄罗斯古生物学家维克托·捷列什科的鸟类	晚白垩世（7 060万—6 850万年前）	?	鸡	蒙古	可能是鸭和鹅的祖先的亲戚。
托罗蒂克鸟（*Torotix*）	火烈鸟	晚白垩世（6 680万—6 550万年前）	?	鸡	美国怀俄明州	尽管叫这个名字，但它似乎是包含鹈鹕、军舰鸟和鸬鹚在内的现代海鸟群的早期代表。
微爪鸟（*Tytthostonyx*）	小马刺	晚白垩世至古近纪（6 680万—6 400万年前）	?	鸡	美国新泽西州	被一些人认为是包含信天翁、海燕和剪嘴鸥在内的主要海鸟类群的早期成员。
维加鸟（*Vegavis*）	维加岛［南极洲］的鸟类	晚白垩世（7 060万—6 550万年前）	?	鸡	南极洲	一只白垩纪的鸭子。
伏尔加鸟（*Volgavis*）	伏尔加河的鸟类	晚白垩世至古近纪（6 680万—6 400万年前）	?	鸡	俄罗斯	可能是现代鹈鹕和军舰鸟类群的早期亲属。
尚未正式命名		晚白垩世（8 580万—7 060万年前）	?	鸽子	蒙古	仅从一些蛋中的胚胎被人们所知。

原蜥脚类——早期长颈植食性恐龙（第22章）

蜥脚型类是一群长颈植食性恐龙。许多三叠纪和早侏罗世的属可归入原蜥脚类，这些恐龙既可以两足行走，也可以四足行走。

名称	含义	年代	长度	重量	发现地	注解
砂龙（*Ammosaurus*）	砂石［中发现的］爬行动物	早侏罗世（1.896亿—1.756亿年前）	14.1英尺（4.3米）	狮子	美国亚利桑那州和康涅狄格州	北美洲发现的最早的原蜥脚类之一（与近蜥龙一道被找到）。有些人认为它和近蜥龙是同一个属。
近蜥龙（*Anchisaurus*）	近似爬行动物	早侏罗世（1.896亿—1.756亿年前）	7.9英尺（2.4米）	狼	美国康涅狄格州和马萨诸塞州	可能是最小、最原始的蜥脚类。
卡米洛特–加龙省龙（*Camelotia*）	得名于［亚瑟王的传奇城堡］卡米洛特–加龙省	晚三叠世（2.036亿—1.996亿年前）	29.5英尺（9米）	马	英格兰	可能是一只早期蜥脚类而不是巨大的原蜥脚类。
科罗拉多斯龙（*Coloradisaurus*）	科罗拉多组［阿根廷］的爬行动物	晚三叠世（2.165亿—2.036亿年前）	13.1英尺（4米）	狮子	阿根廷	从一件完好的头骨被人们所知。
埃弗拉士龙（*Efraasia*）	致敬德国古生物学家埃伯哈德·弗拉	晚三叠世（2.165亿—2.036亿年前）	3.3英尺（1米）	火鸡	德国	有时被认为是鞍龙的一个种，但新的研究表明，它是一只独特的原始蜥脚型类。
峨山龙（*Eshanesaurus*）	峨山县［中国］的爬行动物	早侏罗世（1.996亿—1.965亿年前）	?	?	中国	一些古生物学家认为，这一化石（只有一块下颌骨已知）来自一只非常早期镰刀龙超科恐龙。

（续表）

名称	含义	年代	长度	重量	发现地	注解
优胫龙（*Eucnemesaurus*）	胫骨优美的爬行动物	晚三叠世（2.165亿—2.036亿年前）	?	犀牛?	南非	一只类似里奥哈龙的原蜥脚类。包括一件曾被认为来自于肉食性恐龙的股骨；被命名为“阿利瓦龙”。
优肢龙（*Euskelosaurus*）	腿部优美的爬行动物	晚三叠世（2.2亿—2.1亿年前）	26.2英尺（8米）	马	南非；津巴布韦	真正的优肢龙化石是罕见的，也没有获得很好的描述。曾经被称为“优肢龙”的保存更好的化石，现在被认为来自不同类型的恐龙：原蜥脚类祖父板龙和早期蜥脚类雷前龙。
辅棱龙（*Fulengia*）	禄丰（Lufeng）[这只恐龙位于中国云南省的发现地]的变位词（fuleng）	早侏罗世（1.996亿—1.83亿年前）	3.3英尺（1米）	火鸡	中国	可能只是一只禄丰龙幼崽。
金山龙（*Jingshanosaurus*）	金山[中国]的爬行动物	早侏罗世（1.996亿—1.83亿年前）	32.8英尺（10米）	犀牛	中国	不要把它和白垩纪的巨龙类江山龙弄混了！
莱森龙（*Lessemsaurus*）	以美国恐龙写作者唐纳德·莱森命名的爬行动物	晚三叠世（2.165亿—2.036亿年前）	32.8英尺（10米）	犀牛	阿根廷	可能是一只早期蜥脚类而不是巨型原蜥脚类。
禄丰龙（*Lufengosaurus*）	禄丰盆地[中国]的爬行动物	早侏罗世（1.996亿—1.83亿年前）	20.3英尺（6.2米）	马	中国	与板龙和云南龙亲缘关系密切。从超过三十只个体中被发现。
大椎龙（*Massospondylus*）	加长的脊椎	早侏罗世（1.996亿—1.83亿年前）	13.1英尺（4米）	狮子	莱索托；南非，津巴布韦；可能还有美国亚利桑那州	继板龙之后被研究得最透彻的原蜥脚类。从许多保存良好的头骨和骨架中被人们所知，现在还发现有巢穴和胚胎。
黑丘龙（*Melanorosaurus*）	[南非]黑色山丘的爬行动物	晚三叠世至早侏罗世（2.165亿—1.896亿年前）	32.8英尺（10米）	犀牛	莱索托；南非	可能是一只早期蜥脚类而不是巨型原蜥脚类。
鼠龙（*Mussaurus*）	像老鼠的爬行动物	晚三叠世（2.165亿—2.036亿年前）	8英寸（20厘米），人类婴儿大小	鸡	阿根廷	最初的标本是一只很小的刚孵化的幼崽；然而，更大的成年体化石也被人们所知，但尚未被描述。
祖父板龙（*Plateosauravus*）	板龙的祖先	晚三叠世（2.28亿—2.165亿年前）	26.2英尺（8米）	马	南非	大多数书籍称之为“优肢龙”的恐龙化石实际上属于这个属。
板龙（*Plateosaurus*）	宽宽的爬行动物	晚三叠世（2.165亿—2.036亿年前）	26.2英尺（8米）	马	法国；德国；格陵兰；瑞士	被研究得最为透彻的原蜥脚类。从十几只个体中被人们所知，包括完整的头骨和骨架。
里奥哈龙（*Riojasaurus*）	里奥哈省[阿根廷]的爬行动物	晚三叠世（2.165亿—2.036亿年前）	32.8英尺（10米）	大象	阿根廷	从二十多只个体中被人们所知。曾被认为是黑丘龙和蜥脚类的近亲；新的研究表明，它与板龙、大椎龙，以及“典型的”原蜥脚类的关系更为密切。

（续表）

名称	含义	年代	长度	重量	发现地	注解
吕勒龙（*Ruehleia*）	致敬德国古生物学家雨果·吕勒·冯·理理恩斯坦	晚三叠世（2.165亿—2.036亿年前）	26.2英尺（8米）	马	德国	曾被认为是板龙的一个种。
农神龙（*Saturnalia*）	农神节［罗马的节日］	中三叠世至晚三叠世（2.35亿—2.2亿年前）	3.3英尺（1米）	火鸡	巴西	最原始的原蜥脚型类之一。它是在狂欢节（在巴西过节）期间发现的，因此描述者决定以一个类似的古代节日命名它。
鞍龙（*Sellosaurus*）	［脊椎］似马鞍的爬行动物	晚三叠世（2.165亿—2.036亿年前）	21.3英尺（6.5米）	灰熊	德国	常被认为是板龙的一个种，但似乎是一只更为原始的恐龙。
大洼龙（*Tawasaurus*）	［中国］大洼村的爬行动物	早侏罗世（1.996亿—1.83亿年前）	3.3英尺（1米）	火鸡	中国	可能只是一只禄丰龙幼崽。
槽齿龙（*Thecodontosaurus*）	牙齿有槽的爬行动物	晚三叠世（2.165亿—1.996亿年前）	6.9英尺（2.1米）	狼	英格兰；威尔士	一只非常原始的蜥脚型类。最佳的标本是一只幼年体。
黑水龙（*Unaysaurus*）	［发现于］黑水的爬行动物	晚三叠世（2.28亿—2.036亿年前）	8.2英尺（2.5米）	狮子	巴西	最近发现的，它似乎类似但小于板龙。
易门龙（*Yimenosaurus*）	［中国］易门县的爬行动物	早侏罗世（1.896亿—1.756亿年前）	23英尺（7米）	马	中国	它的头骨又短又高，更像蜥脚类而不是原蜥脚类。从几具骨架被人们所知。
云南龙（*Yunnanosaurus*）	［中国］云南省的爬行动物	晚三叠世至早侏罗世（2.165亿—1.83亿年前）	23英尺（7米）	马	中国	超过二十具骨架已知。与大多数原蜥脚类不同的是，它的牙齿不是叶状的，而是匙形的（就像蜥脚类大鼻龙类一样）。
无正式属名，之前叫作中国“兀龙”（“*Gyposaurus*” *sinensis*）		早侏罗世（1.996亿—1.83亿年前）	26.2英尺（8米）	马	中国	已知若干来自中国的骨架。它最初被认为是“兀龙”的中国物种（兀龙是大椎龙的一个无效名称）。
尚未正式命名		晚三叠世（2.28亿—2.165亿年前）	32.8英尺（10米）	大象	莱索托	一种大型非洲蜥脚型类，尚未在科学文献中描述。
尚未正式命名		早侏罗世（1.896亿—1.756亿年前）	6.9英尺（2.1米）	狼	美国康涅狄格州	曾经被认为是安琪龙（*Anchisaurus*）的标本（曾叫作“耶鲁龙”［*Yalesaurus*］，现已无效）；这些化石似乎不同于安琪龙和砂龙，因此需要一个新的名字。

原始蜥脚类——早期巨型长颈植食性恐龙（第23章）

蜥脚类是一群巨大的、长颈、四足行走的蜥脚型类。以下恐龙属于蜥脚类，但既不是长着鞭尾的梁龙超科成员，也不是鼻子巨大的大鼻龙类的成员。

名称	含义	年代	长度	重量	发现地	注解
高龙（*Aepisaurus*）	高高的爬行动物	早白垩世（1.25亿—1.12亿年前）	49.2英尺（15米）	两只大象	法国	可能是一只大鼻龙类。
阿尔哥龙（*Algoasaurus*）	［南非］阿尔戈湾的爬行动物	晚侏罗世至早白垩世（1.48亿—1.38亿年前）	29.5英尺（9米）？	犀牛	南非	仅从保存得很差的化石被人们所知。因为它们是在非洲发现的第一批蜥脚类化石，所以十分重要。
杏齿龙（*Amygdalodon*）	杏仁［状的］牙齿	中侏罗世（1.716亿—1.677亿年前）	39.4英尺（12米）？	大象？	阿根廷	已知三只不同的个体，尽管没有一件是完整的。
雷前龙（*Antetonitrus*）	向雷龙致敬	晚三叠世（2.2亿—2.1亿年前）	40英尺（12.2米）	大象	南非	已知最原始的蜥脚类之一。它的骨头最初被认为属于原蜥脚类优肢龙。
古齿龙（*Archaeodontosaurus*）	牙齿古老的爬行动物	中侏罗世（1.677亿—1.647亿年前）	？	？	马达加斯加	之所以叫此名是因为它的牙齿类似于更原始的原蜥脚类，而不是典型的蜥脚类。
亚洲龙（*Asiatosaurus*）	亚洲的爬行动物	早白垩世（时间非常不确定）	？	？	中国；蒙古	可能和盘足龙是相同的恐龙。
巨脚龙（*Barapasaurus*）	后肢巨大的爬行动物	早侏罗世（1.996亿—1.756亿年前）	60英尺（18.3米）	两只大象	印度	已知最完整的早侏罗世蜥脚类，但遗憾的是，目前还没有人发现其头骨。
贝里肯龙（*Blikanasaurus*）	［南非］贝里肯山的爬行动物	晚三叠世（2.2亿—2.1亿年前）	16.4英尺（5米）	狮子	南非	很长一段时间以来，它被认为是一种巨大的原蜥脚类，但该标本（从部分后肢被人们所知）似乎属于最古老的蜥脚类之一。
似倾齿龙（*Campylodoniscus*）	倾斜的牙齿	晚白垩世（7 280万—6 680万年前）	？	？	阿根廷	仅有上颌已知。比与它生活在一起的典型蜥脚类（巨龙类）具有更原始的牙齿。
央齿龙（*Cardiodon*）	心脏［状的］牙齿	中侏罗世（1.677亿—1.647亿年前）	？	？	英格兰	从一颗牙齿被人们所知，这颗牙有时被认为是来自鲸龙的。对鲸龙的一项新研究表明，它不同于央齿龙。
鲸龙（*Cetiosaurus*）	鲸类爬行动物	中侏罗世（1.716亿—1.647亿年前）	45.9英尺（14米）	两只大象	英格兰	最早被命名的蜥脚类，曾一度被认为是一只巨大的海洋鳄类。
切布龙（*Chebsaurus*）	未成年恐龙	中侏罗世（时间非常不确定）	29.5英尺（9米）	犀牛	阿尔及利亚	因标本尚未完全成年而得名。这具骨架的大部分都被人们所知。

（续表）

名称	含义	年代	长度	重量	发现地	注解
金沙江龙（*Chinshakiangosaurus*）	［中国］金沙江的爬行动物	早侏罗世（时间非常不确定）	29.5英尺（9米）	犀牛	中国	可能是一只巨大的原蜥脚类而不是真正的蜥脚类。
川街龙（*Chuanjiesaurus*）	［中国］川街村的爬行动物	中侏罗世（1.716亿—1.647亿年前）	82英尺（25米）	四只大象	中国	最大的早期蜥脚类之一。
酋龙（*Datousaurus*）	酋长爬行动物	中侏罗世（1.677亿—1.612亿年前）	45.9英尺（14米）	两只大象	中国	可能是一只原始梁龙超科恐龙。
盘足龙（*Euhelopus*）	真正的沼泽脚	晚侏罗世（1.557亿—1.48亿年前）	39.4英尺（12米）	大象	中国	一种颈部非常长的蜥脚类，有人认为它与马门溪龙或峨眉龙有着亲缘关系，也有人认为它与巨龙类有着亲缘关系。
费尔干纳龙（*Ferganasaurus*）	费尔干纳山谷［吉尔吉斯斯坦］的爬行动物	中侏罗世（1.647亿—1.612亿年前）	45.9英尺（14米）	两只大象	吉尔吉斯斯坦	与约巴龙相似，因此可能是一只原始的大鼻龙类。
加尔瓦龙（*Galveosaurus*）	［西班牙］加尔瓦的爬行动物	晚侏罗世至早白垩世（1.48亿—1.42亿年前）	45.9英尺（14米）	两只大象	西班牙	类似鲸龙的恐龙。两个古生物学家小组在同一时间用稍有不同的名字描述了这些化石，因此这只恐龙应该被称为“*Galveosaurus*”还是“*Galvesaurus*”存在争议。
珙县龙（*Gongxianosaurus*）	珙县［中国］的爬行动物	早侏罗世（1.996亿—1.756亿年前）	45.9英尺（14米）	两只大象	中国	已知最原始的蜥脚类之一。
蝴蝶龙（*Hudiesaurus*）	蝴蝶［脊椎］爬行动物	晚侏罗世（1.508亿—1.455亿年前）	65.6英尺（20米）？	两只大象	中国	从完整的前肢、脊椎和四颗牙齿被人们所知。
伊森龙（*Isanosaurus*）	伊森［泰国］的爬行动物	晚三叠世（2.1亿—1.996亿年前）	55.8英尺（17米）	两只大象	泰国	一只非常原始的蜥脚类。
九台龙（*Jiutaisaurus*）	［中国］九台村的爬行动物	早白垩世（1.25亿—1.12亿年前）	？	？	中国	仅从一系列尾椎被人们所知。
克拉美丽龙（*Klamelisaurus*）	克拉美丽［中国］的爬行动物	晚白垩世（1.612亿—1.557亿年前）	55.8英尺（17米）	两只大象	中国	一只成年的巧龙。
哥打龙（*Kotasaurus*）	哥打组的爬行动物	早侏罗世（1.83亿—1.756亿年前）	29.5英尺（9米）	犀牛	印度	从一件几乎完整的骨架被人们所知，遗憾的是它没有头骨。
劳尔哈龙（*Lourinhasaurus*）	［葡萄牙］劳尔哈的爬行动物	晚侏罗世（1.53亿—1.48亿年前）	55.8英尺（17米）	两只大象	葡萄牙	最初被认为是迷惑龙的一个种，之后又被认为是圆顶龙。
马门溪龙（*Mamenchisaurus*）	［中国］马门溪渡口的爬行动物	晚侏罗世（1.612亿—1.557亿年前）	85.3英尺（26米）	三只大象	中国	拥有恐龙中已知的最长的颈部之一。
欧姆殿龙（*Ohmdenosaurus*）	欧姆殿［德国］的爬行动物	早侏罗世（1.83亿—1.756亿年前）	13.1英尺（4米）？	马？	德国	最初被错误地当成了一只蛇颈龙类。

（续表）

名称	含义	年代	长度	重量	发现地	注解
峨眉龙（*Omeisaurus*）	［中国］峨眉山的爬行动物	中侏罗世至晚侏罗世（1.677亿—1.557亿年前）	49.2英尺（15米）	两只大象	中国	一只长颈蜥脚类，可能是与马门溪龙关系密切的亲戚。
武装龙（*Oplosaurus*）	装甲的爬行动物	早白垩世（1.3亿—1.25亿年前）	?	?	英格兰	从一只牙齿被人们所知，最初人们认为这颗牙齿来自一只甲龙类。
巴塔哥尼亚龙（*Patagosaurus*）	［阿根廷］巴塔哥尼亚的爬行动物	中侏罗世（1.647亿—1.612亿年前）	49.2英尺（15米）	两只大象	阿根廷	从十几具不同年龄段的标本（从未成年体到成年）被人们所知。
原颌龙（*Protognathosaurus*）	第一块颌骨的爬行动物	中侏罗世（1.677亿—1.612亿年前）	?	?	中国	只有一只下颌被人们所知。
釜庆龙（*Pukyongosaurus*）	［韩国］釜庆国立大学的爬行动物	早白垩世（1.364亿—1.2亿年前）	?	?	韩国	一件有着高神经棘脊椎的标本，尚未被完全描述。
秦岭龙（*Qinlingosaurus*）	秦岭山脉［中国］的爬行动物	晚白垩世（6 680万—6 550万年前）	?	?	中国	亚洲最后的蜥脚类之一。
瑞拖斯龙（*Rhoetosaurus*）	瑞拖斯［希腊神话中的巨人］的爬行动物	中侏罗世（1.716亿—1.677亿年前）	39.4英尺（12米）	两只大象	澳大利亚	仅从骨架的后半段被人们所知。
蜀龙（*Shunosaurus*）	［中国］四川的爬行动物	中侏罗世（1.677亿—1.612亿年前）	28.5英尺（8.7米）	大象	中国	研究得最好、最为人所了解的早期蜥脚类，是为数不多有尾锤的蜥脚类之一。
塔邹达龙（*Tazoudasaurus*）	［摩洛哥］塔邹达的爬行动物	早侏罗世（1.83亿—1.756亿年前）	29.5英尺（9米）	大象	摩洛哥	成年体和未成年体都被人们所知，与津巴布韦的火山齿龙非常相似。
特维尔切龙（*Tehuelchesaurus*）	特维尔切［阿根廷原住民］的爬行动物	晚侏罗世（1.557亿—1.455亿年前）	39.4英尺（12米）	两只大象	阿根廷	一只类似峨眉龙的蜥脚类，有六边形的鳞片印记。
汤达鸠龙（*Tendaguria*）	来自汤达鸠山［坦桑尼亚］	晚侏罗世（1.557亿—1.508亿年前）	?	两只大象	坦桑尼亚	一只仅从脊椎被人们所知的体型庞大的恐龙。可能和巨龙类詹尼斯龙是相同的恐龙。
天山龙（*Tienshanosaurus*）	天山［中国］的爬行动物	晚侏罗世（1.612亿—1.557亿年前）	39.4英尺（12米）	大象	中国	一只像盘足龙的恐龙
弗克海姆龙（*Volkheimeria*）	致敬阿根廷古生物学家沃夫甘·弗克海姆	中侏罗世（1.647亿—1.612亿年前）	29.5英尺（9米）	犀牛	阿根廷	可能是一只早期大鼻龙类。
火山齿龙（*Vulcanodon*）	牙齿发现于火山	早侏罗世（1.996亿—1.965亿年前）	21.3英尺（6.5米）	马	津巴布韦	最古老的蜥脚类之一。最初，一些兽脚类的牙齿被认为来自这只植食性动物！
元谋龙（*Yuanmousaurus*）	［中国］元谋的爬行动物	中侏罗世（时间非常不确定）	49.2—65.6英尺（15—20米）	?	中国	一只巨大的早期蜥脚类，具有峨眉龙、盘足龙和巴塔哥尼亚龙的特点。
自贡龙（*Zigongosaurus*）	［中国］自贡市的爬行动物	中侏罗世（1.677亿—1.612亿年前）	?	?	中国	与峨眉龙和马门溪龙共有一些特点。

（续表）

名称	含义	年代	长度	重量	发现地	注解
资中龙（*Zizhongosaurus*）	资中县［中国］的爬行动物	早侏罗世（1.83亿—1.756亿年前）	29.5英尺（9米）	犀牛	中国	一只中国早期蜥脚类。不要和自贡龙搞混了。
尚未正式命名		中侏罗世至晚侏罗世（时间非常不确定）	?	?	中国	尚未完全描述，据说有着类似圆顶龙的头骨。
尚未正式命名		早侏罗世（1.965亿—1.896亿年前）	36英尺（11米）	大象	中国	尚未完全描述，但是从相对完整的化石材料被人们所知。

原始梁龙超科——早期鞭尾恐龙（第24章）

以下恐龙是梁龙超科恐龙，但它们不是巨大的梁龙科、高棘叉龙科或宽吻雷巴齐斯龙科的成员。

名称	含义	年代	长度	重量	发现地	注解
亚马逊龙（*Amazonsaurus*）	亚马逊河的爬行动物	早白垩世（1.18亿—1.1亿年前）	?	?	巴西	可能是一只叉龙科恐龙，也可能是一只雷巴齐斯龙科恐龙。
双腔龙（*Amphicoelias*）	［脊椎］两面凹	晚侏罗世（1.557亿—1.508亿年前）	147.6英尺（45米）?	十八只大象?	美国科罗拉多州和蒙大拿州	一种原始的梁龙超科恐龙，而且（如果对那具现已丢失的标本的测量结果是正确的话）是已知的最大恐龙之一。
似鲸龙（*Cetiosauriscus*）	类似鲸龙	中侏罗世（1.647亿—1.612亿年前）	49.2英尺（15米）	两只大象	英格兰	也许实际上是长颈的峨眉龙和马门溪龙的近亲。
丁赫罗龙（*Dinheirosaurus*）	波尔图丁赫罗［葡萄牙］的爬行动物	晚侏罗世（1.53亿—1.48亿年前）	?	大象	葡萄牙	可能实际上是一只梁龙科恐龙。
难觅龙（*Dyslocosaurus*）	难以定位的爬行动物	晚侏罗世（1.557亿—1.508亿年前）	59英尺（18米）?	大象	美国怀俄明州	最初的记录显示它来自晚白垩世末期。
糙节龙（*Dystrophaeus*）	粗糙的关节	晚侏罗世（1.557亿—1.508亿年前）	?	大象	美国犹他州	第一只来自北美洲的被命名的蜥脚类，但是鲜少被人们了解。
露丝娜龙（*Losillasaurus*）	瓦伦西亚的露丝娜［西班牙］的爬行动物	早白垩世（1.455亿—1.402亿年前）	?	?	西班牙	反而可能是一只原始的大鼻龙类。
萨帕拉龙（*Zapalasaurus*）	萨帕拉城［阿根廷］的爬行动物	早白垩世（1.3亿—1.2亿年前）	?	?	阿根廷	2006年才被命名，仅从脊椎被人们所知。
无正式属名，之前叫作格莱普顿“鲸龙”（“*Cetiosaurus*” *glymptonensis*）		中侏罗世（1.677亿—1.647亿年前）	?	?	英格兰	可能是最古老的梁龙超科恐龙。

梁龙科——大型鞭尾恐龙（第24章）

梁龙科恐龙包含着所有恐龙中身形最长的恐龙。

名称	含义	年代	长度	重量	发现地	注解
迷惑龙（*Apatosaurus*）	欺骗性［脉弧］的爬行动物	晚侏罗世（1.557亿—1.508亿年前）	85.3英尺（26米）	四只大象	美国科罗拉多州、怀俄明州、犹他州和俄克拉荷马州	包括以前被称为“雷龙”的物种，是体型最健壮的梁龙科恐龙。一些孤立的脊椎暗示它可能比这里描述的还要大：事实上，它可能会重新成为最大的恐龙之一！
重龙（*Barosaurus*）	沉重的爬行动物	晚侏罗世（1.557亿—1.508亿年前）	85.3英尺（26米）	两只大象	美国犹他州和南达科塔州	北美洲颈部最长的侏罗纪恐龙。
梁龙（*Diplodocus*）	双梁［脉弧］	晚侏罗世（1.557亿—1.508亿年前）	88.6英尺（27米）	两只大象	美国科罗拉多州、怀俄明州、犹他州和蒙塔纳州	最著名、研究最充分的恐龙之一。一些古生物学家认为地震龙和超龙是非常古老的成年梁龙；如果这是真的，那么梁龙将是最长的恐龙之一。
原雷龙（*Eobrontosaurus*）	初始的发出雷声的爬行动物	晚侏罗世（1.557亿—1.508亿年前）	68.9英尺（21米）	三只大象	美国怀俄明州	曾经是迷惑龙（也是圆顶龙）的一个种。
地震龙（*Seismosaurus*）	使地震的爬行动物	晚侏罗世（1.557亿—1.508亿年前）	121.4英尺（37米）	六只大象	美国新墨西哥州	可能只是一只非常古老的梁龙。
超龙（*Supersaurus*）	超级爬行动物	晚侏罗世（1.557亿—1.508亿年前）	131.2英尺（40米）？	六只大象	美国科罗拉多州	可能只是一只非常古老的重龙或者梁龙个体，但可能是它本属中的物种。
春雷龙（*Suuwassea*）	春日里听到的第一声雷声	晚侏罗世（1.557亿—1.508亿年前）	68.9英尺（21米）	两只大象	美国蒙塔纳州	有一些特征更像叉龙科恐龙。
托尼龙（*Tornieria*）	致敬德国古生物学家古斯塔夫·托尼	晚侏罗世（1.557亿—1.508亿年前）	85.3英尺（26米）？	两只大象?	坦桑尼亚	一些人认为是重龙的一个非洲物种。

叉龙科——高棘鞭尾恐龙（第24章）

这些恐龙的颈部对于蜥脚类来说着实很短，背上有极高的棘。

名称	含义	年代	长度	重量	发现地	注解
阿马加龙（*Amargasaurus*）	阿马加港湾［阿根廷］的爬行动物	早白垩世（1.3亿—1.2亿年前）	39.4英尺（12米）	犀牛	阿根廷	颈部、背部和腰带具有非常高的神经棘。
短颈潘龙（*Brachytrachelopan*）	短颈的牧羊神	晚侏罗世（1.557亿—1.508亿年前）	32.8英尺（10米）	犀牛	阿根廷	最小且颈部最短的蜥脚类之一。
叉龙（*Dicraeosaurus*）	分叉的［神经棘］爬行动物	晚侏罗世（1.557亿—1.508亿年前）	45.9英尺（14米）	大象	坦桑尼亚	已知最为完整的叉龙科恐龙。

雷巴齐斯龙科——宽口鼻的鞭尾恐龙（第24章）

这些恐龙的颈部对于蜥脚类来说着实很短，它们的背上有极高的棘。

名称	含义	年代	长度	重量	发现地	注解
鹫龙（*Cathartesaura*）	秃鹫栖息地［恐龙被发现的地方］的爬行动物	晚白垩世（9 960万—9 350万年前）	?	?	阿根廷	目前只有几个部分获得描述。
伊斯的利亚龙（*Histriasaurus*）	伊斯的利亚［克罗地亚］的爬行动物	早白垩世（1.364亿—1.25亿年前）	?	?	克罗地亚	第一只来自中欧国家克罗地亚的被命名的恐龙。
利迈河龙（*Limaysaurus*）	里约利迈组的爬行动物	晚白垩世（9 960万—9 700万年前）	?	?	阿根廷	仅从若干个体被人们所知，其中有一只完整度为80%。
尼日尔龙（*Nigersaurus*）	尼日尔的爬行动物	早白垩世（1.18亿—1.1亿年前）	49.2英尺（15米）	大象	尼日尔	若干标本已知，其中包括一只保存最好的雷巴齐斯龙科的头骨材料。它有600颗牙齿，是所有蜥臀目恐龙中已知牙齿最多的。
雷尤守龙（*Rayososaurus*）	雷尤守组的爬行动物	早白垩世（1.17亿—1亿年前）	?	?	阿根廷	一只相对原始的雷巴齐斯龙科恐龙。
雷巴齐斯龙（*Rebbachisaurus*）	雷巴齐［摩洛哥柏柏尔人的部落］的爬行动物	早白垩世（1.12亿—9 960万年前）	65.6英尺（20米）	两只大象	摩洛哥	已知最大的雷巴齐斯龙科恐龙，具有高耸的神经棘（高1.5米）。

原始大鼻龙类——早期大鼻子恐龙（第25章）

大鼻龙类是一群鼻子巨大的蜥脚类。以下属是大鼻龙类，但不是更进步的类群——腕龙科或巨龙类的成员。

名称	含义	年代	长度	重量	发现地	注解
文雅龙（*Abrosaurus*）	［头骨］精致的恐龙	中侏罗世（1.677亿—1.612亿年前）	?	?	中国	和约巴龙十分类似。
阿拉果龙（*Aragosaurus*）	阿拉果［西班牙］的爬行动物	早白垩世（1.3亿—1.25亿年前）	59英尺（18米）	两只大象	西班牙	一只类似于圆顶龙的物种。
亚特拉斯龙（*Atlasaurus*）	亚特拉斯山脉的爬行动物	中侏罗世（1.677亿—1.647亿前）	59英尺（18米）	两只大象	摩洛哥	从一件几近完整的骨骼中被人们所知，可能是一只早期腕龙类。
巧龙（*Bellusaurus*）	精巧的爬行动物	晚侏罗世（1.612亿—1.557亿年前）	16.4英尺（5米）	马	中国	从至少十七具未成年个体的部分骨骼被人们所知的蜥脚类。
圆顶龙（*Camarasaurus*）	有腔室的［脊椎］爬行动物	晚侏罗世（1.557亿—1.508亿年前）	59英尺（18米）	两只大象	美国科罗拉多州、怀俄明州、犹他州、蒙大拿州和新墨西哥州	北美洲晚侏罗世最常见的恐龙。
软骨龙（*Chondrosteosaurus*）	软骨的爬行动物	早白垩世（1.3亿—1.25亿年前）	59英尺（18米）?	两只大象?	英格兰	仅从脊椎被人们所知。
恐梁龙（*Dinodocus*）	可怕的梁	（1.25亿—9 960万年前）	?	?	英格兰	仅从牙齿被人们所知。
长生天龙（*Erketu*）	长生天［蒙古神话里的造物主］	早白垩世晚期（时间非常不确定）	?	?	蒙古	长颈蜥脚类，可能是优椎龙的亲戚。

（续表）

名称	含义	年代	长度	重量	发现地	注解
欧罗巴龙（*Europasaurus*）	欧罗巴的爬行动物	晚侏罗世（1.557亿—1.508亿年前）	20.3英尺（6.2米）	马	德国	最小的蜥脚类之一。曾经居住的小岛现在位于德国。
简棘龙（*Haplocanthosaurus*）	简单棘的爬行动物	晚侏罗世（1.557亿—1.508亿年前）	70.5英尺（21.5米）	三只大象	美国科罗拉多州和怀俄明州	被认作是一只原始的梁龙超科恐龙，或是一只鲸龙的亲戚，或是一只原始的大鼻龙类。
约巴龙（*Jobaria*）	得名于约巴［尼日利亚神话中的怪兽］	早白垩世（1.364亿—1.25亿年前）	78.7英尺（24米）	四只大象	尼日尔	从保存非常良好的骨骼被人们所知。
大理石椎龙（*Marmarospondylus*）	大理石［大理石森林组］的脊椎	中侏罗世（1.716亿—1.647亿年前）	?	?	英格兰	常常被纳入年代更晚的沟椎龙。
鸟面龙（*Ornithopsis*）	［脊椎］类似于鸟	早白垩世（1.3亿—1.25亿年前）	?	?	英格兰	仅从两件背椎被人们所知。
尚未正式命名		晚侏罗世（1.557亿—1.508亿年前）	?	?	法国	自1885年以来，仅从残缺不全的化石被人们所知。可能类似于圆顶龙。
尚未正式命名		早白垩世（时间非常不确定）	?	?	中国	一只非常大的蜥脚类。

腕龙科——长臂大鼻子恐龙（第25章）

腕龙科是有着长颈和长臂的大鼻龙类，其中包括一些极为巨大的恐龙。

名称	含义	年代	长度	重量	发现地	注解
星牙龙（*Astrodon*）	星星状的牙齿	早白垩世（1.18亿—1.1亿年前）	49.2英尺（15米）	三只大象	美国马里兰州	从幼年个体的牙齿和骨架以及巨大成年个体的骨骼被人们所知。包括最初被称为“侧空龙”的化石。
沟椎龙（*Bothriospondylus*）	有沟痕的脊椎	晚侏罗世（1.612亿—1.508亿年前）	65.9英尺（20.1米）?	三只大象?	英格兰；法国	从不同的骨骼和牙齿被人们所知。一件来自法国的保存良好的骨架已被发现，但尚未被充分研究。
腕龙（*Brachiosaurus*）	上臂爬行动物	晚侏罗世（1.557亿—1.508亿年前）	85.3英尺（26米）	六只大象	美国科罗拉多州和犹他州；坦桑尼亚?	几十年来，它一直是已知的最大的恐龙。
雪松龙（*Cedarosaurus*）	雪松山组的爬行动物	早白垩世（1.3亿—1.25亿年前）	?	?	美国犹他州	可能是星牙龙的近亲。
大安龙（*Daanosaurus*）	大安［中国］的爬行动物	晚侏罗世（时间非常确定）	?	?	中国	仅从一件未成年恐龙的化石被人们所知。
长颈巨龙（*Giraffatitan*）	巨大的长颈鹿	晚侏罗世（1.557亿—1.508亿年前）	85.3英尺（26米）	六只大象	坦桑尼亚；阿根廷?	大多数古生物学家认为它是腕龙的一个种。
拉伯龙（*Lapparentosaurus*）	法国古生物学家阿尔伯特·德·拉伯的爬行动物	中侏罗世（1.677亿—1.647亿年前）	?	?	马达加斯加	不是腕龙的祖先，就是它的近亲。

（续表）

名称	含义	年代	长度	重量	发现地	注解
葡萄牙巨龙（*Lusotitan*）	葡萄牙的巨兽	晚侏罗世（1.508亿—1.455亿年前）	?	?	葡萄牙	最初被认为是腕龙的一个西班牙物种。
畸形龙（*Pelorosaurus*）	巨大［且怪异］的爬行动物	早白垩世（1.402亿—1.25亿年前）	78.7英尺（24米）	五只大象	英格兰	与更为巨大的腕龙类似。
波塞东龙（*Sauroposeidon*）	波塞东［希腊的海洋与地震之神］的爬行动物	早白垩世（1.18亿—1.1亿年前）	98.4英尺（30米）	八只大象	美国俄克拉荷马州	一只巨大的蜥脚类。当它的颈部被人们完全了解时，人们可能会发现它比马门溪龙的脖子还长。
索诺拉龙（*Sonorasaurus*）	索诺拉沙漠［亚利桑那州］的爬行动物	早白垩世（1.05亿—9 960万年前）	49.2英尺（15米）	三只大象	美国亚利桑那州	一只小型的、保存不佳的蜥脚类。
无正式属名,之前叫作肱冠“鲸龙”（“*Cetiosaurus*” *humerocristatus*）		晚侏罗世（1.557亿—1.508亿年前）	82英尺（25米）?	四只大象?	英格兰	从一件巨大细长的肱骨被人们所知。
无正式属名,之前叫作利氏“鸟面龙”（“*Ornithopsis*” *leedsii*）		中侏罗世（1.647亿—1.612亿年前）	?	?	英格兰	从脊椎、肋骨和腰带骨碎片被人们所知。
无正式属名，之前叫作凡登“侧空龙”（“*Pleurocoelus*” *valdensis*）		早白垩世（1.3亿—1.25亿年前）	?	?	英格兰	从牙齿和脊椎被人们所知。
尚未正式命名		早白垩世（1.25亿—1.12亿年前）	60英尺（18.3米）	两只大象	美国德克萨斯州	尚未完全描述，可能与雪松龙有密切关系。曾经被认为是星牙龙。
尚未正式命名	英国的波塞东［希腊的海洋和地震之神］	早白垩世（1.3亿—1.25亿年前）	78.7英尺（24米）	五只大象	英格兰	来自怀特岛的巨大的腕龙类。

原始巨龙类——早期身体宽大的大鼻子恐龙（第25章）

巨龙类的特点是身体很宽。至少有些巨龙类还具有身披装甲。以下的巨龙类不属于更为进步的类群萨尔塔龙科。

名称	含义	年代	长度	重量	发现地	注解
埃及龙（*Aegyptosaurus*）	埃及的爬行动物	晚白垩世（9 960万—9 350万年前）	52.5英尺（16米）	两只大象	埃及	从一件可能不完整，但保存良好的骨架被人们所知，但其不幸地在第二次世界大战中被毁。
奥古斯丁龙（*Agustinia*）	致敬奥古斯丁·马丁内尼［他是一名来自阿根廷的学生，帮助发现了这只恐龙］	早白垩世（1.17亿—1亿年前）	?	大象	阿根廷	一只有着尖刺装甲的巨龙类（该装甲曾被认为来自一只剑龙类）。
葡萄园龙（*Ampelosaurus*）	葡萄园的爬行动物	晚白垩世（7 060万—6 850万年前）	49.2英尺（15米）	两只大象	法国	从在一座葡萄园中找到的许多件个体的骨骼被人们所知。

（续表）

名称	含义	年代	长度	重量	发现地	注解
安第斯龙（*Andesaurus*）	安第斯山脉的爬行动物	晚白垩世（9 960万—9 700万年前）	59英尺（18米）	两只大象	阿根廷	一只原始的巨龙类，有着许多和更为巨大的阿根廷龙相似的特点。
阿根廷龙（*Argentinosaurus*）	阿根廷的爬行动物	晚白垩世（9 700万—9 350万年前）	120英尺（36.6米）？	十三只大象	阿根廷	可能是已知的最大的恐龙。
澳洲南方龙（*Austrosaurus*）	南方的爬行动物	早白垩世（1.12亿—9 960万年前）	65.6英尺（20米）？	两只大象？	澳大利亚	澳大利亚最大的恐龙。已知一件保存良好的骨架，但尚未获得详细描述。
北方龙（*Borealosaurus*）	北方的爬行动物	晚白垩世（9 960万—8 930万年前）	？	？	中国	它的尾椎显示出与凹尾龙的相似性。
丘不特龙（*Chubutisaurus*）	丘不特省［阿根廷］的爬行动物	晚白垩世（8 930万—6 550万年前）	75.5英尺（23米）	四只大象	阿根廷	最为原始的巨龙类之一。
沉重龙（*Epachthosaurus*）	沉重的爬行动物	晚白垩世（9 960万—9 350万年前）	59英尺（18米）	三只大象	阿根廷	以前是从不完整的骨骼材料被人们所知，但一件新近发现的骨架将向我们展示这只巨龙类的更多细节。
戈壁巨龙（*Gobititan*）	戈壁沙漠的巨兽	早白垩世至晚白垩世（1.12亿—9 350万年前）	？	？	中国	仅从与怪味龙相似的尾骨和腿骨被人们所知。
冈瓦纳巨龙（*Gondwanatitan*）	冈瓦纳［南方超级大陆］的巨兽	晚白垩世（8 580万—8 350万年前）	？	？	巴西	与风神龙类似。
高桥龙（*Hypselosaurus*）	高高的爬行动物	晚白垩世（7 060万—6 550万年前）	39.4英尺（12米）	两只大象	法国	欧洲最后的蜥脚类之一。一只来自法国的巨龙类的蛋和巢穴被认为来自高桥龙。
伊希斯龙（*Isisaurus*）	印度统计学院［ISI］的爬行动物	晚白垩世（7 060万—6 550万年前）	59英尺（18米）	三只大象	印度	之前被认为是巨龙类的一个种。
朱特龙（*Iuticosaurus*）	朱特［怀特岛古老的居民］的爬行动物	早白垩世（1.3亿—1.25亿年前）	49.2英尺（15米）	两只大象？	英格兰	鲜少被人们了解，但是绝对是巨龙类。
耆那龙（*Jainosaurus*）	印度古生物学家苏汉·拉尔·耆那的爬行动物	晚白垩世（7 060万—6 550万年前）	70.5英尺（21.5米）	三只大象？	印度	来自印度恐龙时代末期的一种巨型蜥脚类，曾被认为是南极龙的一个种。
詹尼斯龙（*Janenschia*）	致敬德国古生物学家沃纳·詹尼斯	晚侏罗世（1.557亿—1.508亿年前）	？	两只大象	坦桑尼亚	一只从四肢骨骼中被发现的身形健壮的蜥脚类。可能和汤达鸠龙是相同的恐龙。已知最古老的巨龙类。
江山龙（*Jiangshanosaurus*）	江山［中国］的爬行动物	早白垩世（1.12亿—9 960万年前）	？	？	中国	肩带的特征显示它是一只巨龙类。别把它和更古老的景山龙混为一谈。
卡拉加龙（*Karongasaurus*）	卡拉加地区［马拉维］的爬行动物	早白垩世（时间非常不确定）	？	大象	马拉维	仅从颌部和牙齿被人们所知。
利加布龙（*Ligabuesaurus*）	意大利恐龙猎人吉安卡洛·利加布的爬行动物	早白垩世（1.17亿—1亿年前）	？	？	阿根廷	长长的前肢与腕龙的类似。

（续表）

名称	含义	年代	长度	重量	发现地	注解
大尾龙（*Macrurosaurus*）	尾巴长长的爬行动物	晚白垩世（9 960万—9 350万年前）	39.4英尺（12米）	大象	英格兰	从骨架的不同部位被人们所知。至少有些骨头来自巨龙类，但其他可能来自不同类型的蜥脚类。
马尔扎龙（*Magyarosaurus*）	马尔扎人［匈牙利人］的爬行动物	晚白垩世（7 060万—6 850万年前）	17.4英尺（5.3米）	马	罗马尼亚	最小的蜥脚类之一。住在现如今是特兰西瓦尼亚的小岛上。
马拉维龙（*Malawisaurus*）	马拉维的爬行动物	早白垩世（时间非常不确定）	39.4英尺（12米）	大象	马拉维	面部短，有装甲。
门多萨龙（*Mendozasaurus*）	门多萨城［阿根廷］的爬行动物	晚白垩世（9 000万—8 580万年前）	?	?	阿根廷	显示出和印度伊希斯龙一些类似的特点。
潮汐龙（*Paralititan*）	海岸线的巨兽	晚白垩世（9 960万—9 350万年前）	105英尺（32米）	十只大象	埃及	生活在沼泽中的巨大蜥脚类。
布万龙（*Phuwiangosaurus*）	布万［泰国］的爬行动物	早白垩世（1.402亿—1.3亿年前）	82英尺（25米）	四只大象	泰国	与怪味龙类似。
普尔塔龙（*Puertasaurus*）	阿根廷化石猎人巴勃罗·普尔塔的爬行动物	晚白垩世（7 060万—6 850万年前）	98.4英尺（30米）?	十一只大象	阿根廷	仅从一些脊椎被人们所知，但是这些骨骼尺寸巨大。
怪味龙（*Tangvayosaurus*）	怪味山谷［老挝］的爬行动物	早白垩世（1.25亿—9 960万年前）	?	?	老挝	从若干个体被人们所知。
毒瘾龙（*Venenosaurus*）	毒物地带成员［雪松山组地区］	早白垩世（1.18亿—1.1亿年前）	?	?	美国犹他州	幼年体和成年体都被人们所知。
无正式属名，之前叫作贝氏“畸形龙”（“*Pelorosaurus*” *becklesii*）		早白垩世（1.3亿—1.25亿年前）	?	?	英格兰	仅从一件前肢被人们所知，有皮肤印痕。
尚未正式命名		晚白垩世（9 100万—8 800万年前）	98.4英尺（30米）?	八只大象?	阿根廷	与大盗龙生活在同一时间和同一地点的一只非常巨大的蜥脚类。

萨尔塔龙科——进步的身体宽大的大鼻子恐龙（第25章）

萨尔塔龙科包括一群来自白垩世的高度特化的宽嘴巨龙类。

名称	含义	年代	长度	重量	发现地	注解
阿达曼提龙（*Adamantisaurus*）	阿达曼提纳组的爬行动物	晚白垩世（7 060万—6 550万年前）	?	?	巴西	仅从尾椎骨被人们所知。
风神龙（*Aeolosaurus*）	埃俄罗斯［古希腊风神］的爬行动物	晚白垩世（7 280万—6 880万年前）	49.2英尺（15米）	两只大象	阿根廷	表现出一些与冈瓦纳巨龙的相似性。
阿拉摩龙（*Alamosaurus*）	白杨山组［新墨西哥州］的爬行动物	晚白垩世（6 680万—6 550万年前）	68.9英尺（21米）	四只大象	美国德克萨斯州、犹他州，可能还有新墨西哥州	北美洲年代最晚的蜥脚类。
南极龙（*Antarctosaurus*）	南方的爬行动物	晚白垩世（8 300万—7 800万年前）	59英尺（18米）	三只大象	阿根廷；巴西；智利；乌拉圭	与博妮塔龙有着同样的钝钝的口鼻部。

（续表）

名称	含义	年代	长度	重量	发现地	注解
银龙（*Argyrosaurus*）	银色的爬行动物	晚白垩世（9 960万—9 350万年前）	91.9英尺（28米）？	七只大象	阿根廷	这一时期的几只巨大蜥脚类之一。
包鲁巨龙（*Baurutitan*）	包鲁群［巴西］的巨兽	晚白垩世（8 350万—6 550万年前）	？	？	巴西	从荐椎和尾椎被人们所知。
博纳巨龙（*Bonatitan*）	阿根廷古生物学家何塞·波拿巴的巨兽	晚白垩世（7 280万—6 680万年前）	？	？	阿根廷	已知头骨和部分尾巴。
博妮塔龙（*Bonitasaura*）	博妮塔山［阿根廷］的爬行动物	晚白垩世（8 580万—8 350万年前）	23英尺（7米），未成年体	？	阿根廷	到目前为止唯一已知的标本是一个未成年体，所以成年体会比这个更大。从一只非常完整的头骨被人们所知。
华北龙（*Huabeisaurus*）	中国北方的爬行动物	晚白垩世（8 350万—7 060万年前）	？	？	中国	一种大型蜥脚类，与后凹尾龙和纳摩盖吐龙相似。
拉布拉达龙（*Laplatasaurus*）	拉布拉达［阿根廷］的爬行动物	晚白垩世（7 280万—6 680万年前）	59英尺（18米）	三只大象	阿根廷	曾被认为是巨龙的一个种。
细长龙（*Lirainosaurus*）	细长的爬行动物	晚白垩世（7 280万—6 680万年前）	？	？	西班牙	已知若干个体。
盔甲龙（*Loricosaurus*）	有胸甲的爬行动物	晚白垩世（7 280万—6 680万年前）	？	？	阿根廷	从装甲被人们所知，一度被人们认为是一只甲龙类。
纳摩盖吐龙（*Nemegtosaurus*）	纳摩盖组的爬行动物	晚白垩世（7 060万—6 850万年前）	39.4英尺（12米）？	大象	蒙古	仅从头骨被人们所知。可能和后凹尾龙是相同的恐龙。
内乌肯龙（*Neuquensaurus*）	内乌肯省［阿根廷］的爬行动物	晚白垩世（8 580万—8 350万年前）	49.2英尺（15米）	两只大象	阿根廷；乌干达	和萨尔塔龙有关，但是更大。
后凹尾龙（*Opisthocoelicaudia*）	后部中空的尾巴［脊椎］	晚白垩世（7 060万—6 850万年前）	37.4英尺（11.4米）	两只大象	蒙古	从一件无头的骨架被人们所知。可能和纳摩盖吐龙是相同的恐龙。
柏利连尼龙（*Pellegrinisaurus*）	柏利连尼湖［阿根廷］的爬行动物	晚白垩世（7 280万—6 680万年前）	72.2英尺（22米）	三只大象	阿根廷	从背椎、尾椎和股骨被人们所知。
非凡龙（*Quaesitosaurus*）	非凡的爬行动物	晚白垩世（8 580万—7 060万年前）	39.4英尺（12米）？	大象	蒙古	和纳摩盖吐龙非常相似，可能是它的祖先。只有头骨已知。
掠食龙（*Rapetosaurus*）	拉佩托［马达加斯加传说中淘气的巨人］的爬行动物	晚白垩世（7 060万—6 550万年前）	49.2英尺（15米）	两只大象	马达加斯加	从几乎完整的骨架被人们所知。
林孔龙（*Rinconsaurus*）	林孔-德洛斯索斯［阿根廷遗址］的爬行动物	晚白垩世（8 930万—8 580万年前）	49.2英尺（15米）	两只大象	阿根廷	有些与风神龙相似的特性。
洛卡龙（*Rocasaurus*）	罗卡城［阿根廷］的爬行动物	晚白垩世（7 280万—6 680万年前）	？	？	阿根廷	许多骨骼都被人们所知。
萨尔塔龙（*Saltasaurus*）	萨尔塔省［阿根廷］的爬行动物	晚白垩世（7 280万—6 680万年前）	39.4英尺（12米）	大象	阿根廷	一只小型蜥脚类。它的发现表明巨龙类有身体装甲。

（续表）

名称	含义	年代	长度	重量	发现地	注解
苏尼特龙（*Sonidosaurus*）	苏尼特左旗［中国］的爬行动物	晚白垩世（9 500万—8 000万年前）	29.5英尺（9米）	犀牛	中国	表现出与后凹尾龙相似的特性。
巨龙（*Titanosaurus*）	［Titan，希腊神话中的巨人族］巨型爬行动物	晚白垩世（7 060万—6 550万年前）	39.4英尺（12米）？	大象？	印度	尽管恐龙的一大类群以它的名字命名，但真正的巨龙仅仅从几件尾骨和一件股骨被人们所知。
三角区龙（*Trigonosaurus*）	三角区［位于巴西］的爬行动物	晚白垩世（8 350万—6 550万年前）	？	？	巴西	从一些连接在一起的尾骨和许多零星的骨骼被人们所知。
无正式属名，之前叫作巨大“南极龙”（“*Antarctosaurus*” *giganteus*）		晚白垩世（8 800万—8 600万年前）	108.2英尺（33米）？	九只大象	阿根廷	曾被认为是南极龙的一个种，是已知最大的恐龙之一。
尚未正式命名		晚白垩世（7 060万—6 550万年前	？	三只大象	马达加斯加	尚未描述，但和掠食龙不同。

原始鸟臀目恐龙——早期鸟臀恐龙（第26章）

鸟臀目，也叫作鸟臀恐龙，是植食性恐龙的主要类群。以下列举的各恐龙属是鸟臀目，但不属于任何鸟臀目中的进步类群，比如有装甲的覆盾甲龙类、有喙的鸟脚类或头上有脊的头饰龙类。

名称	含义	年代	长度	重量	发现地	注解
灵龙（*Agilisaurus*）	灵巧的爬行动物	中侏罗世（1.677亿—1.612亿年前）	5.6英尺（1.7米）	火鸡	中国	长期以来被认为是原始鸟脚类，从一件近乎完整的骨架被人们所知。
沟牙龙（*Alocodon*）	有沟壑的牙齿	中侏罗世（1.647亿—1.612亿年前）	？	火鸡？	葡萄牙	仅从牙齿被人们所知。
克罗斯比龙（*Crosbysaurus*）	克罗斯比郡（德克萨斯）的爬行动物	晚三叠世（2.28亿—2.165亿年前）	？	鸡？	美国亚利桑那州和德克萨斯州	仅从牙齿被人们所知。
法布尔龙（*Fabrosauru*）	法国地质学家让·法布尔的爬行动物	早侏罗世（1.965亿—1.83亿年前）	3.3英尺（1米）？	火鸡	莱索托	仅从部分带有牙齿的颌骨被人们所知。
费尔干纳头龙（*Ferganocephale*）	费尔干纳山谷［吉尔吉斯斯坦］的头	中侏罗世（1.647亿—1.612亿年前）	？	鸡？	吉尔吉斯斯坦	仅从牙齿被人们所知，该牙齿最初被认为是来自一只肿头龙。
高尔顿龙（*Galtonia*）	致敬美国地质学家彼得·高尔顿	晚三叠世（2.28亿—2.165亿年前）	？	火鸡？	美国宾夕法尼亚州	仅从牙齿被人们所知，最初被认为来自一只原蜥脚类。
工部龙（*Gongbusaurus*）	工程部的爬行动物	晚侏罗世（1.657亿—1.612亿年前）	4.9英尺（1.5米）	海狸	中国	可能实际上是一种原始的鸟脚类，但一些“工部龙”的牙齿可能来自一只原始的剑龙类。
何信禄龙（*Hexinlusaurus*）	［中国古生物学家］何信禄的爬行动物	中侏罗世（1.677亿—1.612亿年前）	5.9英尺（1.8米）	海狸	中国	从近乎完整的骨架被人们所知。长久以来被人们当作是一只原始的鸟脚类。

（续表）

名称	含义	年代	长度	重量	发现地	注解
热河龙（*Jeholosaurus*）	热河群的爬行动物	早白垩世（1.282亿—1.25亿年前）	2.6英尺（80厘米）	火鸡	中国	可能是一只大型鸟脚类的幼崽。
克兹扎诺斯基龙（*Krzyzanowskisaurus*）	美国化石收藏家斯坦·克兹扎诺斯基的爬行动物	晚三叠世（2.28亿—2.165亿年前）	?	?	美国亚利桑那州和新墨西哥州	仅从牙齿被人们所知，很有可能来自一只植食性鳄鱼亲戚，而不是一只恐龙。
莱索托龙（*Lesothosaurus*）	莱索托的爬行动物	早侏罗世（1.965亿—1.83亿年前）	3.3英尺（1米）	火鸡	莱索托	可能和法布尔龙是同样的物种。
卢西亚诺龙（*Lucianosaurus*）	卢西亚诺麦萨［新墨西哥］的爬行动物	晚三叠世（2.165亿—2.036亿年前）	?	火鸡?	美国新墨西哥州	仅从牙齿被人们所知。
北京鸭龙（*Pekinosaurus*）	北京组的爬行动物	晚三叠世（2.28亿—2.165亿年前）	?	鸡?	美国北卡罗莱纳州	仅从牙齿被人们所知。
皮萨诺龙（*Pisanosaurus*）	阿根廷古生物学家胡安·皮萨诺的爬行动物	晚三叠世（2.28亿—2.165亿年前）	3.3英尺（1米）?	火鸡?	阿根廷	唯一已知的可能有一个向前指的耻骨的鸟臀类。
原特髅龙（*Protecovasaurus*）	在特髅龙之前	晚三叠世（2.28亿—2.165亿年前）	?	鸡?	美国德克萨斯州	从牙齿被人们所知，可能来自于一只杂食的鸟臀类。
斯托姆博格龙（*Strombergia*）	来自斯托姆博格群	早侏罗世（1.965亿—1.83亿年前）	6.6英尺（2米）	狼	莱索托；南非	2005年被命名的，是莱索托龙的一个大型亲戚。
特狈路龙（*Taveirosaurus*）	特狈路村［葡萄牙］的爬行动物	晚白垩世（7 800万—6 800万年前）	?	海狸?	葡萄牙	仅从牙齿被人们所知。
特髅龙（*Tecovasaurus*）	特髅组的爬行动物	晚三叠世（2.28亿—2.165亿年前）	?	海狸?	法国；美国亚利桑那州和德克萨斯州	仅从牙齿被人们所知。
三尖齿龙（*Trimucrodon*）	三个尖的牙齿	晚侏罗世（1.557亿—1.508亿年前）	?	火鸡?	葡萄牙	仅从牙齿被人们所知。
晓龙（*Xiaosaurus*）	破晓的爬行动物	中侏罗世（1.677亿—1.612亿年前）	3.3英尺（1米）	火鸡	中国	可能是一只原始的鸟脚类。

畸齿龙科——口鼻部坚实的早期鸟臀恐龙（第26章）

畸齿龙科是一群早期特化的鸟臀目恐龙，一度被认为是鸟脚类。

名称	含义	年代	长度	重量	发现地	注解
醒龙（*Abrictosaurus*）	不眠的爬行动物	早侏罗世（1.996亿—1.896亿年前）	3.9英尺（1.2米）	火鸡	南非；莱索托	可能只是畸齿龙雌性形态的幼年体。
棘齿龙（*Echinodon*）	多刺的牙齿	早白垩世（1.455亿—1.402亿年前）（也可能是晚侏罗世［1.557亿—1.508亿年前］）	2英尺（60厘米）	鸡	英格兰；也可能是美国科罗拉多州	从发现于英格兰的颌骨以及牙齿被人们所知。来自晚侏罗世科罗拉多的疑似棘齿龙化石也已被找到。

（续表）

名称	含义	年代	长度	重量	发现地	注解
鹤龙（*Geranosaurus*）	仙鹤爬行动物	早侏罗世（1.965亿—1.896亿年前）	?	火鸡	南非	仅从颌骨被人们所知。
畸齿龙（*Heterodontosaurus*）	牙齿各异的爬行动物	早侏罗世（1.996亿—1.896亿年前）	3.6英尺（1.1米）	火鸡	南非	已知最为完整的畸齿龙科恐龙。
羊毛龙（*Lanasaurus*）	羊毛爬行动物	早侏罗世（1.996亿—1.896亿年前）	3.9英尺（1.2米）?	火鸡?	南非	仅从颌骨被人们所知，可能和狼鼻龙是相同的恐龙。
狼鼻龙（*Lycorhinus*）	狼鼻子	早白垩世（1.996亿—1.896亿年前）	3.9英尺（1.2米）?	火鸡?	南非	仅从颌骨被人们所知。

原始覆盾甲龙类——早期装甲恐龙（第27章）

下面的属是覆盾甲龙类的早期成员，它们既不属于剑龙类，也不属于甲龙类。

名称	含义	年代	长度	重量	发现地	注解
卞氏龙（*Bienosaurus*）	中国古生物学家卞美年的爬行动物	早侏罗世（1.965亿—1.896亿年前）	13.1英尺（4米）?	灰熊?	中国	从一只类似小盾龙的颌部被人们所知。
莫阿大学龙（*Emausaurus*）	恩斯特·莫里兹·阿德特大学的爬行动物	早侏罗世（1.83亿—1.756亿年前）	6.6英尺（2米）	羊	德国	可能是最古老最原始的剑龙类。
葡萄牙龙（*Lusitanosaurus*）	葡萄牙的爬行动物	早侏罗世（1.965亿—1.896亿年前）	?	?	葡萄牙	仅从头骨被人们所知，可能和棱背龙是相同的恐龙。
棱背龙（*Scelidosaurus*）	［又名肢龙、腿龙、踝龙］胫骨爬行动物	早侏罗世（1.965亿—1.83亿年前）	13.1英尺（4米）	灰熊	英格兰；美国亚利桑那州	从两具保存良好的骨架被人们所知，有人认为它是最原始的甲龙类。
小盾龙（*Scutellosauru*）	有小盾牌的爬行动物	早侏罗世（1.996亿—1.896亿年前）	3.9英尺（1.2米）	海狸	美国亚利桑那州	最原始的覆盾甲龙类，从一件保存良好的化石被人们所知。
大地龙（*Tatisaurus*）	大地村［中国］的爬行动物	早侏罗世（1.965亿—1.896亿年前）	3.9英尺（1.2米）?	海狸?	中国	从与剑龙类和棱背龙头骨相似的头骨化石材料被人们所知。

剑龙类——有骨板的恐龙（第28章）

剑龙类是一群背上长有许多尖刺和装甲骨板的覆盾甲龙类。

名称	含义	年代	长度	重量	发现地	注解
嘉陵龙（*Chialingosaurus*）	嘉陵江［中国］的爬行动物	晚侏罗世（1.612亿—1.557亿年前）	13.1英尺（4米）	灰熊	中国	从一只尚未完全成熟的个体的部分骨架被人们所知。
重庆龙（*Chungkingosaurus*）	重庆［中国］的爬行动物	晚侏罗世（1.612亿—1.557亿年前）	11.5英尺（3.5米）	灰熊	中国	从若干骨架被人们所知。一只相当小型的剑龙类。
碗状龙（*Craterosaurus*）	碗罐［头骨］爬行动物	早白垩世（1.455亿—1.364亿年前）	13.1英尺（4米）	灰熊	英格兰	仅从一件脊椎被人们所知。

名称	含义	年代	长度	重量	发现地	注解
锐龙（*Dacentrurus*）	十分尖利的尾巴	晚侏罗世（1.612亿—1.455亿年前）	26.2英尺（8米）	犀牛	英格兰；葡萄牙；法国	最大的剑龙类之一，从许多化石（大部分尚未充分描述）被人们所知。
西龙（*Hesperosauru*）	西方的爬行动物	晚侏罗世（1.557亿—1.508亿年前）	16.4英尺（5米）	马	美国怀俄明州	一只来自美国的类似锐龙的剑龙类。
华阳龙（*Huayangosaurus*）	四川爬行动物	中侏罗世（1.677亿—1.612亿年前）	14.8英尺（4.5米）	马	中国	从若干骨架被人们所知，是最为人所了解的原始剑龙类。
丝莱氏剑龙（*Hypsirhophus*）*	高高的屋顶［脊椎］	晚侏罗世（1.557亿—1.508亿年前）	23英尺（7米）？	犀牛？	美国科罗拉多州	仅从少量脊椎被人们所知。可能是剑龙的一个物种。
钉状龙（*Kentrosaurus*）	尖刺爬行动物	晚侏罗世（1.557亿—1.508亿年前）	16.4英尺（5米）	马	坦桑尼亚	30多具部分骨架被人们找到，但它们所在的德国博物馆在第二次世界大战期间遭到轰炸，大部分被毁了。
勒苏维斯龙（*Lexovisaurus*）	勒克索维人［法国古代民族］的爬行动物	中侏罗世到晚侏罗世（1.647亿—1.508亿年前）	16.4英尺（5米）	马	英格兰；法国	在很多方面与钉状龙相似。
似花君龙（*Paranthodon*）	接近花君龙［化石爬行动物］	早白垩世（1.455亿—1.364亿年前）	16.4英尺（5米）？	马？	南非	从一件不完整的头骨被人们所知。
皇家龙（*Regnosaurus*）	雷尼［英国古代的部落］的爬行动物	早白垩世（1.455亿—1.364亿年前）	13.1英尺（4米）？	灰熊	英格兰	关于这只恐龙，我们所知道的就只有一只不完整的下颌，和华阳龙的下颌类似。
剑龙（*Stegosaurus*）	有高耸的"顶"的爬行动物	晚侏罗世（1.557亿—1.508亿年前）	29.5英尺（9米）	犀牛	美国犹他州、科罗拉多州和怀俄明州；葡萄牙	最为人所知的剑龙类。一些古生物学家认为这个属应该被分为两个属：真正的剑龙和体型稍小的迪拉克齿龙。
沱江龙（*Tuojiangosaurus*）	沱江［中国］的爬行动物	晚侏罗世（1.612亿—1.557亿年前）	23英尺（7米）	犀牛	中国	已知最大的剑龙类。
乌尔禾龙（*Wuerhosaurus*）	乌尔禾［中国］的爬行动物	早白垩世（时间非常不确定）	20英尺（6.1米）	犀牛	中国	最后一批剑龙类。有着长而矮的骨板，而不是高高的骨板和尖刺。
尚未正式命名		晚侏罗世（1.557亿—1.508亿年前）	16.4英尺（5米）	马	中国	尚未充分描述，是第一只发现于西藏的中生代恐龙。

* 原作者误写为*Hypsirophus*。——译者

原始甲龙类——早期坦克恐龙（第29章）

甲龙类的身体上覆盖着厚厚的装甲骨板。甲龙类之间的相互关系仍然不确定。以下恐龙肯定是甲龙类，但它们可能不属于更进步的类群，即结节龙科或甲龙科。

名称	含义	年代	长度	重量	发现地	注解
棘甲龙（*Acanthopholis*）	棘盾板	早白垩世至晚白垩世（1.05亿—9 350万年前）	18英尺（5.5米）	马	英格兰	尽管人们知道很久了，但仍没有被充分研究。
弃械龙（*Anoplosaurus*）	无装甲的爬行动物	早白垩世（1.05亿—9 960万年）	?	?	英格兰	骨架可能属于一只原始结节龙科的幼年体。
南极甲龙（*Antarctopelta*）	南极的盾	晚白垩世（7 500万—7 060万年前）	13.1英尺（4米）	?	南极洲	第一只来自南极洲的被命名的鸟臀目恐龙。
克氏龙（*Crichtonsaurus*）	《侏罗纪公园》的作者迈克尔·克莱顿的爬行动物	晚白垩世（9 960万—8 930万年前）	?	?	中国	尚未充分描述。非常可能是一只甲龙科恐龙。
藏匿龙（*Cryptosaurus*）	隐藏的爬行动物	晚侏罗世（1.612亿—1.557亿年前）	?	?	英格兰	仅从一件股骨被人们所知。一度也被叫作"*Cryptodraco*"。
龙胄龙（*Dracopelta*）	龙之盾	晚侏罗世（1.557亿—1.508亿年前）	6.6英尺（2米）	羊	葡萄牙	一只中等体型的甲龙类。
怪嘴龙（*Gargoyleosaurus*）	怪兽爬行动物	晚侏罗世（1.557亿—1.508亿年前）	9.8英尺（3米）	狮子	美国怀俄明州	从许多良好的标本被人们所知。
加斯顿龙（*Gastonia*）	致敬发现者罗伯特·加斯顿	早白垩世（1.3亿—1.25亿年前）	19.7英尺（6米）	犀牛	美国犹他州	与多刺甲龙非常相似。
黑山龙（*Heishansaurus*）	黑山［中国］的爬行动物	晚白垩世（8 350万—8 000万年前）	?	?	中国	从一件不完整的头骨被人们所知。可能实际上是一只肿头龙类。
装甲龙（*Hoplitosaurus*）	携盾的爬行动物	早白垩世（1.3亿—1.25亿年前）	13.1英尺（4米）	灰熊	美国南达科塔州	和加斯顿龙及多刺甲龙类似。
林龙（*Hylaeosaurus*）	威尔德［英格兰南部的地区］的爬行动物	早白垩世（1.402亿—1.364亿年前）	16.4英尺（5米）	马	英格兰	欧文的恐龙总目内的原始成员之一。
辽宁龙（*Liaoningosaurus*）	辽宁省［中国］的爬行动物	早白垩世（1.25亿—1.216亿年前）	1.1英尺（34厘米）的未成年体	火鸡	中国	仅从一件近乎完整的幼年个体骨架被人们所知。
敏迷龙（*Minmi*）	来自敏迷岔路口［澳大利亚］	早白垩世（1.25亿—9 960万年前）	6.6英尺（2米）	羊	澳大利亚	仅从两具骨架被人们所知。脊椎具有特别的结构。
迈摩尔甲龙（*Mymoorapelta*）	迈摩尔采石场［科罗拉多］的盾	晚侏罗世（1.557亿—1.508亿年前）	8.8英尺（2.7米）	狮子	美国科罗拉多州	第一只来自北美洲的被命名的侏罗纪甲龙类。
多刺甲龙（*Polacanthus*）	许多尖刺	早白垩世（1.3亿—1.25亿年前）	13.1英尺（4米）	灰熊	英格兰；西班牙?	早白垩世英格兰最常见的覆盾甲龙类。
孔牙龙（*Priconodon*）	锯锥牙齿	早白垩世（1.18亿—1.1亿年前）	?	?	美国马里兰州	仅从一件牙齿被人们所知。可能和蜥结龙是同样的恐龙。

（续表）

名称	含义	年代	长度	重量	发现地	注解
颌锯齿龙（*Priodontognathus*）	锯齿颌部	晚侏罗世至早白垩世（确切年代不确定）	?	?	英格兰	仅从一只上颌被人们所知。相关文件的丢失意味着没人能确定这件化石是在哪块岩层中发现的！
窃肉龙（*Sarcolestes*）	偷肉贼	中侏罗世（1.647亿—1.612亿年前）	9.8英尺（3米）	狮子	英格兰	最初被认为是一只肉食性恐龙。
天池龙（*Tianchiasaurus*）	天池［中国］的爬行动物	中侏罗世（1.677亿—1.647亿年前）	9.8英尺（3米）	狮子	中国	本来准备叫作“侏罗龙”。是原始甲龙类中的一只。

结节龙科——肩有尖刺的坦克恐龙（第29章）

这些甲龙类的特征是肩部具有巨大的尖刺。

名称	含义	年代	长度	重量	发现地	注解
漂泊甲龙（*Aletopelta*）	游荡的盾甲	晚白垩世（8 000万—7 280万年前）	?	?	美国加利福尼亚州	仅从一件不完整的骨架被人们所知。加利福尼亚州第一只被命名的中生代恐龙。
活堡龙（*Animantarx*）	活着的堡垒	早白垩世至晚白垩世（1.02亿—9 800万年前）	?	?	美国犹他州	一只小型的结节龙类，骨骼被完全掩埋时人们通过放射性定年法将其发现。
雪松甲龙（*Cedarpelta*）	雪松山组的盾甲	早白垩世至晚白垩世（1.02亿—9 800万年前）	29.5英尺（9米）	犀牛	美国犹他州	最大的甲龙类之一，可与甲龙相媲美。一些人认为是一只甲龙科恐龙。
多瑙龙（*Danubiosaurus*）	多瑙河的爬行动物	晚白垩世（8 350万—8 000万年前）	13.1英尺（4米）	灰熊	奥地利	可能是和鸵龙相同的恐龙。
埃德蒙顿甲龙（*Edmontonia*）	来自埃德蒙顿组	晚白垩世（8 000万—6 550万年前）	23英尺（7米）	犀牛	加拿大艾伯塔省；美国蒙大拿州、怀俄明州、南达科他州、新墨西哥州以及德克萨斯州	北美洲晚白垩世的一种常见的结节龙科恐龙。一些古生物学家认为埃德蒙顿甲龙最年轻的物种（6 680万—6 550万年前）是一种独特的形态，称为“丹佛龙”。
霍舍姆龙（*Hierosaurus*）	可怕的爬行动物	晚白垩世（8 700万—8 200万年前）	13.1英尺（4米）	灰熊	美国堪萨斯州	有时候被认为是与结节龙相同的恐龙。
匈牙利龙（*Hungarosaurus*）	匈牙利的爬行动物	晚白垩世（8 580万—8 350万年前）	13.1英尺（4米）	灰熊	匈牙利	匈牙利首批被命名的恐龙之一。
尼奥布拉拉龙（*Niobrarasaurus*）	尼奥布拉拉白垩层的爬行动物	晚白垩世（8 700万—8 200万年前）	16.4英尺（5米）	灰熊	美国堪萨斯州	从一只漂浮在堪萨斯内海的恐龙的部分化石被人们得知。
结节龙（*Nodosaurus*）	多块状物的爬行动物	晚白垩世（9 960万—9 350万年前）	20英尺（6.1米）	马	美国怀俄明州	首批被发现的甲龙类之一，但是仅从一件不完整的标本被人们所知。

（续表）

名称	含义	年代	长度	重量	发现地	注解
青甲龙（*Panoplosaurus*）	完全装甲的爬行动物	晚白垩世（8 000万—7 280万年前）	23英尺（7米）	犀牛	加拿大艾伯塔省	从良好的头骨和骨架被人们所知。
爪爪龙（*Pawpawsaurus*）	爪爪组的爬行动物	早白垩世（1.05亿—9 960万年前）	14.8英尺（4.5米）	灰熊	美国德克萨斯州，可能还有犹他州	可能和德克萨斯龙是相同的恐龙。
蜥结龙（*Sauropelta*）	爬行动物的盾甲	早白垩世（1.18亿—1.1亿年前）	24.9英尺（7.6米）	犀牛	美国蒙大拿州、怀俄明州、犹他州	北美洲白垩纪早期最常见的恐龙之一。从许多良好的骨架被人们得知。
林木龙（*Silvisaurus*）	林地的爬行动物	晚白垩世（9 600万—9 350万年前）	13.1英尺（4米）	灰熊	美国堪萨斯州	从一件头骨和身体前半部分被发现的一只独特的甲龙类。
顶盾龙（*Stegopelta*）	有顶的盾甲	早白垩世至晚白垩世（1.02亿—9 800万年前）	13.1英尺（4米）	灰熊	美国怀俄明州	可能和德克萨斯龙有关，或者可能是一只原始的甲龙科恐龙。
鸵龙（*Struthiosaurus*）	鸵鸟的爬行动物	晚白垩世（8 350万—6 550万年前）	13.1英尺（4米）	灰熊	奥地利；法国；罗马尼亚；西班牙	欧洲晚白垩世最常见的恐龙之一。
德克萨斯龙（*Texasetes*）	德克萨斯的栖居者	早白垩世（1.05亿—9 960万年前）	9.8英尺（3米）	狮子	美国德克萨斯州	可能和爪爪龙是相同的恐龙。

甲龙科——锤子尾的坦克恐龙（第29章）

甲龙科的尾巴末端呈锤状，具有厚厚的装甲。

名称	含义	年代	长度	重量	发现地	注解
甲龙（*Ankylosaurus*）	愈合的爬行动物	晚白垩世（6 680万—6 550万年前）	29.5英尺（9米）	犀牛	美国蒙大拿州和怀俄明州；加拿大艾伯塔省	最后一批，也是最大的甲龙科。
比赛特甲龙（*Bissektipelta*）	比赛特组的盾甲	晚白垩世（9 350万—8 930万年前）	?	?	乌兹别克斯坦	仅从一件脑壳化石被人们所知。
优头甲龙（*Euoplocephalus*）	全副装甲的头部	晚白垩世（8 000万—6 680万年前）	23英尺（7米）	犀牛	美国蒙大拿州；加拿大艾伯塔省	被研究得最为透彻的甲龙科恐龙，从许多件优秀的标本被人们得知。
雕齿甲龙（*Glyptodontopelta*）	雕齿兽［已经灭绝的有甲哺乳动物］的盾甲	晚白垩世（6 680万—6 550万年前）	16.4英尺（5米）	马	美国新墨西哥州	仅从一些装甲被人们所知。
戈壁龙（*Gobisaurus*）	戈壁沙漠的爬行动物	早白垩世（1.25亿—9 960万年前）	16.4英尺（5米）	马	中国	和沙漠龙类似。
马里龙（*Maleevus*）	致敬俄罗斯古生物学家叶甫根尼·阿列克山德罗维奇·马莱耶夫	晚白垩世（9 960万—8 580万年前）	?	?	蒙古	可能和篮尾龙是相同的恐龙。
结节头龙（*Nodocephalosaurus*）	头部多块状物的爬行动物	晚白垩世（7 280万—6 680万年前）	?	?	美国新墨西哥州	和亚洲的美甲龙及多智龙相似。

（续表）

名称	含义	年代	长度	重量	发现地	注解
绘龙（*Pinacosaurus*）	厚板爬行动物	晚白垩世（8 580万—7 060万年前）	16.4英尺（5米）	马	蒙古	有许多标本已知，包括一些小型幼崽。
美甲龙（*Saichania*）	美丽	晚白垩世（8 580万—7 060万年前）	23英尺（7米）	犀牛	蒙古	为数不多的有腹部装甲的甲龙类之一。
沙漠龙（*Shamosaurus*）	沙漠爬行动物	早白垩世（1.2亿—1.12亿年前）	23英尺（7米）	犀牛	蒙古	原始窄口鼻部的甲龙科恐龙。
篮尾龙（*Talarurus*）	柳条尾	晚白垩世（9 960万—8 580万年前）	16.4英尺（5米）	马	蒙古	有一个相较小的尾锤，身体相较于大多数甲龙科更圆（没有那么宽）。
多智龙（*Tarchia*）	聪敏	晚白垩世（7 060万—6 850万年前）	26.2英尺（8米）	犀牛	蒙古	最大的亚洲甲龙科恐龙。
天镇龙（*Tianzhenosaurus*）	天镇［中国］的爬行动物	晚白垩世（8 350万—7 060万年前）	13.1英尺（4米）	灰熊	中国	这个恐龙的第二件标本几乎同时被命名为“山峡”。
白山龙（*Tsagantegia*）	致敬茶干塔格［蒙古］	晚白垩世（9 960万—8 580万年前）	23英尺（7米）	犀牛	蒙古	一只长吻甲龙科恐龙。

原始鸟脚类——早期有喙恐龙（第30章）

鸟脚类是一个非常多样化的鸟臀目恐龙类群。早期鸟脚类是两足动物。下面这些恐龙既不是畸齿龙科的成员也不是禽龙类的。它们曾被称为“棱齿龙类”。

名称	含义	年代	长度	重量	发现地	注解
阿纳拜斯龙（*Anabisetia*）	致敬阿根廷考古学家阿纳·拜斯特	晚白垩世（9 400万—9 100万年前）	?	?	阿根廷	可能实际上是一只原始的禽龙类。
阿特拉斯科普柯龙（*Atlascopcosaurus*）	阿特拉斯·科普柯［制造钻孔工具的公司］的爬行动物	早白垩世（1.18亿—1.1亿年前）	6.6英尺（2米）	海狸	澳大利亚	和西风龙在某些方面类似，但其他特征接近更为巨大的木他龙。
厚颊龙（*Bugenasaura*）	面颊巨大的爬行动物	晚白垩世（6 680万—6 550万年前）	9.8英尺（3米）	狼	美国达科塔州和蒙大拿州	奇异龙的短口鼻亲戚。
长春龙（*Changchunsaurus*）	长春市［中国］的爬行动物	早白垩世（1.25亿—1.12亿年前）	13.1英尺（4米）?	羊?	中国	和奇异龙非常相似。
德林克龙（*Drinker*）	致敬美国古生物学家爱德华·德林克·柯普	晚侏罗世（1.557亿—1.508亿年前）	6.6英尺（2米）	海狸	美国怀俄明州	和奥斯尼尔龙类似。
优尾龙（*Eucercosaurus*）	尾巴优美的爬行动物	早白垩世（1.12亿—9 960万年前）	?	?	英格兰	一度被认为是一只甲龙类。
闪电兽龙（*Fulgurotherium*）	闪电山脉［澳大利亚］的野兽	早白垩世（1.18亿—1.1亿年前）	6.6英尺（2米）	海狸	澳大利亚	许多骨骼被归为这个名字之下；很难分辨出这些化石到底代表了多少物种。

（续表）

名称	含义	年代	长度	重量	发现地	注解
加斯帕里尼龙（*Gasparinisaura*）	阿根廷古生物学家祖玛·加斯帕里尼的爬行动物	晚白垩世（8 300万—7 800万年前）	2.1英尺（65厘米）	鸡	阿根廷	超过十五只个体被人们已知，包括一些近乎完整的骨架。
棱齿龙（*Hypsilophodon*）	棱齿兽［现代鬣蜥的旧学名］的牙齿	早白垩世（1.3亿—1.25亿年前）	5.9英尺（1.8米）	海狸	英格兰	已知许多骨架，包括未成年体。
康纳龙（*Kangnasaurus*）	康纳［南非］的爬行动物	早白垩世（时间非常不确定）	?		南非	可能是一只橡树龙的亲戚。
雷利诺龙（*Leaellynasaura*）	雷利诺·里奇的爬行动物	早白垩世（1.18亿—1.1亿年前）	3英尺（90厘米）	火鸡	澳大利亚	大眼睛，类似棱齿龙的恐龙。
南方棱齿龙（*Notohypsilophodon*）	南方的棱齿龙	晚白垩世（9 960万—9 350万年前）	?	?	阿根廷	南美洲相对较少的鸟脚类之一。
奔山龙（*Orodromeus*）	山地奔跑者	晚白垩世（8 000万—7 280万年前）	8.2英尺（2.5米）	狼	美国蒙大拿州	有若干个体已知。虽然曾经被认为是奔山龙的巢穴和蛋，实际上来自伤齿龙科。
奥斯尼尔龙（*Othnielia*）	致敬美国古生物学家奥斯尼尔·查尔斯·马什	晚侏罗世（1.557亿—1.508亿年前）	4.6英尺（1.4米）	火鸡	美国科罗拉多州、犹他州以及怀俄明州	北美洲晚侏罗世最常见的小型恐龙。
帕克氏龙（*Parksosaurus*）	加拿大古生物学家威廉·亚瑟·帕克的爬行动物	晚白垩世（7 280万—6 680万年前）	8.2英尺（2.5米）	狼	加拿大艾伯塔省	奇异龙的一个近亲。
叶牙龙（*Phyllodon*）	叶子牙齿	晚侏罗世（1.557亿—1.508亿年前）	4.6英尺（1.4米）?	火鸡	葡萄牙	仅从一件不完整的颌骨和牙齿被人们所知。和德林克龙类似。
快达龙（*Qantassaurus*）	澳洲航空公司的爬行动物	早白垩世（1.12亿—9 960万年前）	4.6英尺（1.4米）?	火鸡	澳大利亚	颌骨和牙齿显现出和凹齿龙类相似的特性。
丝路龙（*Siluosaurus*）	丝绸之路的爬行动物	早白垩世（1.3亿—1.25亿年前）	4.6英尺（1.4米）?	火鸡	中国	仅从牙齿被人们所知。
奇异龙（*Thescelosaurus*）	奇异的爬行动物	晚白垩世（6 680万—6 550万年前）	13.1英尺（4米）?	羊	美国科罗拉多州、蒙大拿州、南达科他州和怀俄明州；加拿大艾伯塔省和萨斯喀彻温省	从一些非常完整的骨架被人们所知，包括一只（昵称“威洛”）保存有软组织的骨架。
盐都龙（*Yandusaurus*）	“盐都”自贡市［中国］的爬行动物	晚侏罗世（1.612亿—1.557亿年前）	4.9英尺（1.5米）	火鸡	中国	化石相对完整，但尚未充分描述。
西风龙（*Zephyrosaurus*）	西风神［希腊的西风之神］的爬行动物	早白垩世（1.18亿—1.1亿年前）	5.9英尺（1.8米）	海狸	美国怀俄明州	从少数不完整的骨架和头骨被人们所知。
无正式属名，之前叫作威氏“棱齿龙”（“*Hypsilophodon*” *wielandi*）		早白垩世（1.3亿—1.25亿年前）	5.9英尺（1.8米）?	海狸	美国南达科他州	化石最初被认为是棱齿龙类的一个美国物种。

原始禽龙类——早期进步的有喙恐龙（第31章）

禽龙类通常比原始鸟脚类更大，也更健壮。它们是早白垩世最常见的植食性恐龙。以下的属都是禽龙类，但并非凹齿龙科或鸭嘴龙超科的成员。

名称	含义	年代	长度	重量	发现地	注解
高吻龙（*Altirhinus*）	高鼻子	早白垩世（1.2亿—1.12亿年前）	26.2英尺（8米）	犀牛	蒙古	一只巨大的大鼻子恐龙，一度被人认为属于禽龙属。
比霍尔龙（*Bihariosaurus*）	比霍尔［罗马尼亚］的爬行动物	早白垩世（1.455亿—1.3亿年前）	9.8英尺（3米）？	羊？	罗马尼亚	一只像弯龙的恐龙。
卡洛夫龙（*Callovosaurus*）	卡洛维［年代］的爬行动物	中侏罗世（1.647亿—1.612亿年前）	？	狮子？	英格兰	从一件不完整的股骨被人们所知。目前，是已知最古老的禽龙类。
弯龙（*Camptosaurus*）	［背部］灵活的爬行动物	晚侏罗世（1.557亿—1.508亿年前）	23英尺（7米）	犀牛	美国科罗拉多州、俄克拉荷马州、犹他州和怀俄明州。	从若干良好的骨架被人们所知，包括幼崽和大型成年体。
刃齿龙（*Craspedodon*）	镶边的牙齿	晚白垩世（8 580万—8 350万年前）	？	？	比利时	仅从一件巨大的与禽龙类似的牙齿被人们所知。
库姆纳龙（*Cumnoria*）	来自库姆纳［英格兰］	晚侏罗世（1.508亿—1.455亿年前）	16.4英尺（5米）	狮子	英格兰	有时候被认为是弯龙的一个种。
龙爪龙（*Draconyx*）	龙的爪子	晚侏罗世（1.52亿—1.48亿年前）	19.7英尺（6米）	马	葡萄牙	仅从部分骨架被人们所知。和弯龙类似。
橡树龙（*Dryosaurus*）	树的爬行动物	晚侏罗世（1.557亿—1.508亿年前）	9.8英尺（3米）	羊	美国犹他州、怀俄明州、科罗拉多州；坦桑尼亚	一些古生物学家认为非洲物种自成一属，即橡树龙。
福井龙（*Fukuisaurus*）	福井县［日本］的爬行动物	早白垩世（1.364亿—1.25亿年前）	19.7英尺（6米）	犀牛	日本	一只有着相对较坚固头骨的禽龙。
禽龙（*Iguanodon*）	鬣蜥的牙齿	早白垩世（1.402亿—1.12亿年前）	42.7英尺（13米）	大象	英格兰；比利时；法国；西班牙；德国；可能还有葡萄牙、蒙古国，以及美国南达科他州	被研究得最好的恐龙之一！在它各种各样的物种中，有一些最终可能会分入其他几个属（可能以"钉龙"或"楔椎龙"命名）。
锦州龙（*Jinzhousaurus*）	锦州［中国］的爬行动物	早白垩世（1.25亿—1.216亿年前）	32.8英尺（10米）	犀牛	中国	接近鸭嘴龙超科恐龙的祖先。
巨齿兰州龙（*Lanzhousaurus*）	兰州［中国］的爬行动物	早白垩世（1.3亿—1亿年前）	32.8英尺（10米）	犀牛	中国	与大多数禽龙类不同的是，它们只有少数巨大的牙齿（是所有植食性恐龙中最大的），而不是许多小牙齿。
沉龙（*Lurdusaurus*）	沉重的爬行动物	早白垩世（1.25亿—1.12亿年前）	29.5英尺（9米）	犀牛	尼日尔	一只矮胖、体格健壮的禽龙类。
木他龙（*Muttaburrasaurus*）	木他布拉［澳大利亚］的爬行动物	早白垩世（1.12亿—9 960万年前）	29.5英尺（9米）	犀牛	澳大利亚	大鼻子禽龙类，有着非常强劲的颌部。

（续表）

名称	含义	年代	长度	重量	发现地	注解
无畏龙（*Ouranosaurus*）	勇敢的［也是主要的］爬行动物	早白垩世（1.25亿—1.12亿年前）	19.7英尺（6米）	犀牛	尼日尔	一只帆状背、细长的禽龙类。
扁臀龙（*Planicoxa*）	扁平的腰带骨	早白垩世（1.18亿—1.1亿年前）	?	?	美国犹他州	一只腰带很宽的禽龙类。
小头龙（*Talenkauen*）	小型头骨	晚白垩世（7 060万—6 550万年前）	13.1英尺（4米）	羊	阿根廷	和奇异龙具有很多相似性，但似乎是一只原始的禽龙类。
腱龙（*Tenontosaurus*）	肌腱爬行动物	早白垩世（1.18亿—1.1亿年前）	23英尺（7米）	马	美国蒙大拿州、俄克拉荷马州、德克萨斯州、犹他州、怀俄明州，可能还有马里兰州	一只非常著名的禽龙类，有着一条特别长且粗的尾巴。
荒漠龙（*Valdosaurus*）	威尔德群的爬行动物	早白垩世（1.455亿—1.12亿年前）	9.8英尺（3米）	羊	英格兰；罗马尼亚；尼日尔	和橡树龙非常相似。
无正式属名，之前叫作霍氏“禽龙”（“*Iguanodon*” *hoggi*）		早白垩世（1.455亿—1.402亿年前）	23英尺（7米）?	马	英格兰	最初被认为是禽龙的一个新种，蛋更类似于（也可能一模一样）库姆纳龙或者弯龙的。
无正式属名，之前叫作奥氏“禽龙”（“*Iguanodon*” *ottigeri*）		早白垩世（1.3亿—1.25亿年前）	23英尺（7米）?	马	美国犹他州	尚未充分描述。一只有高神经棘的禽龙类。

凹齿龙科——欧洲进步有喙恐龙（第31章）

这些是恐龙时代末期欧洲的一群非常重要的中型植食性恐龙。

名称	含义	年代	长度	重量	发现地	注解
栅齿龙（*Mochlodon*）	如栅栏的牙齿	晚白垩世（8 350万—8 000万年前）	14.8英尺（4.5米）?	狮子?	奥地利	从非常不完整的化石材料被人们所知。可能和凹齿龙或查摩西斯龙是相同的恐龙。
凹齿龙（*Rhabdodon*）	有凹槽纹的牙齿	晚白垩世（7 060万—6 550万年前）	14.8英尺（4.5米）	狮子	法国；西班牙	欧洲晚白垩世较为常见的鸟脚类之一。
查摩西斯龙（*Zalmoxes*）	查摩西斯［希腊哲学家毕达哥拉斯的奴仆］	晚白垩世（7 060万—6 850万年前）	14.8英尺（4.5米）	狮子	罗马尼亚	一只口鼻部短高的鸟脚类，最初被人们认为是某种角龙类。

原始鸭嘴龙超科——早期鸭嘴恐龙（第32章）

鸭嘴龙超科，也叫作鸭嘴恐龙，是植食性恐龙类群中最为成功的一个。下面是鸭嘴龙超科，但它们并不属于特化度更高的鸭嘴龙科。

名称	含义	年代	长度	重量	发现地	注解
巴克龙（*Bactrosaurus*）	棒槌状［尖刺］的爬行动物	晚白垩世（9 960万—8 580万年前）	20英尺（6.1米）	犀牛	蒙古	曾被认为是一只原始的赖氏龙亚科恐龙。
原赖氏龙（*Eolambia*）	初始的赖氏龙亚科	早白垩世至晚白垩世（1.02亿—9 800万年前）	20英尺（6.1米）	犀牛	美国犹他州	曾被认为是最古老的赖氏龙亚科恐龙。可能实际上是一只更为原始的禽龙类。若干骨架被人们所知。
马鬃龙（*Equijubus*）	［马］鬃	早白垩世至晚白垩世（1.02亿—9 800万年前）	20英尺（6.1米）	犀牛	中国	与高吻龙（除了没有一只短高的鼻子外）和锦州龙类似。
南阳龙（*Nanyangosaurus*）	南阳市［中国］的爬行动物	早白垩世（1.12亿—9 960万年前）	20英尺（6.1米）	犀牛	中国	从一件缺少头骨的骨架被人们所知。与真正鸭嘴龙科恐龙的祖先非常接近。
鸭颌龙（*Penelopognathus*）	野鸭子的颌骨	早白垩世（1.12亿—9 960万年前）	20英尺（6.1米）	犀牛	蒙古	从长而细的颌部被人们所知。
原巴克龙（*Probactrosaurus*）	早于巴克龙	早白垩世（1.364亿—1.25亿年前）	11.5英尺（3.5米）	狮子	中国	鸭嘴龙超科类群中没有什么特化度的原始成员。
始鸭嘴龙（*Protohadros*）	第一只鸭嘴龙科恐龙	晚白垩世（9 960万—9 350万年前）	23英尺（7米）	犀牛	美国德克萨斯州	一只下巴短高的原始鸭嘴龙超科恐龙，昵称是“杰·力诺恐龙”（得名于电视主持人杰·力诺，因为他有着巨大的下巴）。
双庙龙（*Shuangmiaosaurus*）	双庙村［中国］的爬行动物	晚白垩世（9 960万—8 930万年前）	?	?	中国	仅从一件头骨被人们所知。与真正的鸭嘴龙科恐龙非常近似。
无正式属名，之前叫作西氏“禽龙”（“*Iguanodon*” *hilli*）		晚白垩世（9 960万—9 350万年前）	?	?	英格兰	仅从一件不完整的牙齿被人们所知。
无正式属名，之前叫作剑桥“糙齿龙”（“*Trachodon*” *cantabrigiensis*）		早白垩世（1.12亿—9 960万年前）	?	?	英格兰	仅从一件牙齿被人们所知。

原始鸭嘴龙科——早期特化的鸭嘴恐龙（第32章）

以下的鸭嘴恐龙属于特化的类群鸭嘴龙科，而不属于有脊冠的赖氏龙亚科，也不属于宽喙的鸭嘴龙亚科。

名称	含义	年代	长度	重量	发现地	注解
安吐龙（*Amtosaurus*）	安吐［蒙古］的爬行动物	晚白垩世（9 960万—8 580万年前）	?	?	蒙古	仅从部分脑壳被人们所知。最初被认为是一只甲龙科恐龙！
破碎龙（*Claosaurus*）	破碎的爬行动物	晚白垩世（8 700万—8 200万年前）	12.1英尺（3.7米）	狮子	美国堪萨斯州	一只原始的鸭嘴龙科恐龙，从一件几乎完整的骨架被人们得知。不幸的是，头骨在收集时不见了。

（续表）

名称	含义	年代	长度	重量	发现地	注解
计氏龙（*Gilmoreosaurus*）	美国古生物学家查尔斯·惠特尼·吉尔摩的爬行动物	晚白垩世（9 960万—8 580万年前）	26.2英尺（8米）	犀牛	中国	一只早期纤细的鸭嘴龙科。
阔步龙（*Hypsibema*）	高高的台阶	晚白垩世（8 350万—7 060万年前）	49.2英尺（15米）？	两只大象？	美国南卡洛里那州	一只巨大的鸭嘴龙科恐龙；遗憾的是，仅从一些零星的骨骼被人们所知。
满洲龙（*Mandschurosaurus*）	满洲里［中国］的爬行动物	晚白垩世（7 060万—6 850万年前）	？	？	中国；俄罗斯	一只来自亚洲的大型鸭嘴龙科恐龙；遗憾的是，头骨还不为人所知。
帕尔龙（*Parrosaurus*）	美国动物学家阿尔伯特·艾德·帕尔的爬行动物	晚白垩世（7 060万—6 850万年前）	49.2英尺（15米）？	两只大象？	美国密苏里州	一只巨大的鸭嘴龙科恐龙，以尾部骨骼和部分下颌而被人们所知；下颌极大，以至于人们最初认为它来自蜥脚类。
独孤龙（*Secernosaurus*）	孤单的爬行动物	晚白垩世（7 060万—6 550万年前）	9.8英尺（3米）	狮子	阿根廷	少数南美洲的鸭嘴龙科恐龙之一。
沼泽龙（*Telmatosaurus*）	沼泽的爬行动物	晚白垩世（7 060万—6 550万年前）	16.4英尺（5米）	灰熊	罗马尼亚；法国；西班牙	已知来自欧洲晚白垩世的原始鸭嘴龙科恐龙。

赖氏龙亚科——具有中空脊冠的鸭嘴恐龙（第32章）

大多数赖氏龙亚科，即鸭嘴龙科的两个主要类群之一的恐龙物种，具有由鼻道组成的脊冠。

名称	含义	年代	长度	重量	发现地	注解
阿穆尔龙（*Amurosaurus*）	阿穆尔河［西伯利亚］的爬行动物	晚白垩世（6 680万—6 550万年前）	？	？	俄罗斯	一只晚期但原始的赖氏龙亚科恐龙。脊冠的形状未知。
盐海龙（*Aralosaurus*）	咸海的爬行动物	晚白垩世（9 350万—8 580万年前）	26.2英尺（8米）	犀牛	哈萨克斯坦	曾经被认为是像格里芬龙一样的鸭嘴龙亚科恐龙，但现在看来是最原始的赖氏龙亚科恐龙。无脊冠。
巴思钵氏龙（*Barsboldia*）	致敬蒙古古生物学家瑞钦·巴思钵	晚白垩世（7 060万—6 850万年前）	32.8英尺（10米）？	犀牛	蒙古	仅从后半段骨架被人们所知。
卡戎龙（*Charonosaurus*）	卡戎［希腊冥河的船夫］的爬行动物	晚白垩世（6 680万—6 550万年前）	32.8英尺（10米）	犀牛	俄罗斯	一只类似副栉龙的恐龙类型（尽管实际上完整的脊冠还不为人们所知）。
盔龙（*Corythosaurus*）	头盔爬行动物	晚白垩世（8 000万—7 280万年前）	29.5英尺（9米）	犀牛	加拿大艾伯塔省	从许多个体的骨架和头骨，包括一些皮肤印痕被人们所知。
亚冠龙（*Hypacrosaurus*）	接近最高顶的爬行动物	晚白垩世（8 000万—6 680万年前）	32.8英尺（10米）	犀牛	加拿大艾伯塔省；美国蒙大拿州	从蛋、巢、幼年个体、成年个体，以及整个恐龙群被人们所知。
牙克煞龙（*Jaxartosaurus*）	牙克煞河［哈萨克斯坦］的爬行动物	晚白垩世（9 350万—8 350万年前）	29.5英尺（9米）	犀牛	哈萨克斯坦	从幼年体的化石材料被人们所知。

（续表）

名称	含义	年代	长度	重量	发现地	注解
赖氏龙（*Lambeosaurus*）	加拿大古生物学家劳伦斯·莫里斯·赖博的爬行动物	晚白垩世（8 000万—7 280万年前）	49.2英尺（15米）	两只大象	加拿大艾伯塔省；墨西哥	墨西哥的化石材料（没有头骨，所以我们不确定它是否真的来自赖氏龙），是最大的鸟臀目恐龙化石之一。
冠长鼻龙（*Lophorhothon*）	有脊冠的鼻子	晚白垩世（8 350万—7 060万年前）	26.2英尺（8米）	犀牛	美国阿拉巴马州和北卡罗莱纳州	有时被认为是类似副栉龙的鸭嘴龙亚科恐龙，也甚至可能是鸭嘴龙超科中的非鸭嘴龙科恐龙。
日本龙（*Nipponosaurus*）	日本的爬行动物	晚白垩世（8 580万—8 000万年前）	26.2英尺（8米）	犀牛	俄罗斯（具体来说是萨哈林岛，当日本龙被发现并命名时，该岛归日本所有）	一只未完全发育的标本，非常类似于北美洲的亚冠龙。
扇冠大天鹅龙（*Olorotitan*）	巨大的天鹅	晚白垩世（6 680万—6 550万年前）	39.4英尺（12米）	?	俄罗斯	一只巨大的西伯利亚赖氏龙，头部有一个向外张开的管状脊冠。
似凹齿龙（*Pararhabdodon*）	接近凹齿龙	晚白垩世（7 060万—6 550万年前）	16.4英尺（5米）	马	西班牙；法国?	原本被认为是一只凹齿龙科恐龙。
副栉龙（*Parasaurolophus*）	接近栉龙	晚白垩世（8 000万—7 280万年前）	32.8英尺（10米）	犀牛	美国新墨西哥州和犹他州；加拿大艾伯塔省	有一个管道状的脊冠。
青岛龙（*Tsintaosaurus*）	青岛市［中国］的爬行动物	晚白垩世（7 060万—6 850万年前）	29.5英尺（9米）	犀牛	中国	似乎有一个狭窄且垂直的脊冠，骨架的剩余部分和副栉龙类似。

鸭嘴龙亚科——宽口鼻鸭嘴恐龙（第32章）

鸭嘴龙亚科是鸭嘴龙科中两个主要类群之一，也叫真正的鸭嘴恐龙。

名称	含义	年代	长度	重量	发现地	注解
阿纳萨齐龙（*Anasazisaurus*）	阿纳萨齐［美洲原住民部落］爬行动物	晚白垩世（8 000万—7 280万年前）	?	犀牛	美国新墨西哥州	仅从部分头骨被人们所知，可能和小贵族龙是相同的恐龙。
大鹅龙（*Anatotitan*）	巨大的鸭子	晚白垩世（6 680万—6 550万年前）	39.4英尺（12米）	大象	美国蒙大拿州、南达科他州以及怀俄明州	嘴最像鸭嘴的鸭嘴恐龙。被一些人认为是埃德蒙顿龙的最进步的种。
短冠龙（*Brachylophosaurus*）	脊冠短小的爬行动物	晚白垩世（8 000万—7 280万年前）	27.9英尺（8.5米）	犀牛	加拿大艾伯塔省；美国蒙大拿州	有一个很高的口鼻部，但不像格里芬龙那样拱起。一只名为“莱昂纳多”的标本是所有恐龙化石中保存最好的。
埃德蒙顿龙（*Edmontosaurus*）	埃德蒙顿组的爬行动物	晚白垩世（7 060万—6 550万年前）	39.4英尺（12米）	大象	加拿大艾伯塔省和萨斯喀彻温省；美国蒙大拿州、北达科他州、南达科他州、科罗拉多州和怀俄明州	从许多良好的头骨和骨架被人们所知。包含了之前被称为鸭龙的物种。

（续表）

名称	含义	年代	长度	重量	发现地	注解
格里芬龙（*Gryposaurus*）	鹰钩鼻的爬行动物	晚白垩世（8 350万—7 280万年前）	21.3英尺（6.5米）	犀牛	加拿大艾伯塔省；美国蒙大拿州	一只鼻子巨大的鸭嘴龙亚科恐龙，和小贵族龙类似。
鸭嘴龙（*Hadrosaurus*）	笨重的爬行动物	晚白垩世（8 350万—8 000万年前）	26.2英尺（8米）？	犀牛	美国新泽西州	最早发现的鸭嘴恐龙，其骨架显示至少有一些恐龙是用后肢行走的。还没有足够的证据表明它属于鸭嘴龙亚科！
克贝洛斯龙（*Kerberosaurus*）	地狱犬［希腊地狱的长三个头的看门犬］爬行动物	晚白垩世（6 680万—6 550万年前）	26.2英尺（8米）？	犀牛	俄罗斯	对它的了解鲜少，但似乎是个鼻子扁平的形态。
小贵族龙（*Kritosaurus*）	分离的爬行动物	晚白垩世（8 000万—7 280万年前）	29.5英尺（9米）	犀牛	美国新墨西哥州	一些古生物学家认为它和格里芬龙是相同的恐龙。
慈母龙（*Maiasaura*）	好妈妈	晚白垩世（8 000万—7 280万年前）	29.5英尺（9米）	犀牛	美国蒙大拿州	从蛋、巢穴、胚胎、刚孵化的幼崽以及整个龙群被人们所知。
纳秀毕吐（*Naashoibitosaurus*）	纳秀毕吐成员［科特兰组］的爬行动物	晚白垩世（8 000万—7 280万年前）	29.5英尺（9米）	犀牛	美国新墨西哥州	仅从一件不完整的头骨被人们所知。可能和小贵族龙是相同的恐龙。
原栉龙（*Prosaurolophus*）	在栉龙之前	晚白垩世（8 000万—7 280万年前）	26.2英尺（8米）	犀牛	加拿大艾伯塔省；美国蒙大拿州	从多个年龄阶段的骨架被人们所知。
栉龙（*Saurolophus*）	有冠的爬行动物	晚白垩世（7 280万—6 680万年前）	39.4英尺（12米）	大象	加拿大艾伯塔省；蒙古	从许多骨架被人们得知，包括一些有皮肤印痕的。常见于蒙古和加拿大。有着宽大的口鼻部，头部有一个坚实的尖刺指向后方。
山东龙（*Shantungosaurus*）	山东省［中国］的爬行动物	晚白垩世（7 060万—6 850万年前）	49.2英尺（15米）？	两只大象	中国	已知最大的鸟臀目恐龙。（阔步龙和帕尔龙都是从少量骨骼中发现的，也许可与之匹敌。）
谭氏龙（*Tanius*）	致敬中国地质学家谭锡畴	晚白垩世（7 060万—6 850万年前）	26.2英尺（8米）？	犀牛	中国	仅从一些残缺不全的标本被人们所知，可能实际上是一只赖氏龙亚科恐龙。
无正式属名，之前叫作南方“小贵族龙”（“*Kritosaurus*” *australis*）		晚白垩世（7 280万—6 680万年前）	26.2英尺（8米）？	犀牛	阿根廷	一只像小贵族龙或者格里芬龙的鸭嘴龙超科恐龙。
尚未正式命名		晚白垩世（7 200万—7 060万年前）	36英尺（11米）	大象	墨西哥	一只巨大的像小贵族龙的鸭嘴龙亚科恐龙（可能是小贵族龙属新发现的物种）。

肿头龙类——圆顶恐龙（第33章）

肿头龙类——头上有脊的冠饰龙类的两个主要分支之一，都有着肿厚的头骨。

名称	含义	年代	长度	重量	发现地	注解
阿拉斯加头龙（*Alaskacephale*）	阿拉斯加的头	晚白垩世（7 200万—7 060万年前）	?	?	美国阿拉斯加州	从头部的圆顶被人们所知。
结头龙（*Colepiocephale*）	有关节的头	晚白垩世（8 000万—7 280万年前）	5.9英尺（1.8米）	狼	加拿大艾伯塔省	曾被当作剑角龙的一个物种。
龙王龙（*Dracorex*）	龙之王	晚白垩世（6 680万—6 550万年前）	7.9英尺（2.4米）	狼	美国南达科他州	可能只是一只年幼的肿头龙或冥河龙。它的全名——霍格沃茨龙王龙，是为了致敬虚构的霍格沃茨学院。
饰头龙（*Goyocephale*）	有装饰的头	晚白垩世（8 580万—7 060万年前）	5.9英尺（1.8米）	海狸	蒙古	从相对完整的头骨和骨架被人们所知。
重头龙（*Gravitholus*）	沉重的圆顶	晚白垩世（8 000万—7 280万年前）	9.8英尺（3米）?	狼?	加拿大艾伯塔省	仅从一只圆顶被人们所知。
汉苏斯龙（*Hanssuesia*）	致敬奥地利–加拿大混血后裔、美国古生物学家汉斯–迪特尔·苏斯	晚白垩世（8 000万—7 280万年前）	7.9英尺（2.4米）	狼	加拿大艾伯塔省；美国蒙大拿州	曾被认为是剑角龙的一种。从若干头骨被人们所知。
平头龙（*Homalocephale*）	水平的头	晚白垩世（7 060万—6 850万年前）	5.9英尺（1.8米）	狼	蒙古	一只平顶肿头龙类，从一件保存良好的骨架被人们所知。
微肿头龙（*Micropachy-cephalosaurus*）	小型肿头龙	晚白垩世（7 060万—6 850万年前）	1.6英尺（50厘米）	火鸡	中国	仅从不完整的头骨和腰带被人们所知，它可能是来自亚洲的肿头龙的幼体。
丽头龙（*Ornatotholus*）	有装饰的圆顶	晚白垩世（8 000万—7 280万年前）	6.6英尺（2米）?	狼?	加拿大艾伯塔省	很有可能是一只年幼的剑角龙。
肿头龙（*Pachycephalosaurus*）	头部又肿又厚的爬行动物	晚白垩世（6 680万—6 550万年前）	23英尺（7米）	灰熊	美国怀俄明州、蒙大拿州和南达科他州	最大也是最晚的肿头龙类，有着巨大的圆顶和长长的口鼻部。
北山龙（*Peishansaurus*）	北山［中国］的爬行动物	晚白垩世（8 350万—8 000万年前）	?	?	中国	仅从一件不完整的头骨被人们所知。可能实际上来自一只年幼的甲龙类。
倾头龙（*Prenocephale*）	倾斜的头	晚白垩世（7 060万—6 850万年前）	7.9英尺（2.4米）	狼	蒙古	从保存非常好的头骨被人们所知。一些古生物学家认为圆头龙和膨头龙实际上都是倾头龙的种。
圆头龙（*Sphaerotholus*）	球形的圆顶	晚白垩世（8 000万—6 550万年前）	7.9英尺（2.4米）	狼	美国蒙大拿州和新墨西哥州	一只非常类似于倾头龙的圆顶肿头龙。
剑角龙（*Stegoceras*）	屋顶状的角	晚白垩世（8 000万—7 280万年前）	6.6英尺（2米）	狼	加拿大艾伯塔省	一只相对原始的圆顶肿头龙类。

（续表）

名称	含义	年代	长度	重量	发现地	注解
狭盘龙（*Stenopelix*）	狭窄的骨盆	早白垩世（1.3亿—1.25亿年前）	4.9英尺（1.5米）	海狸	德国	从一件缺少头骨的骨架被人们所知。它既不是欧洲早期肿头龙类，也不是头饰龙类的其他种类。
冥河龙（*Stygimoloch*）	冥河的恶魔［希腊神话中的冥河］	晚白垩世（6 680万—6 550万年前）	9.8英尺（3米）	狮子	美国蒙大拿州和怀俄明州	一只巨大的、口鼻部很长的肿头龙类，头骨后部有巨大的尖刺。肿头龙类的近亲。
膨头龙（*Tylocephale*）	膨胀的头	晚白垩世（8 580万—7 060万年前）	7.9英尺（2.4米）	狼	蒙古	仅从部分头骨被得知，头骨介于扁平（如平头龙）和圆形（如倾头龙）之间。
皖南龙（*Wannanosaurus*）	安徽南部［中国］的爬行动物	晚白垩世（7 060万—6 850万年前）	2英尺（60厘米）	火鸡	中国	仅从一件不完整的幼年标本被人们所知。
无正式属名，之前叫作贝氏“伤齿龙”（“*Troodon*” *bexelli*）		晚白垩世（7 500万—7 060万年前）	?	?	中国	一只来自中国的进步肿头龙类。
尚未正式命名		晚白垩世（6 680万—6 550万年前）	7.9英尺（2.4米）	狼	美国蒙大拿州和南达科他州	人们发现了几乎完整的头骨和骨架，可能是冥河龙和肿头龙的两个关系非常近的亲戚，或者不过是同一只恐龙的未成年体。
尚未正式命名		晚白垩世（8 000万—7 280万年前）	?	鸡	加拿大艾伯塔省	尚未描述。从小小的圆顶被人们所知。

鹦鹉嘴龙科和其他原始的类恐龙——鹦鹉恐龙和其亲属（第34章）

角龙类（也叫有角恐龙）最早也最原始的成员包括具有鹦鹉面部的鹦鹉嘴龙科。

名称	含义	年代	长度	重量	发现地	注解
朝阳龙（*Chaoyangsaurus*）	朝阳地区［中国］的爬行动物	晚侏罗世（1.508亿—1.455亿年前）	?	火鸡	中国	从一件恐龙的头骨以及身体前半段被人们所知。
红山龙（*Hongshanosaurus*）	红山［中国的古老文化］的爬行动物	早白垩世（1.282亿—1.25亿年前）	3.9英尺（1.2米）?	火鸡	中国	从未成年和成年恐龙的头骨被人们所知。可能实际上是鹦鹉嘴龙的一个物种。
鹦鹉嘴龙（*Psittacosaurus*）	鹦鹉爬行动物	早白垩世（1.402亿—9 960万年前）	5.9英尺（1.8米）	海狸	中国；蒙古；泰国?	若干物种已被人所知，其中一些可能最终会自成一属。从刚孵化的幼崽到成年个体都被人们了解到。被研究最佳的恐龙之一。
隐龙（*Yinlong*）	隐藏的龙	晚侏罗世（1.612亿—1.557亿年前）	9.8英尺（3米）	狼	中国	从许多绝佳的头骨和骨架被人们所知。
无正式属名，之前叫作麦芒“鹦鹉嘴龙”（“*Psittacosaurus*” *sibiricus*）		早白垩世（1.364亿—9 960万年前）	4.9英尺（1.5米）?	海狸	俄罗斯	尚未充分描述，和鹦鹉嘴龙类似，但显然角很小。

原始的新角龙类——早期的颈盾恐龙（第34章）

以下是颈盾恐龙，但它们不是纤角龙科、原角龙科，或者角龙科的成员。

名称	含义	年代	长度	重量	发现地	注解
古角龙（*Archaeoceratops*）	古老长角的面部	早白垩世（1.3亿—1.25亿年前）	4.9英尺（1.5米）	海狸	中国	一只两足行走，体型细长的新角龙类。
亚洲角龙（*Asiaceratops*）	亚洲有角的面部	早白垩世至晚白垩世（1.02亿—9 800万年前）	5.9英尺（1.8米）	海狸	乌兹别克斯坦	不太确定它是原始的新角龙类还是一只真正的纤角龙科恐龙。
黎明角龙（*Auroraceratops*）	黎明的有角的面部	早白垩世（1.402亿—9 960万年前）	?	狼	中国	一只脸上布满隆起的原始新角龙类。
湖角龙（*Kulceratops*）	湖中有角的面部	早白垩世（1.12亿—9 960万年前）	?	?	中亚	鲜少被描述，仅从颌部碎片被人们得知。描述者甚至说不清楚它是在中亚的哪个地方被找到的。
辽宁角龙（*Liaoceratops*）	辽宁省［中国］有角的面部	早白垩世（1.282亿—1.25亿年前）	?	海狸	中国	一只小型，有颈盾的角龙类，从成年龙和幼年龙的头骨被人们所知。
南角龙（*Notoceratops*）	南方的角龙类	晚白垩世（7 060万—6 850万年前）	?	?	阿根廷	仅从一块颌部碎片被人们所知，可能实际上来自一只鸭嘴龙科恐龙。
巧合角龙（*Serendipaceratops*）	锡兰［斯里兰卡的传说中的名字］有角的面部	早白垩世（1.18亿——1.1亿年前）	?	火鸡?	澳大利亚	仅从一只前臂骨骼被人们所知，可能甚至不是一只角龙类。
图兰角龙（*Turanoceratops*）	图兰［中亚地区的波斯语称呼］有角的面部	晚白垩世（7 060万—6 550万年前）	?	?	哈萨克斯坦	从角的内核和两根牙齿被人们所知，这表明它是一种类似于祖尼角龙的恐龙，或者是一只真正的角龙科恐龙。
祖尼角龙（*Zuniceratops*）	祖尼［美国原住民］有角的面部	晚白垩世（9 350万—8 930万年前）	11.5英尺（3.5米）	灰熊	美国新墨西哥州	眉上有角而不是鼻上有角。

纤角龙亚科——小型颈盾恐龙（第34章）

这是新角龙类的一个类群，有着相对较短的颈盾。

名称	含义	年代	长度	重量	发现地	注解
贝恩角龙（*Bainoceratops*）	巴彦扎克［蒙古的化石点］有角的面部	晚白垩世（7 500万—7 060万年前）	?	海狸	蒙古	脊椎表明它更像安德萨角龙和纤角龙，而不像原角龙。
雅角龙（*Graciliceratops*）	纤细的有角的面部	晚白垩世（9 960万—8 350万年前）	2英尺（60厘米）	火鸡	蒙古	一只细长的，可能用两足行走的恐龙。可能是一只幼年体。
纤角龙（*Leptoceratops*）	小型有角的面部	晚白垩世（6 680万—6 550万年前）	5.9英尺（1.8米）	羊	加拿大艾伯塔省；美国蒙大拿州	最后一只北美洲的小型角龙类恐龙。
蒙大拿角龙（*Montanoceratops*）	蒙大拿的有角的面部	晚白垩世（7 280万—6 680万年前）	9.8英尺（3米）	狮子	美国蒙大拿州	曾经被认为鼻子上有角，但实际上不过是脸颊上的角放错了位置。

（续表）

名称	含义	年代	长度	重量	发现地	注解
倾角龙（*Prenoceratops*）	倾斜的有角的面部	晚白垩世（8 000万—7 280万年前）	9.8英尺（3米）	狮子	美国蒙大拿州	从一群几乎都是未成年体的龙群被人们所知。
安德萨角龙（*Udanoceratops*）	安德萨［蒙古］的有角的面部	晚白垩世（8 580万—7 060万年前）	14.8英尺（4.5米）	灰熊	蒙古	一只大型的，可能两足行走的角龙类。

原角龙科——短高尾颈盾恐龙（第34章）

原角龙科包括四条腿的亚洲颈盾恐龙在内，尾巴短且高。

名称	含义	年代	长度	重量	发现地	注解
弱角龙（*Bagaceratops*）	小小的有角的面部	晚白垩世（8 580万—7 060万年前）	3英尺（90厘米）	火鸡	蒙古	已知许多标本，包括胚胎。有一只小小的鼻角。
矮脚角龙（*Breviceratops*）	矮小的有角的面部	晚白垩世（8 580万—7 060万年前）	6.6英尺（2米）	狼	蒙古	可能和弱角龙是相同的恐龙。
喇嘛角龙（*Lamaceratops*）	和尚的有角的面部	晚白垩世（8 580万—7 060万年前）	?	狼	蒙古	和弱角龙相似，有着一只小小的鼻角。
巨嘴龙（*Magnirostris*）	巨大的口鼻部	晚白垩世（7 500万—7 060万年前）	?	狼	中国	有着巨大的喙和小小的角。
扁角龙（*Platyceratops*）	扁平的有角的面部	晚白垩世（8 580万—7 060万年前）	?	狼	蒙古	基于一件保存得十分不佳的头骨被人们所知，很有可能是弱角龙的标本。
原角龙（*Protoceratops*）	第一只面部有角的恐龙	晚白垩世（8 580万—7 060万年前）	6.6英尺（2米）		蒙古；中国	可能是亚洲晚白垩世最常见的恐龙。从蛋、胚胎、刚孵化的幼崽、未成年体和成年体被人们所知。

尖角龙亚科——有鼻角的真有角恐龙（第35章）

尖角龙科（真有角恐龙）包含两个主要分支。尖角龙亚科中的物种具有短高的口鼻部和巨大的鼻角。

名称	含义	年代	长度	重量	发现地	注解
河神龙（*Achelousaurus*）	阿刻罗俄斯［希腊河神］的爬行动物	晚白垩世（8 000万—7 280万年前）	19.7英尺（6米）	犀牛	美国蒙大拿州	三角龙的近亲，也有着凹凸不平的鼻子和眉区。
艾伯塔角龙（*Albertaceratops*）	艾伯塔［加拿大］的有角的面部	晚白垩世（8 000万—7 280万年前）	19.7英尺（6米）	犀牛	加拿大艾伯塔省；美国蒙大拿州	于2007年命名，是已知的第一只眉角比鼻角长的尖角龙亚科恐龙。

（续表）

名称	含义	年代	长度	重量	发现地	注解
爱氏角龙（*Avaceratops*）	以美国化石猎人阿瓦·科尔命名的有角的面部	晚白垩世（8 000万—7 280万年前）	8.2英尺（2.5米）	灰熊	美国蒙大拿州	最早是从一个未成年体的标本中发现的，但现在已经找到了其他化石。有些人认为这些化石只是来自其他尖角龙亚科的幼体。另一些人认为爱氏角龙是一种独特的尖角龙亚科恐龙。还有一些人认为它实际上可能和角龙是同样的恐龙，因此是一只角龙亚科恐龙！
尖角龙（*Centrosaurus*）	尖刺［颈盾］爬行动物	晚白垩世（8 000万—7 280万年前）	18.7英尺（5.7米）	犀牛	加拿大艾伯塔省	从一批一起死亡的恐龙群以及几乎完整的带有皮肤印痕的骨架被人们得知。
野牛龙（*Einiosaurus*）	野牛爬行动物	晚白垩世（8 000万—7 280万年前）	19.7英尺（6米）	犀牛	美国蒙大拿州	一只具有钩状角的尖角龙亚科恐龙。
厚鼻龙（*Pachyrhinosaurus*）	厚鼻子爬行动物	晚白垩世（8 000万—6 680万年前）	26.2英尺（8米）	犀牛	美国阿拉斯加州；加拿大艾伯塔省	最后也是最大的尖角龙亚科恐龙。从恐龙群得知。
戟龙（*Styracosaurus*）	棘［颈盾］爬行动物	晚白垩世（8 000万—7 280万年前）	18英尺（5.5米）	犀牛	加拿大艾伯塔省；美国蒙大拿州	从若干保存良好的标本中得知。因为它颈盾上的巨大尖刺而十分独特。

角龙亚科——有眉角的真有角恐龙（第35章）

角龙科（也被叫作真有角恐龙）的两个主要分支之一，包含了具有巨大眉角和扁长口鼻部的物种。

名称	含义	年代	长度	重量	发现地	注解
阿古哈角龙（*Agujaceratops*）	阿古哈［组］有角的面部	晚白垩世（8 000万—7 280万年前）	23英尺（7米）	犀牛	美国德克萨斯州	曾经被认为是开角龙的一个种。从一个龙群被人们所知。
准角龙（*Anchiceratops*）	中间［颈盾］有角的面部	晚白垩世（8 000万—7 280万年前）	19.7英尺（6米）	犀牛	加拿大艾伯塔省	一只相对不那么特化的角龙亚科恐龙。
无鼻角龙（*Anchiceratops*）	无鼻的有角的面部	晚白垩世（7 280万—6 680万年前）	23英尺（7米）	犀牛	加拿大艾伯塔省	尽管叫这个名字，但它实际上有一只鼻角。
角龙（*Ceratops*）	有角的面部	晚白垩世（8 000万—7 280万年前）	8.2英尺（2.5米）？	灰熊?	美国蒙大拿州	人们对它知之甚少，但它显然有着小型的眉角。
开角龙（*Chasmosaurus*）	宽阔开口［颈盾］的爬行动物	晚白垩世（8 000万—7 280万年前）	23英尺（7米）	犀牛	加拿大艾伯塔省	至少有三个物种被人们所知，角的大小和方向各不相同。
五角龙（*Pentaceratops*）	五只角的面部	晚白垩世（8 000万—7 280万年前）	26.2英尺（8米）	大象	美国新墨西哥州	一种非常大型的角龙亚科恐龙。这五个角是眉角、鼻角和两只从脸颊伸出的角状突起。事实上，所有的角龙科恐龙（和许多其他角龙类的恐龙）都有这些颊角！

（续表）

名称	含义	年代	长度	重量	发现地	注解
牛角龙（*Torosaurus*）	穿孔［颈盾］爬行动物［不是公牛爬行动物！］	晚白垩世（6 680万—6 550万年前）	24.9英尺（7.6米）	大象	美国怀俄明州、蒙大拿州、南达科他州、犹他州、新墨西哥州和德克萨斯州；加拿大萨斯喀彻温省	一只大型的有着巨大颈盾的角龙亚科恐龙。
三角龙（*Triceratops*）	三只角的面部	晚白垩世（6 680万—6 550万年前）	29.5英尺（9米）	大象	美国科罗拉多州怀俄明州、蒙大拿州、北达科他州和南达科他州；加拿大艾伯塔省和萨斯喀彻温省	可能是白垩纪末期北美洲西部最常见的恐龙。
无正式属名，之前叫作海氏“双角龙”（“*Diceratops*” *hatcheri*）		晚白垩世（6 680万—6 550万年前）	24.9英尺（7.6米）？	大象	美国怀俄明州	最初被称为“*Diceratops*”，但此名已被一昆虫占用。有人认为它自成一个属，有人则认为它是三角龙的一种，还有人认为它只是一只尚未完全长成的三角龙。

词 汇 表*

这个词汇表给出了本书中许多专业词汇的定义。生物类群的名称以正式的、基于拉丁语的斜体形式列出，英文名称也标注在中括号内。

K/T界线（K/T boundary）：6 550万年前中生代的白垩纪（地质学的符号是K）和新生代古近纪之间的时间分界。较老的地质年代表使用的是第三纪（地质学上的符号T）而不是古近纪。以K/T灭绝（白垩纪-第三纪大灭绝）为标志。

阿贝力龙科（*Abelisauridae*）[abelisaurid]：在白垩纪冈瓦纳大陆常见的角鼻龙类恐龙类群。

阿尔瓦雷斯龙科（*Alvarezsauridae*）[alvarezsaurid]：虚骨龙类中一个来自白垩纪时期、长相奇特且拇指巨大的类群。

埃雷拉龙科（*Herrerasauridae*）[herrerasaurid]：肉食龙类（属于蜥臀目）中一个来自三叠纪的原始类群。一些科学家认为埃雷拉龙科是兽脚类。

艾伯塔龙亚科（*Albertosaurinae*）[albertosaurine]：晚白垩世北美洲西部身形细长的暴龙科恐龙类群。

凹齿龙科（*Rhabdodontidae*）[rhabdodontid]：禽龙类中一个来自欧洲晚白垩世的原始类群。

白垩纪（Cretaceous Period）：中生代的第三个也是最后一个阶段，从1.455亿年前到6 550万年前。白垩纪分为早白垩世和晚白垩世。

板块/骨板（plate）：地质学中，地球上几十个（包括微板块）大型表层结构，包括地壳，称之为板块。在恐龙学中，剑龙类背部宽大的皮内成骨。

半鸟亚科（*Unenlagiinae*）[unenlagiine]：来自白垩纪冈瓦纳大陆的驰龙科恐龙类群，有着长长的口鼻部。

暴龙超科（*Tyrannosauroidea*）[tyrannosauroid]：“暴君恐龙”，虚骨龙类的一个类群，特点是有着可用来刮削的前部牙齿。包括暴龙科和它原始的亲戚们。

暴龙科（*Tyrannosauridae*）[tyrannosaurid]：暴龙超科的一个进步的两指型类群，其特点还包括粗壮的牙齿和窄足型跖骨。目前已知的仅来自晚白垩世的亚洲和北美洲。暴龙科包括艾伯塔龙亚科和暴龙亚科。是我最喜欢的恐龙！

暴龙亚科（*Tyrannosaurinae*）[tyrannosaurine]：暴龙科中来自晚白垩世亚洲和北美西部体型壮硕的类群。

标准化石（index fossil）：一种特定物种的化石，用来确定不同地点的两个地层是否来自同一年代。

哺乳动物（*Mammalia*）[mammal]：下孔类中一个进步类群，身体覆盖着皮毛或毛发并产生乳汁。现生哺乳动物包括胎盘类、有袋类和单孔类。多瘤齿兽类是已灭绝哺乳动物类群的一个代表。

叉龙科（*Dicraeosauridae*）[dicraeosaurid]：梁龙超科中一个来自冈瓦纳大陆晚侏罗世和早白垩世的短颈类群。

驰龙科（*Dromaeosauridae*）[dromaeosaurid]：一个白垩纪长臂掠食性恐爪龙类类群。

驰龙亚科（*Dromaeosaurinae*）[dromaeosaurine]：白垩纪劳亚大陆上，一个体格健壮的驰龙科类群。

齿系（dental battery）：许多排牙齿紧密扣合，形成单一的表面，可用来将食物磨碎、切碎或啃咬，

* 这一部分保留了拉丁文名称和英文名称。——译者

新的牙齿随时准备替换掉旧的磨损掉的牙齿。鸟脚类中的鸭嘴龙科、头饰龙类中的角龙科和蜥脚类中的雷巴齐斯龙科，都具有齿系。

大鼻龙类（*Macronaria*）[macronarian]：新蜥脚类的一个类群，特征是大型的鼻孔。

大灭绝（mass extinction）：地球历史上，在较短的地质年代内，许多亲缘关系较远的类群消失不见的事件。

代（era）：地址年代表上第二大的时间分类。代可分为两个或多个纪。

单爪龙亚科（*Mononykinae*）[mononykine]：阿尔瓦雷斯龙科中具有窄足型跖骨的类群。

盗龙（raptor）：一个非正式的术语，盗龙用来指手盗龙类中的恐爪龙类，raptor一词在英文中也可以指猛禽，意思是以肉为食的鸟类。

地质年代（geologic time）：地球历史上漫长的时期。

地质年代表（geologic time scale）：地质时期正式的划分，分为宙、代、纪、世和其他单位。

地质学（geology）：对地球的研究，包括其结构和历史。

第三纪（Tertiary Period）：在旧的地质年代表中，它是新生代的第一个纪，从6 550万年前持续到180.6万年前。

第四纪[Quaternary Period]：在从前的地质年代表中，它是新生代当前，也是第二个时期，从180.6万年前至今。

多刺甲龙科（*Polacanthidae*）[polacanthid]：甲龙类一个原始类群。一些分支系统学的研究表明，“多刺甲龙科”只是甲龙科和结节龙科的早期成员，并非自成一个类群。

多瘤齿兽类（multituberculate）：一群已经灭绝的原始哺乳动物，牙齿高度特化。多瘤齿兽类在中生代晚期很常见，它们在白垩纪–第三纪大灭绝事件中幸存了下来，但在新生代早期灭绝了。

二齿兽类（dicynodont）：二叠纪和三叠纪时期的一个杂食性和植食性的下孔类类群。

二叠纪–三叠纪大灭绝（Permo-Triassic mass extinction）：发生在2.51亿年前，介于古生代二叠纪和中生代三叠纪之间，是地球历史上物种损失最惨烈的一次事件。

二叠纪（Permian Period）：古生代的最后一个纪，从2.99亿年前到2.51亿年前。

反鸟类（*Enantiornithes*）[enantiornithine]：一个白垩纪的鸟翼类类群。

分割派/分裂派（splitter）：认为在任何特定的物种或属只存在小的差异（便可以使其有效）的科学家。与“统合派/归并派”相反。

分类学（taxonomy）：为生物类群命名的规则和程序。

分支系统学（cladistics）：由威利·亨尼格创立的分类系统。分支系统学使用共同的特化特征来推测生物共同的祖先特征。

粪化石（coprolite）：大量的石化的粪便。

覆盾甲龙类（*Choreography*）[thyreophoran]：又名装甲恐龙，是鸟臀目的一个类群，特点是具有皮内成骨。覆盾甲龙类包括甲龙类、剑龙类，以及它们的原始亲戚。

冈瓦纳大陆（Gondwana）：由现代南美洲、非洲、马达加斯加、印度、南美洲、澳大利亚和各种较小的陆块组成的超级大陆。冈瓦纳大陆在白垩纪开始解体。

古环境（paleoenvironment）：在某一特定地点当某一特定岩层形成时周围的状况。在同一地点，古环境可能与现代环境大不相同。

古近纪（Paleogene Period）：新生代的第一个纪，从6 550万年前到2 300万年前。

古生代（Paleozoic Era）：显生宙最古老的时代，从5.42亿年前到2.51亿年前。古生代的最后一个纪是二叠纪。

古生物学（paleontology）：研究古生物化石的学科。

化石（fossil）：保存在岩层记录中的生物的遗骸，或者其行为的痕迹。

黄昏鸟目（*Hesperornithes*）[hesperornithine]：鸟翼类中一个来自白垩纪、会游泳，有牙齿类群。至少有些黄昏鸟类不能飞行。

畸齿龙科（*Heterodontosauridae*）[heterodontosaurid]：鸟臀目中一个原始的类群，有着结实，厚厚的头骨。一度被认为是原始的鸟脚类，或者头饰龙类的近亲。

棘龙超科（*Spinosauroidea*）：长口鼻部的坚尾龙类恐龙类群。棘龙超科包括巨齿龙科和棘龙科。

棘龙科（*Spinosauridae*）[spinosaurid]：棘龙超科中来自白垩纪，体型巨大，具有长口鼻部，圆柱状牙齿的进步类群。

脊椎动物（*Vertebrata*）[vertebrate]：体内有着独立脊柱的动物类群。

纪（period）：地质年代的第三大分类。纪分为两个或两个以上的世。

甲龙科（*Ankylosauridae*）[ankylosaurid]：甲龙类中一个生活在白垩纪、具有尾锤的类群。

甲龙类（*Ankylosauria*）[ankylosaur]：覆盾甲龙类的一个类群，头骨上具有厚厚的骨板装甲。

假设（hypothesis）：对自然界观察到的某种特征的疑问进行可能的解答。科学是检验假设的过程。

尖角龙亚科（*Centrosaurinae*）[centrosaurine]：角龙科的一个类群，特点是短高的口鼻部和巨大的鼻角。

坚尾龙类（*Tetanurae*）[tetanurine]：兽脚类的一个类群，特征是巨大的手和坚硬的尾巴。棘尾超科、肉食龙类和虚骨龙类是坚尾龙类的主要类群。

坚蜥类（aetosaur）：在三叠纪时期常见的装甲植食性主龙类类群。

间断（gap）：地质学中的一段地质年代，在某一地点由于侵蚀或在此期间没有岩层形成，因而无法用岩层来表示。

剑龙类（*Stegosauria*）[stegosaur]：有骨板的恐龙类群，特征是后背上成对的骨板和尖刺，尾巴末端有尾刺

角鼻龙类（*Ceratosauria*）[ceratosaur]：兽脚类的一个类群，具有短短的手指和特化的腰带骨骼。

角龙科（*Ceratopsidae*）[ceratopsid]：新角龙类的一个类群，眼睛和鼻子前方有角，口中有齿系。真正的有角恐龙。目前已知的仅来自晚白垩世北美洲西部。

角龙类（*Ceratopsia*）[ceratopsian]：头饰龙类的一个类群，有喙骨，常被称为“有角恐龙”，尽管只有最进步的形态才有角。

角龙亚科（*Ceratopsinae*）[ceratopsine]：角龙科的一个类群，特点是具有长而高的口鼻部和巨大的眉角。有时被称为“开角龙亚科”。

角质（keratin）：一种天然的坚硬物质，指甲、头发、爪子、角质层等都是由它构成的。

结节龙科（*Nodosauridae*）[nodosaurid]：甲龙类的一个类群，特征是肩部具有大型尖刺。

近颌龙科（*Caenagnathidae*）[caenagnathid]：窃蛋龙类中一个具有窄足型跖骨的类群。

巨齿龙科（*Megalosauridae*）[megalosaurid]：棘龙超科中一个来自中侏罗世至早白垩世的原始类群。

巨龙类（*Titanosauria*）[titanosaur]：蜥脚型类中一个以巨大体型、宽大腰带为特征的类群。其中包括已知最大的恐龙。

恐龙型类（*Dinosauromorpha*）[dinosauromorph]：鸟颈类主龙的一个类群，有着长长的后肢，站立时完全直立，它包含着恐龙总目和它们关系最密切的亲戚。

恐龙总目（*Dinosauria*）[dinosaur]：恐龙型类（属于鸟颈类主龙）的一个类群，特征是直立的四肢，开放的髋臼窝，可抓握的手。恐龙总目包含禽龙和巨齿龙最近的共同祖先及其所有后代。

恐爪龙类（*Deinonychosauria*）[deinonychosaur]：手盗龙类（属于虚骨龙类）的一个类群，特点是第2趾上具有镰刀状的爪子。昵称是“盗龙”。

赖氏龙亚科（*Lambeosaurinae*）[lambeosaurine]：鸭嘴龙科中具有中空脊冠的类群。

劳亚大陆（Laurasia）：一个超级大陆，由今天的北美洲、欧洲和现代亚洲大部分（但不包括印度）

组成。

雷巴齐斯龙科（*Rebbachisauridae*）[rebbachisaurid]：梁龙超科的一个宽嘴短颈类群，嘴部前端有齿系。

棱齿龙类（*Hypsilophodontia*）：这个名字之前正式用来形容鸟脚类，而不是畸齿龙类或禽龙类。然而，"棱齿龙类"可能并不是一个演化支，因此根据分支学的规则，这个名称不再使用。

冷血动物（cold-blooded）：用来描述从身体外部获取大部分热量的动物。现代的鱼类、两栖动物和爬行动物（鸟类除外）都是典型的冷血动物。

镰刀龙超科（*Therizinosauroidea*）[therizinosauroid]："树懒"恐龙，手盗龙类中植食性、小头、有巨大爪子的类群。

镰刀龙科（*Therizinosauridae*）[therizinosaurid]：镰刀龙超科中的进步类群。

梁龙超科（*Diplodocoidea*）[diplodocoid]：新蜥脚类的一个类群，具有铅笔状的牙齿、长长的头骨和鞭状的尾巴。

梁龙科（*Diplodocidae*）[diplodocid]：梁龙超科中一个长颈类群。

伶盗龙亚科（*Velociraptorinae*）[velociraptorine]：来自白垩纪劳亚大陆、体型瘦长的驰龙科恐龙类群。

美颌龙科（*Compsognathidae*）[compsognathid]：虚骨龙类中一个原始、小体型的类群，来自晚侏罗世和早白垩世。

灭绝（extinct）：形容一个物种或一个演化支完全消失。

模式标本（type specimen）：某一特定物种内最先被赋予名称的个体化石或现代有机体。

鸟纲（*Aves*）[avian]：鸟翼类中一个包括现生鸟类在内的类群。恐龙总目中唯一存活的成员。

鸟脚类（*Ornithopoda*）[ornithopod]：鸟臀目中一个具有喙状嘴的类群。

鸟颈类主龙（*Ornithodira*）[ornithodiran]：主龙类的一个类群，特征是鸟一样的颈部和简单的脚踝关节。鸟颈类主龙包括恐龙类、翼龙类（可能）以及它们关系最密切的亲戚。

鸟臀目（*Ornithischia*）[ornithischian]：一群"鸟臀"恐龙，特征是有一块前齿骨。相比和巨齿龙的关系，该类群所有恐龙更接近禽龙。鸟臀类的主要类群包括覆盾甲龙类、头饰龙类和鸟脚类。（注：鸟类不是鸟臀类，而是蜥臀类。）

鸟翼类（*Avialae*）[avialian]：手盗龙类中一个包含现代鸟及其近亲在内类群。

爬行类（*Reptilia*）[reptile]：一群具有特殊色觉、储液肾脏和其他各种特征的动物。爬行动物包括无孔类和双孔类。现存的爬行动物包括海龟、蜥蜴、蛇、喙头蜥、鳄类和鸟类。

皮内成骨（osteoderm）：骨质的装甲骨板。

气囊（air sac）：主龙类呼吸系统的一部分，用来输送空气、冷却体温和保持水分。

腔骨龙超科（*Coelophysoidea*）[coelophysoid]：兽脚类的一个类群，常见于中生代早期，且其身形细长、口鼻部具有内凹。

窃蛋龙科（*Oviraptoridae*）[oviraptorid]：窃蛋龙类中一个进步的类群。许多物种有复杂的脊冠。

窃蛋龙类（*Oviraptorosauria*）[oviraptorosaur]：偷蛋贼恐龙。手盗龙类中一个杂食性且植食性，具有短头骨的类群。

禽龙类（*Iguanodontia*）[iguanodontian]：鸟脚类中一个进步的类群，特点是无牙的前颌骨。

趋同演化（convergent evolution）：这种演化指的是两个或多个不同的类群独立演化出了相同的适应性。

肉食动物（carnivore）：以肉为食的动物。

肉食龙类（*Carnosauria*）[carnosaur]：坚尾龙类（属于兽脚类）的一个类群，常常长着巨大的头部和短而有力的前肢。

萨尔塔龙科（*Saltasauridae*）[saltasaurid]：巨龙类中一个来自晚白垩世的进步类群，特点是拥有宽阔的嘴部。

三叠纪（Triassic Period）：中生代的第一个纪，距今2.51亿到1.996亿年。三叠纪分为早三叠世、中三叠世、晚三叠世。

鲨齿龙科（*Carcharodontosauridae*）[carcharodontosaurid]：异特龙超科（属于肉食龙类）中一个来自白垩纪时期、体型相当巨大的类群。

生理学（physiology）：生物和其各个部分的功能。

实体化石（body fossil）：保存在岩层记录中的生物的残骸。骨骼、牙齿、贝壳、花粉、树叶和木头是常见的实体化石。

世（epoch）：地质年代表上稍小些的时间间隔。纪可以分为两个或两个以上的世。

适应性辐射（adaptive radiation）：当一个共同祖先在较短的地质年代内产生了许多具有不同适应能力且存活的后代分支，即发生了适应性辐射。

手盗龙类（*Maniraptora*）[maniraptoran]：虚骨龙类的一个类群，特征是前肢长，具有半月形的腕骨，至少在前臂和尾巴上具有羽毛。

兽脚类（*Theropoda*）[theropod]：两足行走的蜥臀目恐龙，特点是具有三只脚趾的脚，以及叉骨。通常被称为“肉食性恐龙”。腔骨龙超科，角鼻龙类和坚尾龙类是兽脚类的主要类群。

属（genus）[genera]：在分类学中，由一个或多个物种组成的一类生物。在英语中，属通常是由斜体字的单词组成，首字母大写。三角龙属、暴龙属和寐龙属代表着恐龙属名。

双孔亚纲（*Diapsida*）[diapsid]：爬行动物的一个类群，特征是头骨两侧各有一对颌肌开口。双孔类包括蜥蜴、蛇和它们已灭绝的近亲以及主龙型类。

似哺乳爬行动物（protomammal）：所有非哺乳动物的下孔类。

似鸟龙科（*Ornithomimidae*）[ornithomimid]：似鸟龙类中一个进步无牙的类群。

似鸟龙类（*Ornithomimosauria*）[ornithomimosaur]：“鸵鸟”恐龙，虚骨龙类中一个四肢很长的类群。

特化（specialization）：自祖征产生变化的结构或行为，以使动物更好地用于某个或某些特定的功能。

统合派/归并派（lumper）：认为在任何一个特定的物种或属中都存在广泛变化的科学家。与之相对应的是“分割派/分裂派”。

头饰龙类（*Marginocephalia*）[marginocephalian]：鸟臀目恐龙的一个类群，特点是头骨后部向外突出。头饰龙类包括角龙类和肿头龙类。

腕龙科（*Brachiosauridae*）[brachiosaurid]：大鼻龙类中一个常见于晚侏罗世和早白垩世的长臂恐龙类群。

尾刺（thagomizer）：剑龙类身上朝向侧面的成对的刺。

胃石（gastrolith）：为使身体平衡或为帮助消化而被动物吞下的砂石。

温血动物（warm-blooded）：形容从身体内部获取大部分热量的动物。现代哺乳动物、鸟类以及一些鱼类，是典型的温血动物。

西北阿根廷龙科（*Noasauridae*）[noasaurid]：角鼻龙类中一个腿部细长的类群。

蜥脚类（*Sauropoda*）[sauropod]：蜥脚型类中体型巨大的，四足行走的进步类群。

蜥脚型类（*Sauropodomorpha*）[sauropodomorph]：蜥臀目中长颈、小脑头、以植物为食的类群。

蜥臀目（*Saurischia*）[saurischian]：“蜥蜴臀部”恐龙类群，特点是长长的颈部和中空的脊椎。相比和禽龙的关系，该类群所有恐龙更接近巨齿龙。蜥臀目的主要类群有埃雷拉龙科，蜥脚型类和兽脚类（包括鸟类在内）。

系统发育学（phylogeny）：有机体的谱系树。

下孔类（*Synapsida*）[synapsid]：羊膜类的一个类群，特点是颅后方具有巨大的颌部肌肉开口。

纤角龙科（*Leptoceratopsidae*）[Leptoceratopsidae]：亚洲和北美洲西部晚白垩世新角龙类的一个小体型类群。

显生宙（Phanerozoic Eon）：地球历史当前所处的宙，由古生代、中生代和新生代组成。

线粒体（*mitochondrion*）[mitochondria]：生物体细胞内的一种微小结构，将营养物质和氧气相结合来释放热量。

小盗龙亚科（*Microraptorinae*）[microraptorine]：来自早白垩世中国最为著名的小体型的驰龙科恐龙

类群。小盗龙亚科恐龙（可能还有其他驰龙科恐龙）前肢和后肢上都有长长的羽毛。

新盗龙科（*Sinraptoridae*）[sinraptorid]：异特龙超科中一个来自亚洲侏罗纪的原始类群。

新角龙类（*Neoceratopsia*）[neoceratopsian]：角龙类的一个类群，特征是有颈盾。

新近纪（Neogene Period）：新生代的第二个，也是当今的时期，从2 300万年前至今。

新生代（Cenozoic Era）：显生宙目前的时代，从6 550万年前至今。传统上分为第三纪和第四纪，但现在正式分为古近纪和新近纪。通常被称为"哺乳动物时代"。

新蜥脚类（*Neosauropoda*）[neosauropod]：蜥脚类中一个进步类群，其特征是内鼻孔长在头骨高处，牙齿集中在嘴的前部。

行迹（trackway）：连续的足迹化石。

性选择（sexual selection）：演化出异性成员认为有吸引力的变异特性。

虚骨龙类（*Coelurosauria*）[coelurosaur]：坚尾龙类（属于兽脚类）的一个类群，具有窄窄的手部、细长的尾巴，以及原始羽毛（至少在其大部分类群中存在）。虚骨龙类包括美颌龙科、暴龙超科、似鸟龙类、阿尔瓦雷斯龙科和手盗龙类。

鸭嘴龙超科（*Hadrosauroidea*）[hadrosauroid]：在白垩纪十分常见，具有突出口鼻部的类群，属于兽脚类—禽龙类，昵称为"鸭嘴恐龙"。

鸭嘴龙科（*Hadrosauridae*）[hadrosaurid]：鸭嘴龙超科中一个具有齿系，缺少拇指的类群。晚白垩世最常见的恐龙类群，尤其在劳亚大陆。

鸭嘴龙亚科（*Hadrosaurinae*）[hadrosaurine]：鸭嘴龙科中长着宽嘴的类群。

演化（evolution）：后代渐变，可观察到生物的分支随着时间而变化。

演化分支图（cladogram）：基于共有的特化特征而将生物类群连接在一起的分支图。

演化支（clade）：包括一名祖先和其后代在内的类群，不论后代与祖先的特征之间存在多大差别。

羊膜动物（*Amniota*）[amniote]：四足动物的一个类群，能在陆地上产有壳的蛋，其后代也能产有壳的蛋。羊膜动物包括哺乳动物、爬行动物（包括恐龙）和它们已灭绝的亲缘亲属。

遗传的（genetic）：指信息通过DNA从父母传给后代。

遗迹化石（trace fossil）：动物行为的证据，如岩层记录中保存的足迹、巢穴、粪化石或洞穴。

异特龙超科（*Allosauroidea*）[allosauroid]：肉食龙类中一个体型巨大的类群，其特征是头骨边缘具有一对脊状突起。异特龙超科包括异特龙科、鲨齿龙科和中华盗龙科。

异特龙科（*Allosauridae*）[allosaurid]：异特龙超科（属于肉食龙类）中一个在晚侏罗世十分常见的类群。

翼龙类（*Pterosauria*）[pterosaur]：双孔类（属于爬行动物）的一个类群（也可能属于鸟颈类主龙）。特点是前肢演化成了翅膀。中生代的"会飞的爬行动物"。翼龙类不是鸟，也不是任何种类的恐龙。

翼手龙亚目（*Pterodactyloidea*）[pterodactyloid]：翼龙类的一个进步类群，通常尾巴很短，头上有脊冠。

鹦鹉嘴龙科（*Psittacosauridae*）[psittacosaurid]：角龙类中一个原始的类群，也被称作"鹦鹉恐龙"。

原角龙科（*Protoceratopsidae*）[protoceratopsid]：新角龙类中一个具有巨大颈盾的类群。

原始的（primitive）：接近祖先状态。

原始羽毛（protofeather）：许多类型的虚骨龙类外皮上的绒毛状结构。该原始结构在手盗龙类身上演化出真正的羽毛。

原蜥脚类（prosauropod）：蜥脚型类中所有非真正蜥脚类的恐龙。

原蜥脚下目（Prosauropoda）：据一些分支系统学研究，原蜥脚下目是蜥脚型类中一个原始恐龙类群。然而，其他研究表明，原蜥脚类并没有形成自己的演化支，因此不会有一个独特的类群被称为"原蜥脚下目"。

杂食动物（omnivore）：既吃肉也吃植物的动物，比如人类，还有熊。

展示（display）：动物用来向其他动物“炫耀”的身体结构或行为动作。可能用来吸引配偶或者吓退掠食者等。

植食性动物（herbivore）：以植物为食的动物。

中生代（Mesozoic Era）：显生宙的中期，从2.51亿年前到6 550万年前。分为三叠纪、侏罗纪和白垩纪。通常被称为“爬行动物时代”或“恐龙时代”

肿头龙类（*Pachycephalosauria*）[pachycephalosaur]：头饰龙类的一个类群，特点是厚厚的头骨。目前已知的仅来自白垩纪。也叫作“骨头骨脑”“圆顶头”或者“撞头”恐龙。

种（species）：在分类学中，通常被认为的最小的生物分类。每个种属于且仅属于一个属。英语中，种名由两个单词组成，第一部分是首字母大写的属名，第二部分是小写的具体名称。种名用斜体字表示。*Triceratops horridus*（恐怖三角龙）、*Tyrannosaurus rex*（君王暴龙）、*Mei long*（寐龙）都是恐龙种名的实例。

宙（eon）：地质年代表中最大的时间分类，包括若干代。我们和恐龙处在显生宙。

侏罗纪时期（Jurassic Period）：中生代的第二个时期，从1.996亿年前到1.455亿年前。侏罗纪分为早侏罗世、中侏罗世和晚侏罗世。

主龙类（*Archosauria*）[archosaur]：双孔类中一个包括恐龙在内的类群，具有鼻眶前孔。鳄类和鸟类是现生的主龙类。

自然选择（natural selection）：这是演化的主要方式，个体的差异意味着一些个体有更好的机会存活下来并将这些差异传给下一代。

索　引

图片说明：page 2: photo by Michael Meskin, plastic dinosaurs courtesy of Mike Fredericks; page 4: courtesy of Thomas Holtz; page 5: courtesy of Luis Rey; page 6 (top): image #18103-f, photo by Thomson, American Museum of Natural History Library; page 6 (bottom): "Plot's Unrecognized Dinosaur Bone," 1676, Linda Hall Library of Science, Engineering & Technology; page 7: "Figuier's World Before the Deluge," 1867, Linda Hall Library of Science, Engineering & Technology; page 8: image #1265, "Dinner in the Iguanodon Model" © Natural History Museum, London; page 9 (top): from the Collections of the University of Pennsylvania Archives; page 9 (bottom): courtesy of Peabody Museum of Natural History, Yale University, New Haven, CT; page 10 (left): image#338695, photo by Schackelford, American Museum of Natural History Library; page 10 (right): © Peabody Museum of Natural History, Yale University, NewHaven, CT; page 11: image courtesy of L. M. Witmer and Ohio University; page 13: Ingram Publishing/SuperStock; page 14 (top left): photo by D. W. Peterson, U.S. Geological Survey; pages 14 (top right), 15, 16 (bottom), 21, and 22 (bottom): courtesy of Thomas Holtz;page 14 (bottom): photo by J. P. Lockwood,U.S. Geological Survey; page 16 (top): U.S. Geological Survey Bulletin 1309; page 23: photo by W. B. Hamilton, U.S. Geological Survey; page 28 (bottom): "The Blue Marble," NASA: Visible Earth (http://visibleearth.nasa.gov); pages 29 (top and bottom) and 30: courtesy of Thomas Holtz; pages 31 and 33 (bottom): courtesy of Jason C. Poole; page 32: photo by J. S. Lucas, courtesy of Carnegie Museum of Natural History; page 37 (left and right): courtesy of ThomasHoltz; page 41 (top): courtesy of Hunt Institute for Botanical Documentation, Carnegie Mellon University, Pittsburgh, PA; page 41 (bottom left): The Metropolitan Museum of Art, purchase, Lila Acheson Wallace Gift, 1990 (1990.59.1), photo © 1990 The Metropolitan Museum of Art; page 41 (bottom middle):The Metropolitan Museum of Art, gift of Katherine Keyes, in memory of her father, Homer Eaton Keyes, 1938 (38.157), photo © The Metropolitan Museumof Art; page 41 (bottom right): The Metropolitan Museum of Art, gift of Florene M. Schoenborn, 1994 (1994.486), photo © The Metropolitan Museum of Art;page 43 (left and right): Corel Photos; page 46: Library of Congress, Prints and Photographs Division, reproduction #LC-DIG-ggbain-03485; page 50: "Haeckel's Tree of Life" (1866); page 51: PhotoDisc; page 56: IT Stock Free; page 300 (right): courtesy of Museum of the Rockies; page 312 (left and right): PhotoDisc; page 321: photo by Dr. Anusuya Chinsamy-Turan; page 365: photo by Michael Meskin.（此处页码为本书边码）

有关作者与绘者

托马斯·R. 霍尔茨博士对古生物学的热爱始于3岁那年，他收到了两只塑料恐龙作为礼物，一只是霸王龙，一只是“雷龙”（如今叫作迷惑龙）。小小的霍尔茨惊讶地发现这两只长相迥异的生物可能有亲缘关系，从此他毕生痴迷于演化分类学以及君王暴龙。

今天，霍尔茨博士（自称“恐龙怪才之王”）是世界上公认的杰出的恐龙系统发育学家和暴龙专家之一。除了发表了众多科学论文，他还参与了几部纪录片的制作，包括获奖的《与恐龙同行》和《恐龙革命》。霍尔茨博士也是马里兰大学帕克分校“地球、生命和时间”项目的负责人。要了解更多关于他的信息，请访问www.geol.umd.edu/ ~ tholtz。

路易斯·V. 雷伊是一位居住在伦敦的西班牙艺术家，在墨西哥圣卡洛斯学院取得视觉艺术硕士学位。

雷伊先生是一位画家、雕塑家、记者和作家，他在12岁时就撰写了自己第一本恐龙书，并为之配图。之后他的兴趣转向超现实主义、幻想故事和科幻小说。20世纪70年代受到恐龙文艺复兴的启发后，他强势回归到真正的科学领域。从那时起，他成为了一名全职的古生物学家，与世界上一些顶尖的古生物学家一道撰写书籍并出版。最近，他用电脑屏幕和数字绘画技术替换了画笔、丙烯酸树脂、墨水、画布和纸板，在那里他发现了一个全新的世界。要了解更多关于他的信息以及他的大部分作品，请访问www.ndirect.co.uk/~luisrey。